基于功能基因组学分析的黄瓜抗病分子机制研究

范海延　孟祥南　于　洋　著

中国农业出版社
农村设备出版社
北　京

内容简介

黄瓜（*Cucumis sativus*）是世界上重要的蔬菜作物之一。黄瓜生产中，白粉病、棒孢叶斑病、霜霉病等病害经常发生，严重影响黄瓜果实的产量和品质。黄瓜抗病品种的培育和应用是病害防控的根本途径，解析黄瓜抗病性的分子机制、鉴定并利用黄瓜抗病信号转导途径中的关键元件，是一种非常有前景的基因工程策略。

本书首先介绍了黄瓜与白粉病菌亲和性/非亲和性互作过程中的蛋白质表达变化，从蛋白质组层面解析黄瓜与白粉病菌互作的分子机制；鉴定得到负调控黄瓜白粉病抗性的翻译控制肿瘤蛋白 TCTP，揭示 TCTP 与小 G 蛋白 Rab11A 互作调控 TOR 信号参与黄瓜防御反应的分子机制。其次介绍了基于 microRNAs 测序及转录组测序联合分析，鉴定与黄瓜响应棒孢叶斑病相关的 microRNAs 和靶基因，明确候选 microRNAs 和靶基因互作关系及其对黄瓜棒孢叶斑病抗性的影响；同时，介绍了多主棒孢病原菌胁迫后黄瓜叶片蛋白质种类及丰度的变化，并重点分析了差异蛋白质 MLO 的生物学功能。最后，基于蛋白质组学，解析了葡聚六糖诱导黄瓜抗病性的分子机制。

本书可供蔬菜学、植物病理学、植物学、生物化学与分子生物学等专业科研工作者、教师和研究生参考。

前言

黄瓜（*Cucumis sativus*）是我国第一大设施蔬菜，种植面积和产量居世界首位。设施生产中，白粉病、棒孢叶斑病、霜霉病等危害严重，严重影响黄瓜产量、品质和收益。病害预测、种植改良、生物防治和化学防治等已被广泛应用于黄瓜病害防治，但最经济、环保的控制方法仍是增强黄瓜自身抗性。因此，探究黄瓜响应病原菌侵染的分子机制、挖掘新的抗性基因资源，对病害防控具有重要意义；同时，鉴定黄瓜抗病信号转导链中的关键成员，利用基因编辑技术等提高植物自身抗病能力，也是非常有前景的基因工程策略。

本书是笔者率领研究团队对黄瓜抗病机制及诱导抗性调控长达18年的研究结果总结。全书分为4章，第一章介绍了植物抗病机制的研究进展，第二章介绍了黄瓜抗白粉病的分子机制研究，第三章介绍了黄瓜抗棒孢叶斑病的分子机制研究，第四章介绍了葡聚六糖诱导黄瓜抗病性的分子机制研究。

本研究得到了国家自然科学基金、国家重点研发计划、辽宁省高等学校优秀人才计划、辽宁省自然科学基金、沈阳市科技计划等项目资助。本研究团队已发表与本研究成果相关的论文80余篇。

参与本研究的人员有沈阳农业大学生物科学技术学院崔娜、于洋和孟祥南老师，蔬菜学博士研究生王翔宇、于广超、陈秋敏，生物学硕士研究生赵大伟、武春飞、任丽萍、王珊珊、郝雨涵、宫玉洁、林春美、张迪、贾淑敏、赵珺玥、王雪、杨芸、于永波、黄竟楠等。本书出版之际，向所引用文献的作者和参加研究工作的同事、研究生一并表示诚挚的谢意！

由于研究水平和取得的成果有限，许多方面还有待进行更为系统和深入的研究，书中不足之处恳请同行、专家和学者批评指正。

著　者

2022年4月

目
录

第一章 植物抗病机制的研究进展

在自然界中，植物常常会受到各类病原菌的侵扰，植物和病原菌在长期互作过程中相互影响、共同进化。一方面，病原菌会产生各种酶类和毒素来打破植物防御，进而侵染植物使其感病。另一方面，植物在遭受病原菌侵染时，自身会发生一系列生理生化和基因的变化等防御反应。同时，植物也逐渐进化出复杂有效的防御机制来抵御病原菌的侵染，主要分为组成型防御和诱导型防御，也可以称为被动防御和主动防御。

组成型防御主要是指植物本身固有的物理防御结构和一些抗菌的生化物质，物理防御结构主要包括木栓质、蜡质、角质和特殊气孔等；生化物质主要以次生代谢产物为主，包括木质素、抑菌蛋白、凝集素、植保素以及一些类黄酮、类萜和酚类化合物等。这些物质共同构成了植物组成型防御机制来抵抗病原菌的入侵，并可以清理病原菌孢子和一些杂质。当组成型防御构成的第一道防线被病原菌突破时，植株会激活诱导型防御组成的第二道防线，在病原菌侵染部位发生超敏反应（hypersensitive response，HR）使细胞迅速坏死，阻断病原菌的营养吸收，防止病情继续扩散。病原菌的侵染还会使植物体内活性氧（reactive oxygen species，ROS）暴发，活性氧可以直接杀死病原菌，植物体内木质素也会迅速积累来阻挡病原菌。同时，植物还可以产生一氧化氮（nitric oxide，NO）、乙烯（ethylene，ET）、茉莉酸（jamonic acid，JA）和水杨酸（salicylic acid，SA）等信号物质，将病原菌侵染信号传递给其他部位，诱导相关防御基因表达，进而使植物产生系统获得性抗性（systemic acquired resistance，SAR）。

非宿主抗性（non-host resistance，NHR）赋予植物对非适应性微生物的持久和广谱抗性。植物受到病原菌胁迫后，NHR 可以阻止潜在微生物病原体的入侵。非宿主植物中诱导的防御反应包括 ROS 的积累、病程相关基因的激活、植物细胞壁的局部增强和 HR 反应。植物细胞死亡是 HR 反应的最主要特征，其在效应器触发免疫 ETI 期间被诱导。辣椒通过激活触发细胞死亡的不同基因来响应不同的病原菌的胁迫。已经发现了几种 HR 相关基因，如钙调蛋白（CaCaM）基因 *CaCaM1* 的瞬时表达增加了 ROS 暴发和过敏性细胞死亡，从而改善了辣椒的防御反应。HR 相关基因的表达正调节病原体诱导的细胞死亡，并增强植物对病原体的抗性。辣椒过敏反应诱导的 *CaHIR1* 和 *CaMLO2* 基因能正调节叶片表型发育，却增强植物对病原菌的易感性。

随着黄瓜基因组计划的完成，为各种核苷酸序列、遗传图谱、DNA 标记等遗传信息的获取提供了一个绝佳的资源平台。不过，仅仅用这些信息解释各种生物学现象背后潜在的原因是远远不够的。通过将基因、mRNA、调控因子、蛋白、代谢等不同层面之间的信息进行整合，构建基因调控网络，深层次理解各个分子之间的调控及因果关系，有利于更深入地认识生物进程和病害发生发展过程中复杂的分子机理和遗传基础。

第一节　植物NBS-LRR蛋白与抗病性

在植物中，无数潜在的病原体（包括病毒、细菌、真菌和线虫等）都可能引起作物产量和品质严重下降。为了抵抗病原体，植物会激活一系列复杂的反应，以识别和防御病原体感染及昆虫攻击，如物种的水平抗性、种族特异性抗性和先天免疫系统。植物的先天免疫系统有两层：当宿主细胞质膜的细胞外模式识别受体（pattern-recognition receptors，PRR）与病原体释放的病原体特异性分子（pathogen-associated molecular patterns，PAMPs）相互作用时，由病原物相关分子模式触发的免疫（PAMP-triggered immunity，PTI）即第一层防御被激活；第二层免疫是对病菌内致病因子的识别，起关键作用的是植物抗病基因（resistance gene，R gene），因为它们直接或间接识别病原体的无毒（*Avr*）基因产物并与之相互作用。*NBS-LRR*（nucleotide binding site-leucine rich repeat）抗病基因是R基因中最主要的一种，由*NBS-LRR*抗病基因编码的NBS-LRR蛋白是植物的主要免疫受体，当其被病原体的效应蛋白激活后，NBS-LRR蛋白启动防御反应，如活性氧的暴发、超敏反应等，以抑制病原体的生长。目前，已从植物中分离出70多种*NBS-LRR*类抗病基因，它们都编码不同的NBS-LRR蛋白。

一、NBS-LRR蛋白

NBS-LRR蛋白是动植物体内由*NBS-LRR*基因编码的抗性蛋白，它帮助动植物抵御病原体的入侵。NBS-LRR蛋白在植物中数量极多，而在动物中数量较少。如拟南芥和大豆分别拥有由149个和319个*NBS-LRR*家族基因编码的NBS-LRR蛋白，而在哺乳动物中仅有20个成员。由于NBS-LRR蛋白含有核苷酸结合和ATP酶结构域（NB-ARC），这是具有多个结构域（STAND）蛋白超家族的信号转导ATP酶中特有的保守结构域，可被用作控制蛋白质激活的开关，因此也被称为NB-ARC-LRR（由Apaf-1、R蛋白和CED-4组成的核苷酸结合衔接子）蛋白。

二、NBS-LRR型蛋白的结构域及其功能

NBS-LRR蛋白主要有3个结构域，分别是中心核苷酸位点（nucleotide binding site，NBS）结构域、富含亮氨酸的重复序列（leucine-rich repeat，LRR）结构域、N末端卷曲螺旋（coiled-coil CC）结构域或白细胞介素-1受体（toll interleukin-1 receptor，TIR）结构域。每个结构域都有一定的功能。

（一）NBS结构域

NBS是一种保守结构域，有一个N端子域，可能有助于抗病信号转导，在植物抗病中起重要作用，称为NB子域。它包含许多保守的基序，如p环（激酶1a）、激酶2、激酶3a和跨膜结构域GLPL等，具有共有序列GXXXXGK（T/S）的P环基序参与了与磷酸盐、Mg^{2+}离子的结合。在磷酸转移反应中起作用的激酶2含有4个连续的疏水性氨基酸和保守的天冬氨酸（Asp）残基，其在Mg-ATP上协调二价金属离子。激酶3a基序参与结合嘌呤或核糖并含有保守的酪氨酸（Tyr）或精氨酸（Arg）残基。NBS结构域具有ATP或GTP结合活性，参与细胞生长、分化、细胞骨架组织、囊泡运输、凋亡和防御等

过程。在某些动物蛋白质中，NBS结构域参与介导并最终导致N-末端信号结构域活化的寡聚化。

(二) LRR结构域

LRR是一段连续并重复的富含亮氨酸的氨基酸序列，其基序长20～29个残基，含有保守的11个残基片段LxxLxLxxN/cxL［x可以是任何氨基酸，L也可以被缬氨酸(Val)、异亮氨酸（Ile）和苯丙氨酸（Phe）取代］。α螺旋和β折叠构成了它的空间结构。含有LRR的蛋白质在激素受体相互作用、酶抑制、细胞黏附和细胞运输等生物过程中发挥着重要的作用。相关研究表明，它提供了一个通用的结构框架，用于形成蛋白质-蛋白质相互作用。另外，它也是*NBS-LRR*抗病基因主要的抗性特异性的决定因素。例如，番茄*LRR-TM*基因*Cf-2*、*Cf-4*、*Cf-5*和*Cf-9*中LRR拷贝数的变异决定了它们的抗性特异性，这些基因赋予番茄对富营养型叶霉病病原菌（*Cladosporium fulvum*）的抗性。

(三) TIR/CC结构域

基于植物NBS-LRR蛋白的N-末端存在或不存在转录和白细胞介素-1受体（TIR）结构域，将它们分成2个亚类：①TIR-NBS-LRR（TNL）；②非TIR-NBS LRR（非TNL）或CC-NBS-LRR（CNL）。

TIR结构域大约含有175个氨基酸，包含设置在135～160个氨基酸范围内的中央序列中的保守残基的3′框和2个介导TIR域相互作用的界面。其参与抗性特异性和信号传导。例如，在果蝇和哺乳动物对细菌和真菌的先天性免疫反应中，Toll样受体（TLRs）和IL-1R信号通路是该反应的关键介质。受体和衔接子之间的TIR结构域相互作用在激活响应细菌脂多糖（LPS）、微生物和病毒病原体、细胞因子和生长因子的保守细胞信号转导通路中发挥关键作用。TIR类型广泛存在于双子叶植物中，在单子叶植物中很少或不存在。

CC结构域（也称为LZ）作为多种蛋白质的寡聚化结构域，包括结构蛋白、运动蛋白和转录因子三部分。CC结构域由7个氨基酸重复序列组成，包含2个或多个α-螺旋，构成一个超螺旋结构。研究证明，CC结构域在蛋白质-蛋白质相互作用中极其重要。例如，马铃薯一种CNL蛋白Rx与马铃薯病原病毒X（PVX）外壳蛋白进化从而赋予马铃薯对PVX的抗性。CC型存在于双子叶植物和单子叶植物中，并且预测在测序基因组中编码的蛋白质中约5%含有CC结构域。

三、NBS-LRR抗病蛋白的应用

目前，关于NBS-LRR抗病蛋白的应用，主要研究的是编码它的*NBS-LRR*抗病基因的应用。

(一) 在抗病育种中的应用

为了控制病原体，植物激活防御机制，通过细胞内NBS-LRR蛋白感受病原体效应物，导致ETI是其进行防御的其中一种方式。不同植物中的*NBS-LRR*基因都可以直接或间接对植物赋予抗性，帮助植物抵御病原体的攻击。例如，小麦中的*NBS-LRR*基因*Pm60*赋予小麦对白粉病的抗性；野生茄子*NBS-LRR*基因*SacMi*参与植物对根结线虫（*Meloidogyne* spp.）的抗性；番茄*NBS-LRR*基因与植物对致病疫霉（*Phytophthora infestans*）的抗性呈正相关关系。

目前，植物控制病害最佳的方法是使用抗性品种。通过把抗病基因转入植物体中，进行分子育种来获得抗性品种。*NBS-LRR* 抗病基因在分子育种中有很大的应用。研究发现，将小麦 *NBS-LRR* 基因 *TaRCR1* 转入小麦品种中，得到转基因植株，该转基因植株明显表现出对由坏死性真菌（*Rhizoctonia cerealis*）引起的尖斑病的抗性。花生 *NBS-LRR* 基因 *AhRRS5* 的过表达提高了烟草对青枯雷尔氏菌的抗性。棉花 *NBS-LRR* 基因 *GbaNA1* 的异源表达增强拟南芥对黄萎病的抗性。玉米 *NBS-LRR* 基因 *ZmNBS25* 增强水稻和拟南芥的抗病性。

（二）在抗病基因同源序列的克隆中的应用

NBS-LRR 抗病基因含有一个保守结构域 NBS，而 NBS 结构域中的保守序列已被广泛用于鉴定模式植物和多种作物中的新型抗病基因。利用它来设计兼并引物进行抗病基因同源序列（RGAs）的克隆就是得到新型抗病基因的一种方法。目前，使用这种方法已经得到了许多植物（如花魔芋、菠菜、黄瓜等）中的抗病基因，为后续研究 *NBS-LRR* 抗病基因在其他植物中的抗病机制奠定基础。

（三）在全基因组鉴定中的应用

对植物中的 *NBS-LRR* 基因进行全基因组鉴定，包括系统发育的分析、染色体的分布、基因结构与基序分析、编码的蛋白的物理特性的分析。此鉴定有助于进一步探索 *NBS-LRR* 基因的功能，并最终揭示其在抗多种致病性疾病中的作用。例如，全基因组分析陆地棉（*Gossypium hirsutum*）*NBS-LRR* 抗病基因，结果表明，其分布在 26 条染色体上，具有聚集或单簇排列特征，分为 CC-NBS-LRR 和 TIR-NBS-LRR 两个亚家族。这些信息为进一步研究它的抗病机制奠定基础。对感染白粉病期间的葡萄的 *NBS-LRR* 基因进行全基因组分析，鉴定到了不同种的差异表达的 *NBS-LRR* 基因，都响应白粉病感染，可以进一步揭示其在响应白粉病中的作用。

四、展望

NBS-LRR 蛋白感受病原体效应物，导致效应物触发免疫（Effector triggered immunity，ETI），以供植物对细菌、病毒、真菌等病原体产生防御反应。植物病原体相互作用存在着不同信号转导的复杂网络，NBS-LRR 蛋白对效应子的识别能够导致 NBS-LRR 蛋白构象发生改变，使其由抑制状态转变为激活状态，从而进一步激活下游信号转导。但是，当植物 NBS-LRR 蛋白识别病原物效应子后，是通过怎样的途径来激活下游免疫应答的呢？截至目前，没有一个清楚的模式来阐明这个信号转导过程。另外，与 NBS-LRR 蛋白诱导的免疫反应有关的分子机制在很大程度上也是未知的。

目前，关于 NBS-LRR 蛋白参与植物对植物抗性反应调节的真菌病原菌的研究少之又少。为了解释真菌病原体与寄主植物之间的相互作用，Stotz 等总结了另一种被称为效应触发防御（Effector triggered defence，ETD）的防御机制。与 ETI 相比，ETD 对病原体的反应相对较慢，而不是与快速过敏性细胞死亡反应相关。在某些植物坏死性真菌病原体系中，NBS-LRR 蛋白对病原体产生的效应物的识别导致效应物触发的易感性。但是，这种防御机制具体的途径也尚不清楚。

另外，编码 NBS-LRR 抗病蛋白的 *NBS-LRR* 抗病基因在抗病育种中的应用目前研究的都是异源表达，同源表达几乎都是在模式植物中。应该致力于其他植物中的同源表达，进而获得抗病品种，来抵御病原菌的入侵。

第二节　植物 MLO 蛋白与抗病性

一、*MLO* 基因家族

白粉病抗性基因（Mildew Resistance Locus O，*MLO*）以小基因家族的形式存在于所有高等植物的基因组中，包括单子叶植物和双子叶植物，如黄瓜、拟南芥、番茄、大麦、烟草、水稻和大豆等植物中均有报道，所描述的家族中的基因数量范围为 7～39（表 1-1）。

表 1-1　已报道植物中 *MLO* 基因家族情况

物种		基因数量（个）	参考文献
拉丁文名	中文名		
Lens culinaris	扁豆	15	Polanco et al.，2018
Cucurbita maxima	南瓜	20	Win et al.，2018
Durio zibethinus	榴梿	20	Kemal et al.，2018
Populus trichocarpa	杨树	26	Filiz and Vatansever，2018
Arabidopsis thaliana	拟南芥	15	Chen et al.，2006
Cucumis sativus	黄瓜	14	Zhou et al.，2013
Cucurbita pepo	西葫芦	18	Iovieno et al.，2015
Cucumis melo	甜瓜	16	Iovieno et al.，2015
Citrullus lanatus	西瓜	14	Iovieno et al.，2015
Solanum lycopersicum	番茄	16	Chen et al.，2014
Cajanus cajan	木豆	18	Deshmukh et al.，2016
Phaseolus vulgaris	菜豆	20	Deshmukh et al.，2016
Glycine max	大豆	39	Deshmukh et al.，2014
Cicer arietinum	鹰嘴豆	14	Deshmukh et al.，2017
Triticum aestivuml	小麦	7	Konishi et al.，2010
Oryza sativa	水稻	12	Liu and Zhu，2008
Nicotiana benthamiana	本氏烟	26	Bombarely et al.，2012
Nicotiana tabacum	栽培烟草	15	Appiano et al.，2015
Malus pumila	苹果	28	Pessina et al.，2014
Prunus persica	桃	21	Pessina et al.，2014
Fragaria vesca	草莓	23	Pessina et al.，2014
Vitis vinifera	葡萄	17	Feechan et al.，2008
Gossypium hirsutum	陆地棉	38	Wang et al.，2016
Gossypium arboreum	亚洲棉	17	Wang et al.，2016
Gossypium raimondii	雷蒙德氏棉	22	Wang et al.，2016
Solanum tuberosum	马铃薯	13	Appiano et al.，2015
Brachypodium distachyon	二穗短柄草	12	Ablazov and Tombuloglu，2016
Medicago truncatula	蒺藜苜蓿	16	Deshmukh et al.，2017

注：参考张孝廉等（2018）并有所改动。

二、植物 MLO 蛋白结构特征

（一）*MLO* 基因启动子序列特点

研究发现，从 25 种植物和藻类物种中预测了 *MLO* 基因的转录起始位点（TSS）上游的 2 000 bp 启动子序列，利用植物中顺式作用调节元件（CREs）数据库和生物信息学工具挖掘来自不同植物物种的 *MLO* 基因启动子区域中的基序和调控元件。系统发育分枝中 *MLO* 基因的 CREs 按 6 个功能进行分类：代谢活动（MA）、转录活性（TA）、组织特异性活性（TSA）、激素反应（HR）、生物应激响应（BSR）和非生物应激反应（ASR）（图 1-1）。MEME D-模式分析 *MLO* 基因的启动子区域中的富集基序，鉴定其在与白粉病相互作用期间上调。在白粉病感染后上调的 *MLO* 基因中发现了 2 个过量表达的基序（M1 和 M2），这些基序存在于 *MLO* 基因预测的 TSS 上游的 400 bp 序列内。M1 的基序类似于 TC 元件序列，TC 元件可能构成一类新的调节序列，参与特定条件下植物基因表达的复杂表达调节，高含量的胸腺嘧啶残基是高度保守的 M2 基序特征。富含胸腺嘧啶的基序是转录效率的基本要素，因为它可以增加下游启动子序列对其他蛋白因子的可及性。这些结果表明，CRE 基序可能代表 *MLO* 基因的特征，调节表达以响应体内动态平衡波动。

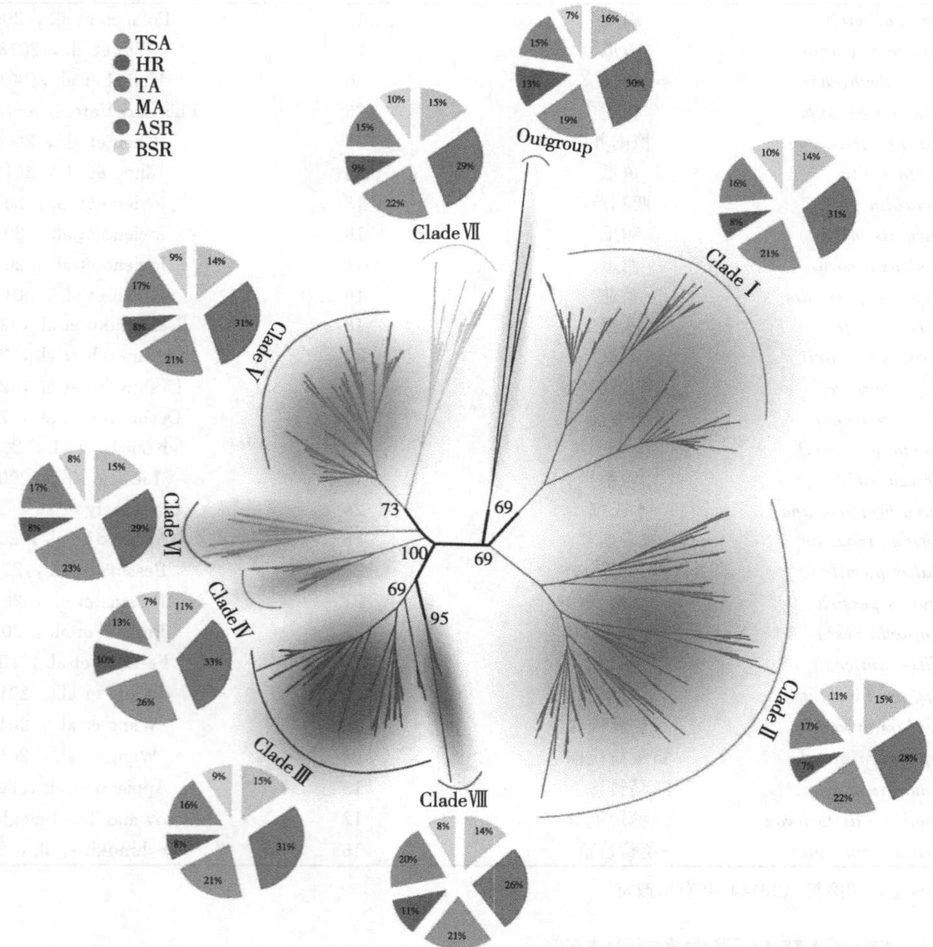

图 1-1 CREs 的功能分类［参考 Andolfo 等（2019）］与 *MLO* 基因之间的相关性［参考 Iovieno 等（2016）］

拟南芥易感基因 *AtMLO2* 和共表达基因中 5′端上游区域 500 bp 启动子序列进行串联重复，其合成的启动子用来驱动 β-葡糖醛酸糖苷酶（GUS）报告基因的表达。发现该顺式元件在多个组织器官中表达，并且响应白粉病、衰老、轻度应激和伤害等胁迫反应。研究预测了蒺藜苜蓿（*Medicago truncatula*）*MtMLO* 和鹰嘴豆（*Cicer arietinum*）*CarMLO* 的启动子区域分别含有 33 种和 29 种不同的顺式作用元件，这些元件包括激素响应元件（ABRE、AUXREPS1AA4、ARFAT、ERELEE4、GARE1OSREP1 和 GAREAT 等）、组织特异性基因表达响应元件（AACACOREOSGLUB1、CANBNNPA、OSE2ROOTNODULE、RHERPATEXPA7 和 RYREPEAT）以及生物和非生物胁迫响应元件（CCAATBOX1、LTRE1HVBLT49、MYB CORE 和 WBOXATNPR1）等。因此，顺式作用元件分析可预测 *MLO* 基因在植物系统中的作用，需要通过基因表达分析进行验证。可以指出，一些大豆（*Glycine max*）*GmMLO* 基因的表达模式与它们的顺式作用调节元件预测的模式一致。

（二）MLO 蛋白结构

研究发现，MLO 蛋白家族成员含有 7 个跨膜结构域（TM），N-端位于胞外，C-端位于胞内，这种结构产生了 3 个胞外环和 3 个胞内环（图 1-2），位于细胞外的环 1 和环 3 含有 4 个高度保守的半胱氨酸（C83、C96、C129 和 C386）。这可能参与二硫键形成，对于 MLO 蛋白功能和稳定性至关重要。在大麦 MLO 蛋白中，第二和第三胞内环似乎具有特殊的功能相关性，因为导致 MLO 蛋白功能丧失的突变诱导的单个氨基酸倾向于在这些区域聚集。然而，这种 7 个跨膜结构域并不是稳定地存在于所有植物物种中，低等植物和高等植物 MLO 蛋白的跨膜结构域存在较大差异。搜索黄瓜基因组数据库发现，MLO 蛋白家族成员具有不同的跨膜结构域数量，范围从 1 个（Csa017196）跨度至 9 个（Csa015734），而 Csa _ 1M085890（Cucsa. 207280）和 Csa _ 5M623470（Cucsa. 308270）数量为 7 个。其他植物中 MLO 蛋白跨膜结构域数量如扁豆（*Lens culinaris*）为 7～8 个、南瓜（*Cucurbita maxima*）为 3～8 个、榴梿（*Durio zibethinus*）为 5～11 个、杨树（*Populus trichocarpa*）为 5～9 个，不同植物的具体情况见表 1-2。因此，以上数据表明，一些植物 MLO 蛋白家族中存在部分跨膜结构域的缺失或插入，仅部分 MLO 蛋白存在保守的 7 个跨膜结构域。

表 1-2 植物中 MLO 蛋白跨膜结构域数量

拉丁文名	中文名	跨膜结构域（TM）数量（个）	参考文献
Lens culinaris	扁豆	7～8	Polanco et al.，2018
Cucurbita maxima	南瓜	3～8	Win et al.，2018
Durio zibethinus	榴梿	5～11	Kemal et al.，2018
Populus trichocarpa	杨树	5～9	Filiz and Vatansever，2018
Cucumis sativus	黄瓜	1～9	Zhou et al.，2013
Cajanus cajan	木豆	6～10	Deshmukh et al.，2016
Phaseolus vulgaris	菜豆	7～10	Deshmukh et al.，2016
Glycine max	大豆	4～10	Deshmukh et al.，2014
Malus pumila	苹果	1～8	Pessina et al.，2014
Prunus persica	桃	4～8	Pessina et al.，2014
Fragaria vesca	草莓	2～8	Pessina et al.，2014
Gossypium hirsutum	陆地棉	2～8	Wang et al.，2016
Gossypium arboreum	亚洲棉	2～8	Wang et al.，2016
Gossypium raimondii	雷蒙德氏棉	4～8	Wang et al.，2016

（续）

拉丁文名	中文名	跨膜结构域（TM）数量（个）	参考文献
Brachypodium distachyon	二穗短柄草	7	Ablazov and Tombuloglu，2016
Medicago truncatula	蒺藜苜蓿	2～10	Deshmukh et al.，2017

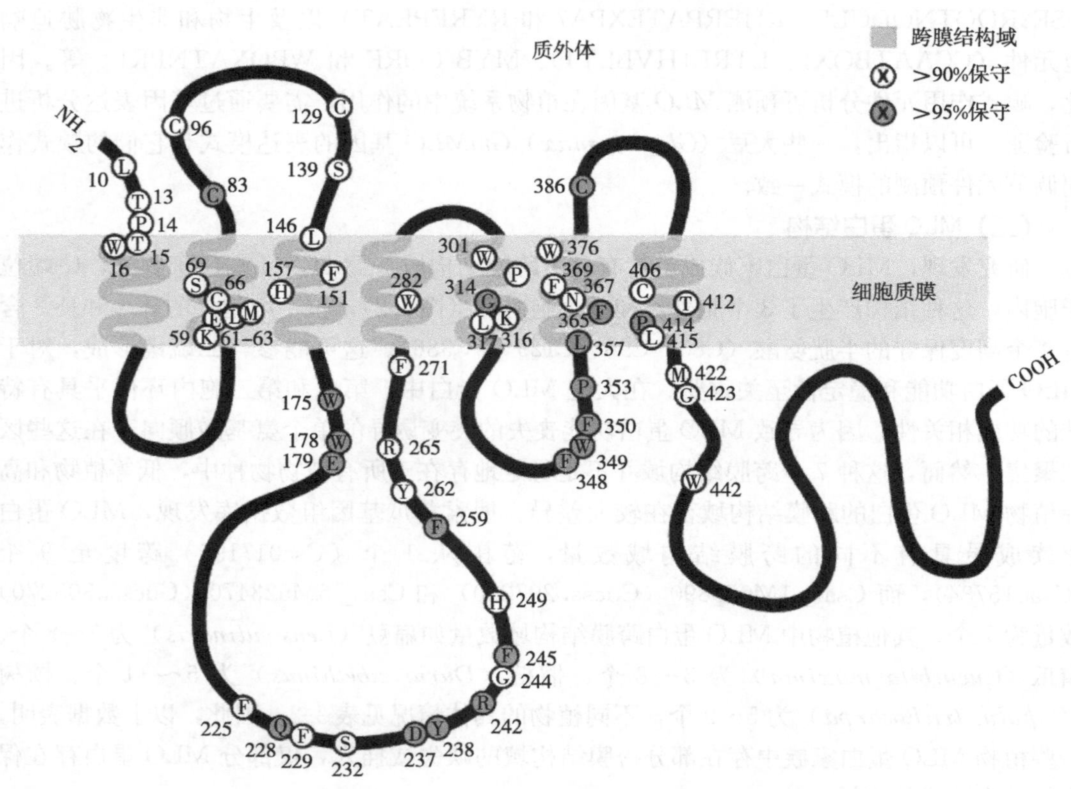

图 1-2　植物 MLO 蛋白的保守氨基酸

注：所有植物 MLO 蛋白中保守性>90%的氨基酸为白色，>95%的为灰色［参考 Kusch 等（2016）并略有改动］。

研究表明，MLO 蛋白的 C 末端含有高度保守的钙调蛋白结合域（CaM-binding domain，CaMBD）、10～35 个氨基酸残基及调节白粉病敏感性的 2 个保守肽结构域（Ⅰ和Ⅱ）。肽结构域Ⅰ位于 CaMBD 下游 15～20 个残基处，其特征是含有保守的丝氨酸和苏氨酸残基。肽结构域Ⅱ位于 C-末端的远端，并含有 D/E-F-S/T-F 保守基序。近期有研究发现，榴梿 DzMLO18 中的 CaMBD 位于细胞内第二结构域（IC2）中，其他 DzMLO 蛋白中 CaMBD 位于 C 末端。由此发现，不同植物 MLO 蛋白的 C 末端的氨基酸序列长度差异较大。拓扑结构研究发现，MLO 蛋白羧基端长尾与后生动物中的 G-蛋白偶联受体（G-protein coupled receptors，GPCRs）结构相似，凭借此结构定位于质膜上。GPCRs 受体核心结构域（TM 1～7）以其构象的变化与配体结合，传递胞外信号并负责激活异源三聚体 G 蛋白，转化为放大的胞内信号。但大麦和拟南芥中遗传和药理学数据表明，MLO 蛋白不能通过偶联异源三聚体 G 蛋白而起作用。有研究表明，拟南芥 *Atmlo2* 通过异源三聚体 G 蛋白 Gβ 和 Gγ 亚基介导了对白粉病的抗性。然而，该研究与之前拟南芥中发现的 MLO 蛋白作为经典 GPCR 的作用不一致。

植物 MLO 三维空间结构的保守性与其行使的功能密切相关。据报道，AtMLO2、AtMLO6 和 AtMLO12 蛋白的突变体是拟南芥对白粉病完全抗性所必需的。杨树 PtMLO17-19 和 PtMLO24 与拟南芥 AtMLO2、AtMLO6 和 AtMLO12 二级结构的元件分布范围没有太大分歧，3D 模型分析发现，拟南芥和杨树 MLO 的蛋白具有相似的 α-螺旋、β-折叠、延伸链和无规卷曲。图 1-3 证实 PtMLO17～19 和 PtMLO24 是 AtMLO6 的同源物，具有 N-和 C-末端标签，表明这些蛋白序列在初级和三级结构水平上是非常保守的。这种预测可能有助于推定参与防御抗性的候选 MLO 蛋白。

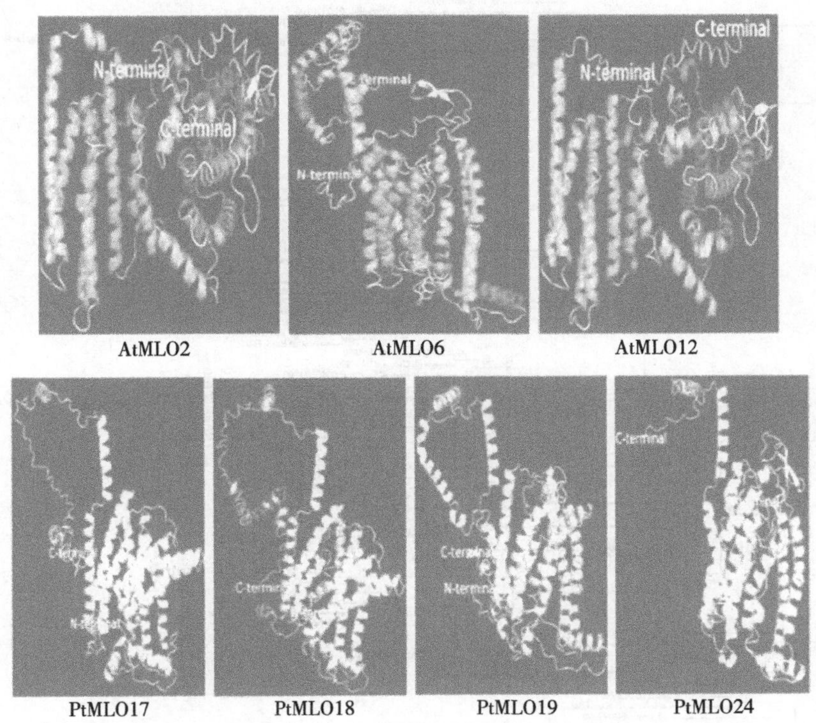

图 1-3　参与白粉病抗性的拟南芥和杨树 MLO 蛋白的 3D 模型（参考 Filiz、Vatansever，2018）

（三）MLO 蛋白分类

迄今为止，MLO 蛋白存在于所有高等的陆地植物中，在进化过程中，MLO 蛋白家族多样化分为几个亚家族，可以通过系统发育分析来识别。研究发现，拟南芥 15 个 MLO 蛋白最初分为 4 个主要进化枝。随后，进行更详细的进化枝分析包括葡萄（*Vitis vinifera*）、大麦（*Hordeum vulgare*）、小麦（*Triticum aestivum*）、水稻（*Oryza sativa*）和玉米（*Zea mays*）物种中的 17 个 MLO 蛋白成员。结果表明，MLO 蛋白被分为 6 种不同的进化枝。在随后 MLO 蛋白家族的分析研究中证实了这种分类，但与其他植物物种有微小的变化，将 MLO 蛋白分为 7 个系统发育分枝。

单子叶植物 MLO 蛋白仅聚类在Ⅰ～Ⅳ分枝上，其他分枝没有聚集单子叶植物 MLO 蛋白。其中，与白粉病相关的 MLO 蛋白位于第Ⅳ分枝上。双子叶植物物种中与白粉病易感性相关的所有 MLO 蛋白被分到第Ⅴ分枝，包括拟南芥 AtMLO2、AtMLO6 和 AtMLO12，番茄 SlMLO1，葡萄 VvMLO3、VvMLO4，烟草 NtMLO1，辣椒 CaMLO2 和榴梿 DzMLO17 等。因此，参与白粉病相互作用的 MLO 蛋白主要在第Ⅳ和Ⅴ这 2 个分枝上。随后，Iovieno 等（2016）首次将进化枝Ⅳ分为 2 个亚组Ⅳa 和Ⅳb，进化枝Ⅴ中 74 个植物分为 3 个亚组Ⅴa、Ⅴb 和Ⅴc（图 1-4）。该系统发育分析证实，黄瓜 2 个 MLO 蛋白 Csa5M623470（Cucsa. 308270）和 Csa1M085890（Cucsa. 207280）分布在Ⅴa 和Ⅴc 2 个亚组中，表明这 2 个 MLO 蛋白可能具有部分功能冗余，也可能存在不同的防御途径。

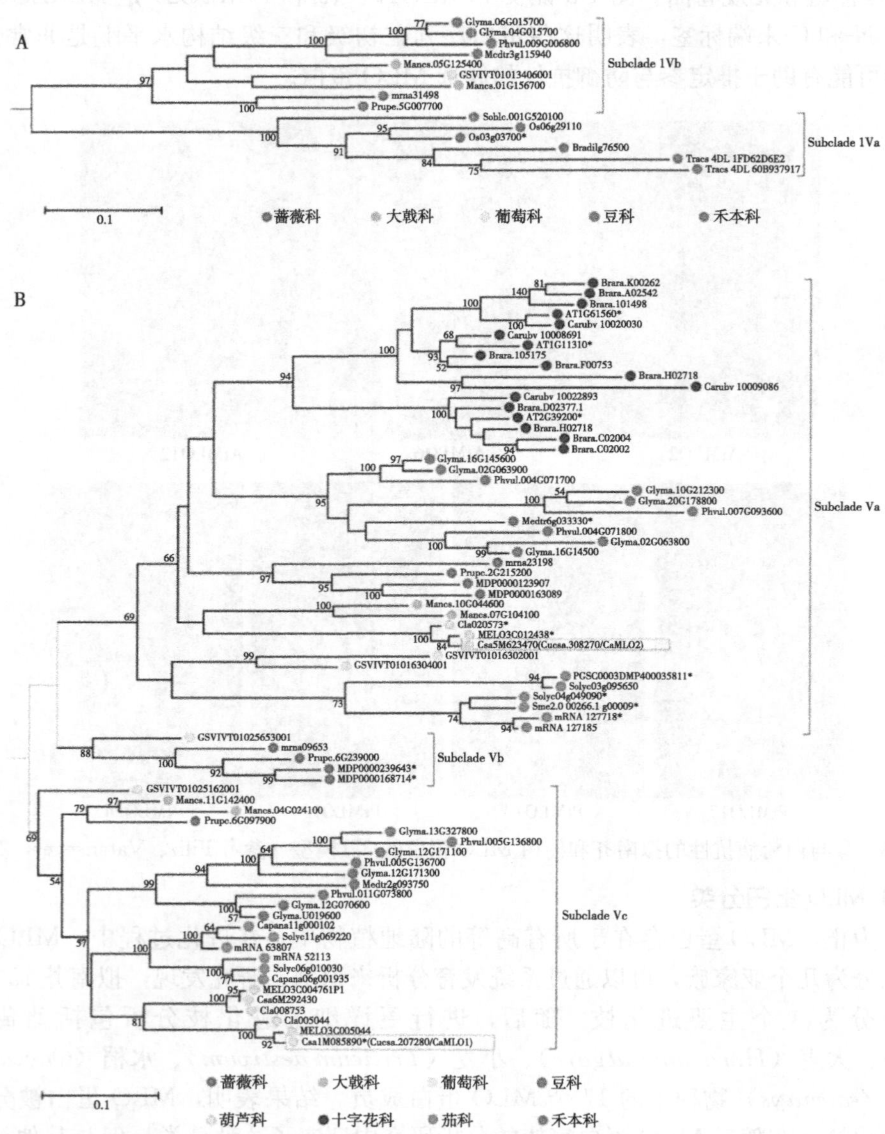

图 1-4　植物 MLO 蛋白在Ⅳ和Ⅴ系统发育分支

注：A 中的进化枝Ⅳ是单子叶植物 MLO 蛋白同源物的进化枝，Ⅳa 由单子叶植物组成，Ⅳb 由双子叶植物组成。B 中的进化枝Ⅴ是功能上参与白粉病相互作用的同源物［参考 Iovieno 等（2016）并略有改动］。

三、MLO 蛋白基因定位及表达模式

目前，亚细胞定位分析发现 *MLO* 基因均定位于质膜中。MLO 蛋白作为一种重要的膜蛋白，在不同的植物器官、组织和细胞类型中均有表达，并受多种生物或非生物胁迫的影响。4 个月季 *RhMLO* 基因在幼叶、成熟叶、花芽、花、花瓣、老叶、茎、根和愈伤组织的不同发育阶段均有所表达。甜瓜 *CmMLO1* 基因在花和子叶中表达较高，*CmMLO2* 基因在真叶中表达较高，*CmMLO3* 基因在根、花和幼果中表达。*HbMLO9* 基因在巴西橡胶树的不同组织中表达不同，在树皮中表达量最高，其次为花、胶乳和叶；外源物质脱落酸（ABA）、乙烯（EHT）、茉莉酸甲酯（MeJA）和过氧化氢（H_2O_2）处理后，*HbMLO9* 基因表达先上调，随后显著下调。月季 *RhMLO1* 和 *RhMLO2* 基因在受白粉病菌侵染后表达量呈现上调趋势，此结果与其他植物中白粉病响应 *MLO* 基因转录水平表达趋势一致。大麦 *MLO* 基因受到生物胁迫如白粉病菌（*Blumeria graminis* f. sp. *hordei*）和稻瘟病菌（*Magnaporthe grisea*）的诱导，还受到非生物胁迫如伤害和糖分的诱导。稻瘟病菌侵染、Ca^{2+} 流和活性氧的暴发均诱导水稻 *MLO* 基因表达。黄瓜 *MLO* 基因受到棒孢叶斑病菌（*Corynespora cassiicola*）胁迫的诱导。小麦 *TaMlo1/2/5* 受到条锈病菌（*Puccinia striiformis* f. sp. *tritici*）的诱导表达，外施植物激素 SA、ABA、MeJA、EHT 和活性氧诱导剂甲基紫精后小麦 *TaMlo1/2/5* 的表达水平受到明显的影响。外施植物激素 ABA 后辣椒 *CaMLO2* 基因在叶中被强烈诱导表达。有趣的是，*CaMLO2* 不仅受非生物胁迫影响，还调节对细菌和卵菌病原体的生物应激反应。以上研究结果表明，*MLO* 基因呈现出组织特异性表达，且参与激素信号传导和病原菌胁迫响应。

四、MLO 蛋白基因功能

（一）MLO 蛋白参与白粉病的作用

MLO 蛋白家族特异进化枝的蛋白长期以来被认为主要参与植物-白粉病的相互作用，这类 MLO 蛋白属于“感病因子”。最初研究发现，大麦 *MLO* 基因突变功能丧失显示出对几乎所有的白粉病病原体的持久、广谱抗性。随后研究发现，*MLO* 基因与白粉病的相关性不仅限于这种谷类，在其他单子叶植物和双子叶植物天然物种或诱导突变体中均有发现，如扁豆、榴梿、南瓜、拟南芥、番茄、黄瓜、小麦、豌豆、野蔷薇和葡萄等多种经济植物。

植物遇到大多数潜在的病原微生物，一般不会发生病害，这种关系为非亲和性（incompatible）互作。非亲和性互作中病原菌攻击植物的初始识别是由受体识别微生物的保守病原体相关分子模式（PAMP）介导的，如真菌几丁质。PAMP 引发的免疫通常诱导细胞壁和抗微生物剂的极化分泌，导致形成局部细胞壁乳突增厚，以防止病原微生物的定殖。病原物侵染感病寄主并引起发病，这时寄主和病原物的关系为亲和性互作（campatible），在此关系中病原物具有逃避寄主识别或破坏寄主防卫反应系统的能力。目前，在双子叶植物拟南芥介导对白粉病抗性中有 2 种重要途径：第一个通路涉及糖基水解酶 PEN2 和 ABC 转运蛋白 PEN3、PEN2 参与抗微生物分子的生物合成，然后通过 AtPEN3 将合成的抗真菌毒素传递到白粉病感染部位；第二个通路由突触融合蛋白 PEN1/ROR2 介导，该蛋白编码的 SNARE 蛋白参与非寄主抗性，该蛋白参与调控内膜囊

泡的运输和融合，MLO 蛋白和 ROR2 蛋白之间存在直接的互作关系。在非亲和性白粉病菌和植物互作的关系中（图 1-5A），PEN1 蛋白和 MLO 蛋白被囊泡内吞并重新定向至病原菌攻击的位点，在这些情况下，PEN1 和 PEN2/PEN3 通路提供相关的防御抗性。在亲和性白粉病菌和植物互作的关系中（图 1-5B），MLO 蛋白和 PEN1 蛋白共同由囊泡运输至病原菌攻击的位点。但是，PEN1 和 PEN2/PEN3 介导的抗性途径却都被 MLO 蛋白抑制。因此，*MLO* 作为感病基因是白粉病菌入侵植物细胞的必要因素。另外，在拟南芥中存在 3 种功能冗余的 MLO 蛋白（AtMLO2、AtMLO6 和 AtMLO12）的直系同源物，*Atmlo2 mlo6 mol12* 三重突变体对白粉菌完全免疫，而 *mlo2* 单突变体表现出部分抗性，在这种突变体中其白粉病发病机制受阻主要由于真菌孢子发育受阻且无法形成吸器，终止对宿主细胞的定殖及侵染。有趣的是，该抗性在 *Atmlo2 pen1* 突变体中消除，表明 *PEN1* 基因在突变体 *Atmlo2* 的白粉病抗性中是必不可少的。

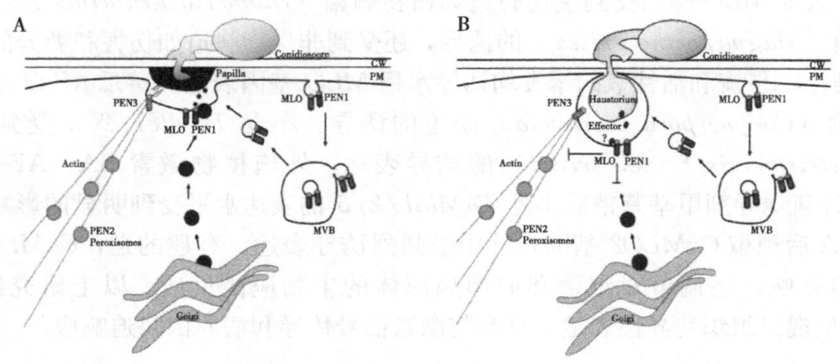

图 1-5　MLO 蛋白参与调控白粉病菌的示意图

注：A 图为非亲和性（incompatible）互作的情况下，PEN1 蛋白在乳突处的积累提供防御抗性。B 图为亲和性（compatible）互作的情况下，MLO 蛋白抑制 PEN1 和 PEN2/PEN3 介导的抗性途径［参考 Feechan 等（2013）］。

（二）MLO 蛋白参与其他病原菌的作用

传统上，MLO 蛋白功能除了与白粉病的易感性有关，与其他病原菌也存在一定的联系。大麦 *mlo5* 基因型植株对半活体寄生真菌稻瘟病菌（*M. grisea*）、死体营养型真菌禾谷镰孢菌（*Fusarium graminearum*）和小麦根腐平脐蠕孢菌（*Bipolaris sorokiniana*）的易感性增强。通过病毒诱导基因沉默技术，将小麦 *TaMLO1*/*TaMLO2*/*TaMLO5* 基因沉默后，其沉默植株对条锈病菌表现出明显的感病性，进一步表明小麦 *TaMLO1*/*TaMLO2*/*TaMLO5* 基因作为正向调控因子参与调节小麦条锈病。最近研究发现，大麦野生型和 *mlo5* 突变体植株对镰刀菌（*Fusarium graminearum*）和柱隔孢叶斑病菌（*Ramularia collocygni*）的感病情况基本一致。拟南芥可以作为许多微生物病原菌或内生菌的宿主，包括拟南芥与细菌病原体丁香假单胞菌（*Pseudomonas syringae*）和活体营养性卵菌（*Hyaloperonospora arabidopsidis*）相互作用，分别引起细菌斑点、霜霉病和白锈病。拟南芥还可以与炭疽病菌（*Colletotrichum higginsianum*）和尖镰孢菌（*Fusarium oxysporum*）相互作用。研究发现，拟南芥 *mlo2 mlo6 mlo12* 三突变体对炭疽病菌抗性增强，对尖孢镰刀菌的抗性不变，而对丁香假单胞菌的敏感性增加。因此，*MLO* 基因不仅作为传统意义上的白粉病的感病因子，也可能参与调节其他病原菌的抗性。

（三）MLO 蛋白参与花粉管发育和根系形态的作用

除了拟南芥 *Atmlo2 Atmlo6 Atmlol2* 三重突变体的白粉病抗性外，还发现了 2 个额外的 *mlo* 相关表型：异常的根形态发生和胚囊中的花粉管过度伸长。拟南芥 *Atmlo4* 和 *Atmlo11* 无效突变体显示出异常的根卷曲，该表型受营养物质调节而得到恢复。*Atmlo4* 和 *Atmlo11* 单突变体显示出类似的根卷曲表型，但在 *Atmlo4 Atmlo11* 双突变体中根卷曲表型没有增强。与 *AtMLO11* 基因同源性最近的 *AtMLO14* 基因突变后并未观察到上述现象，三重突变体 *Atmlo4 Atmlo11 Atmlo14* 中也未观察根卷曲表型的增加。拟南芥第Ⅲ进化枝中的 *MLO* 基因与发育器官相关，此进化枝中 *Atmlo7* 突变体表现出拟南芥较低的生育能力，并且在助细胞中显示花粉管过度伸长。水稻 *OsMLO12* 基因在成熟花粉粒中高度表达，表明其在花粉水合作用中具有关键作用。不同植物 MLO 蛋白成员启动子定位发现其在花器官的不同部位表达，表明来自不同进化起源的 MLO 蛋白的功能与有性生殖关系密切。

五、MLO 蛋白介导的抗性机制

（一）*mlo* 参与调控钙信号

研究发现，钙调素结合蛋白参与调控植物体内的免疫反应，其中 MLO 蛋白的 C 末端尾部普遍存在钙信号传感器钙调蛋白的结合位点（CaMBD），该结合位点与钙调素互作，可以作为第二信使为下游传递关键信号。Kim 等（2002b）发现，MLO 蛋白对大麦白粉病菌的易感性需要钙调蛋白（CaM）的存在，且在大麦白粉病菌侵染的宿主细胞中的 MLO-CaM 相互作用明显增强。CaMBD 中单个氨基酸突变的 MLO 蛋白，在 Ca^{2+} 存在下不与 CaM 相互作用。因此，研究提出 MLO 蛋白的 CaMBD 与 CaM 蛋白互作进而提高 MLO 蛋白活性，病原体诱导的 Ca^{2+} 内流以增强 CaM 对其靶蛋白 MLO 的亲和力，从而抑制大麦免疫。随后，酵母双杂交试验发现，水稻 MLO 蛋白与钙调素蛋白相互作用。Kim 等（2014a）通过双分子荧光互补和免疫共沉淀分析证实了辣椒 CaMLO2 和 CaCaM1 在质膜中相互作用。由此可见，MLO 蛋白的一个共同特征是可以与 CaM 蛋白互作，但是 MLO 蛋白是如何调控 CaM 的作用机制还不清楚。

Ca^{2+}/CaM 不仅调控植物 *MLO* 基因表达而且产生多方面防御机制抵抗病原微生物的入侵，其主要早期表现为：细胞内 Ca^{2+} 浓度升高、活性氧暴发、一氧化氮（NO）产生、超敏反应/相关细胞死亡和 SA 积累后诱导病程相关基因表达等，在免疫应答期间的不同阶段发生。关键的防御相关途径/信号传导组件，如过氧化氢（H_2O_2）/NO 和 SA，可以彼此诱导产生，充当过敏和防御反应的正调节剂。数据显示，Ca^{2+}/CaM 介导监督和协调整个植物免疫系统的进程。在氧化暴发期间产生的 H_2O_2 需要 Ca^{2+} 内流，其激活质膜处的 NADPH 氧化酶。此外，已经提出 Ca^{2+}/CaM 通过 Ca^{2+}/CaM 依赖性激酶增加 H_2O_2 的产生。SA 作为一种植物激素在防御生物营养病原体中具有重要作用。SA 激活途径受 Ca^{2+}/CaM 介导的信号传导途径调节，SA 积累后的防御相关基因和病程相关基因（*PR*）的表达似乎也受 Ca^{2+}/CaM 介导的信号传导途径调节。以上分析，有助于了解 MLO 蛋白和 Ca^{2+}-CaM 互作后，MLO 蛋白对 Ca^{2+}-CaM 介导的下游信号途径中的影响。

（二）*mlo* 调控下游基因

大多数研究是通过转录组测序的结果来分析 MLO 蛋白可能调控的下游基因，Consonni 等（2010）以 *mlo2-6 mlo6-2 mlo12-1* 突变体为背景进行了基因芯片分析，Cui

等（2018）以上述数据库为基础，通过 GO 富集发现，该突变体的表型与免疫、衰老、ROS 信号传导、细胞死亡和抗微生物的化合物合成有关，表明 ROS 信号可能在 *mlo2-5 mlo6-2 mlo12-1* 三重突变体的发育过程中被预先激活。另外，Kuhn 等（2017）以接种白粉病的 *mlo2 mlo6 mlo12* 突变体为材料，发现与 JA/ETH 途径相关的响应基因表达明显升高，说明 JA/ETH 依赖的信号途径已经被激活。在胼胝质合成受阻的 *PMR4/GSL5* 突变体中对 *mlo2* 植株的表型有一定的影响，表现在 *mlo2* 突变体中展现出胼胝质的自发沉积，而 *mlo2 pmr4* 双突变体并没有发现此表型，但 2 种突变体中对白粉病的抗性水平在是一致的。3 组双重拟南芥突变体 *Atmlo2 pen1*、*Atmlo2 pen2* 和 *Atmlo2 pen3* 对白粉病的抗性水平与野生型一致，但除了 *Atmlo2 pen2* 均发现早衰表型和胼胝质沉积。以上结果表明，*mlo* 调节植物细胞死亡是其抗性的关键部分。

（三）*mlo* 调控激素水平

Wang 等（2016）用外源物质 ABA、ETH、JA、SA 处理棉花发现其 *MLO* 基因几乎完全被抑制或者诱导。*mlo2 mlo6 mlo12* 突变体中 SA 含量明显增强，而在相应的 JA、ETH 或者 SA 合成途径受阻的突变体中 *mlo2* 抗性水平并未改变。此外，辣椒植物中病毒诱导基因沉默的结果和拟南芥中的异源过表达表明，*CaMLO2* 充当 ABA 信号传导的负调节因子，暗示 *CaMLO2* 与干旱胁迫有关。拟南芥 *mlo2* 突变体中吲哚类硫苷和植物抗毒素的水平也明显升高。植物-病原体相互作用时存在着复杂的信号通路调节，SA、JA 及 ETH 等被认为是传统的与植物抗病相关的激素，ABA 信号具有负向调控或正向调控的植物抗病的作用。总之，*MLO* 基因似乎参与多种生物过程，但 *MLO* 基因在这些信号途径中的具体作用还有待进一步探索。

第三节　植物翻译控制肿瘤蛋白（TCTP）的生物学功能

翻译控制肿瘤蛋白（translationally controlled tumor protein，TCTP）是真核生物中高度保守且普遍表达的蛋白。TCTP 最初在小鼠成纤维细胞中被发现。TCTP 是一种多功能蛋白，参与多种细胞过程，如细胞分裂、增殖和生长、细胞周期、细胞凋亡、信号途径、应激反应和免疫应答等。

1992 年，Pay 等首次在植物中发现 TCTP。目前，已经从多种植物中分离获得 *TCTP* 基因，但关于 TCTP 的功能研究仍集中在人和动物中，在植物中的研究报道依然占少数。与人和动物不同，许多植物 TCTP 是由多个基因编码，推测可能存在无功能的假基因、执行重叠或部分重叠的功能。植物 TCTP 的表达能够受到多种环境的影响，其在植物生长发育和逆境响应中发挥着重要的作用。

一、植物 TCTP 的分子特征

大多数植物 TCTP 由 167 个或 168 个高度保守的氨基酸组成，相似度可达 70%～90%（图 1-6）。TCTP 都包含 TCTP 特征结构域、微管蛋白结合域和 Ca^{2+} 结合域。位于中央的“口袋”可以与 GTPase 相互作用，这表明 TCTP 具有调控 GTPase 活性的功能。TCTP 的 N 端包含一个保守的 MCL/Bcl-xL 结合域，其在烟草中证明具有抑制细胞死亡的功能。此外，植物 TCTP 都具有保守的翻译后修饰位点。例如，酪蛋白激酶Ⅱ（CKⅡ）磷酸化位点和 N-肉豆蔻酰化位点。根据生物信息学的预测，可以将 TCTP 分为两大支：AtTCTP1-like 和 CmTCTP-like。基于这种分类，原则上可以从这 2 个分支中推断出不同植物 TCTP 可能具有的功能。因此，同一生物体中不同的 TCTP 可能具有不同的功能，只具有一个 TCTP 的可能具有多种生物功能。

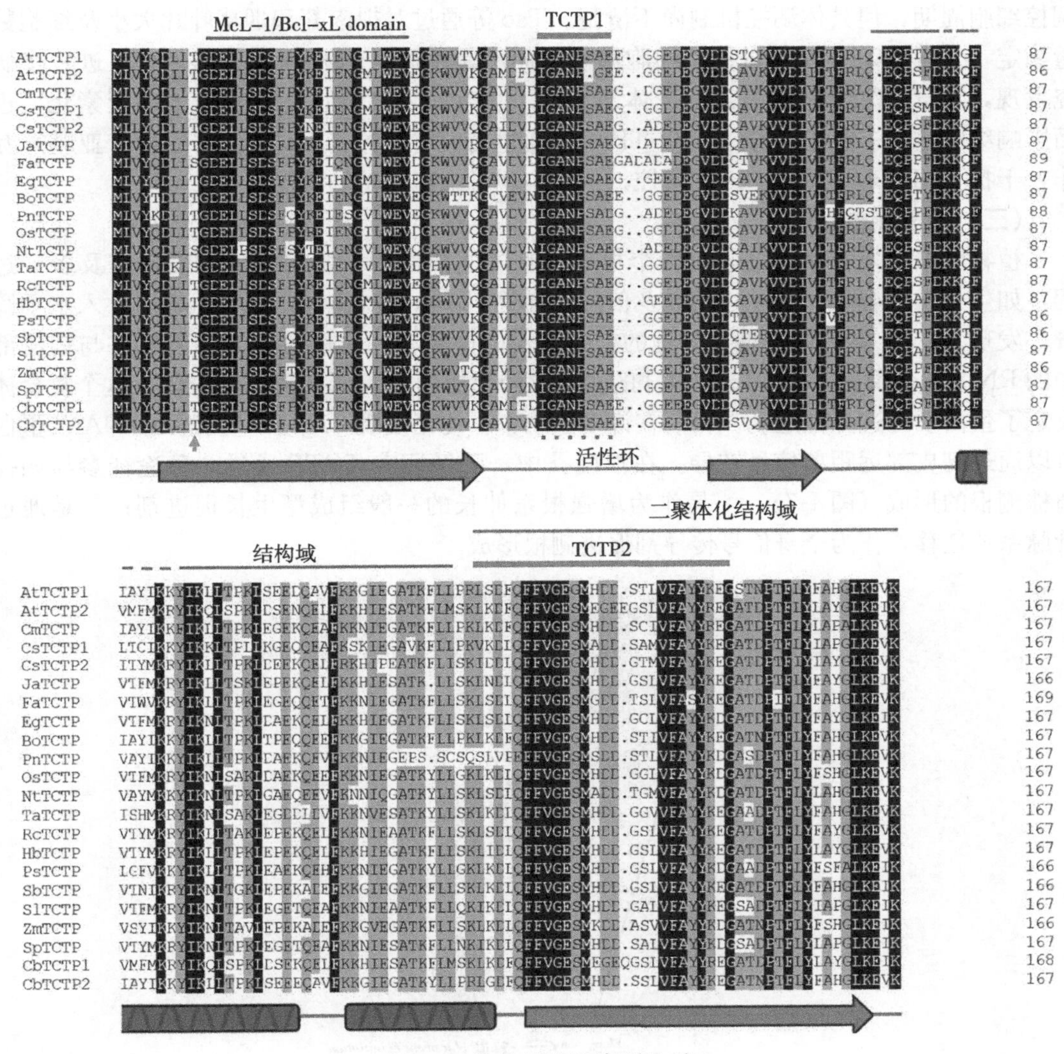

图 1-6 植物 TCTP 序列比对

二、TCTP 在植物生长发育中的作用

植物的大小和形态是细胞增殖、细胞扩张和细胞死亡三者相互协调作用的结果。因此，植物需要严格地控制和协调这 3 个过程以维持植物特定的形态特征。植物 TCTP 是控制细胞增殖和细胞死亡的重要调控因子。Brioudes 等研究发现，TCTP 敲除的拟南芥发育迟缓、生长严重缺陷、早衰且不育。烟草、甘蓝和番茄等植株的 TCTP 下调也会使其生长缓慢、器官变小以及根系生长减慢。因此，TCTP 在植物的生长发育过程中起着重要

的调节作用。

（一）调控细胞增殖

在拟南芥中，TCTP 在高度分裂的细胞中积累；在豌豆中，TCTP 的 mRNA 主要定位在根冠细胞以及其他迅速生长的组织中（如幼叶和茎）。可见，植物 TCTP 在调控细胞增殖过程中发挥重要作用。Brioudes 等发现，烟草 TCTP 可以通过影响 G1/S 的过渡从而调控细胞周期，但具体调控机制尚不清楚。Tao 等通过对拟南芥和烟草叶片大小及细胞数量测定，发现 TCTP 是通过控制细胞增殖，而不是细胞扩张来调控植物生长。进一步研究发现，烟草 TCTP 可以与乙烯受体 NTHK1 相互作用，阻止 NTHK1 的多泛素化，进而影响细胞增殖。在拟南芥中，TCTP 可以通过与 CSN4（COP9 复合物的保守亚基）互作，干扰 COP9 对下游 CRLs 的调控，从而实现对细胞增殖的调控。

（二）调控侧根形成

植物侧根的发育状况是影响整个根系生长的主要原因。侧根的生长发育涉及多个过程，如生长素的合成、极性运输以及信号转导等。Aoki 等将南瓜 *TCTP* 基因导入水稻筛管，发现 *TCTP* 基因以选择目的地的控制方式向根移动。这是因为 TCTP 能够与韧皮部中的 RNA 结合蛋白 CmPP16 和保守的真核翻译起始因子 eIF5A 形成复合体，这个复合体决定了蛋白质的选择性运动。目前在许多植物中，均已发现 *TCTP* 基因的 mRNA 及蛋白可以通过韧皮部远距离信号转导。在拟南芥中，已经证实 TCTP 通过 2 种途径参与调控植株侧根的形成（图 1-7）：一是作为增强根系伸长的一般组成型生长促进剂；二是通过管脉系统迁移，作为全身信号传导剂促进侧根形成。

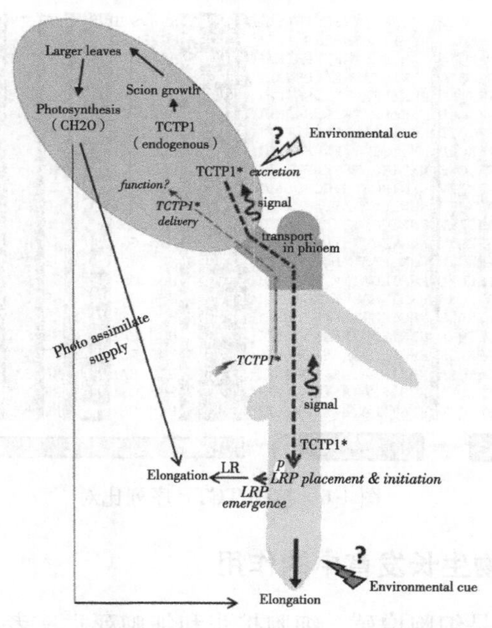

图 1-7　组成型与迁移型 AtTCTP1 协同调控根发育模型
［参考 Branco 等（2019）］

（三）调控果实成熟

通过对木瓜、杧果、杏和草莓等果实成熟过程中的差异蛋白质组学研究，发现 TCTP 的差异表达，说明 TCTP 参与调控果实成熟。在木瓜采后 18 d，与未处理的果实相比，乙烯受体抑制剂 1-MCP（1-甲基环丙烯）处理的果实中 TCTP 的表达量显著下降。乙烯与钙信号传导途径存在串扰，TCTP 上具有 Ca^{2+} 结合域并且其表达受到 1-MCP 的调控。因此，TCTP 很可能通过乙烯-钙串扰途径参与果实成熟代谢途径。

（四）调控细胞凋亡

对于具有特定时空格局的植物而言，细胞程序性死亡是植物正常发育所必需的。TCTP 作为一种抗凋亡蛋白参与调控细胞程序性死亡（PCD）。衣霉素能够引发细胞程序性死亡，将橡胶树 TCTP/TCTP1 转入烟草中可降低转基因植株对衣霉素的敏感性，过表达 TCTP 同样降低了拟南芥中衣霉素引发的 PCD。拟南芥 TCTP 是位于胞质溶胶中的 Ca^{2+} 结合蛋白，推测其在 PCD 中可能存在 2 种调控机制：一是 TCTP 充当 Ca^{2+} 隔离物，通过降低细胞溶质 Ca^{2+} 水平来阻止 PCD；二是 TCTP 可直接或间接与细胞死亡机制的其他细胞溶质或膜结合蛋白相互作用。在动物中，TCTP 能够与抗细胞凋亡蛋白（如 BAX、Bcl-xL 和 Mcl-1）直接或间接的相互作用，从而抑制细胞死亡进程。但在植物中尚未发现相应的抗细胞凋亡的蛋白质同源物。因此，功能同源物也仍有待进一步研究。

三、TCTP 在植物非生物胁迫中的作用

（一）干旱胁迫

在对拟南芥的研究中发现，TCTP 在干旱反应中是一个正调控因子，TCTP 能够加快 ABA 诱导的气孔关闭，降低水分流失，从而增强植物耐旱性。干旱处理下，橡胶树 *TCTP* 基因的表达量持续下调，说明 *TCTP* 基因的表达受到干旱处理的抑制。小麦 TCTP 可能通过调控 SA 信号转导途径增强植株对干旱的耐受性。在烟草中，过表达番茄 TCTP 时，编码脂肪酸（FA）代谢相关酶的基因表达上调，尤其是与 FA 不饱和度相关的去饱和酶（如 Omega-3 脂肪酸去饱和酶和 Delta-8），植物干旱的耐受性很大程度上取决于植物维持或调节脂肪酸不饱和度的能力。因此，番茄 TCTP 可能通过 FA 代谢途径增强转基因植株的耐旱性。另外，番茄 TCTP 也可能是依赖 ABA 介导的气孔运动来提高植物的耐旱性。

（二）温度胁迫

在麻风树中，高温可以诱导不同组织中 *TCTP* 基因表达量的增加；在 4 ℃和 35 ℃胁迫下，桑树 *TCTP* 基因在根、茎及叶中表达量均大幅上升，因此 MaTCTP 可能参与桑树对温度胁迫的生理响应过程；结球甘蓝 TCTP 与抗热性密切相关；低温可以诱导小麦 TaTCTP 的表达。与此相反，在橡胶树中，低温处理后 *HbTCTP* 的表达呈现出持续下调的趋势。TCTP 积极参与温度胁迫响应过程，但其发挥的具体功能非常复杂，作用机制仍需进一步研究证实。

（三）盐胁迫

盐胁迫对植物的生长有严重的危害作用，目前多种证据表明植物 TCTP 的表达对盐胁迫敏感。通过对不同耐盐大豆品系进行差异蛋白质组分析发现大豆 TCTP 差异表达；高盐可以诱导小麦 TCTP 及麻风树 TCTP 的表达；在盐胁迫下，木薯 *TCTP* 基因在体内

上调，并且在细菌中超表达木薯 *TCTP* 基因可以提高细菌对盐的耐受性；过表达番茄 TCTP 时，能够降低烟草对盐胁迫的敏感性，可以改善在渗透胁迫下的植物性能；原核表达黄瓜 *TCTP* 基因提高了大肠杆菌对高盐胁迫的耐受性。

（四）金属胁迫

植物 TCTP mRNA 的积累也受到金属离子（铝、铜、汞等）的影响。利用差异蛋白质组学研究发现，在 2 种耐硼性不同的柑橘叶片中 TCTP 差异表达。黄瓜 TCTP1 和 TCTP2 均降低了原核细胞对汞胁迫的耐受性。铝抗性大豆 TCTP 的表达受到铝胁迫的诱导，然而铝敏感大豆 TCTP 没有受到铝胁迫的影响，这说明 TCTP 具有维持植物体内铝稳态的作用。水稻 TCTP 受到汞、铜的诱导而表达上调，而且 TCTP 可能通过调控主要的抗氧化酶（SOD、CAT、APX、POD）的活性来增加水稻对汞的抗性。

（五）其他非生物胁迫

在水淹条件下，玉米 TCTP 参与 H_2O_2 引起的 PCD 过程；黑暗可以诱导牵牛中 TCTP mRNA 的积累；在 SA 和 JA 处理下，橡胶树 *TCTP* 基因表达出现明显波动，但整体呈现下调趋势。综上所述，植物 TCTP 的表达明显受到外界环境胁迫的影响。

四、TCTP 在植物生物胁迫中的作用

（一）病原菌和病毒的侵染

在应答病原菌胁迫下的差异蛋白质组学研究，相继发现 TCTP 的差异表达，如黄瓜应答白粉病菌胁迫、棉花应答黄萎病菌胁迫等。可见，TCTP 参与响应病原菌胁迫，但其在植物-病原菌互作中具体功能仍不明确。李刚等发现，小麦 *TCTP* 基因随白粉病菌诱导时间的延长而表达上调，说明 TCTP 可能参与了小麦对白粉病防御应答反应。王晓敏利用 BSMV-VIGS 技术将小麦中 *TCTP* 基因沉默，挑战接种非亲和小种 CYR23 后，小麦由原来的抗病反应型变成感病型；挑战接种亲和小种 CYR31 后，小麦叶片的症状与对照的反应型一致。进一步研究发现，TCTP 参与小麦抵御叶锈菌侵染的防卫反应，这种防卫反应很可能是通过与索马甜类蛋白（thaumatin-like protein，TLP，一类病程相关蛋白，具有抵抗病原真菌的活性）相互作用的结果。

另有研究表明，TCTP 可能是一种易感病因子。在黄花叶病毒（PepYMV）侵染前期，马铃薯 *TCTP* 基因表达上调；番茄接种 PepYMV 早期，*TCTP* 基因表达上调；在番茄 TCTP 沉默植株中，早期 PepYMV 的积累与 TCTP 沉默水平呈负相关；烟草 TCTP 可以促进 PepYMV 对植株的侵染，而且在健康的烟草植株中，TCTP 定位在细胞核和细胞质中，在感染病的植株中，TCTP 仅存在细胞质中。因此，TCTP 可能是 PepYMV 成功感染植株所必需的调节因子，而且其定位也因病毒的侵入而发生改变，定位的改变可能更有利于病毒的侵入。与 TCTP 在植株抵抗 PepYMV 侵入中的作用相一致，Meng 等从正、反义试验中也验证了 *TCTP* 基因对黄瓜抗白粉病菌的负调控作用。

植物在受到病原体侵染后，为了防止病原体的扩散，通常会引发细胞死亡，这个过程被称为超敏反应（Hypersensitive response，HR）。在植物-病原菌互作过程中，TCTP 作为一种抗凋亡蛋白参与超敏反应。在烟草中，TCTP 的下调表达可以促进 HR，但 TCTP 的组成型表达却降低 HR。因此，植物 TCTP 可能是通过调控 HR 参与到植物的防御反应过程中。由于 TCTP 参与调控植物防御病原菌胁迫过程相对复杂，因此 TCTP 在植物-病

原菌互作过程中的具体作用机制有待进一步阐明。

（二）昆虫侵袭

目前已有研究证明，TCTP参与植物对病虫害的防御反应。棉蚜侵袭后，棉花TCTP1在48 h表达下调。进一步研究发现，过表达棉花TCTP1可以增强拟南芥对蚜虫的抗性。通过RT-PCR分析发现TCTP1可能通过激活一些依赖SA信号通路相关的防御反应基因来增强拟南芥对蚜虫的抗性。同样的，水稻TCTP在稻瘿蚊侵袭后24 h也下调表达，而在侵袭后120 h呈现上调表达趋势。

五、展望

TCTP在真核生物中高度保守，一般被认为定位在细胞质中，也有研究表明定位在细胞核。TCTP的表达既受到转录水平的调控，又受到翻译后修饰，同时具有时空特异性。目前对于植物TCTP的研究甚少。但是，有研究表明，拟南芥TCTP可以完全恢复果蝇TCTP功能丧失造成的细胞增殖的缺陷。与之相反，果蝇TCTP也能够完全拯救拟南芥TCTP敲除的细胞增殖缺陷；同时，在拟南芥和果蝇体中，TCTP均能与CSN相互作用来调控CULLIN1泛素化修饰，从而调控细胞周期和发育。以上证据表明，动物和植物的TCTP功能具有相似性，为研究植物TCTP功能提供了重要的参考依据。

TCTP是一种多功能蛋白质，可以调控植物的生长发育及参与植物防御反应。事实上，植物生长与胁迫往往是相偶联的。为了更好地生存，植物体内进化出一系列的调控和反馈机制来严格控制生长发育与胁迫响应之间的转换，以有效地平衡生长发育与胁迫响应过程。最新研究证明，这种平衡状态在一定程度上依赖TOR信号通路和ABA信号通路之间的相互调控作用。TOR是真核生物生长发育与免疫应答中最重要且高度保守的宏观调控者之一，ABA信号途径在调控植物胁迫响应中起非常重要的作用。TCTP与Ras GTPase（Rheb）相互作用参与TOR信号通路。有趣的是，许多研究表明TCTP参与调控ABA信号途径。那么，既能调控植物生长发育又在逆境响应中发挥重要作用的TCTP是否参与TOR和ABA信号调控网络仍缺乏有力证据。因此，深入研究TCTP与TOR-ABA信号网络的关系，将为进一步探究植物TCTP调控的分子机制提供了新思路。

第四节　植物TOR信号通路的研究进展

TOR（target of rapamycin）是非典型的丝氨酸/苏氨酸蛋白激酶，属于磷酸肌醇3-激酶相关激酶（phosphatidylinositol 3-kinase-related kinase，PIKK）家族，在所有真核生物的结构和功能上高度保守。在芽殖酵母（*Saccharomyces cerevisiae*）筛选抗雷帕霉素（一种阻断人T细胞活化和增殖的免疫抑制剂）突变体的过程中，首次鉴定出了TOR。虽然酵母中鉴定到有2个*TOR*基因，但在拟南芥（*Arabidopsis thaliana*）、莱茵衣藻（*Chlamydomonas reinhardtii*）、大多数动物和人中仅含有1个*TOR*基因。研究发现，拟南芥AtTOR与人mTOR的氨基酸序列具有高度相似性，特别是蛋白激酶结构域的相似性高达75%，表明不同物种的TOR蛋白激酶可能具有相似的性质和蛋白质底物。植物中，TOR可能与植物生长、发育、抗病和抗逆相耦联。

一、TOR及TOR信号通路

(一) TOR结构

除激酶结构域之外，TOR还具有其他独特的结构域。在N-末端区域，TOR由多达20个串联HEAT重复区域（Hunting-tin、EF3、PP2A、酵母PI3激酶TOR1）、FAT结构域（FRAP/ATM/TRRAP）、FRB结构域和FATC结构域依次连接而成（图1-8），由于FAT结构域、FRB结构域、FATC结构域存在于所有PIKK中，因此推测这3个结构域对PIKK的活性有着重要的影响。研究发现，HEAT结构域可以介导细胞质中蛋白质-蛋白质相互作用，其中包括HEAT中的4种蛋白质；FRB结构域、FK506结合蛋白12（FKBP12）组成的复合物与雷帕霉素结合，对TOR产生抑制作用；FATC结构域中细胞的氧化还原状态可能影响TOR的降解速率，但拟南芥中的FATC结构域并不是TOR发挥作用所必需的。植物TOR的蛋白结构域以及蛋白质序列可能是非常保守的。由动物、真菌、藻类和高等植物4个主要群体不同物种的TOR构建的进化树（图1-9）清晰地反映了TOR在多个物种中的高度保守性，证明了这种激酶的重要性。

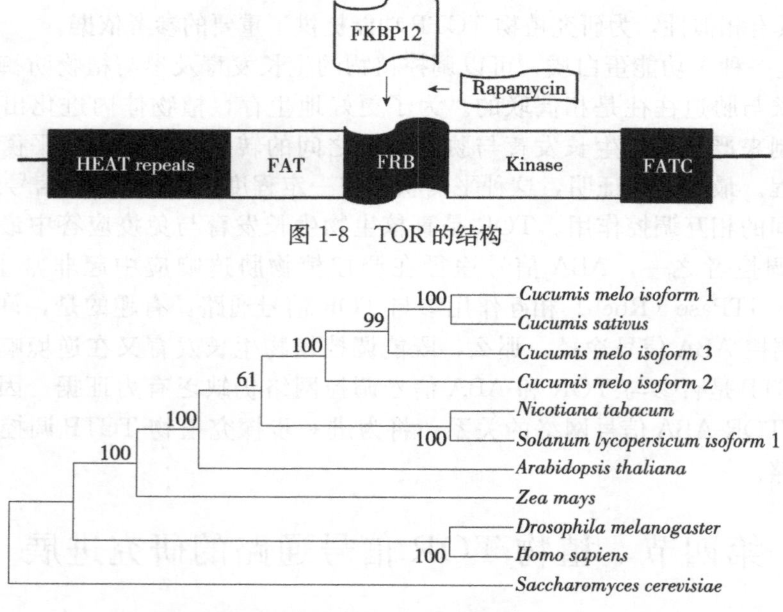

图1-8　TOR的结构

图1-9　不同物种TOR的进化树

注：*Arabidopsis thaliana*：拟南芥；*Cucumis melo isoform* 1、2和3：甜瓜亚型1、2和3；*Cucumis sativus*：黄瓜；*Drosophila melanogaster*：果蝇；*Homo sapiens*：人类；*Nicotiana tabacum*：烟草；*Saccharomyces cerevisiae*：酿酒酵母；*Solanum lycopersicum*：番茄；*Zea mays*：玉米。

(二) TOR对雷帕霉素的敏感性

在动物中，TOR对雷帕霉素敏感。雷帕霉素与由FRB结构域、FKBP12组成的复合物相互作用，从而抑制TOR活性。同样，在玉米和单细胞藻莱茵衣藻中，TOR对雷帕霉素也表现出敏感性。然而，一些陆地植物并没有这种敏感性，其中包括拟南芥和蚕豆。但研究发现，拟南芥对雷帕霉素的敏感性可以通过过表达酿酒酵母FKBP12来恢复；经过雷帕霉素处理之后，FKBP12 过表达株系出现初级根长度、表皮细胞长度缩短、多聚核糖体积累和总体生长受到抑制等现象。

（三）TOR 信号通路

近年来，TOR 信号通路已被挖掘出多个元件。在哺乳动物中，TOR 的活性主要受 3 个因素影响，即胰岛素生长因子的丰度、营养物质以及细胞能量状态。这些因素的改变最终导致 TSC1（HAMARTIN）/TSC2（TUBERIN）失活，从而激活 TOR 的活性。其中，生长因子通过激活 PI3K 途径，从而激活 PDK1 激酶和 AKT 激酶，AKT 会对 TSC 产生抑制效应，从而激活 TOR；细胞的营养状态是根据氨基酸的丰富程度来判断的，其作用是激活 AMPK 激酶，导致 TSC 失活；但营养物质的利用机制还仍有待继续研究阐明。在植物中则缺少 TSC1 和 TSC2 的同源物。但有研究发现，在玉米中能鉴定到哺乳动物 PI3K 途径的同源物，可以推断信号传导机制可能是保守的（图 1-10）。

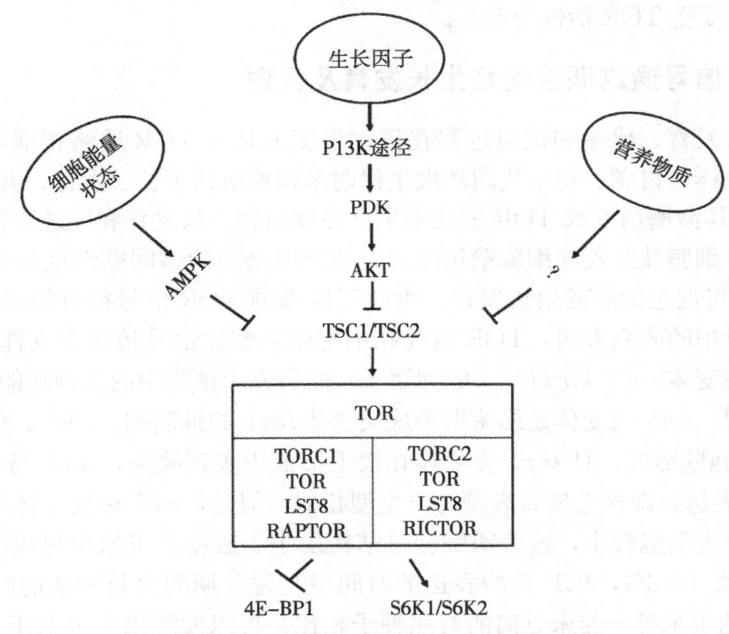

图 1-10　哺乳动物的 TOR 信号通路

（四）TOR 结合蛋白

在哺乳动物和酵母中，组成 TOR 的 2 个多蛋白复合物分别是 TORC1 和 TORC2，TORC1 的 3 个主要组成部分为 TOR、mLST8、RAPTOR（TOR 调控相关蛋白）；TORC2 主要由 TOR、mLST8、RICTOR（对雷帕霉素不敏感）组成。目前，在植物中发现，TORC1 中的 RAPTOR 参与激活 TOR 底物蛋白，拟南芥编码 2 种 RAPTOR 蛋白 RAPTOR1A 和 RAPTOR1B，但植物中 TORC1 的其他组分以及是否存在 TORC2 仍有待进一步研究分析。

（五）TOR 下游调节蛋白

在哺乳动物中，尽管有研究表明 mTOR 能进入细胞核中直接调节转录，但是大多数 mTORC1 的功能还是通过底物 S6 激酶（S6K）和真核翻译起始因子 4E 结合蛋白 1（4E-BP1）来进行表达调控的。TOR 磷酸化 S6K1 和 4E-BP1 会加速蛋白质合成。4E-BP1 的磷酸化阻止了其与结合蛋白 eIF4E 的结合，进而参与启动帽子结构依赖性翻译所需的 eIF4F 复合物的形成；S6K1 可以通过多种效应器被激活，并调控 mRNA 生物合成以及翻译起始和延伸。拟南芥中有 2 种 S6 激酶同系物，即 S6K1 和 S6K2，通过体内试验发现，RAPTOR1B 与 S6K1 相互作用；此外，在渗透胁迫处理拟南芥中发现 S6K1 活性降低，而 S6K1 过表达的拟南芥对渗透胁迫表现出过度敏感，说明这一过程受到 TOR 途径的影响。

TOR 信号转导的一个重要机制是对 2A 型蛋白磷酸酯酶（PP2A）的调控。在酵母和哺乳动物中，PP2A 是细胞生长、营养物质利用和环境条件相互作用过程中的一种调节因子，而 TAP42 是 PP2A 的调节亚基和 TOR 的下游效应子。近年来的研究表明，拟南芥中 TAP42 的同系物 TAP46 具有与 TAP42 相似的功能，其可以正调控细胞生长并进行体外 TOR 磷酸化；TAP46 作为 TOR 信号途径的正效应物调控植物生长，同时，TAP46/PP2A 蛋白的丰度受 TOR 活性的调控。

二、TOR 信号通路调控植物生长发育及代谢

植物的生长发育、代谢和抗逆过程在很大程度上是与 TOR 通路相耦联的，TOR 通过调控转录、翻译、自噬、初生代谢和次生代谢来调控植物生长、发育、开花、衰老、寿命等；调控 TOR 激酶活性或 TOR 表达水平会导致植物生长发育和抗逆应答的变化。

在植物中，细胞被坚硬的细胞壁包围，而细胞壁必须能够间歇性地放大来适应扩增。由于 TOR 途径可促进细胞的生长发育，由此可以推测 TOR 信号很可能参与植物细胞壁的发育。在酵母中的研究表明，TOR 途径在细胞壁完整性信号传导中发挥作用。对拟南芥细胞壁形成突变体 *rol5*（*lrx1 _ 5* 的抑制子）的研究为植物中的这种功能提供了第一个证据。研究发现，*rol5* 突变体是细胞壁形成突变体 *lrx1* 的抑制剂，LRX1（LRR-extensin 1）蛋白参与细胞壁形成，且 *lrx1* 突变体在根毛形成中表现缺失，*lrx1* 与 *rol5* 双突变体抑制了 *lrx1* 的表达，即根毛发育表型与野生型相似。但是，*rol5* 单突变体与野生型相比，根毛较短，根表皮细胞较小，这表明细胞壁结构发生了改变。玉米中可以分离出一段 20 ku 胰岛素相关肽（IGF），IGF 开始表达的时间段与发芽期间生长加速的时间段相吻合；把分离出 IGF 的玉米种子与未分离的对照种子相比，可以发现未分离 IGF 的种子的胚芽鞘和根长具有明显的增加。此外，IGF 和胰岛素还会选择性地刺激核糖体蛋白质的翻译，并引起 mRNA 选择性地聚集到多核糖体中。但经过雷帕霉素处理后，这些效应都被阻断，表明 TOR 信号参与 IGF 或胰岛素的应答，从而参与植物的生长发芽。拟南芥编码 2 种 RAPTOR 蛋白 RAPTOR1A 和 RAPTOR1B，纯合 *raptor1a* 敲除突变体没有任何表型，而纯合 *raptor1b* 敲除突变体的生长表型较明显，相较野生型而言，根生长缓慢且粗壮，根毛卷曲密集，这种表型可能是由于分生组织活性降低而引起的，而在 *raptor1a* 与 *raptor1b* 的双重突变体中活性会进一步降低。拟南芥 TORC1 多蛋白复合体的结构变化会引起植物生长缺陷，说明 TOR 信号途径能够调控植物生长发育。

作为自养生物，植物在成熟的光合叶片中产生糖以支持根、果、幼叶的储能和生长。糖可以与激素、环境、其他代谢相互作用共同调控特定组织细胞的储能和营养来促进植物生长。对光自养拟南芥幼苗的分生组织激活和植物生长中的 TOR 信号网络进行分析，发现光合作用主要是通过糖酵解和线粒体生物能量传递来控制 TOR 信号，从而迅速控制代

谢转录网络并激活根分生组织中的细胞周期。研究发现，SnRK1（Snf1 相关的蛋白激酶 1）和 TOR（雷帕霉素靶蛋白）这 2 种进化上保守的蛋白激酶，在植物糖敏感和能量管理中起到核心作用。虽然 SnRK1 和 TOR 途径的各个组成部分在真核生物中是不同的，但结构非常相似。SnRK1 和 TOR 都是蛋白激酶复合物，针对糖信号以拮抗方式调节生长发育。SnRK1-TOR 信号网络在植物生长初期阶段发挥作用，TOR 促进植物生长和发育进展，而 SnRK1 则抑制这些过程（图 1-11）。植物 Glc-TOR 信号传导的独特之处在于抑制 β-氧化（TAG 脂肪酶和酰基辅酶 A 氧化酶）和乙醛酸循环（苹果酸合酶和异柠檬酸裂合酶）等代谢基因表达过程中起关键作用的酶，这是拟南芥种子萌发过程中必需的；还会抑制长期在黑暗中存活的植物的分解代谢过程，包括暗诱导型 6/Asn 合酶、磷酸烯醇丙酮酸二激酶、磷酸烯醇丙酮酸羧激酶、Glu 脱氢酶、海藻糖的代谢和感应。Glc-TOR 信号传导还控制植物特异性基因，促进细胞壁聚合物/蛋白质的合成，控制植物生长、防御所需的次生代谢途径。

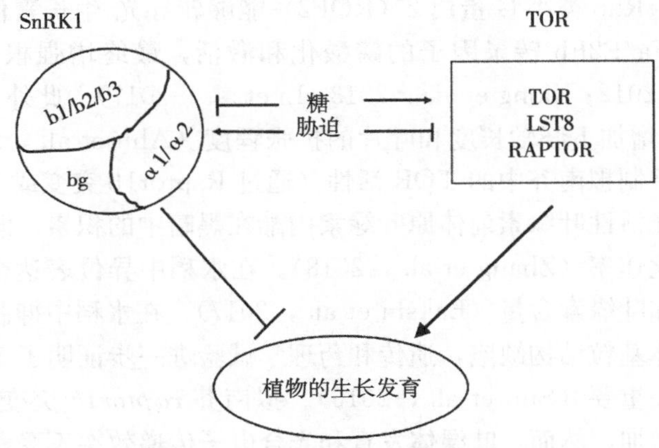

图 1-11 SnRK1 与 TOR 在植物中的调节作用

淀粉是植物碳储存最普遍的形式，淀粉丰度与植物生长呈负相关。在部分沉默的 *tor*-RNAi 系、*lst8* 突变体和雌二醇诱导的人工 microRNA amiR-*tor* 植物中的淀粉积累表型让人联想到酵母和动物中 TORC1 的缺失导致碳通过糖原积累的方式储存。与淀粉积累相反，在乙醇诱导的 *tor*-RNAi 株系、*lst8* 突变体和雷帕霉素处理过表达酵母 *FKBP12* 的拟南芥植物中，棉籽糖和肌醇半乳糖苷水平降低，但在雌二醇诱导的 amiR-*tor* 植物中升高。造成这些相反后果的原因尚不清楚。但是，棉籽糖和肌醇半乳糖苷通常在高光、饥饿、寒冷、干旱和高盐等胁迫条件下积累。淀粉和 TAG 在各种 TOR 缺陷植物中的积累可能反映了存在新陈代谢的分级控制，其阻断了肌醇、棉籽糖和肌醇半乳糖苷等合成所需的碳流量。然而，TOR 不同程度的长期缺失可能会引起碳流量的重新定向，这取决于代谢回路的连接、生理和营养状况以及环境条件。

研究表明，TOR 感知并整合营养、激素、光、能量、其他环境信号以协调植物生长和发育。TOR 功能丧失的植物表现出严重的叶绿体和光合作用缺陷（Song et al.，2019；Ren ey al.，2011；Caldana et al.，2013；Xiong，et al.，2013）。TOR 抑制剂作用下的转录组分析揭示了光合作用相关基因的广泛表达（Deng et al.，2017；Ren et al.，2012；Caldana et al.，2013；Dong et al.，2015）。

TOR参与植物对碳营养的感知调节植物的生长发育（Ingargiola et al.，2020；Wu et al.，2019；Song et al.，2021）。光自养过程中，15 mmol/L葡萄糖可以激活TOR信号并通过糖酵解和线粒体生物能控制根伸长和子叶膨胀等，在此过程中，果糖、半乳糖和木糖等糖作用效果不显著（Xiong and Sheen，2012；Xiong et al.，2013）。除了葡萄糖之外，蔗糖在TOR激活及茎尖分生组织的发育中也起重要作用。即使在具有子叶开放和短胚轴的组成型光形态建成的 *cop1* 突变体中，蔗糖在促进叶片膨胀方面也是必需的（Pfeiffer et al.，2016）。通过遗传、化学处理方法来促进或破坏TOR活性，TOR都会限制叶片中的纤维斑块的运输活性。进一步的研究也表明，与嫩叶或生长中的叶片相比，TOR在成熟的叶片中活性更高，光合作用产生更多的葡萄糖（Brunkard et al.，2020）。此外，抑制TOR活性会导致植物中叶绿体的尺寸减小和数量降低，因此损害植物的光自养生长（Xiong et al.，2017）。研究表明，葡萄糖足以在根尖中激活TOR，而茎尖TOR的激活则需要葡萄糖和光信号共同作用。其中，外源生长素可以取代光照激活茎尖TOR并促进叶片的伸展。Rho类小G蛋白2（ROP2）能够转导光-生长素信号激活TOR以促进TOR依赖的E2Fa/E2Fb转录因子的磷酸化和激活，最终增强根的生长和叶片形成（Xiong and Sheen，2012；Xiong et al.，2013；Li et al.，2017）。此外，过表达TOR下游效应蛋白TAP46会增加下胚轴长度和叶片的扩张程度（Ahn et al.，2011、2014）。最近的一项研究表明，抑制拟南芥中的TOR活性（通过Raptor1b突变或TOR激酶活性位点化学抑制）减少了光活性叶绿素前体原叶绿素内酯在黑暗中的积累，但在暴露于光线后增加了黄化幼苗的绿化速率（Zhang et al.，2018）。在水稻中异位表达全长 *AtTOR* 基因增加了植物光合效率和叶绿素含量（Bakshi et al.，2017）。在水稻中抑制S6K1的表达会导致叶片淡黄和类囊体基粒结构缺陷，遗传和药理学试验进一步证明了S6K1对类囊体膜的半乳糖生物合成至关重要（Sun et al.，2016）。拟南芥 *raptor1b* 突变体表现出 CO_2 同化率降低和气孔导率增加，然而，叶绿体发育和光合电子传递效率不受影响（Salem et al.，2018）。在异源四倍体棉花中，用AZD8055处理或者病毒诱导的基因沉默（VIGS）方法沉默 *GhTOR* 基因都会导致从棉花从异养到光自养生长过渡的显著延迟（Song et al.，2019）。

在拟南芥中，AZD8055抑制TOR活性减弱了子叶的绿化和扩张，显著改变光合作用相关的基因的表达模式，包括叶绿素生物合成、光反应和 CO_2 固定相关基因（Dong et al.，2015）。在乙醇诱导的TOR沉默株系中编码质体核糖体蛋白的mRNA出现下调，这可能与TOR沉默株系的褪绿表型相关（Dobrenel et al.，2016）。质体生物发生相关基因对AZD8055处理也表现尤为敏感（Mohammed et al.，2017）。TOR在光自养阶段通过TRIN1（TOR抑制剂不敏感因子1）和ABI4（脱落酸不敏感因子4）作为叶绿素生物合成和代谢的正调节因子发挥作用，但是TOR和ABI4之间的调控机制仍有待进一步阐明（Li et al.，2015）。TOR复合物组分 *lst8* 和 *raptor* 突变体以及TOR活性受AZD8055抑制的野生型拟南芥幼苗均表现出ABA激素积累减少（Kravchenko et al.，2015）。在藻类研究中发现，TOR失活也会引起叶绿体形态的改变，从而增加非光化学淬灭（NPQ），并对光系统Ⅱ（PSⅡ）反应中心造成损伤，并抑制PSⅡ和PSⅠ之间的有效状态转变（Upadhyaya et al.，2019）。抑制TOR活性可增加核编码的叶绿体RelA-SpoT同系物 *CmRSH4b* 的表达水平，*CmRSH4b* 主要参与调节单细胞红藻叶绿体rRNA的转录

(Imamura et al.，2018)。TOR 失活下的衣藻蛋白质组磷酸化蛋白质组学分析表明，大多数与卡尔文循环相关的蛋白质水平均降低，也表明 TOR 确实参与植物光合作用(Roustan et al.，2018)。此外，在 TOR 抑制下，检测到绿藻中光合电子流的减少以及 20 种与光合作用相关的蛋白质水平的显著变化（Ford et al.，2019）。可见，TOR 作为一个关键的信号整合因子，可以将营养和环境输入转化为生理、分子和发育反应，从而促进生长，确保光合作用的维持。

三、TOR 与植物防御反应

TOR 在植物应对各种非生物胁迫中发挥重要作用（Wu et al.，2019）。温度是植物生长和代谢过程中的重要因素。研究表明，冷处理 10 min 拟南芥中 TOR 活性迅速消除，并在 2 h 后得到恢复（Wang et al.，2017）。此外，冷处理破坏 *tor* 突变体对花青素积累的促进作用，TOR 活性的减弱也会通过抑制翻译影响植物的耐冷性（Wang et al.，2017）。AtTHADA（冷响应调节因子）会降低 TOR 活性，并抑制生长；同时，*Atthada* 突变体和 *TOR-RNAi* 沉默株系均表现出冷敏感性（Dong et al.，2019）。TOR 也参与高温响应，外源施用葡萄糖、TOR 和 E2Fa 的过表达均可诱导热休克基因高表达并提高幼苗从热激反应恢复后的存活率；反之，则会降低幼苗存活率（Sharma et al.，2019）。在植物应对干旱胁迫和渗透胁迫过程中，TOR 起到正调控作用。在拟南芥中，高浓度氯化钾胁迫下，TOR 过表达株系的初生根比对照株系长（Deprost et al.，2007）。在水稻中异源表达拟南芥 *TOR* 基因可在缺水条件下提高水稻植株的水分利用率，促进植株生长并提高产量（Bakshi et al.，2017）。此外，转基因株系还显示出 ABA 处理下种子萌发的不敏感性（Bakshi et al.，2017、2019）。这些结果表明，组成型 TOR 的表达可以减轻干旱胁迫或渗透胁迫对植物生长的影响。相比之下，TOR 负调节植物对氧化应激和 DNA/RNA 损伤的反应。Maf1 是 RNA 聚合酶Ⅲ的保守阻遏物，其介导小 RNA、5S 核糖体 RNA 和 tRNA 的合成。Maf1 的去磷酸化促进其阻遏活性。研究表明，氧化应激或者 DNA/RNA 损伤及 TOR 沉默均可促进 Maf1 的去磷酸化（Ahn et al.，2019）。推测其可能是由于氧化应激或者 DNA/RNA 损伤抑制 TOR 活性促进 Maf1 的去磷酸化，进而行使阻遏活性。

生物胁迫主要来自植物和不同的病原微生物之间的相互作用。植物演进了一个由监测机制和效应反应组成的先天免疫系统来抵抗病原微生物的入侵（Margalha et al.，2019）。该先天免疫系统包括病原相关分子模式诱导的免疫反应（PAMP-triggered immunity，PTI）和效应蛋白激发的免疫反应（effector-triggered immunity，ETI）（Spoel and Dong，2012）。病原菌的入侵往往对植物造成极大的胁迫，并影响多个信号途径，其中就包括在动植物中均起重要调节作用的 TOR 信号途径（Walsh et al.，2013）。TOR 介导的自噬和先天免疫的应激诱导可以抵御病原体的侵染，致病性效应子还可以触发 TOR 活性，从而调节自噬诱导的时机或程度（Schepetilnikov et al.，2011；Ouibrahim et al.，2015；Popa et al.，2016；Zvereva et al.，2016；Meteignier et al.，2017）。TOR 缺陷型植物通常对病毒和细菌的侵染更具抗性。烟草花叶病毒（CAMV）TAV 效应蛋白可以与 TOR 结合，促进 TOR 激活并磷酸化下游核糖体 S6K1 激酶，这有利于病毒蛋白翻译的重新起始，同样，TOR 缺陷株系对 CAMV 的抗性加强（Schepetilnikov et al.，2011）。TAV-TOR 的结合使受到 CAMV 感染的植物更容易受到继发性细菌的感染，这可能是通过抑制 SA 和自噬途径完成的（Zvereva et al.，2016）。TOR 沉默株系还会对西瓜花叶病毒（WMV）和芜菁花叶病毒（TuMV）产生抗性（Ouibrahim et al.，2015）。此外，TOR 信号是植物 ETI 过程中细胞质 mRNA 转译状态发生改变所必需的，TOR 介导的转译能调控免疫反应中防御基因的转录激活（Meteignier et al.，2017；Schepetilnikov et al.，2011）。在水稻中异位表达 TOR 和 RAPTOR 正向调控植株的生长发育，但提高了对水稻白叶枯病菌（*Xoo*）的敏感性，使用雷帕霉素抑制 TOR 活性会激活防御相关基因的表达，TOR 还可以抑制水稻 PTI 反应，这可能是通过拮抗 SA 和 JA 活性来完成的（De Vleesschauwer et al.，2018）。蛋白质磷酸酶 2A 的调节亚基 TAP46 是 TORC1 的直接磷酸化底物。研究表明，沉默 TAP46 也能导致细胞程序性死亡，并激活烟草叶片中与细胞死亡相关及防御相关的基因表达（Ahn et al.，2011）。综上所述，TOR 在调控植物抗病过程中可能起到负调节作用。

四、TOR 信号与植物激素信号的交互作用

（一）TOR 信号与 ABA 信号之间的交互作用

植物激素 ABA 在整合多种胁迫信号及控制下游因子响应胁迫中均发挥关键作用。胁迫下，ABA 迅速积累并与胞内 PYR/PYL/RCAR 受体结合。ABA 和受体的复合物结合并抑制 PP2C 蛋白磷酸酶活性。PP2C 受抑制会释放 SNF1 相关蛋白激酶 2s（SnRK2s）的活性使其磷酸化下游靶产生正常的胁迫响应。例如，气孔闭合和 ABA 响应基因的表达等(Chen et al.，2020)。已有研究报道 TOR 能够调控 ABA 的合成和分布。*Raptorb* 和 *lst8-1* 突变体对外源 ABA 敏感（Salem et al.，2017；Wang et al.，2018）。在 *raptorb* 和 *lst8-1* 突变体幼苗及 AZD8055 处理的幼苗中 ABA 的含量显著下降（Kravchenko et al.，2015）。此外，ABA 生物合成中编码关键酶基因（如 *NECD3* 和 *AOO3*）在 raptorb 突变体中的表达量显著降低（Kravchenko et al.，2015）。然而，ABA 含量在 *raptorb* 突变体的种子中含量升高（Salem et al.，2017），表明 TOR 还可能参与 ABA 的分布。

有研究指出，TOR 信号和 ABA 信号的交互点是 2 种蛋白磷酸酶 2A（PP2A）相关蛋白——TAP46 和 TIP41（Ahn et al.，2011；Hu et al.，2014；Punzo et al.，2018a、2018b）。TAP46 被 TOR 激酶直接磷酸化，并作为 TOR 信号传导中的正调节效应子(Ahn et al.，2011)。同时，TAP46 负调节 PP2A 的磷酸酶活性，防止其去磷酸化 ABI5(从而稳定 ABI5)，增强植物对 ABA 的敏感性（Hu et al.，2014）。TIP41 也参与 TOR 信号传导，*tip41* 突变体株系生长迟缓，与 TOR 沉默引起的表型极其相似，该突变体株系对 AZD-8055 敏感（Punzo et al.，2018a、2018b）。TIP41 与 PP2A 的催化亚基相互作用，并负调节植物对 ABA 的敏感性（Punzo et al.，2018a、2018b）。最近，大规模的遗传筛选鉴定出了 2 个 ABA 信号转导的重要介体（YAK1 和 ABI4），作为 TOR 信号的关键下游调节因子，以控制根系生长、分生组织激活和种子萌发（Li et al.，2015；Kim et al.，2016；Barrada et al.，2019）。最近一项研究表明，拟南芥中 ABA 信号的关键调节因子 AtABI5 可以与 AtS6K2 互作进而调控植株生长过程中的 ABA 响应。此外，*abi5-1* 拟南芥突变体对 AZD 不敏感，这也进一步为 TOR 和 ABA 信号在拟南芥幼苗生长过程中的串扰提供了潜在机制。

在环境胁迫下，植物通常抑制自身生长激活保护应激反应。最近研究证明，TOR 和

ABA 信号之间串扰能调节植物生长和胁迫响应之间的平衡（Wang et al.，2018）。在正常条件下，TOR 磷酸化 PYL1，抑制其 ABA 结合的活性，进而抑制 PP2C 磷酸酶活性，破坏 ABA 信号。另外，ABA 也拮抗 TOR 信号。被 ABA 激活的 SnRK2s 可以与 RaptorB 发生直接相互作用并磷酸化 RaptorB。被磷酸化的 RaptorB 从 TOR 复合物中解离，从而抑制 TOR 的激酶活性（Wang et al.，2018）。因此，在营养素条件下，TOR 抑制 ABA 信号促进生长；而在胁迫环境下，ABA 信号被激活，被 ABA 激活的 SnRK2s 抑制 TOR 活性，植物牺牲生长来抵御胁迫。

（二）TOR 信号与 JA 信号之间的交互作用

植物激素 JA 能够调节广谱的生物过程，包括细胞生长和发育，以及对生物胁迫和非生物胁迫的防御反应等。在过去的几十年里，对 JA 的生物合成、代谢及信号传导等方面取得显著进展（Wasternack and Hause，2013；Chini et al.，2016；Pauwels et al.，2008）。AZD 处理拟南芥幼苗的转录组学分析表明，TOR 能够调控光合作用及包括 JA 信号的植物激素传导途径（Dong et al.，2015）。有研究显示，AZD 显著抑制棉花的生长；同时，内源 JA 水平显著增加，AZD 与茉莉酸甲酯组合也可以协同抑制棉花生长（Song et al.，2017）。转录组分析进一步揭示 AZD 处理的棉花幼苗中与 JA 生物合成和信号转导的基因发生了显著变化，表明 TOR 和 JA 信号之间存在潜在的串扰（Song et al.，2017）。JA 信号相关突变体 *jar1*、*coi1-2* 和 *myc2-2* 均显示出抗 TOR 抑制剂表型，而 *COI1* 过表达转基因株系和 *jaz10* 突变体则表现出对 AZD 敏感的表型；同样，棉花 JA 也可以部分地补救拟南芥 TOR 被抑制后的表型（Song et al.，2017）。以上试验揭示了 TOR 负调控 JA 信号，且二者在棉花和拟南芥中均存在串扰，但具体的调控机制仍有待进一步深入研究。

（三）TOR 信号与生长素信号之间的交互作用

生长素是植物发育过程的重要调节因子，可以激活 11 个 ROP 小 G 蛋白（Winge et al.，1997；Vanneste and Friml，2009）。生长素还可以通过 TOR 和受生长素激活的 ROP2 之间的相互作用激活 TOR 的活性，进一步激活 E2Fa/E2Fb 转录因子活性，以促进根的生长和茎尖细胞的增殖（Schepetilnikov et al.，2013；Li et al.，2017）。此外，生长素还可调控 TOR 依赖的自噬反应，营养缺乏、盐胁迫和干旱胁迫都可通过 TOR 信号诱导自噬，但是外源施加生长素可防止这些胁迫引起的自噬（Pu et al.，2017a）。而生长素对氧化应激或内质网应激诱导的自噬没有影响，表明植物生长素只对 TOR 依赖的自噬起调控作用（Pu et al.，2017a）。

（四）TOR 信号与 BR 信号之间的交互作用

TOR 还介导糖信号和油菜素内酯（Brassinolide，BR）信号之间的串扰。BZR1 是 BR 信号转导中的正调节因子，在多重激素及环境信号促进生长中起重要作用，由碳饥饿及 RNAi 沉默抑制 TOR 引起的植株生长受阻同样会抑制 BR 响应基因的表达，BR 处理及 *bzr1-1D* 突变体会部分恢复 TOR 失活引起的生长停滞表型。同样，葡萄糖激活的 TOR 可以通过抑制自噬以稳定 BZR1（Zhang et al.，2016）。这些结果表明，细胞饥饿依次引起 TOR 失活、自噬和 BZR1 的降解。通过葡萄糖-TOR 信号转导引起的 BZR1 积累可提高碳的可利用性来控制生长，确保植物生长中的供需平衡。此外，TOR 还可以通过下游效应子 S6K2 与油菜素内酯负调控因子 BIN2（Brassinosteriod Insensitive 2）互作并磷酸化 BIIN2 调控油菜素内酯信号，进而调控拟南芥的光自养生长（Xiong et al.，2016）。

（五）TOR 信号与乙烯信号之间的交互作用

乙烯作为一种气态植物激素，在调节植物生长、发育、衰老和胁迫反应中起着重要作用（Yoo et al.，2009；Voesenek et al.，2015；Dubois et al.，2018；Garcia et al.，2015）。AZD8055 抑制剂作用下的转录组学分析表明，TOR 活性在被抑制条件下可诱导乙烯响应及生物合成相关基因的上调表达，同时衰老相关基因也被显著诱导。后续研究揭示了 TOR 能够调控乙烯的合成，同时，TOR 的下游组分 TAP46 可以与乙烯合成相关蛋白 ACS2/ACS6 相互作用，抑制 TOR 活性也可促进 ACS2/ACS6 的积累，表明 TOR 和乙烯信号存在潜在的串扰，TOR 负调控乙烯信号（Zhuo et al.，2020）。最近的一项研究揭示了乙烯信号中央调节因子 EIN2（ethylene-insensitive protein 2）可作为 TOR 的直接下游底物在细胞质和核之间穿梭，葡萄糖激活 TOR 可直接磷酸化 EIN2 以阻止其核定位（Fu et al.，2021）。此外，*ein2-5* 突变体大大损伤葡糖糖-TOR 信号引起的大规模转录重编程，EIN2 负调控葡糖糖-TOR 信号激活的 DNA 复制、细胞壁、脂质合成及多种次生代谢途径相关基因的表达（Fu et al.，2021）。该研究进一步揭示了葡萄糖-TOR-EIN2 控制的细胞伸长和增殖过程与典型的乙烯-CTR1-EIN2 信号途径分离，并由不同的磷酸化位点介导。

（六）TOR 信号与 SnRK1 信号之间的交互作用

AMPK（AMP 活化蛋白激酶）复合物在真核生物中高度保守，并分别在酵母（SNF1）和植物（Sucrose non-fermenting related kinase 1，SnRK1）鉴定到（Polge and Thomas，2007）。SNF1/AMPK/SnRK1 是异丝氨酸苏氨酸蛋白激酶络合物，由 α 催化亚基和 β、γ 2 个调节亚基组成。SnRKs 是一组激酶，在多种植物胁迫反应中发挥重要作用。植物包含 3 个 SnRK 家族——SnRK1s、SnRK2s 和 SnRK3s（Halford and Hey，2009）。越来越多的研究表明，有些 SnRK 调节的应激反应是通过 SnRKs-TOR 模块实现的。

SnRK1 复合物是一种能量守恒传感器，在低能条件下被激活，以促进节能和营养的可用性，在高能条件下被抑制。尽管已经进化了许多植物特异性特征，但这 2 个真核复合物很大程度上在结构和功能上保守（Roustan et al.，2016）。SnRK1 和 TOR 作为进化上保守的蛋白激酶复合物，是植物生长、发育和胁迫响应中必需的中央代谢调节因子且二者被相反的信号激活，并产生相互拮抗的作用效果（Broeckx et al.，2016；Dobrenel et al.，2016a；Margalha et al.，2016；Baena-Gonzalez and Hanson，2017；Shi et al.，2018）。目前，关于 SnRK1 和 TOR 途径之间的交互作用研究较少。在酵母和动物细胞中，SNF1 和 AMPK 被鉴定为 TOR 的上游负调节因子。营养素缺乏会刺激 SNF1/AMPK，SNF1/AMPK 通过磷酸化 Raptor 蛋白抑制 TOR 活性进而抑制细胞生长和生物合成过程（Gwinn et al.，2008）。AMPK 磷酸化并激活结节硬化复合物 2（TSC2）GTP 酶活化蛋白，这是 TOR 信号途径的主要抑制因子（Inoki et al.，2003），但该基因在植物中不存在（van Dam et al.，2011）。在拟南芥中，KIN10/11 蛋白激酶在 SnRK1 复合物中产生催化活性，并在调控聚合原糖反应基因中与 TOR 起拮抗作用（Baena-González et al.，2007；Xiong et al.，2013；Li and Sheen，2016），表明 KIN10/11 在 TOR 的上游对能量饥饿过程起调节作用。此外，据报道，KIN10 能够与 TOR 复合物中的 Raptor 互作并磷酸化

Raptor，为 SnRK1-TOR 调节模块提供了生化基础（Nukarinen et al.，2016）。值得注意的是，KIN10 也可以在 TOR 上游发挥作用以激活自噬（Pu et al.，2017b；Soto-Burgos and Bassham，2017）。

此外，AMPK 磷酸化 RAPTOR，导致 14-3-3 蛋白结合并抑制 TORC1 激酶的活性（Gwinn et al.，2008）。在酵母中，SNF1 通过抑制 TORC1 响应葡萄糖饥饿（Hughes Hallett et al.，2014），并且使用 ATP 类似物特异性抑制 SNF1 会降低 TORC1 亚基的磷酸化（Braun et al.，2014）。在植物中，SnRK1α1 和 RAPTOR1B 共定位在细胞质中，且 SnRK1 通过磷酸化 RAPTOR1B 来控制 TOR 信号（Nukarinen et al.，2016）。在下丘脑中，瘦素蛋白通过 TOR 直接靶标 S6K 抑制 AMPKα2 的磷酸化，表明 TOR 信号传导也可以反向调控动物中的 AMPK 途径（Dagon et al.，2012）。然而，植物中尚未发现这种共调节现象。与酵母和动物中类似，SnRK1 和 TOR 分别以正调控和负调控的方式影响植物中的自噬（Alers et al.，2012；Pu et al.，2017b；Soto-Burgos et al.，2018）。在正常生长条件下，SnRK1α1 催化亚基的过表达足以诱导组成型自噬（Chen et al.，2017；Soto-Burgos and Bassham，2017），同样，使用化学药剂及遗传学手段降低 TOR 活性会产生类似的效果（Liu and Bassham，2010；Pu et al.，2017a；Salem et al.，2018）。重要的是，当同时增加 SnRK1 和 TOR 的活性时，组成型自噬分别不被诱导和低程度诱导，而降低 SnRK1 和 TOR 活性会引起自噬的产生。这表明在自噬调控过程中 SnRK1 是 TOR 的上游因子（Soto-Burgos and Bassham，2017）。总的来说，与其他真核生物类似，植物中 SnRK1 发挥效应部分可能是通过 TOR 信号介导但不依赖于 TOR，而 TOR 的调控则可能多依赖 SnRK1，暗示二者在植物中存在串扰。

五、展望

大多数真核生物只含有一个 TOR 基因，而酵母和利什曼原虫主要分别存在 2 个和 3 个 TOR 基因。TOR 基因的破坏在真核生物中是致命的，表明 TOR 是真核细胞生命所必需的。TOR 功能从酵母到人类是高度保守的，它控制着关键的生物过程，如核糖体生物合成、蛋白质合成、三羧酸循环和应激反应。在动物和酵母中，TOR 途径由于其在调节细胞生长及代谢中的重要性而受到极大的关注。通过对一些异养真核生物，如酵母、线虫、果蝇和哺乳动物的检测，发现它们都对雷帕霉素敏感，使用雷帕霉素喂养来模拟营养限制和能量消耗模式，发现会显著延长哺乳动物的寿命。因此，雷帕霉素是人类预防医学的研究热点。

近年来，关于植物 TOR 途径的研究也受到越来越多的重视。有趣的是，大多数植物在有氧生长条件下对雷帕霉素不敏感。这种不敏感可能涉及自我免疫机制。TOR 信号是通过大量的磷酸化底物和效应物介导的，识别与分析 TOR 激酶底物，将为 TOR 激酶磷酸化及其在植物生长发育中的作用提供更全面的观点。目前，植物中 TOR 信号分子机制研究还不够深入，只发现了少数 TOR 通路组分。但这些组分在很大程度上调控了植物的生长发育，探究 TOR 信号通路介导的植物生长核心调控机制，可为深入研究在特定器官生长和相关代谢回路中，机体间营养协调的机理提供理论基础。TOR 与糖信号之间转导的发现也揭示了在植物生长过程中分生组织营养调控中缺失的一个环节，它们可能有助于阐明干细胞代谢和增殖的转录网络。这对于植物的生长发育起着重要的作用。

在哺乳动物中，TOR 通路整合外源信号和内源信号（如细胞能量状态水平、激素和生长因子）刺激细胞生长、增殖和分化，而且在转录调控先天免疫或获得性免疫过程中也起到重要作用。尽管植物 TOR 信号的转译目标还不清楚，但其在植物从生长转向免疫的过程中似乎发挥积极作用。在植物免疫过程中，TOR 是否影响 mRNA 选择性翻译以及其转录调控的潜在目标有哪些等，还需要进一步的研究来阐明。

第二章
黄瓜抗白粉病的分子机制研究

第一节 黄瓜抗白粉病的蛋白质组学分析

黄瓜是我国保护地蔬菜的主栽种，作为危害黄瓜生产的三大病害之一的白粉病菌在全国各露地及温室内都有发生。该病情一般在黄瓜生长的中后期发展迅速，导致叶片枯黄、植株干枯，严重影响我国黄瓜产量和质量。系统研究不同基因型的黄瓜品系在应答白粉病菌侵染过程中蛋白质表达图谱的变化及差异，寻找与黄瓜的抗病性和感病性密切相关的关键蛋白，探讨蛋白质群集调控规律，从蛋白质组角度解析黄瓜与白粉病菌互作的分子机制，对进一步揭示黄瓜宿主应答白粉病菌侵染的抗病机制具有重要意义，也将为植物病害的防御和控制提供科学依据。

一、利用蛋白质组学非标记定量技术分析黄瓜细胞壁差异蛋白质组

（一）材料与方法

1. 材料 供试黄瓜为姊妹系 B21-a-2-2-2 和 B21-a-2-1-2，由辽宁省农业科学院蔬菜研究所选育提供。原始材料由韩国引入，该原始材料在商品性状、株型等方面表现均较整齐。但在白粉病抗感性上表现有差别，田间表现为一些植株抗白粉病，一些植株感白粉病。经过 4 代自交选择，选育出 B21-a-2-2-2 和 B21-a-2-1-2 两个雌性系。其中，B21-a-2-1-2 抗白粉病，B21-a-2-2-2 感白粉病，而其他性状（商品性、株型、抗霜霉病、枯萎病等）基本一致。

黄瓜白粉病菌［*Sphaerotheca fuliginea*（Schlecht）Poll.］为沈阳农业大学植物发育与逆境适应实验室活体保存的菌种。

2. 方法

（1）黄瓜叶片细胞壁蛋白样品制备。黄瓜叶片液氮研磨至粉末，加入盐提缓冲液Ⅰ，4 ℃振荡 15 min；加入 PVPP，置于 4 ℃冰箱 30 min，其间每隔 5 min 涡旋振荡 1 次；4 ℃、13 000 *g* 离心 30 min，去上清液；沉淀依次用盐提缓冲液Ⅱ和盐提缓冲液Ⅲ分别洗涤 1 次；用大量的盐提缓冲液Ⅳ洗沉淀并过滤，滤渣放置于冷冻干燥机中过夜冻干；向冻干的粉末中加入 $CaCl_2$ Buffer 研磨 10 min，4 ℃、4 000 *g* 离心 15 min，取上清液。

（2）蛋白质的裂解和定量。取适量蛋白样品，放入 10 ku 超滤管，12 000 *g* 离心 45 min，去除溶剂，加入适量 0.1%乙酸溶液 12 000 *g* 离心 45 min，重复 1 次，再加入适量 0.1%乙酸溶液，超滤至合适体积，加入适量 SDT 裂解液。沸水浴 15 min，离心 14 000 *g*，45 min，25 ℃，取上清液部分，蛋白质定量后，分装后低温保存。样品分别取 20 μg 进行 SDS-PAGE 电泳。

（3）蛋白质的 FASP 酶解。取适量样品，分别加入 DTT 至终浓度为 100 mmol/L，沸水浴 5 min，冷却至室温。加入 200 μL UA buffer（8 mol/L Urea，150 mmol/L Tris-HCl pH 8.0）混匀，转入 30 ku 超滤离心管，离心 14 000 *g* 15 min。加入 200 μL UA buffer 离心 14 000 *g* 15 min，弃滤液。加入 100 μL IAA（50 mmol/L IAA in UA），600 r/min 振荡 1 min，避光室温 30 min，离心 14 000 *g* 10 min。加入 100 μL UA buffer，离心14 000 *g* 10 min 重复 2 次。加入 100 μL Dissolution buffer，离心 14 000 *g* 10 min 重复 2 次。加入 40 μL Trypsin buffer（5 μg Trypsin in 40 μL Dissolution buffer），600 r/min 振荡 1 min，37 ℃ 16～18 h。换新收集管，离心 14 000 *g* 10 min，取滤液，OD_{280}肽段定量。

（4）酶解产物的 LC-MS/MS 分析。按照定量结果取 2 μg 酶解后产物进行 LC-MS/MS 分析。采用纳升流速 HPLC 液相系统 EASY-nLC1000 进行分离。液相 A 液为 0.1%甲酸乙腈水溶液（乙腈为 2%），B 液为 0.1%甲酸乙腈水溶液（乙腈为 84%）。色谱柱 Thermo EASY column SC200 150 μm×100 mm（RP-C_{18}）以 100%的 A 液平衡。样品由自动进样器上样到 Thermo EASY column SC001 traps 15 μm × 2 mm（RP-C_{18}）（Thermo），再经色谱柱分离，流速为 400 nL/min。相关液相梯度如下：0～100 min，B 液线性梯度从0～45%；100～108 min，B 液线性梯度从 45%～100%；108～120 min，B 液维持在 100%。酶解产物经毛细管高效液相色谱分离后用 Q-Exactive 质谱仪（Thermo Finnigan）进行质谱分析。分析时长：120 min，检测方式：正离子，母离子扫描范围：300～1 800 m/z，多肽和多肽的碎片的质量电荷比按照下列方法采集：每次全扫描（full scan）后采集 10 个碎片图谱（MS^2 scan，HCD）。MS^1 在 m/z 200 时分辨率为 70 000，MS^2 在 m/z 200 时分辨率为 17 500。

（5）Maxquant 的非标记分析。6 个 LC-MS/MS 原始文件导入 Maxquant 软件（版本号 1.3.0.5）进行查库，进行 LFQ 和 iBAQ 非标定量分析。数据库下载于 uniprot，为 uniprot _ Cucurbitaceae _ 4898 _ 20131202.fasta，共收录信息 4 898 条。主要参数如下：

Main search ppm：6 Missed cleavage：2

MS/MS tolerance ppm：20 De-Isotopic：TRUE

Enzyme：Trypsin

Database：uniprot _ Cucurbitaceae _ 4898 _ 20131202.fasta

Fixed modification：Carbamidomethyl（C）

Variable modification：Oxidation（M），Acetyl（Protein N-term）

Decoy database pattern：reverse

Lable free quantification（LFQ）：TRUE

LFQ min ratio count：1

iBAQ：TRUE

Match between runs：2 min

Peptide FDR：0.01

Protein FDR：0.01

（6）Perseus 的统计学和生物信息学分析。Maxquant 所得的查库文件使用 Perseus 软件进行分析，Perseus 软件版本号为 1.3.0.4。

（二）结果与分析

共鉴定到 200 个蛋白质，Maxquant 所得的查库文件使用 Perseus 软件进行分析，Perseus 软件版本号为 1.3.0.4。Filter threshold：min number of number is 4（6 组数据中至少有 4 组数据有效时，进行 t-test 计算），并计算了组间的 t-test P 值。按照 P 值小于等于 0.05，共有 63 个蛋白质的定量值在感、抗品系之间存在显著性差别。

经过数据分析、序列比对、GO 注释和文献检索，鉴定出 7 个非原生质体蛋白质、18 个分泌蛋白（其中，8 个定位于细胞内但属于分泌蛋白质组范畴，在响应病原菌侵染时，很可能被分泌到细胞外基质，因此可涉入细胞壁蛋白质组研究范畴）、16 个不确定定位的蛋白质以及 22 个细胞内蛋白质（图 2-1）。

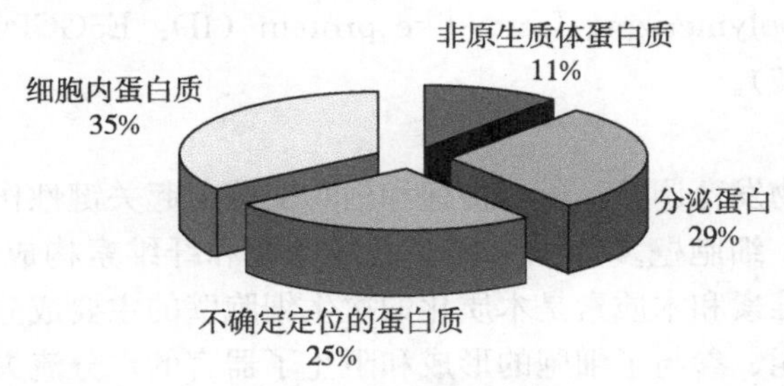

图 2-1　蛋白定位比例

将非原生质体蛋白质和分泌蛋白按其功能分类如下：

1. 与细胞过程相关的蛋白　木葡聚糖内转糖苷酶（ID：N0DXB3）、扩展蛋白 S1（ID：Q39625）、质体蓝素（ID：P00293）、多铜氧化酶（ID：E5GB46）。

2. 与代谢相关的蛋白　木葡聚糖内转糖苷酶（ID：N0DX86）、酸性 α-半乳糖苷酶 2（ID：Q2HYY3）、醌氧化还原酶类似蛋白（ID：E2S0A5 和 ID：E2S0A6）、抗坏血酸氧化酶（ID：E7BBM8）、磷酸丙糖异构酶（ID：A1BQP5）、漆树蓝蛋白（ID：Q96403）。

3. 与防御相关的蛋白　GTP 结合蛋白（ID：G0ZS06）、热激蛋白 70（ID：A2TJV6 和 ID：Q9M4E7）、亮氨酸氨基肽酶（ID：A1BQL0）、Csf-2 蛋白（ID：Q9SXL8）、核苷二磷酸激酶（ID：E5GBW3）。

4. 与连接相关的蛋白　类多聚腺苷酸结合蛋白 2（ID：Q9M549）、锌指同源结构域蛋白 1（ID：L7S218 和 ID：B0LK19）。

5. 与细胞定位相关的蛋白质　ATP 合酶 CF1 的 ε 亚基（ID：G3ETZ1）。

6. 与生物合成与调控相关的蛋白质　果胶酶（ID：Q9SLP3）、α-扩张蛋白 8（ID：Q8W5A5）、组蛋白 H4（ID：Q14TA7）、组蛋白 H2A（ID：Q58A21）。

不确定定位的蛋白包括：抗坏血酸过氧化物酶（ID：C3VQ49）、甘油醛-3-磷酸脱氢酶（ID：E1B2J6）、UDP-葡萄糖焦磷酸化酶（ID：Q19TV8）、泛素结合酶（ID：E5GCG7）、苹果酸脱氢酶（ID：A1BQK6）、肽基-脯氨酰顺反异构酶（ID：Q52UN0）、过氧化物酶（ID：Q39653）、类过氧化物酶 2（ID：E5GCD6）、Truncated processed peroxidase（ID：Q39650）、网联过氧化物酶（ID：Q6UBM4）、类磷酸乙醇酸磷酸酶（ID：A1BQI9）、类过氧化物酶 53（ID：Q39652）、膜联蛋白（ID：E5GCK3）、α-β-葡聚糖合成酶蛋白（ID：Q58A12）、酸性 α-半乳糖苷酶 1（ID：Q2MK92）、过氧化物酶 2（ID：P19135）。

鉴定得到的细胞内蛋白质有：叶绿体分子伴侣（ID：E5GC96）、NADP-依赖型甘油醛-3-磷酸脱氢酶 B 亚基（ID：Q9FV16）、BZIP2（ID：F1DQG1）、核酮糖二磷酸羧化酶大亚基（ID：A5X4B4）、60S 核糖体蛋白（ID：E5GBD5）、核糖体蛋白（ID：B0F825）、30S 核糖体蛋白 S7（ID：Q4VZK9）、40S 核糖体蛋白 S2（ID：E5GBY7）、30S 核糖体蛋白 S12（ID：G3ETW4）、60S 核糖体蛋白 L5（ID：Q6UNT2）、光系统Ⅰ铁硫中心（ID：G3ETV0）、葡萄糖-1-磷酸腺苷酰转移酶（ID：E5GCI5）、精氨酸生物合成的双功能蛋白（ID：Q3C251）、30S 核糖体蛋白 S3（ID：G3ETT6）、核黄素合成酶复合物（ID：B7SIS4）、亚精胺合成酶（ID：Q4L0W6）、铁氧还蛋白-NADP 还原酶（ID：E5RDD5）、ATP 合酶（ID：E5GC53）、60S 核糖体蛋白 L11（ID：E5GC34）、Patellin 1（ID：Q2Q0V7）、Actin depolymerizing factor-like protein（ID：E5GCP0）、60S 核糖体蛋白 L36/44（ID：F8RHB5）。

（三）讨论与结论

植物细胞壁在植物发育调控、信号传递和信息交流上起关键性作用，并形成抵御病原物侵染的第一道屏障。细胞壁多糖如果胶、半纤维素和纤维素构成了初生细胞壁成分的 90%。半纤维素、纤维素和木质素是木质化的次生细胞壁的主要成分。所有这些聚合物维持了细胞壁的机械性能、参与了细胞的形成和阻止了器官的水分流失。在植物生长和应答环境变化时，细胞壁需要被修饰和定制。有证据表明，细胞壁是一种动态的结构，这种动态与细胞壁中具有生理活性的蛋白质密不可分。

植物病害发生与蛋白质表达密切相关，对逆境胁迫响应蛋白的研究有利于阐明变化机制。细胞壁蛋白质组（call wall proteomes）主要包括以下 3 种：一是分泌蛋白质组（secretome），悬浮培养细胞、根或苗的所有分泌蛋白质都收集在液体培养基中；二是可以通过用不同溶液进行真空渗透洗脱下来的非原质体蛋白质组（apoplastic proteomes）；三是用多种溶液从纯化的细胞壁中提取的与细胞壁结合松散的蛋白质。尽管细胞壁是植物抵御病原物侵染的第一道屏障，植物细胞壁蛋白质在植物抵御生物胁迫过程中起到关键性作用，但目前人们对植物细胞壁蛋白质在生物胁迫下的变化了解很少。近 10 年，植物细胞壁蛋白质组学已经成为一个非常活跃的研究领域，拟南芥、水稻等模式植物的细胞壁蛋白质组数据库已初具规模，细胞壁蛋白质组学已经成为鉴定植物应答环境变化的候选蛋白质的新途径，但关于黄瓜细胞壁蛋白质组的研究尚少见报道。

本试验利用 Label-free 技术分析了接种黄瓜白粉病 24 h 后的黄瓜感、抗姐妹系 B21-a-2-2-2 和 B21-a-2-1-2 苗期叶片的细胞壁差异蛋白质，鉴定得到了 7 个非原生质体蛋白质、18 个分泌蛋白、16 个不确定定位的蛋白质以及 22 个细胞内蛋白质。这些细胞壁蛋白质发挥各自重要作用和群集调控构成植物防御病原菌入侵的第一道防线。

1. 与细胞过程及代谢相关的蛋白 本试验鉴定出 2 种木葡聚糖内转糖苷酶（xyloglucan endotransglucosylase，XTH），ID 分别为 N0DXB3 和 N0DX86。经 GO 注释可知 ID 为 N0DXB3 的 XTH 主要是与细胞过程相关，其 iBAQ 感/iBAQ 抗的比值为 0.528 73，由基因 *xth13* 编码；而 ID 为 N0DX86 的 XTH 主要是与代谢过程相关，其 iBAQ 感/iBAQ 抗的值为 0.351 001，由基因 *xth15* 编码。

植物生长过程中，细胞体积的增大伴随着细胞壁木葡聚糖的改变。木葡聚糖是非禾本科植物中初生壁上最为丰富的半纤维素，木葡聚糖与纤维素微纤丝之间通过氢键连接，支持木葡聚糖-纤维素微纤丝复合结构的非共价相互作用为细胞壁提供支撑力，同时维持细胞的形状。XTH 是细胞壁修饰酶，能催化木葡聚糖分子的转移或水解。XTH 是一类由多基因家族编码的蛋白质，XTH 按其结构特征可分为 3 类，即具有转糖基酶活性的Ⅰ、Ⅱ类以及具有水解酶活性的Ⅲ类 XTH。*XTH* 基因家族成员可能在植物生长、发育及对环境胁迫的响应等诸多方面发挥重要的生理作用。同时，*XTH* 基因家族在功能上具有多样性，*XTH* 基因能够响应多种信号，不同家族成员对信号的响应明显不同。目前已有许多研究表明，XTH 与细胞体积增大以及维持细胞的形状密切相关。Whitney 等（1999）研究表明，纤维素/木葡聚糖网络对细胞壁强度与刚度起重要的作用，进而说明 XTH 具有控制细胞壁机械强度的作用。胡杨是一种耐盐树种，能较长时间地抗盐胁迫。Han 等（2013）从胡杨中分离出木葡聚糖内转糖苷酶/水解酶基因（*PeXTH*）并转移到烟草中，*PeXTH* 主要定位于内质网和细胞壁中，超表达 *PeXTH* 的植物比野生型植物在根和叶的生长方面表现出更强的耐盐能力。与野生型相比，*PeXTH* 转基因植物单位面积含水量比野生型高 36%。鲜重/干重比野生型高 39%。然而，*PeXTH* 转基因植物叶片蓄水量并没有伴随着叶片厚度的增加而增大，而是依靠高度压缩栅栏薄壁组织细胞和减少叶肉细胞间的空气所占空间来增大蓄水量的。*PeXTH* 在植物体内的超表达有利于植物抵抗盐胁迫，进而说明 XTH 在植物抗逆性方面起重要作用。Yokoyama 等（2001）采用实时定量 RT-PCR 检测 *XTH* 基因家族所有成员的表达情况，发现大多数成员在组织特异性和激素信号响应方面表现出不同的表达谱，而一些成员具有类似的表达模式。环境因素与植物激素共同参与调控 XTH 的表达，如在油菜素内酯、赤霉素以及生长素的诱导下一般会表现出上调。但也有研究表明，生长素使番茄的 *SlXTH2* mRNA 表达下调。XTH 在细胞壁的重构、响应外界刺激以及植物生长发育中发挥重要作用。Cho 等（2006）从水分胁迫的辣椒中分离出 *XTH* 的同源基因 *pCaXTH1*、*pCaXTH2* 以及 *pCaXTH3*，发现它们在非生物胁迫如干旱、高盐以及低温等的响应方面扮演重要的角色，*35S-CaXTH3* 转基因拟南芥也明显表现出高的抗水分胁迫以及盐胁迫的能力，同时也伴随着形态和生理变化，说明 XTH 能有效地改变细胞的生长和响应逆境胁迫。本试验中，接种白粉病菌后黄瓜抗性品种叶片中的 3 种 XTH 的含量明显高于感病品种，推测 XTH 在黄瓜叶片抵御白粉病菌侵染的过程中起到重要作用。

扩张蛋白（expansin）是非酶类的具有细胞壁活性的蛋白质，广泛存在于各种生长的组织和成熟的果实中，通过软化细胞壁来参与对植物生长发育的调控，在植物形态建成、抵抗细胞膨压、机械支撑、维持细胞形态以及响应各种生物与非生物胁迫方面起重要的作用。扩张蛋白是由多基因家族调控的，扩张蛋白基因家族是由 α、β、γ 以及 δ 4 个基因亚族构成，其编码的蛋白具有高度的保守性。Wu 等（2001）分离并鉴定出玉米的 13 种不同扩张蛋白的 cDNA，其中有 5 个 α-扩张蛋白和 8 个 β-扩张蛋白。扩张蛋白基因在某些情况下是大量重叠表达，而在其他情况下表达也可能是高度特异的并只限于单一器官或细胞类型的。果实成熟软化过程中伴随着细胞壁组分和结构的变化，研究认为，果实软化与细胞壁酶活性增强有密切关系。Yoo 等（2003）以樱桃为试材，发现在果实成熟阶段，4 个扩张蛋白基因明显上调。这些基因的激活是伴随着编码潜在果胶甲基酯酶、果胶酸裂解酶和木糖葡聚糖内转糖苷酶的基因上调，表明扩张蛋白与成熟相关的细胞壁修饰有关。扩张蛋白不仅参与植物的生长发育过程，而且在植物抵抗病原菌以及环境胁迫中发挥作用。有研究表明，扩张蛋白参与对不良环境的适应，缓解干旱、水涝和厌氧等胁迫。Xu 等（2007）研究发现，当将耐热性草种剪股颖置于热胁迫条件下，叶片中编码扩张蛋白的 *AsEXP1* 基因呈现明显的上调以响应热胁迫。高英（2003）报道 *OsEXP3*、*OsEXP5* 基因参与了旱稻抗旱性的调控，而且是在干旱胁迫条件下旱稻根系生长的不同阶段起作用，扩张蛋白主要通过促进侧根与不定根的生长参与了旱稻抗旱性的调控。Lee 等（2013）研究发现，在植物响应生长素过程中扩张蛋白 17 上调并通过 LBD18/ASL20 促进侧根的形成。本试验鉴定出 2 种扩张蛋白：一种是 ID 为 Q39625 的扩张蛋白 S1，它是与细胞过程相关的蛋白，其 iBAQ感/iBAQ抗的比值为 0.760 614；另一种是 ID 为 Q8W5A5 的 α-扩张蛋白 8，它是与生物合成、调控相关的蛋白，其 iBAQ感/iBAQ抗的值为 1.238 472。可见，不同的扩张蛋白可能在细胞中发挥着不同的作用，它们在黄瓜叶片抵御病原菌侵染过程中分别起到怎样的作用，以及成员之间如何协同作用的，还需深入研究。

质体蓝素（plastocyanin）是光合作用电子传递链中的重要组成部分，是Ⅰ型铜蓝蛋白。其家族成员庞大，存在于叶绿体类囊体膜上，是一种分泌蛋白，属于细胞壁蛋白研究范畴。本试验鉴定出的质体蓝素的 iBAQ感/iBAQ抗的值为 1.665 049，即在病原菌侵染植株后抗性品种中质体蓝素含量表现为下调，质体蓝素含量减少，会促使植物光合作用能力下降。但黄瓜叶片光合作用下降是否与白粉病侵染有关以及白粉病侵染与质体蓝素含量下调是否存在联系还有待进一步的研究。

多铜氧化酶（multicopper oxidase，MCO）是一种金属氧化酶，其家族成员繁多，主要包括抗坏血酸氧化酶和漆酶两大类，MCO 结合铜离子具有氧化还原酶活性，参与氧化还原过程。MCO 参与植物生命活动的各种过程，包括从生长发育到生殖阶段，从色素合成到逆境胁迫的调节等。漆酶既可以催化单体聚合，也可以催化合成具有生物活性的物质，广泛存在于植物、细菌和真菌等中，与木质素合成、创伤修复以及植物抗逆性密切相关。抗坏血酸氧化酶（ascorbate oxidase，AO）是一种质外体酶，通过不稳定的自由基单脱氢抗坏血酸（MDHA）催化氧化态抗坏血酸（AA）为脱氢抗坏血酸（DHA），DHA 可以与细胞壁中的赖氨酸、组氨酸残基反应，阻止这些残基与半纤维素结构蛋白和聚半乳糖醛酸盐连接，从而减弱细胞壁固性，增强细胞壁延展性。AO 的活性与黄瓜雌花的分化有密切关系，在乙烯诱导植株雌性分化的同时，过氧化氢酶、过氧化物酶、抗坏血酸氧化酶和多酚氧化酶的活性也相应提高了。同样低温处理黄瓜植株，发现这 4 种氧化酶活性与雌花分化呈正相关。Garchery 等（2013）以番茄为试材，研究发现，在水分亏缺条件下，AO 活性的降低影响碳的分配和番茄产量的提高，表明研究抗坏血酸氧化酶的作用机理可为提高作物水分生产率提供有益依据。Kukavica 等（2013）采用不同比例的高盐碱的斯拉蒂纳水与自来水的混合物处理豌豆。研究发现，斯拉蒂纳水比率低的混合液处理的植株叶片 AO 活性较高，AO 在植物抗盐碱胁迫方面起重要作用。而不同环境或者激素对 AO 活性的调控则是一个更为复杂的过程，如 JA 处理可以引起 *CmAO4* 转录子的大量积累，而 SA 则导致相反的情况，但是调控机理仍不太明了。本试验鉴定出的 MCO 的 iBAQ感/iBAQ抗的比值为 1.931 874，AO 的 iBAQ感/iBAQ抗为 1.432 203。这 2 种蛋白质在病原菌侵染的抗性品种中均表现为下调，推断可能通过减弱阻止赖氨酸、组氨酸等残基与半纤维素结构蛋白和聚半乳糖醛酸盐连接，减弱细胞壁延展性，从而增强细胞壁固性以抵抗病原菌的入侵。

α-半乳糖苷酶（alpha galactosidase）是一类广泛存在于各类生物体内的水解酶，属于外切糖苷酶类（徐冉等，2010），在催化水苏糖分解方面起关键作用。黄瓜基因组中共有 6 种 α-半乳糖苷酶基因。其中，有 3 种酸性 α-半乳糖苷酶和 3 种碱性 α-半乳糖苷酶。酸性 α-半乳糖苷酶 2 基因主要存在于叶片中，可能与幼叶的细胞生长有关。黄瓜以水苏糖作为体内同化物的主要运输形式，但在果实中只含有蔗糖、葡萄糖和果糖等可溶性糖。α-半乳糖苷酶是催化黄瓜体内水苏糖生物分解的关键酶。本试验鉴定到 2 种 α-半乳糖苷酶，酸性 α-半乳糖苷酶 2 的 iBAQ 感/iBAQ 抗的值为 2.754 089，酸性 α-半乳糖苷酶 1 的 iBAQ 感/iBAQ 抗为 3.558 648，这 2 种 α-半乳糖苷酶在抗病品系的含量均低于感病品系的。α-半乳糖苷酶是否与黄瓜应答病原菌侵染相关还有待进一步研究证实。

醌氧化还原酶是一类参与植物呼吸过程的氧化还原酶蛋白，是电子传递链的重要组成部分。它专性催化胞内双电子还原反应，能够解除醌类物质对细胞的毒害，从而起到保护细胞的作用。醌氧化还原酶涉及醌与半醌之间的转换，以及 NAD（P）H 和 NAD（P）之间的转换，参与植物抗氧化反应。很多动物试验的研究表明，醌氧化还原酶具有抗氧化及抗有害物质的作用，且与逆境适应性有关。本试验鉴定得到 2 种醌氧化还原酶类似蛋白，ID 为 E2S0A5 的醌氧化还原酶类似蛋白的 iBAQ 感/iBAQ 抗为 1.487 938，而 ID 为 E2S0A6 的 iBAQ 感/iBAQ 抗为 0.444 752，经 GO 注释可知其与锌离子结合，并具有过氧化物酶活，参与氧化还原过程。本试验表明，该类蛋白与黄瓜响应病原菌侵染在某种程度上可能存在一定相关性，但这 2 种醌氧化还原酶类似蛋白分别起到怎样的作用或如何协同作用，还需进一步研究。

磷酸丙糖异构酶（triosephosphate isomerase，TPI）是光合作用的关键酶，在 RuBP 再生阶段，TPI 催化二羟丙酮转化为 3-磷酸甘油醛，处于光合作用第一分支点上具有控制光合作用速率的作用（康瑞娟等，2005）。磷酸丙糖异构酶在糖酵解中具有重要作用，对于有效的能量生成是必不可少的。本试验测得 TPI 的 iBAQ 感/iBAQ 抗为 1.438 014，即在病原菌侵染植株后抗性品种中表现为下调。

漆树蓝蛋白（stellacyanin）最初是从日本漆树中发现的，是蓝铜蛋白家族的一个成员，在 600 nm 处具有最强吸收峰，其表面的赖氨酸残基在电子传递中起主要作用（Farver O et al.，2011）。一般认为，蓝铜蛋白作为电子载体参与电子传递，从这种蛋白的生物化学和生物物理特性推测它们与生物体氧化还原反应有关。但是，这类蛋白确切的生物功能还不是很清楚。Bao 等（1993）研究发现，蓝铜蛋白家族中的漆酶存在于木质部，与细胞壁有关，能够氧化木质素单体。Nersissian 等（1998）研究认为，植物特异的蓝铜蛋白参与植物的初级防卫反应。Ezaki 等（2005）通过转基因研究发现拟南芥蓝铜蛋白基因（*AtBCB*）能增强转基因植物对铝胁迫的抗性。本试验鉴定出漆树蓝蛋白的 iBAQ 感/iBAQ 抗为 1.735 634，表明其在黄瓜应答白粉病菌侵染过程中起到一定的作用，但作用机制还需进一步研究。

2. 与防御相关的蛋白质　本试验鉴定得到 5 种与防御相关的蛋白质：GTP 结合蛋

白、热激蛋白 70、亮氨酸氨基肽酶、Csf-2 蛋白、核苷二磷酸激酶。GTP 结合蛋白（GTP-binding protein）是动物细胞跨膜信号转导的第二信使，目前发现其在植物细胞的抗性信号转导过程中起着重要作用。GTP 结合蛋白主要参与 GTP 结合，参与蛋白质结合，参与 GTP 分解代谢过程，介导信号转导，具有 GTPase 活性，参与蛋白质导入到细胞核，是一种分泌蛋白。GTP 结合蛋白家族庞大，目前广泛研究的 Rac 家族是 GTP 结合蛋白家族的一个亚族，Rac 家族在抗逆性方面发挥着重要的作用。本试验鉴定到的 GTP 结合蛋白的 iBAQ感/iBAQ抗为 0.634 781，即在病原菌侵染植株后抗性品种中表现为上调，推测其可能在黄瓜抗白粉病菌侵染的信号转导过程中起到重要。

热激蛋白（heat shock protein，HSP）存在于各类细胞中，包括 HSP60、HSP70、HSP90、HSP100 以及小 HSP 五大家族。HSP70 是其中最为保守的一个家族，主要参与蛋白质折叠、应激反应、ATP 结合以及与未折叠蛋白结合，具有 2-烯醛还原酶的活性，参与氧化-还原过程，是一种分泌蛋白。HSP70 家族成员众多，它们在进化上高度保守，种属间同源性高，并且在正常细胞内和应激状态下均有表达。植物 HSP70 在细胞内主要参与新生肽的折叠与成熟、损伤蛋白的降解和蛋白运输，在热、冷、盐、水涝、干旱和氧化等非生物胁迫环境的应答、抗病性及植物发育中起着重要作用。本试验鉴定出 2 个 HSP70，ID 为 A2TJV6 的 HSP70 的 iBAQ感/iBAQ抗为 0.750 901，在病原菌侵染植株后抗性品种中表现为上调；而 ID 为 Q9M4E7 的 HSP70 的 iBAQ 感/iBAQ 抗为 1.622 525，在病原菌侵染植株后感病品种中表现为上调，HSP70 在不同抗性黄瓜品系中对病原菌响应的途径是否存在差异，也有待进一步的分析。

亮氨酸氨基肽酶（leucine aminopeptidase，LAPs）普遍存在于动物、植物和微生物中。在植物体内有两类 LAPs：一类是中性 LAPs，在所有植物中组成型表达；另一类是逆境诱导的酸性 LAPs，仅在茄科中表达。LAPs 在昆虫防御过程起重要作用，并在番茄创伤信号转导后期起调节作用。转录组学和代谢组分析数据表明，*AtLAP2* 参与特定的代谢途径。沉默的 *AtLAP2* 导致早期叶片衰老和逆境敏感表型。LAPs 参与各种细胞反应，如持家蛋白的水解、细胞周期的调控、转录的抑制、膜转运蛋白的相互作用、创伤信号的调节或响应逆境胁迫等（Matsui M et al.，2006）。Boulila-Zoghlami 等（2011）研究镉对番茄根 AP 的活性和 LAP 表达的影响，发现经镉处理的植株中 LAP 活性增强，说明植物在响应镉胁迫中发挥着重要的作用。本试验鉴定的 LAPs 的 iBAQ 感/iBAQ 抗为 1.911 154，接种病原菌后抗病品系中 LAPs 含量低于感病品系。

本试验鉴定出的 Csf-2 蛋白 iBAQ感/iBAQ抗为 2.079 297，接种病原菌后抗病品系中 Csf-2 蛋白含量明显下调。目前对于 Csf-2 蛋白的研究甚少，经 GO 注释和文献检索可知，Csf-2 蛋白是一种分泌蛋白。其主要功能与植物防御反应相关，参与响应生物刺激，但具体作用机制尚不清楚。

核苷二磷酸激酶（nucleoside diphosphate kinase，NDPKs）广泛存在于真原核生物中，在真核生物中通常以六聚体的形式存在，是蛋白质激酶家族的一员。其分子量为 70～100 ku。NDPKs 定位于植物的细胞溶质、细胞核、叶绿体以及线粒体，是一种分泌蛋白，属于细胞壁蛋白质组研究范畴。NDPKs 具有核苷二磷酸激酶活性，参与 UTP、GTP 和 CTP 生物合成过程，参与 ATP 连接，参与信号转导以及响应光刺激。本试验鉴定出 2 个 NDPKs，ID 号分别为 L7S218 和 E5GBW3，其 iBAQ感/iBAQ抗分别为 1.444 57 和 2.133 022，抗病品系接种病原菌后 NDPKs 均表现为下调。NDPKs 是一种多功能蛋白，参与植物多种生理生化反应 NDPKs 响应病原菌胁迫的机制有待进一步研究证实。

3. 与连接相关的蛋白 多聚腺苷酸结合蛋白（polyadenylate-binding protein）是一类高度保守的蛋白质，参与 mRNA 的翻译及调节其稳定性。本试验鉴定的类多聚腺苷酸结合蛋白 2 的 iBAQ 感/iBAQ 抗为 0.670 588，接种病原菌后抗病品系中类多聚腺苷酸结合蛋白 2 含量上调，推测可能参与 mRNA 的翻译，进而调节植物响应外界胁迫。

锌指蛋白是一类具有指状结构域的转录因子。根据半胱氨酸（C）和组氨酸（H）残基的数目和位置，可将锌指蛋白分为 C2H2、C2HC、C2C2、C2HCC2C2、C2C2C2C2 等亚类。C2H2 型锌指蛋白是最多的也是研究最为清楚的一类锌指蛋白，在植物中已经克隆了 50 多个，主要涉及植物的生长发育和对环境胁迫的应答反应。本试验鉴定到一种锌指同源结构域蛋白 1（zinc finger-homeodomain protein 1），其 iBAQ 感/iBAQ 抗为1.611 121，即接种病原菌后抗病品系中锌指同源结构域蛋白 1 的含量低于感病品系。

4. 与细胞定位相关的蛋白质 ATP 合酶 CF _ 1 的 ε 亚基（ATP synthase cf1 epsilon subunit）是 ATP 合酶 CF _ 1 上的一个亚基，是一种分泌蛋白，属于细胞壁蛋白质组研究范畴。ATP 合酶广泛存在于植物线粒体、叶绿体中，是能量代谢的关键酶，参与氧化磷酸化与光合磷酸化反应，在跨膜质子动力势的推动下催化合成 ATP。CF _ 1 由 5 种不同的亚基组成，按照分子量从大到小排列依次为 α、β、γ、δ 和 ε。ε 亚基是 CF _ 1 五个亚基中分子量最小的亚基，它与酶紧密结合，但也能解离，能有效抑制 CF _ 1-ATP 合酶水解活力；并且，能堵塞类囊体膜上 CF _ 0 的质子通道。ε 亚基 N 端可以与 α、β 亚基相互作用，C 端可以与 γ 亚基相互作用。此外，ε 亚基还可与 CF _ 0 中的亚基Ⅲ相互作用，共同调节 ATP 合酶合成和水解 ATP 的过程。本试验鉴定其 iBAQ 感/iBAQ 抗为 1.217 157，即接种病原菌后抗病品系中的该蛋白含量低于感病品系。

5. 与生物合成与调控相关的蛋白质 果胶是植物细胞壁中胶层的主要成分，果胶酶（polygalacturonase）是降解果胶类物质的酶类。果胶酶是一种非原质体蛋白质，主要包括多聚半乳糖醛酸酶和果胶甲酯酶。本试验鉴定出果胶酶的 iBAQ 感/iBAQ 抗为 2.676 056，接种病原菌后抗病品系中表现为明显下调。半纤维素与纤维素通过氢键相连形成细胞壁的骨架结构，胶质通过共价键与纤维素相连并埋藏于细胞壁的骨架结构中，抗病品系果胶酶含量下调，减弱了果胶酶对果胶类物质的降解，细胞间黏合度增加，不利于病原菌的入侵。

组蛋白（H2A、H2B、H3 和 H4）是染色质内核小体的主要组成部分，组蛋白基因表达量及组蛋白的含量多少直接影响染色质的结构与功能，进而对基因表达具有调控作用。本试验鉴定的组蛋白 H4 和组蛋白 H2A 的 iBAQ 感/iBAQ 抗分别为 1.346 225 和 1.412 384，说明抗病品系中接种病原菌后其含量均下调，可能在病原体侵染植株后，通过改变组蛋白的含量来调控基因表达，进而抵抗相应的外界胁迫。

目前，尚不确定定位的蛋白主要有 16 个，分别是抗坏血酸过氧化物酶、甘油醛-3-磷酸脱氢酶、UDP-葡萄糖焦磷酸化酶、泛素结合酶、苹果酸脱氢酶、肽基-脯氨酰顺反异构酶、过氧化物酶、类过氧化物酶 2、Truncated processed peroxidase、网联过氧化物酶、类磷酸乙醇酸磷酸酶、类过氧化物酶 53、膜联蛋白、α-β-葡聚糖合成酶蛋白、酸性 α-半乳糖苷酶 1、过氧化物酶 2。

抗坏血酸过氧化物酶（APX）是以抗坏血酸为电子供体的专一性强的过氧化物酶，是 H_2O_2的清除剂。在细胞内，它的同工酶定位于 4 个不同的区域：叶绿体中的基质、类囊体膜、微体和胞质。目前，有多种植物的 APX 基因已克隆并应用于提高植物的抗逆性。本试验鉴定的抗坏血酸过氧化物酶（Ascorbate peroxidase）参与植物代谢过程以及在响应外界刺激中起重要作用，其 iBAQ 感/iBAQ 抗为 0.639 601，接种病原菌后抗病品系中抗坏血酸过氧化物酶含量上调。

过氧化物酶（peroxidase，POD）是广泛存在于各种动物、植物和微生物体内的一类氧化酶，催化由过氧化氢参与的各种还原剂的氧化反应。根据结合状态，可分为可溶态、离子结合态和共价结合态 POD（或细胞壁结合态）。用 Pox 381 探针进行的 Northern blot 分析结果显示，小麦感染白粉菌（*Erysiphe graminis*）12～14 h 可检测到 103 kb 的杂交带，而未感染的对照则无此杂交带，从而证明克隆的 cDNA 代表了病原诱导型基因的 mRNA。用从大麦中获得的编码阳离子（pH 8.5）同工酶的 cDNA 探针研究大麦感染上述白粉菌后的 POD 基因的表达时发现，mRNA 积累开始于接种后 5 h，24 h 达到最大值，然后逐渐降低。除了与植物正常代谢和生长发育相关的结构型 POD 外，很大部分 POD 的合成属于诱导表达型。POD 参与活性氧代谢过程、参与木质素和木栓质的合成。本试验鉴定到过氧化物酶（Peroxidase）、类过氧化物酶 2（peroxidase 2-like）、Truncated processed peroxidase、网联过氧化物酶（Netting associated peroxidase）、类过氧化物酶 53（peroxidase 53-like）以及过氧化物酶 2（Peroxidase 2）等多种过氧化物酶。其中，过氧化物酶的 iBAQ 感/iBAQ 抗为 1.914 039、类过氧化物酶 2 的 iBAQ 感/iBAQ 抗为 1.943 619、Truncated processed peroxidase 的 iBAQ 感/iBAQ 抗为 1.956 156、网联过氧化物酶的 iBAQ 感/iBAQ 抗为 1.980 172、类过氧化物酶 53 的 iBAQ 感/iBAQ 抗为 2.620 481以及过氧化物酶 2 的 iBAQ 感/iBAQ 抗为 3.971 143。可见，接种病原菌后感病品系中各种过氧化物酶的含量均表现为上调。这些过氧化物酶在黄瓜应答白粉病菌侵染过程中如何发挥作用还需深入研究。

甘油醛-3-磷酸脱氢酶（glyceraldehyde-3-phosphate dehydrogenase，GAPDH）是糖酵解过程和卡尔文循环中的关键酶，在糖代谢和能量代谢过程中起着重要的作用。但近年来越来越多的研究表明，GAPDH 不是一个纯粹简单的糖酵解酶，它是一种多功能蛋白，参与许多亚细胞水平活动。GAPDH 在氧化胁迫下抑制活性氧生成、诱发磷酸化过程，从而激活 MAPK 信号级联反应、诱导聚合体形成、参与谷胱甘肽修饰和控制电子转运。本试验中其 iBAQ 感/iBAQ 抗为 1.230 349，接种病原菌后感病品系中甘油醛-3-磷酸脱氢酶含量更高。UDP-葡萄糖焦磷酸化酶（UDP-glucose pyrophosphorylase）主要参与糖代谢过程，本试验中其 iBAQ 感/iBAQ 抗为 1.297 434，即接种病原菌后抗病品系中 UDP-葡萄糖焦磷酸化酶含量低于感病品系。

本试验中泛素结合酶（ubiquitin conjugating enzyme）iBAQ 感/iBAQ 抗为 1.375 177，接种病原菌后抗病品系中泛素结合酶含量低于感病品系。植物生长发育的很多方面受泛素蛋白酶体介导的蛋白降解途径的调控。泛素蛋白酶体途径主要由泛素活化酶、泛素结合酶、泛素蛋白连接酶和 26S 蛋白酶体组成。泛素活化酶首先激活泛素分子，然后把泛素转移到泛素结合酶上。泛素结合酶结合泛素蛋白连接酶并把泛素转移到底物蛋白上使底物泛素化，或把泛素转移到泛素蛋白连接酶再使底物泛素化。

苹果酸脱氢酶（MDH）可以催化苹果酸与草酰乙酸间的可逆转换，主要参与 TCA 循环、光合作用、C_4 循环等代谢途径等，MDH 同工酶存在于不同的亚细胞结构中，参与不同的代谢途径。本试验中苹果酸脱氢酶 iBAQ 感/iBAQ 抗为 1.562 651，接种病原菌后抗病品系中的含量低于感病品系。

肽基脯氨酰顺反异构酶为环孢素 A 亲和素家族蛋白，参与蛋白质折叠。本试验中其 iBAQ 感/iBAQ 抗为 1.871 591，接种病原菌后抗病品系中肽基-脯氨酰顺反异构酶含量下调。

类磷酸乙醇酸磷酸酶（phosphoglycolate phosphatase-like）与代谢及细胞过程有关，磷酸乙醇酸则在磷酸酶的催化作用下，脱去磷酸，形成乙醇酸。本试验中其 iBAQ 感/iBAQ 抗为 2.180 315，接种病原菌后抗病品系中类磷酸乙醇酸磷酸酶含量下调。

膜联蛋白（annexin，ANN）家族又称 Ca^{2+} 依赖性磷脂结合蛋白（Ca^{2+}-dependent phospholipid binding proteins），目前 ANN 与植物胁迫反应的关系也已经引起部分研究人员的关注，在一些植物中已经发现了某些响应非生物胁迫的 ANN 基因。本试验中膜联蛋白的 iBAQ 感/iBAQ 抗为 2.820 929，其参与黄瓜响应白粉病菌侵染的作用值得进一步深入研究。

α-葡聚糖合成酶（alpha-glucan-protein synthase）参与细胞壁合成和胼胝质积累。本试验中其 iBAQ 感/iBAQ 抗为 2.980 788，该蛋白在植物早期防御反应中的作用值得深入探讨。

综上所述，在接种白粉病菌 24 h 时，黄瓜抗病品系与感病品系的差异蛋白质主要有与糖代谢和能量代谢相关的蛋白质、与细胞壁结构变化相关的蛋白质及参与细胞壁氧化还原作用的蛋白质等。推测细胞壁结构、强度与刚度的变化以及细胞壁氧化还原状态的改变与黄瓜响应、抵御病原菌侵染密切相关，本试验鉴定得到的部分重要细胞壁蛋白质在这个过程中的作用及机制将在后续研究中进行深入探讨。同时，不同抗性黄瓜品系对病原菌响应的途径是否存在差异，也有待进一步的分析。

二、白粉病菌胁迫下黄瓜幼苗叶片的胞内差异蛋白质组分析

（一）材料与方法

1. 材料　供试黄瓜品种为抗白粉病品系 B21-a-2-1-2 和感白粉病品系 B21-a-2-2-2。

2. 方法

（1）蛋白的分离纯化。蛋白提取方法采用 PEG 分级分离法，上样量为 50 μg 进行双向电泳分离蛋白。

（2）质谱分析及蛋白质检测。利用 4700 型 MALDI-TOF/TOF（Applied Biosystems）质谱仪进行质谱分析。

（二）结果与分析

1. 抗、感池的双向电泳图谱比较　接种白粉病菌后 24 h、48 h 和正常生长的抗、感不同品系黄瓜苗期叶片 6 个处理的双向电泳图谱如图 2-2 所示。

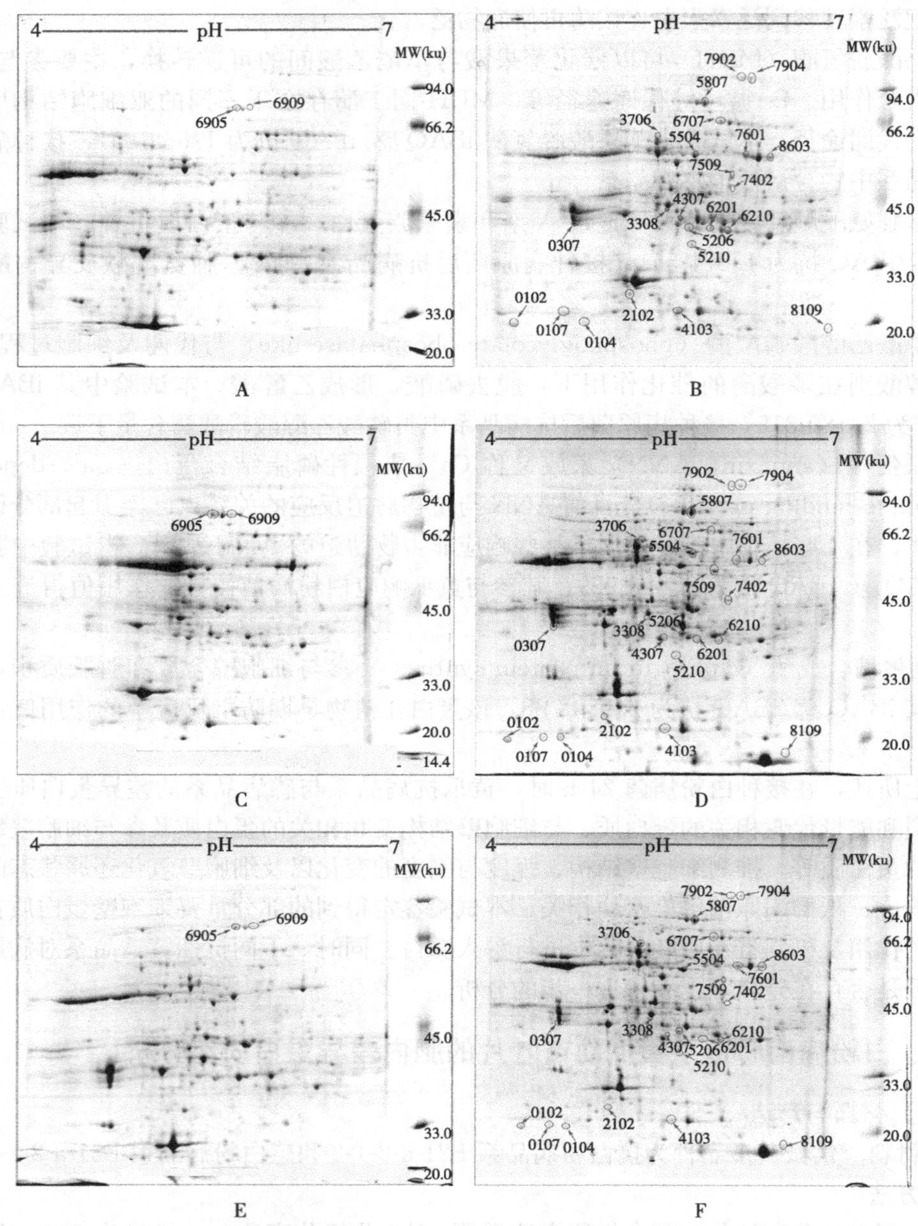

图 2-2　各处理的黄瓜苗期叶片蛋白双向电泳图谱

A. 对照（感病品种），F2 组分　B. 对照（抗病品种），F2 组分　C. 白粉病处理后 24 h（感病品种），F2 组分　D. 白粉病处理后 24 h（抗病品种），F2 组分　E. 白粉病处理后 48 h（感病品种），F2 组分　F. 白粉病处理后 48 h（抗病品种），F2 组分

注：图中圆圈所表示为黄瓜苗期叶片接种白粉病菌后蛋白质含量比对照发生 2 倍以上和有无的蛋白质点，蛋白点的圆圈数字编号与质谱鉴定编号一致。试验采用 17 cm、pH 4～7、12.5%聚丙烯酰胺凝胶、考马斯亮蓝 R-350 方法染色。

2. 各处理黄瓜苗期叶片差异蛋白质的鉴定质谱结果　B21-a-2-1-2 与 B21-a-2-2-2 的黄瓜苗期叶片胞内蛋白质中 F2 组分分离出 500 多个点，经软件分析表明，蛋白质丰度变化在 2 倍以上的约有 44 个蛋白点，重复性好的差异表达蛋白质共计 25 个（图 2-3）。有 2 个蛋白点是白粉病菌胁迫下在感病品系中上调表达，其余 23 个点则在抗病品系中上调表达。选取好的 25 个蛋白进行质谱鉴定，其中 23 个得到了鉴定，成功率较高（表 2-1）。

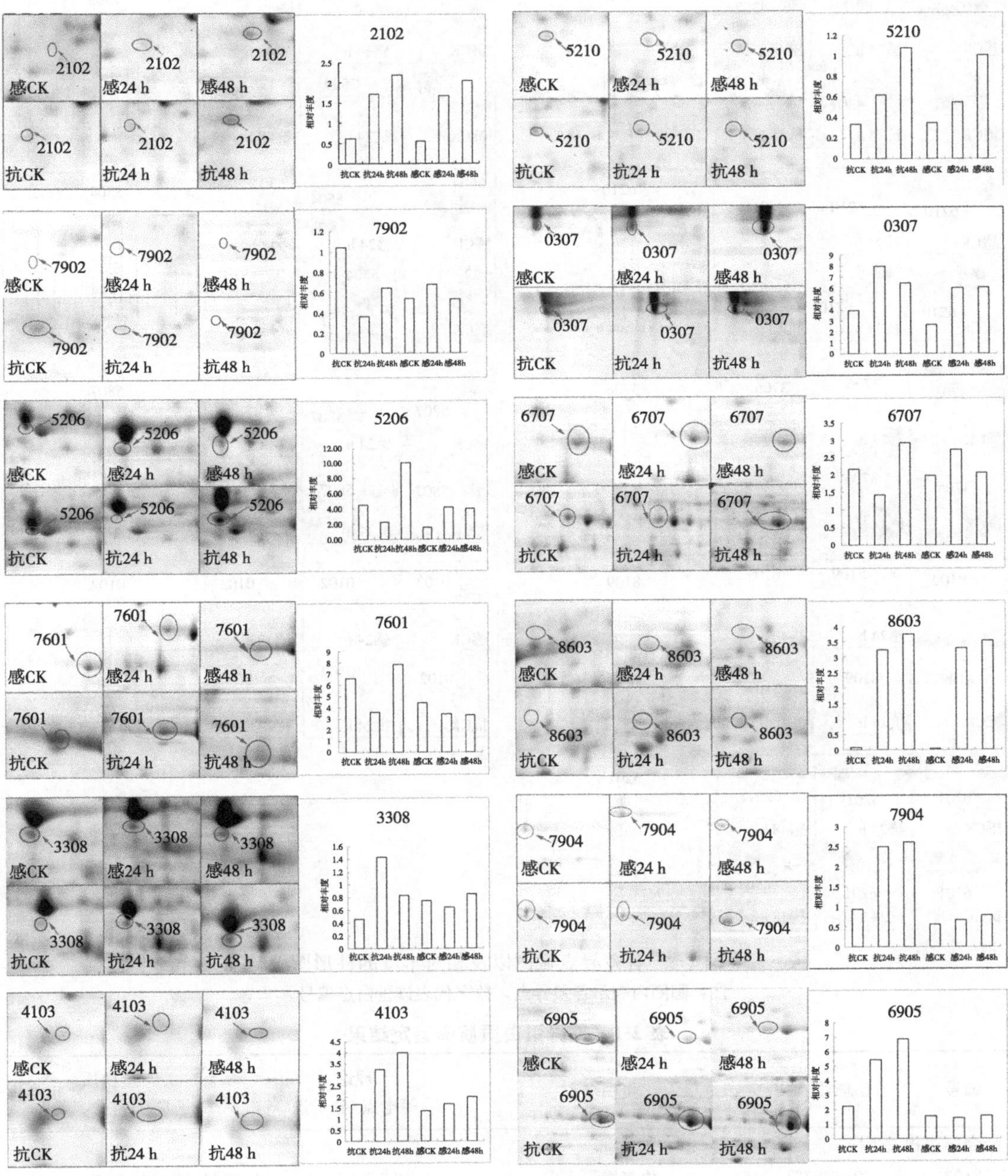

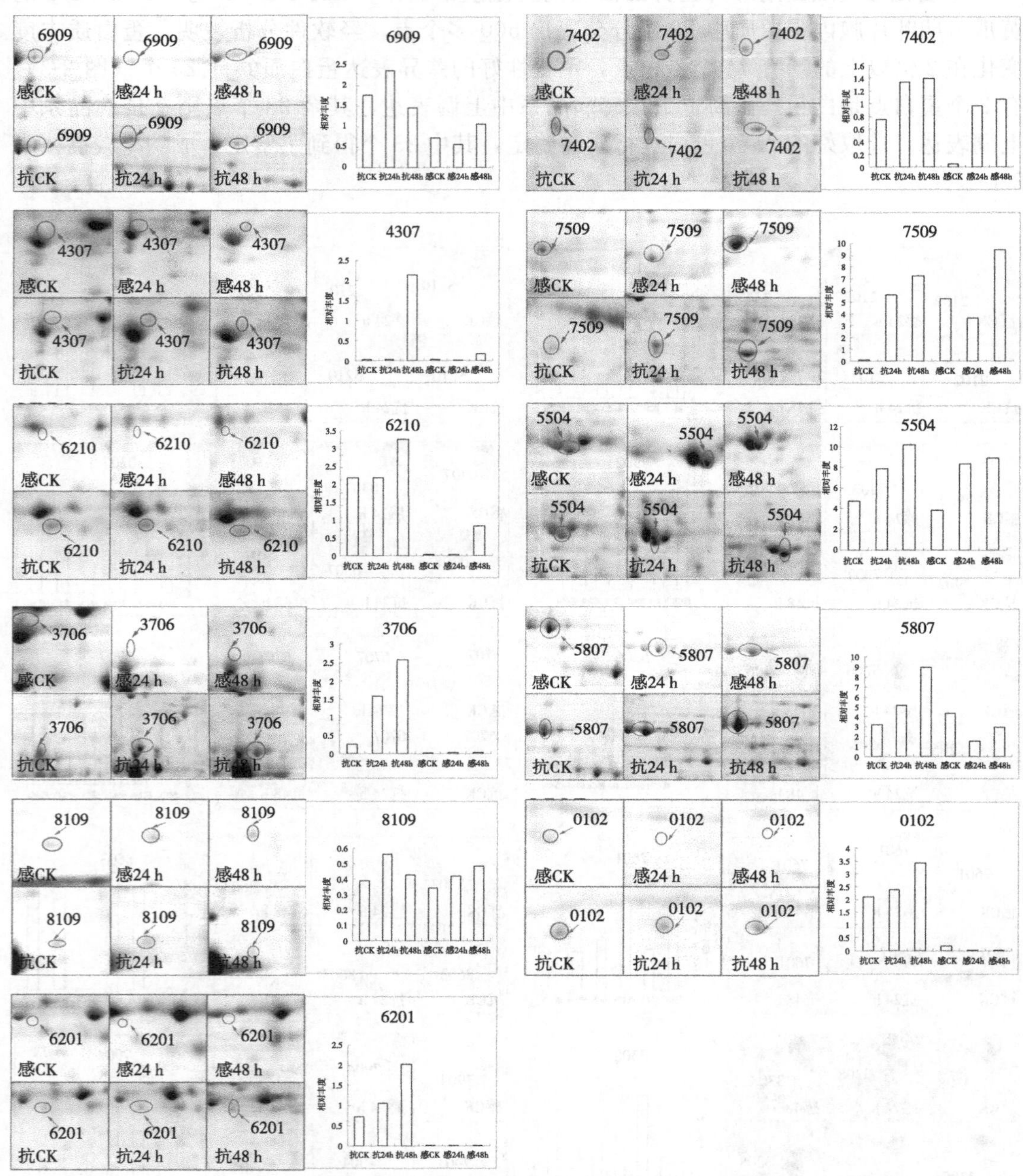

图 2-3 各差异点截图以及相对丰度的柱形图

注：圆圈内表示各差异点，数字代表该蛋白点编号。

表 2-1 差异蛋白质质谱鉴定结果

编号	登录号	蛋白名称	理论 等电点/分子量	实际 等电点/分子量	蛋白质 得分	肽段数
光合作用相关蛋白						
2102	gi丨225468761	放氧增强蛋白	6.08/35.55	5.27/24.2	830	13

（续）

编号	登录号	蛋白名称	理论 等电点/分子量	实际 等电点/分子量	蛋白质 得分	肽段数
7601	gi丨111182702	核酮糖-1,5-二磷酸羧化酶/加氧酶	6.00/51.91	5.21/58.94	770	22
8603	gi丨470881	核酮糖-1,5-二磷酸羧化酶/加氧酶	6.00/52.04	6.17/59.36	832	28
3308	gi丨125578	磷酸核酮糖激酶	6.03/44.49	4.75/42.17	608	12
能量代谢相关蛋白						
5210	gi丨307136265	果糖激酶	5.61/35.80	4.84/35.13	798	15
5504	gi丨255543861	果糖二磷酸醛缩酶	7.55/43.14	4.88/56.80	313	6
7902	gi丨1351856	乌头酸水解酶	5.74/98.57	5.00/93.00	804	26
7904	gi丨1351856	乌头酸水解酶	5.74/98.57	5.02/93.00	834	25
6707	gi丨133872360	磷酸甘油酸变位酶	5.86/25.77	4.97/70.94	165	7
5206	gi丨166702	甘油醛-3-磷酸脱氢酶	7.00/37.94	4.88/38.27	242	8
6201	gi丨126896	苹果酸脱氢酶	8.88/36.41	4.76/35.86	613	10
6210	gi丨126896	苹果酸脱氢酶	8.88/36.41	4.98/36.00	134	5
抗氧化相关蛋白						
0307	gi丨167533	过氧化物酶	4.94/34.79	4.32/40.00	729	8
7402	gi丨357122864	硫氧还原蛋白 CDSP32	6.01/33.36	5.00/46.65	149	3
7509	gi丨29367603	粪卟啉原Ⅲ氧化酶	5.97/36.74	5.00/54.56	136	9
3706	gi丨50400859	单脱氢抗坏血酸还原酶	5.29/47.50	4.68/66.73	1 060	32
4103	gi丨1669585	抗坏血酸过氧化物酶	5.43/27.55	4.78/21.47	533	15
8109	gi丨225450219	30S 核糖体蛋白	9.25/26.94	6.79/24.54	123	6
防御反应相关蛋白						
0102	gi丨295882009	几丁质酶	4.38/31.09	4.1/20.00	609	6
催化作用相关蛋白						
4307	gi丨3025693	ACC 氧化酶	5.25/32.00	4.79/38.54	267	3
代谢相关蛋白						
6909	gi丨21553673	转酮酶类似蛋白	5.88/80.33	5.67/76.65	172	9
5807	gi丨351735634	叶绿体转酮酶	6.00/80.97	4.88/77.82	1 070	22
6905	gi丨351735634	叶绿体转酮酶	6.00/80.97	5.43/76.57	209	5

3. 所鉴定到的蛋白的功能分类 经过数据分析、序列比对、GO 注释和文献检索，可以把鉴定出来的 23 种蛋白分为以下几类：

（1）光合作用相关的蛋白（5 个），分别是：

① 蛋白点 2102 是放氧增强蛋白，可以使水分解出氧气。

② 蛋白点 7601、8603 为核酮糖-1,5-二磷酸羧化酶/加氧酶，是植物光合作用过程中固定 CO_2 的关键酶，同时参与植物的光呼吸代谢途径。

③ 蛋白点 3308 是磷酸核酮糖激酶，在卡尔文循环中发挥重要作用。

④ 蛋白点 7509 是粪卟啉原Ⅲ氧化酶，与叶绿素生物合成相关。

（2）呼吸作用相关蛋白（8个），分别是：

① 蛋白点5210是果糖激酶，蛋白点5504是果糖二磷酸醛缩酶，二者均是糖酵解过程中相关的酶。

② 蛋白点7902、7904是乌头酸水解酶，是乙醛酸循环过程相关的酶。

③ 蛋白点6707是磷酸甘油酸变位酶，为糖酵解酶。蛋白点5206是甘油醛-3-磷酸脱氢酶，是生物体内糖酵解和糖异生过程中的关键酶。

④ 蛋白点6201、6210是苹果酸脱氢酶，是三羧酸循环中的一种酶。

（3）活性氧代谢和氧化还原调控相关蛋白（4个），分别是：

① 蛋白点0307是过氧化物酶（POD），蛋白点3706、4103是单脱氢抗坏血酸还原酶、抗坏血酸过氧化物酶（APX），POD和APX参与活性氧代谢中活性氧的清除。

② 蛋白点7402是硫氧还原蛋白CDSP32，参与调控氧化还原反应。

（4）防御反应相关蛋白（1个）：蛋白点0102为几丁质酶。

（5）参与催化调节作用的蛋白（1个）：蛋白点4307是ACC氧化酶，催化ACC向乙烯转化。

（6）与糖代谢和蛋白质合成相关的蛋白（4个），分别是：

① 蛋白点6909、5807、6905均为转酮酶，在戊糖磷酸循环中起着重要作用。

② 蛋白点8109是30S核糖体蛋白，参与蛋白质生物合成。

（三）讨论

白粉病原菌侵入寄主后，黄瓜与病原菌的互作过程是一个复杂动态的过程，植物通过许多蛋白质相互作用来防御病害威胁。本试验对接种黄瓜白粉病菌后的黄瓜抗、感近等基因系苗期叶片的蛋白质2-DE图谱进行了比较分析，鉴定得到抗病池中有大量蛋白质含量表达为上调。这些蛋白质主要参与防御/胁迫应答、氧化还原过程、细胞能量代谢及光合作用等多个代谢过程。这些重要蛋白质各自作用的发挥和群集调控可能控制了黄瓜寄主防御反应。

1. 光合作用相关的蛋白 本试验中蛋白点2102是放氧增强蛋白，参与光合作用中的光反应阶段；蛋白点3308是磷酸核酮糖激酶，参与光合作用中的暗反应阶段。其中，放氧增强蛋白可以将水氧化成O_2；磷酸核酮糖激酶固定CO_2，储备能量，有研究指出，活性氧暴发进而为植物捕获更多的光能、储备更多的能量以及放出更多的氧气。很多研究表明，病原菌诱导植物后会产生活性氧暴发，进而对病原菌的入侵起到防护作用。

蛋白点7509是粪卟啉原Ⅲ氧化酶，在植物中粪卟啉原氧化酶是四吡咯生物合成中的第八种酶，可催化粪卟啉原Ⅲ氧化脱羧生成原卟啉原Ⅸ。在植物中，这个反应和卟啉生物合成较早的步骤均在质体中进行，原卟啉原Ⅸ可转变为叶绿素生物合成中第一个中间产物。

本试验中蛋白点7601和蛋白点8603均是核酮糖-1，5-二磷酸羧化酶/加氧（Rubisco），在白粉病诱导后24 h、48 h，均发现Rubisco明显上调变化。Rubisco催化CO_2和RuBP（核酮糖-1，5-二磷酸）结合产生两分子的磷酸甘油酸，作为光合碳循环的第一步启动过程，它同时也催化O_2与RuBP结合进行光呼吸循环，进行有机物的分解。Rubisco也常被称为光合作用的限速酶，限制植物最大光合速率的发挥。高等植物Rubisco是一种16聚体蛋白，由8个大亚基和8个小亚基组成。大亚基是活动中心，小亚基可改变变位酶的动力学性质，它们的作用非常重要。但是，其催化效率较低。所以，在白粉病菌诱导的情况下，可使黄瓜叶片产生大量的Rubisco，用于增强光合作用中的暗反应阶段。同时，糖类是植物新陈代谢的呼吸基质，糖类含量越高，植物新陈代谢过程越旺盛，其生命力就越强，产生的能力越高，分解病原菌的致病物质的能力也越强，有利于植物组织抵抗病原菌的入侵和扩张。

2. 呼吸作用相关蛋白　生命活动离不开呼吸作用和能量，能量代谢是一切生命活动的基础。本试验中鉴定到了 5 个与呼吸作用和能量代谢相关蛋白，分别是糖酵解过程中的果糖激酶、果糖二磷酸醛缩酶，乙醛酸循环过程中的乌头酸水解酶，生物体内糖酵解和糖异生过程中的关键酶甘油醛-3-磷酸脱氢酶及三羧酸循环中的苹果酸脱氢酶，在抗病黄瓜中均属上调蛋白。

值得关注的是，本试验鉴定的蛋白点 5206 是甘油醛-3-磷酸脱氢酶（GPD），它是生物体内糖酵解和糖异生过程中的关键酶，是维持生命活动的最基本酶之一。同时，GPD 基因还具有抵抗逆境胁迫的功能，当活细胞处在各种环境压力的条件下，如热激高盐、低温、病原菌入侵等胁迫，基因表达模式会发生改变。在植物病原菌的研究中，有文献报道甘油醛-3-磷酸脱氢酶可能参与了病原物与寄主植物的早期亲和互作，具有抗氧化功能。蛋白点 6210 和蛋白点 6201 是苹果酸脱氢酶，它是代谢相关的蛋白质，在抗病品系黄瓜中的表达量都明显上调。苹果酸脱氢酶是一大类酶家族，它们在植物细胞碳水化合物代谢的三羧酸循环中起重要的调节作用，是循环路径中的限速酶，以维持细胞内正常状态的还原力。此循环能提供远比糖酵解大得多的能量，三羧酸循环也是脂质、蛋白质和核酸代谢最终生成二氧化碳和水的重要途径。鉴于这种酶在生物体中的重要作用，它们的上调可能反映了在病原菌入侵条件下植物宿主自身碳代谢和能量流的调整以应答或抵御其入侵。

蛋白点 5210、5504 和 6707 分别是果糖激酶、果糖二磷酸醛缩酶和磷酸甘油酸变位酶。植物中已糖激酶在调控基础代谢中起主要作用，果糖激酶作为己糖激酶的一种，在植物基础代谢中催化果糖的磷酸化，从而影响糖酵解的过程。菠菜中的 6-磷酸果糖抑制 SNF 1 相关蛋白激酶的活性。糖除作为营养物质和结构物质外，还作为信号分子通过影响植物生活周期调控代谢和生长发育。同时，糖也通过活化和抑制基因表达来影响细胞周期、光合作用、碳氮代谢、逆境响应、萌发、营养生长、生殖发育和衰老等过程。果糖激酶是一个功能基因家族，是具双功能的酶，既具催化功能又具调节功能。随着微阵列等技术的发展，为植物信号转导的遗传分析提供了可行性，突变体的获得也为果糖激酶作为信号转导分子的研究提供了可靠的工具。还可以采用 RNAi 等方法来研究果糖激酶的功能，探明其在信号转导中的作用。此外，最新的研究证明果糖信号可以抑制幼苗的发育，同时可以采用类似于葡萄糖的方式与植物的逆境激素信号互作。果糖二磷酸醛缩酶（醛缩酶）催化果糖 1,6-二磷酸可逆地裂解为 2 个丙糖、磷酸二羟丙酮（DHAP）和 3-磷酸甘油醛（G-3-P）。醛缩酶主要是在高等真核生物中发现，特别是在动物和高等植物中。磷酸甘油酸变位酶是一种糖酵解酶，与碳水化合物转运、新陈代谢、催化活性及生长发育有关。果糖二磷酸醛缩酶存在于糖酵解/糖异生的途径中以及磷酸戊糖循环中，因此参与了重要的糖信号分子的合成。近年来，一些转录组学和蛋白质组学研究表明，果糖二磷酸醛缩酶响应某些激素和逆境胁迫。本试验中果糖激酶、果糖二磷酸醛缩酶及磷酸甘油酸变位酶在白粉病侵染黄瓜后均表达上调，推测因为果糖激酶、果糖二磷酸醛缩酶和磷酸甘油酸变位酶作为糖酵解途径的关键酶，使植物新陈代谢增强，糖含量提高，产能量提高，分解病原菌的致病物质的能力也增强，或是通过信号分子途径使得一些转录水平上影响了某些抗病蛋白表达，进而提高了黄瓜自身的防御系统。

3. 与糖代谢和蛋白质合成相关的蛋白 蛋白点 6909、5807、6905 均是转酮酶（TK），它是一种焦磷酸硫胺素依赖性酶，在植物戊糖磷酸循环和光合成还原型的戊糖磷酸循环中起着重要作用，TK 在不同生物中序列同源性较高，有 2 个等同的催化活性中心，属于同型二聚体。其活性需焦磷酸硫胺素和二价阳离子（Mg^{2+}、Ca^{2+}等）的参与。植物最大光合速率的限制因子是 TK，TK 的活性发生微小下降即可导致芳香族氨基酸和苯丙氨酸代谢产物的抑制及植物生长速度下降。有研究表明，在接种小麦白粉病菌后，供试的各抗、感小麦品种均出现苯丙氨酸解氨酶的活性峰。其中，感病品种酶的活性峰较低且迅速降低，24 h 即接近于正常水平；而抗病品种酶的活性峰较高，为感病品种的 2 倍，持续时间较长。这表明小麦品种对白粉病的抗性与苯丙氨酸类代谢的定速酶苯丙氨酸解氨酶活性有着密切关系，并通过代谢产物绿原酸和木质素的增加得到表达。

蛋白点 8109 是 30S 核糖体蛋白，在白粉病菌侵染抗病黄瓜后，30S 核糖体蛋白得到增强表达。30S 核糖体蛋白是组成核糖体的主要成分，在细胞内蛋白质生物合成中发挥重要作用。同时，核糖体具有参与 DNA 修复、细胞发育调控和细胞分化等功能。Yu 等（2000）研究发现，烟叶在损伤胁迫时会促使核糖体蛋白基因的表达，并且核糖体蛋白在植物生长发育和胁迫反应中起调节作用。

（1）活性氧代谢和氧化还原调控相关蛋白。在生物体中，氧化胁迫是逆境胁迫的一个重要方面。尤其是在为了抵抗病原菌入侵而产生的活性氧暴发之后，如何保证自身不受活性氧的氧化损伤也是很重要的一个方面。本试验中鉴定到了 6 个与抗氧化作用相关的蛋白，都在保护植物不受氧化损伤中发挥了重要的作用。

植物病原菌侵入植物体后将引起寄主植物体内发生复杂的生理生化变化。有许多学者都在研究真菌的致病机制和寄主植物的抗病机制，其中许多与植物抗病有关的酶类如过氧化物酶（POD）、过氧化氢酶（CAT）及多酚氧化酶（PPO）等物质成为研究的重点。本研究中蛋白点 0307 属于过氧化物酶，在白粉病诱导后 24 h、48 h 均表达上调。有报道表明，POD 在黄瓜对白粉菌侵染产生的应激反应中具有积极作用，抗病品种 POD 活性一直保持较高水平。可能是因为 POD 的提高促进了某些抑菌物质（植保素、木质素等）的生成，进而抑制病菌的扩展，使植物保持抗病性。木质素的生物合成过程需要 POD 催化，提高 POD 的活性就能够促进受侵染组织的木质化作用。例如，杨树等植物的研究均证明 POD 与细胞壁的木质化或木质素的聚合作用有关。在水稻与水稻黄单胞菌水稻变种的非亲和性互作时期，诱导产生了一种阳离子过氧化物酶，并在叶肉细胞的间隙细胞壁及木质部导管腔内积累，从而使水稻黄单胞菌就不能侵入到寄主细胞内，从而说明这种 POD 在木质素生物合成中起作用并与抗病性有关。大麦白粉菌侵染大麦后，通过电镜细胞化学观察发现，POD 活性升高，表明该 POD 参与构成了大麦的一般抗病性。研究资料表明，在植物与病原物互作过程中 POD 活性提高，诱导植物细胞壁发生了改变，进而成物理屏障物引起细胞死亡和抑制病原菌的侵染，从而参与了植物的抗病作用。

蛋白点 3706 和蛋白点 4103 是单脱氢抗坏血酸还原酶、抗坏血酸过氧化物酶（APX），在高等植物中，根据在细胞中的定位分为 4 类：mbAPX、cAPX、sAPX 及 tAPX。APX 催化 H_2O_2还原的化学反应如下：2 分子抗坏血酸和 1 分子的 H_2O_2在 APX 催化下生成 2 分子单脱氢抗坏血酸和 1 分子 H_2O。产生的单脱氢抗坏血酸可通过不同的途径被还原。

在逆境胁迫下，APX转录水平和酶活性提高，可清除体内过量的H_2O_2，保护膜结构，增强农作物抵抗逆境胁迫的能力。有报道发现，人们已从棉花、拟南芥等植物中克隆了*APX*基因，并进行了部分转基因植物的研究。从蝴蝶兰（*Phalaenopsis*）中克隆获得了抗坏血酸过氧化物酶基因（*APX*）同源序列，命名为*PhAPX*。通过real-time PCR分析表明，*PhAPX*是一个广谱表达的基因，在蝴蝶兰根、茎、叶、花等各个部位都有表达。机械伤害和盐处理都可以诱导*PhAPX*表达上调，表明*PhAPX*在胁迫防御中起作用（许传俊，2012）。不同的抗氧化酶在不同组织不同细胞器中发挥作用，如叶绿体中缺少POD，但含有APX，它在抗坏血酸-谷胱甘肽循环（AsA-GSH cycle）中发挥作用，利用抗坏血酸清除体内H_2O_2，维持机体正常代谢免受氧化胁迫的影响。已有研究表明，抗坏血酸作为信号分子在植物逆境胁迫中发挥重要作用。推测白粉病菌侵染黄瓜后可使抗病黄瓜细胞产生活性氧，活性氧及其氧化衍生物不仅对侵染的病原菌具有直接的杀伤作用，还可以作为过氧化物合成酶信号途径的第二信使进一步诱导其他防御反应的发生。

细胞内氧化还原调控主要是由硫氧还原蛋白系统完成，因为硫氧还原蛋白系统在植物的氧化还原调节和抗氧化防御中起极其重要的作用。因而，近年硫氧还原蛋白的研究比较多。硫氧还原蛋白是一类广泛存在于生物体内的多功能酸性蛋白，它的活性中心是4个保守氨基酸集团Cys-Gly-Pro-Cys，可以还原目标蛋白的二硫桥（Eklund et al.，1991）。硫氧还原蛋白家族有很多成员组成，其中在本试验中鉴定到的蛋白点7402为硫氧还原蛋白CDSP32，其蛋白大小为32 ku。有研究检测到硫氧还原蛋白CDSP32的6个靶标有很强的抗氧化胁迫的能力，推断出与硫氧还原蛋白家族的其他蛋白相比，硫氧还原蛋白CSDP32在承受氧化胁迫方面起着重要的作用。硫氧还原蛋白还原目标蛋白的二硫桥是在铁硫簇的帮助下完成的。Ye等研究表明，NifS-like protein是合成铁硫簇的重要蛋白。本试验中通过白粉病菌胁迫后引起黄瓜体内一系列生理、生化反应，抗氧化胁迫能力提高，迫使硫氧还原蛋白酶通过还原靶蛋白中的二硫键参与细胞一系列的防御反应，进而阐明硫氧还原蛋白在整个细胞氧化还原网络中的重要调控作用。

（2）防御反应相关蛋白。本试验中鉴定得到几丁质酶（蛋白点0102）在白粉病菌侵染后的抗病品系叶片中明显上调表达。人们对植物的系统获得抗病性（SAR）机理进行了许多研究，发现诱抗剂可诱导几丁质酶、乙酰几丁质酶的积累。此外，还可诱导植保素的积累和蛋白酶抑制剂的合成，提高木质化水平。植保素与局部抗性密切相关，它只局限在植株受侵染的细胞周围积累，并不被运输到其他部位。抗病与感病的植株被病原物侵染后均可产生并积累植保素，但在抗性植株中积累快，迅速达到高峰。1981年，Flores研究发现，由*Hypoxylon mammatum*引起的杨树溃疡病，病原菌侵染寄主后寄主体内产生了植保素。Sekizawa等曾用稻瘟病菌处理水稻后，抗病品种植保素的积累都高于感病品种。对植保素研究比较系统的是榆树抗荷兰榆病，榆树受病原菌侵染诱导后在体内积累一种叫做曼森酮的植保素，该物质抑制病原菌的进一步侵入。有报道指出，病原菌侵染植物后能诱导几丁质酶活力，Pegg和Mauch分别在番茄和豌豆荚上发现，病原菌的感染会引起植株几丁质酶和β-1，3-葡聚糖酶的平行提高。Deytieux等（2007）研究发现，葡萄果实成熟过程中积累了大量几丁质酶，用于加强果实成熟阶段的防御保护，避免病原菌的侵害。同时，Negri等（2008）以巴贝拉葡萄为材料，研究发现在果实的成熟过程中，应激蛋白的数量是最多的，包括病程相关蛋白几丁质酶、氧化应激蛋白多酚氧化酶、过氧化氢酶等，它们在果实成熟中的高表达量与 Grimplet 等（2007）报道的在转录时应激蛋白 mRNA 具有高丰度表达是一致的。

（3）参与催化调节作用的蛋白。蛋白点 4307 为 ACC 氧化酶，该蛋白在沈阳农业大学植物发育与逆境适应实验室关于白粉病菌侵染成株期黄瓜叶片的蛋白质组学研究中也被发现明显上调。

ACC 氧化酶（ACO）是乙烯合成途径中的最后一个酶。由于乙烯在植物生长发育、叶片和花器官的衰老、果实成熟、性别分化以及植物抗病、抗逆中起着重要作用，而 ACC 氧化酶基因的表达是乙烯形成和应答的主要标志，因此 ACC 氧化酶的作用不言而喻。Cooper（1998）等发现，转反义 ACC 氧化酶基因的番茄果实具有明显的抗病菌（*Colletotrichuium gloeosporioides*）感染能力。Ma（1997）将番茄的反义 ACC 合酶基因转到烟草中，不仅成功地抑制了烟草体内乙烯的生物合成，而且明显提高了烟草组培过程中的芽再生能力。

（4）未成功鉴定蛋白。蛋白点 0107 和蛋白点 0104 经过质谱鉴定并未能得到成功鉴定，其结构和功能尚不确定。但既然它是受到病原菌诱导而在抗感品系中含量升高，有可能是尚未发现的蛋白质，推测可能与随着病原菌侵入植物产生的防御反应有关。尚需要采用其他技术手段对其进行蛋白质鉴定。

卡尔文循环、糖酵解、三羧酸循环和戊糖磷酸途径是植物初生代谢的主干。这个主干主要来源于光合作用，形成蔗糖和淀粉；通过呼吸作用，分解糖类，产生各种中间产物，进一步为核酸、蛋白质和脂类等合成提供底物。糖类是植物新陈代谢的呼吸基质，糖类含量越高，植物新陈代谢过程越旺盛，其生命力就越强。植物和病原微生物的相互作用中，植物依靠呼吸作用氧化分解病原微生物所分泌的毒素，也通过旺盛的呼吸，促进伤口愈合，加速木质化或栓质化，以减少病菌的侵染。本试验中，白粉病菌侵染黄瓜幼苗叶片后，黄瓜抗病品系与感病品系相比，与初生代谢相关蛋白的含量明显上调。与光合作用和呼吸作用相关蛋白的含量增加有利于促进植物光合作用和呼吸作用，从而增强植物组织抵抗病原菌入侵和扩张的能力。同时，各种初生代谢途径也是次生代谢途径的基础，白粉病菌侵染后初生代谢的增强，有利于黄瓜植株利用某些初生代谢产物，合成具有杀菌作用的次生代谢产物（如木质素、植保素等），以增强其防御能力。

同时，在植物对病原菌侵染早期的识别反应中，活性氧是最快的信号之一，诱导植物防御基因表达，合成防御相关蛋白或物质。受病原菌侵染的植物体内活性氧的积累也与植物抗病性密切相关，活性氧物质也能直接杀死入侵病原菌，增强细胞壁的强度和氧化交联等。本试验中，白粉病菌侵染黄瓜后，在抗病品系中与活性氧代谢相关的一些蛋白含量发生明显上调。可见，活性氧信号途径在黄瓜应答白粉病菌侵染的过程中起到重要作用。

综上所述，可以推测，黄瓜抗白粉病菌侵染与其初生代谢的增强密切相关，初生代谢的增强又促进了具有杀菌作用的次生代谢产物的合成积累。同时，活性氧信号参与黄瓜对白粉病菌侵染早期的识别反应，进而诱导防御反应相关蛋白的合成。

三、白粉病菌胁迫下黄瓜成株叶片的差异蛋白质组分析

（一）材料与方法

1. 材料　B21-a-2-1-2 和 B21-a-2-2-2 为姐妹系。其中，B21-a-2-1-2 为抗白粉病株系，

B21-a-2-2-2 为感白粉病株系。抗、感材料为成株期黄瓜叶片，均取自辽宁省农业科学院蔬菜研究所育种基地，白粉病接菌方式为天然接菌，处于发病中期，白粉病病情为 2 级，即病斑面积占总面积的 1/3～2/3，白粉明显。取样部位一致，均为第 18 叶位，该叶位此时没有感病症状。

2. 方法　具体方法同本节“二”中所述。

（二）结果与分析

1. 双向电泳图谱比较　天然接种白粉病菌后抗、感不同品系成株期黄瓜叶片蛋白质双向电泳图谱如图 2-4 所示。

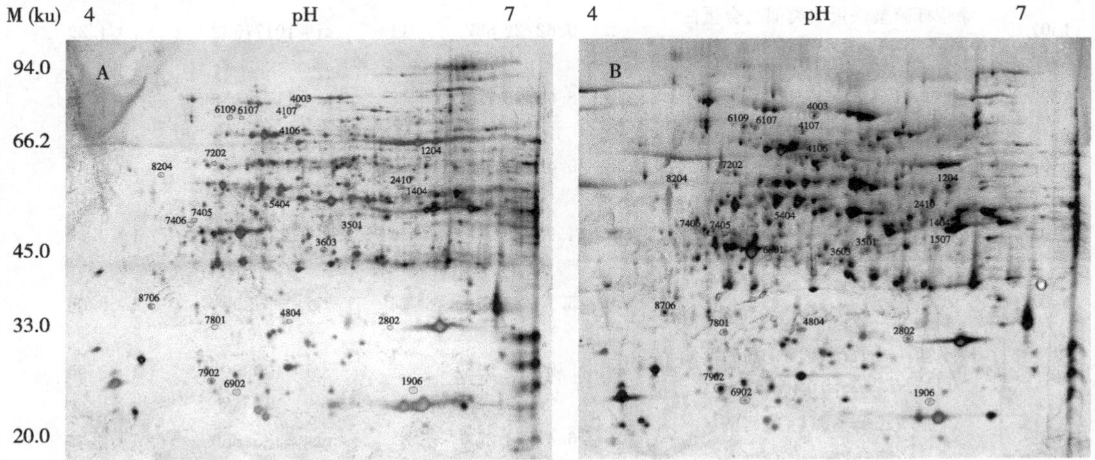

图 2-4　成株期抗、感黄瓜叶片蛋白质 2-DE 凝胶图谱

A. 成株期感病品系　B. 成株期抗病品系。均为天然接菌

注：图中圆圈所表示为蛋白质丰度发生 2 倍以上变化的蛋白点，蛋白点的圆圈数字编号与质谱鉴定编号一致。试验采用 24 cm、pH 4～7、10%聚丙烯酰胺凝胶、银染显色。

B21-a-2-1-2 与 B21-a-2-2-2 的黄瓜叶片胞内蛋白质都分离出 900 多个点，经软件分析表明，蛋白质丰度变化在 2 倍以上、重复性好的差异表达蛋白质共计 50 个。有 2 个蛋白点在白粉病菌胁迫下在感病品系中上调表达，其余 48 个点则在抗病品系中上调表达，对凝胶图谱中重复性好，丰度值变化 2 倍以上的 25 个抗病品系上调表达的蛋白点做进一步分析。

如表 2-2 所示，这些蛋白质分别是：1082、1024：异柠檬酸脱氢酶（isocitrate dehydrogenase）；1404：未知功能蛋白（unknown protein）；1507：绿脓杆菌螯铁蛋白类似结合蛋白（ferripyochelin-binding protein-like）；2410、4106：假定蛋白（hypothetical protein）；2802、6601：光合放氧复合物（oxygen-evolving enhancer protein）；3603、6109：预测蛋白（predicted protein）；4003：热激蛋白（heat shock protein 70）；4107：甜菜碱醛脱氢酶（betaine aldehyde dehydrogenase）；5404：ACC 氧化酶（ACC oxidase）；6107：葡萄糖磷酸变位酶（phosphoglucomutase）；7406：小 G 蛋白（ran-binding protein）；7801：核酮糖-1，5-二磷酸羧化酶激活酶（ribulose-bisphosphate carboxylase activase）；7902：胞质乙酰辅酶 A 硫解酶（cytosolic acetoacetyl-coenzymeA thiolase）；8204：聚腺苷酸聚合酶［poly（A）polymerase］；8706：翻译控制肿瘤蛋白同系物（translationally-controlled-tumor protein homolog）。

表 2-2　抗性品系黄瓜差异蛋白质质谱鉴定结果

编号	蛋白质名称［作物种名］	得分	理论等电点/分子量	序列覆盖率的百分比	登录号	接种后感病品系与抗病品系的差异蛋白表达量比
参与代谢与抗氧化活性的蛋白质						
1024	异柠檬酸脱氢酶［*Cucumis sativus*］	848	6.00/46 147	41	gi | 19171610	1∶18.97
1082	异柠檬酸脱氢酶［*Cucumis sativus*］	266	6.00/46 147	15	gi | 19171610	1∶6.28
1507	绿脓杆菌螯铁蛋白类似结合蛋白［*Arabidopsis thaliana*］	122	5.62/22 587	11	gi | 10177532	1∶4.29
2802	光合放氧复合物 2［*Cucumis sativus*］	78	8.61/28 121	18	gi | 11134156	1∶7.87
6107	葡萄糖磷酸变位酶［*Arabidopsis thaliana*］	229	5.48/67 989	7	gi | 6686811	1∶4.86
6109	预测蛋白［*Populus trichocarpa*］	340	4.98/59 996	14	gi | 224136858	1∶9.60
6601	光合放氧复合物 1［*Oryza sativa*］	50	5.13/26 489	14	gi | 739292	1∶5.06
7801	核酮糖-1,5-二磷酸羧化酶激活酶［*Nicotiana tabacum*］	49	5.01/25 913	7	gi | 100380	1∶5.90
7902	胞质乙酰辅酶 A 硫解酶［*Nicotiana tabacum*］	46	6.47/41 243	2	gi | 53854350	1∶2.35
与信号转导和防御反应相关的蛋白质						
4003	热激蛋白［*Phaseolus vulgaris*］	656	5.95/72 493	20	gi | 399940	1∶3.27
4107	甜菜碱醛脱氢酶［*Helianthus annuus*］	138	5.54/54 717	6	gi | 256260278	1∶3.70
5404	ACC 氧化酶［*Cucumis sativus*］	209	5.17/35 344	22	gi | 256402894	1∶2.62
7406	小 G 蛋白［*Cucumis melo var. cantalupensis*］	217	5.89/49 962	12	gi | 242090961	1∶4.72
8706	翻译控制肿瘤蛋白同系物［*Cucumis melo*］	222	4.51/18 689	28	gi | 20140866	1∶2.09
其他						
8204	聚腺苷酸聚合酶［*Pisum sativum*］	185	5.33/50 203	10	gi | 2623246	1∶8.76
1404	未知功能蛋白［*Pseudotsuga menziesii*］	53	5.80/1 393	100	gi | 205830697	1∶2.06
2410	假定蛋白 VITISV _ 026490［*Vitis vinifera*］	79	7.60/45 427	4	gi | 147844103	1∶6.59
3603	预测蛋白［*Populus trichocarpa*］	171	6.24/28 612	10	gi | 224091935	1∶2.69
4106	假定蛋白 VITISV _ 029979［*Vitis vinifera*］	123	7.03/60 743	5	gi | 147836469	1∶2.25

2. 抗、感黄瓜差异表达蛋白的功能分类　所鉴定的蛋白点按其涉及的功能大致可以分为以下几类：

（1）与代谢相关的蛋白：异柠檬酸脱氢酶、胞质乙酰辅酶 A 硫解酶。

（2）与能量相关的蛋白：核酮糖-1,5-二磷酸羧化酶激活酶、光合放氧复合物。

（3）与防御相关的蛋白：甜菜碱醛脱氢酶、葡萄糖磷酸变位酶、热激蛋白、翻译控制肿瘤蛋白同系物。

（4）信号转导的蛋白：小 G 蛋白。

（5）参与催化调节作用的蛋白：ACC 氧化酶。

（6）与转录相关的蛋白质：聚腺苷酸聚合酶。

（7）未知功能蛋白。

（三）讨论与结论

病原菌侵入寄主后，植物与病原物的互作过程是一个复杂动态的过程，植物抵御病害的一系列防御反应是许多蛋白质相互作用完成的。本试验对接种黄瓜白粉病菌后的黄瓜抗、感近等基因系叶片的蛋白质 2-DE 图谱进行了比较分析，发现在抗病品系中有大量蛋白质特异性表达和含量上调。

1. 与代谢相关的蛋白质　在接种了白粉病菌后，异柠檬酸脱氢酶、胞质乙酰辅酶 A 硫解酶等与代谢相关的蛋白质在抗病品系黄瓜中的表达量都明显上调。异柠檬酸脱氢酶（IDH）是一大类酶家族，它们在植物细胞碳水化合物代谢的三羧酸循环中起重要的调节作用，负责催化异柠檬酸氧化脱羧成 α-酮戊二酸，是循环路径中的限速酶，还可以调节还原物质库（NADH 和 NADPH）以维持细胞内正常状态的还原力。这些还原物质是细胞中很多重要酶促反应的辅助因子，除了能提供远比糖酵解大得多的能量，三羧酸循环也是脂质、蛋白质和核酸代谢最终生成二氧化碳和水的重要途径。鉴于这些酶在生物体中的重要作用，它们的上调可能反映了在病原菌入侵条件下植物宿主自身碳代谢和能量流的调整以应答或抵御其入侵。

2. 与能量相关的蛋白质　核酮糖-1,5-二磷酸羧化酶激活酶（RCA）是一种细胞核编码的可溶性叶绿体蛋白，广泛存在于光合生物中。该酶具有 ATP 水解酶活性和激活 Rubisco 的活性，参与光合作用和光呼吸过程，调节两者之间的关系。在热胁迫下，还可以作为分子伴侣保护与类囊体结合的核糖体，使在类囊体中合成的相关蛋白免受热钝化，且在植物发育中发挥重要作用。RCA 除了以上功能外，还具有保护植物抵御环境胁迫的作用。有报道表明，植物 RCA 的温度稳定性是高温限制其光合作用的一个主要生化因子，进而影响高等植物的地理分布特性、特定温度环境中的生产力以及它们对气候变化作出反应的能力。

光合放氧是光合作用中最基础的问题之一，是发生在 PSⅡ中的一个重要化学反应。光放氧复合物（OEC）在光合反应中起重要作用，将水转化为氧气。一个完整的光合放氧复合物包括 D1、D2、Cytb559、CP43、CP47、33 ku 蛋白、23 ku 蛋白、17 ku 蛋白等 20 多个蛋白。在光系统Ⅱ的外周结合有 3 个水溶性的蛋白：33 ku 蛋白、23 ku 蛋白、17 ku 蛋白。它们结合于类囊体囊腔侧，被称为放氧中心的稳定蛋白。现已表明它们不直接参与放氧反应，但它们能维持放氧反应所需的良好环境及水或质子的交换路径。推测可能与叶绿体中活性氧代谢有关，有研究者发现，植物在抵抗病原菌侵染过程中能产生和积累活性氧，而且是植物重要的防御反应之一，在本试验中可能参与黄瓜对白粉病的抗性机制。

3. 与防御相关的蛋白质 高等植物适应环境胁迫的重要生理机制之一是渗透调节，甜菜碱是其中最重要的渗透调节物质之一，而且它的合成途径简单，对细胞无毒害，具有稳定酶和细胞膜结构、清除过氧化物等非渗透保护功能。迄今为止，已有不少植物被成功地导入了与甜菜碱合成相关的基因，并在不同程度上提高了这些植物的抗旱耐盐性。如张士功（1999）等以小麦为材料，研究甜菜碱对盐胁迫下小麦幼苗保护酶系统的影响，结果显示，外源甜菜碱 2.0 g/L 能够提高高盐胁迫下小麦幼苗 SOD、CAT、POD 活性，降低活性氧自由基对质膜的伤害和膜脂过氧化作用水平，维持细胞质膜完整性和稳定性。

葡萄糖磷酸变位酶（PGM）可以催化葡萄糖-1-磷酸和葡萄糖-6-磷酸相互转化，在糖代谢中起着重要的作用。PGM 所参与的反应是连接叶绿体内的卡尔文循环及淀粉代谢和细胞溶质内的蔗糖代谢过程的重要组成部分。质体型 PGM 是参加植株淀粉合成的关键酶之一，缺乏质体型 PGM 活性的拟南芥和烟草的突变株无法积累淀粉。胞质型 PGM 则与蔗糖的合成与转化有关，在植物的蔗糖分解途径中占有关键位置。早在 1997 年，崔洪昌等在与大白菜耐热性相关的葡萄糖磷酸变位酶的研究中分离纯化了一个葡萄糖磷酸变位酶同工酶。但在后续研究中表明，此酶本身可能不是影响大白菜耐热性的主要因素，而是通过其他代谢途径。

热激蛋白，又称热休克蛋白 70（heatshock protein 70，HSP70）是一种结构上高度保守的多肽，能够通过易化变性蛋白的修复，帮助新合成的多肽键及叶绿体内蛋白的生理折叠与伸展，纠正多肽链的错误折叠等途径使细胞的功能和结构得到恢复，具有“分子伴侣”（molecular chaperone）即协助蛋白质跨膜运输的功能；可防止蛋白质前体积累；它参与靶蛋白的活性和功能调节，却不是靶蛋白的组成部分。还有研究表明，HSP70 可以防止不饱和脂肪酸发生高温聚集，并可以显著地降低抗坏血酸过氧化物酶（APX）在高温下的失活程度。有学者以转抗坏血酸过氧化物酶基因的马铃薯为材料，研究了其对高盐条件所引起的氧化胁迫的耐受性。结果表明，在高盐胁迫下，其叶片的 SOD 和 APX 酶活性显著高于对照，这说明转基因马铃薯清除活性氧的能力增强，抗逆性得到提高。近些年又有研究证实 HSP 与植物耐冷性的提高存在明显相关，而且表明热激和冷激与一组逆境蛋白有关。

翻译控制肿瘤蛋白（TCTP）是一种普遍存在并大量表达的蛋白，在进化上高度保守，与其他任何蛋白家族均未显示出明显的序列同源性。该家族蛋白基本上都具有 TCTP-1 和 TCTP-2 两个特征结构区。TCTP 的合成受到钙、真核翻译起始因子 elF4E（eukaryotic translation initiation factor 4E）和双链 RNA 依赖的蛋白激酶（dsRNA-dependent protein kinase，PKR）的调节。TCTP 是一种多功能细胞因子，参与细胞周期调控，使金属内环境稳定。它是热稳定蛋白，与钙、微管蛋白结合，具有刺激嗜碱细胞释放组胺和产生白细胞介素的作用。有报道表明，它还有抗细胞凋亡以及保护细胞免受各种逆境因子的作用。

这些蛋白在抗白粉病的黄瓜中表达量上调，推测其可能在黄瓜抗白粉病机制中发挥重要作用。

4. 信号转导蛋白质 当外源信号被受体接收后，活化的受体就将信号传递给 G 蛋白

(ran-binding protein)。G蛋白也称为GTP结合蛋白，是参与第二信使信号传递系统的一大蛋白家族。当信号传递给G蛋白后，活化的G蛋白将激活第二信使系统（Ca^{2+}、cAMP、IP3)。第二信使进一步激活转录因子的表达，转录因子再激活抗病相关基因的表达。小G蛋白参与膜泡运输，严格调节基因的表达，在植物生长发育和形态建成过程中起着非常重要的作用。植物异三聚体G蛋白在植物跨膜信号转导中发挥主要作用，参与植物激素反应、光调反应、保卫细胞离子通道和发育等的调节。尤其值得注意的是，植物异聚三体G蛋白也参与植物防卫反应的调控。Lagendre（1991）等发现，激活大豆悬浮培养细胞的G蛋白后能模拟激发子使之产生的抗病反应。Kawakita（1994）等发现，真菌激发子能增强马铃薯块茎中G蛋白活性。Beffa（1995）等通过转基因的方法提供了直接证据表明G蛋白参与了烟草的病原信号的转导。

5. 与催化调节相关的蛋白质　ACC氧化酶（ACO）是乙烯合成途径中的最后一个酶。由于乙烯在植物生长发育、叶片和花器官的衰老、果实成熟、性别分化以及植物抗病、抗逆中起着重要作用，而ACC氧化酶基因的表达是乙烯形成和应答的主要标志，因此ACC氧化酶的作用不言而喻。Cooper（1998）等发现，转反义ACC氧化酶基因番茄的果实具有明显的抗病菌感染能力。Ma（1997）将番茄的反义ACC合酶基因转到烟草中，不仅成功地抑制了烟草体内乙烯的生物合成，而且明显提高了烟草组培过程中的芽再生能力。

6. 与转录相关的蛋白　聚腺苷酸聚合酶是一种特殊的RNA聚合酶（PARP），是一种核酸修复酶，由断裂的DNA活化，参与DNA损伤的修复过程。当持续大量的DNA损伤时，引起PARP过度活化，迅速大量耗竭其底物NAD^+，增加ATP消耗，减少ATP生成，引起细胞功能障碍，甚至细胞死亡。

7. 未知功能蛋白　蛋白点1404是未知功能蛋白；蛋白点2410是假定蛋白，在葡萄（*Vitis vinifera*）中有发现；蛋白点3603是预测蛋白，在毛果杨中有发现；蛋白点4106是假定蛋白，在葡萄（*Vitis vinifera*）中有发现；蛋白点6109是预测蛋白，在毛果杨中有发现。上述几个蛋白均属未知蛋白，其结构和功能尚不确定。在抗病品系黄瓜中表达量上调，推测可能与随着病原菌侵入植物产生的防御反应有关。

为了探索黄瓜对白粉病的抗性机制，本试验以天然接菌后黄瓜的抗、感2个近等位基因系成株期叶片为材料，进行了差异蛋白质组学研究。试验中应用了PEG分级分离法制备了样品，经过2-DE、凝胶软件分析、HDMS LC-MS/MS质谱鉴定以及生物信息学的分析，在其中25个发生显著差异表达被鉴定的蛋白点中，有20个得到成功鉴定。后来又对鉴定成功的蛋白进行了功能分类分析及其亚细胞定位，这些蛋白按其在植物体内的功能可分为与代谢相关的蛋白、与能量相关的蛋白、与防御相关的蛋白、参与信号转导的蛋白、参与催化调节作用的蛋白、与转录相关的蛋白质以及未知功能蛋白。其中，以与代谢和防御相关的蛋白质居多，而这些蛋白主要位于叶绿体、线粒体和细胞核等细胞器中，存在于叶绿体的占大多数，而在胞浆和细胞膜等其他各处的所占比例相对较少。本试验结果只是黄瓜抗性蛋白质组中很小的一部分，想要明确整个抗病网络以及群集调控规律仍需对大量抗病相关蛋白进行鉴定。在今后的研究中，要对这些关键的差异蛋白的结构、功能、定位以及相互作用网络等做进一步的分析预测，对这些关键的抗病蛋白需要进行功能分析和验证。为全面系统揭示黄瓜抗白粉病菌机制的研究奠定基础。

第二节　翻译控制肿瘤蛋白在调控黄瓜抗白粉病中的作用

前期研究白粉病菌胁迫下黄瓜抗、感姐妹系 B21-a-2-1-2 和 B21-a-2-2-2 叶片的差异蛋白质组时发现翻译控制肿瘤蛋白（TCTP）在抗病品系接种 24 h 时表达量明显上调。目前关于 TCTP 的研究主要集中在人和动物中，植物 TCTP 的功能研究鲜有报道。通过在黄瓜基因组数据库中查询发现有 2 个 *TCTP* 基因，将与拟南芥 *AtTCTP1*（NP-188286）高度同源的基因命名为 *CsTCTP1*（XP-004134215），另一个即为 *CsTCTP2*（XP-004135602）。根据 Gutierrez-Galeano 等（2014）对植物 TCTP 的划分，CsTCTP1 蛋白属于 AtTCTP1-like，而 CsTCTP2 蛋白属于 CmTCTP-like，也意味着 CsTCTP1 和 CsTCTP2 蛋白在黄瓜中行使不同的功能。但 CsTCTP1 和 CsTCTP2 蛋白是否具有功能专化性，以及二者在黄瓜逆境胁迫响应中的具体功能尚不明确。

TCTP 在真核生物中普遍存在且高度保守，推测它们可能具有相似的功能。在植物中，有关 TCTP 功能研究报道尚少。拟南芥有 2 个编码 TCTP 的基因，其中，*AtTCTP1* 基因（At3g16640）在生长调节、胁迫信号和细胞程序性死亡中起到重要作用；*AtTCTP2* 基因（At3g05540）先前被认为是无功能的假基因，但 Toscano-Morales 等（2015）认为其可促进植物再生。*AtTCTP1* 基因与拟南芥生长有关，*AtTCTP1* 基因的缺失会使植株发育早期致死，RNAi *AtTCTP1* 拟南芥生长减慢、叶扩张减小、根系生长和侧根形成受影响；将果蝇的 *dTCTP* 基因导入到 *TCTP* 基因被敲除的拟南芥中，转基因植株的生长速度得到恢复，说明植物和动物中的 *TCTP* 基因功能有共同之处。近年发现，TCTP 在植物应答逆境胁迫过程中也起着关键的作用。植物响应不同逆境胁迫的差异转录组学和蛋白质组学研究中发现 TCTP 的差异表达。丁香假单胞菌（*Pseudomonas syringae*）侵染时，*AtTCTP* 表达上调先于其他重要的转录变化。番茄 TCTP 能调控辣椒黄花叶病毒（*Pepper yellow mosaic virus*）的入侵。在拟南芥中超表达棉花 *GhTCTP1* 可增强植物对绿色桃蚜（*Myzus persicae*）的抗性，水杨酸信号通路相关的防御反应基因被激活。

一、黄瓜翻译控制肿瘤蛋白基因表达特性及功能分析

（一）材料与方法

1. 材料　供试黄瓜品种为 B21-a-2-1-2、新泰密刺、津研四号、GY14 以及 B21-a-2-2-2。采用温差法对黄瓜种子进行消毒，并于温室中（25 ℃）培养，16 h（光照）/8 h（黑暗），长至两叶一心的黄瓜真叶用于 DNA、RNA 的提取。拟南芥（哥伦比亚生态型，Col-0）于光照培养室中（22 ℃）培养，苗龄 3～4 周的拟南芥用于亚细胞定位研究。

2. 方法

（1）亚细胞定位分析。利用同源重组手段将 *CsTCTP* 基因的 CDS 区插入至带有 GFP 标签的 pBI221 载体上，分别瞬时转入黄瓜原生质体和烟草叶片中。通过激光共聚焦扫描显微镜（Leica，TSC SP8，Germany）检测 GFP 荧光，观察 CsTCTP 的亚细胞定位情况。

（2）基因时空表达分析。RNA 提取使用 RNAprep pure Plant Kit（DP432，天根，中国），cDNA 合成使用 QuantScript RT Kit（KR103-04，天根，中国）。用 SYBR Green

法进行模板的荧光定量 PCR 的检测，实时定量 PCR 在 Roche Light Cycler 480 实时定量 PCR 仪上进行，CsActin 基因作为内参，应用 $2^{-\Delta\Delta CT}$法分析基因相对表达量。

（二）结果与分析

1. *CsTCTP1* 和 *CsTCTP2* 基因的克隆与分析　通过 NCBI 数据库检索，发现黄瓜有 2 个 *TCTP* 基因。本试验将与拟南芥 *AtTCTP1* 基因同源性高的命名为 *CsTCTP1*（XP-004134215），另一个即为 *CsTCTP2*（XP-004135602）。

通过 PCR 手段，分别获得高感白粉病品系中 *CsTCTP1*、*CsTCTP2* 基因全长和启动子序列以及高抗白粉病品系 *CsTCTP1*、*CsTCTP2* 基因全长和启动子序列。经测序比对发现，*CsTCTP1* 和 *CsTCTP2* 在不同黄瓜品系中并无差别。其中，图 2-5 为目的片段电泳检测图，图 2-6、图 2-7、图 2-8 和图 2-9 则为测序结果示意图。

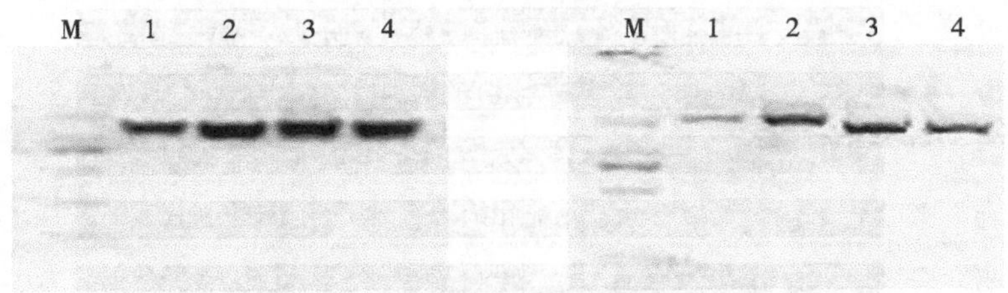

图 2-5　PCR 产物电泳检测图

注：左图 1 和 3 分别为 *CsTCTP1* 基因全长和启动子（以感白粉病品系 DNA 为模板）的 PCR 产物电泳检测，2 和 4 分别为 *CsTCTP1* 基因全长和启动子（以抗白粉病品系 DNA 为模板）的 PCR 产物电泳检测；右图 1 和 3 分别为 *CsTCTP2* 基因启动子和全长（以感白粉病品系 DNA 为模板）的 PCR 产物电泳检测，2 和 4 分别为 *CsTCTP2* 基因启动子和全长（以抗白粉病品系 DNA 为模板）的 PCR 产物电泳检测。

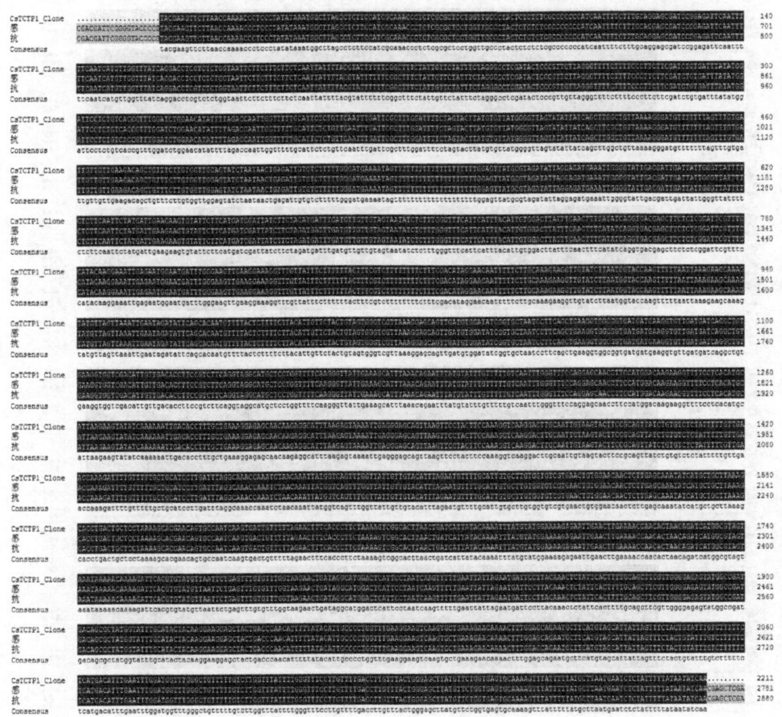

图 2-6　*CsTCTP1* 基因全长测序结果

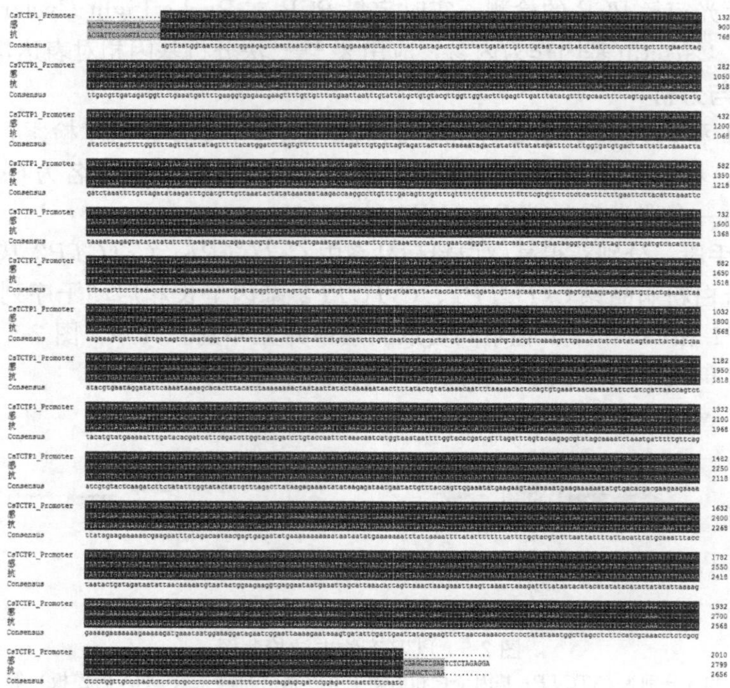

图 2-7 *CsTCTP1* 基因启动子测序结果

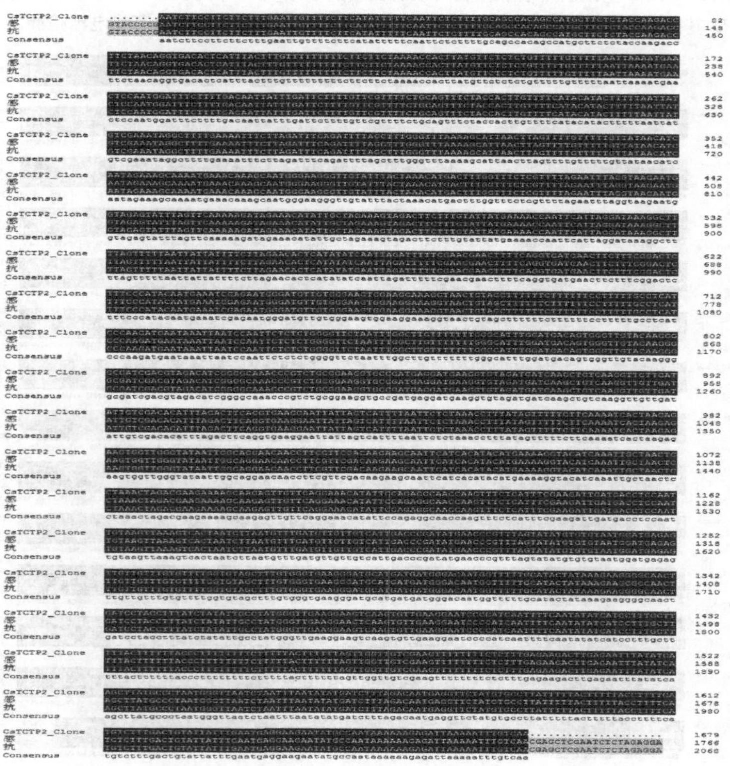

图 2-8 *CsTCTP2* 基因全长测序结果

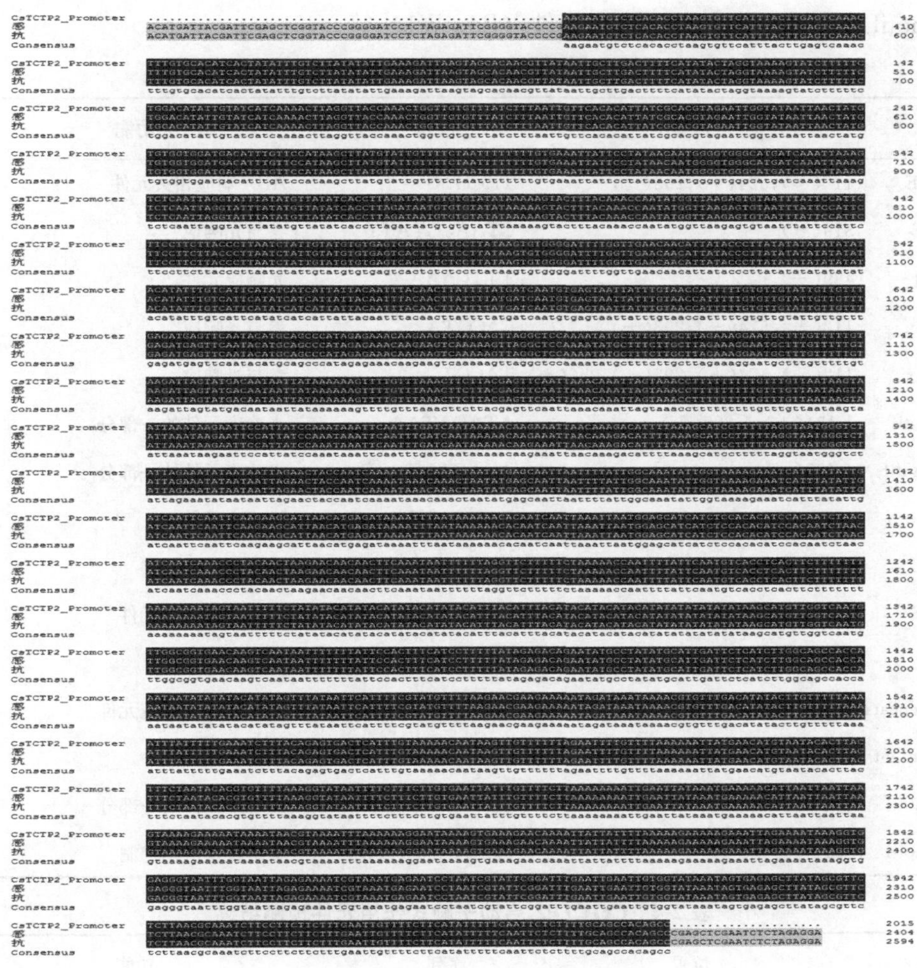

图 2-9 *CsTCTP2* 基因启动子测序结果

(1) *CsTCTP1* 和 *CsTCTP2* 基因启动子序列分析。通过对基因转录起始位点(the transcriptional start site, TSS)预测，发现 *CsTCTP1* 基因的 TSS 位于其翻译起始位点上游 87 bp 处，*CsTCTP2* 基因的 TSS 位于其翻译起始位点上游 67 bp 处。本试验扩增得到了 *CsTCTP1* 基因 TSS 上游 2 096 bp 的启动子序列，以及 *CsTCTP2* 基因 TSS 上游 2 015 bp 的启动子序列。对序列分析发现，*CsTCTP1* 和 *CsTCTP2* 启动子序列中 AT 含量均为 74%，且 TATA box 均位于 TSS 上游 28 bp 处。通过序列比对发现，*CsTCTP1* 和 *CsTCTP2* 启动子序列相似性为 45%，说明 *CsTCTP1* 和 *CsTCTP2* 基因可能呈现不同的基因表达模式。

通过对 *CsTCTP1* 和 *CsTCTP2* 启动子顺势作用元件预测(表 2-3 和表 2-4)，发现 *CsTCTP1* 和 *CsTCTP2* 启动子上都有 ABA 响应相关元件(ABRE)、防御与胁迫响应元件(TC-rich repeats)以及一系列光响应元件(ACE、TCT-motif 和 G-box 等)。*CsTCTP1* 基因启动子具有水杨酸响应元件(TCA-element)、热胁迫相关元件(HSE)以及干旱胁迫相关元件(MBS)。*CsTCTP2* 基因启动子具有结构相关元件(3-AF3 binding site 和 BoxⅢ)、乙烯响应相关元件（ERE)、胚乳表达相关元件（GCN4-motif 和 skn-1-motif）以及真菌激发子响应元件（Box-W1）等。

表 2-3 *CsTCTP1* 启动子顺式作用元件预测结果

名称	位置	序列	功能
ABRE	112(−),524(+),293(−)	TACGTG	ABA 响应相关元件
ACE	319(−)	CTAACGTATT	参与光响应
Box Ⅰ	489(−)	TTTCAAA	光响应元件
G-Box	112(+),524(−),293(+)	CACGTA	参与光响应
G-Box	112(−),524(+),293(−),956(+)	TACGTG	参与光响应
GA-motif	1 131(+),1 289(+)	ATAGATAA	光响应元件的一部分
GAG-motif	1 437(−)	AGAGAGT	光响应元件的一部分
GT1-motif	661(−),1 364(−),662(−)	GGTTAAT	光响应元件
HSE	1045(+)	AAAAAATTTC	热胁迫相关元件
MBS	910(−)	CAACTG	干旱胁迫相关元件
Sp1	1 375(+),1 449(+),1 448(+)	CC(G/A)CCC	光响应元件
TC-rich repeats	938(−),1042(−),964(−)	ATTTTCTTCA	防御与胁迫响应元件
TCA-element	1 287(−)	CCATCTTTTT	水杨酸响应元件
TCT-motif	57(+),670(+)	TCTTAC	光响应元件的一部分
TCT-motif	381(−)	CAANNNNATC	参与昼夜节律控制

表 2-4 *CsTCTP2* 启动子顺式作用元件预测结果

名称	位置	序列	功能
3-AF3 binding site	167(+)	CACTATCTAAC	保持 DNA 模块阵列的一部分(CMA3)
ABRE	1 137(−)	CACGTG	参与脱落酸反应
AE-box	157(+)	AGAAACAA	光响应模块的一部分
ARE	690(−)	TGGTTT	对无氧诱导至关重要
Box Ⅳ	483(+),1 215(−),590(+)	ATTAAT	参与光响应
Box Ⅰ	1 035(−)	TTTCAAA	光响应元件
Box Ⅲ	772(+)	CATTTACACT	蛋白质结合位点
CATT-motif	211(−)	GCATTC	光响应元件的一部分
ELI-box3	690(+)	AAACCAATT	激发子响应元件
Box-W1	820(−)	TTGACC	真菌激发子响应元件

（续）

名称	位置	序列	功能
ERE	1 305(－)	ATTTCAAA	乙烯响应相关元件
GA-motif	987(＋),1 440(－)	ATAGATAA	光响应元件的一部分
GAG-motif	603(－)	GGAGATG	光响应元件的一部分
GCN4_motif	1 053(－)	TGAGTCA	参与胚乳表达
G-Box	999(－),1 137(－)	CACGTT	参与光响应
circadian	360(＋)	CAANNNNATC	参与昼夜节律控制
chs-CMA1a	1 224(－)	TTACTTAA	光响应元件的一部分
as-2-box	47(－)	GATAATGATG	参与芽特异性表达
TCT-motif	226(－),271(＋)	TCTTAC	光响应元件的一部分
O2-site	41(－)	GATGACATGA	参与玉米醇溶蛋白代谢调节
skn-1_motif	36(＋),237(－)	GTCAT	胚乳表达所需
MRE	673(－)	AACCTAA	参与光响应
TC-rich repeats	696(＋),1 345(－),1 179(＋)	ATTTTCTTCA	参与防御和胁迫响应
I-box	41(－)	ATGATATGA	光响应元件的一部分
I-box	41(－)	ATGATATGA	光响应元件的一部分

（2）*CsTCTP1* 和*CsTCTP2* 基因序列分析。*CsTCTP1* 基因编码区全长 2 211 bp，具有 4 个内含子（即 i1、i2、i3 和 i4，分别为 578 bp、181 bp、84 bp 和 496 bp）和 5 个外显子（即 e1、e2、e3、e4 和 e5，分别为 28 bp、74 bp、129 bp、158 bp 和 118 bp）；*CsTCTP2* 基因编码区全长 1 679 bp，具有 4 个内含子（即 i1、i2、i3 和 i4，分别为 509 bp、113 bp、89 bp 和 112 bp）和 5 个外显子（即 e1、e2、e3、e4 和 e5，分别为 28 bp、74 bp、129 bp、158 bp 和 118 bp）（图 2-10）。*CsTCTP1* 基因 cDNA 全长 872 bp，具有

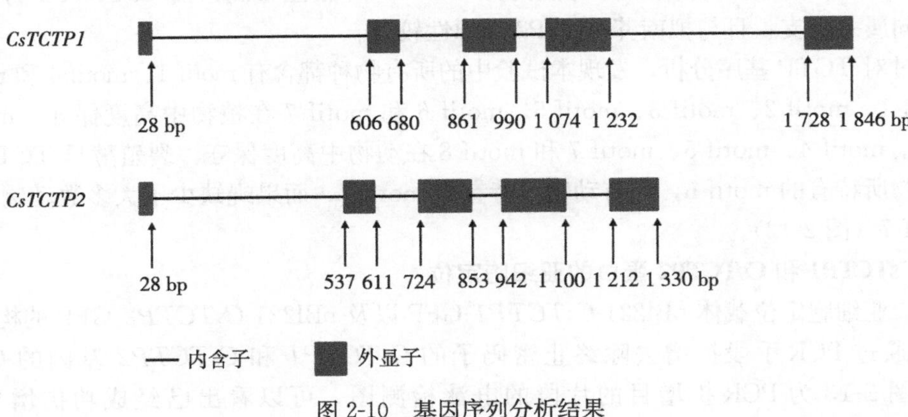

图 2-10　基因序列分析结果

507 bp 开放阅读框（ORF）、147 bp 5′-非编码区（UTR）和 218 bp 3′-UTR；*CsTCTP2* 基因 cDNA 全长 856 bp，具有 507 bp ORF、63 bp 5′-UTR 和 286 bp 3′-UTR。通过序列比对发现，*CsTCTP1* 和 *CsTCTP2* 基因 CDS 区序列相似性为 73%。

（3）CsTCTP1 和 CsTCTP2 蛋白序列分析。CsTCTP1 蛋白由 168 个氨基酸组成，预测分子量为 18 ku，等电点为 4.56；CsTCTP2 蛋白由 168 个氨基酸组成，预测分子量为 19 ku，等电点为 4.35。CsTCTP1 和 CsTCTP2 蛋白均为亲水性蛋白，并且均不存在跨膜结构域及转运肽。亚细胞定位预测显示两者均定位于细胞质中。通过序列比对发现，CsTCTP1 和 CsTCTP2 蛋白序列相似性为 77%。

通过 SMART 和 InterProScan 分析表明，CsTCTP1 和 CsTCTP2 蛋白均具有多个典型的 TCTP 特征结构域，如 Ca^{2+} 结合域（80～110）、细胞周期控制马球激酶结构域（111～168）、Na^+/K^+ ATPase 结构域（107～168）、微管蛋白结合位点、Rab GTPase 结合位点、TCTP1（45～55）以及 TCTP2（125～147）结构域（图 2-11）。结果表明，CsTCTP1 和 CsTCTP2 蛋白均是典型的 TCTP 蛋白。

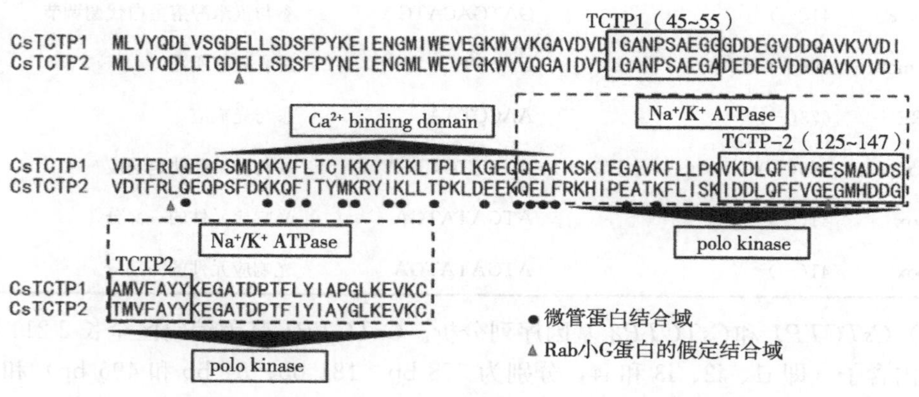

图 2-11 CsTCTP1 和 CsTCTP2 结构域预测结果

（4）系统进化树及基序分析。通过对黄瓜 CsTCTP1 和 CsTCTP2 蛋白系统进化进行分析，与其他植物（双子叶与单子叶）、动物以及真菌类的 TCTP 蛋白相比，CsTCTP1 与甜瓜 TCTP 属于同一分支，且与拟南芥 TCTP1 同源性较高；而 CsTCTP2 与橡胶树 TCTP 同属一分支，且与拟南芥 TCTP2 同源性较高。

通过对 TCTP 基序分析，发现本试验中的所有物种都含有 motif 1、motif 4 和 motif 5，而 motif 1、motif 2、motif 3、motif 5、motif 6 和 motif 7 在植物中高度保守，motif 1、motif 2、motif 4、motif 5、motif 7 和 motif 8 在动物中高度保守。裂殖酵母 TCTP 蛋白既有植物所特有的 motif 6，还有动物所特有的 motif 7，而果蝇缺少了大多数动物所特有的 motif 7（图 2-12）。

2. CsTCTP1 和 CsTCTP2 蛋白的亚细胞定位

（1）亚细胞定位载体 pBI221-*CsTCTP1*-GFP 以及 pBI221-*CsTCTP2*-GFP 的构建。

① 通过 PCR 手段扩增去除终止密码子的 *CsTCTP1* 和 *CsTCTP2* 基因的 CDS 区序列，图 2-13 为 PCR 扩增目的片段的电泳检测图，可以看出已经成功扩增到目的片段。

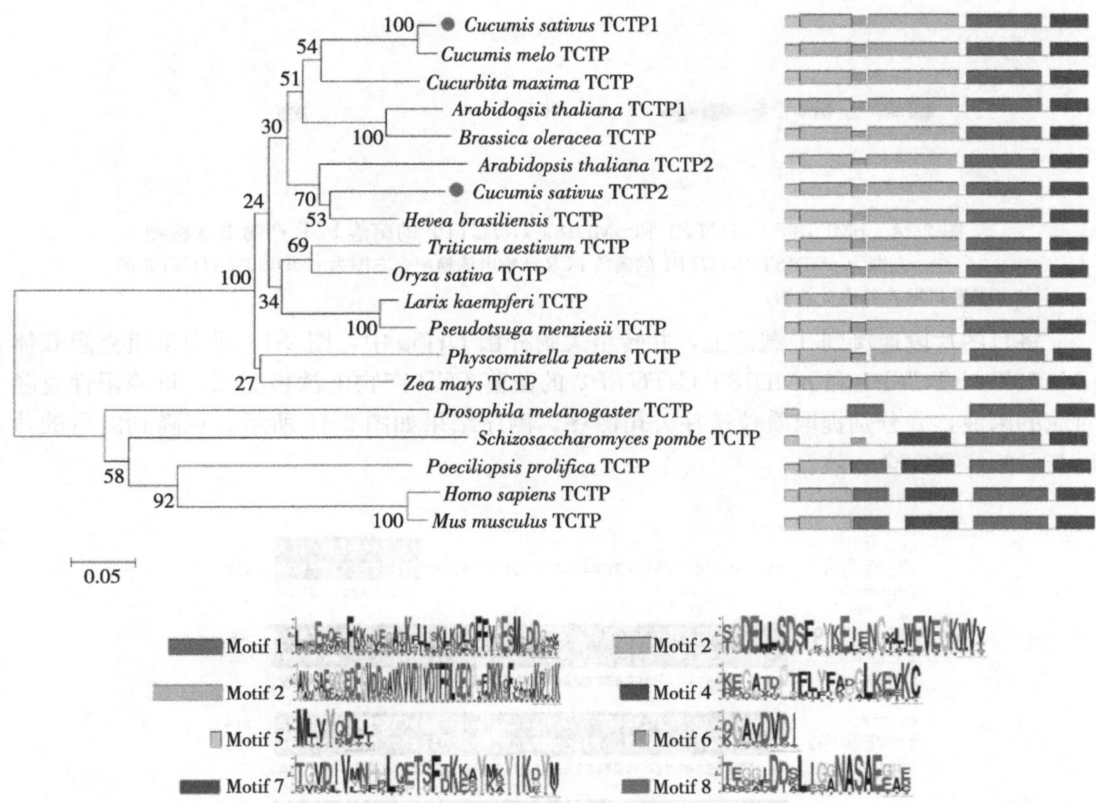

图 2-12　TCTP 系统进化树及基序分析

注：人 TCTP（P13693），小鼠 TCTP（P63028），果蝇 TCTP（Q9VGS2），多育若花鳉 TCTP（JA088771），黄瓜 TCTP1（XP-004134215），黄瓜 TCTP2（XP-004135602），南瓜 TCTP（ABC02401），甜瓜 TCTP（AAF40198），拟南芥 TCTP1（NP-188286），拟南芥 TCTP2（NP-187205），玉米 TCTP（Q8H6A5），小麦 TCTP（Q8LRM8），水稻 TCTP（KR080533），橡胶树 TCTP（Q9ZSW9），甘蓝 TCTP（Q944W6），落叶松 TCTP（AGW01241），黄杉 TCTP（Q9ZRX0），裂殖酵母 TCTP（Q10344），苔藓 TCTP（Q10344）。

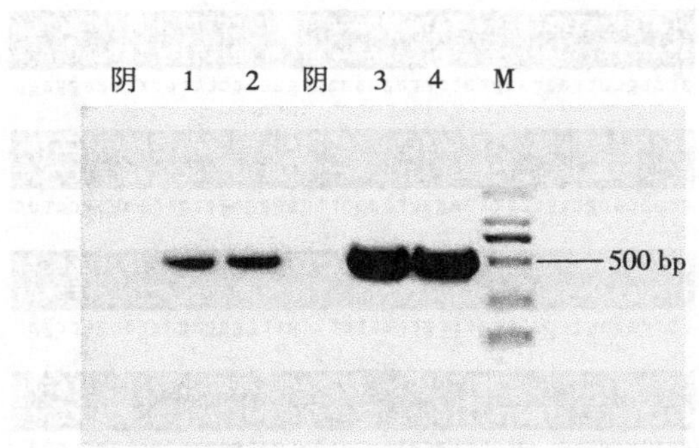

图 2-13　*CsTCTP1* 和 *CsTCTP2* 基因的 PCR 产物电泳检测

注：1，2 为 *CsTCTP2* 的 PCR 产物电泳检测；3，4 为 *CsTCTP1* 的 PCR 产物电泳检测。

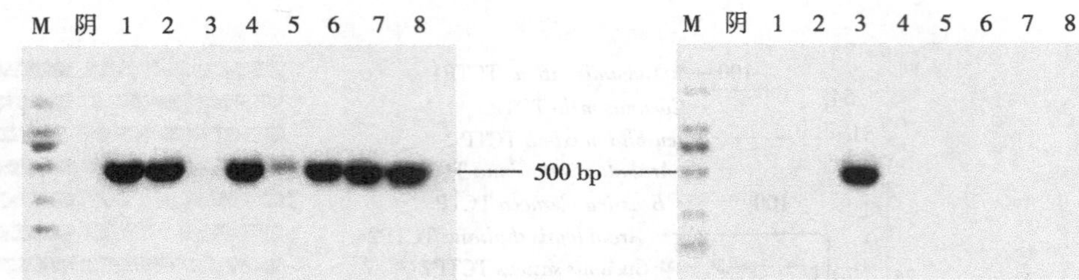

图 2-14 pMD18T-*CsTCTP1* 和 pMD18T-*CsTCTP2* 的菌落 PCR 产物电泳检测

注：左图为 pMD18T-*CsTCTP1* 的菌落 PCR 产物电泳检测；右图为 pMD18T-*CsTCTP2* 的菌落 PCR 产物电泳检测。

将目的片段连接到 T 载体上，并转至大肠杆菌 DH5α 中，图 2-14 即为重组克隆载体 pMD18T-Cs*TCTP1* 和 pMD18T-*CsTCTP2* 的菌落 PCR 产物电泳检测图。培养阳性克隆对应的菌液，并分别提取质粒送往公司测序。测序结果如图 2-15 所示，克隆到的目的片段与已知序列完全一致。

```
CsTCTP1     ....................................ATGTTGGTTTATCA  14
T克隆测序1  CGGTACCCGGGGATCCTCTAGAGATTGCTCTAGAGCATGTTGGTTTATCA  600
Consensus                                       atgttggtttatca

CsTCTP1     GGACCTCGTCTCTGGTGACGAGCTTCTCTCGGATTCGTTTCCATACAAGG  64
T克隆测序1  GGACCTCGTCTCTGGTGACGAGCTTCTCTCGGATTCGTTTCCATACAAGG  650
Consensus   ggacctcgtctctggtgacgagcttctctcggattcgtttccatacaagg

CsTCTP1     AAATTGAGAATGGAATGATTTGGGAAGTTGAAGGAAAGTGGGTCGTTAAA  114
T克隆测序1  AAATTGAGAATGGAATGATTTGGGAAGTTGAAGGAAAGTGGGTCGTTAAA  700
Consensus   aaattgagaatggaatgatttgggaagttgaaggaaagtgggtcgttaaa

CsTCTP1     GGAGCAGTTGATGTGGATATCGGTGCTAATCCTTCAGCTGAAGGTGGCGG  164
T克隆测序1  GGAGCAGTTGATGTGGATATCGGTGCTAATCCTTCAGCTGAAGGTGGCGG  750
Consensus   ggagcagttgatgtggatatcggtgctaatccttcagctgaaggtggcgg

CsTCTP1     TGATGATGAAGGTGTTGATGATCAGGCTGTGAAGGTGGTCGACATTGTTG  214
T克隆测序1  TGATGATGAAGGTGTTGATGATCAGGCTGTGAAGGTGGTCGACATTGTTG  800
Consensus   tgatgatgaaggtgttgatgatcaggctgtgaaggtggtcgacattgttg

CsTCTP1     ACACCTTCCGTCTTCAGGAGCAACCTTCCATGGACAAGAAGGTTTTCCTC  264
T克隆测序1  ACACCTTCCGTCTTCAGGAGCAACCTTCCATGGACAAGAAGGTTTTCCTC  850
Consensus   acaccttccgtcttcaggagcaaccttccatggacaagaaggttttcctc

CsTCTP1     ACATGCATTAAGAAGTATATCAAAAAATTGACACCTTTGCTGAAAGGAGA  314
T克隆测序1  ACATGCATTAAGAAGTATATCAAAAAATTGACACCTTTGCTGAAAGGAGA  900
Consensus   acatgcattaagaagtatatcaaaaaattgacacctttgctgaaaggaga

CsTCTP1     GCAACAAGAGGCATTTAAGAGTAAAATTGAGGGAGCAGTTAAGTTCCTAC  364
T克隆测序1  GCAACAAGAGGCATTTAAGAGTAAAATTGAGGGAGCAGTTAAGTTCCTAC  950
Consensus   gcaacaagaggcatttaagagtaaaattgagggagcagttaagttcctac

CsTCTP1     TTCCAAAGGTCAAGGACTTGCAATTCTTCGTTGGGGAGAGTATGGCCGAT  414
T克隆测序1  TTCCAAAGGTCAAGGACTTGCAATTCTTCGTTGGGGAGAGTATGGCCGAT  1 000
Consensus   ttccaaaggtcaaggacttgcaattcttcgttggggagagtatggccgat

CsTCTP1     GACAGCGCTATGGTATTTGCATACTACAAGGAAGGAGCTACTGACCCAAC  464
T克隆测序1  GACAGCGCTATGGTATTTGCATACTACAAGGAAGGAGCTACTGACCCAAC  1 050
Consensus   gacagcgctatggtatttgcatactacaaggaaggagctactgacccaac

CsTCTP1     ATTTTTATACATTGCCCCTGGTTTGAAGGAAGTCAAGTGCTGA.......  507
T克隆测序1  ATTTTTATACATTGCCCCTGGTTTGAAGGAAGTCAAGTGCACGAGCTCGA  1 100
Consensus   atttttatacattgcccctggtttgaaggaagtcaagtgc
```

```
CsTCTP2    ..................................................ATGCTTCTCTACCAAGACCTTCTAACAGGTGATGAAC    37
T克隆测序2  TTACGAATTCGAGCTCGGTACCCGGGGATCCTCTAGAGATTGCTCTAGAGCATGCTTCTCTACCAAGACCTTCTAACAGGTGATGAAC   616
Consensus                                                    atgcttctctaccaagaccttctaacaggtgatgaac

CsTCTP2    TTCTTTCGGACTCTTTCCCATACAATGAAATCGAGAATGGGATGTTGTGGGAAGTGGAAGGAAAGTGGGTTGTACAAGGGGCGATCGA   125
T克隆测序2  TTCTTTCGGACTCTTTCCCATACAATGAAATCGAGAATGGGATGTTGTGGGAAGTGGAAGGAAAGTGGGTTGTACAAGGGGCGATCGA   704
Consensus  ttctttcggactctttcccatacaatgaaatcgagaatgggatgttgtgggaagtggaaggaaagtgggttgtacaaggggcgatcga

CsTCTP2    CGTAGACATCGGGGCAAACCCGTCTGCGGAAGGTGCCGATGAGGATGAAGGTGTAGATGATCAAGCTGTCAAGGTTGTTGATATTGTC   213
T克隆测序2  CGTAGACATCGGGGCAAACCCGTCTGCGGAAGGTGCCGATGAGGATGAAGGTGTAGATGATCAAGCTGTCAAGGTTGTTGATATTGTC   792
Consensus  cgtagacatcggggcaaacccgtctgcggaaggtgccgatgaggatgaaggtgtagatgatcaagctgtcaaggttgttgatattgtc

CsTCTP2    GACACATTTAGACTTCAGGAACAACCTTCGTTCGACAAGAAGCAATTCATCACATACATGAAAAGGTACATCAAATTGCTAACTCCTA   301
T克隆测序2  GACACATTTAGACTTCAGGAACAACCTTCGTTCGACAAGAAGCAATTCATCACATACATGAAAAGGTACATCAAATTGCTAACTCCTA   880
Consensus  gacacatttagacttcaggaacaaccttcgttcgacaagaagcaattcatcacatacatgaaaaggtacatcaaattgctaactccta

CsTCTP2    AACTAGACGAAGAAAAGCAAGAGTTGTTCAGGAAACATATTCCAGAGGCAACCAAGTTTCTCATTTCGAAGATTGATGACCTCCAATT   389
T克隆测序2  AACTAGACGAAGAAAAGCAAGAGTTGTTCAGGAAACATATTCCAGAGGCAACCAAGTTTCTCATTTCGAAGATTGATGACCTCCAATT   968
Consensus  aactagacgaagaaaagcaagagttgttcaggaaacatattccagaggcaaccaagtttctcatttcgaagattgatgacctccaatt

CsTCTP2    CTTTGTGGGTGAAGGGATGCATGATGATGGGACAATGGTTTTTGCATACTATAAAGAAGGGGCAACTGATCCTACCTTTATCTATATT   477
T克隆测序2  CTTTGTGGGTGAAGGGATGCATGATGATGGGACAATGGTTTTTGCATACTATAAAGAAGGGGCAACTGATCCTACCTTTATCTATATT  1056
Consensus  ctttgtgggtgaagggatgcatgatgatgggacaatggtttttgcatactataaagaaggggcaactgatcctacctttatctatatt

CsTCTP2    GCCTATGGGTTGAAGGAAGTCAAGTGTTGA.............................                               507
T克隆测序2  GCCTATGGGTTGAAGGAAGTCAAGTGTCCGAGCTCGAATCGTCGACCTGCAGGCATGCAAGCTGCACTGCCGATGCA            1132
Consensus  gcctatgggttgaaggaagtcaagtgt
```

图 2-15　pMD18T-*CsTCTP1* 和 pMD18T-*CsTCTP2* 测序结果

②然后应用 *Xba* Ⅰ和 *Sac* Ⅰ双酶切重组克隆载体 pMD18T-*CsTCTP1* 和 pMD18T-*CsTCTP2*（图 2-16），并回收小片段。同时，双酶切亚细胞定位载体 pBI221-GFP（图 2-17），回收大片段。

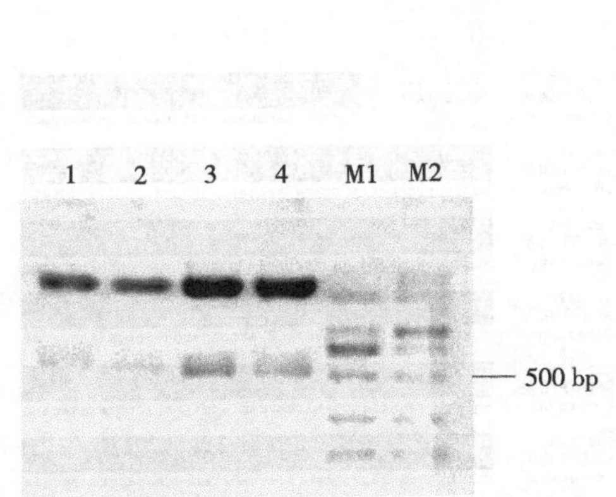

图 2-16　pMD18T-*CsTCTP1* 和 pMD18T-*CsTCTP2* 的双酶切鉴定

注：3，4 为 pMD18T-*CsTCTP1* 的双酶切鉴定；1，2 为 pMD18T-*CsTCTP2* 的双酶切鉴定。

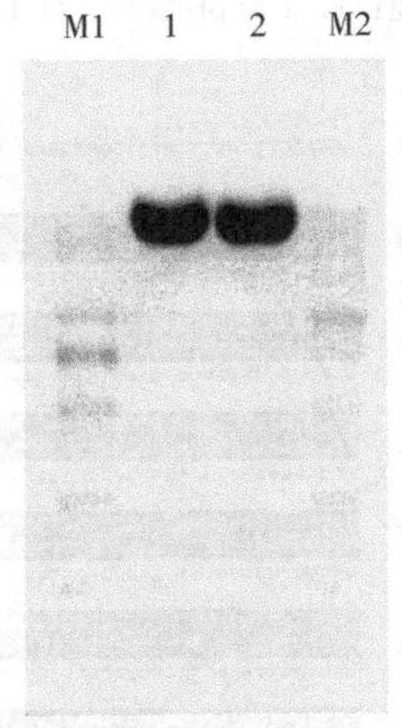

图 2-17　亚细胞定位载体 pBI221-GFP 的双酶切

注：1，2 为 pBI221-GFP 的双酶切后骨架片段。

将回收的大、小片段进行连接，并转化至大肠杆菌 DH5α 中，图 2-18 即为重组载体 pBI221-*CsTCTP1*-GFP 和 pBI221-*CsTCTP2*-GFP 的菌落 PCR 产物电泳检测图。培养阳性克隆对应的菌液，分别提取质粒并送往公司测序，同时进行双酶切验证（图 2-19、图 2-20）。研究结果表明，已成功构建亚细胞定位载体 pBI221-*CsTCTP1*-GFP 和 pBI221-*CsTCTP2*-GFP。

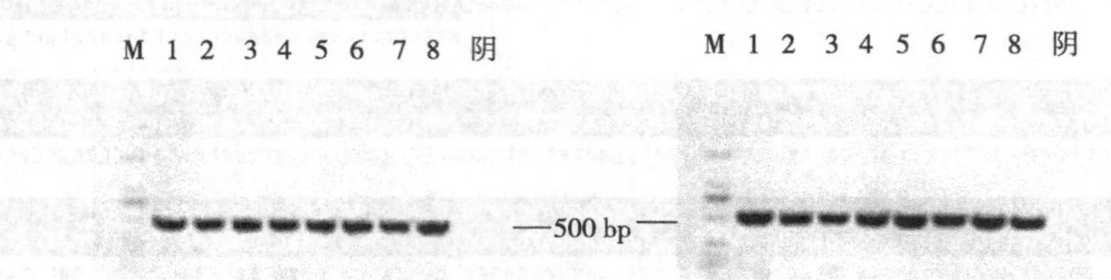

图 2-18 pBI221-*CsTCTP1*-GFP 和 pBI221-*CsTCTP2*-GFP 的菌落 PCR 产物电泳检测

注：左图为 pBI221-*CsTCTP1*-GFP 的菌落 PCR 产物电泳检测；右图为 pBI221-*CsTCTP2*-GFP 的菌落 PCR 产物电泳检测。

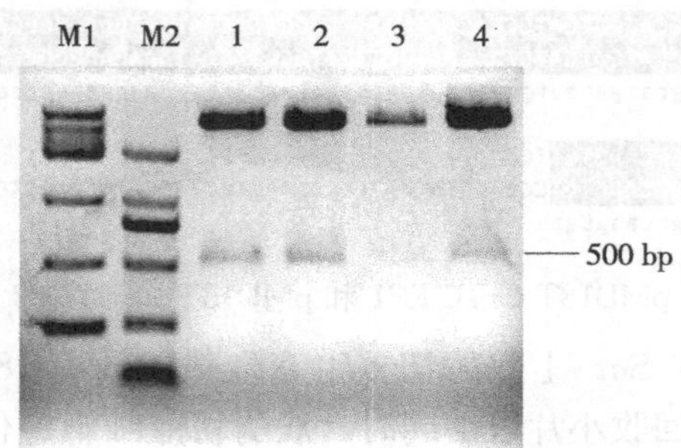

图 2-19 pBI221-*CsTCTP1*-GFP 和 pBI221-*CsTCTP2*-GFP 的双酶切鉴定

注：1，2 为 pBI221-*CsTCTP1* 的双酶切鉴定；3，4 为 pBI221-*CsTCTP2* 的双酶切鉴定。

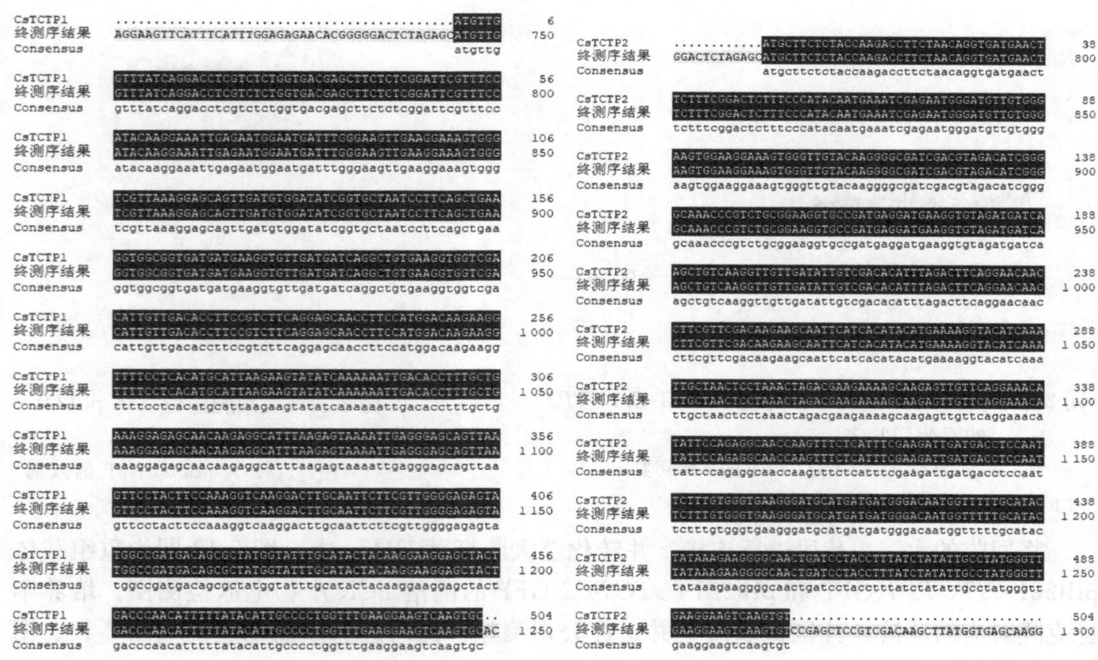

图 2-20 pBI221-*CsTCTP1*-GFP 和 pBI221-*CsTCTP2*-GFP 测序结果

（2）亚细胞定位。将 pBI221-GFP（对照）、pBI221-*CsTCTP1*-GFP 以及 pBI221-*CsTCTP2*-GFP 载体分别转化至野生型拟南芥原生质体中，应用激光共聚焦显微镜观察 *CsTCTP1-GFP* 和 *CsTCTP2*-GFP 融合蛋白的亚细胞定位情况。如图 2-21 所示，35S∷GFP 为空载体对照，35S∷*CsTCTP1*-GFP 和 35S∷*CsTCTP1*-GFP 为融合蛋白。结果显示，35S∷GFP 在细胞质和细胞核中均有表达，而 35S∷*CsTCTP1*-GFP 和 35S∷*CsTCTP2*-GFP 融合蛋白均只在细胞质中表达，说明 CsTCTP1 和 CsTCTP2 蛋白均定位于细胞质中。

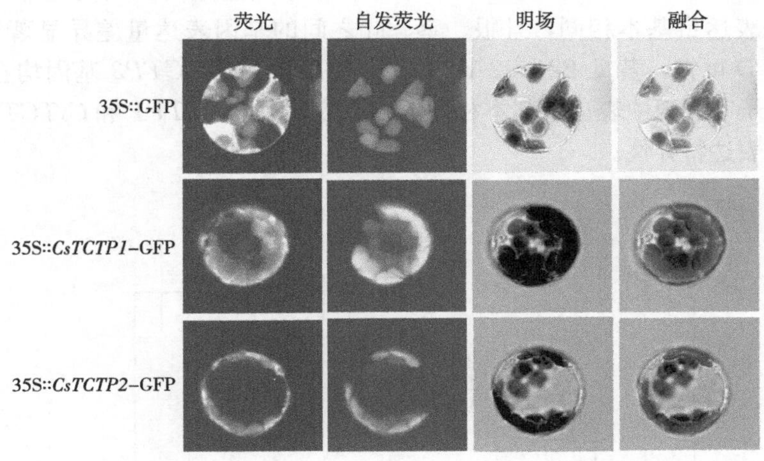

图 2-21　35S∷*CsTCTP*1-GFP 和 35S∷*CsTCTP2*-GFP 融合蛋白在拟南芥原生质中亚细胞定位

3. *CsTCTP1* 和 *CsTCTP2* 基因的表达特性分析

（1）*CsTCTP1* 和 *CsTCTP2* 基因在黄瓜不同品种中的表达分析。通过 qRT-PCR 技术分析 *CsTCTP1* 和 *CsTCTP2* 基因在不同黄瓜品种中的表达特性，并且分别以 *CsTCTP1* 和 *CsTCTP2* 基因在 B21-a-2-2-2 中表达量为基准 1.000。如图 2-22 所示，黄瓜 *CsTCTP1* 和 *CsTCTP2* 基因均在 B21-a-2-2-2 中表达量最高，其次是津研四号和 B21-a-2-1-2，在 GY14 中表达量最低。可见，*CsTCTP1* 和 *CsTCTP2* 基因在黄瓜不同品种中的表达量有所差异。

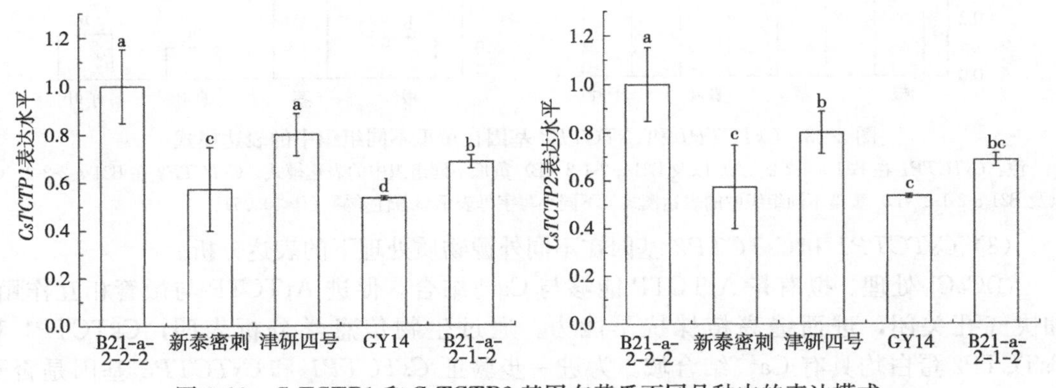

图 2-22　*CsTCTP1* 和 *CsTCTP2* 基因在黄瓜不同品种中的表达模式

注：不同小写字母表示显著性差异（$P<0.05$）。

（2）*CsTCTP1* 和 *CsTCTP2* 基因在黄瓜不同组织中的表达分析。分别提取黄瓜不同感、抗白粉病姐妹系 B21-a-2-2-2（高感白粉病）和 B21-a-2-1-2（高抗白粉病）的根、茎、真叶以及子叶的 RNA，逆转录合成 cDNA 后进行 qRT-PCR，以分析 *CsTCTP1* 和 *CsTCTP2* 基因在黄瓜不同组织中的表达特性，并且分别以 *CsTCTP1* 和 *CsTCTP2* 基因在根中表达量为基准 1.000。

黄瓜 *CsTCTP1* 基因在 B21-a-2-2-2 茎中表达最高，其次是根，在真叶中表达量最低（图 2-23A）；黄瓜 *CsTCTP2* 基因在 B21-a-2-2-2 根中表达最高，其次是子叶和真叶，在子叶和真叶中表达量基本相同，且根、茎、叶之间的基因表达量差异显著（图 2-23C）。由图 2-23B 和 D 可知，黄瓜 B21-a-2-1-2 的 *CsTCTP1* 和 *CsTCTP2* 基因均在茎中表达最高，在真叶、子叶和根中表达量基本相同。结果表明，*CsTCTP1* 和 *CsTCTP2* 基因在黄瓜中具有组织表达特异性。

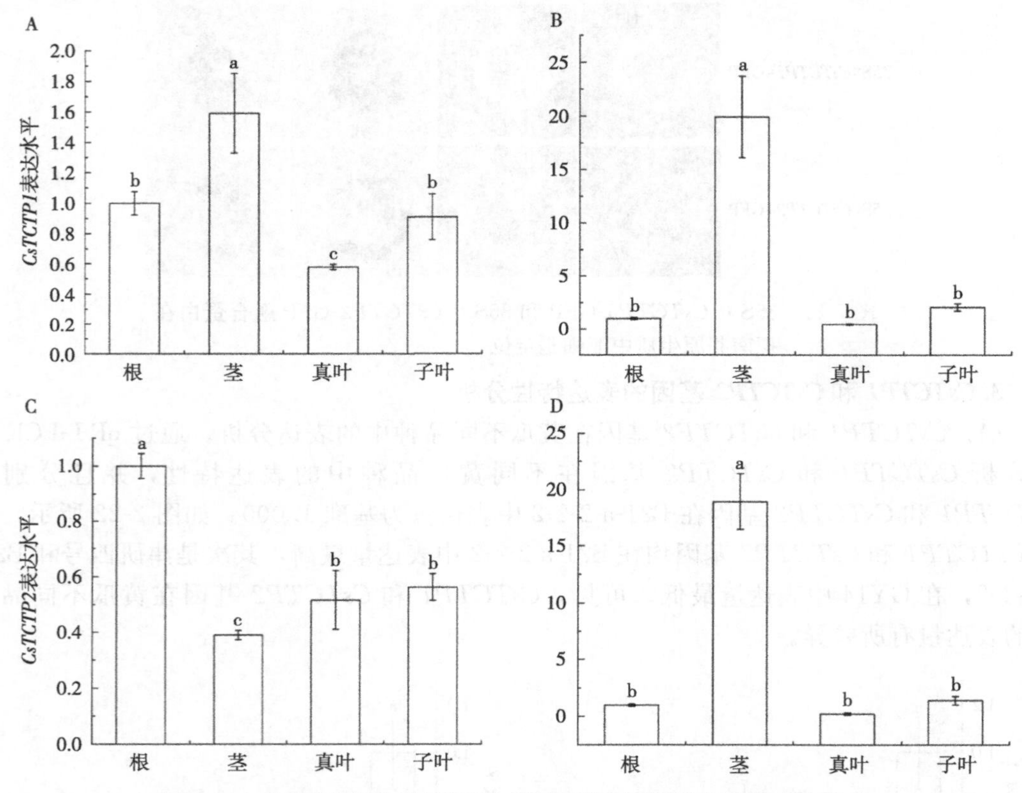

图 2-23　*CsTCTP1* 和 *CsTCTP2* 基因在黄瓜不同组织中的表达模式

注：*CsTCTP1* 在 B21-a-2-2-2（A）以及 B21-a-2-1-2（B）黄瓜不同组织中的表达模式；*CsTCTP2* 在 B21-a-2-2-2（C）以及 B21-a-2-1-2（D）黄瓜不同组织中的表达模式。不同小写字母表示显著性差异（$P<0.05$）。

（3）*CsTCTP1* 和 *CsTCTP2* 基因在不同外源物质处理下的表达分析。

①$CaCl_2$处理。拟南芥 AtTCTP 能够与 Ca^{2+} 结合，促进 AtTCTP 与微管相互作用，加快气孔关闭，进而提高植株抗旱能力。通过生物信息学分析表明，CsTCTP1 和 CsTCTP2 蛋白均具有 Ca^{2+} 结合域。为进一步验证 *CsTCTP1* 和 *CsTCTP2* 基因是否受 Ca^{2+} 调控，本试验应用 10 mmol/L $CaCl_2$ 处理黄瓜不同感、抗白粉病姐妹系叶片，通过 qRT-PCR 技术进一步探索 Ca^{2+} 对 *CsTCTP1* 和 *CsTCTP2* 基因相对表达量的影响。

由图 2-24 可见，黄瓜感病品系 B21-a-2-2-2 的 *CsTCTP1* 和 *CsTCTP2* 基因均在 $CaCl_2$ 处理后 12 h 时出现表达上调，而其他处理时间 *CsTCTP1* 和 *CsTCTP2* 基因的相对表达量均无明显变化。由图 2-25 可见，抗病品系 B21-a-2-1-2 在 $CaCl_2$ 处理后，*CsTCTP1* 基因的相对表达量低于对照，*CsTCTP2* 基因呈现先降后升的趋势，$CaCl_2$ 处理 48 h 时 *CsTCTP2* 基因的相对表达量明显高于对照。

②H_2O_2 处理。植物-病原菌互作早期，会诱导植物体内活性氧暴发，活性氧具有杀菌和强化细胞壁的作用，同时可作为信号分子参与阻止病原菌的入侵。H_2O_2 是一种重要的活性氧，H_2O_2 信号转导途径积极参与了植物对病原菌的防卫反应。由图 2-24 可见，B21-a-2-2-2 在 H_2O_2 处理后，*CsTCTP1* 和 *CsTCTP2* 基因的相对表达量呈现先升高后下降的趋势，表达高峰出现在处理后 12 h，且与其对照组表达量差异极其显著。而 B21-a-2-1-2 在 H_2O_2 处理后（图 2-25），*CsTCTP1* 和 *CsTCTP2* 基因的表达呈现先降后升，再下降的趋势，相对表达量高峰均出现在 H_2O_2 处理后 24 h。

③ABA 处理。ABA 是植物-病原菌互作过程中的重要信号分子。AtTCTP 过表达拟南芥通过 ABA 介导的气孔活动来提高植株的抗旱能力。通过生物信息学分析发现，黄瓜 *CsTCTP1* 和 *CsTCTP2* 基因启动子均具有 ABA 响应相关元件（ABRE）。同时，由图 2-24和图 2-25 可见，B21-a-2-2-2 和 B21-a-2-1-2 在 ABA 处理后 12～48 h，*CsTCTP1* 和

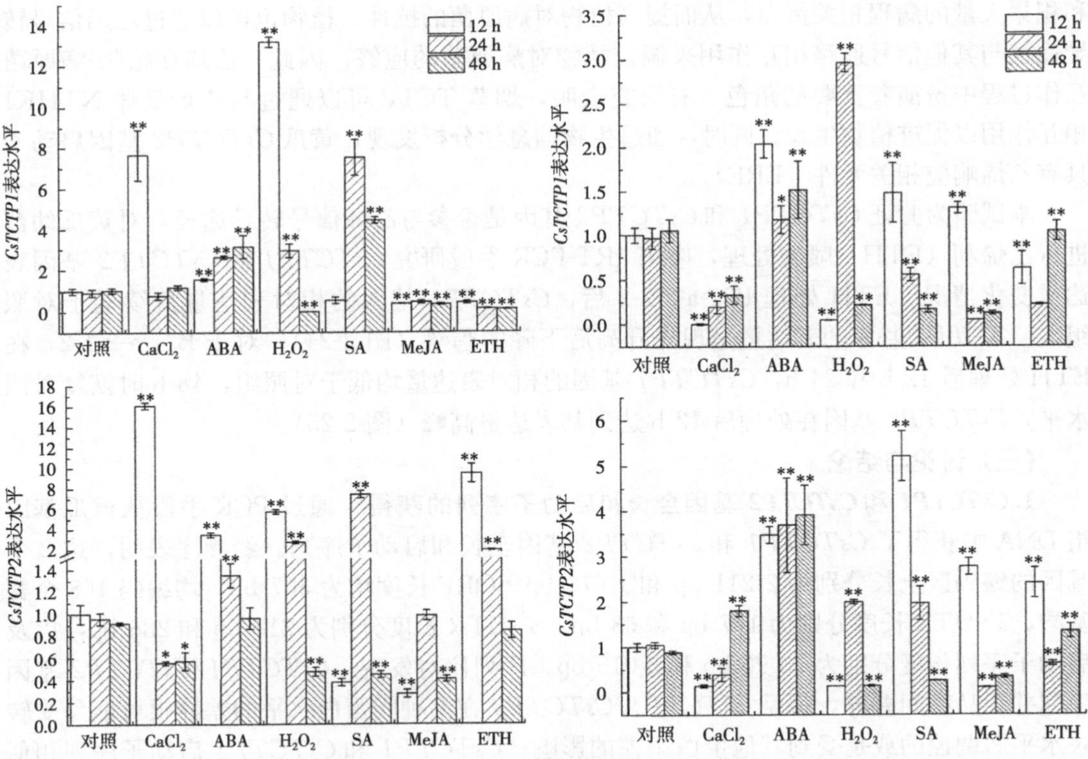

图 2-24　不同外源物质处理下 *CsTCTP1* 和 *CsTCTP2* 基因在黄瓜 B21-a-2-2-2 中的表达模式

注：*、**表示显著性差异（* $P<0.05$，** $P<0.01$）。

图 2-25　不同外源物质处理下 *CsTCTP1* 和 *CsTCTP2* 基因在黄瓜 B21-a-2-1-2 中的表达模式

注：**表示显著性差异（$P<0.01$）。

CsTCTP2 基因的相对表达量均明显高于对照组。结果表明，黄瓜 *CsTCTP1* 和 *CsTCTP2* 基因与 ABA 信号通路密切相关。

④MeJA 处理。MeJA 是重要的抗病信号，而 TCTP 是否通过介导 MeJA 信号转导途径来调控对白粉病菌的抗性有待进一步验证。由图 2-24 可见，B21-a-2-2-2 在 MeJA 处理后 *CsTCTP1* 基因相对表达量均低于对照；*CsTCTP2* 基因在 MeJA 处理后 12 h 明显比对照降低，24 h 时恢复到与对照相近的水平，48 h 则又呈现下降的趋势。由图 2-25 可见，B21-a-2-1-2 在 MeJA 处理后 *CsTCTP1* 和 *CsTCTP2* 基因的相对表达量均呈现先升高再降低的趋势，并于 MeJA 处理 12 h 时 *CsTCTP1* 和 *CsTCTP2* 基因相对表达量均达最高。

⑤SA 处理。*GhTCTP1* 过表达株系是通过调节 SA 相关信号通路的某些防御响应基因的表达、提高 PAL 活性以及胼胝质合成以提高棉花对桃蚜的抗性。由图 2-24 可见，SA 处理 B21-a-2-2-2 后，*CsTCTP1* 和 *CsTCTP2* 基因的表达量均呈现升高的趋势，其中 *CsTCTP1* 基因的相对表达量在 SA 处理 24 h 和 48 h 时明显高于对照组，*CsTCTP2* 基因的相对表达量在 SA 处理 24 h 时出现表达高峰。由图 2-25 可见，B21-a-2-1-2 在 SA 处理后，*CsTCTP1* 基因的表达与对照相比无显著变化，而 *CsTCTP2* 基因的相对表达量在 SA 处理后 12 h 时明显升高，之后降到与对照相近的水平。

⑥ETH 处理。当病原菌侵染植物时，植物体内会增加乙烯的释放量，进而诱导产生和积累大量的病程相关蛋白，从而提高植物对病原菌的抗性；植物也可以通过乙烯信号转导途径与其他信号通路相互作用来调控植物对病原菌的应答。因此，乙烯在植物-病原菌互作过程中扮演着重要的角色。有研究表明，烟草 TCTP 可以通过与乙烯受体 NTHK1 相互作用以促进植物生长。同时，通过生物信息学分析发现，黄瓜 *CsTCTP2* 基因启动子具有乙烯响应相关元件（ERE）。

本试验为验证 *CsTCTP1* 和 *CsTCTP2* 基因是否参与乙烯信号转导途径，对黄瓜幼苗进行乙烯利（ETH）喷施处理，应用 qRT-PCR 手段研究 *CsTCTP1* 和 *CsTCTP2* 基因表达量变化情况。ETH 处理 B21-a-2-2-2 后，*CsTCTP1* 基因的相对表达量持续低于对照组，*CsTCTP2* 基因的表达量呈现先升高后下降的趋势（图 2-24）；对于 B21-a-2-1-2，在 ETH 处理后 12 h 和 24 h，*CsTCTP1* 基因的相对表达量均低于对照组，48 h 时恢复对照水平，*CsTCTP2* 基因在处理后 12 h 达到其表达量高峰（图 2-25）。

（三）讨论与结论

1. *CsTCTP1* 和 *CsTCTP2* 基因全长和启动子序列的获得　通过 PCR 手段从黄瓜基因组 DNA 中获得了 *CsTCTP1* 和 *CsTCTP2* 基因全长和启动子序列。经测序表明，这 2 个基因的编码区全长分别为 2 211 bp 和 1 679 bp，ORF 长度均为 507 bp，均编码 168 个氨基酸，5′-UTR 长度分别为 147 bp 和 63 bp，3′-UTR 长度分别为 218 bp 和 286 bp，以及启动子序列长度分别为 2 096 bp 和 2 015 bp。序列比对发现，*CsTCTP1*/*CsTCTP2* 基因序列并无品种间差异，可见 *CsTCTP1*/*CsTCTP2* 在品种间蛋白水平的差异很可能是受转录水平后调控的或是受到其他蛋白调控的影响；*CsTCTP1* 和 *CsTCTP2* 启动子序列相似性为 45%，说明 *CsTCTP1* 和 *CsTCTP2* 基因可能呈现不同的基因表达模式。

2. *CsTCTP1* 和 *CsTCTP2* 基因的序列分析　对 *CsTCTP1* 和 *CsTCTP2* 启动子顺势作用元件预测中发现 *CsTCTP1* 和 *CsTCTP2* 启动子上都有防御与胁迫响应元件（TC-rich repeat）以及 ABA 响应相关元件（ABRE），而且 *CsTCTP1* 启动子上有干旱诱导元件

(MBS)、热胁迫响应元件(HSE)以及水杨酸响应元件(TCA-element),*CsTCTP2* 启动子上有真菌诱发响应元件(Box-W1)、厌氧诱导元件(ARE)以及乙烯响应相关元件(ERE)。由此推测,*CsTCTP1* 和 *CsTCTP2* 基因可能参与响应各种防御与激素信号,但具体参与哪些信号响应过程仍需进一步试验验证。

果蝇 dTCTP 具有 Ras GTPase Rheb 的鸟嘌呤核苷酸交换因子(GEF)的作用,是重要的 TOR 上游组分。TOR 信号途径是目前已知的营养、能量与逆境信号网络的中心调控者。拟南芥 AtTCTP 能够与 4 个拟南芥 Rab GTPases(AtRABA4a、AtRABA4b、AtRABF1 和 AtRABF2b)以及果蝇的 dRheb 相互作用;而且,果蝇 dTCTP 也能够与拟南芥的 4 个 Rab GTPases 相互作用,均说明植物 TCTP 也是重要的 TOR 上游组分。真核生物的 GTPases 在多种细胞过程中具有分子开关的作用,TCTP 的多功能特性很有可能归功于其具有 GTPase 结合特性。通过 SMART 和 InterProScan 分析表明,CsTCTP1 和 CsTCTP2 蛋白同样具有多个典型的 TCTP 特征结构域和 Rab GTPase 结合位点。因此,推测 CsTCTP1 和 CsTCTP2 蛋白均是典型的 TCTP 蛋白家族成员,并与 TOR 信号转导途径密切相关,在多种细胞过程中发挥重要作用。

Gutierrez-Galeano 等(2014)根据 TCTP 蛋白的三维结构,将植物 TCTP 划分为两大类。其中,CsTCTP1 蛋白属于 AtTCTP1-like,而 CsTCTP2 蛋白属于 CmTCTP-like(南瓜 TCTP)。然而,本试验通过对 TCTP 蛋白进行系统进化分析,发现 CsTCTP1 蛋白与甜瓜 TCTP 属于同一分支,且与拟南芥 TCTP1 以及南瓜 TCTP 同源性较高;CsTCTP2 蛋白与橡胶树 TCTP 同属一分支,且与拟南芥 TCTP2 同源性较高,这一结果与前人对 CsTCTP1 和 CsTCTP2 蛋白的划分有所差别。TCTP 蛋白三维结构对 CsTCTP1 和 CsTCTP2 蛋白的划分更强调功能上的差异,而系统进化分析的划分更注重进化关系上的远近。但这些分析均只停留在预测水平,对于 CsTCTP1 和 CsTCTP2 蛋白具体功能仍缺乏试验数据的支持。

3. CsTCTP1 和 CsTCTP2 蛋白的亚细胞定位分析 应用双酶切法构建 CsTCTP1 和 CsTCTP2 蛋白的亚细胞定位载体,然后转入拟南芥原生质体中,通过激光共聚焦扫描显微镜观察 CsTCTP1 和 CsTCTP2 蛋白的亚细胞定位情况。结果表明,CsTCTP1 和 CsTCTP2 蛋白均定位在细胞质中,这一结果也与生物信息学预测的亚细胞定位结果相一致。同时,本试验也是首次利用原生质体明确黄瓜 TCTP 蛋白的亚细胞定位,为后续深入研究 TCTP 的生物学功能奠定了基础。

4. *CsTCTP1* 和 *CsTCTP2* 基因的表达模式分析 本试验通过 qRT-PCR 技术研究 *CsTCTP1* 和 *CsTCTP2* 基因在黄瓜不同品种、不同组织以及不同外源物质($CaCl_2$、H_2O_2、ABA、MeJA、SA 以及 ETH)处理下的表达模式。*CsTCTP1* 和 *CsTCTP2* 基因在黄瓜不同品种中的表达量有所差异,并且具有组织表达特异性。结球甘蓝 *BoTCTP* 基因仅在植株根、茎中有所表达,但 *CsTCTP1* 和 *CsTCTP2* 基因在黄瓜的根、茎、真叶以及子叶中均有所表达。

CsTCTP1 和 *CsTCTP2* 启动子上都有 ABA 响应相关元件,而且 B21-a-2-2-2 和 B21-a-2-1-2 在 ABA 处理后 12~48 h,*CsTCTP1* 和 *CsTCTP2* 基因的相对表达量均明显高于对照组。以上结果均说明,黄瓜 *CsTCTP1* 和 *CsTCTP2* 基因与 ABA 信号通路密切相关。但 *CsTCTP1* 和 *CsTCTP2* 基因是否参与 Ca^{2+}、ET、MeJA 和 SA 信号通路以及在各种逆

境胁迫中扮演怎样的角色还有待进一步的验证。

二、*CsTCTP1* 和 *CsTCTP2* 基因在黄瓜响应白粉菌胁迫中的功能分析

（一）材料与方法

1. 材料 供试黄瓜品种有 B21-a-2-1-2、新泰密刺及 B21-a-2-2-2。通过温差法对种子消毒，催芽后播种于温室中（25 ℃）培养，16 h（光照）/8 h（黑暗）。

2. 方法

（1）瞬时表达载体的构建。利用同源重组技术构建瞬时过表达载体 LUC：*CsTCTP1*、LUC：*CsTCTP2* 和瞬时沉默表达载体 TRV：*CsTCTP1*、TRV：*CsTCTP2*。

（2）重组质粒转化黄瓜子叶。选取苗龄为 9 d 且长势一致的新泰密刺黄瓜子叶进行注射。将含有阳性克隆的农杆菌菌液培养至 OD_{600} 为 0.6～1.0，5 000 r/min 离心 10 min，收集菌体；用 10 mmol/L MES＋10 mmol/L $MgCl_2$ 的水溶液洗涤 1 次；用 10 mmol/L MES＋10 mmol/L $MgCl_2$＋200 μmol/L As 的水溶液悬浮菌体，至 OD_{600} 为 0.4，室温放置 3 h；将菌体悬浮液用无针头注射器注入黄瓜子叶。

（3）考马斯亮蓝染色分析。应用脱色液浸泡经白粉病菌接种的黄瓜子叶，70 ℃处理 30 min 以上，直至叶片成白色透明状；应用提前 1 d 配制好的考马斯亮蓝 R250 染色液对脱色完全的黄瓜子叶进行染色 2 min；蒸馏水冲洗除去染液，子叶近轴面向上在光学显微镜下进行观察。

（4）病情指数测定。每组调查植株不少于 30 株，具体方法详见王丹丹（2013）。

（二）结果与分析

1. *CsTCTP1* 和 *CsTCTP2* 基因在白粉病菌胁迫下的表达分析 对黄瓜进行白粉病菌接种处理，接种白粉病菌后 6 d 的黄瓜 B21-a-2-2-2 已出现死亡迹象，接种后 11 d 全部死亡；而 B21-a-2-1-2 在接种后 11 d 仅呈现轻微的萎蔫症状。分别于接种后 0 h、12 h、24 h、48 h、72 h 和 144 h 时取黄瓜叶片，提取黄瓜不同感、抗白粉病姐妹系叶片 RNA，反转录为 cDNA 后进行 qRT-PCR。

由图 2-26A 可见，B21-a-2-2-2 在白粉病菌侵染后，*CsTCTP1* 基因的相对表达量呈现升高的趋势，在白粉病菌侵染后 24 h，*CsTCTP1* 基因的相对表达量显著升高，随着白粉病菌侵染时间的延长，*CsTCTP1* 基因的表达量呈持续升高的趋势。如图 2-26B 所示，B21-a-2-2-2 白粉病菌侵染后 72 h 时，*CsTCTP2* 基因的表达量明显升高，之后逐渐下降。B21-a-2-1-2 的 *CsTCTP1* 和 *CsTCTP2* 基因的相对表达量分别在处理后 24 h 和 48 h 出现高峰。有趣的是，在白粉病菌侵染后的各个时间点，*CsTCTP1* 和 *CsTCTP2* 基因在 B21-a-2-2-2 中的表达量基本上均高于其在 B21-a-2-1-2 中的。由此推测，*CsTCTP1* 和 *CsTCTP2* 基因在黄瓜-白粉病菌互作过程中可能扮演着负调控因子作用。

2. *CsTCTP1* 和 *CsTCTP2* 基因瞬时过表达载体构建

（1）以 LUC-CsTCTP1F/1R 和 LUC-CsTCTP2F/2R 为引物分别扩增去除终止密码子的 *CsTCTP1* 和 *CsTCTP2* 基因。电泳检测结果如图 2-27 所示，该片段位置与已知片段大小一致。结果表明，已成功扩增 *CsTCTP1* 和 *CsTCTP2* 基因目的片段。

（2）应用限制性内切酶 *Pst* Ⅰ酶切瞬时过表达载体 pCAMBIA3301-LUC，使其呈线性化状态（图 2-28）。

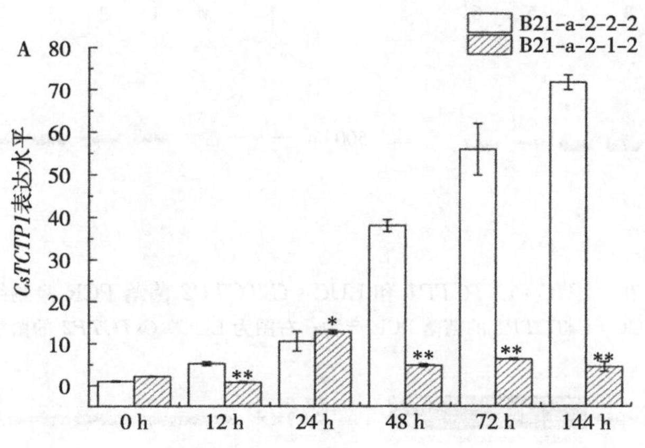

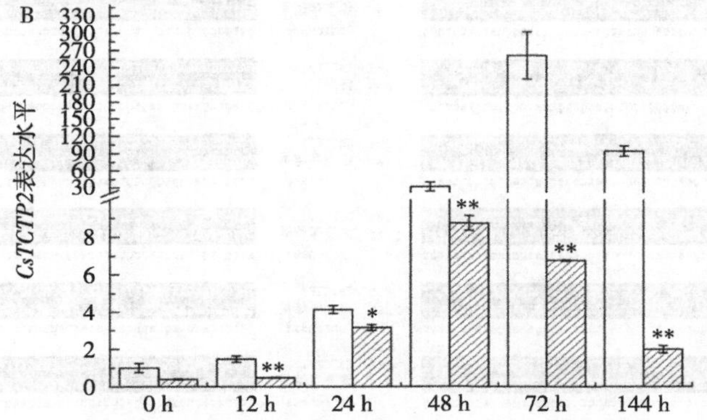

图 2-26 *CsTCTP1* 和 *CsTCTP2* 基因在白粉病菌胁迫下的表达水平

注：*、**表示显著性差异（*$P<0.05$，**$P<0.01$）。

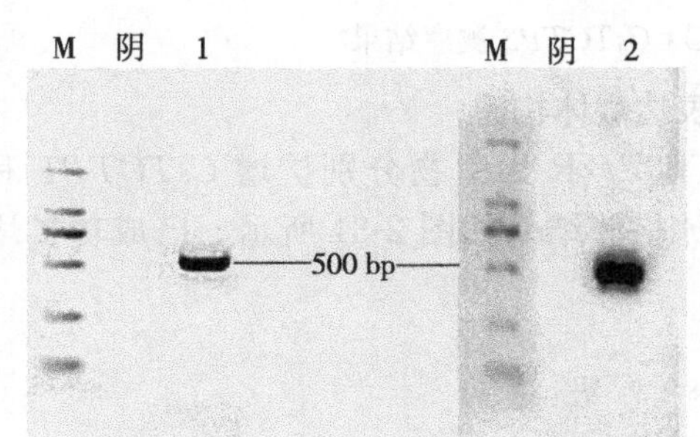

图 2-27 *CsTCTP1* 和 *CsTCTP2* 基因的 PCR 产物电泳检测

注：左图为 *CsTCTP1* 基因的 PCR 产物；右图为 *CsTCTP2* 基因的 PCR 产物。

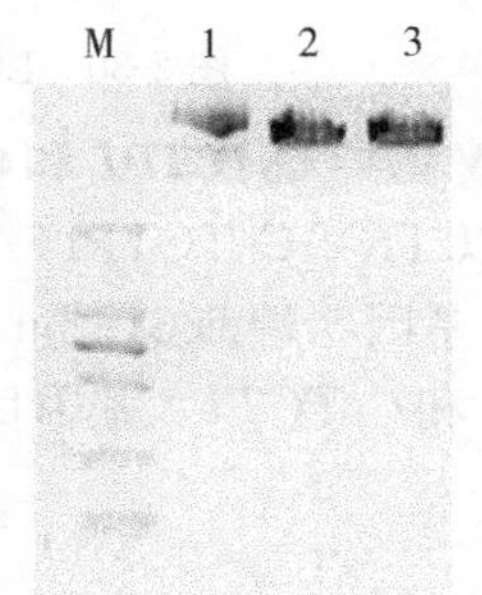

图 2-28 瞬时过表达载体 pCAMBIA3301-LUC 的酶切结果

注：1 为未经酶切的 pCAMBIA3301-LUC（对照），2 和 3 为经酶切的 pCAMBIA3301-LUC。

利用同源重组技术将回收的 *CsTCTP1* 和 *CsTCTP2* 基因目的片段分别与线性化的 pCAMBIA3301-LUC 载体连接，图 2-29 为重组质粒菌落 PCR 检测结果图。测序结果表明，成功构建 LUC∶*CsTCTP1* 和 LUC∶*CsTCTP2* 载体（图 2-30）。

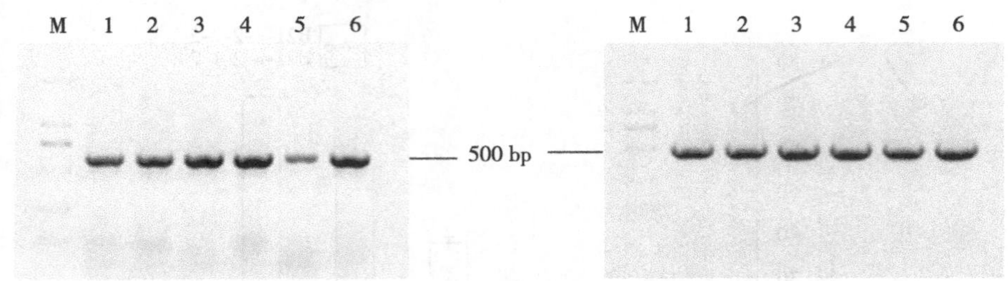

图 2-29　LUC：*CsTCTP1* 和 LUC：*CsTCTP2* 菌落 PCR 检测结果

注：左图为 LUC：*CsTCTP1* 的菌落 PCR 产物；右图为 LUC：*CsTCTP2* 的菌落 PCR 产物。

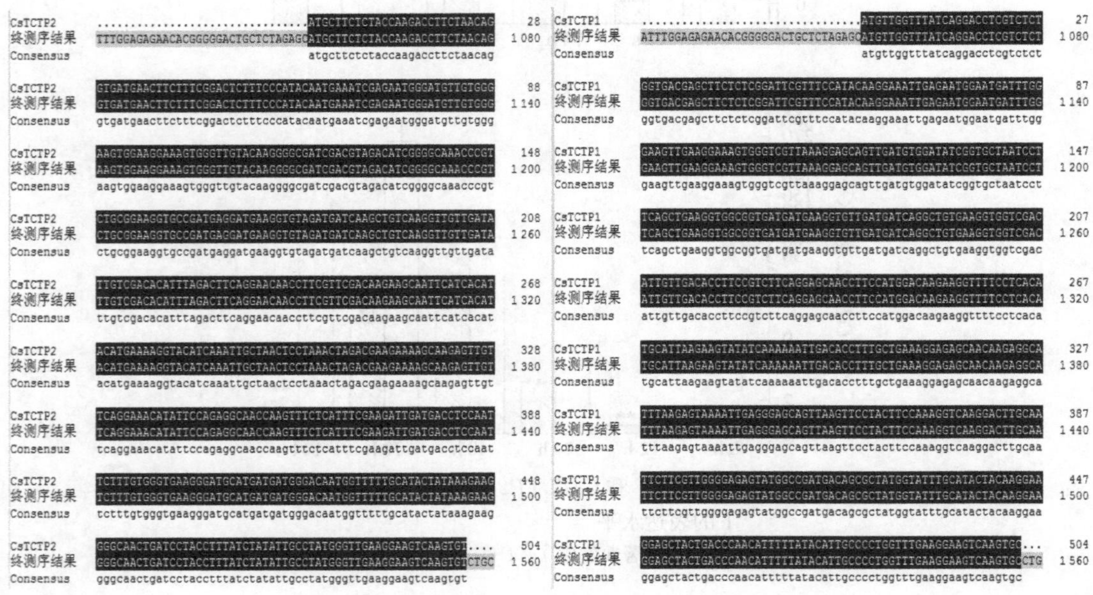

图 2-30　LUC：*CsTCTP1* 和 LUC：*CsTCTP2* 测序结果

3. TRV 诱导 *CsTCTP1* 和 *CsTCTP2* 基因沉默表达载体构建

(1) 以 TRV-CsTCTP1F/1R 和 TRV-CsTCTP2F/2R 为引物分别扩增 *CsTCTP1* 和 *CsTCTP2* 基因 5′端前 318 bp 反向互补片段。电泳检测结果如图 2-31 所示，已成功扩增 *CsTCTP1* 和 *CsTCTP2* 基因目的片段。

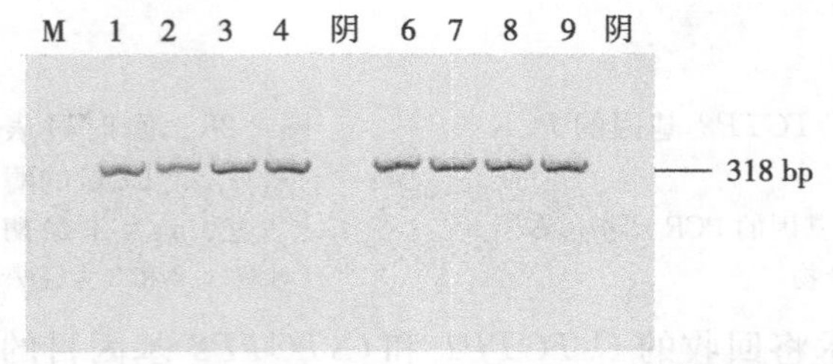

图 2-31　*CsTCTP1* 和 *CsTCTP2* 基因的 PCR 产物电泳检测

注：1～4 为 *CsTCTP1* 基因的 PCR 产物；6～9 为 *CsTCTP2* 基因的 PCR 产物。

（2）应用限制性内切酶 *Xba* Ⅰ和 *Sac* Ⅰ切病毒诱导基因沉默载体 pTRV2，使其呈线性化状态（图 2-32）。利用同源重组技术将回收的 *CsTCTP1* 和 *CsTCTP2* 基因目的片段分别与线性化的 pTRV2 载体连接，图 2-33 为重组质粒菌落 PCR 检测结果图。测序结果表明，成功构建 pTRV2-*CsTCTP1* 和 pTRV2-*CsTCTP2* 载体（图 2-34）。

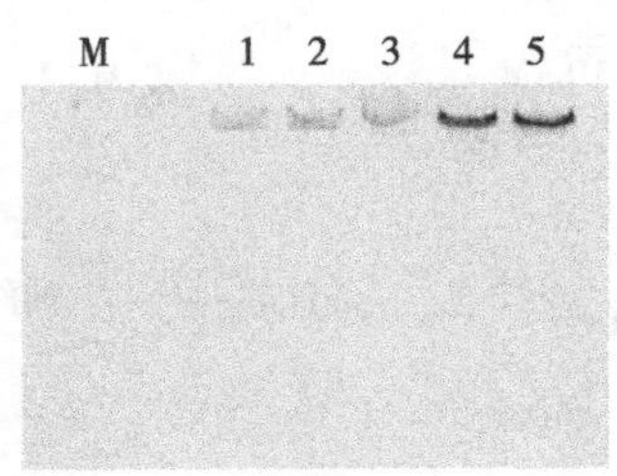

图 2-32 病毒诱导基因沉默载体 pTRV2 的酶切结果

注：1～3 为经酶切的 pTRV2（对照），4 和 5 为未经酶切的 pTRV2。

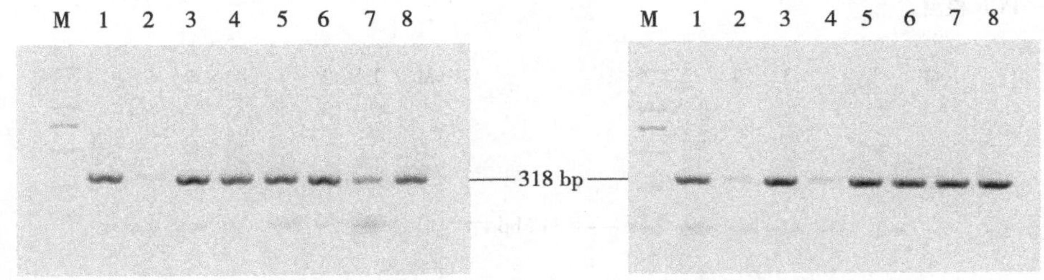

图 2-33 pTRV2-*CsTCTP1* 和 pTRV2-*CsTCTP2* 菌落 PCR 检测结果

注：左图为 pTRV2-*CsTCTP1* 的菌落 PCR 产物；右图为 pTRV2-*CsTCTP2* 的菌落 PCR 产物。

```
CsTCTP2    ...............ATGCTTCTCTACCAAGACCTTCTAA          25
终测序     GACGATTCGAGCTCGATGCTTCTCTACCAAGACCTTCTAA          80
Consensus                 atgcttctctaccaagaccttctaa

CsTCTP2    CAGGTGATGAACTTCTTTCGGACTCTTTCCCATACAATGA          65
终测序     CAGGTGATGAACTTCTTTCGGACTCTTTCCCATACAATGA         120
Consensus  caggtgatgaacttctttcggactctttcccatacaatga

CsTCTP2    AATCGAGAATGGGATGTTGTGGGAAGTGGAAGGAAAGTGG         105
终测序     AATCGAGAATGGGATGTTGTGGGAAGTGGAAGGAAAGTGG         160
Consensus  aatcgagaatgggatgttgtgggaagtggaaggaaagtgg

CsTCTP2    GTTGTACAAGGGGCGATCGACGTAGACATCGGGGCAAACC         145
终测序     GTTGTACAAGGGGCGATCGACGTAGACATCGGGGCAAACC         200
Consensus  gttgtacaaggggcgatcgacgtagacatcggggcaaacc

CsTCTP2    CGTCTGCGGAAGGTGCCGATGAGGATGAAGGTGTAGATGA         185
终测序     CGTCTGCGGAAGGTGCCGATGAGGATGAAGGTGTAGATGA         240
Consensus  cgtctgcggaaggtgccgatgaggatgaaggtgtagatga

CsTCTP2    TCAAGCTGTCAAGGTTGTTGATATTGTCGACACATTTAGA         225
终测序     TCAAGCTGTCAAGGTTGTTGATATTGTCGACACATTTAGA         280
Consensus  tcaagctgtcaaggttgttgatattgtcgacacatttaga

CsTCTP2    CTTCAGGAACAACCTTCGTTCGACAAGAAGCAATTCATCA         265
终测序     CTTCAGGAACAACCTTCGTTCGACAAGAAGCAATTCATCA         320
Consensus  cttcaggaacaaccttcgttcgacaagaagcaattcatca

CsTCTP2    CATACATGAAAAGGTACATCAAATTGCTAACTCCTAAACT         305
终测序     CATACATGAAAAGGTACATCAAATTGCTAACTCCTAAACT         360
Consensus  catacatgaaaaggtacatcaaattgctaactcctaaact

CsTCTP2    AGACGAAGAAAAG...........................         318
终测序     AGACGAAGAAAAGGCTCTAGAGCATCTCTAGAGGATCCCC         400
Consensus  agacgaagaaaag
```

```
CsTCTP1    ...............ATGTTGGTTTATCAGGACCTCGTCT          25
终测序     GACGATTCGAGCTCGATGTTGGTTTATCAGGACCTCGTCT          80
Consensus                 atgttggtttatcaggacctcgtct

CsTCTP1    CTGGTGACGAGCTTCTCTCGGATTCGTTTCCATACAAGGA          65
终测序     CTGGTGACGAGCTTCTCTCGGATTCGTTTCCATACAAGGA         120
Consensus  ctggtgacgagcttctctcggattcgtttccatacaagga

CsTCTP1    AATTGAGAATGGAATGATTTGGGAAGTTGAAGGAAAGTGG         105
终测序     AATTGAGAATGGAATGATTTGGGAAGTTGAAGGAAAGTGG         160
Consensus  aattgagaatggaatgatttgggaagttgaaggaaagtgg

CsTCTP1    GTCGTTAAAGGAGCAGTTGATGTGGATATCGGTGCTAATC         145
终测序     GTCGTTAAAGGAGCAGTTGATGTGGATATCGGTGCTAATC         200
Consensus  gtcgttaaaggagcagttgatgtggatatcggtgctaatc

CsTCTP1    CTTCAGCTGAAGGTGGCGGTGATGATGAAGGTGTTGATGA         185
终测序     CTTCAGCTGAAGGTGGCGGTGATGATGAAGGTGTTGATGA         240
Consensus  cttcagctgaaggtggcggtgatgatgaaggtgttgatga

CsTCTP1    TCAGGCTGTGAAGGTGGTCGACATTGTTGACACCTTCCGT         225
终测序     TCAGGCTGTGAAGGTGGTCGACATTGTTGACACCTTCCGT         280
Consensus  tcaggctgtgaaggtggtcgacattgttgacaccttccgt

CsTCTP1    CTTCAGGAGCAACCTTCCATGGACAAGAAGGTTTTCCTCA         265
终测序     CTTCAGGAGCAACCTTCCATGGACAAGAAGGTTTTCCTCA         320
Consensus  cttcaggagcaaccttccatggacaagaaggttttcctca

CsTCTP1    CATGCATTAAGAAGTATATCAAAAAATTGACACCTTTGCT         305
终测序     CATGCATTAAGAAGTATATCAAAAAATTGACACCTTTGCT         360
Consensus  catgcattaagaagtatatcaaaaaattgacacctttgct

CsTCTP1    GAAAGGAGAGCAA...........................         318
终测序     GAAAGGAGAGCAAGCTCTAGAGCAATCTCTAGAGGATCCC         400
Consensus  gaaaggagagcaa
```

图 2-34 pTRV2-*CsTCTP1* 和 pTRV2-*CsTCTP2* 测序结果

4. 重组质粒转化根癌农杆菌检测 将构建成功的重组质粒转入农杆菌 EHA105 中，图 2-35 和图 2-36 分别为重组质粒 LUC：*CsTCTP1* 和 LUC：*CsTCTP2* 以及 pTRV2-*CsTCTP1* 和 pTRV2-*CsTCTP2* 的农杆菌菌落 PCR 检测结果图。结果表明，已成功将重组质粒转入农杆菌 EHA105 中。

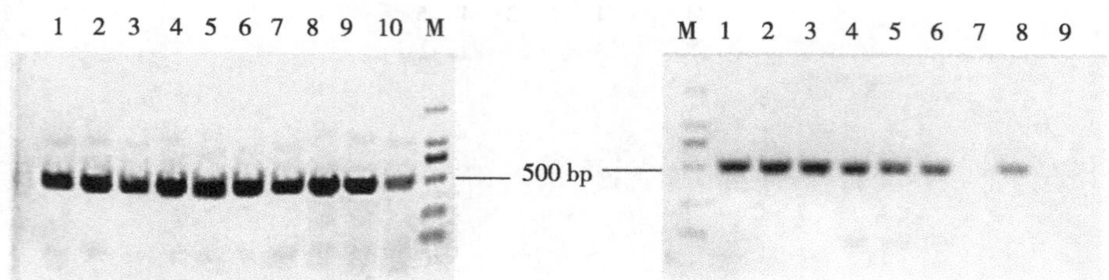

图 2-35 LUC：*CsTCTP1* 和 LUC：*CsTCTP2* 农杆菌菌落 PCR 检测结果

注：左图为 LUC：*CsTCTP1* 农杆菌菌落 PCR 检测；右图为 LUC：*CsTCTP2* 农杆菌菌落 PCR 检测。

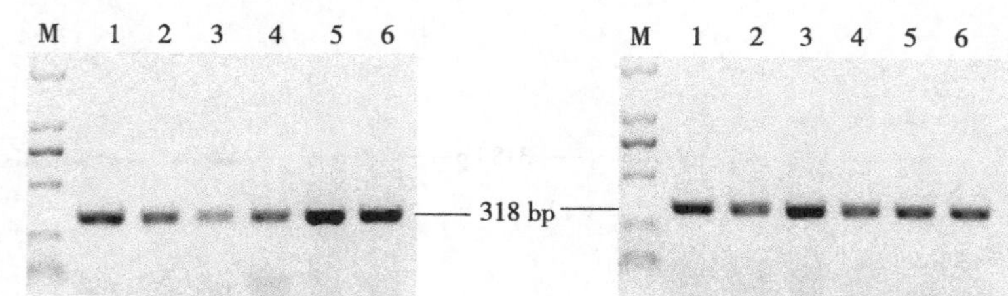

图 2-36 pTRV2-*CsTCTP1* 和 pTRV2-*CsTCTP2* 农杆菌菌落 PCR 检测结果

注：左图为 pTRV2-*CsTCTP1* 农杆菌菌落 PCR 检测；右图为 pTRV2-*CsTCTP2* 农杆菌菌落 PCR 检测。

5. *CsTCTP1* 和 *CsTCTP2* 基因瞬时过表达株系鉴定

（1）荧光检测。荧光素酶可以与荧光素底物相互作用产生荧光，用于检测植株中特定基因的转化效果。本试验采用注射法对苗龄为 9 d 的黄瓜子叶分别注射 LUC：*CsTCTP1*＋EHA105 和 LUC：*CsTCTP2*＋EHA105，以未经注射（对照）、仅注射农杆菌 EHA105 和注射 LUC：00＋EHA105 的黄瓜子叶为不同处理。用打孔器压取注射后 7 d 的黄瓜子叶圆片（直径 1. 5 cm），并将子叶圆片浸入 D-虫荧光素钾盐溶液中 30 min，应用植物活体成像仪进行荧光显色观察。结果如图 2-37 所示，在注射 LUC：00＋EHA105、LUC：*CsTCTP1*＋EHA105 和 LUC：*CsTCTP2*＋EHA105 的黄瓜子叶上均检测到荧光，而在对照和仅注射农杆菌 EHA105 的黄瓜子叶上未检测出荧光。

（2）PCR 检测。为进一步检测 *CsTCTP1* 和 *CsTCTP2* 基因的过表达情况，提取瞬时转化 7 d 黄瓜子叶总 RNA 并反转录合成 cDNA，分别以重组质粒 LUC：*CsTCTP1* 和 LUC：*CsTCTP2* 为阳性对照，以对照和注射 LUC：00＋EHA105 植株 cDNA 为阴性对照，上游引物分别位于瞬时过表达载体的 *CsTCTP1* 和 *CsTCTP2* 基因上，下游引物位于瞬时过表达载体的 LUC 上（图 2-38），通过 PCR 技术检测瞬时过表达植株中 *CsTCTP1*/*CsTCTP2* 基因的表达情况。结果表明，在阳性对照和瞬时过表达植株中均扩增出与预期片段大小相一致的特异性条带，而在阴性对照中未扩增到相应条带（图 2-39）。

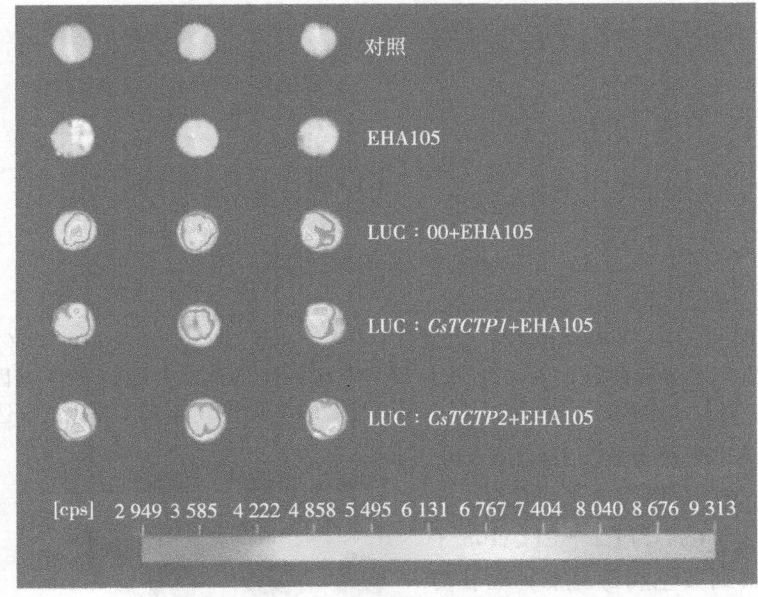

图 2-37 瞬时过表达的黄瓜子叶部分荧光检测

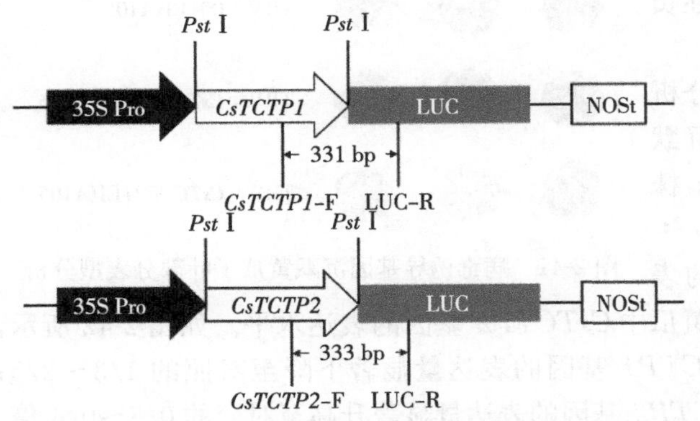

图 2-38 *CsTCTP1*-和*CsTCTP2*-瞬时过表达载体 LUC：*CsTCTP1* 和 LUC：*CsTCTP2*

注：箭头表示的是重组质粒 PCR 检测扩增片段。

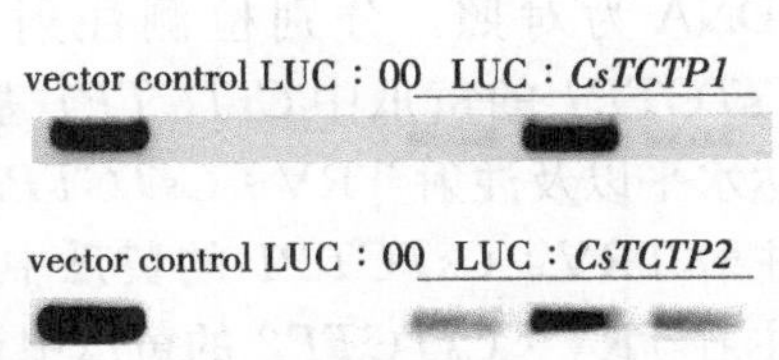

图 2-39 瞬时过表达黄瓜子叶 PCR 检测

（3）qRT-PCR 检测。为进一步分析 *CsTCTP1* 和 *CsTCTP2* 基因的瞬时过表达水平，以注射 LUC：00＋EHA105 植株 cDNA 为对照，分别检测注射 LUC：*CsTCTP1* 的黄瓜中 *CsTCTP1* 基因的表达水平以及注射 LUC：*CsTCTP2* 的黄瓜中 *CsTCTP2* 基因的表达水平。如图 2-40 所示，注射 LUC：*CsTCTP1* 的黄瓜中 *CsTCTP1* 基因的表达量显著升高至对照的 2.8～7.5 倍；注射 LUC：*CsTCTP2* 的黄瓜中 *CsTCTP2* 基因的表达量显著升高至对照的4～5 倍。结果表明，在转基因黄瓜子叶中成功瞬时过表达 *CsTCTP1*/*CsTCTP2* 基因。

6. TRV 诱导 *CsTCTP1* 和 *CsTCTP2* 基因沉默表达株系鉴定

（1）表型鉴定。采用注射法对苗龄为 9 d 的黄瓜子叶接种重组质粒 pTRV2-*CsTCTP1*/*CsTCTP2*＋EHA105 和 pTRV1＋EHA105［即 TRV：*CsTCTP1*/*CsTCTP2*＋EHA105，1：1（*V*/*V*）比例］的混合液，23 ℃条件下培养。接种 7 d 在注射 TRV：00＋EHA105

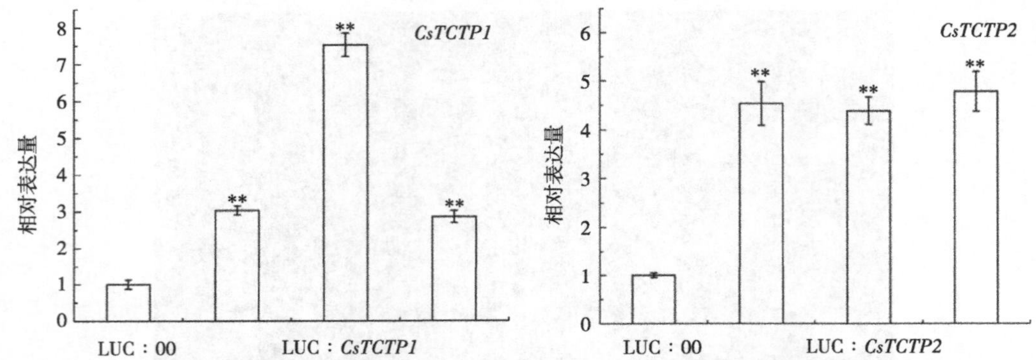

图 2-40　qRT-PCR 分析注射 LUC：00 或 LUC：*CsTCTP1* 的黄瓜中 *CsTCTP1* 基因的表达水平，以及注射 LUC：00 或 LUC：*CsTCTP2* 的黄瓜中 *CsTCTP2* 基因的表达水平

（pTRV1＋EHA105 和 pTRV2＋EHA105 的 1：1 混合液）、TRV：*CsTCTP1*＋EHA105 和 TRV：*CsTCTP2*＋EHA105 子叶上均可以观察到黄色病毒斑点，而在对照和注射 EHA105 的子叶上均未见病毒斑点（图 2-41），说明 TRV 病毒已成功在黄瓜子叶中大量繁殖。

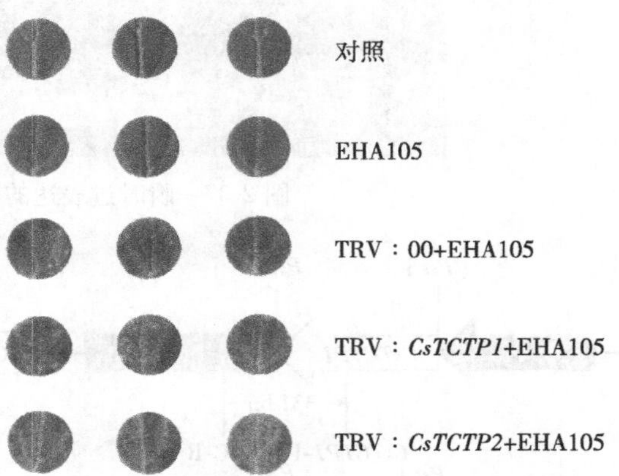

图 2-41　病毒诱导基因沉默黄瓜子叶部分表型分析

（2）qRT-PCR 检测。为进一步分析 *CsTCTP1* 和 *CsTCTP2* 基因的瞬时沉默水平，以注射 TRV：00＋EHA105 植株 cDNA 为对照，分别检测注射 TRV：*CsTCTP1* 的黄瓜中 *CsTCTP1* 基因的表达水平以及注射 TRV：*CsTCTP2* 的黄瓜中 *CsTCTP2* 基因的表达水平。如图 2-42 所示，注射 TRV：*CsTCTP1* 的黄瓜中 *CsTCTP1* 基因的表达量显著下降至对照的 1/3～2/5；注射 TRV：*CsTCTP2* 的黄瓜中 *CsTCTP2* 基因的表达量显著升高至对照的 0.3～0.4 倍。结果表明，在转基因黄瓜子叶中成功瞬时沉默 *CsTCTP1*/*CsTCTP2* 基因。

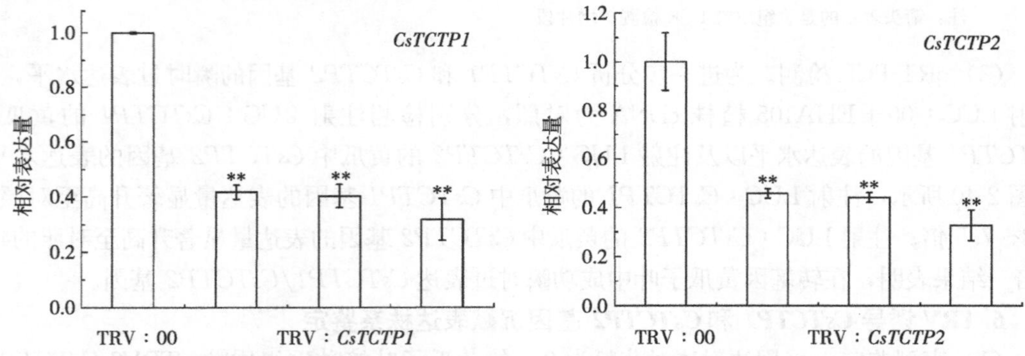

图 2-42　qRT-PCR 分析注射 TRV：00 或 TRV：*CsTCTP1* 的黄瓜中 *CsTCTP1* 基因的表达水平，以及注射 TRV：00 或 TRV：*CsTCTP2* 的黄瓜中 *CsTCTP2* 基因的表达水平

注：**表示显著性差异（$P<0.01$）。

7. 瞬时过表达*CsTCTP1*和*CsTCTP2*基因黄瓜的白粉病抗性鉴定 为探索*CsTCTP1*/*CsTCTP2*基因在黄瓜-白粉病菌（*S. fuliginea*）互作过程中的具体功能，本试验对LUC：*CsTCTP1*/*CsTCTP2*注射24 h的黄瓜子叶进行白粉病菌接种处理以观察其发病情况。由图2-43可见，接种白粉病菌6 d，与对照和注射LUC：00植株相比，注射LUC：*CsTCTP1*/*CsTCTP2*的黄瓜子叶显现出更加明显的白粉病病斑。通过考马斯亮蓝R250对白粉病菌菌丝染色观察显示，*CsTCTP1*/*CsTCTP2*基因过表达植株叶片上的白粉病菌菌丝更加繁多（图2-44）。同时，*CsTCTP1*过表达植株的病情指数是51.19，*CsTCTP2*过表达植株的病情指数是50.26，而对照和注射LUC：00植株的病情指数分别是24.44和35.35（表2-5）。因此，*CsTCTP1*/*CsTCTP2*基因的过表达降低了黄瓜对白粉病菌胁迫的抗性。

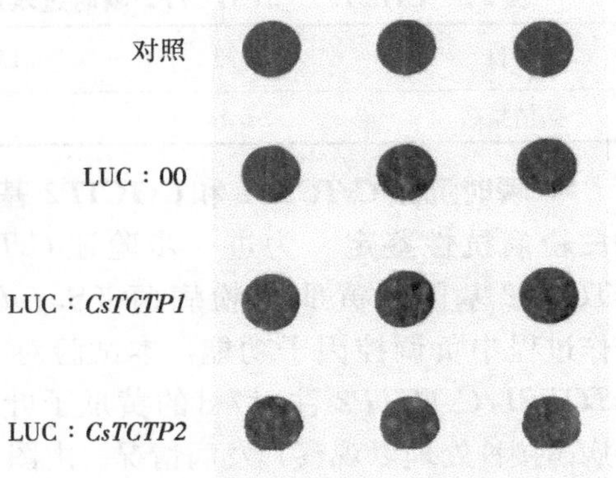

图2-43 *CsTCTP1*和*CsTCTP2*瞬时过表达转基因黄瓜子叶接种白粉病菌的表型分析

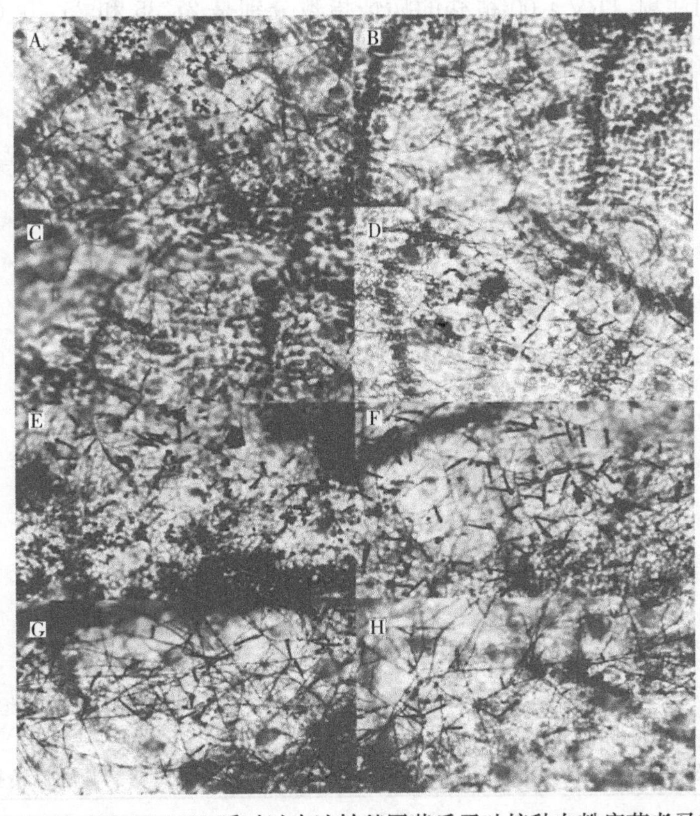

图2-44 *CsTCTP1*和*CsTCTP2*瞬时过表达转基因黄瓜子叶接种白粉病菌考马斯蓝染色分析

注：A和B为对照，C和D为注射LUC：00，E和F为注射LUC：*CsTCTP1*，G和H为注射LUC：*CsTCTP2*。

表 2-5　*CsTCTP1* 和 *CsTCTP2* 瞬时过表达转基因黄瓜子叶接种白粉病菌的病情指数调查

项目	对照	LUC：00	LUC：*CsTCTP1*	LUC：*CsTCTP2*
病情指数	24.44	35.35	52.19	50.26

8. 瞬时沉默 *CsTCTP1* 和 *CsTCTP2* 基因黄瓜的白粉病抗性鉴定　为进一步验证 *CsTCTP1*/*CsTCTP2* 基因在黄瓜-白粉病菌（*S. fuliginea*）互作过程中负调控因子功能，本试验对 TRV：*CsTCTP1*/*CsTCTP2* 注射7 d的黄瓜子叶进行白粉病菌接种处理以观察其发病情况。由图 2-45 可见，接种白粉病菌 7 d与对照和注射 TRV：00 植株相比，注射 TRV：*CsTCTP1*/*CsTCTP2* 的黄瓜子叶未显现出白粉病症状。通过考马斯亮蓝 R250 对白粉病菌菌丝染色观察显示，*CsTCTP1*/*CsTCTP2* 基因沉默植株叶片上的白粉病菌菌丝更少（图 2-46）。同时，*CsTCTP1* 沉默植株的病情指数是 14.81，*CsTCTP2* 沉默植株的病情指数是 16.86，而对照和注射 TRV：00 植株的病情指数分别是 27.35 和 25.40（表 2-6）。因此，*CsTCTP1*/*CsTCTP2* 基因的沉默表达提高了黄瓜对白粉病菌胁迫的抗性。

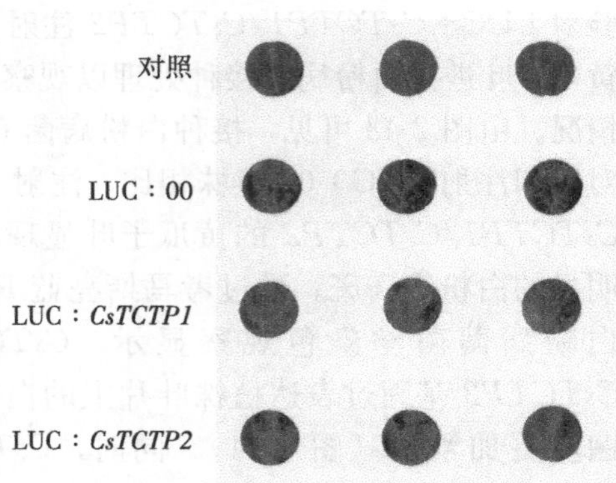

图 2-45　*CsTCTP1* 和 *CsTCTP2* 瞬时沉默转基因黄瓜子叶接种白粉病菌的表型分析

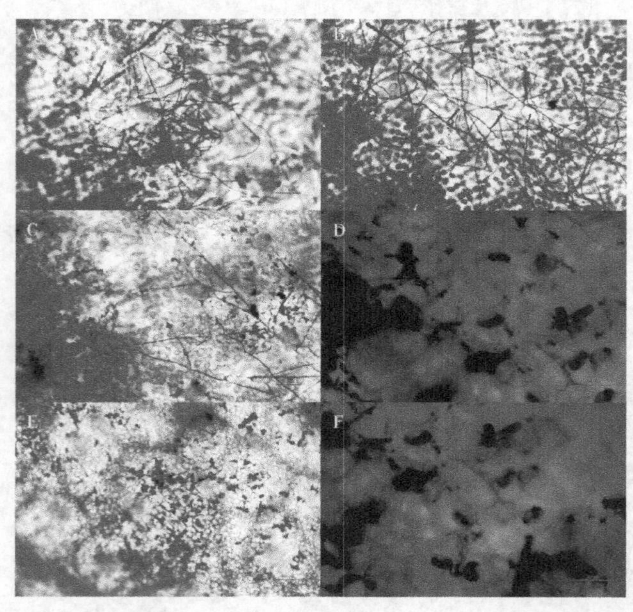

图 2-46　*CsTCTP1* 和 *CsTCTP2* 瞬时沉默转基因黄瓜子叶接种白粉病菌考马斯蓝染色分析

注：A 为对照，B 为注射 TRV：00，C 和 D 为注射 TRV：*CsTCTP1*，E 和 F 为注射 TRV：*CsTCTP2*。

表 2-6　*CsTCTP1* 和 *CsTCTP2* 瞬时沉默转基因黄瓜子叶接种白粉病菌的病情指数调查

项目	对照	TRV：00	TRV：*CsTCTP1*	TRV：*CsTCTP2*
病情指数	14.81	16.86	27.35	25.40

9. *CsTCTP1* 和 *CsTCTP2* 基因对防御相关基因的调控表达研究　为研究 *CsTCTP1* 和 *CsTCTP2* 基因对防御相关基因的调控作用，本试验应用 qRT-PCR 技术分析了 3 个已知的黄瓜白粉病菌相关防御基因，即 *chitinase*（HM015248）、*PR-1a*（AF475286）和 *CuPi1*（U93586.1），在 *CsTCTP1*/*CsTCTP2* 基因瞬时过表达黄瓜和对照 L(注射 LUC：00 的黄瓜）以及 *CsTCTP1*/*CsTCTP2* 基因瞬时沉默黄瓜和对照 T（注射 TRV：00 的黄瓜）中的表达变化情况。如图 2-47 所示，*chitinase* 在 *CsTCTP1* 基因瞬时沉默黄瓜中的表达量显著高于对照 T 中的表达量，而在 *CsTCTP1* 基因瞬时过表达黄瓜中的表达量显著低于对照 L 中的表达量；*PR-1a* 和 *CuPi1* 在 *CsTCTP1* 基因瞬时过表达和沉默黄瓜中的表达量均显著高于其对照组。有趣的是，*CsTCTP2* 基因正调控 *chitinase*、*PR-1a* 的表

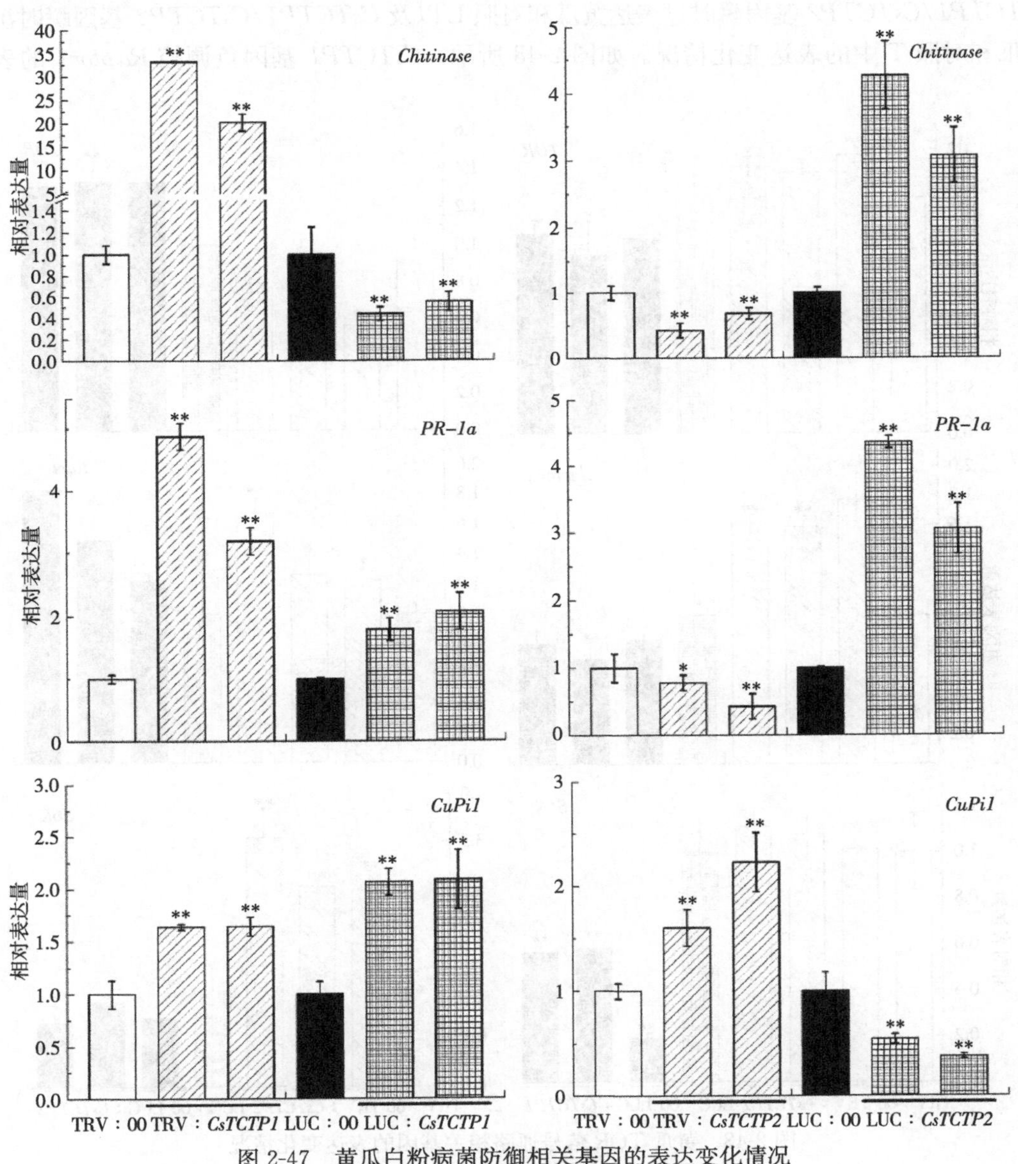

图 2-47　黄瓜白粉病菌防御相关基因的表达变化情况

注：**表示显著性差异（$P<0.01$）。

达量，负调控 *CuPi1* 的表达量。结果表明，*CsTCTP1* 诱导的防御反应过程与防御相关基因密切相关，特别是 *chitinase*，而 *CsTCTP2* 诱导的防御反应过程与防御相关基因关系不大；*CsTCTP2* 对这 3 个防御相关基因的影响似乎与 *CsTCTP1* 是相反的，可见 *CsTCTP1* 和 *CsTCTP2* 基因对黄瓜防御反应的调控机制有所差异。

10. *CsTCTP1* 和 *CsTCTP2* 基因对 TOR 信号通路相关基因的调控表达研究 雷帕霉素（一种 TOR 信号通路抑制剂）可以显著提高黄瓜对白粉病菌的抗性。同时，TCTP 也是 TOR 信号通路的重要成员之一。为研究 *CsTCTP1* 和 *CsTCTP2* 是否通过调控 TOR 信号通路来介导黄瓜对白粉病菌抗性，本试验分析了 3 个黄瓜 TOR 信号通路相关基因，即 *TOR*（XM _ 011660561.1）、*Raptor1*（XM _ 004149881.2）、*S6K*（XM _ 004138089.2），在 *CsTCTP1*/*CsTCTP2* 基因瞬时过表达黄瓜和对照 L 以及 *CsTCTP1*/*CsTCTP2* 基因瞬时沉默黄瓜和对照 T 中的表达变化情况。如图 2-48 所示，*CsTCTP1* 基因负调控 *Raptor1* 的表达

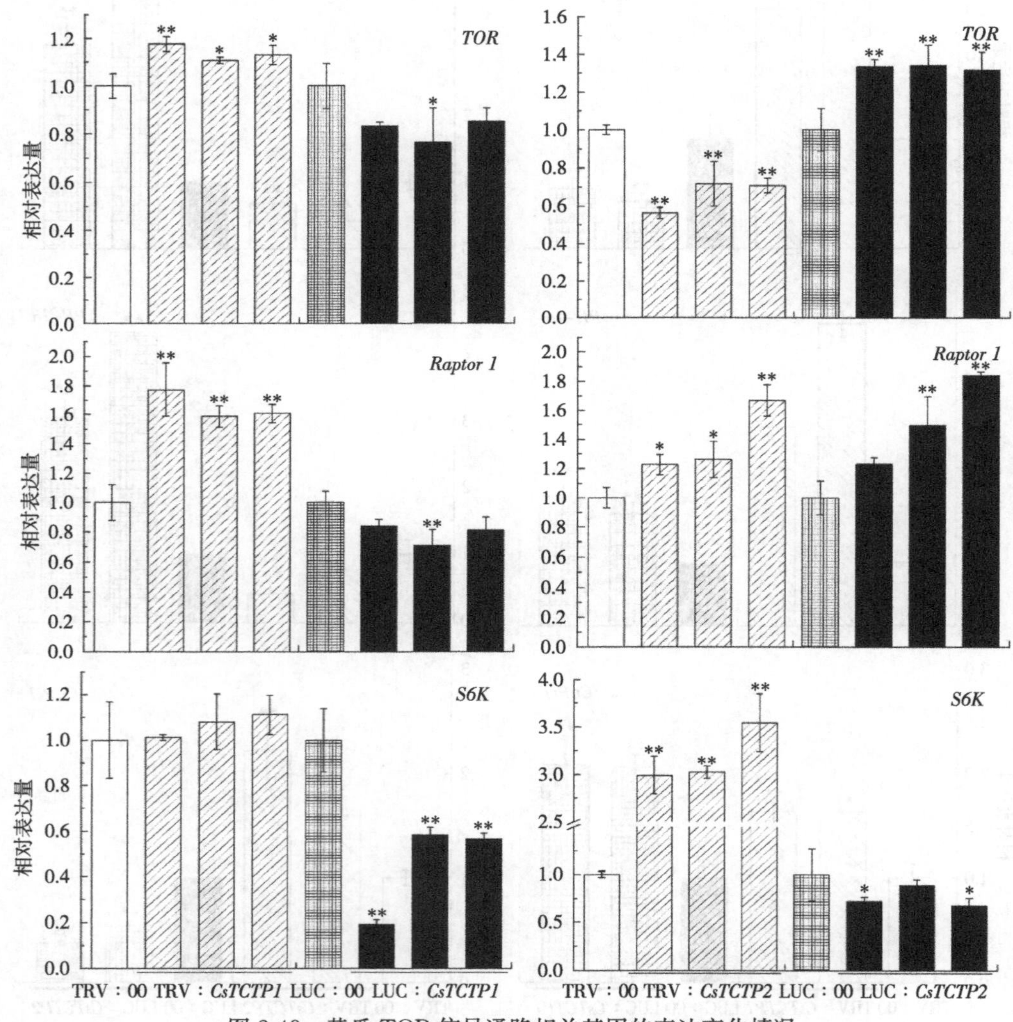

图 2-48 黄瓜 TOR 信号通路相关基因的表达变化情况

注：*、**表示显著性差异（* $P<0.05$，** $P<0.01$）。

量，而且 *CsTCTP1* 基因对 TOR 信号通路的其他两个基因影响不大。*CsTCTP2* 基因正调控 *TOR* 基因的表达，负调控 *S6K*，而对 *Raptor1* 的表达量影响不大。

Le 等（2016）研究发现，TCTP 与 Rheb 的相互作用受到 14-3-3 蛋白的调控。在黄瓜中有 10 个 *14-3-3* 基因，张扬（2016）通过生物信息学以及实时定量技术分析发现，*14-3-3*（LOC101208446）基因与黄瓜抗白粉病密切相关。本试验发现，*14-3-3* 基因在 *CsTCTP1* 基因瞬时沉默黄瓜中的表达量虽然没有明显变化，但在 *CsTCTP1* 基因瞬时过表达黄瓜中的表达量显著低于对照 L 中的表达量；*CsTCTP2* 基因正调控 *14-3-3* 基因的表达量。可见，*CsTCTP2* 基因在一定程度上调控了 TOR 信号通路相关基因的表达，而且 *CsTCTP2* 基因很有可能通过调控 TOR 信号通路来介导对黄瓜白粉病菌的抗性。

11. *CsTCTP1* 和 *CsTCTP2* 基因对 ABA 信号通路相关基因的调控表达研究 ABA 是调控植物对病原菌胁迫响应的重要分子。同时，*CsTCTP1* 和 *CsTCTP2* 基因受外源 ABA 调控。黄瓜 *PYL2*（JF789830）、*PP2C2*（JN566067）和 *SnRK2. 2*（JN566071）基因与 ABA 信号转导密切相关（Wang et al.，2012），*CsTCTP1* 基因正调控这 3 个基因的表达量（图 2-49）。*ABI5*（XM _ 004149176. 2）是 ABA 信号通路下游应答基因（张颖，2012），受到 *CsTCTP1* 基因的负调控。由此可见，ABA 信号通路相关基因的表达受到 *CsTCTP1* 基因的调控。而且，内源 ABA 含量的变化也受到 *CsTCTP1* 基因的正调控。以上结果均说明，*CsTCTP1* 基因与 ABA 信号通路密切相关。*PYL2* 基因在 *CsTCTP2* 基因瞬时过表达和沉默黄瓜中的表达量均显著高于其对照组，而 *ABI5* 基因在 *CsTCTP2* 基因瞬时过表达和沉默黄瓜中的表达量均显著低于其对照组；*PP2C2* 和 *SnRK2. 2* 基因受到 *CsTCTP2* 基因的正调控。

（三）讨论与结论

1. *CsTCTP1* 和 *CsTCTP2* 基因在黄瓜子叶中的瞬时表达 TCTP 参与黄瓜对白粉病菌胁迫的响应过程，但对其具体生物学功能所知甚少。由于缺乏有效地黄瓜遗传转化体系，阻碍了对 TCTP 在黄瓜-病原菌互作中的功能研究。Shang 等（2014）创建了一套农杆菌介导黄瓜子叶瞬时转化体系。在本试验中，也成功获得了 *CsTCTP1* 瞬时过表达和沉默植株，以及 *CsTCTP2* 瞬时过表达和沉默植株。虽然仅在黄瓜中瞬时表达，但突破了以往的异源表达研究基因功能的局限。通过基因瞬时转化方法研究植物 TCTP 功能主要集中在拟南芥、烟草等模式植物，本试验无疑地为研究 TCTP 在黄瓜中的具体功能提供了一个新的思路。

2. *CsTCTP1* 和 *CsTCTP2* 基因在黄瓜响应白粉病菌胁迫中的功能分析 通过对瞬时转化黄瓜子叶接种白粉病菌处理观察其表型、菌丝含量以及病情指数调查，发现 *CsTCTP1*/*CsTCTP2* 基因瞬时过表达显著降低了植株对白粉病菌的抗性。同时，*CsTCTP1*/*CsTCTP2* 基因沉默显著提高了转化植株对白粉病菌的抗性。正、反功能验证均表明，*CsTCTP1* 和 *CsTCTP2* 基因与黄瓜对白粉病菌抗性呈负相关关系。

Chitinase、*PR-1a* 和 *CuPi1* 基因积极参与黄瓜抵抗白粉病菌胁迫。本试验中，与 TRV：00 注射的黄瓜相比，*chitinase* 基因在 *CsTCTP1* 基因瞬时沉默植株中的转录本提高了大约 20 倍，而 *CsTCTP1* 基因瞬时过表达植株中 *chitinase* 的相对表达量显著下降。可见，黄瓜 TCTP 家族基因 *CsTCTP1* 可能通过激活防御相关基因（尤其是 *chitinase*）来调控黄瓜对白粉病菌的防御响应。然而，*CsTCTP2* 基因正调控 *chitinase*、*PR-1a* 的表达量，负调控 *CuPi1* 的表达量。这暗示着黄瓜 TCTP 家族的另一个基因 *CsTCTP2* 可能

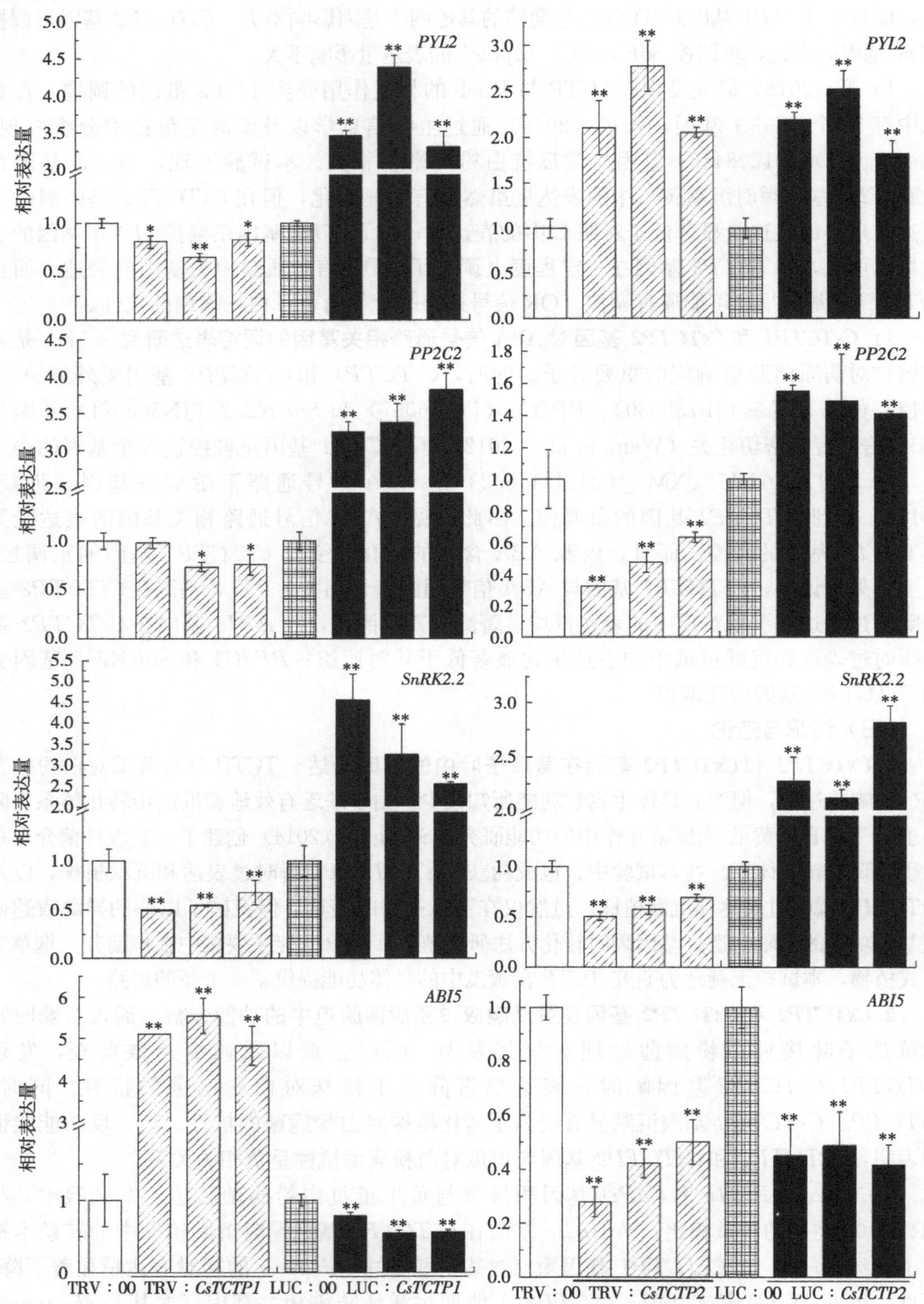

图 2-49 黄瓜 ABA 信号通路相关基因的表达变化情况

注：*、**表示显著性差异（$*P<0.05$，$**P<0.01$）。

通过其他方式来介导植株对白粉病菌的抗性（如通过调控 TOR 信号通路）。虽然 *CsTCTP1* 和 *CsTCTP2* 基因都是 TCTP 蛋白家族成员且具有高度的同源性，但它们在黄瓜-白粉病菌互作过程中启动了不同的调控机制。

TOR 信号在平衡生长和存活中具有重要作用。雷帕霉素是由链霉菌（*Streptomyces hygroscopicus*）产生的一种特定的 TOR 激酶抑制剂。由于缺少 FK506 结合蛋白 12（FKBP12），使得植株对雷帕霉素处理不敏感，因此限制了对植物 TOR 信号转导途径的研究。但是，通过在拟南芥培养液中添加 10 μmol/L 的雷帕霉素可以有效地抑制 TOR 活性。本试验应用水培方式培育黄瓜幼苗。结果发现，添加 10 μmol/L 雷帕霉素的水培植株对黄瓜白粉病的抗性显著增强，说明 TOR 激酶负调控黄瓜对白粉病菌的抗性。同时，*CsTCTP2* 的下调表达也提高了黄瓜子叶对白粉病菌的抗性。TORC1 复合物中的 *TOR* 和 *Raptor1* 受到了 *CsTCTP2* 的调控，而且位于 TOR 信号通路的下游靶标 *S6K* 也受到了 *CsTCTP2* 的调控。以上结果表明，*CsTCTP2* 可能通过调控 TOR 信号转导途径来介导黄瓜对白粉病菌的防御响应。

ABA 是植物-病原菌互作过程中的重要信号分子。在本试验中，*CsTCTP1* 正向调控 *PYL2*、*PP2C2* 和 *SnRK2.2* 的表达，负向调控 *ABI5* 的表达，表明 *CsTCTP1* 基因与 ABA 信号通路密切相关。外源 ABA 处理黄瓜使 *CsTCTP1* 基因呈持续显著上调表达，*CsTCTP1* 基因上调表达会降低黄瓜子叶对白粉病菌的抗性，说明外施 ABA 会抑制植物对病原菌的抗性。这与 Cao 等（2011）的研究结果相一致。在白粉病菌胁迫下，抗白粉病品系（B21-a-2-1-2）黄瓜中 *ABI5* 基因的表达量高于其在感白粉病品系（B21-a-2-2-2）中的表达量。在本试验中，*CsTCTP1* 基因的下调表达会提高黄瓜子叶中 *ABI5* 的表达量，同时也会提高黄瓜对白粉病菌的抗性，说明 *CsTCTP1* 基因对黄瓜白粉病菌的响应与 ABA 信号途径密切相关。

（四）小结

CsTCTP1 和 *CsTCTP2* 基因是黄瓜-白粉病菌互作中的负调控因子。其中，*CsTCTP1* 基因可能通过调控防御相关基因以及 ABA 信号通路来参与防御响应黄瓜白粉病菌胁迫，而 *CsTCTP2* 基因可能通过介导 TOR 信号途径调控黄瓜防卫反应。

三、黄瓜 *CsTCTP1* 和 *CsTCTP2* 基因在拟南芥中的遗传转化及功能分析

（一）材料与方法

1. 材料 *AtTCTP1*（At3G16640）基因缺失突变体拟南芥（SALK-000005）、*AtTCTP2*（At3G05540）基因缺失突变体拟南芥；恢复系拟南芥，包括 GFP：*CsTCTP1* 转 *AtTCTP1* 和 *AtTCTP2* 突变体拟南芥，GFP：*CsTCTP2* 转 AtTCTP1 和 AtTCTP2 突变体拟南芥；过表达株系，包括 GFP：*CsTCTP1* 转 WT，GFP：*CsTCTP2* 转 WT；原种为哥伦比亚野生型（WT）。

2. 方法

（1）拟南芥种子处理。将拟南芥野生型（WT）、*AtTCTP1* 和 *AtTCTP2* 突变体、GFP：*CsTCTP1*/*CsTCTP2* 转 *AtTCTP1*/*AtTCTP2* 恢复株系及 GFP：*CsTCTP1*/*CsTCTP2* 转 WT 过表达株系种子分别置于 2 mL 离心管中，用 70% 的酒精浸泡 1 min 进行表面消毒，再用 20%的 NaClO 振荡处理 6～10 min 进行灭菌后，吸出处理液，再用无

菌水冲洗 5 次，加入适量无菌水，最后置于 4 ℃冰箱中春化 3 d。

(2) 种子萌发率统计及根长检测。用 0.1%的琼脂悬浮液悬浮拟南芥种子，放入冰箱中 4 ℃春化后，使用 1 000 μL 的移液枪吸取适量的种子，然后均匀点播在 MS 培养基（含 1%琼脂）的表面，保证每一粒种子基本上都单独播种。使用封口膜对播种完毕的培养皿进行密封，再放入恒温培养箱中进行培养（温度 21～23 ℃，相对湿度 70%，光照条件为 16 h 光照/8 h 黑暗，光照强度 5 100 lx），以胚根突破种皮为标准，连续观察 10 d，统计种子萌发率；并在第 10 d 测量不同品系拟南芥植株的根长。每种拟南芥株系大约播种 150 粒种子，并且重复 3 次。

(3) 拟南芥的形态观察。在培养基质中正常培养拟南芥，播种后开始对拟南芥进行跟踪观察，记录拟南芥生长周期的各个时间节点，并且分别对不同品系拟南芥个体进行观察拍照；同时，测量拟南芥植株莲座叶直径、叶片数量及长度，生长高度及果荚长度等形态数据，研究不同品系拟南芥之间生长发育的差异。

（二）结果与分析

1. *CsTCTP1* 和 *CsTCTP2* 基因对拟南芥生长发育的影响 在植物中，关于 TCTP 的研究主要集中在拟南芥。拟南芥有 *AtTCTP1*（At3G16640）和 *AtTCTP2*（At3G05540）两个基因。*AtTCTP1* 基因具有调控细胞程序性死亡、植物生长发育及响应逆境信号的作用。Toscano-Morales 等（2015）证明，*AtTCTP2* 基因在植物再生过程中起到重要的作用。Brioudes 等（2010）研究发现，TCTP-knockout 拟南芥植株发育迟缓，并出现严重的生长缺陷，早衰且不育。烟草、甘蓝及番茄等植物 TCTP 下调也会使植株生长缓慢、器官变小、根系生长减少。综上所述，TCTP 可能在植物的生长发育调节过程中起着积极的作用。但是，黄瓜 TCTP 对植株生长发育的具体影响未有详细报道。

在动物中，TCTP 与 Ras GTPase（Rheb）相互作用参与 TOR 信号通路，而且在拟南芥中，AtTCTP 可以与 AtRABA4a、AtRABA4b、AtRABF1 和 AtRABF2b 这 4 个 AtRab GTPases 相互作用。TOR 是营养、能量及植物生长发育信号网络中重要的调控因子。CsTCTP1 和 CsTCTP2 蛋白序列分析发现，二者均具有 Rab GTPase 结合域，其是否与动物和酵母中相似，通过与某种 CsRab 互作进而调控 TOR 信号通路还未见报道。

在植物糖敏感和能量管理中，SnRK1（Sucrose non-fermenting 1-related protein kinase）与 TOR 针对糖信号以拮抗方式调节植物生长发育，即 TOR 激酶能够接受和传导葡萄糖的代谢信号来促进植物生长，而 SnRK1 则抑制这些过程。SnRK1 广泛存在于高等植物中，是一个蛋白激酶复合物。其中，α 亚基是它的催化亚基，β 和 γ 亚基是调节亚基。越来越多的证据表明，SnRK1 蛋白激酶在植物代谢中起重要作用，通过调控碳水化合物的代谢从而调节植物生长发育。

本试验通过观察不同品系拟南芥的萌发、根长以及生长表型，研究 *CsTCTP1*/*CsTCTP2* 基因对拟南芥生长发育的影响。利用 RT-qPCR 技术，对拟南芥 TOR 和 SnRK1 信号通路相关基因的表达量进行分析，初步探究 *CsTCTP1*/*CsTCTP2* 基因参与调控的信号通路。

2. *CsTCTP1* 和 *CsTCTP2* 基因对拟南芥萌发及根长的影响 植物种子的萌发期是植物个体发育最开始的时期，也是最为关键的时期，是其在适宜的生长环境中保证自身繁衍的一种生物特性。为了检测 *CsTCTP1*/*CsTCTP2* 基因对拟南芥萌发的影响，将 *AtTCTP1*

和*AtTCTP2*突变体拟南芥、GFP：*CsTCTP1*/*CsTCTP2*转*AtTCTP1*/*AtTCTP2*突变体恢复系拟南芥、WT以及GFP：*CsTCTP1*/*CsTCTP2*转WT过表达系拟南芥种子消毒后，春化3 d后播种到MS培养基上，放置于光照培养箱中培养，并连续记录不同品系拟南芥的萌发率。由图2-50和2-51可见，*AtTCTP1*和*AtTCTP2*突变体拟南芥萌发速率缓慢，而*CsTCTP1*/*CsTCTP2*基因的导入能够恢复*AtTCTP1*/*AtTCTP2*突变体拟南芥种子的萌发速度；与野生型WT拟南芥相比，过表达*CsTCTP1*/*CsTCTP2*基因能够显著促进拟南芥种子的萌发。

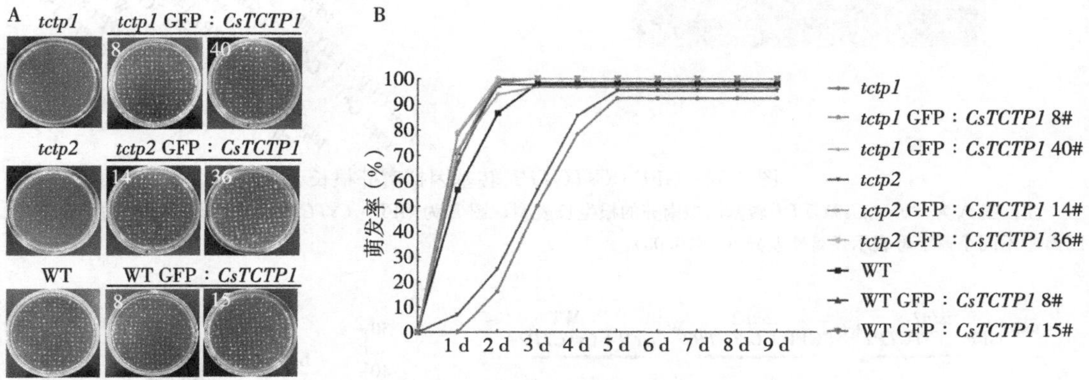

图2-50　GFP：*CsTCTP1*转基因拟南芥萌发表型

注：图A为拟南芥的萌发表型；图B为拟南芥的萌发率。

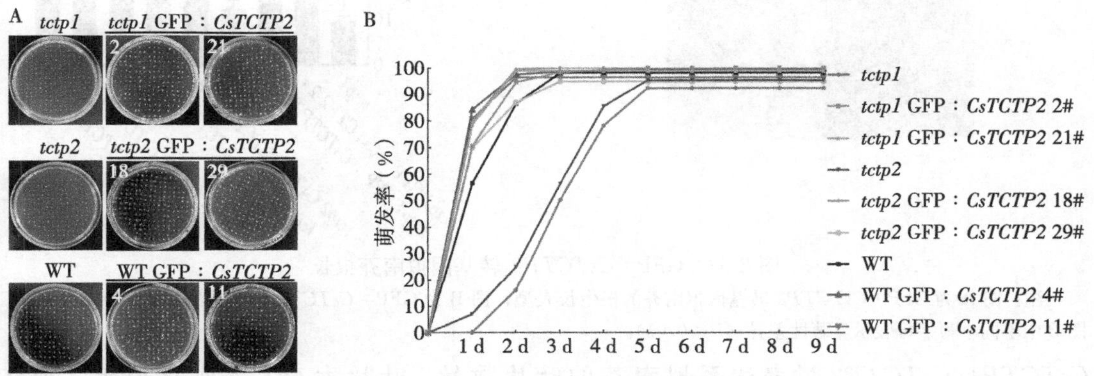

图2-51　GFP：*CsTCTP2*转基因拟南芥萌发表型

注：图A为拟南芥的萌发表型；图B为拟南芥的萌发率。

为检测*CsTCTP1*和*CsTCTP2*基因对拟南芥根长的影响，在正常培养10 d后，分别测量不同品系拟南芥的根长。如图2-52和图2-53所示，*AtTCTP1*和*AtTCTP2*突变体拟南芥根生长缓慢，*CsTCTP1*/*CsTCTP2*基因的导入能够恢复*AtTCTP1*/*AtTCTP2*突变体拟南芥根的生长速度；过表达*CsTCTP1*和*CsTCTP2*基因能够显著促进拟南芥根的生长。

3. *CsTCTP1*和*CsTCTP2*基因对拟南芥莲座叶形态的影响　叶片能进行光合作用，给植物生长提供所需的营养，是非常重要的植物营养器官之一。通过比较*AtTCTP1*/*AtTCTP2*突变体拟南芥、*CsTCTP1*/*CsTCTP2*恢复系拟南芥、野生型（WT）以及

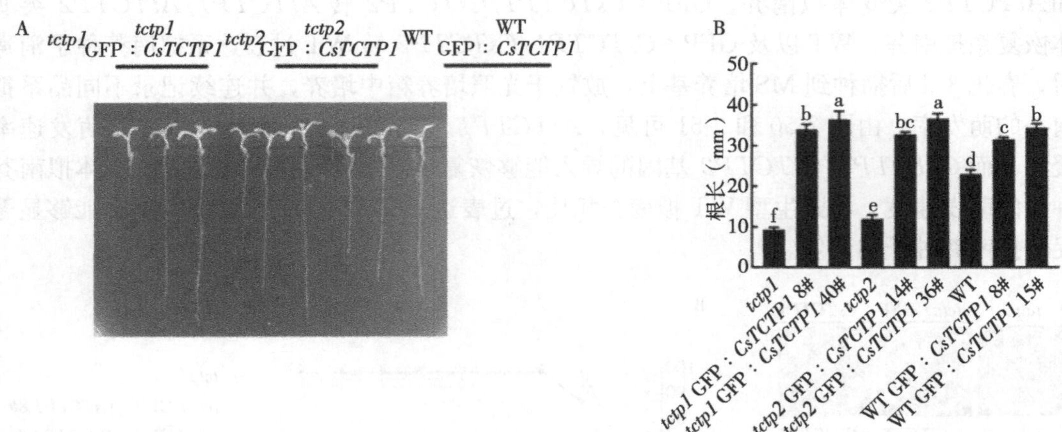

图 2-52 GFP：*CsTCTP1* 转基因拟南芥根长

注：图 A 为 GFP：*CsTCTP1* 转基因拟南芥的根生长表型；图 B 为 GFP：*CsTCTP1* 转基因拟南芥的根长测量。图 B 中不同小写字母表示显著性差异（$P<0.05$）。

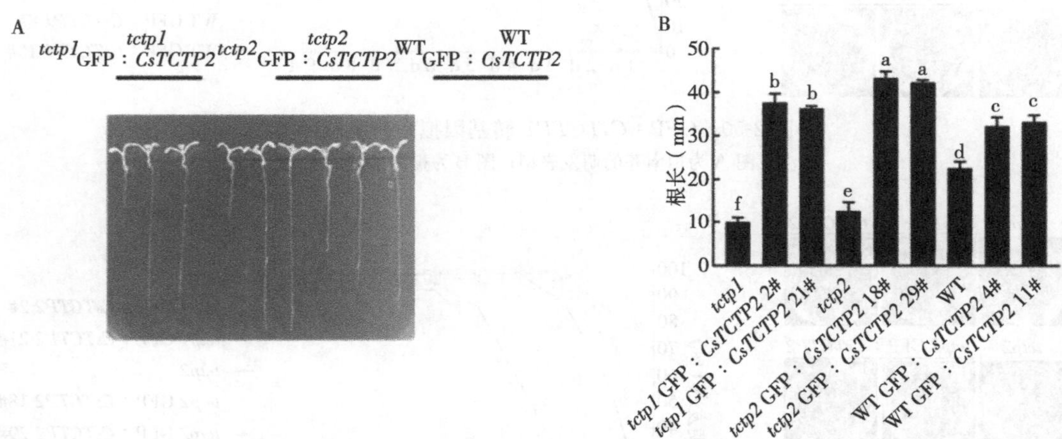

图 2-53 GFP：*CsTCTP2* 转基因拟南芥根长

注：图 A 为 GFP：*CsTCTP2* 转基因拟南芥的根生长表型；图 B 为 GFP：*CsTCTP2* 转基因拟南芥的根长测量。图 B 中不同小写字母表示显著性差异（$P<0.05$）。

CsTCTP1/*CsTCTP2* 过表达系拟南芥的叶片数量、叶片大小、莲座直径等，研究 *CsTCTP1* 和 *CsTCTP2* 基因对拟南芥莲座叶表型的影响。

将不同株系拟南芥正常培养 4 周后，观察拟南芥莲座叶片生长表型。如图 2-54 与图 2-55 所示，*AtTCTP1* 与 *AtTCTP2* 突变体拟南芥莲座叶片较小，叶片数量少，过表达 *CsTCTP1*/*CsTCTP2* 基因显著促进拟南芥莲座叶的生长，*CsTCTP1*/*CsTCTP2* 基因能够恢复 *AtTCTP1*/*AtTCTP2* 突变体拟南芥莲座叶的生长，而且过表达株系与恢复株系无显著差异。

为进一步确定 *CsTCTP1* 和 *CsTCTP2* 基因对拟南芥莲座叶生长趋势的影响，本试验连续观测了不同株系拟南芥的莲座叶直径。*AtTCTP1* 与 *AtTCTP2* 突变体拟南芥莲座叶生长缓慢，恢复株系和过表达株系拟南芥的莲座叶生长速度快，莲座直径提前达到最大值，而且导入 *CsTCTP1* 和 *CsTCTP2* 基因的拟南芥莲座直径最大（图 2-56）。综上所述，

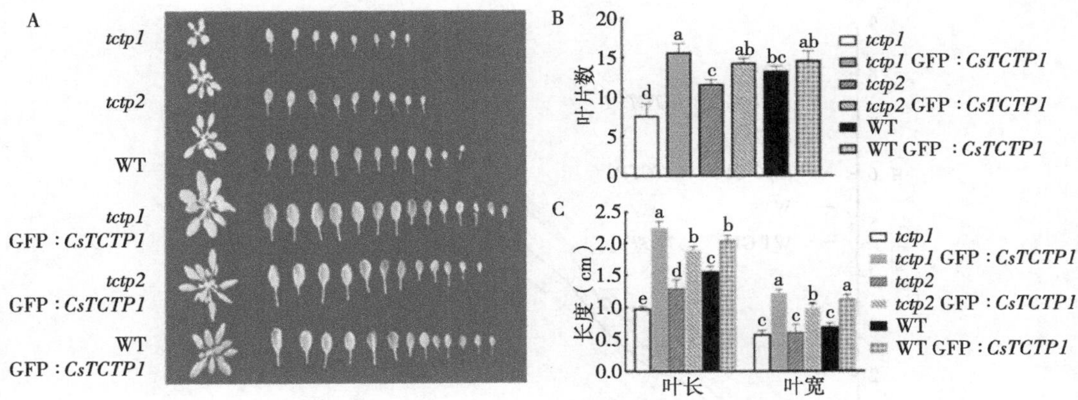

图 2-54　GFP：*CsTCTP1* 转基因拟南芥莲座叶表型

注：图 A 为 GFP：*CsTCTP1* 转基因拟南芥莲座叶生长表型；图 B 为 GFP：*CsTCTP1* 转基因拟南芥莲座叶片数量；图 C 为 GFP：*CsTCTP1* 转基因拟南芥莲座叶的叶长和叶宽。图 B 和图 C 中不同小写字母表示显著性差异（$P<0.05$）。

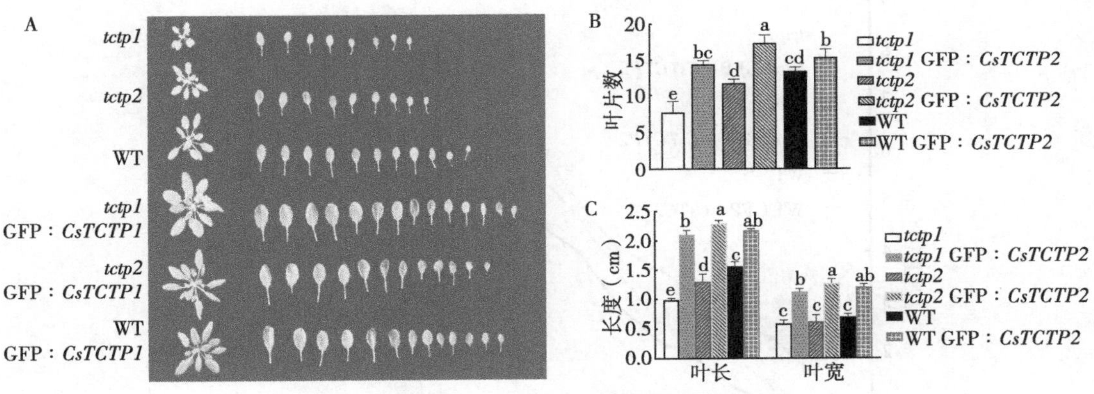

图 2-55　GFP：*CsTCTP2* 转基因拟南芥莲座叶表型

注：图 A 为 GFP：*CsTCTP2* 转基因拟南芥莲座叶生长表型；图 B 为 GFP：*CsTCTP2* 转基因拟南芥莲座叶片数量；图 C 为 GFP：*CsTCTP2* 转基因拟南芥莲座叶的叶长和叶宽。图 B 和图 C 中不同小写字母表示显著性差异（$P<0.05$）。

CsTCTP1 和 *CsTCTP2* 基因能够促进拟南芥莲座叶生长以及生长速度。

4. *CsTCTP1* 和 *CsTCTP2* 基因对拟南芥株高及果荚的影响　不同株系拟南芥正常培养 7 周后，测量植株高度，结果如图 2-57 和图 2-58 所示，*AtTCTP1* 和 *AtTCTP2* 突变体拟南芥植株矮小，生长缓慢；*CsTCTP1*/*CsTCTP2* 恢复系及过表达系拟南芥株高要显著高于突变体和 WT。

每株拟南芥按照时间先后顺序将结好的果荚做上标记（每株记录约 20 支果荚），然后从茎上直接取下，用游标卡尺量取整个果荚长度，所有株系的果荚长度约为 15 mm，无明显差异。根据表型可以发现，转基因拟南芥果荚均呈现黄色，表明角果即将成熟；而 *AtTCTP1*/*AtTCTP2* 突变体与野生型拟南芥果荚尚呈绿色，果荚尚未成熟。以上结果说明，*CsTCTP1*/*CsTCTP2* 基因并不调控拟南芥果荚大小，但是可以调控果荚的成熟。

5. *CsTCTP1* 和 *CsTCTP2* 基因对拟南芥生长周期的影响　为了探究 *CsTCTP1* 和

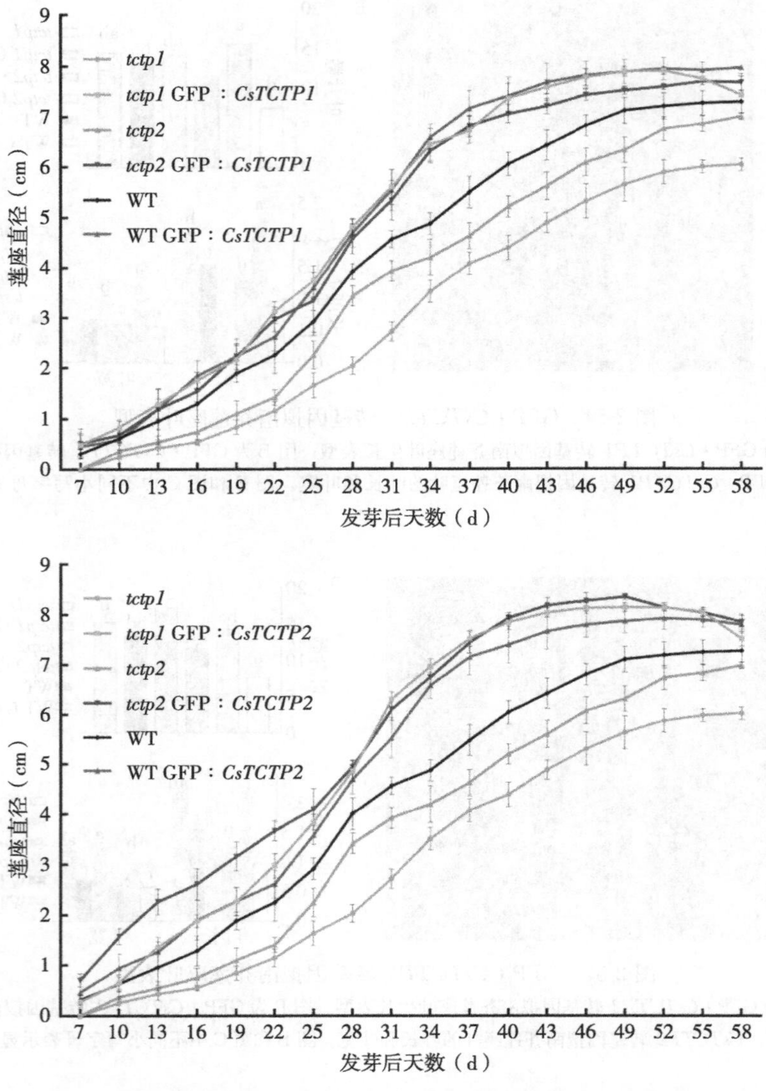

图 2-56　GFP：*CsTCTP2* 转基因拟南芥莲座直径

CsTCTP2 基因对拟南芥生长周期的影响，根据王艺霖（2019）将拟南芥生活史可分为 5 个生长时期，分别为萌发期（从播种到第一对叶出现的时间）、苗期（从长出第一对叶到第一朵花开放的时间）、抽薹期（出现花序轴到第一朵花开放的时间）、花期（从第一朵花开放到出现第一个果荚的时间）、第一个果期（第一个果荚出现至第一个果荚成熟的时间）。由表 2-7 可见，所有品系拟南芥都有完整的生活史，但是生长周期不同。*AtTCTP1* 与 *AtTCTP2* 突变体拟南芥与其他品系拟南芥的萌发期与花期相比略长，但是相差较大的是苗期、抽薹期与果期。苗期与抽薹期是拟南芥的主要生长期，转基因株系的苗期和抽薹期缩短，证明 *CsTCTP1*/*CsTCTP2* 基因可以促进拟南芥的生长；转基因株系的果期缩短，说明 *CsTCTP1*/*CsTCTP2* 基因能够促进拟南芥的果实成熟以及植株的衰老。

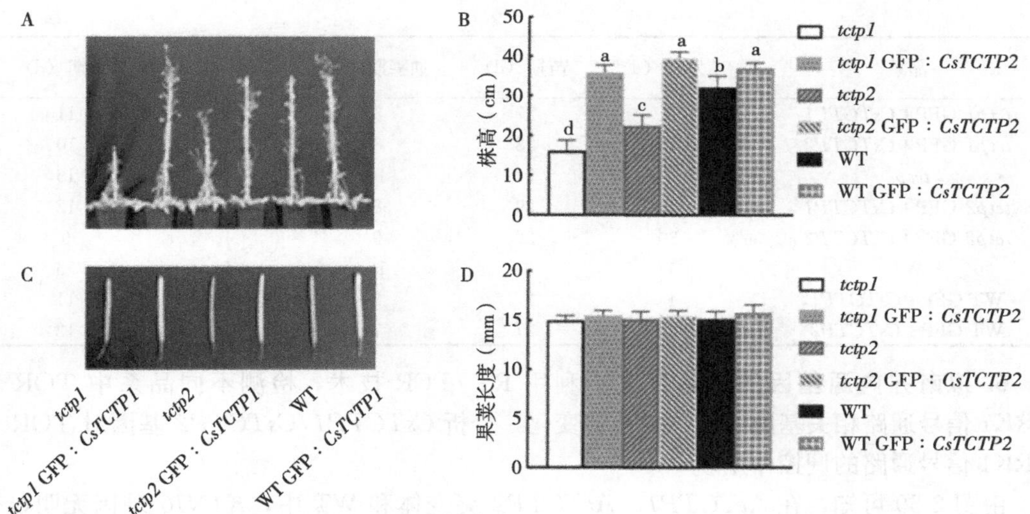

图 2-57 *CsTCTP1* 基因对拟南芥株高及果荚的影响

注：图 A 为 GFP：*CsTCTP1* 转基因拟南芥植株高度；图 B 为 GFP：*CsTCTP1* 转基因拟南芥植株高度测量；图 C 为 GFP：*CsTCTP1* 转基因拟南芥果荚表型；图 D 为 GFP：*CsTCTP1* 转基因拟南芥果荚长度。图 B 中不同小写字母表示显著性差异（$P<0.05$）。

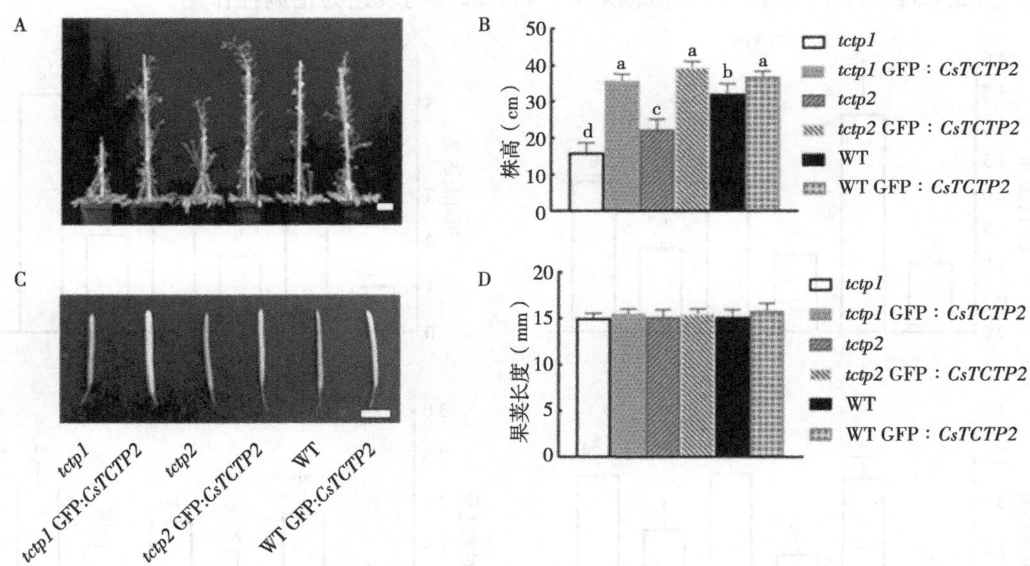

图 2-58 *CsTCTP2* 基因对拟南芥株高及果荚的影响

注：图 A 为 GFP：*CsTCTP1* 转基因拟南芥植株生长表型；图 B 为 GFP：*CsTCTP1* 转基因拟南芥植株高度测量；图 C 为 GFP：*CsTCTP1* 转基因拟南芥果荚表型；图 D 为 GFP：*CsTCTP1* 转基因拟南芥果荚长度。图 B 中不同小写字母表示显著性差异（$P<0.05$）。

表 2-7 不同品系拟南芥生长周期

品系	萌发期（d）	苗期（d）	抽薹期（d）	花期（d）	果期（d）
tctp1	7	39	22	6	23

（续）

品系	萌发期（d）	苗期（d）	抽薹期（d）	花期（d）	果期（d）
tctp1 GFP：*CsTCTP1*	4	27	9	4	11
tctp1 GFP：*CsTCTP2*	4	28	8	3	10
tctp2	6	34	16	4	16
tctp2 GFP：*CsTCTP1*	4	29	8	4	12
tctp2 GFP：*CsTCTP2*	3	26	9	4	9
WT	5	33	12	4	15
WT GFP：*CsTCTP1*	4	27	8	3	11
WT GFP：*CsTCTP2*	3	27	7	4	12

6. 拟南芥内源基因的表达变化 利用 RT-qPCR 技术，检测不同品系中 TOR 和 SnRK1 信号通路相关基因的表达水平的变化，分析 *CsTCTP1*/*CsTCTP2* 基因对 TOR 和 SnRK1 信号通路的调控作用。

由图 2-59 可知，在 *AtTCTP1*、*AtTCTP2* 突变体和 WT 中，*KIN10* 基因无明显变化，恢复系和过表达株系中均呈现上调，因此 *CsTCTP1*/*CsTCTP2* 基因对 *KIN10* 基因的表达为正调控作用。*KIN11* 基因在 *AtTCTP1* 突变体中的表达量最小，*AtTCTP2* 突变体和 WT 中无明显差异，在恢复品系以及过表达品系中，*KIN11* 基因的表达量显著上调，因此 *CsTCTP1*/*CsTCTP2* 基因对 *KIN11* 基因的表达为正调控作用。

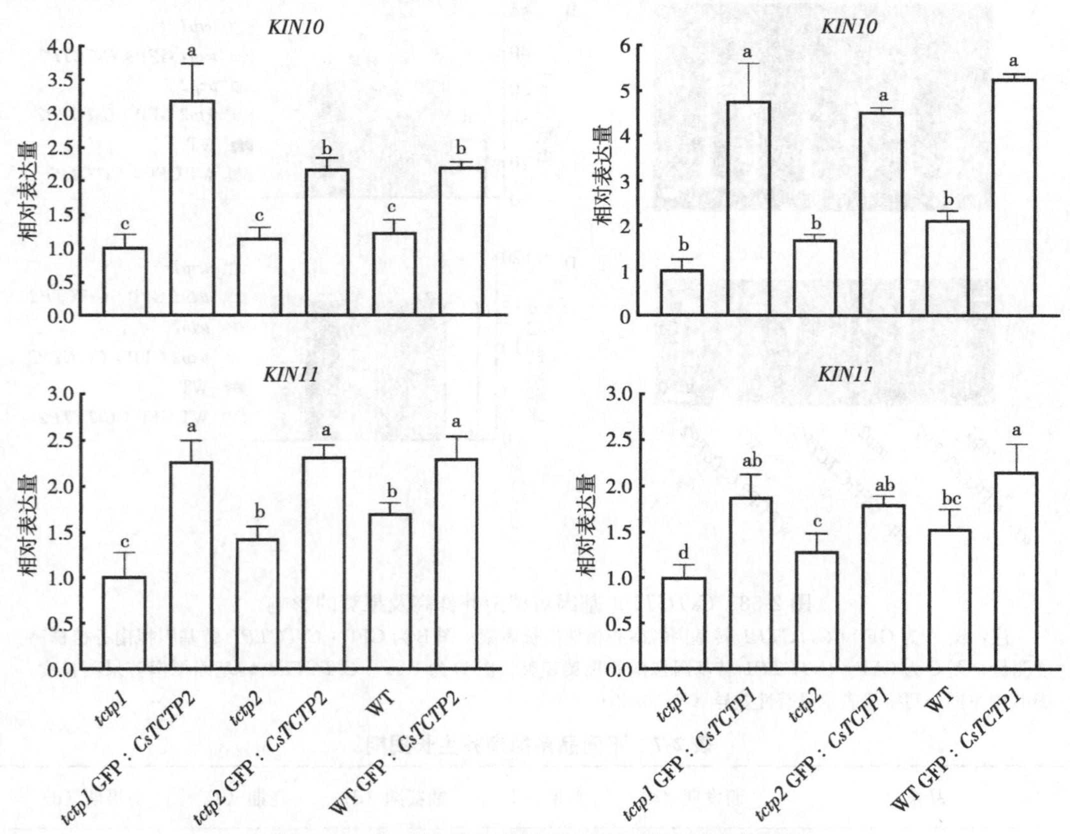

图 2-59 SnRK1 信号通路的相关基因表达变化情况

注：不同小写字母表示显著性差异（$P<0.05$）。

在拟南芥中，AtTCTP 可以与 AtRABA4a、AtRABA4b、AtRABF1 和 AtRABF2b 这 4 个 AtRab GTPases 相互作用。因此，检测了不同拟南芥品系中 *AtRABA4a*、*AtRABA4b*、*AtRABF1* 和 *AtRABF2b* 基因表达量，探究 *CsTCTP1*/*CsTCTP2* 基因是否与 *AtTCTP* 具有同样的功能。如图 2-60 所示，在 *CsTCTP1* 转基因株系中，*AtRABA4a*、*AtRABA4b*、*AtRABF1* 和 *AtRABF2b* 基因的表达呈现下调的趋势，尤其

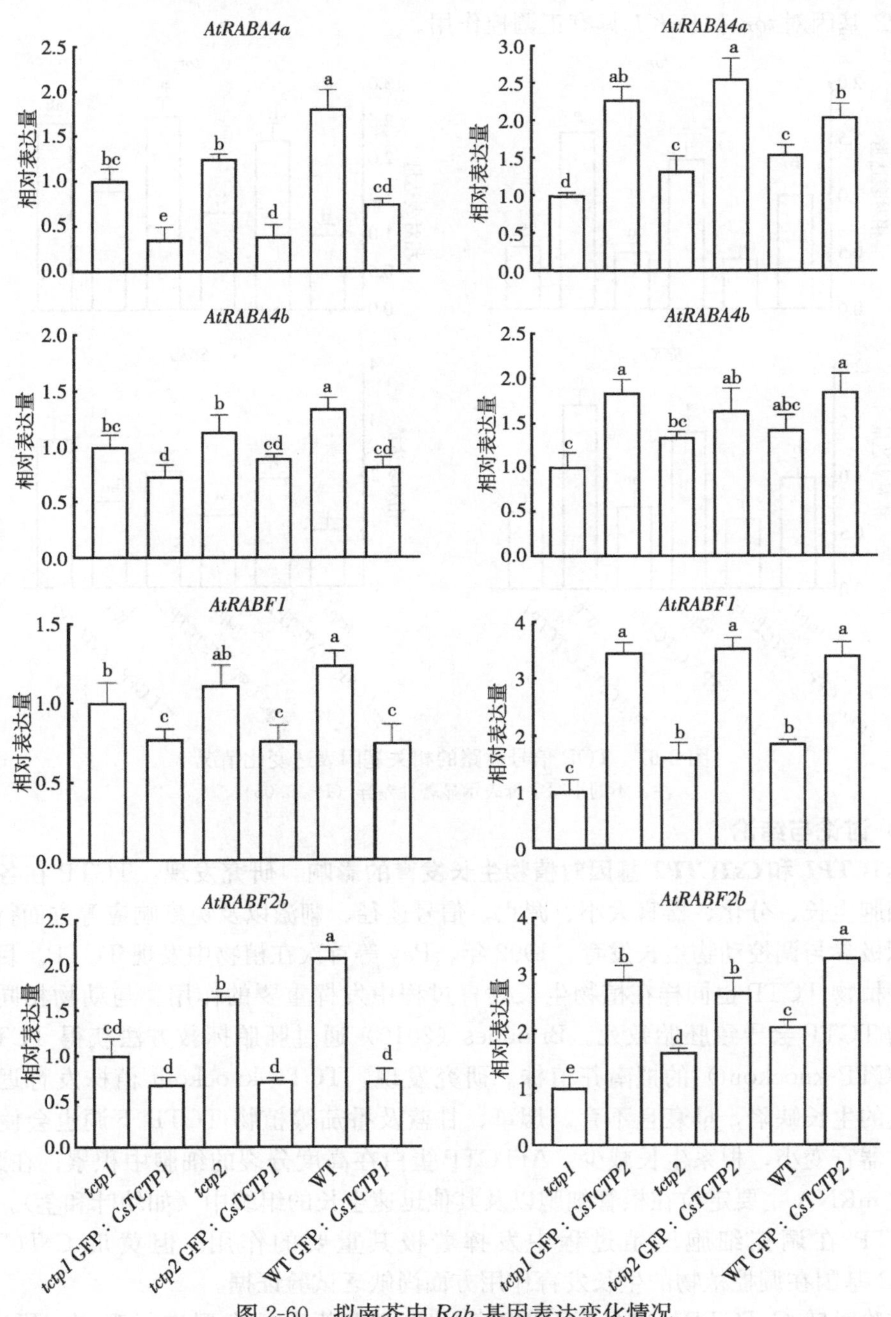

图 2-60　拟南芥中 *Rab* 基因表达变化情况

注：不同小写字母表示显著性差异（$P<0.05$）。

AtRABA4a 和 *AtRABF2b* 基因的表达下调趋势较大。与 *CsTCTP1* 基因作用相反，*CsTCTP2* 对 *AtRABA4a*、*AtRABA4b*、*AtRABF1* 和 *AtRABF2b* 基因的表达为正调控作用，其中对 *AtRABA4a*、*AtRABF1* 和 *AtRABF2b* 基因的上调程度较大。

利用 RT-qPCR 技术，检测不同品系中 TOR 元件基因（*tor*）以及下游基因（*S6K1*）表达水平的变化。由图 2-61 所示，*CsTCTP1* 基因对 *tor* 和 *S6K1* 具有负调控作用，*CsTCTP2* 基因对 *tor* 和 *S6K1* 具有正调控作用。

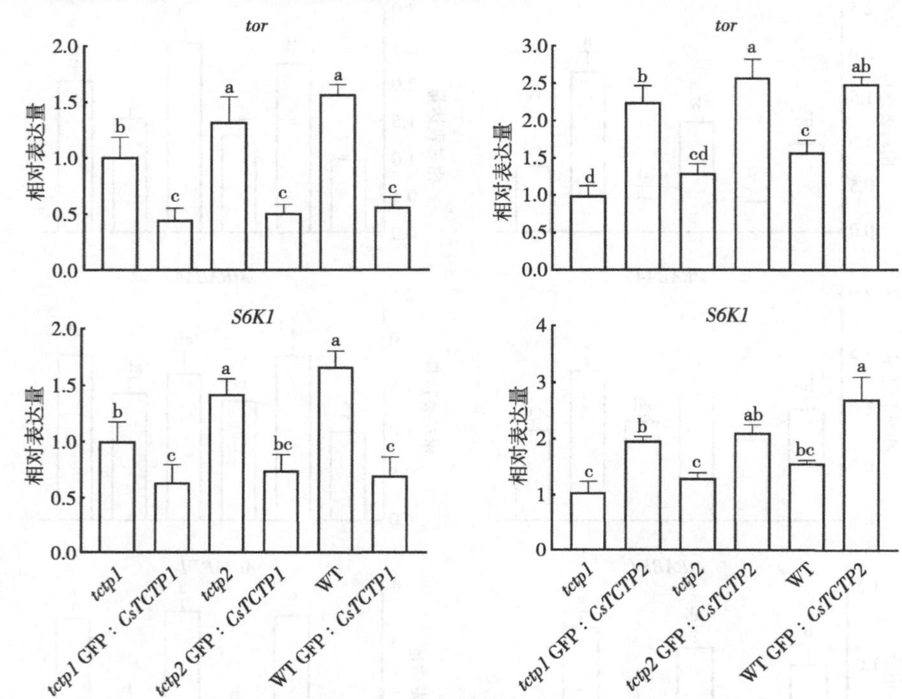

图 2-61　TOR 信号通路的相关基因表达变化情况

注：不同小写字母表示显著性差异（$P<0.05$）。

（三）讨论与结论

1. *CsTCTP1* 和 *CsTCTP2* 基因对植物生长发育的影响　研究发现，TCTP 在各种细胞过程如细胞生长、分化、器官大小、凋亡、信号途径、刺激以及免疫响应等方面行使重要功能，积极参与调控动物生长发育。1992 年，Pay 等首次在植物中发现 TCTP。目前的研究表明，植物 TCTP 也同样在植物生长发育过程中发挥重要的作用。与动物相同，直接敲除植物 TCTP 会导致胚胎致死。Brioudes（2010）通过胚胎拯救方法获得 TCTP 完全敲除（TCTP-knockout）的拟南芥植株。研究发现，TCTP-knockout 植株发育迟缓，并出现严重的生长缺陷，早衰且不育。烟草、甘蓝及番茄等植物 TCTP 下调也会使植株生长缓慢、器官变小，根系生长减少。AtTCTP 蛋白在高度分裂的细胞中积累；在豌豆中，TCTP 的 mRNA 主要定位在根管细胞以及其他迅速生长的组织中（如幼叶和茎）。这表明植物 TCTP 在调控细胞增殖过程中发挥着极其重要的作用。但黄瓜 *CsTCTP1* 和 *CsTCTP2* 基因在调控植物的生长发育作用方面尚缺乏试验证据。

本试验对转 *CsTCTP1* 和 *CsTCTP2* 基因的拟南芥生长表型进行观测。研究表明，*CsTCTP1* 和 *CsTCTP2* 基因均能显著促进拟南芥的萌发，而且转 GFP：*CsTCTP1*/

CsTCTP2 恢复株系和过表达株系拟南芥初生根长显著高于 WT、*AtTCTP1*/*AtTCTP2* 突变体。*AtTCTP1*/*AtTCTP2* 突变体拟南芥莲座叶片较小，叶片数量少，*CsTCTP1*/*CsTCTP2* 基因能够恢复 *AtTCTP1*/*AtTCTP2* 突变体拟南芥莲座叶的生长，过表达 *CsTCTP1*/*CsTCTP2* 基因显著促进拟南芥莲座叶的生长，而且过表达株系与恢复株系无显著差异；同时，*AtTCTP1*/*AtTCTP2* 突变体拟南芥莲座叶生长缓慢，*CsTCTP1*/*CsTCTP2* 基因能够促进拟南芥莲座叶生长，莲座直径提前达到最大值，而且 *CsTCTP1* 和 *CsTCTP2* 转基因拟南芥莲座直径最大。通过对不同品系拟南芥的株高以及果荚长度的检测，*AtTCTP1* 和 *AtTCTP2* 突变体植株矮小、生长缓慢；导入 *CsTCTP1* 和 *CsTCTP2* 基因的恢复株系及过表达株系拟南芥株高要显著高于其他品系拟南芥，而不同品系的果荚长度则无明显差异，但是导入 *CsTCTP1* 和 *CsTCTP2* 转基因品系拟南芥果荚的成熟要早于 *AtTCTP1*/*AtTCTP2* 突变体和 WT。通过对不同品系拟南芥生长周期的统计，发现所有品系拟南芥都有完整的生活史，但是生长周期不同。*AtTCTP1*/*AtTCTP2* 突变体拟南芥与其他品系拟南芥的萌发期与花期相比略长。但是，相差较大的主要是苗期、抽薹期与果期，苗期与抽薹期是拟南芥的主要生长时期。根据以上试验结果证明，*CsTCTP1* 和 *CsTCTP2* 基因能够促进植株生长，使拟南芥提前完成整个生活史，缩短了拟南芥的生长周期。

2. *CsTCTP1* 和 *CsTCTP2* 基因参与的信号通路分析　目前对 SnRK1 激酶的研究表明，它是一个蛋白激酶复合物。SnRK1 激酶是调控能量平衡和植物代谢的重要枢纽，可以通过调控植物光合作用途径的相关基因表达和淀粉、蔗糖合成以及降解相关酶的编码基因表达，从而参与糖代谢。此外，SnRK1 激酶在植物生长发育以及胁迫响应过程中也是十分关键的调控中枢。由于 SnRK1 代谢网络的调控途径非常复杂，其中很多调节机制尚不清楚，有待进一步研究阐明。目前有研究发现，在小麦中 TaTCTP 可以与 SnRK1 激酶相互作用。黄瓜 CsTCTPs 参与调控植物生长发育，是否参与 SnRK1 信号通路尚不明确。本试验表明，在 *AtTCTP1*、*AtTCTP2* 突变体和 WT 中，*KIN10* 基因无明显变化，恢复系和过表达株系中均呈现上调。因此，*CsTCTP1*/*CsTCTP2* 基因对 *KIN10* 基因的表达为正调控作用。*KIN11* 基因在 *AtTCTP1* 突变体中的表达量最小，*AtTCTP2* 突变体和 WT 中无明显差异，在恢复品系以及过表达品系中，*KIN11* 基因的表达量显著上调，说明 *CsTCTP1* 和 *CsTCTP2* 基因对 *KIN11* 基因的表达为正调控作用。以上试验说明，*CsTCTP1* 和 *CsTCTP2* 基因参与 SnRK1 信号通路。因为在 *AtTCTP1*、*AtTCTP2* 突变体和 WT 中，*KIN10* 和 *KIN11* 基因的表达量无明显变化，推测 *CsTCTP1* 和 *CsTCTP2* 基因可能在 SnRK1 下游，仍需要获得 SnRK1 的沉默株系进一步证明。

酵母和动物中，TCTP 能够激活 Ras-型小 GTPase 的活性，进而激活 TOR 信号通路，调控细胞和器官的生长与衰老、疾病发生与免疫反应等。植物的生长发育、代谢和抗逆过程在很大程度上是与 TOR 通路相耦联的，TOR 通过调控转录、翻译、自噬、初生代谢和次生代谢来调控植物生长发育、开花、衰老、寿命等；调控 TOR 激酶活性或 TOR 表达水平会导致植物生长发育和抗逆应答的变化。在植物 Ras 超家族小 G 蛋白中没有 Ras 亚家族，但小 G 蛋白 Rab 和 Ras 序列具有高度保守性，且植物 TCTP 结构类似于 MSS4/DSS4 蛋白家族，序列中普遍存在 Rab GTPases 结合位点。拟南芥 AtTCTP 可以与 AtRABA4a、AtRABA4b、AtRABF1 和 AtRABF2b 这 4 个 AtRab GTPases 相互作用，

AtTCTP 也可以与果蝇的 dRheb 发生相互作用，同时果蝇 dTCTP 也能够与拟南芥的这 4 个 Rab 相互作用。黄瓜 TCTP 是否可以通过结合某种 Rab 调节 TOR 信号，依然缺乏直接、有力的证据。本试验通过 RT-qPCR 技术，检测了不同品系拟南芥中 4 个 *Rab* 基因的表达量。试验表明，在 *CsTCTP1* 转基因株系中，*AtRABA4a*、*AtRABA4b*、*AtRABF1* 和 *AtRABF2b* 基因的表达呈现下调的趋势，尤其 *AtRABA4a* 和 *AtRABF2b* 基因的表达下调趋势较大。与 *CsTCTP1* 基因作用相反，*CsTCTP2* 基因对 *AtRABA4a*、*AtRABA4b*、*AtRABF1* 和 *AtRABF2b* 基因的表达为正调控作用。其中，对 *AtRABA4a*、*AtRABF1* 和 *AtRABF2b* 基因的上调程度较大。与以上结果一致，对 TOR 元件基因 *tor* 和下游基因 *S6K1* 表达量分析发现，*CsTCTP1* 基因对 *tor* 和 *S6K1* 具有负调控作用，*CsTCTP2* 基因对 *tor* 和 *S6K1* 具有正调控作用。

有研究发现，SnRK1 和 TOR 这两种进化上保守的蛋白激酶，在植物糖敏感和能量管理中起到核心作用。虽然 SnRK1 和 TOR 途径的各个组成部分在真核生物中是不同的，但结构非常相似。SnRK1 和 TOR 都是蛋白激酶复合物，针对糖信号以拮抗方式调节生长发育。因此，*CsTCTP1* 和 *CsTCTP2* 基因在调控拟南芥生长发育过程中机制十分复杂，猜测还可能存在其他与 CsTCTP1 和 CsTCTP2 蛋白相互作用的蛋白，尚需进一步研究探索。

（四）小结

通过观察不同品系拟南芥的萌发、根长以及生长表型，研究 *CsTCTP1*/*CsTCTP2* 基因对拟南芥生长发育的影响。利用 RT-qPCR 技术，对拟南芥 TOR 和 SnRK1 信号通路相关基因的表达量进行分析，初步探究 *CsTCTP1*/*CsTCTP2* 基因参与调控的信号通路。结果表明，过表达 *CsTCTP1* 和 *CsTCTP2* 基因能够促进拟南芥生长，使拟南芥提前完成整个生活史，缩短拟南芥的生长周期。同时，*CsTCTP1* 和 *CsTCTP2* 基因参与 TOR 和 SnRK1 信号通路，但是调控方式十分复杂，尚需进一步研究阐明。

四、*CsTCTPs* 在拟南芥响应白粉病菌胁迫中的功能分析

在植物应答细菌、真菌以及病毒等病原体胁迫下差异蛋白质组学和差异转录组学研究中，均发现 TCTP 差异表达，如黄瓜应答白粉病菌胁迫、棉花应答黄萎病菌胁迫等。李刚等（2010）发现，小麦 *TCTP* 基因随白粉病菌诱导时间的延长而表达上调，说明 TCTP 可能参与了小麦对白粉病防御应答反应。对 *CsTCTP1* 和 *CsTCTP2* 瞬时表达植株接种白粉病菌，通过观察其表型、病情指数及菌丝含量，发现 *CsTCTP1* 和 *CsTCTP2* 基因可能与黄瓜对白粉病菌抗性呈负相关关系。但是，该结论仍需要用转基因稳定表达株系进一步验证。

植物为了更好地适应环境，进化出一系列调控、反馈机制，从而严格控制植物胁迫响应与生长发育之间的转换，进而有效地平衡胁迫响应与生长发育过程。研究表明，TOR 与 ABA 信号通路的相互调控可以在一定程度上维持这种平衡状态。CsTCTP1 和 CsTCTP2 蛋白序列分析发现二者均具有 Rab GTPase 结合域，其是否与动物和酵母中相似，通过与某种 CsRab 互作进而调控 TOR 信号通路还未见报道。ABA 信号途径在调控植物胁迫响应中起非常重要的作用。同时，*CsTCTP1* 和 *CsTCTP2* 基因的表达受外源 ABA 处理的调控，而且许多研究证明 TCTP 参与调控 ABA 信号途径。但是，*CsTCTP1*

和*CsTCTP2*基因是否通过调控TOR和ABA等激素信号的交互作用，进而参与植物响应白粉病菌胁迫过程仍需进一步探究。

本试验对不同转基因拟南芥品系接种白粉病菌，通过表型分析以及病情指数调查，明确*CsTCTP1*和*CsTCTP2*基因在拟南芥抵御白粉病菌侵染过程的具体功能，并初步探究其在拟南芥响应白粉病菌胁迫过程中的分子机制。

（一）材料与方法

1. 材料　*AtTCTP1*（At3G16640）基因缺失突变体拟南芥（SALK-000005）、*AtTCTP2*（At3G05540）基因缺失突变体拟南芥；恢复系拟南芥，包括GFP：*CsTCTP1*转*AtTCTP1*和*AtTCTP2*突变体拟南芥，GFP：*CsTCTP2*转*AtTCTP1*和*AtTCTP2*突变体拟南芥；过表达株系，包括GFP：*CsTCTP1*转WT，GFP：*CsTCTP2*转WT；原种为哥伦比亚野生型（WT）。

2. 方法

（1）拟南芥接种白粉病菌。将不同品系拟南芥正常培养4周后，挑选出生长良好的拟南芥，对莲座叶片接种白粉病菌白粉病（*Golovinomyces cichoracearum*）。

（2）拟南芥病情指数调查。拟南芥病情指数调查参考方法参考阚琳娜等（2017），病情等级分级标准如下：

代表值	病斑面积
0级	无病斑
1级	病斑面积占整个叶面积5%以下
3级	病斑面积占整个叶面积5%～25%
5级	斑面积占整个叶面积26%～50%
7级	病斑面积占整个叶面积51%～75%
9级	病斑面积占整个叶面积75%以上

$$病情指数=\frac{\sum(各级病叶数\times代表值)}{调查总叶数\times发病最高级代表值}$$

（3）RT-qPCR。引物如表2-8所示。

表2-8　RT-qPCR检测所需引物

基因	引物序列（5′-3′）
PYL2	F 5′-GTCAGAGAAGTGACCGTAATCT-3′ R 5′-CGACGTCACTGATTTGTAGTTC-3′
PP2CA	F 5′-GTTAATGGTGCTACTCGGAGTA-3′ R 5′-GTGATCTACGGAGAGAGGAATG-3′
ABI5	F 5′-AATAAGAGAGGGATAGCGAACG-3′ R 5′-GCTACCACCACCTCTATGTATC-3′
NPR1	F 5′-ATGATTTCTACAGCGACGCTAA-3′ R 5′-GACTTCGTAATCCTTGGCAATC-3′

（续）

基因	引物序列（5′-3′）
PR1	F 5′-TGGTCACTACACTCAAGTTGTT-3′ R 5′-GCTTCTCGTTCACATAATTCCC-3′

（二）结果与分析

1. 转基因拟南芥对白粉病的抗性鉴定 为了研究明确*CsTCTP1*和*CsTCTP2*基因在拟南芥抵御白粉病菌侵染过程的具体功能，将不同品系拟南芥正常培养4周后，挑选出生长良好的植株，对拟南芥莲座叶片接种白粉病菌（*G. cichoracearum*），对不同品系拟南芥发病情况进行观测。由图2-62可见，在拟南芥接种白粉病菌（*G. cichoracearum*）7 d后，通过表型分析发现，与WT相比，*AtTCTP1*/*AtTCTP2*突变体拟南芥叶片病斑面积较小，而*CsTCTP1*与*CsTCTP2*恢复株系及过表达株系拟南芥叶片几乎全被白粉覆盖。通过病情指数调查发现，WT病情指数为48.23，*AtTCTP1*/*AtTCTP2*突变体拟南芥病情指数分别为23.21和35.50，*CsTCTP1*/*CsTCTP2*基因转*AtTCTP1*恢复系拟南芥植株病情指数分别为71.65和77.06，*CsTCTP1*/*CsTCTP2*基因转*AtTCTP2*恢复系拟南芥植株病情指数分别为63.67和80.07，*CsTCTP1*/*CsTCTP2*基因转WT过表达系拟南芥植株病情指数分别为69.67和75.69（表2-9）。以上结果表明，过表达*CsTCTP1*与*CsTCTP2*基因能够降低拟南芥对白粉病菌的抗性。

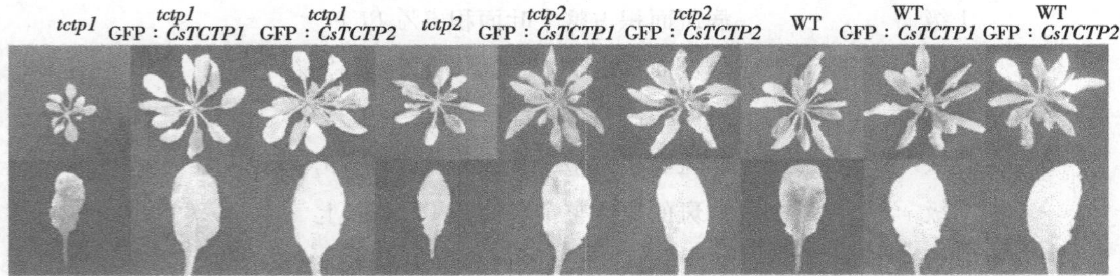

图2-62 不同株系拟南芥接种白粉病菌的表型分析

表2-9 不同株系拟南芥接种白粉病菌的病情指数

材料	病情指数
tctp1	23.21
tctp1 GFP：*CsTCTP1*	71.65
tctp1 GFP：*CsTCTP2*	77.06
tctp2	35.50
tctp2 GFP：*CsTCTP1*	63.67
tctp2 GFP：*CsTCTP2*	80.07
WT	48.23
WT GFP：*CsTCTP1*	69.67
WT GFP：*CsTCTP2*	75.69

2. *CsTCTP1* 和 *CsTCTP2* 基因对 TOR 信号的调控　通过对不同品系拟南芥抗病表型发现，*CsTCTP1* 和 *CsTCTP2* 基因在植株抗病过程中起负调控的作用。研究发现，雷帕霉素（TOR 信号通路抑制剂）处理后，黄瓜对白粉病的抗性显著增强。同时，在前文研究中发现，*CsTCTP1* 和 *CsTCTP2* 基因可以通过调控拟南芥 Rab，参与 TOR 信号通路。为了探究 *CsTCTP1* 和 *CsTCTP2* 基因是否介导 TOR 信号通路来参与拟南芥抵御白粉病菌侵染过程，本试验通过 RT-qPCR 技术，分析了拟南芥接种白粉病菌后，不同品系中 *tor* 和 *S6K1* 基因的表达量。如图 2-63 所示，在接种白粉病菌后，*CsTCTP1* 基因对 *tor* 和 *S6K1* 基因的表达为负调控作用，*CsTCTP2* 基因对 *tor* 基因的表达为正调控作用，对 *S6K1* 基因为负调控作用。

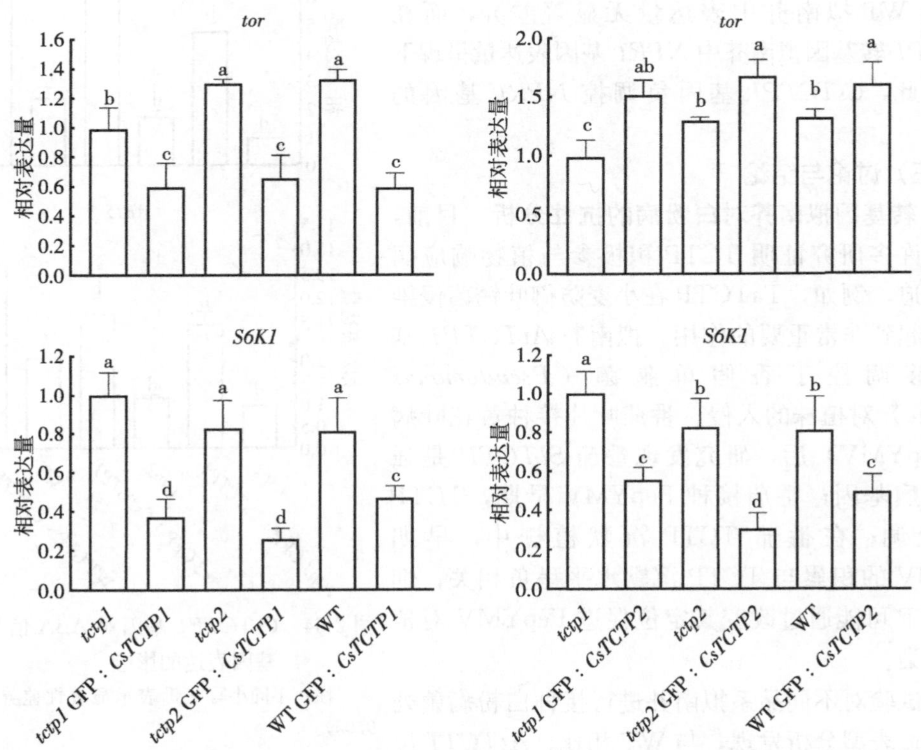

图 2-63　接种白粉病菌后 *CsTCTP1* 和 *CsTCTP2* 基因对 TOR 信号通路基因表达的影响

注：不同小写字母表示显著性差异（$P<0.05$）。

3. *CsTCTP1* 基因对 ABA 信号的调控　ABA 在植物抗病原菌过程中具有重要的作用。有研究表明，外施 ABA 会降低植物对病原菌的抗性。同时，生物信息学发现，*CsTCTP1* 启动子具有 ABA 响应元件而且 *CsTCTP1* 基因的表达受到外源 ABA 调控。PYL 家族是 ABA 受体，PP2C 与 SnRK2 广泛参与 ABA 信号转导，*ABI5* 是 ABA 信号通路下游应答基因。利用 RT-qPCR 技术，对不同品系拟南芥的 *PYL2*、*PP2CA* 和 *ABI5* 这 3 个基因的表达量进行分析。如图 2-64 所示，*CsTCTP1* 对 *PYL2*、*PP2CA* 和 *ABI5* 均为正调控作用。

4. *CsTCTP1* 基因对防御相关基因的表达调控研究　SA 是植物抗病过程中主要的参与者，NPR1 与 PR 是 SA 信号途径中重要的作用因子。本试验为研究 *CsTCTP1* 基因对防御相关基因表达调控作用，通过 RT-qPCR 技术，对 *AtTCTP1* 和 *AtTCTP2* 突变体拟南芥、*CsTCTP1* 转 *AtTCTP1* 和 *AtTCTP2* 恢复系拟南芥，以及 WT 和 *CsTCTP1* 转 WT 过表达系拟南芥中 *NPR1*、*PR1* 基因的表达变化情况。如图 2-65 所示，在 *AtTCTP1* 和 *AtTCTP2* 突变体拟南芥中，*PR1* 基因表达量最高，WT 次之，而 *CsTCTP1* 转基因拟南芥中 *PR1* 基因表达量显著下调。在 *AtTCTP1* 和突变体拟南芥中，*NPR1* 基因表达量最高，*AtTCTP2* 突变体和 WT 拟南芥中表达量无显著差异，而在 *CsTCTP1* 转基因拟南芥中 *NPR1* 基因表达量呈现下调。因此，*CsTCTP1* 基因负调控 *NPR1* 基因的表达。

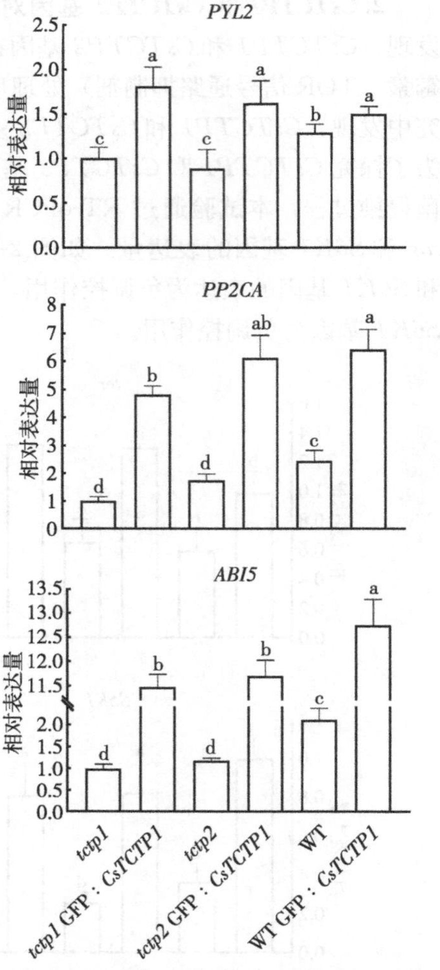

图 2-64　*CsTCTP1* 基因对 ABA 信号通路基因表达的影响

注：不同小写字母表示显著性差异（$P<0.05$）。

（三）讨论与结论

1. 转基因拟南芥对白粉病的抗性分析　目前，已经有许多研究证明 TCTP 积极参与植物响应病原菌胁迫。例如，TaTCTP 在小麦防御叶锈菌侵染过程中起到非常重要的作用。拟南芥 *AtTCTP1* 基因能够调控丁香假单胞菌（*Pseudomonas syringae*）对植株的入侵。番茄叶片接种黄花叶病毒（PepYMV）后，研究发现番茄 *SlTCTP* 是强诱导致病基因；番茄接种 PepYMV 早期，TCTP 表达上调；在番茄 TCTP 沉默植株中，早期 PepYMV 的积累与 TCTP 沉默水平呈负相关；烟草 TCTP 可能通过改变其定位促进 PepYMV 对植株的侵染。

本试验对不同品系拟南芥进行接种白粉病菌处理，通过表型分析发现，与 WT 相比，*AtTCTP1*/*AtTCTP2* 突变体拟南芥叶片病斑面积较小，而 *CsTCTP1* 与 *CsTCTP2* 恢复株系及过表达株系拟南芥叶片病斑面积较大，发病严重。根据病情指数调查，*CsTCTP1* 和 *CsTCTP2* 恢复株系与过表达株系拟南芥的病情指数要显著高于其他品系的拟南芥。进一步证实 *CsTCTP1* 和 *CsTCTP2* 基因负调控植株对白粉病的抗性。

2. *CsTCTP1* 和 *CsTCTP2* 基因在拟南芥响应白粉病菌侵染中的作用　植物的免疫力首先依赖于宿主细胞是否能够感知病原体并快速产生有效的反应机制，从而限制病原体的传播，此过程为病原物相关分子模式触发的免疫（PAMP-Triggered-Immunity，PTI）。当病原菌突破 PTI 防线后，会激活宿主细胞的第二个防线效应子触发的免疫（Effector-triggered immunity，ETI），主要依赖于抗病基因编码的蛋白产物，导致在病原菌侵染位置引起过敏反应（hypersensitive response，HR），使细胞程序性死亡，从而阻断病原菌对营养的吸收，限制菌丝的增殖及扩散。研究表明，ETI 可以导致细胞质中已有 mRNAs

的转译状态发生改变。例如，HR 相关的蛋白质、TOR 以及其他免疫相关蛋白质。TOR 是中心翻译调节剂和生长促进剂，影响植物从生长相关活动转变为防御相关反应，Meteignier 等（2017）通过对植物转录组中与防御反应和先天免疫相关的基因富集，表明 TOR 负调节植物防御反应。此外，抑制 TOR 活性使植物体内合成代谢降低、分解代谢提高。这可能与细胞活动重新定位为防御反应提供所需要的能量。在上一章中，已经证明 *CsTCTP2* 基因可以通过调控拟南芥中 Rab 参与 TOR 信号通路。此外，本试验发现在接种白粉病菌前，TOR 信号通路相关基因 *tor* 和 *S6K1* 受 *CsTCTP2* 基因的正调控作用，在接种白粉病菌后，*CsTCTP2* 基因对 *tor* 基因为正调控作用，对 *S6K1* 基因为负调控作用。可见，*CsTCTP2* 基因对拟南芥响应白粉病的调控作用与 TOR 信号通路密切相关。无论是否接种白粉病菌，*CsTCTP1* 基因负调控 TOR 信号通路，其可能通过其他方式来介导拟南芥对白粉病菌的防御反应。

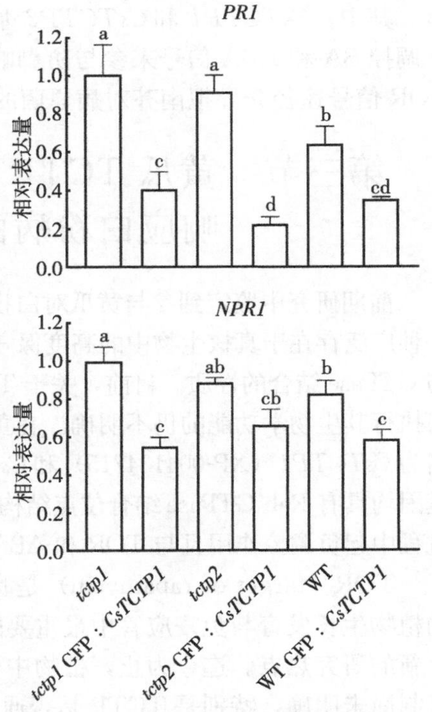

图 2-65　不同品系拟南芥白粉病菌 SA 相关防御基因表达情况

注：不同小写字母表示显著性差异（$P<0.05$）。

ABA 是植物对病原菌防御过程中重要的信号分子之一，其中的作用十分复杂。许多研究证明，在植物与病原菌互作过程中 ABA 起负调控作用。例如，大麦与稻瘟病菌、番茄与灰霉病菌以及烟草与青枯病菌等。ABA 能抑制免疫响应，而且免疫响应也可以抑制 ABA 信号。在拟南芥中，ABA 和 SA 信号之间具有拮抗作用。植物体内不同信号之间的拮抗作用，是由于植物会判断不同的环境做出最合理的响应，以避免体内能源的浪费。SA 是植物抗病的主要参与者，其中包括基本的抗性、ETI 以及系统获得性抗性（SAR）。NPR 是 SAR 的主要调控者，是该通路的重要成员。目前研究已经证明，NPR1 是一个 SA 下游的抗病反应关键调控因子。Zhang 等（1999）发现，NPR1 能与含有碱性区域的亮氨酸拉链（bZIP）转录子的 TGA 亚类家族成员发生相互作用，进而调控 *PR* 基因表达，PR 蛋白对白粉病具有广谱抗性。本试验发现，*CsTCTP1* 正调控 *PYL2*、*PP2CA* 和 *ABI5* 的表达，表明 *CsTCTP1* 积极参与 ABA 信号通路。试验前期已经发现，对黄瓜外源喷施 ABA 后，能够诱导 *CsTCTP1* 基因呈现持续上调表达的趋势。在本试验中已经证明，在拟南芥中 *CsTCTP1* 基因会降低植株对白粉病的抗性。同时，通过对 SA 信号通路重要成员 *NPR1* 和 *PR1* 基因表达量分析发现，*CsTCTP1* 基因负调控 *NPR1* 和 *PR1* 基因的表达。综上所述，*CsTCTP1* 基因可能通过 ABA 和 SA 信号通路，调控拟南芥对白粉病的防御反应。

（四）小结

CsTCTP1 和 *CsTCTP2* 基因负调控拟南芥对白粉病的抗性。黄瓜 *CsTCTPs* 可能通过调控 TOR 信号和 ABA、SA 等激素信号的交互作用，进而参与植物响应白粉病菌胁

迫。其中，*CsTCTP1* 和 *CsTCTP2* 基因调控作用机制十分复杂，*CsTCTP1* 基因可能通过调控 SA 和 ABA 信号来参与防御响应白粉病菌胁迫，而 *CsTCTP2* 基因可能通过调控 TOR 信号途径介导拟南芥对病原菌的防御反应。

第三节　黄瓜 TCTP 与 Rab11A 互作调控 TOR 信号响应白粉病菌胁迫的研究

前期研究中鉴定到参与黄瓜对白粉病抗性响应的翻译控制肿瘤蛋白（TCTP）。TCTP 是一种广泛存在于真核生物中的高度保守的蛋白质，其结构与 MSS4/DSS4 蛋白家族相似，有与 GTPase 结合的性质。目前，关于 TCTP 的研究主要集中在动物中，TCTP 在植物中是如何执行其生物学功能的仍不明确。在黄瓜数据库中共检索到 2 个 *TCTP* 基因，分别将其命名为 *CsTCTP1*（XP-004134215）和 *CsTCTP2*（XP-004135602）。结构分析表明，2 个 *TCTP* 基因均具有 Rab GTPase 结合位点结构域。进一步研究表明，TCTP 在黄瓜响应白粉病胁迫过程中起负调控作用且与 TOR 和 ABA 信号通路密切相关（Meng et al.，2018）。

TOR（target of rapamycin）是真核生物中进化保守的 Ser/Thr 激酶，TOR 信号是动植物生长发育与免疫应答中最重要的、高度保守的宏观调控者，是近年来生物学领域一个新的研究热点。迄今为止，植物中 TCTP 如何通过信号转导途径响应逆境胁迫的分子机制尚未明确，特别是 TCTP 是否通过结合某种 Rab GTPase 激活 TOR 信号通路，调控植物的防卫反应，依然缺乏直接、有力的证据。黄瓜 CsTCTP 蛋白作为 CsTOR 上游的重要信号元件能负调控植物抗病性，但 CsTCTP 蛋白如何通过影响 TOR 信号调控植物防卫反应的分子机理尚未明确。基于 TCTP 和 TOR 均为真核生物中高度保守的蛋白，推测 CsTCTP 蛋白响应白粉病菌胁迫可能是通过结合某种 Rab GTPase 激活 TOR 信号途径，进而调控黄瓜的防卫反应。

本研究主要包括以下内容：

（1）通过酵母双杂交（Y2H）、萤火虫荧光素酶互补（LCI）和双分子荧光互补（BiFC）试验，分析 CsTCTPs 蛋白和 Rab GTPase 小蛋白之间的互作情况，并探明 CsTCTPs 与 CsRab11A 的亚细胞定位情况。

（2）利用农杆菌介导的瞬时转化技术，明确 CsRab11A 在调控黄瓜白粉病抗性中的作用。

（3）通过蛋白质互作研究技术，确定 CsRab11A 与 CsTOR 的互作情况，并通过体内激酶试验检测 CsRab11A 对 TOR 信号的激活作用，明确 CsRab11A 是否可以通过调控 TOR 信号响应白粉病菌胁迫。

（4）通过 iTRAQ 磷酸化蛋白质组学分析手段挖掘白粉病菌胁迫下黄瓜 TOR 的下游效应蛋白，解析 CsTOR 权衡调控黄瓜幼苗生长与抗病性的信号功能机制。

（5）筛选受 TOR 调控的响应白粉病菌胁迫的候选蛋白，进行抗病性验证及磷酸化位点的确认，为进一步探明 TOR 调控植物抗病性的作用机理和调控机制奠定研究基础。

通过以上研究，明确 CsTCTP/CsRab/CsTOR 模块之间的调控关系，进一步揭示 TOR 信号调控黄瓜生长发育与防卫反应的分子机理；同时，鉴定和分离更多的 TOR 信号通路组分，对于深入探究黄瓜“胁迫刺激-生长发育”的调控有着重要的理论意义和实践意义。

一、黄瓜 CsTCTPs 与 CsRabs 相互作用的研究

（一）材料与方法

1. 材料　供试黄瓜新泰密刺和供试本氏烟草（*Nicotiana benthamiana*），植物幼苗均在 25 ℃，16 h/8 h 光周期条件的土培室中培养。

载体及菌株：质粒克隆所用大肠杆菌菌株（DH5α）购自北京天根生物公司；酵母双杂交试验所用表达载体（pGBKT7 和 pGADT7）及酵母菌菌株（AH109）由沈阳农业大学植物发育与逆境适应实验室保存；萤火虫荧光素酶互补试验所用表达载体（pCAMBIA1300-nLUC 和 pCAMBIA1300-cLUC）由沈阳农业大学崔娜教授馈赠；双分子荧光互补试验所用表达载体（PXNGW 和 PXCGW）由沈阳农业大学玄元虎教授馈赠；农杆菌菌株（EHA105/GV3101）由沈阳农业大学植物发育与逆境适应实验室保存。

2. 方法

（1）酵母双杂交（Y2H）试验。使用特异性引物（BD-TCTPs-F/R 及 AD-Rabs-F/R）分别克隆得到 *CsTCTPs* 和 *CsRabs* 的全长 CDS 序列，通过同源重组方法在 *EcoR* Ⅰ和 *BamH* Ⅰ酶切位点处将目的片段分别克隆到 pGBKT7 和 pGADT7 酵母表达载体上，获得 BD-*CsTCTPs* 和 AD-*CsRabs* 融合表达载体。

将待分析互作的 AD、BD 融合表达载体共转化酵母菌 AH109 感受态细胞中，共转的组合方式分为：阳性对照组（p53＋pLT）、阴性对照组（BD＋AD/BD-*CsTCTPs*＋AD）和待验证互作组（BD-*CsTCTPs*＋AD-*CsRabs*）。将转化液以每 10 μL 均匀点散在 SD/-Leu-Trp 二缺固体选择培养基上，于 30 ℃培养 3～6 d，转接至 SD/-Leu-Trp-His-Ade 四缺固体选择培养基上，培养 3～6 d，直至菌落出现，并用 X-α-gal 染色。

（2）萤火虫荧光素酶互补（LCI）试验。*CsTCTPs* 重组序列由金维智生物科技有限公司通过基因合成获得目标序列。目标序列特点：在 *CsTCTPs* 的 CDS 区（去掉终止密码子）5′端和 3′端分别引入 pCAMBIA1300-nLUC 上的 *Kpn* Ⅰ和 *Sal* Ⅰ酶切位点及两侧同源序列；使用 Flag-FF 和 Flag-TCTPs-R 特异性引物扩增上述重组序列，并通过同源重组方法将其连接到 pCAMBIA1300-nLUC 表达载体上，获得 TCTP1-nLUC 和 TCTP2-nLUC 融合表达载体。

CsRabs 重组序列采用 2 轮 PCR 手段获得目标序列。第一轮 PCR 使用 HA-Rabs-F/R 特异性引物在 *CsRabs* 的 CDS 区（去掉终止密码子）的 3′端引入 HA 标签；第二轮 PCR 使用 HA-Rabs-F 及 HA-RR 特异性引物获得含有 *Kpn* Ⅰ和 *Sal* Ⅰ酶切位点及两侧同源序列的目标序列，通过同源重组方法连接至 pCAMBIA1300-cLUC 表达载体上，获得 cLUC-Rab11A、cLUC-RabF1 和 cLUC-RabF2b 融合表达载体。

农杆菌侵染烟草叶片：将待分析互作的农杆菌悬浮液进行两两组合（*V*/*V*＝1∶1），组合包括 TCTP1-nLUC/cLUC、TCTP1-nLUC/cLUC-Rab11A、TCTP1-nLUC/cLUC-RabF1、TCTP1-nLUC/cLUC-RabF2b、TCTP2-nLUC/cLUC、TCTP2-nLUC/cLUC-Rab11A、TCTP2-nLUC/cLUC-RabF1、TCTP2-nLUC/cLUC-RabF2b。使用 10 mL 一次性注射器（去掉针头）将混合好的菌液从叶片背部缓慢推进烟草叶片。其中，将含有 TCTP1-nLUC 的菌液组合注射同一叶片，含有 TCTP2-nLUC 的菌液组合注射同一叶片。注射烟草叶片 48～72 h 后，在烟草叶片表面喷施 0.2 mmol/L 荧光素底物溶液

(Promega; Madison, WI, USA)，置于暗处反应 30 min，使用植物活体成像仪（699 Night SHADE LB 985）检测整个烟草叶片的相对荧光信号强度。

(3) 双分子荧光互补（BiFC）试验。根据 Gateway 原理设计特异性引物，设计区域包括 *CsTCTPs* 和 *CsRabs* 的 CDS 区（去掉终止密码子），并在上下游引物的 5′端添加 Gateway 克隆的特异识别序列，扩增目的基因序列。通过 BP 反应，将所有目的基因序列构建到中间载体 pDONR221 上，再通过 LP 反应将目的基因分别对应构建到终载体 pXNGW（含 nCFP 片段）和 pXCGW（含 cYFP 片段）上，分别获得 TCTPs- nCFP 和 Rabs-cYFP 融合表达载体。

将各融合载体导入农杆菌 GV3101 细胞中，并获得含有融合质粒的农杆菌悬浮液。将待验证互作的质粒两两组合注射烟草叶片，组合包括 TCTP1-nCFP/pXC、TCTP1-nCFP/Rab11A-cYFP、 TCTP1-nCFP/RabF1-cYFP、 TCTP1-nCFP/RabF2b-cYFP、 TCTP2-nCFP/pXC、TCTP2-nCFP/Rab11A-cYFP、TCTP2-nCFP/RabF1-cYFP、TCTP2-nCFP/RabF2b-cYFP。选择适龄烟草，注射烟草叶片。注射烟草叶片 48～72 h，制片并使用激光共聚焦扫描显微镜（Leica TCS SP8，Solms，Germany）检测荧光信号。

(4) 亚细胞定位。选取 *CsTCTPs* 和 *CsRab11A* 不含终止密码子的全长 CDS 序列设计特异引物，获得特异片段并使用 *Sal* Ⅰ和 *BamH* Ⅰ双酶切位点将目的基因序列插入到 pRI101-eGFP 载体中，形成 *CsTCTPs*-eGFP 和 *CsRab11A*-eGFP 融合表达载体。构建不含 eGFP 荧光标签的融合载体，即：将 *CsTCTPs* 的全长 CDS 序列通过 *BamH* Ⅰ和 *EcoR* Ⅰ酶切位点插入 pRI101-eGFP 载体中，同时将 pRI101-eGFP 载体上的 eGFP 片段除去，获得 pRI101-TCTPs 表达载体。

将各融合载体导入农杆菌 EHA105 细胞中，并获得含有融合质粒的农杆菌悬浮液。将含有 *CsTCTPs*-eGFP 和 *CsRab11A*-eGFP 的农杆菌分别单独注射烟草叶片，观察定位情况。将 pRI101-TCTPs 与 *CsRab11A*-eGFP 分别按照 $V:V=1:1$ 及 $V:V=10:1$ 的比例注射烟草叶片。注射叶片 48～72 h，用手轻轻撕烟草叶片，制片（背面朝上）并在激光共聚焦显微镜下检测 GFP 荧光信号，观察基因定位情况。

（二）结果与分析

1. Y2H 在酵母中验证 CsTCTPs 与 CsRabs 蛋白的互作　研究表明，TCTP 的结构与 MSS4/DSS4 蛋白家族具有相似性，有与 GTPase 结合的性质（Thaw et al.，2001）。在拟南芥中，也已证实 TCTP 可以结合 4 种 Rabs（AtRABA4a、AtRABA4b、AtRABF1 和 AtRABF2b)，且拟南芥 TCTP 也可与果蝇 Rheb 发生相互作用（Brioudes et al.，2010）。本研究发现，黄瓜 2 个 TCTPs 蛋白的氨基酸序列均具有 Rab GTPase 结合位点，推测黄瓜 TCTP 也可与 Rabs 发生相互作用。首先通过黄瓜数据库查询，在黄瓜基因组中共找到 24 个 Rabs。氨基酸序列比对及进化树分析表明，其中 CsRab11A、CsRabF1 和 CsRabF2b 与拟南芥中跟 TCTP 互作的 Rab 相似性最高（图 2-66)。

首先通过 Y2H 验证这 3 个 CsRabs 与 CsTCTPs 之间的互作情况。将测序成功的 BD-TCTPs 和 AD-Rabs 对应组合的重组质粒及阴性/阳性对照组合的质粒共转化到酵母 AH109 感受态细胞中。使用 SD/-Leu-Trp 固体选择培养基筛选共转化的酵母菌，待长出酵母菌落，转接到 SD/-Leu-Trp-His-Ade 四缺固体培养基上培养上，观察菌落生长并结合 X-α-gal 染色情况验证蛋白互作情况。结果显示，含有 p53＋pLT、BD-TCTP2 ＋AD-

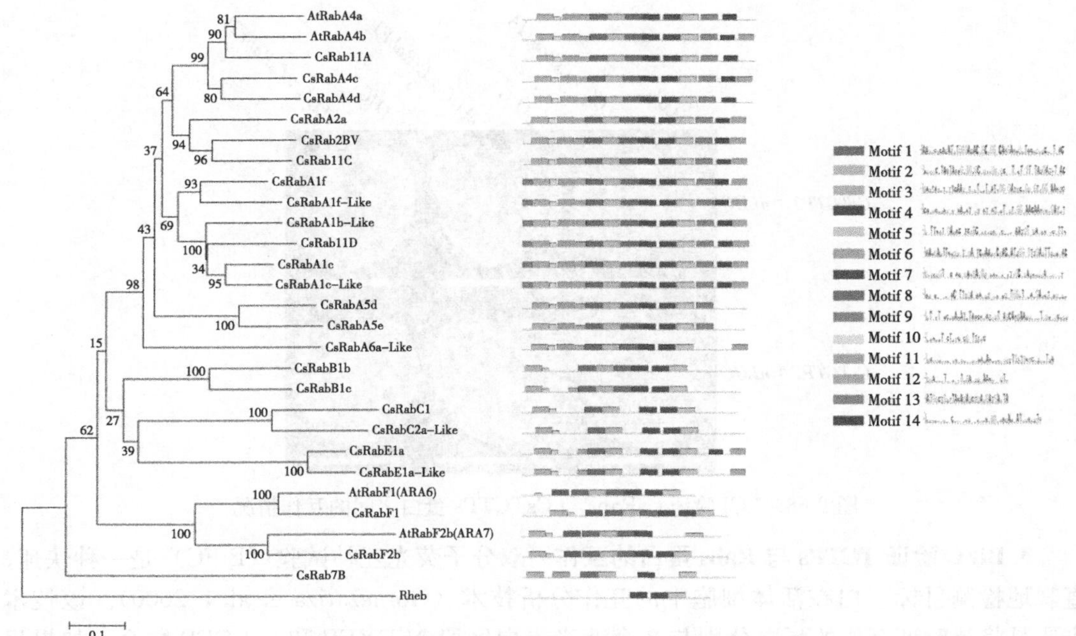

图 2-66 Rab GTPase 系统进化树及基序分析

Rab11A 及 BD-TCTP2＋AD-RabF2b 组合的酵母菌能够在四缺培养基上正常生长并被 X-α-gal 染成蓝色（图 2-67）。结果表明，在酵母体内试验中，只检测到 TCTP2 与 Rabs（11A、F2b）之间的相互作用，而没有检测到 TCTP1 与 Rabs 之间的相互作用。

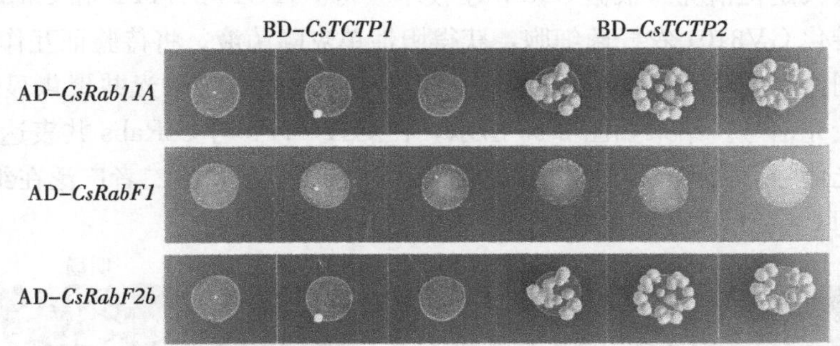

图 2-67 Y2H 验证 CsRabs 与 CsTCTPs 蛋白之间的互作情况

2. LCI 在植物中验证 TCTPs 与 Rabs 蛋白的互作 萤火虫荧光素酶互补（LCI）技术是一种在植物中研究蛋白质相互作用的新方法。这一技术是将萤火虫荧光霉素（LUC）分割成 N-LUC 端和 C-LUC 端两部分，且它们不会自发重组和行使功能，将待验证互作的 2 个蛋白分别连接 N-或 C-端 LUC 形成融合蛋白。只有当 2 个蛋白发生相互作用时，LUC 才会重组，从而能够检测到 LUC 活性（Chen et al.，2008）。

通过 PCR 获得 TCTPs 和 Rabs 的 CDS 序列，再将其分别与 nLUC 和 cLUC 融合，获得 cLUC-Rabs 和 TCTPs-nLUC 融合表达载体，测序正确后转化 EHA105 农杆菌细胞，待验证互作的农杆菌两两组合注射烟草叶片，72 h 后使用活体成像仪检测 LUC 荧光信号。结果如图 2-68 所示，TCTPs 与 Rabs 共同注射烟草叶片均检测到较强的荧光信号，而注射 TCTPs 与 cLUC 空载体时几乎检测不到荧光信号，表明 TCTPs 与 Rabs 之间存在相互作用。

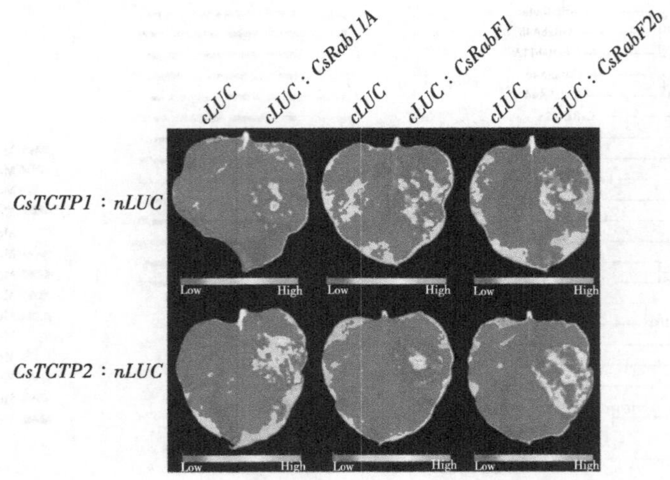

图 2-68　LCI 验证 CsRabs 与 CsTCTPs 蛋白之间的互作情况

3. BiFC 验证 TCTPs 与 Rabs 蛋白的互作　双分子荧光互补试验（BiFC）是一种快速、直观地检测目标蛋白在活体细胞中的互作分析技术（Gomezariza et al.，2000）。该技术主要是将待验证互作的蛋白分别与 2 个荧光蛋白区段 N-EYFP 和 C-ECFP 结合，如果目标蛋白之间能够互作，则 N-EYFP 和 C-ECFP 重构结合生成 eGFP，并发出荧光。该技术可根据荧光强弱判断蛋白互作程度及在活细胞中的定位。

为了充分验证 LCI 试验结果，使用 BiFC 分析技术进一步验证了 TCTPs 与 Rabs 在烟草中的互作及共定位情况。根据 Gateway 技术获得 CsTCTPs-nYFP 和 CsRabs-cCFP 融合表达载体并转化 GV3101 农杆菌细胞，获得阳性单克隆菌液。将待验证互作的农杆菌菌液两两混合共同注射烟草叶片细胞，瞬时表达 48～72 h 后通过激光共聚焦显微镜检测烟草叶片细胞的荧光信号。结果如图 2-69 所示，在 CsTCTPs 与 CsRabs 共表达的烟草细胞中检测到了荧光信号，证实 TCTP 与 Rab 之间存在互作情况，且二者广泛在细胞质中互作。其中，CsTCTPs 与 CsRab11A 的互作最为强烈。

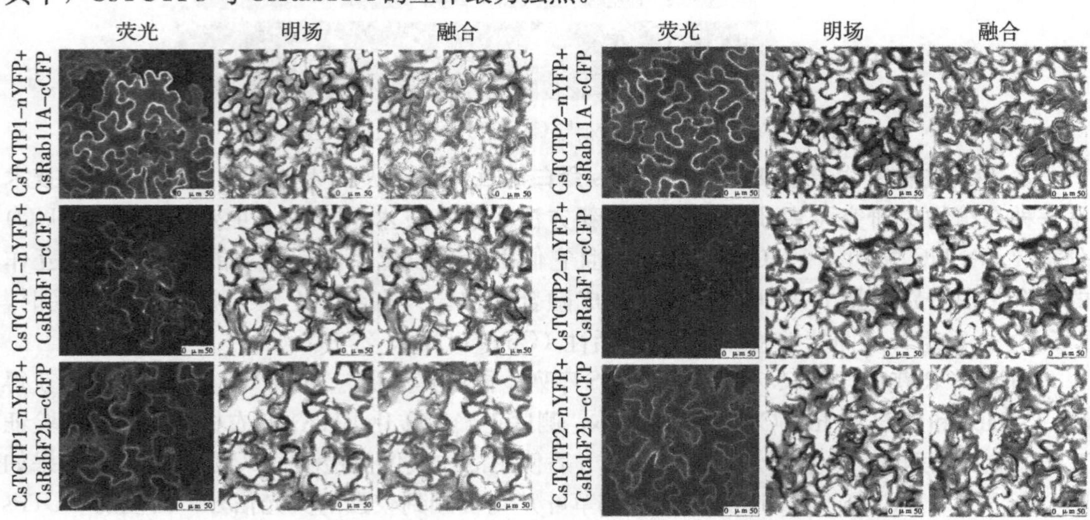

图 2-69　BiFC 验证 CsRabs 与 CsTCTPs 蛋白之间的互作情况

4. TCTPs 与 Rabs 蛋白的亚细胞定位　通过以上互作手段已经证实 TCTPs 与 Rab 之间存在相互作用。为了进一步明确 TCTPs 对 Rabs 在细胞中定位的影响，根据互作结果，选取 Rab11A 为研究对象，首先分别检测 TCTPs 和 Rab11A 在黄瓜和烟草细胞中的定位情况。前期研究在烟草中检测到 TCTPs 广泛分布在细胞质中，本试验在黄瓜原生质体中进一步证实 TCTPs 在细胞质中广泛分布（图 2-70）。分别在烟草和黄瓜细胞中分析 Rab11A 的定位情况，GFP 荧光信号显示 Rab11A 也广泛分布在细胞质中（图 2-70、图 2-71）。

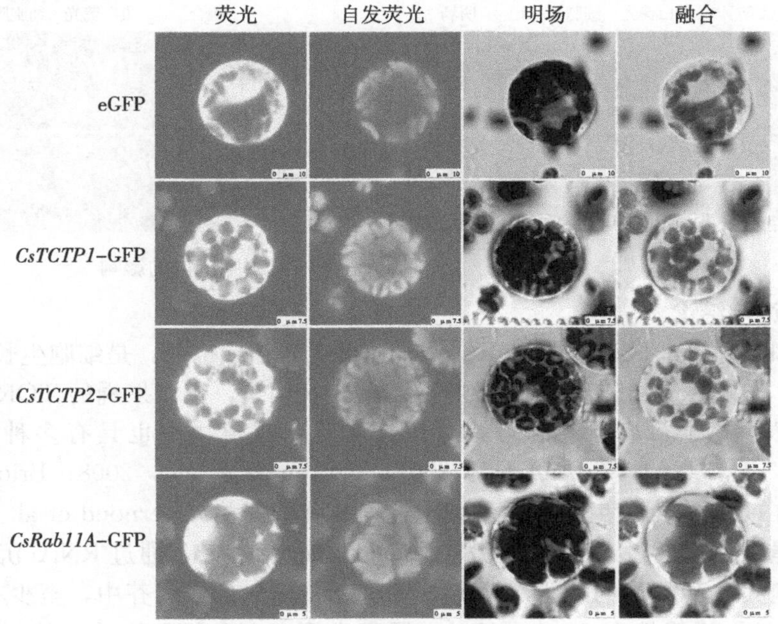

图 2-70　CsTCTPs 及 CsRab11A 蛋白在黄瓜原生质体中的亚细胞定位情况

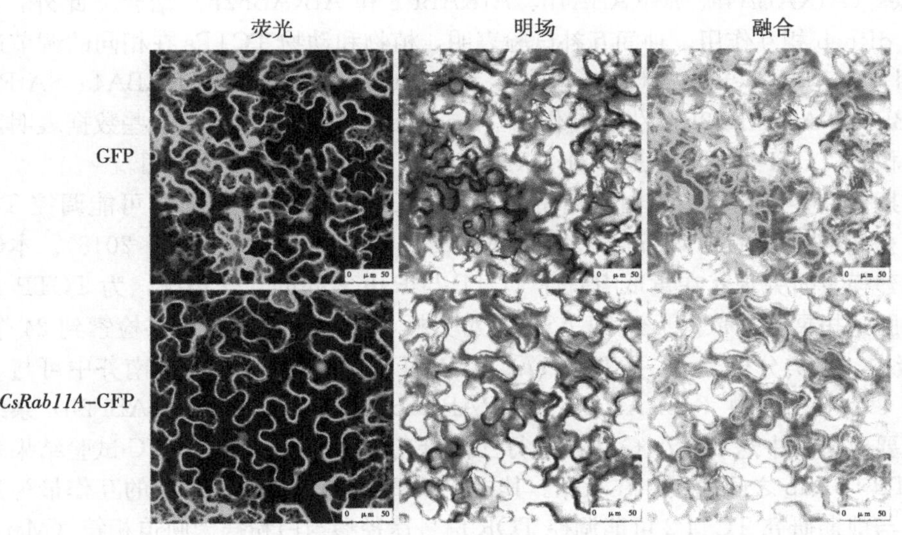

图 2-71　CsRab11A 蛋白在烟草叶片中的亚细胞定位情况

为了进一步研究作为 GEF 的 TCTP 能否对 Rabs 在细胞中的定位产生影响，将构建好的 pRI101-*TCTPs* 与 *CsRab11A-eGFP* 农杆菌菌液分别按照 $V:V=1:1$ 及 $V:V=10:1$ 的比例在烟草叶片中瞬时表达；同时，使用细胞膜 marker 对质膜进行标记。检测 TCTPs 对 Rab11A 定位的影响。结果显示，TCTP 和 Rab11A 以 $V:V=1:1$ 比例注射，荧光信号仍广泛分布在细胞质中。当 TCTP 和 Rab11A 按照 $V:V=10:1$ 共同瞬时转化烟草细胞时，过量的 TCTP 会引起荧光强度的降低，即 Rab11A 在细胞质中分布减少，而主要分布在细胞膜上（图 2-72）。表明过量表达 TCTPs 可能会促进 Rab11A 向质膜上转移。

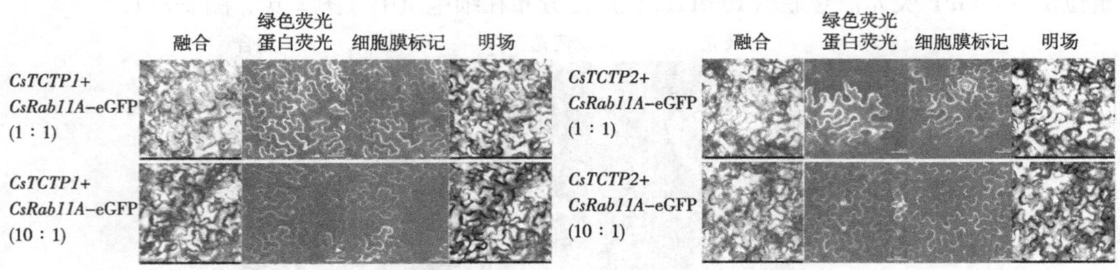

图 2-72　CsTCTPs 对 CsRab11A 蛋白亚细胞定位的影响

（三）讨论与结论

在动物和酵母中，TCTP 是 TOR 信号通路的重要组成部分，是细胞生长的主要调节因子。TCTP 作为 Ras GTPase 的鸟嘌呤核苷酸交换因子，控制果蝇的 TOR 活性。越来越多的研究表明，TCTP 不仅参与调节机体生长，在植物中也具有多种生物学功能（Sage-Ono et al.，1998；Aok et al.，2005；Berkowitz et al.，2008；Brioudes et al.，2010）。G 蛋白是所有真核生物中大量细胞过程的分子开关（Vernoud et al.，2003）。研究发现，果蝇 TCTP 通过 GEF 活性激活 Ras GTPase dRheb，通过 RNAi 沉默 TCTP 表达会导致细胞大小和数量的减少（Hsu et al.，2007）。在拟南芥中，至少有 25 个 Rab GTP 酶与 dRheb 相似性在 30%～35%。研究发现，AtTCTP 能够在体内与 4 种 Rab GTPases（AtRABA4a、AtRABA4b、AtRABF1 和 AtRABF2b）结合。此外，AtTCTP 还可与 dRheb 相互作用。种间互补试验表明，植物和动物 TCTPs 在相同的调节途径中发挥作用。类似地，果蝇 TCTP 也能够与 dRheb 以及植物 AtRABA4a、AtRABA4b、AtRABF1 和 AtRABF2b 发生相互作用（Brioudes et al.，2010）。这些数据表明，与动物一样，植物 TCTP 也可能通过 Rab GTPases 在 TOR 途径中发挥作用。

前期研究鉴定到与黄瓜白粉病密切相关的 CsTCTPs，并推测其可能调控 TOR 信号响应白粉病菌胁迫（Fan et al.，2014；Meng et al.，2018；孟祥南，2018）。本研究基于结构的建模及研究现状在黄瓜中验证 TCTP 与 Rab 之间的互作情况，为 TCTP 参与黄瓜白粉病胁迫拓展分子依据。经 BLAST 比对分析，在黄瓜数据库中共检索到 24 个 Rab 型小 G 蛋白。聚类分析显示，CsRab11A、CsRabF1 和 CsRabF2b 与拟南芥中可与 AtTCTP 互作的 4 个小 G 蛋白（AtRABA4a、AtRABA4b、AtRABF1 和 AtRABF2b）亲缘关系最近。主要以黄瓜中这 3 个小 G 蛋白进行互作研究。Y2H、LCI 及 BiFC 试验结果表明，黄瓜 TCTP 与 Rab 之间确实存在互作。其中，TCTP2 与 Rab11A 之间的互作最为强烈和稳定，这与前期研究 TCTP2 可能调控 TOR 信号途径参与白粉病菌胁迫相符（Meng et al.，2018；孟祥南，2018）。后续研究将主要以 Rab11A 为研究对象进行抗病性验证。

与其他小 G 蛋白一样，Rab GTPase 主要起着分子开关的作用。当 Rab 结合 GTP 时，被激活；当结合 GDP 时，活性被关闭。而 Rab GTPase 的核苷酸循环受到 GEF 和 GTP

酶激活蛋白（GAP）的严格控制，这些蛋白对某个 Rab GTPase 或 Rab 亚家族具有特异性（Barr and Lambright，2010）。GEFs 通过促进 GDP 与 GTP 的交换来介导 Rab GTPase 的激活。不同类型的 GEFs 以略微不同的方式发挥作用，并具有不同的催化作用（Zhen and Stenmark，2015；Langemeyer et al.，2014）。GAPs 通过刺激 Rab GTPase 将 GTP 水解为 GDP 的能力来关闭 Rab GTPase 活性。大多数（但不是全部）Rab GAP 通过 TBC1 结构域的存在来区分。因为许多 Rab GTPase 以相对较高的内在速率水解 GTP，所以 GAPs 显得不如 GEF 重要（Barr and Lambright，2010）。

Rab GTPases 存在于可溶性胞质和多种膜结构中。C 端半胱氨酸残基与 1 个或 2 个亲脂性香叶基的翻译后修饰确保了 Rab GTPases 与膜的结合。一种 Rab-GDP 解离抑制剂（GDI，其有多种异构体），介导香叶基化的 Rab GTPases 从膜上解离，并在胞质溶胶中与疏水性结合物结合（Zhen and Stenmark，2015）。Rab-GDI 以其 GDP 结合形式特异性识别 Rab，从而在 GTP 水解完成后将 Rab 从膜中溶解（Goody et al.，2005）。GDI 还可以将 Rab GTPase 呈递给特定的膜（Soldati et al.，1994；Ullrich et al.，1994）。这一过程被认为是通过 Rab-GDI 复合体的膜相关 GDI 位移因子（GDF）实现的（Sivars et al.，2003）。然而，也有证据表明，膜结合的 GEF 足以促使 Rab GTPase 在特定膜上积累（Schoebel et al.，2009）；在芽殖酵母中，Rab GTPase 的膜靶向需要的是 GEF 而不是 GDF（Cabrera and Ungermann，2013）。这些结果表明，在 Rab GTPases 的精确定位方面，某些特定的 GEF 起着核心作用。

本研究为了进一步确认 TCTP 是否对 Rab 的亚细胞定位情况产生影响，通过瞬时转化烟草叶片及黄瓜原生质体试验研究二者定位情况。首先，检测到 *CsTCTPs* 和 *CsRab11A* 基因均广泛在细胞中表达。将 *CsTCTP* 和 *CsRab11A* 按照 *V*∶*V*=1∶1 及 *V*∶*V*=10∶1 的农杆菌比例注射植物叶片，荧光信号检测情况显示，当 *V*∶*V*=1∶1 比例注射时，CsRab11A 的 GFP 荧光信号强烈且仍主要分布在细胞内；而当 *V*∶*V*=10∶1 比例注射时，CsRab11A 的荧光信号减弱且多与 PM marker 的荧光信号重叠。以上结果表明，过量表达的 TCTP 会促使 Rab11A 向质膜上的转移，但 TCTP 对于 Rab 在细胞内及细胞器膜之间穿梭的具体作用仍有待深入研究。

二、*CsRab11A* 在黄瓜抗白粉病中的作用

（一）材料与方法

1. 材料 供试黄瓜新泰密刺和抗、感白粉病姐妹系（B21-a-2-1-2 和 B21-a-2-2-2）幼苗均在 25 ℃，16 h/8 h 光周期条件下培养。

黄瓜白粉病菌（*S. fuliginea*）于 25 ℃培养室中培养扩繁。

载体及菌株：过表达载体 pRI101-eGFP 及沉默载体 pTRV1、pTRV2 为沈阳农业大学植物发育与逆境适应实验室保存。

2. 方法 利用 14 d 苗龄的黄瓜子叶，分别转化 *CsRab*11*A*-eGFP、EHA105 和 TRV-*CsRab11A* 的农杆菌菌液。瞬时转化 4 d 后接种黄瓜白粉病菌。

（二）结果与分析

1. *CsRabs* 在白粉病菌胁迫下的表达模式分析 对生长至两叶一心期的 B21-a-2-1-2 和 B21-a-2-2-2 姐妹系外源接种白粉病，并于接病后 0 h、12 h、24 h、48 h、72 h 和 144 h 取

样，提取黄瓜叶片总 RNA 并反转为 cDNA，使用特异性引物进行 qRT-PCR 验证。结果显示，在白粉病菌胁迫下，3 个 *CsRabs* 均出现不同程度的响应。接种白粉病菌后 24 h，*CsRabF1* 在抗病品系 B21-a-2-1-2 和感病品系 B21-a-2-2-2 中均呈显著上调；*CsRabF2b* 在抗病品系 B21-a-2-1-2 接种 24 h 时呈显著上调，但在感病品系 B21-a-2-2-2 中不明显；*CsRab11A* 在抗病品系 B21-a-2-1-2 接种 12 h 时出现显著下调，但在感病品系中出现一定程度上调（图 2-73）。表明 *CsRab11A* 在响应白粉病菌胁迫过程中可能起负调控作用。

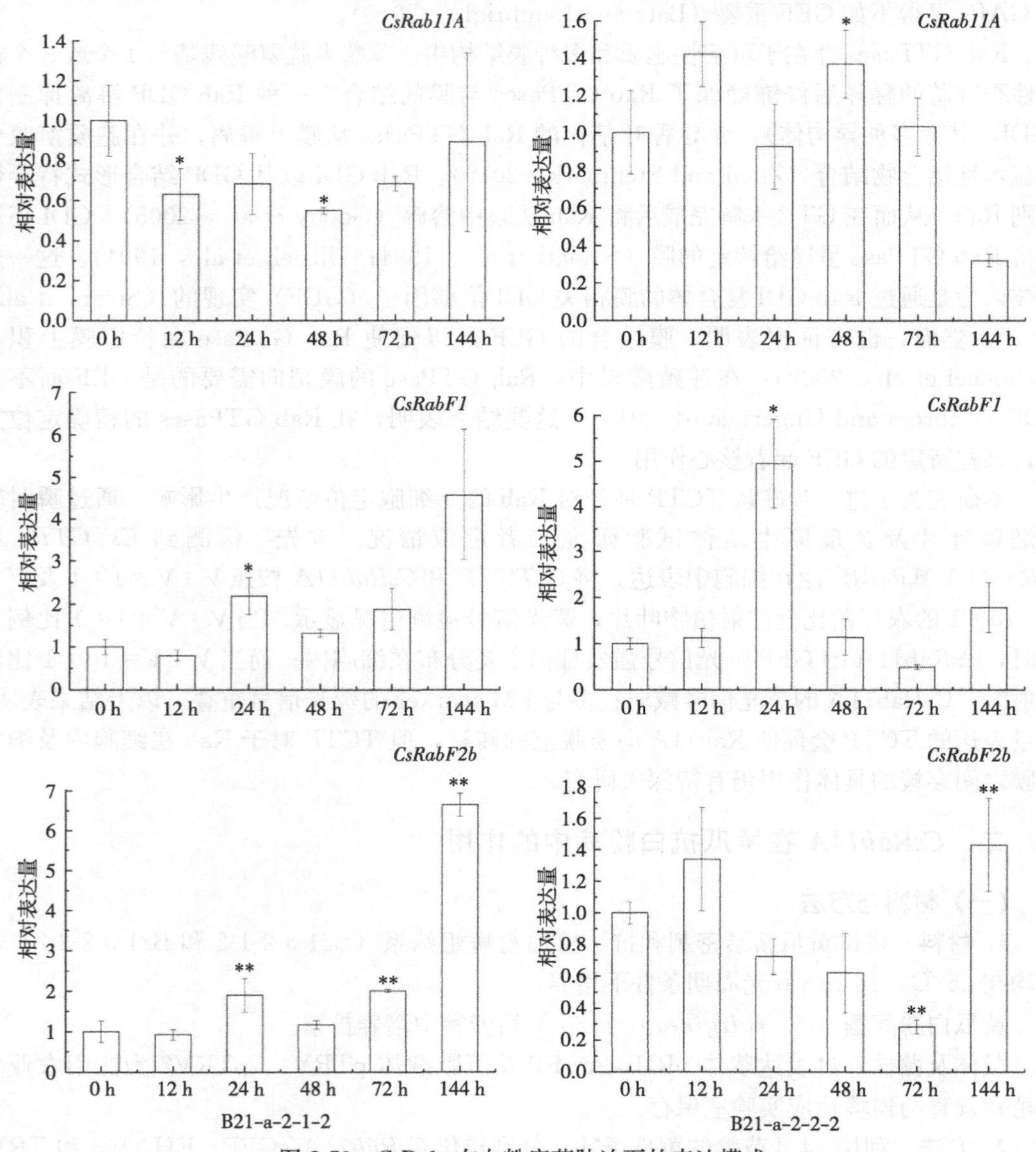

图 2-73 *CsRabs* 在白粉病菌胁迫下的表达模式

注：*、**表示显著性差异（$*P<0.05$，$**P<0.01$）。

2. *CsRab11A* 的瞬时过表达及沉默验证 以 *CsRab11A* 为研究对象，选取全长 CDS 序列（去掉终止子）采用同源重组方法连接至 pRI101-eGFP 表达载体，构建瞬时过表达融合载体 *CsRab11A*-eGFP 融合表达载体。按照 VIGS 介导的瞬时沉默技术，选取

CsRab11A 编码区的 5′端 300 bp，构建 TRV-*CsRab11A* 沉默载体。测序正确的阳性质粒转化 EHA105 农杆菌细胞保存备用。

按照农杆菌瞬时转化方法，在黄瓜子叶中瞬时过表达及沉默 *CsRab11A*，5 d 后取样进行 qRT-PCR 检测基因表达情况。VIGS 中病毒诱导基因沉默会在叶片表面产生病毒病斑，瞬时转化表型鉴定及 qRT-PCR 检测基因表达情况如图 2-74 所示，表明 *CsRab11A* 成功在子叶中瞬时过表达及沉默。

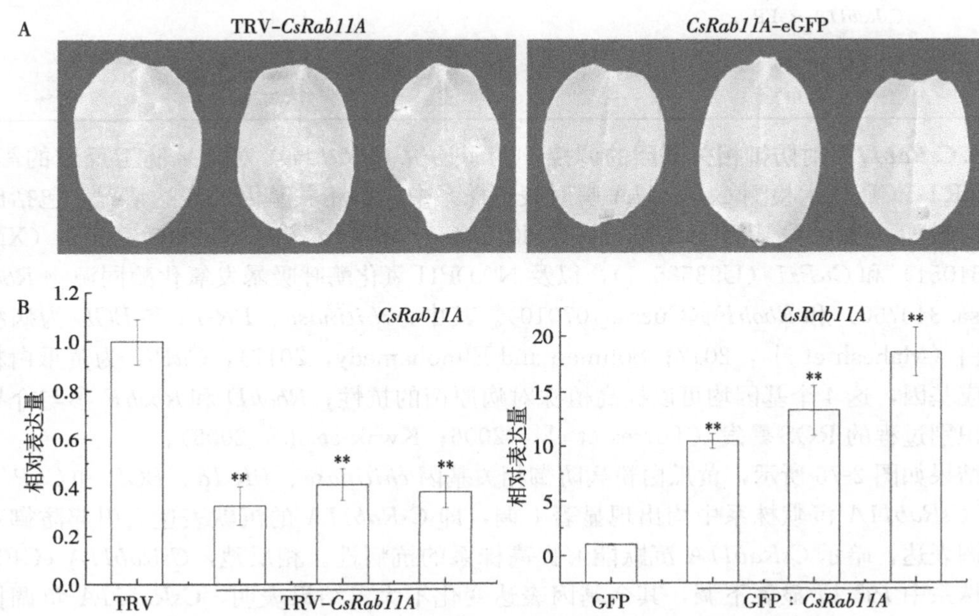

图 2-74　*CsRab11A* 瞬时表达子叶表型鉴定及基因表达分析

A. *CsRab11A* 瞬时转化黄瓜子叶表型　B. qRT-PCR 检测瞬时转化子叶中 *CsRab11A* 的转录水平

注：**表示显著性差异（$P<0.01$）。

3. 瞬时表达 *CsRab11A* 基因黄瓜的白粉病抗性鉴定

将 *CsRab11A* 瞬时过表达及沉默 4 d 的黄瓜株系外源喷施白粉病菌悬液，对照组为注射 EHA105 农杆菌菌悬液的黄瓜幼苗。接种病原菌后继续培养 10～14 d 直至长出白色粉末状病原菌。观察各组转化株系第一片真叶的感病情况，并统计感染白粉病菌的面积，进行病情指数调查，确定 *CsRab11A* 对瞬时转化黄瓜幼苗的抗病性。

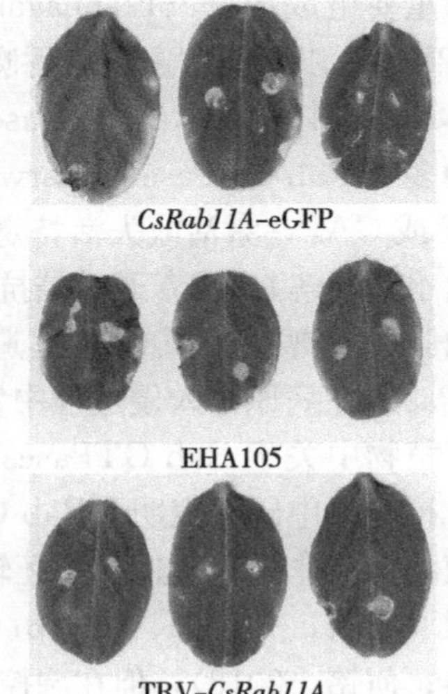

图 2-75　*CsRab11A* 瞬时表达黄瓜子叶的抗病性鉴定

结果如图 2-75 所示，沉默 *CsRab11A*（TRV-*CsRab11A*）的黄瓜叶片上的白粉症状明显轻于对照组，而过表达 *CsRab11A*（*CsRab11A*-eGFP）的黄瓜叶片感病较对照组（EHA105）严重，显示出大量白粉积累。根据病斑面积调查病情指数（表 2-10），数据表明，TRV-*CsRab11A* 沉默株系病情指数较低，仅为 23.33，表现为抗病性状；而 *CsRab11A*-eGFP 过表达株系病情指数较高，为 45.47，表现为感病性状。以上病情调查结果表明，*CsRab11A* 的沉默表达显著提高幼苗对白粉病菌的抗性，即 *CsRab11A* 在黄瓜响应白粉病菌胁迫过程中起负调控作用。

表 2-10　黄瓜叶片的病情指数

材料	病情指数
CsRab11A-eGFP	45.47
EHA105	27.14
TRV-*CsRab11A*	23.33

4. *CsRab11A* 对防御相关基因的调控　为了研究 *CsRab11A* 对黄瓜防卫反应的影响，采用 qRT-PCR 技术检测 *CsRab11A* 瞬时表达株系中防御相关基因的表达情况，包括已知黄瓜白粉病防御相关基因 *chitinase*（HM015248）、*PR-1a*（AF475286）、*BGL*（XM_011661051）和 *CuPi1*（U93586.1），以及 NADPH 氧化酶呼吸暴发氧化酶同源物 *RbohD*（Cucsa.340760）和 *RbohF*（Cucsa.107010）。其中，*chitinase*、*PR-1a* 和 *BGL* 为病程相关蛋白（Mahesh et al.，2017；Soliman and Elmohamedy，2017），*CuPi1* 为黄瓜白粉病菌响应基因，这 4 个基因均可以提高植株对病原菌的抗性；*RbohD* 和 *RbohF* 参与介导病原体识别过程的 ROS 暴发（Torres et al.，2006；Kwak et al.，2003）。

结果如图 2-76 所示，黄瓜白粉病防御相关基因 *chitinase*、*PR-1a*、*BGL* 和 *CuPi1* 在 TRV-*CsRab11A* 沉默株系中均出现显著上调，即 *CsRab11A* 的沉默表达会引起防御基因的上调表达，暗示 *CsRab11A* 沉默能够提高株系的抗病性。相反地，*CsRab11A*-eGFP 过表达株系中 *PR-1a* 显著下调，其余基因表达变化不大。结果表明，*CsRab11A* 负调控黄瓜的抗性。

（三）讨论与结论

Rab GTPases 在吞噬和吞噬小体的成熟过程中起着关键作用。因此，它们是先天免疫的重要组成部分（Flannagan et al.，2012）。在动物中，许多细胞内病原体靶向 Rab GTPases，以干扰宿主细胞吞噬和降解病原体的能力。细菌效应物的常见靶点就是驻留在内体和吞噬体上的 Rab GTPase。此外，致病因子也会靶向内质网（ER）和高尔基体中定位的多个 Rab GTPase（Sherwood and Roy，2013）。这些细菌致病因子可以作为 Rab 的 GEF 或 GAP，激活或失活特定的 Rab GTPases，或者通过酶修饰（如脂质化、氨酰化或蛋白水解裂解），或者通过拮抗 Rab 效应因子以干扰 Rab 的功能。最终，病原体实现了宿主内膜的重塑，使其能够逃避吞噬体的破坏，并在宿主内建立复制位点。可见，Rab GTPases 在病原体入侵过程中发挥重要作用。

植物中关于 Rab GTPases 的研究也逐渐开展，不同 Rabs 成员发挥的作用也不尽相同。拟南芥中研究表明，Rab GTPases 主要参与调控细胞生长和分裂、细胞壁形成，并在植物响应非生物胁迫、下胚轴伸长、根的生长和开花等多个生理过程发挥作用（Ebine et al.，2011、2012a、2012b；Bottanelli et al.，2012；Goh et al.，2007；Cui et al.，2014；何铭，2018），但在调控生物胁迫响应中的作用尚不清楚。前期研究发现了 TCTP 参与黄瓜对白粉病菌胁迫的响应，且依据动物及拟南芥中的研究表明 TCTP 为 Rab GTPases 的 GEF，可以与 Rab GTPases 发生相互作用（Hsu et al.，2007；Berkowitz et al.，2008；

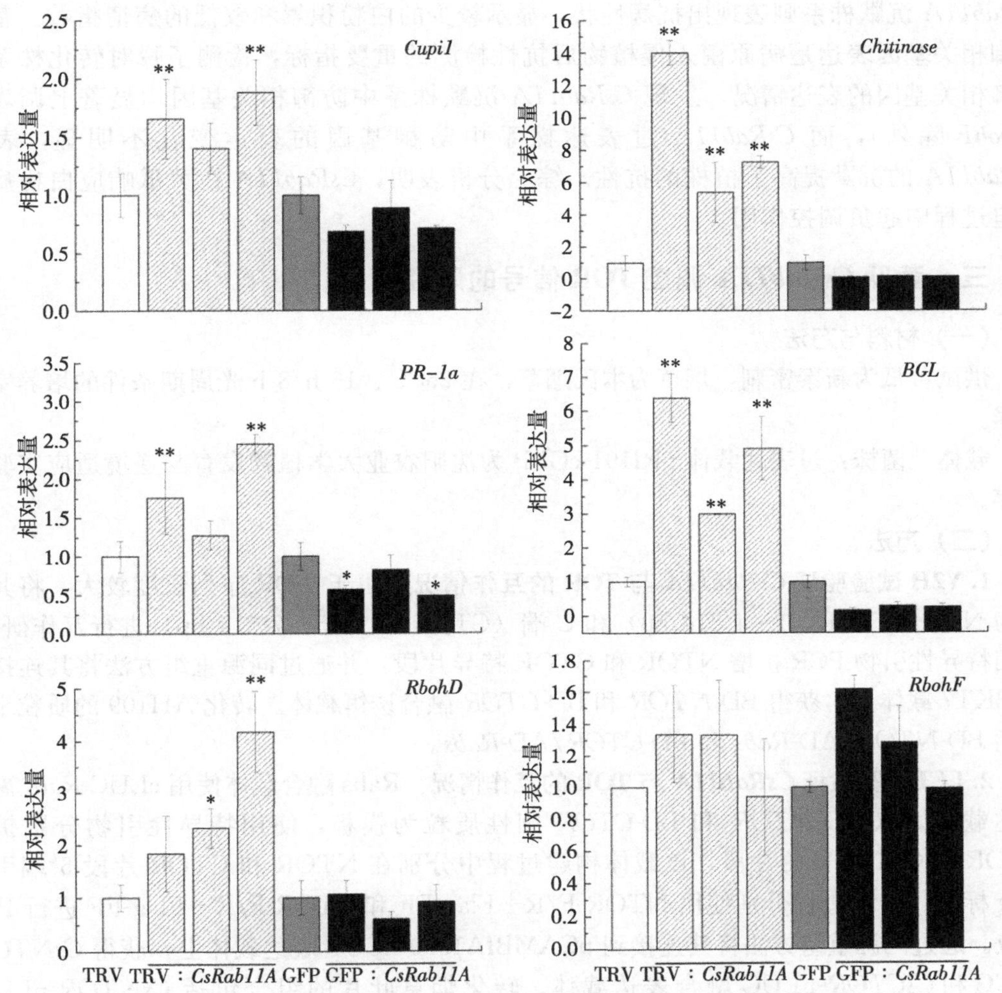

图 2-76　*CsRab11A* 瞬时转化子叶中防御相关基因的表达变化情况

注：*、**表示显著性差异（* $P<0.05$，** $P<0.01$）。

Brioudes et al.，2010），本研究中也证实黄瓜 TCTPs 与 Rabs 存在互作，推测黄瓜在响应白粉病菌胁迫过程中，*CsTCTPs* 也会启动 Rabs 的活性，进而参与防卫反应。

由于在黄瓜中缺乏有效的遗传转化体系，阻碍了对黄瓜-病原菌互作中基因功能的深入研究。由农杆菌介导的黄瓜子叶瞬时转化体系因此被创建并得到广泛应用（Shang et al.，2014）。在本研究中，首先检测了在白粉病菌胁迫下，黄瓜抗、感白粉病姐妹系中 *CsRabs* 的表达模式。结果表明，白粉病菌胁迫下 *CsRabs* 均出现一定程度响应。其中，*CsRab11A* 在抗病品系中显著下调，推测其可能负调控黄瓜对白粉病菌的抗性。结合第二章前边研究结果，主要以 *CsRab11A* 为研究对象，通过瞬时转化技术在黄瓜子叶中分别瞬时过表达和沉默 *CsRab11A*。经病毒斑点、亚细胞定位和 qRT-PCR 鉴定，表明 *CsRab11A* 可以在黄瓜子叶中发生显著过表达或沉默。对瞬时转化株系外源接种白粉病菌，并对发病情况及病情指数调查分析表明，*CsRab11A* 的过表达株系对白粉病菌胁迫更加敏感，叶片显示出大量白粉积累并产生较高的病情指数，表现为感病。相反的，

CsRab11A 沉默株系则表现出抗病性状，显示较少的白粉积累和较低的病情指数。基于防御相关基因表达是病原菌入侵植物后抗性检测的重要指标，检测了瞬时转化株系中防御相关基因的表达情况，发现 *CsRab11A* 沉默株系中防御相关基因均显著上调表达（*RbohF* 除外），而 *CsRab11A* 过表达株系中防御基因的表达变化不明显，表明 *CsRab11A* 的沉默提高了植株的抗性。综上分析表明，*CsRab11A* 在黄瓜响应白粉病菌胁迫过程中起负调控作用。

三、黄瓜 *CsRab11A* 调控 TOR 信号的研究

（一）材料与方法

供试黄瓜为新泰密刺，烟草为本氏烟草，在 25 ℃、16 h/8 h 光周期条件的培养室中培养。

载体及菌株：过表达载体 pRI101-eGFP 为沈阳农业大学植物发育与逆境适应实验室保存。

（二）方法

1. Y2H 试验验证 *CsRab11A* 与 TOR 的互作情况　由于 TOR 序列长度较大，将其分解为 N 端（NTOR，1～4 314 bp）和 C 端（CTOR，4 315～7 314 bp）进行互作研究。使用特异性引物 PCR 扩增 NTOR 和 CTOR 特异片段，并通过同源重组方法将其连接至 pGBKT7 载体上，获得 BD-*NTOR* 和 BD-*CTOR* 融合诱饵载体。转化 AH109 的质粒组合包括 BD-*NTOR*/AD-*Rabs* 和 BD-*CTOR*/AD-*Rabs*。

2. LCI 试验验证 *CsRab11A* 与 TOR 的互作情况　Rabs 融合载体使用 cLUC-*Rabs* 融合表达载体。以 BD-*NTOR* 和 BD-*CTOR* 阳性质粒为模板，使用特异性引物分别扩增 NTOR 和 CTOR 目的片段，该载体构建过程中分别在 NTOR 和 CTOR 片段 5′端引入 Flag 标签，扩增过程分别使用 NTOR-F/R＋Flag-FF 和 CTOR-F/R＋Flag-FF 进行 PCR 反应。通过同源重组方法将其连接到 pCAMBIA1300-nLUC 表达载体上，获得 *CsNTOR*-nLUC 和 *CsCTOR*-nLUC 融合表达载体。转化烟草叶片的组合包括 *CsNTOR*-nLUC/cLUC-*Rabs* 和 *CsCTOR*-nLUC/cLUC-*Rabs*。

3. 体内激酶试验验证 *CsRab11A* 对 TOR 信号的激活

（1）*S6K* 融合表达载体的构建。使用特异性引物 PCR 扩增 *S6K* 基因的 CDS 序列（去掉终止子）；在 PCR 过程中，在 *S6K* 的 3′端引入 Flag 标签序列，以方便检测 S6K 蛋白的表达情况。使用 *BamH* Ⅰ和 *EcoR* Ⅰ双酶切 pRI101-eGFP 质粒，去掉 GFP 片段并线性化载体大片段；通过同源重组方法将目的片段插入线性化的 pRI101-GFP 载体，同时在目的片段 3′端引入 Flag 标签，获得 *S6K*-Flag 融合表达载体。

（2）瞬时遗传转化。向 14 d 苗龄的黄瓜子叶分别转化 pRI101-*TCTPs*/*S6K*-Flag、*CsRab11A*-eGFP/*S6K*-Flag 和 pRI101-*TCTPs*/*CsRab11A*-eGFP/*S6K*-Flag 组合菌液。瞬时转化 2 d 后接种黄瓜白粉病菌。

（3）Western blot 检测。将分装好的蛋白样品取出，在冰上融化。使用快速预混凝胶配制试剂盒制胶，点样后进行电泳（80 V、30 min；150 V、90 min）。海绵和转印滤纸放入转膜缓冲液中（1×Transfer Buffer）浸泡 10 min。将电泳后的浓缩胶去除，分离胶上对应条带位置切下，做好标记，放入转膜缓冲液中洗 3 次，每次 5 min。将 PVDF 转印膜

剪成与凝胶大小一致的形状，放入甲醇溶液中活化 30 s，取出，放入去离子水中洗涤 5 min，转入转膜缓冲液中浸泡 10 min。转膜夹子组装顺序：负极（黑色面）-海绵-滤纸-胶-PVDF 膜-滤纸-海绵垫-正极（红色面），组装好后装入转膜槽中，100 V 转膜 1 h 左右。将膜取下放入 1×TBST 缓冲液中洗涤 3 次，每次 5 min。取出，结合胶面的一侧向上放入封闭液（含 5%脱脂奶粉的 1×TBST 溶液）中，封闭 1 h。取出膜，使用 1×TBST 缓冲液洗涤 3 次，每次 5 min。将膜正面朝下放入一抗（anti-Flag）中孵育，一抗（Phospho-mTOR Ser2448 monoclonal antibody）以 1∶1 000 稀释，actin 抗体以 1∶2 000 稀释，4 ℃过夜。取出膜，并用 1×TBST 缓冲液洗膜 3 次，每次 5 min。将膜取出，放入二抗（anti-mouse）中孵育以 1∶1 000 稀释。孵育 1 h 后取出，用 1×TBST 缓冲液洗 3 次，每次 5 min。将 PVDF 膜正面向上，使用化学发光显示液 A+B（V∶V=1∶1）混匀后，吸打到膜上，显影并拍照。

（三）结果与分析

1. *CsRabs* 与 TOR 互作的研究　由于 TOR 为大片段基因，为方便研究，将 TOR 分为 NTOR 和 CTOR 进行分段验证。使用特异性引物扩增 NTOR（1～4 314 bp）及 CTOR（4 315～7 314 bp）的分段序列，并分别连接至 pGBKT7 诱饵载体，获得 BD-*CsNTOR* 和 BD-*CsCTOR* 融合表达载体，质粒测序成功保存备用，AD-*CsRabs* 使用第二章中测序成功的阳性质粒。将阳性质粒按照待验证的组合方式共转化 AH109 酵母感受态细胞。Y2H 试验显示，AD-*CsRab11A* 与 BD-*CsCTOR* 共转化的 AH109 酵母菌可以在四缺培养基（SD/-Leu-Trp-His-Ade）上生长，并被 X-α-gal 染成蓝色（图 2-77）。RabF1 和 RabF2b 没有检测到与 TOR 之间的互作。结果表明，Rab11A 可以与 TOR 发生相互作用，且 Rab11A 更可能与 TOR 的 C 端结合。

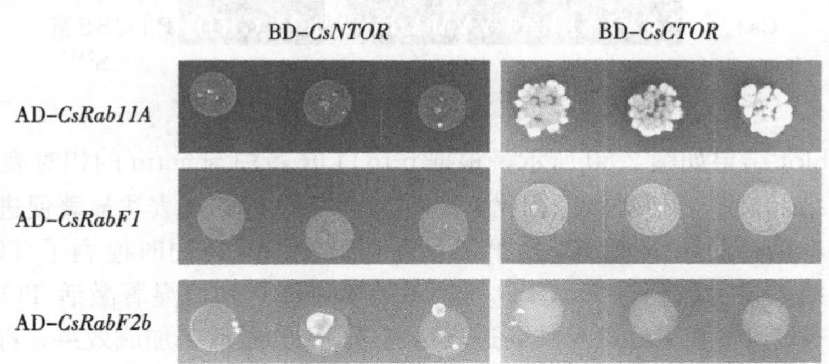

图 2-77　Y2H 验证 CsRabs 与 TOR 之间的互作情况

为了进一步在植物中证实 Rabs 与 TOR 之间的相互作用，采用 LCI 的方法验证 CsRabs 与 NTOR 或 CTOR 的互作情况。使用特异性引物扩增 NTOR 和 CTOR 序列并连接至 pCAMBIA1300-nLUC 载体，获得 *CsNTOR*-nLUC 和 *CsCTOR*-nLUC 融合表达载体，测序正确的阳性质粒转化 EHA105 农杆菌保存备用。使用农杆菌瞬时转化方法将待验证的组合菌液以 V∶V=1∶1 比例瞬时转化烟草叶片，72 h 后使用活体成像仪检测 LUC 荧光信号。结果如图 2-78 所示，CTOR 与 Rabs 共同注射的叶片处（右半叶）均检测到较强的荧光信号，而 NTOR 与 Rabs 共同注射的叶片处（左半叶）几乎没有检测到荧光信号。暗示在植物中，多个 Rabs 在很大程度上都可以与 TOR 之间产生相互作用。其中，Rabs 很可能是与 TOR 的 C 末端结合互作。

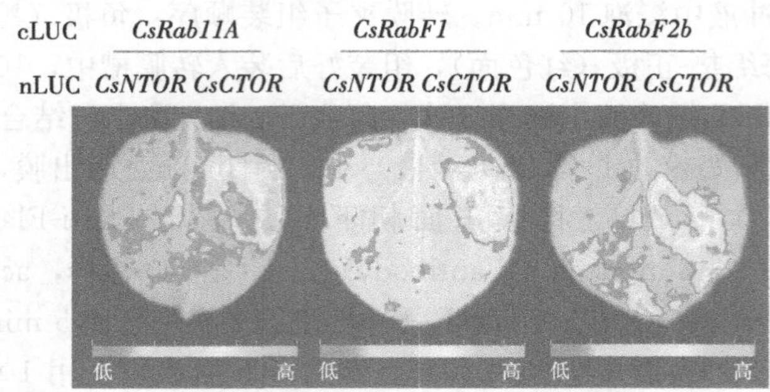

图 2-78　LCI 验证 CsRabs 与 TOR 之间的互作情况

2. *CsRab11A* 激活 TOR 信号途径　为了探明 Rabs 和 TOR 是否能在功能上相互作用，本试验研究了 Rabs 对 TOR 磷酸化状态的影响。研究表明，mTOR 的 S2448 位点对应拟南芥 TOR 中的 S2424 位点（Schepetilnikov et al.，2013）。由 mTOR 的 S2448 磷酸化位点制定的单克隆抗体（p-mTOR）已经应用于拟南芥 TOR 的磷酸化研究（Schepetilnikov et al，2017）。根据 DNAMAN 序列比对发现，黄瓜 CsTOR 与拟南芥 AtTOR 的氨基酸系列相似性高达 81.88%，拟南芥的磷酸化位点 S2424（并通用 mTOR-S2448-antibodies 抗体）。序列比对也发现，在 CsTOR 的 2401～2408 氨基酸处有与 AtTOR 完全一致的基序（KLTGRDF），推测在该段序列之后的 S2412 可能是 CsTOR 的磷酸化位点（图 2-79）。可通过 mTOR-S2448-antibodies 检测 CsTOR 的磷酸化水平。

图 2-79　黄瓜 CsTOR 的磷酸化位点预测

Western blot 结果如图 2-80 所示，根据 p-mTOR 蛋白与 actin 的相对表达结果进行条带灰度计算。结果显示，与对照组相比，Rab11A（11A）的过表达显著促进 TOR 的磷酸化水平。此外，结合前期研究结果及第二章互作试验结果，同时检测了 TCTPs 对 TOR 的激活作用。结果显示，TCTP1（T1）和 TCTP2（T2）均可显著激活 TOR 活性。值得注意的是，当 TCTP1 和 Rab11A 共同过表达对 TOR 的激活起加成效果，即 TCTP1 促进了 Rab11A 对 TOR 的激活作用，而在这一过程中，TCTP2 作用效果不明显。

3. *CsRab11A* 调控 TOR 激酶活性响应黄瓜白粉病菌胁迫　为进一步明确 Rabs 与 TOR 互作的生物学意义，同步检测了 Rab11A 激活 TOR 活性对白粉病的抗性响应。在瞬时过表达 Rab11A 及 TCTPs 的黄瓜子叶上接种黄瓜白粉病，于 14 d 后对黄瓜第一片真叶的感病情况进行分析并做病情指数调查（表 2-11）。结果显示，在 Rab11A 过表达黄瓜叶片的感病情况较对照组严重，TCTPs 的过表达也如预期一样出现较为严重的感病症状。值得一提的是，当 Rab11A 与 TCTPs 共同过表达时，瞬时转化黄瓜幼苗叶片感病情况越加严重（图 2-81）。以上结果再次证明了 Rab11A 负调控黄瓜抗白粉病的特性。此外，Rab11A 激活 TOR 活性后对白粉病菌胁迫更为敏感，TCTPs 的过表达会加重 Rab11A 过表达株系对白粉病菌的抗性。

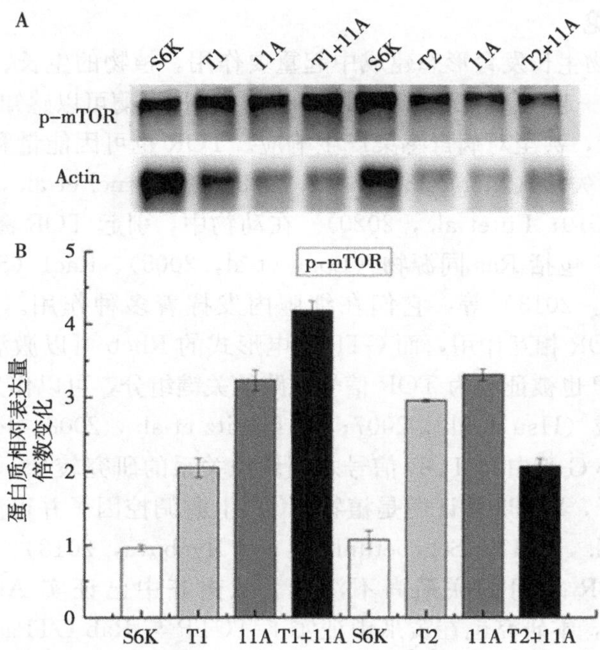

图 2-80 体内激酶试验验证 CsRabs 对 TOR 的磷酸化影响

A. Western blot 检测 TOR 磷酸化水平 B. 灰度值计算

表 2-11 黄瓜叶片的病情指数

材料	病情指数
对照	52.85
CsTCTP1	62.85
CsRab11A	57.61
CsTCTP1+*CsRab11A*	71.42
对照	54.28
CsTCTP2	65.71
CsRab11A	67.14
CsTCTP2+*CsRab11A*	73.33

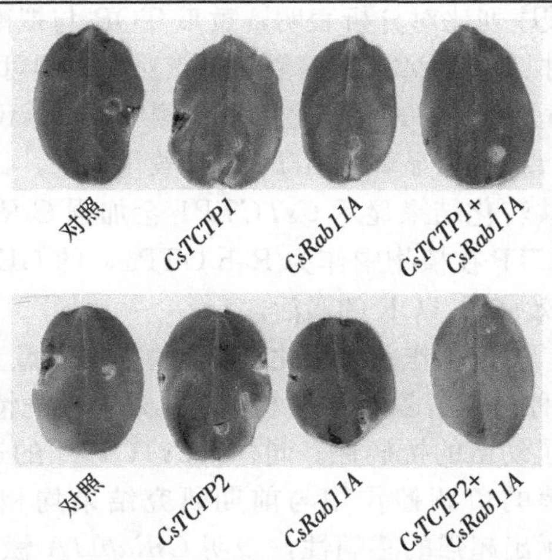

图 2-81 *CsRabs* 激活 TOR 过程中的抗病性鉴定

(四) 讨论与结论

TOR 在调控植物生长发育形态建成中起重要作用。植物的生长、抗逆和抗病很大程度上是 TOR 偶联在一起的。大量研究表明，植物 TOR 激酶可以感知并被多种营养物质、激素、环境信号激活，甚至对病毒感染产生响应。TOR 也可因能量和营养缺乏、应激相关激素和胁迫信号而失活（Xiong and Sheen，2015；Dobrenel et al.，2016a；Shi et al.，2018；Wu et al.，2019；Fu et al.，2020）。在动物中，引起 TOR 激活的途径似乎依赖于一系列小 G 蛋白，包括 Ras 同源物（Long et al，2005）、Rac1（Saci et al，2011）和 Rag（Betz and Hall，2013）等，它们在细胞内发挥着多种作用。其中，Rab GTPase Rheb 可以直接与 TOR 相互作用，而 GTP 充电形式的 Rheb 可以激活 TOR 激酶（Long et al，2005）。TCTP 也被证实为 TOR 信号通路的关键组分，可以作为 Rheb 的 GEF，促进 Rheb-GTP 的形成（Hsu et al.，2007；Berkowitz et al.，2008；John et al.，2011）。

植物中，关于小 G 蛋白与 TOR 信号之间调控关系的研究较少。目前，Rho GTPase 是植物中唯一的例子，ROP2 被证明是植物 TOR 上游调控因子并可激活 TOR 信号途径（Schepetilnikov et al.，2017；Schepetilnikov and Ryabova，2018）。然而，植物中关于 Rab GTPase 与 TOR 之间的联系尚不清楚。拟南芥中已证实 AtTCTP 与 4 个 Rab GTPase 可发生互作，本研究也在黄瓜中证实了 TCTP 与 Rab GTPase 之间的相互作用。鉴于黄瓜研究中 Rab11A、TCTP 和 TOR（Meng et al.，2018）均可参与响应白粉病菌胁迫，暗示三者在响应白粉病菌胁迫过程中存在必然联系。

本研究利用酵母双杂交技术检测到了 Rab11A 与 CTOR 之间存在相互作用，但没有检测到 RabF1 和 RabF2b 与 TOR 的互作现象，这可能是由于 Rabs 在酵母细胞中不稳定表达导致的。同样地，在烟草中的 LCI 试验也检测到了 Rab11A 与 CTOR 之间的相互作用。此外，在烟草中也检测到 RabF1、RabF2b 均与 CTOR 存在互作现象，表明植物中 Rabs 可以广泛地与 TOR 发生相互作用。其中，TOR 的 C 段结构在互作结合过程中起主要作用，这可能对 TOR 在 C 端激酶结构域引起的 TOR 激活起积极作用（Song et al.，2021）。

为了进一步验证 Rab11A 与 TOR 是否在功能上互作，在植物体内研究 Rab11A 对 TOR 的激活情况。氨基酸序列比对分析表明，黄瓜 TOR 与拟南芥 TOR 序列高度相似，且 S2470 处磷酸化位点与拟南芥 S2424 的磷酸化位点对应，即可以采用在拟南芥中通用的动物 p-mTOR 抗体进行黄瓜 TOR 的磷酸化水平检测（Schepetilnikov et al.，2017）。激酶试验结果显示，*CsRab11A* 可以显著激活 TOR 磷酸化水平，*CsTCTPs* 的过表达也会促进 TOR 的激活。此外，共转化结果显示 *CsTCTP1* 会加强 *CsRab11A* 对 TOR 的激活水平，这极有可能是因为 TCTP 在植物中作为 Rab GTPase 的 GEF 来激活 Rab GTPase 的活性，进而促进其对下游效应子 TOR 的激活。

为验证 *CsRab11A* 与 TOR 互作并磷酸化 TOR 的生物学意义，对同一瞬时转化株系进行抗病性研究。外源接种白粉病菌 14 d 后检测黄瓜幼苗感病情况，病情观察结果显示，*CsRab11A* 的过表达降低了幼苗的抗病性。同样，*CsTCTPs* 的过表达也使幼苗呈现感病的症状，二者对白粉病菌的负调控作用与前期研究结果均相符。此外，*CsTCTPs* 和 *CsRab11A* 共转化幼苗显示出超强的感病性，表明 *CsRab11A* 激活 TOR 的活性过程中会降低幼苗对白粉病菌的抗性，*CsTCTPs* 在 *CsRab11A* 激活 TOR 响应白粉病菌胁迫过程中起促进作用。

四、TOR 信号途径调控黄瓜抗白粉病的作用网络解析

（一）材料与方法

1. 材料　将黄瓜新泰密刺幼苗培养在含有 5 μmol/L AZD 的 MS 培养基中，在 25 ℃ 培养室 16 h/8 h 光周期条件下培养 14 d，开盖接种黄瓜白粉病菌悬液，于接种后 24 h 取样。

2. 方法

（1）蛋白质组分析。

蛋白质的提取和肽段酶解：各组样品用液氮充分研磨，采用 SDT 裂解法提取蛋白质（Wisniewski et al.，2009），并通过 BCA 定量法对蛋白质定量。各组蛋白样品取适量进行胰蛋白酶酶解，方法参照 Filter aided proteome preparation（FASP）方法进行（Wisniewski et al.，2009），对应的酶解肽段脱盐并冻干后加入 40 μL 溶解缓冲液复溶，在 OD_{280} 定量。

ITRAQ 标记：分别取各组样品的 100 μg 肽段，iTRAQ 标记使用 iTRAQ 标记试剂盒（购自 AB SCIEX 公司）进行标记。

SCX 色谱分级：经过 iTRAQ 标记的肽段进行混合并采用 AKTA Purifier 100 进行分级处理。

TiO_2 富集：真空操作冻干混合肽段溶液，并加入稀释后的 1×DHB buffer（3% DHB 80% ACN 0.1% TFA）进行复溶。向混合液中加入 TiO_2 珠子，振荡孵育 40 min 后离心，弃上清液。将孵育好的 TiO_2 珠子转入 tip 头，使用清洗缓冲液 1 洗 3 次，再加入清洗缓冲液 2 复洗 3 次。最后，加洗脱缓冲液进行洗脱，收集肽段，真空浓缩后使用 10 μL的 0.1% FA 溶液溶解肽段，各取 5 μL 用于液相质谱分析。

LC-MS/MS 数据采集：对处理好的各组样品采用纳升流速 HPLC 液相系统进行色谱分离。样品经色谱分离后使用质谱仪（Q Exactive HF-X）打质谱。

蛋白质鉴定和定量分析：经过质谱分析的最原始数据文件为 RAW 格式，分别使用 Mascot 2.2 和 Proteome Discoverer 1.4 软件进行查库鉴定及定量分析。

（2）生物信息学分析。

GO 功能注释：使用 Omicsbean 软件分别对目标蛋白质集合进行序列比对（BLAST）、目标蛋白对应 GO 条目提取（mapping）、GO 注释（annotation）和最终的 InterProScan 补充注释（annotation augmentation）。

KEGG 通路注释：使用 Omicsbean 软件进行 KEGG 通路注释。

GO 注释和 KEGG 注释的富集分析：GO（gene ontology）功能富集分析是将所有差异表达磷酸化肽段与参考物种的全部蛋白质或其他已被验证的所有蛋白质根据 GO 功能的注释结果进行比较，从而找到所有差异表达磷酸化肽段富集的功能类别。GO 功能富集分析一般包括分子功能（molecular function，MF）、细胞组分（cellular component，CC）和生物过程（biological process，BP）三大类。

KEGG（kyoto encyclopedia of genes and genomes）是常用的通路研究数据库之一（Kanehisa et al.，2012）。它是根据大量文献所绘制的众多代谢途径以及各途径之间的相

互关系的图示。KEGG 通路富集分析与 GO 功能富集相似，即以鉴定的总蛋白质为背景，分析计算各个通路蛋白质富集度的显著性水平，从而确定受到显著影响的代谢和信号转导途径。

通过比较各 GO 功能注释后的分类或比较注释的 KEGG 通路在目标蛋白质集合和总蛋白质集合中的分布情况，分别对目标蛋白质的集合进行 GO 注释或 KEGG 通路注释的富集分析，使用 R version 3.5.0 软件生成气泡图。

样本信息和标记信息：本次试验共分为 4 个组别（DMSO/AZD/DMSOP/AZDP），DMSO 和 AZD 分别代表对照组及 AZD 预处理的黄瓜子叶；DMSOP 和 AZDP 分别代表上述 2 组在白粉病菌侵染 24 h 后的样品。每个组别含有 3 个生物学重复，共 12 个样本。

3. 候选蛋白 Western blot 验证 候选蛋白 bZIP4150 融合表达载体的构建：使用特异性引物 PCR 扩增 *bZIP4150* 基因的 CDS 序列（去掉终止子）及 CDS（S110AD，磷酸化位点组成型激活）和 CDS（S110A，磷酸化位点负显性失活）2 个突变体 CDS 序列；在 PCR 过程中，在 *bZIP4150* 基因的 3′端引入 Flag 标签序列，以方便检测 bZIP4150 蛋白的表达情况。使用 *BamH* Ⅰ和 *EcoR* Ⅰ双酶切 pRI101-eGFP 质粒，去掉 GFP 片段并线性化载体大片段；通过同源重组方法将目的片段插入线性化的 pRI101-GFP 载体，同时在目的片段 3′端引入 Flag 标签，获得 *bZIP4150*-Flag、CA-*bZIP4150*-Flag 和 DN-*bZIP4150*-Flag 融合表达载体。

向适龄黄瓜子叶分别转化 *bZIP4150*-Flag、CA-*bZIP4150*-Flag 和 DN-*bZIP4150*-Flag 菌液。瞬时转化 2 d 后将子叶取下，置于含有 5 μmol/L AZD8055 的水中培养离体叶片，对照组为不含 AZD8055 的水培苗。叶柄处缠绕棉花以供吸收水分，向离体叶片喷施黄瓜白粉病菌，24 h 取样。Western blot 检测方法同本节三（二）所述。

（二）结果与分析

1. AZD8055 预处理黄瓜幼苗最适浓度筛选 前期研究表明，10 μmol/L 雷帕霉素的水培植株对黄瓜白粉病菌的抗性显著增强（Meng et al.，2018）。研究表明，AZD8055 抑制 TOR 活性的效力要优于雷帕霉素（Xiong et al.，2013；Van Leene et al.，2019）。本试验分别采用不同浓度的 AZD8055 处理黄瓜水培苗，筛选最佳施用浓度。结果表明，黄瓜幼苗在不同浓度 AZD8055 处理下，根部生长受到抑制，且对 AZD8055 的施用浓度具有剂量依赖性。当 AZD8055 浓度达到 10.00 μmol/L 时，幼苗不再具有正常的形态学建成，生长发育严重受阻（图 2-82）。

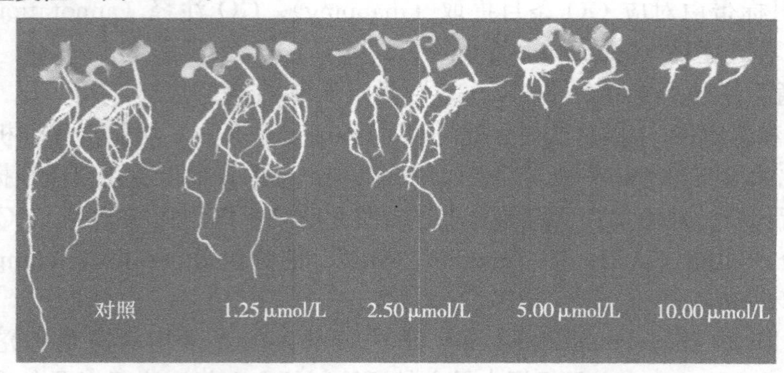

图 2-82　不同浓度 AZD8055 处理下黄瓜水培苗的表型分析

对上述培养约 14 d 的水培苗接种病原菌，观察不同浓度 AZD8055 处理下黄瓜幼苗的抗病性。其中，10.00 μmol/L AZD8055 处理的黄瓜幼苗不能正常生长，并在接种病原菌后全部死亡。其余浓度处理下幼苗的抗病性如图 2-83 所示，对照组、1.25 μmol/L 和 2.50 μmol/L AZD8055 处理的黄瓜幼苗在接种病原菌之后出现明显的卷曲和干枯现象；相比于低浓度 AZD8055 的处理，5.00 μmol/L AZD8055 处理的黄瓜幼苗展现出较强的抗病性。可见，5.00 μmol/L AZD8055 在一定程度上抑制幼苗生长发育，同时也显著提高了幼苗的抗病性。后续试验将采用 5.00 μmol/L AZD8055 作为最佳施用浓度进行 iTRAQ 标记定量磷酸化蛋白质组学分析试验。

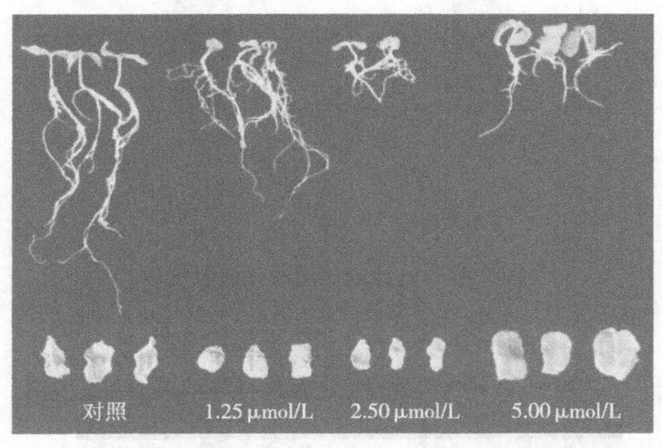

图 2-83 不同浓度 AZD8055 处理下黄瓜幼苗的抗病性分析

2. iTRAQ 磷酸化蛋白质组学鉴定 TOR 依赖响应白粉病菌胁迫的蛋白质 为了进一步研究 TOR 在黄瓜响应白粉病菌胁迫中的作用及分子机制，本试验采用 5 μmol/L AZD8055 抑制 TOR 活性，外源接种白粉病菌后做定量磷酸化蛋白质组学分析。试验共设 4 个组别，包括 DMSO 和 AZD 处理组、DMSO 接病（DMSOP）和 AZD 接病（AZDP）组，每组做 3 个生物学重复。其中，DMSO vs AZD 是分析 TOR 被抑制后的差异表达磷酸化蛋白，它们可能是 TOR 信号的下游组分；DMSO vs DMSOP 是黄瓜响应白粉病菌侵染的差异表达磷酸化蛋白；DMSOP vs AZDP 白粉病菌侵染下，AZD 处理引起的差异表达磷酸化蛋白；AZD VS AZDP 是分析 TOR 被抑制情况下，白粉病菌侵染引起的差异表达磷酸化蛋白。

本项目共鉴定到来自 1 699 个蛋白质的磷酸化肽段 3 384 个。以倍数变化大于 1.5 倍且 $P<0.05$ 标准筛选的差异表达磷酸化肽段统计，结果如图 2-84 所示。其中，DMSO vs AZD 比较组显示受 TOR 调控的差异磷酸化肽段有 52 个；DMSO vs DMSOP 显示白粉病菌胁迫下共有 114 个差异磷酸化肽段；AZD vs AZDP 和 DMSOP vs AZDP 两组均代表 TOR 抑制下外源接种白粉病菌后的差异磷酸化肽段的变化，分别为 399 个和 367 个。从各比较组差异磷酸化肽段的数量上看，AZD8055 抑制 TOR 活性显著提高了响应白粉病菌胁迫的差异磷酸化肽段数量。

采用层次聚类算法（hierarchical cluster）将差异表达磷酸化肽段进行聚类分析。结果如图 2-85 所示，组内的数据模式相似性较高，而组间的数据模式相似性较低，筛选到的差异表达磷酸化肽段把各比较组分开，也进一步说明差异表达磷酸化肽段筛选的

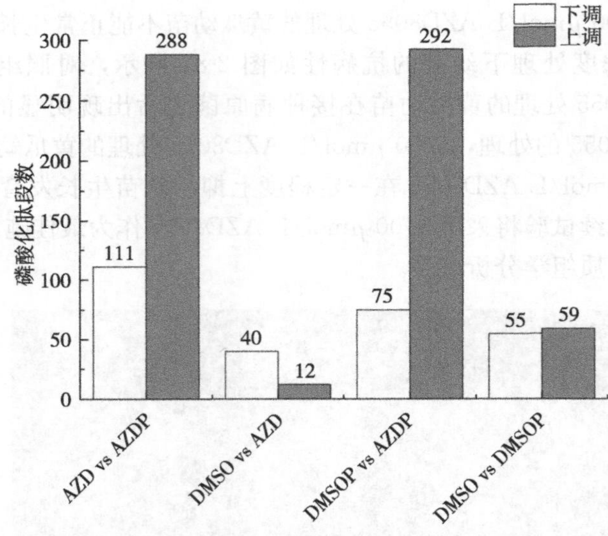

图 2-84　差异表达磷酸化肽段统计

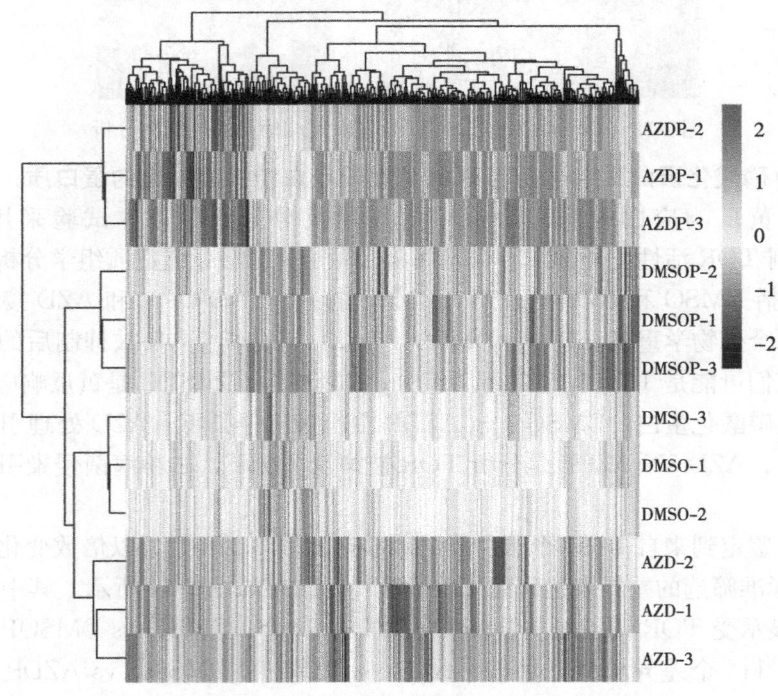

图 2-85　差异表达磷酸化肽段聚类分析

合理性。

3. 差异表达磷酸化肽段对应蛋白质的功能富集分析　对差异表达磷酸化肽段对应的蛋白质（DEPs）进行 GO 功能富集分析，DMSO vs AZD 比较组中的 DEPs 被分别聚类在生物过程、细胞组分和分子功能三大类上。如图 2-86 所示，展示了 3 种类别富集分析显著性排名前二十的条目。富集分析表明，大部分 GO terms 主要集中在生物过程，其次是细胞组分和分子功能上，表明 TOR 在调节生物过程方面起着重要作用。且富集最为显著的 GO term 包括小分子代谢过程、正调控生物过程、正调控催化活性、正调控分子功能、气孔运动、单体代谢过程、有机磷代谢过程和信号转导作用，这暗示 AZD 预处理正调控植物的生长发育过程及分子功能。此外，还发现涉及蛋白质和核苷酸的结合功能和参与脂质结合。这反映出 TOR 在调控翻译起始作用及调节脂质合成方面的保守作用。

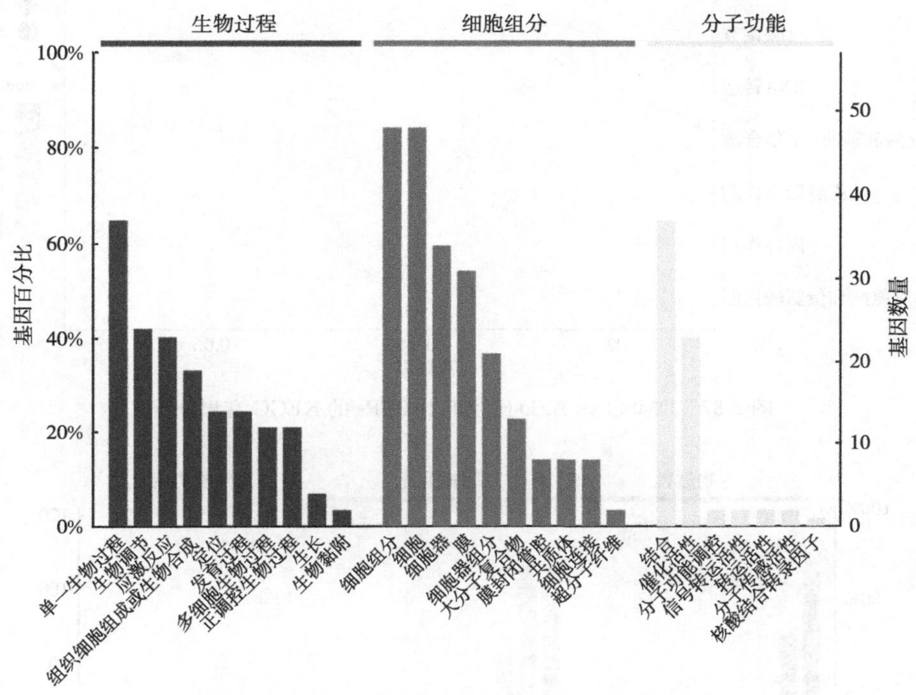

图 2-86　DMSO vs AZD 比较组中 DEPs 的 GO 富集分析

对该组 DEPs 进行 KEGG 通路富集分析。结果显示，DEPs 富集在 27 个通路，主要包括 RNA 转运、剪接体、维生素 B_6 代谢、氨基酸代谢和生物合成途径、mRNA 监测途径、乙醚脂质代谢、泛酸和辅酶 A 生物合成、自噬调节和内吞作用等信号通路（图 2-87）。KEGG 富集分析表明，TOR 参与植物多个信号途径或代谢途径。数据还显示该比较组中糖代谢、光合作用途径也发生改变，表明在调节代谢（如氨基酸、糖、脂质）方面的保守性，也反映了 TOR 广泛参与植物特有的信号通路或代谢途径。

对 DMSO vs DMSOP 比较组中的 DEPs 进行 GO 功能富集分析。如图 2-88 所示，显著性排名前二十的条目，大部分 GO terms 主要集中在生物过程，其次是细胞组分和分子功能上，表明白粉病菌胁迫下严重影响了植株的多种生物功能。富集最为显著的 GO term 包括调节细胞进程、单生物细胞过程、应激反应、调节生物进程、细胞组成成分、蛋白质和核酸结合作用及信号转导功能，表明在白粉病菌胁迫下，植物多个生物进程发生改变，细胞组分受到影响启动应激反应。此外，还检测到植物受体活性、光合作用、代谢过程和渗透胁迫功能受到影响，表明在病原菌胁迫下，植物启动特有代谢途径及信号途径响应胁迫。

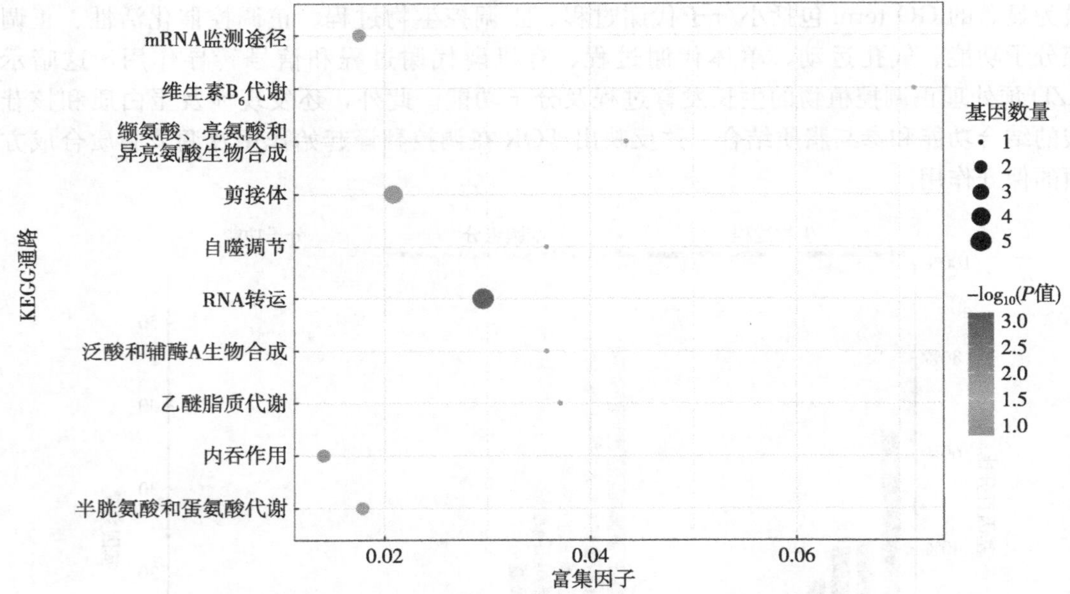

图 2-87 DMSO vs AZD 比较组中 DEPs 的 KEGG 富集分析

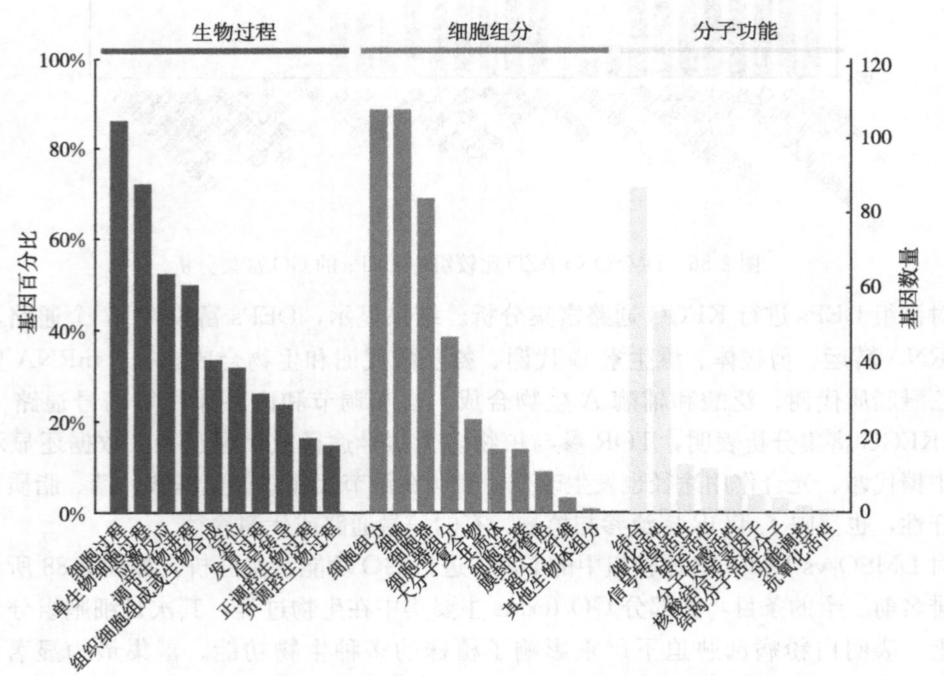

图 2-88 DMSO vs DMSOP 比较组中 DEPs 的 GO 富集分析

对该组 DEPs 进行 KEGG 通路富集分析。结果显示。DEPs 富集在 41 个通路，主要包括 mRNA 监测途径、乙醛酸和二羧酸代谢、其他类型的 O-聚糖生物合成、胰岛素抵抗、光合作用中的碳固定、内吞作用及氨基酸的生物合成等信号通路（图 2-89）。其中，显著富集的是前 4 个信号通路，表明病原菌胁迫影响了植物氨基酸、糖的代谢和合成以及光合作用。数据还显示该比较组中植物-病原相互作用、蛋白酶体、柠檬酸循环（TCA 循环）、植物激素信号转导等通路发生变化，表明植物在接种病原菌后启动自身防卫反应以应对胁迫。

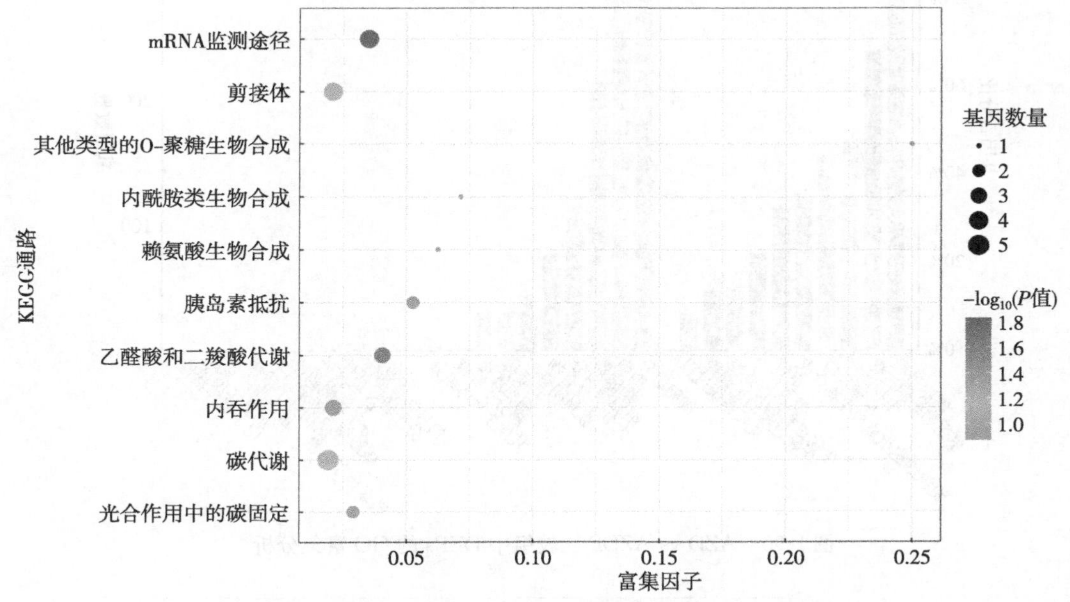

图 2-89 DMSO vs DMSOP 比较组中 DEPs 的 KEGG 富集分析

对 AZD vs AZDP 比较组中的 DEPs 进行 GO 功能富集分析。如图 2-90 所示，显著性排名前二十的条目，大部分 GO terms 主要集中在生物过程，其次是分子功能和细胞组分上，表明 AZD 长期抑制 TOR 活性条件主要对生物进程相关功能进行调控以应对白粉病菌胁迫。富集最为显著的 GO term 包括调节细胞进程、单生物细胞过程、生物调控、应激反应、调节生物过程、细胞组成成分、发育过程、磷代谢过程和免疫系统功能，表明 TOR 参与多个生物进程、影响发育进程并重建细胞组分和调节免疫系统以应对胁迫。此外，还发现多种响应病毒、细菌和非生物胁迫相关的 GO 功能也被显著富集，表明在 TOR 活性抑制条件下，植物启动更为广泛的应对机制，以保护自身免受胁迫，暗示 TOR 在黄瓜响应白粉病菌胁迫下的重要作用。

对该组 DEPs 进行 KEGG 通路富集分析。结果显示，DEPs 富集在 67 个通路，主要包括剪接体、光合作用中的碳固定、内吞作用、RNA 转运、磷脂酰肌醇信号系统、甘油磷脂代谢、氨基酸和糖的生物合成及代谢途径，前 5 个通路为显著富集的通路（图 2-91）。表明在 TOR 活性受抑制条件下，白粉病菌胁迫除了影响光合作用、糖代谢、内吞作用和 TCA 循环等基础防卫反应外，还会特异性影响剪接体通路及磷脂酰肌醇信号系统等重要通路的变化。此外，该比较组中也检测到自噬调节通路的变化，表明受 TOR 信号调控的自噬也会参与响应白粉病菌胁迫。

对 DMSOP vs AZDP 比较组中的 DEPs 进行 GO 功能富集分析。如图 2-92 所示，显著性排名前二十的条目，大部分 GO terms 主要集中生物过程，其次是分子功能和细胞组分上。与前两个比较组相比，AZD vs AZDP 和 DMSOP vs AZDP 两个比较组 GO 富集分

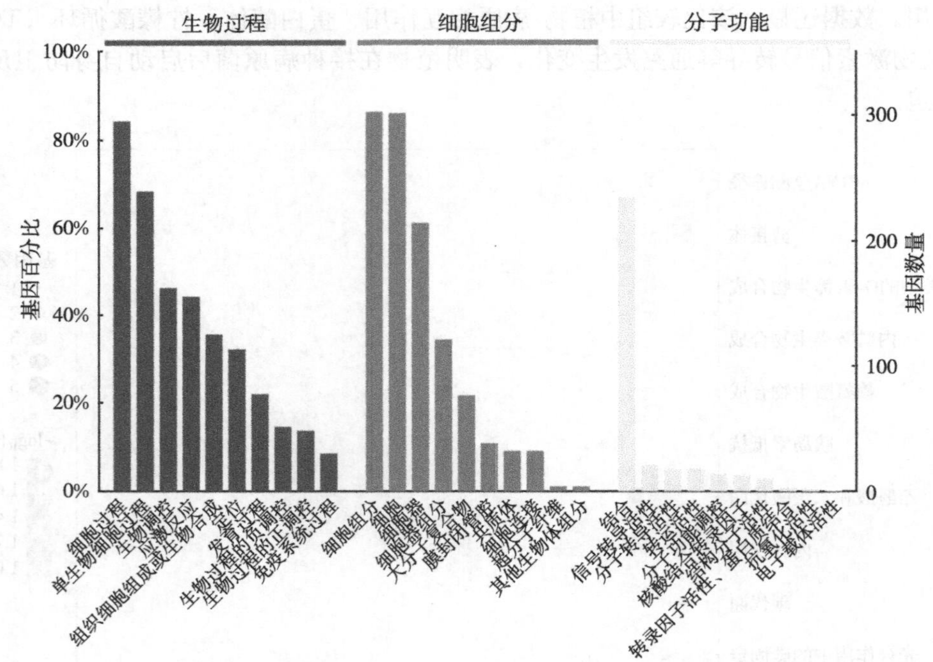

图 2-90　AZD vs AZDP 比较组中 DEPs 的 GO 富集分析

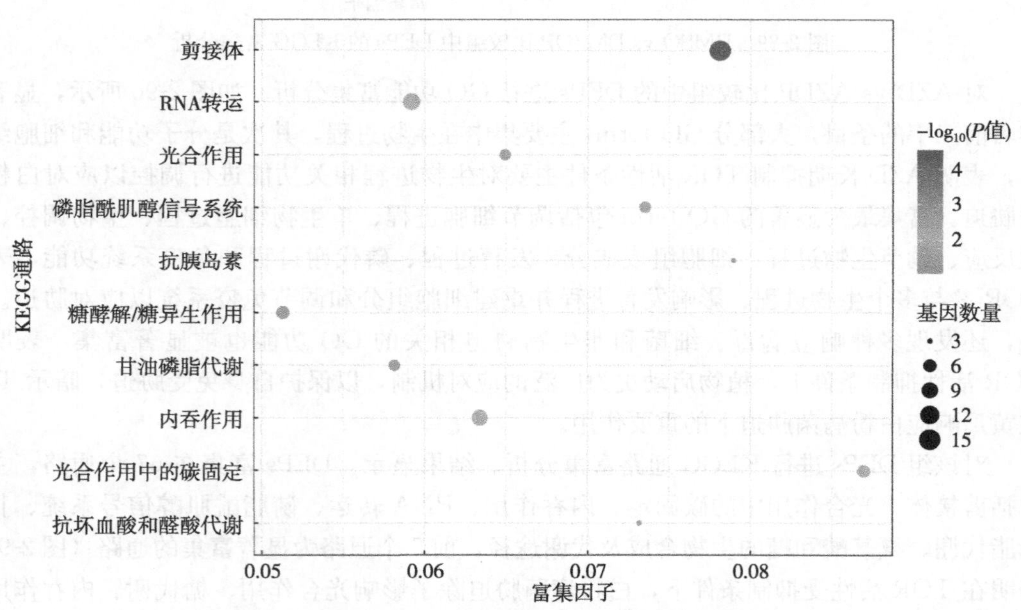

图 2-91　AZD vs AZDP 比较组中 DEPs 的 KEGG 富集分析

析显示，TOR 参与白粉病菌胁迫过程提升了对分子功能的富集度，表明 TOR 通过调控生物过程和激发多种分子功能应对白粉病菌胁迫。富集最为显著的 GO term 包括细胞器组分、组织细胞组成或生物合成、单生物细胞过程、应激反应、磷代谢过程、细胞定位、调节生物过程、胞质转运、单体运输和发育进程，与 AZD vs AZDP 比较组相似，TOR 调节多个生物过程、发育过程和细胞组分的重建以应对胁迫。在这一过程中，含磷化合物的代谢可能也起着重要作用。同时，多种胁迫响应、合成和代谢过程也发生改变以响应白粉病菌胁迫。此外，在以上分析的 4 个比较组中均检测到激活 GTPase 活性相关功能的改变，表明 GTPase 响应病原菌胁迫可能与 TOR 存在某种调控关系。

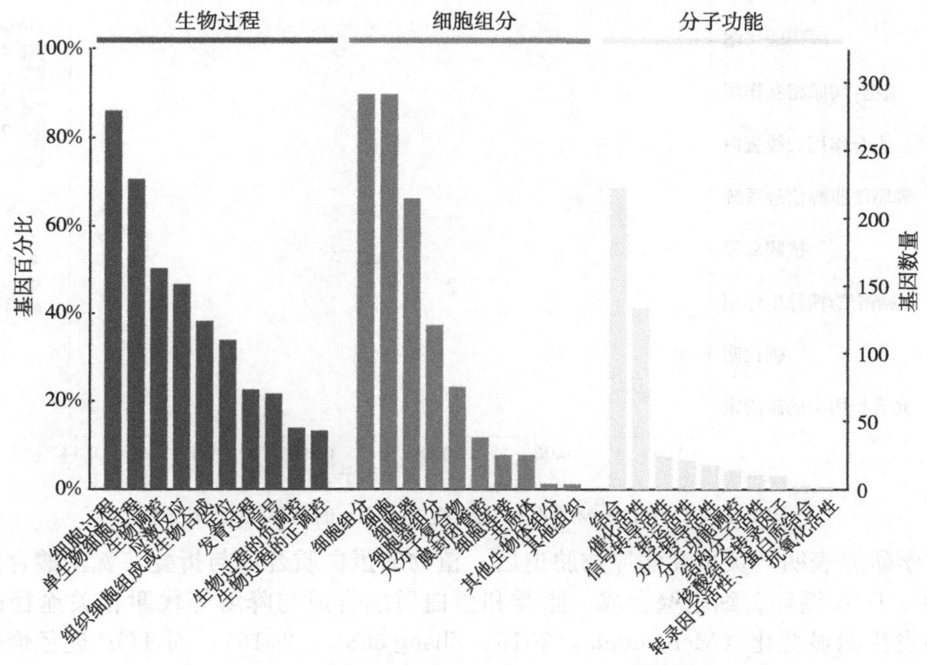

图 2-92　DMSOP vs AZDP 比较组中 DEPs 的 GO 富集分析

对该组 DEPs 进行 KEGG 通路富集分析（图 2-93）。结果显示，DEPs 富集在 62 个通路，主要包括剪接体、光合作用中的碳固定、RNA 转运、糖酵解、植物-病原相互作用、丙酮酸代谢、抗胰岛素、磷脂酰肌醇信号系统等，前 6 个通路为显著富集的通路。此外，TOR 保守功能中的自噬调节核糖体生物发生途径也发生变化；植物基础防卫反应中的糖、氨基酸脂质合成及代谢途径、TCA 循环和光合作用等通路发生变化。值得注意的是，在抑制 TOR 激酶活性的 DMSO vs AZD、AZD vs AZDP 和 DMSOP vs AZDP 组中均检测到甘油酯代谢、维生素 B_6 代谢和自噬调节的变化。在 AZD vs AZDP 和 DMSOP vs AZDP 两组中均特异性地检测到剪接体、磷脂酰肌醇信号（PI）和昼夜节律调节发生变化，表明 TOR 通过调控昼夜节律、剪接体过程和 PI 等代谢通路响应病原菌胁迫。

4. 植物防御反应相关的 DEPs　对各比较组的差异表达磷酸化蛋白进行分析，在 DMSO vs AZD 比较组中鉴定到含多种结构域的蛋白，包括：含 ABC 转运结构域、DUF3700 结构域、RRM 结构域和 SAP 结构域的蛋白质，DNA 结合相关的蛋白质，真核翻译起始因子和 MAPK 类蛋白激酶在内的多个蛋白激酶的差异表达。此外，还有多数功能未知功能的差异表达蛋白也受 TOR 调控。在 DMSO vs DMSOP 比较组中同样鉴定含有 ABC 转运结构域、DUF3700 结构域、RRM 结构域和 SAP 结构域的蛋白质以及 DNA 结合相关的蛋白质，表明含有以上特征的蛋白质既受到 TOR 激酶调控，也可参与植物的胁迫应答。

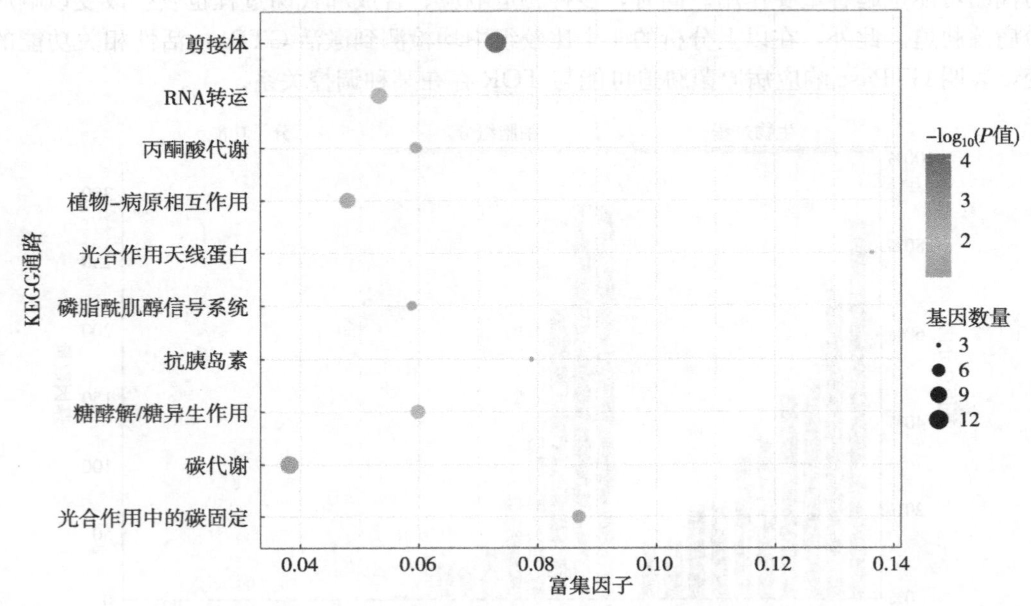

图 2-93 DMSOP vs AZDP 比较组中 DEPs 的 KEGG 富集分析

组学研究表明，黄瓜在病原物胁迫后，植物的蛋白质合成与折叠，氨基酸合成、信号转导、TCA 循环、细胞壁合成、脂类和蛋白质的合成与降解等代谢相关途径的蛋白或基因发生明显变化（Meng et al.，2016；Zhang et al.，2016），而 TOR 途径恰恰可以调控这些代谢网络影响植物基础防卫反应。AZD vs AZDP 和 DMSOP vs AZDP 两组均是在 TOR 活性受抑制情况下参与白粉病菌胁迫的蛋白质。质谱结果显示，这两组富集的差异表达磷酸化肽段数量明显高于前两组，表明在 TOR 水平上进行修饰可以大大提高黄瓜幼苗对白粉病菌响应的广度。通过比较两组之间差异表达磷酸化蛋白质出现交集的分析，可以准确集中到受 TOR 调控的响应白粉病菌胁迫的蛋白质。这有利于进一步解析 TOR 信号途径在黄瓜应答白粉病菌侵染的调控网络。维恩图（Venny diagram）分析结果显示，两组中差异表达磷酸化蛋白质相似度极高，两组差异蛋白交集共有 233 个（图 2-94）。

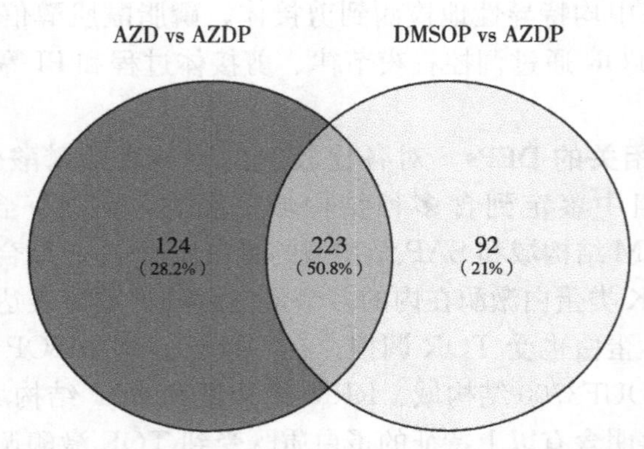

图 2-94 不同差异表达磷酸化蛋白质集的韦恩图分析

AZD 预处理影响植株抗病性的 DEPs 主要包括：调节 GTPase 的活性的 Arf-GAP 类蛋白，该蛋白在拟南芥磷酸化蛋白组也被鉴定为受 TOR 调控（Van Leene et al.，2019）；光合作用途径相关的叶绿素 a-b 结合蛋白和多个叶绿体相关蛋白组分，表明 TOR 激酶可通过调控光合作用途径响应病原菌胁迫；脂质代谢途径相关蛋白 FAB1D、PTEN2A、DGK5 和 DGD 等也发生显著差异表达，表明 TOR 激酶调控脂质代谢参与胁迫响应。此外，还发现了一些参与防御反应的蛋白质同源物，包括几种富含亮氨酸的受体样蛋白激酶家族蛋白、病原体诱导的钙调素结合蛋白以及一种 MLO 家族蛋白，其同系物在拟南芥定量磷酸蛋白质组学中被鉴定受 TOR 调控（Van Leene et al.，2019）。病原菌胁迫下 DMSO vs DMSOP、AZD vs AZDP 和 DMSOP vs AZDP 比较组中的还鉴定到植物和病原微生物互作过程中参与植物的先天免疫的 RPM1 互作蛋白 RIN4；钙依赖蛋白激酶 CPK1-Like、CPK10-Like 和 CPK28-Like 均广泛参与病原菌胁迫，并受到 TOR 激酶活性的调控；此外，参与活氧化应激的呼吸暴发氧化酶样蛋白 RbohD 的表达也在病原菌胁迫后发生显著变化。与防御反应相关的主要 DEPs 详细信息见表 2-12。

表 2-12　植物防御反应相关的主要 DEPs

基因号	描述	分类
Csa7G206930	磷脂酰肌醇-4-磷酸-5-激酶（类 FAB1D）	磷脂酰肌醇信号系统
Csa7G073390	磷蛋白磷酸酶（PTEN2A）	
Csa6G123470	推测的二酰基甘油激酶（DGK5）	
Csa1G538180 Csa7G452200 Csa3G119290 Csa7G447950 Csa5G429450 Csa2G005900	推测的富含亮氨酸重复序列受体蛋白激酶	防御反应
Csa5G583360	半胱氨酸蛋白酶抑制剂	
Csa3G823080	病原体诱导的钙调素结合蛋白	
Csa7G343300	RPM1 相互作用蛋白 4（RIN4）	
Csa5G612930	钙依赖性蛋白激酶（类 CPK1）	
Csa1G045620	钙依赖性蛋白激酶（类 CPK10）	
Csa6G505910	钙依赖性蛋白激酶（类 CPK28）	
Csa3G845500	呼吸暴发氧化酶样蛋白（RbohD）	
Csa3G000160	类 MLO8 蛋白	
Csa3G816020 Csa2G005280	ADP 核糖基化因子 GTPase 激活蛋白	GTP 酶相关
Csa4G664290	G 蛋白偶联受体活性	
Csa3G064220	Rab3 GTPase 激活蛋白催化亚基	

5. 植物激素信号相关的 DEPs　植物激素在调节植物的生长发育与胁迫反应中起着重要作用（Larrieu and Vernoux，2015）。近年来，TOR 和多种植物激素信号之间的串扰成

为研究热点（Wu et al.，2019；Rodriguez et al.，2019）。研究表明，拟南芥中与主要植物激素信号相关的基因在TOR抑制下受到不同的调控（Dong et al.，2015）。此外，促进生长的植物激素，如生长素、油菜素类固醇（BR）、细胞分裂素（CK）和赤霉素（GA）与TOR信号正相关，而脱落酸（ABA）、乙烯、茉莉酸（JA）和水杨酸（SA）信号通路与TOR信号负相关（Dong et al.，2015）。在DMSO vs DMSOP比较组，鉴定到与ABA信号途径相关的ABI5-Like差异磷酸化表达。在AZD vs AZDP比较组中检测到2个ABI5-Like、乙烯受体ETR2、BES1/BZR1同源蛋白；在DMSOP vs AZDP比较组中也检测到ETR2和BZR的差异磷酸化表达，在以上两个比较组的Venn集合中还鉴定到3个蛋白磷酸酶2c（PP2C）样家族成员均发生差异磷酸化表达，该家族也是植物激素ABA信号传导的关键组成部分。表明TOR调控多种激素信号途径响应病原菌胁迫。

在AZD vs AZDP和DMSOP vs AZDP比较组中鉴定到多个转录因子发生变化，其中有2个bZIP蛋白也被鉴定为TOR依赖响应白粉病菌侵染过程，其中1个bZIP蛋白（Csa7G324150）为拟南芥中VirE2相互作用蛋白1（VIP1）的同源基因，在拟南芥磷酸化蛋白质组学分析中也被鉴定为受TOR调节。还检测到一种WRKY转录因子（WRKY31-Like），也以TOR依赖的方式参与对白粉病菌的应答，并且WRKY蛋白已被证明在植物对抗多种病原体攻击的防御反应中发挥关键作用（Jiang et al.，2017）。DEPs详细信息见表2-13。

表2-13 植物激素信号相关的DEPs

基因号	描述	分类
Csa4G083490	油菜素内酯信号转导的核心转录因子（BZR1）	植物激素
Csa3G141850	乙烯受体	
Csa2G099470 Csa2G009380 Csa4G664270	蛋白磷酸酶2c	
Csa7G073570 Csa6G056520	脱落酸不敏感蛋白5（ABI5）	
Csa7G043020	WRKY转录因子	转录因子
Csa4G269740 Csa7G324150 Csa7G007890	bZIP转录因子	

6. 自噬相关的DEPs 自噬是真核生物细胞质成分降解的进化保守途径（Mizushima，2010）。自噬降解是应激响应、细胞分化和发育到宿主免疫、细胞存活和死亡等一系列生理过程中，维持细胞内稳态所必需的（Mizushima，2007；Klionsky，2005；Levine et al.，2011）。自噬相关的ATG13激酶复合物能够诱导自噬，并受TOR的负调控作用（Liu and Bassham，2010）。在DMSOP vs AZDP比较组中检测到了ATG13激酶复合物在AZD8055处理下对白粉病菌的响应降低了64%，表明白粉病菌胁迫下AZD8055处理调控自噬信号途径响应胁迫。此外，在其他2个AZD处理的比较组中（DMSO vs AZD和AZD vs AZDP）检测到一种ATG16类自噬途径相关蛋白，也表明AZD处理会影响黄瓜中的自噬信号途径。

此外，基序富集分析表明，AZD vs AZDP 和 DMSOP vs AZDP 比较组中的 DEPs 在+1 位脯氨酸位和−1 位甘氨酸位间的丝氨酸位点高度保守（图 2-95），表明 TOR 对+1 位脯氨酸和−1 位甘氨酸表现出独特的偏好性以增强黄瓜对病原菌的磷酸化反应。

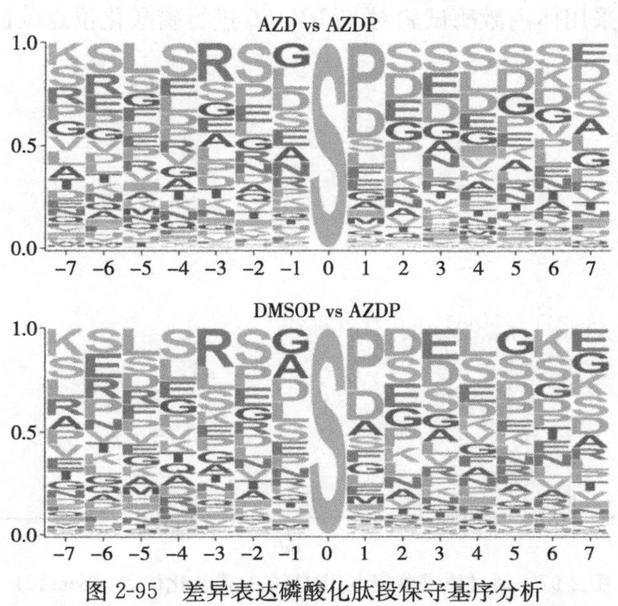

图 2-95　差异表达磷酸化肽段保守基序分析

7. 候选蛋白 Western blot 验证　为了验证磷酸化蛋白质组数据的可靠性，并分析黄瓜响应白粉病菌胁迫过程中的候选蛋白作用，挑选了候选蛋白中的一个 bZIP 转录因子（Csa7G324150），暂时命名为 bZIP4150。组学数据表明，bZIP4150 在 AZD vs AZDP 和 DMSO vs AZDP 两组中均显著上调（图 2-96）。研究表明，TOR 信号与 SnRK1 之间存在紧密的交互作用（Broeckx et al.，2016；Dobrenel et al.，2016a；Margalha et al.，2016；Baena-Gonzalez and Hanson，2017；Shi et al.，2018），而植物中 SnRK1/bZIPs 模

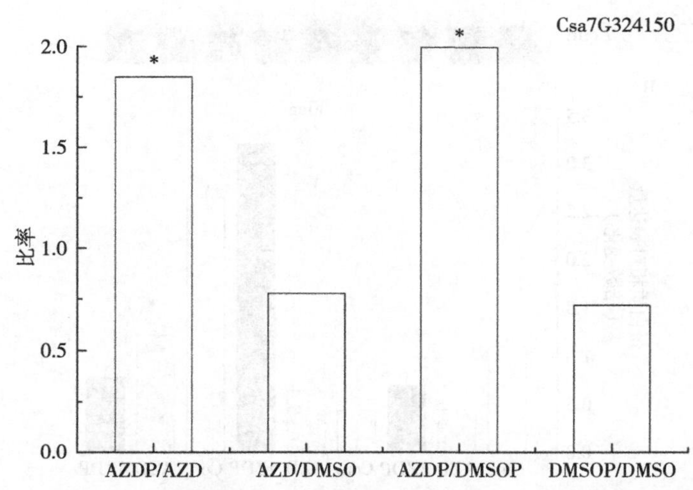

图 2-96　iTRAQ 磷酸化蛋白质组学分析 bZIP4150 的差异磷酸化表达

注：＊表示显著性差异（$P<0.05$）。

块平衡植物生长和能量水平，也会对初级代谢产生影响（Mair et al.，2015；Weiste et al.，2017）。序列比对结果表明，黄瓜 bZIP4150 与拟南芥磷酸化蛋白质组中鉴定的 bZIP 转录因子 VIP1（AT1G43700）为同源基因。质谱分析显示，bZIP4150 在 Ser110 处发生磷酸化（图 2-97），采用体内激酶试验对 bZIP4150 进行磷酸化位点验证和抗病性分析。

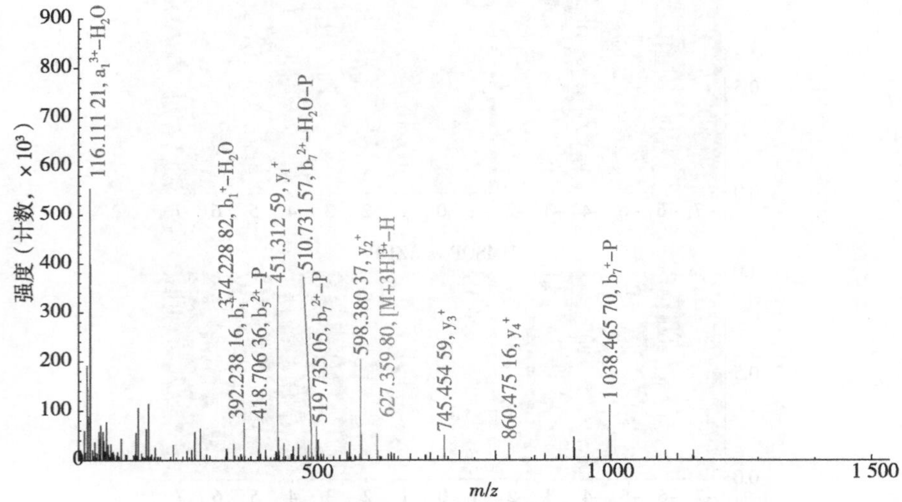

图 2-97　通过质谱鉴定 bZIP4150 的磷酸化位点（Ser110）

通过特异性引物扩增 bZIP4150 的 CDS、CDS（S110AD）和 CDS（S110A）序列并构建至过表达载体 pRI101 获得 *bZIP4150*-Flag、CA-*bZIP4150*-Flag 和 DN-*bZIP4150*-Flag 融合表达载体。分别在黄瓜子叶中瞬时表达以上融合蛋白，并分别使用 5 μmol/L AZD8055 处理 24 h 后接种白粉病菌，取样进行 Western blot 试验。结果如图 2-98 所示，

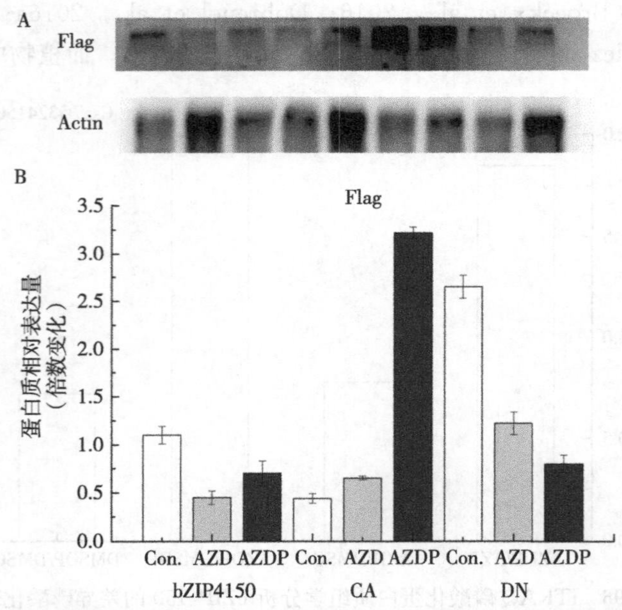

图 2-98　体内激酶试验验证 TOR 调控 bZIP4150 的磷酸化响应白粉病菌胁迫
A. Western blot 检测 TOR 磷酸化水平　B. 灰度值计算

CA-bZIP4150 组成型激活突变体在 AZD8055 处理后病原菌胁迫下的磷酸化水平显著提高，这与磷酸化蛋白质组学结果相一致，也说明 bZIP4150 在 S110 的磷酸化激活可以响应病原菌胁迫，表明 bZIP4150 的 S110 位点在黄瓜对抗病原菌胁迫过程中起着重要作用。相反地，负显性突变体 DN-bZIP4150 在接种病原菌后的磷酸化水平没有明显变化，再次证明 bZIP4150 的 S110 位点对于响应病原菌胁迫起重要作用。

（三）讨论与结论

目前，只有少量的 TOR 调节蛋白被鉴定出参与植物的胁迫响应。多组学研究的发展已经被广泛用于真核生物中多种生理过程及调控机制的研究。最近，利用模式植物拟南芥进行了定量磷酸蛋白质组学和相互作用组学分析，并绘制 TOR 信号调控网络。共鉴定出 83 种受 TOR 调节的磷酸化蛋白和 215 种与 TOR 复合物相互作用的蛋白（Van Leene et al.，2019）。在本研究中，报告了 223 种 TOR 相关蛋白的鉴定结果。这些蛋白参与响应白粉病菌侵染过程，其中大多数为已知参与各种应激反应的蛋白。在哺乳动物中，抑制 TORC1 活性阻断了几种进化上保守的底物磷酸化，包括 S6 激酶（S6K）和真核翻译起始因子（Jefferies et al.，1994；Terada et al.，1994；Dennis et al.，1996；Burnett et al.，1998）。在 AZD8055 处理后，检测包括 S6K 底物 40S 核糖体蛋白 S6e 样蛋白（RPS6e、Csa3G118140 和 Csa2G369060）和真核翻译起始因子 3-β-1（eIF3-β-1、Csa7G181630）改变，这两种底物都与蛋白质合成有关也暗示了组学数据的准确性。值得注意的是，在 AZD8055 处理和白粉病菌侵染条件下，RPS6e 和 eIF3-β-1 的磷酸化水平均显示上调表达，表明 RPS6e 和 eIF3-β-1 可能在白粉病菌的响应中发挥积极作用。

与拟南芥中研究结果一致，在 DMSOP vs AZDP 组中检测到受 TOR 调控的几种蛋白质。其中，包括 3 种真核翻译起始因子 3-β-1（eIF3-β-1）、eIF3c 和 eIFIIF-α，它们都是进化上保守的 TOR 底物；一种 MEI2 蛋白，据报道，其同源物 AML1 可以与 RAPTOR1B 相互作用（Anderson et al.，2005）；其他受 TOR 调控的蛋白包括 4 个含有 DUF 结构域的蛋白质、4 个含有 Arf GAP 结构域的蛋白质（ADP 核糖基化 GTPase 激活蛋白）以及 2 个含有 GYF 结构域的蛋白质。此外，还发现了一些参与防御反应的蛋白质同源物，包括自噬相关的 ATG13 激酶复合物、几种富含亮氨酸的受体样蛋白激酶家族蛋白、病原体诱导的钙调素结合蛋白以及一种 MLO 家族蛋白，其同系物在拟南芥定量磷酸蛋白质组学中被鉴定为受 TOR 调控（Van Leene et al.，2019）。本研究在 AZD vs AZDP 和 DMSOP vs AZDP 中特异性检测到磷脂酰肌醇信号通路（PI）的显著变化，PI 是低丰度 PPIn 脂质的常见前体，具有与信号转导、膜运输和细胞代谢相关的多种调节作用（Balla，2013），动物中的研究表明，mTOR 是 PI3K 信号通路中的一个关键调控因子（Eudocia Q. Lee，2018）。本研究中，PI 通路相关的磷脂酰肌醇-4-磷酸 5-激酶 FAB1D 类蛋白、蛋白磷酸酶 PTEN2A 和假定的二酰甘油激酶 DGK5 蛋白在两组中均显著变化，这几个蛋白在 PI 信号系统的多个位置起主要调控作用。此外，昼夜节律中的生物钟协调着许多植物的生长和发育过程，昼夜节律核心振荡器的一个重要组分（PRR）可以通过其下游串联锌指 1（TZF1）抑制 TOR 信号靶点影响根分生组织细胞的增殖。本研究中检测到在 AZD vs AZDP 和 DMSOP vs AZDP 两个比较组中昼夜节律中参与代谢的 CHS 类蛋白（Csa6G507080）出现差异表达，但其在黄瓜中功能未知，暗示 TOR 可以调控昼夜节律响应病原菌胁迫。在藻类研究中，TORC1 是衣藻脂类代谢的重要调节因子，抑制 TOR 信号通路会导致三酰甘油（TAG）的积累（Imamura et al.，2015），在磷饥饿条件下，由TORC1对这种营养物质的信号转导缺陷和磷稳态的丧失，在*lst8-1*突变细胞中积累大量的TAG（Couso et al.，2020）。本研究中，在TOR预处理的比较组DMSO vs AZD、AZD vs AZDP和DMSOP vs AZDP中均检测到了甘油酯代谢通路下游的DGK5和DGD（Csa6G476710）蛋白表达显著变化，表明脂质代谢应答病原菌胁迫过程也受到TOR激酶的调控。

植物激素可以通过调节植物自身生理反应来响应外界环境的变化（Larrieu and Vernoux，2015）。近年来，TOR和植物激素信号之间的串扰成为研究热点（Wu et al.，2019；Rodriguez et al.，2019）。研究表明，拟南芥中与主要植物激素信号相关的基因在TOR抑制下受到不同的调控（Dong et al.，2015）。此外，促进生长的植物激素，如生长素、油菜素类固醇（BR）、细胞分裂素（CK）和赤霉素（GA）与TOR信号正相关，而脱落酸（ABA）、乙烯、茉莉酸（JA）和水杨酸（SA）信号通路与TOR信号负相关（Dong et al.，2015）。在本研究中，鉴定到白粉病菌侵染过程中受TOR调控的植物激素信号相关差异表达蛋白包括：BES1/BZR1同源蛋白，已被证明受葡萄糖-TOR信号调节控制拟南芥的生长（Zhang et al.，2016）；乙烯受体ETR2，它是一种参与乙烯感知的蛋白质，最近有报道称，TOR对乙烯信号产生负调节（Zhuo et al.，2020；Fu et al.，2021）；还鉴定到3个蛋白磷酸酶2c（PP2C）样家族成员，该家族也是植物激素ABA信号转导的关键组成部分，其合成和分布同样受TOR信号转导的调节（Wang et al.，2018；Fu et al.，2020）。

自噬在多种应激反应中都可被高度诱导，并受TOR的负调控作用（Liu and Bassham，2010）。Atg1/Atg13复合物在自噬启动的早期阶段诱导自噬体形成，现已在后生动物中被确定为TOR底物（Chang and Neufeld，2009；Hosokawa et al.，2009）。在磷酸化蛋白质组中，检测到ATG13激酶复合物（Csa6G484560）在AZD8055处理下对白粉病菌的响应降低了64%，这表明黄瓜幼苗可能通过抑制自噬途径增强抗性。值得注意的是，在AZD vs AZDP和DMSOP vs AZDP比较组中鉴定到多个基础转录因子发生变化。其中，有2种bZIP蛋白也被鉴定为TOR依赖响应白粉病菌侵染过程，一种bZIP蛋白，在拟南芥中的同源基因（VirE2相互作用蛋白1，VIP1）已被鉴定受TOR调节，并在广泛的植物应激反应中发挥重要作用（Van Leene et al.，2019；Fu et al.，2020）。研究表明，bZIP的几个同源物可以作为SnRK1激酶蛋白的直接靶点，并参与多种细胞过程（Mair et al.，2015；Weiste et al.，2017）。本研究以bZIP4150为研究对象，进一步证实其S110磷酸化位点的激活对TOR调控黄瓜对白粉病的抗性起重要作用。还检测到一种WRKY转录因子（WRKY31-Like），也以TOR依赖的方式参与对白粉病菌的应答，并且WRKY蛋白已被证明在植物对抗多种病原体攻击的防御反应中发挥关键作用（Jiang et al.，2017）。此外，在与TOR信号相关的磷酸蛋白质组学研究中也发现了一种MLO蛋白（MLO8-Like），该家族的成员赋予不同植物对白粉病菌的易感性（Gruner et al.，2018；Yu et al.，2019；Chen et al.，2021）。在磷酸蛋白质组学数据中，MLO8被AZD8055抑制剂下调，而其磷酸化状态在白粉病菌侵染后上调。总的来说，这些蛋白质有望成为进一步研究TOR信号调控植物抗病性的候选蛋白。

第三章
黄瓜抗棒孢叶斑病的分子机制研究

黄瓜棒孢叶斑病，又名黄瓜褐斑病或靶斑病，由致病菌多主棒孢（*Corynespora cassiicola*）引起，是我国近几年蔓延趋势明显的一种黄瓜叶部病害。1906 年，在欧洲首次发现了黄瓜棒孢叶斑病。戚佩坤等（1960）报道了该病在我国黄瓜上的发生，但由于当时我国黄瓜保护地种植较少，该病并不多见。从 1992 年开始，黄瓜棒孢叶斑病在辽宁地区陆续大面积暴发，严重影响了黄瓜的生产。目前，黄瓜棒孢叶斑病在黑龙江、河南、河北、广东、上海、宁夏和山东等地均有发生。其中，东北和华北地区病害尤为严重，减产可达 20%～70%。棒孢叶斑病严重危害黄瓜产量和品质，是目前亟待解决的黄瓜叶部病害之一。

Abul-Hayja 等（1978）在对抗病品种黄瓜 Royal Sluis 72502 研究中发现，对棒孢叶斑病的抗性是由 1 对显性单基因控制的，该基因被命名为 *cca*。Wang 等（2010）研究发现了与黄瓜棒孢叶斑病抗性基因 *cca-1* 紧密连锁的 1 个分子标记 CSFR33。Yang 等（2012）在对抗病亲本 PI 183967 和感病亲本新泰密刺的杂交群体棒孢叶斑病抗性的遗传规律研究中发现，PI 183967 的抗病性是由一对单隐性基因 *cca-2* 调控，该基因定位于 6 号染色体上。Wen 等（2015）对抗病黄瓜品系 D31 和感病黄瓜品系 D5 杂交群体进行棒孢叶斑病抗性基因定位和遗传研究，证明隐性基因 *cca-3* 调控黄瓜对棒孢叶斑病的抗性。

总体上看，目前国内尚没有系统的黄瓜棒孢叶斑病抗性种质资源，有关抗病遗传规律的报道较少，且国内外对黄瓜棒孢叶斑病抗性遗传机制的研究结果存在分歧。因此，有必要对黄瓜棒孢叶斑病的抗性机制进行深入研究，为黄瓜抗病育种提供科学依据。

第一节　黄瓜响应棒孢叶斑病菌侵染的转录组和 microRNAs 解析

一、黄瓜对棒孢叶斑病菌侵染的响应

（一）材料与方法

1. 材料　供试的黄瓜材料为津优 38 号、津研四号、新泰密刺、露地先锋、F10（辽宁省农业科学院蔬菜研究所提供）、995（辽宁省农业科学院蔬菜研究所提供）、B21-a-2-1-2（辽宁省农业科学院蔬菜研究所提供）和 B21-a-2-2-2（辽宁省农业科学院蔬菜研究所提供）。

2. 方法

（1）将接种棒孢叶斑病菌 5 d 后的黄瓜进行病情指数调查。病情指数调查及分级标准如下：

代表值	病斑面积
0 级	无病斑
1 级	病斑面积占整个叶面积 5%以下
3 级	病斑面积占整个叶面积 5%～25%
5 级	病斑面积占整个叶面积 26%～50%
7 级	病斑面积占整个叶面积 51%～75%
9 级	病斑面积占整个叶面积 75%以上

$$病情指数=\frac{\sum（各级病叶数\times代表值）}{调查总叶数\times发病最高级代表值}\times 100$$

(2) 木质素组织化学染色。用打孔器将对黄瓜叶片进行取样，把取下来的叶片样品放入固定液中浸泡 24 h 后用蒸馏水冲洗干净，再放入饱和氯醛水溶液中并真空处理 10 min，将叶片在室温下放置到透明。用 1%的间苯三酚溶液将叶片组织浸泡 2～5 min 后滴加浓盐酸，然后在显微镜下观察拍照。

(3) H_2O_2组织化学染色。将取好的新鲜黄瓜叶片立即浸没在装有 DAB 染液的棕色瓶中，注意避光。真空处理 10 min 后，在摇床上振荡，100 r/min，4 h。振荡后弃去染色液，并添加脱色液，用 100 ℃水浴加热，直至叶片组织透明，进行拍照。

(4) O_2^- 组织化学染色。把取下的新鲜黄瓜样品立即放入装有 NBT 染液的棕色瓶中，并完全浸没，注意避光。真空处理 10 min 后，弃去染色液，并添加脱色液。沸水浴加热直至叶片组织透明，进行拍照观察。

（二）结果与分析

1. 接种黄瓜棒孢叶斑病菌后不同黄瓜品种间的抗性差异 通过对两叶一心期的黄瓜接种棒孢叶斑病菌，5 d 后所有黄瓜品种均能发病。各品种的病情指数统计如表 3-1 所示，可以看出不同品种间存在着比较明显的抗病性差异。其中，津优 38 号属于高抗品种，B21-a-2-1-2 和 F10 属于中抗品种，B21-a-2-2-2、995、津研四号、露地先锋和新泰密刺属于感病品种。通过病情指数调查，选取了高抗品种津优 38 号和感病品种露地先锋进行下一步试验。2 个品种接种棒孢叶斑病 5 d 后发病情况如图 3-1 所示，可以看出感病品种病斑更为严重。

表 3-1 不同黄瓜品种对棒孢叶斑病抗性比较

材料名称	病情指数	抗性
津优 38 号	14.38	HR
B21-a-2-1-2	40.74	MR
B21-a-2-2-2	67.90	S
F10	41.50	MR
995	61.01	S
津研四号	60.37	S
露地先锋	72.86	S
新泰密刺	70.57	S

注：高抗病型（HR），$0<DI\leqslant15$；中抗病型（MR），$15<DI\leqslant35$；抗病型（R），$35<DI\leqslant55$；感病型（S），$55<DI\leqslant75$；高感病型（HS），$DI>75$。

A

津优38号

对照　　接种

B

露地先锋

对照　　接种

图 3-1　接种棒孢叶斑病菌后抗病品种和感病品种黄瓜叶片发病情况

A. 棒孢叶斑病菌侵染津优 38 号 0 d 和 5 d　B. 棒孢叶斑病菌侵染露地先锋 0 d 和 5 d

2. 黄瓜叶片中棒孢叶斑病菌的 PCR 检测　将两叶一心期的高抗品种津优 38 号和高感品种露地先锋人工接种棒孢叶斑病菌，并分别于接种后 0 h、3 h、6 h、12 h、24 h、48 h 和 72 h 进行取样，提取发病叶片的总 DNA 并进行 PCR 检测，用来测定病原菌侵入黄瓜叶片组织的最短时间。结果表明，在接种后 6 h，抗、感黄瓜品种中均能检测到目的条带（图 3-2），说明利用 PCR 的方法可以快速检测到黄瓜叶片中早期侵入的病原菌。

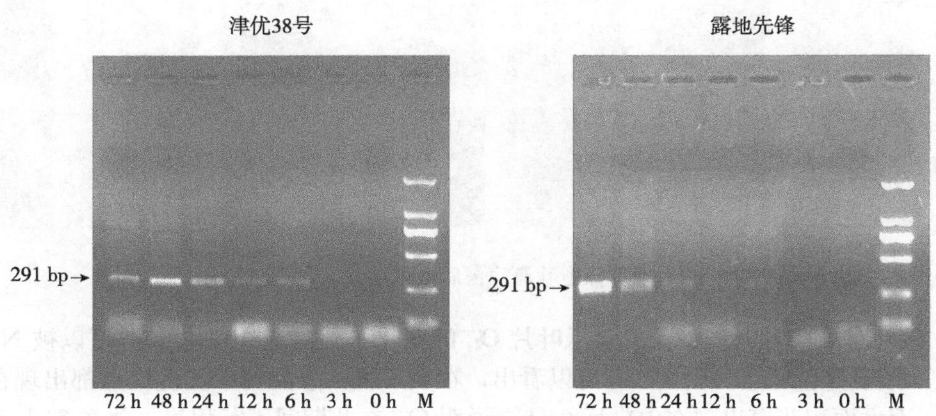

图 3-2　接种棒孢叶斑病菌后抗病品种和感病品种黄瓜叶片 PCR 检测情况

M. DNA 分子量 Marker DL 2000

3. 接种黄瓜棒孢叶斑病菌后黄瓜叶片木质素的变化 如图 3-3 所示，在接种棒孢叶斑病菌后，抗、感品种的黄瓜叶片均在侵染后 12 h 出现红色络合物。而且，所有品种黄瓜叶片中的木质素都随着时间增加而不断积累。可以看出，抗病品种黄瓜在侵染后 12 h 和 24 h 木质素染色要比感病品种更为明显。说明黄瓜抗病品种木质素在病原菌胁迫下产生得更多，积累速度更快。

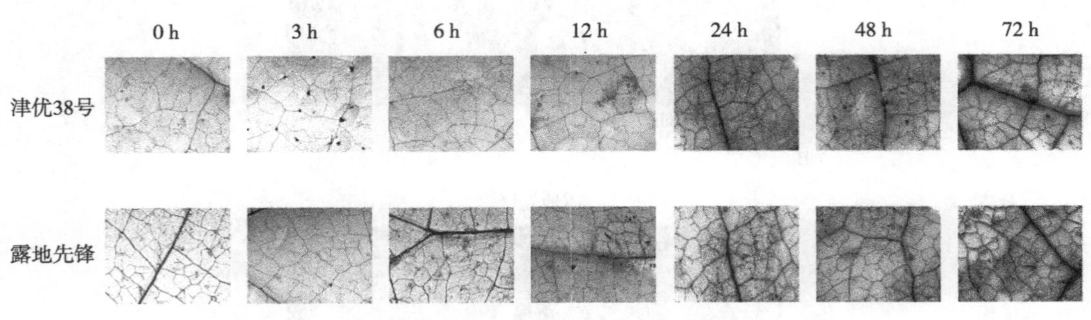

图 3-3 接种棒孢叶斑病菌后黄瓜叶片木质素的变化

4. 接种黄瓜棒孢叶斑病菌后黄瓜叶片 H_2O_2 的变化 由于 DAB 能够与 H_2O_2 结合形成红褐色的聚合物，因此可以用来检测 H_2O_2。如图 3-4 所示，在棒孢叶斑病菌侵染后 6 h，抗、感品种的黄瓜叶片均开始出现褐色斑点，说明黄瓜叶片响应病原菌的胁迫开始产生 H_2O_2 并逐渐积累。在侵染后 24 h，抗、感黄瓜叶片均出现了大面积红褐色斑点，说明黄瓜的叶片组织中积累了大量的 H_2O_2；在侵染后 48 h，H_2O_2 的积累均出现了下降的趋势。同时，在侵染后 6～12 h，抗病品种的黄瓜叶片中 H_2O_2 染色程度更深，表明抗病品种的 H_2O_2 暴发要早于感病品种；但在侵染 24 h 以后，感病品种中 H_2O_2 的积累要高于抗病品种。

图 3-4 接种棒孢叶斑病菌后黄瓜叶片 H_2O_2 的变化

5. 接种黄瓜棒孢叶斑病菌的黄瓜叶片 O_2^- 的变化 植物组织中的 O_2^- 可以被 NBT 染色，从而形成蓝色斑点。由图 3-5 可以看出，在黄瓜抗、感品种中蓝色斑点都出现在侵染后 6 h，而大面积蓝斑出现在侵染后 24 h，说明 O_2^- 在此期间不断积累，并在 24 h 到达最高。但是，在侵染 48 h 之后，O_2^- 的积累量开始逐渐降低。同样，在侵染的早期，抗病品种中 O_2^- 的积累速度和积累量要高于感病品种。

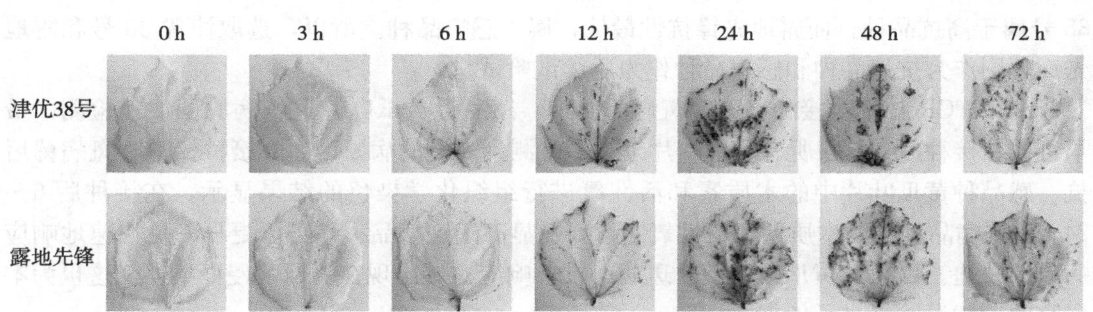

图 3-5　接种棒孢叶斑病菌后黄瓜叶片 $O_2^{\cdot-}$ 的变化

(三) 讨论与结论

黄瓜棒孢叶斑病主要病害部位为叶片，而且其致病菌多主棒孢（*C. cassiicola*）容易发生遗传变异，致病力分化，病情传播速度快。目前缺少非常有效的抗病品种，本试验通过病情指数分析，鉴定出相对抗病品种津优 38 号和感病品种露地先锋用于后续研究。

由于黄瓜棒孢叶斑病斑有时并不规则，其症状与黄瓜角斑病、霜霉病相似，因此容易发生混淆。为了准确鉴定发病情况以及在发病早期防治，利用分子生物学进行病情检测是十分必要的。国内外已有相关研究利用 PCR 技术来鉴定侵入植物组织内的病原菌，如 Chiocchetti 等（2001）鉴定了寄生在罗勒中的尖孢镰刀菌，范璇（2015）从蚕豆中鉴定了灰葡萄孢菌。本试验参考了陈璐（2014）的方法，并加以改进，由于真菌的核糖体内部转录间隔区（ITS）序列具有特异性，因此可用于不同真菌的鉴定。本试验针对棒孢叶斑病菌的 ITS 序列设计特异引物，利用 PCR 方法来检测接种棒孢叶斑病后抗、感黄瓜品种中病原菌早期侵入情况。试验结果表明，在抗、感黄瓜叶片中最早可以在接种棒孢叶斑病菌后6 h检测到病原菌。

在遭受病原菌胁迫时，植物体内会快速地发生防御反应，如木质素的积累和活性氧的产生。木质素的积累是植物抵御病原菌侵染的一种重要防御方式。被侵染的植物部位会逐渐产生木质素，在细胞壁内可以与纤维素形成复杂的网状结构，使细胞壁增厚并促进组织木质化，形成一道机械屏障来阻挡病原菌的入侵。在植物组织遭受病原菌入侵时，体内会发生活性氧的暴发。这也是植物面对病原菌胁迫时的早期应答反应之一。为了探究黄瓜对棒孢叶斑病早期的响应情况，本试验对接种棒孢叶斑病菌后的抗、感黄瓜叶片进行了木质素和活性氧的组织化学染色检测。结果发现，在接种病原菌 12 h 后，抗、感品种黄瓜叶片均出现了木质素的积累，积累量随着时间延长而不断增加，并且在侵染后 12 h 和 24 h 抗病品种中的木质素沉积更加明显。在接种棒孢叶斑病菌后，黄瓜叶片的 H_2O_2 和 $O_2^{\cdot-}$ 组织化学染色的结果趋势基本相同，抗、感品种黄瓜叶片中的活性氧均在侵染后 6 h 逐渐积累，在侵染后 24 h 达最高，在 48 h 之后开始逐渐降低。但在病原菌侵染前期（6～12 h），抗病品种中的活性氧积累要明显高于感病品种，在 24 h 之后感病品种中的活性氧开始高于抗病品种。综上所述，可以得出结论，在棒孢叶斑病菌侵染后，抗病品种黄瓜可以更快地响应病原菌的胁迫，从而做出更有效的防御来抵抗病原菌的侵袭。

(四) 小结

通过对多个品种的黄瓜接种棒孢叶斑病进行抗病性鉴定，根据病情指数显示，津优

38 号属于高抗品种；而露地先锋抗性最低，属于感病品种。所以，选取津优 38 号和露地先锋分别作为抗病品种和感病品种作为后续试验试材。

利用 PCR 技术对接种棒孢叶斑病菌后抗、感品种黄瓜叶片进行病原菌快速检测，最早可以在接种后 6 h 在所有品种叶片组织中检测到入侵的病原菌。对接种棒孢叶斑病菌后抗、感品种黄瓜叶片中的木质素和活性氧进行组织化学染色的结果显示，在接种后 6～24 h，抗病品种中的木质素和活性氧含量要明显高于感病品种，可以更早、更快速地响应病原菌胁迫。可见，黄瓜对棒孢叶斑病的抗性响应主要出现在病原菌侵染早期。这也为本研究的后续试验提供了依据。

二、黄瓜响应棒孢叶斑病菌侵染的转录组分析

转录组可以在转录水平上对生物体特定器官、组织或细胞在某一时间位点或某一生理阶段所有基因的表达情况进行全面分析。MicroRNA（miRNA）是一类由内源基因编码的长度 21～25 nt 的非编码单链 RNA 分子，其主要功能是参与动植物转录后的基因表达与调控。在病原菌侵染植物时，会诱导出植物体内大量的 miRNAs，miRNA 通过与靶基因的互作，进而参与植物抗病过程。本试验以高通量测序技术为主要切入点，对接种后黄瓜进行转录组和 miRNA 测序，筛选黄瓜响应病原菌胁迫的差异基因及 miRNAs，分析差异基因和 miRNA 的相互作用关系及其调控的黄瓜抗病信号调控通路，解析黄瓜响应棒孢叶斑病菌侵染的分子机理。

（一）材料与方法

1. 材料 黄瓜试材为抗病品种津优 38 号。用于实时荧光定量 PCR 的黄瓜材料为抗病品种津优 38 号和感病品种露地先锋。

2. 方法 转录组测序由上海派森诺生物科技有限公司提供技术支持，使用 Illumina NextSeq 500 测序仪进行测序。

（二）结果与分析

1. 基因组比对分析 将原始数据过滤后，比对到基因上的读长约占 93%；比对到外显子上的读长数目占比对到基因的数目比例大于 98%（表 3-2）。测序得到的转录组数据已经上传到 NCBI Sequence Read Archive（SRA）数据库，编号为 SRP117262。

表 3-2 基因组比对情况统计

样品	0 h	6 h	24 h
比对到基因图上事件计数	26 136 486	25 347 879	21 547 066
比对到基因的读长	25 131 520	23 690 101	20 331 335
比对到基因的读长占比	96.15%	93.46%	94.36%
比对到基因间的读长	1 004 966	1 657 778	1 215 731
比对到基因间的读长占比	3.85%	6.54%	5.64%
比对到外显子的读长	24 941 062	23 341 974	20 062 653
比对到外显子的读长占比	99.24%	98.53%	98.68%

注：0 h，黄瓜接种棒孢叶斑病 0 h 样品；6 h，黄瓜接种棒孢叶斑病 6 h 样品；24 h，黄瓜接种棒孢叶斑病 24 h 样品。

2. eggNOG 功能分类分析　eggNOG 数据库可以对真核直系同源蛋白进行聚类，在 eggNOG 数据库中搜索注释的基因来确定它们的功能分类。总计有 9 527 个基因获得了 eggNOG 注释并归类。其中，有 1 269 个（13.32%）基因与信号转导机制有关，988 个（10.37%）基因与蛋白质翻译后的修饰、转换及分子伴侣有关，605 个（6.35%）基因与碳水化合物的运输和代谢有关，569 个（5.97%）基因与次生代谢产物的生物合成、运输和分解代谢有关，仅靠通用功能预测的基因有 839 个（8.81%）。详细分组和注释见表 3-3 和图 3-6。

表 3-3　eggNOG 功能聚类

eggNOG 功能类别描述	总数	百分率（%）
RNA 加工和修饰	419	4.40
染色质结构和动力	116	1.22
能量产生和转换	436	4.58
细胞周期控制、细胞分裂、染色体分离	204	2.14
氨基酸运输和代谢	406	4.26
核苷酸转运和代谢	104	1.09
碳水化合物运输和代谢	605	6.35
辅酶转运和代谢	96	1.01
脂质运输和代谢	355	3.73
翻译、核糖体结构和发生	520	5.46
转录	557	5.85
复制、重组和修复	218	2.29
细胞壁/膜/包膜生物发生	104	1.09
细胞运动	0	0.00
蛋白质翻译后的修饰、转换及分子伴侣	988	10.37
无机离子运输和代谢	345	3.62
次生代谢产物生物合成、运输和分解代谢	569	5.97
通用功能预测	839	8.81
未知功能	543	5.70
信号转导机制	1 269	13.32
细胞内运输、分泌和囊泡运输	504	5.29
防御机制	82	0.86
胞外结构	34	0.36
待定	0	0.00
核结构	24	0.25
细胞骨架	190	1.98

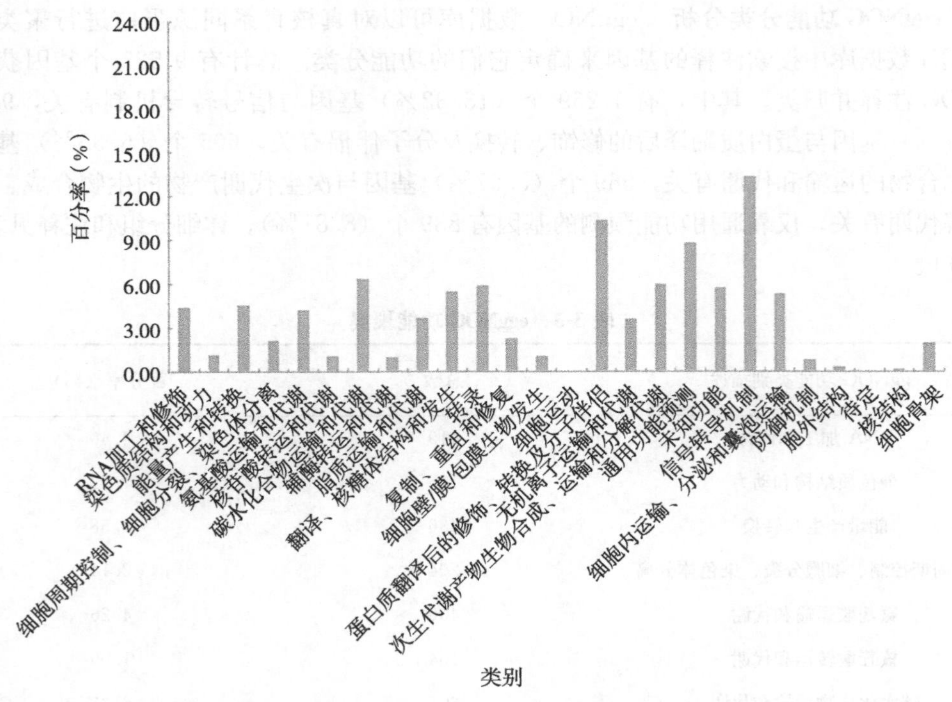

图 3-6　eggNOG 功能聚类

3. 基因表达差异分析　通过对转录组测序结果进行分析，共有 21 503 个基因获得了注释，并在每个时间点之间进行配对比较来查找差异表达基因（0 h vs 6 h 和 6 h vs 24 h）。对差异表达基因进行了 GO 富集分析来探究这些基因的功能（图 3-7）。结果显示，差异基因多集中在代谢过程、胁迫响应、转运、细胞外区域和分子功能上（表 3-4）。对差异表达基因进行 KEGG 代谢通路富集分析（图 3-8），结果显示，差异表达基因多集中在能量代谢、氨基酸代谢、萜类和聚酮化合物代谢以及其他次生代谢产物生物合成上（表 3-5）。

表 3-4　显著富集的 GO 功能分类（$P<0.05$）

基因本体分析	P 值（6 h/0 h）	P 值（24 h/6 h）
代谢过程	1.62E-05	5.59E-06
胁迫响应	0.003 606 627	3.63E-08
转运	0.003 696 542	0.012 109 22
细胞外区域	0.009 152 109	0.032 063 61
膜	1.80E-05	0.020 027 5
分子功能	0.000 360 898	4.67E-05

表 3-5　显著富集的 KEGG 通路（$P<0.05$）

KEGG 通路	P 值（6 h/0 h）	P 值（24 h/6 h）
能量代谢	1.07E-09	8.72E-04
氨基酸代谢	2.86E-02	3.18E-08

（续）

KEGG 通路	P 值（6 h/0 h）	P 值（24 h/6 h）
萜类和聚酮化合物代谢	0.001 831 356	0.029 307 54
其他次生代谢产物生物合成	2.94E-10	4.76E-15

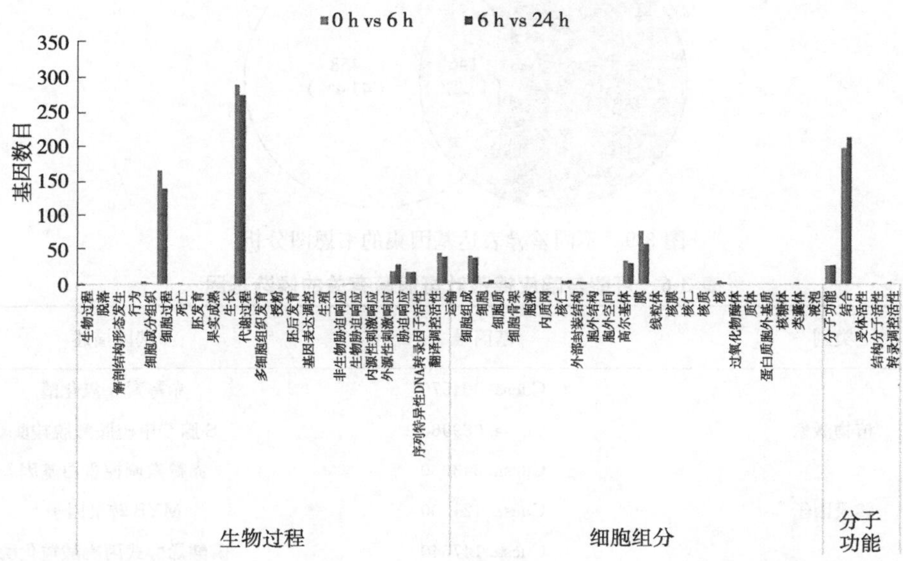

图 3-7　差异表达基因 GO 富集

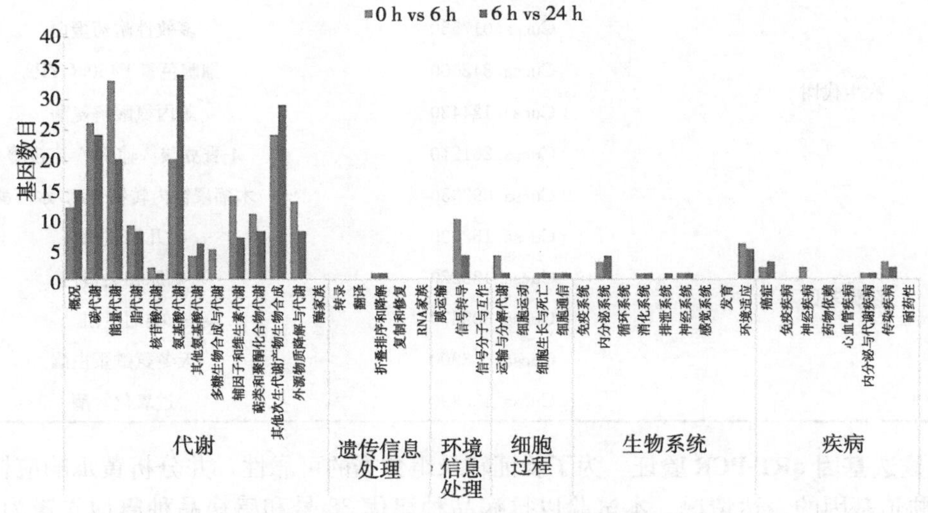

图 3-8　差异表达基因 KEGG 富集

通过对不同测序时间点之间差异表达基因的交集进行分析（0 h vs 6 h 和 6 h vs 24 h）可以了解随着棒孢叶斑病菌侵染时间的延长，抗病品种黄瓜中基因连续性差异表达的情况。这有利于进一步解析黄瓜应答棒孢叶斑病菌侵染的动态反应。维恩图（Venny diagram）（图 3-9）分析结果显示，两组交集中共有 146 个差异基因，这些基因是未来研究的重点。根据以上分析结果，选择并划分某些候选基因，这些基因可能与黄瓜响应棒孢叶斑病菌侵染有关（表 3-6）。

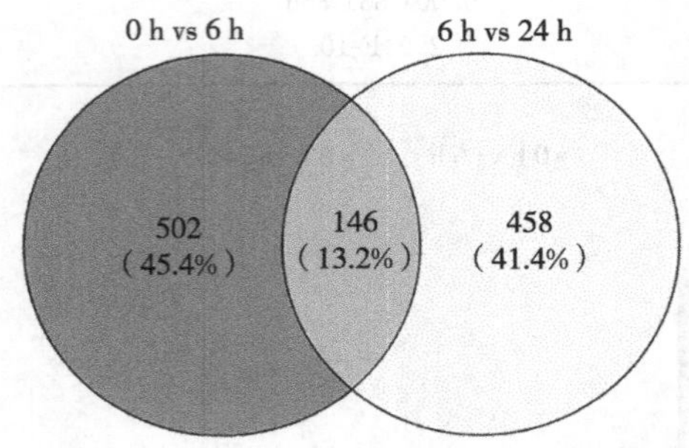

图 3-9　不同差异表达基因集的韦恩图分析

表 3-6　可能与响应棒孢叶斑病菌有关的候选基因

类别	基因号	基因描述
植物激素	Cucsa. 004570	赤霉素 3-氧化酶
	Cucsa. 089960	S-腺苷甲硫胺酸脱羧酶
	Cucsa. 343030	赤霉素调控蛋白基因
转录因子	Cucsa. 121500	MYB 转录因子
代谢相关	Cucsa. 147540	磷酸烯醇式丙酮酸羧化酶
	Cucsa. 339710	碳酸酐酶
钙离子信号途径	Cucsa. 254730	类钙调蛋白
次生代谢	Cucsa. 017550	多效性耐药蛋白
	Cucsa. 342000	细胞色素 P450/CYP2
	Cucsa. 124480	苯丙氨酸解氨酶
	Cucsa. 261210	4-香豆酸：辅酶 A 连接酶
防御基因	Cucsa. 092350	木葡聚糖内转糖苷酶/水解酶
	Cucsa. 152090	几丁质酶
	Cucsa. 133220	病原相关蛋白
	Cucsa. 302870	类甜蛋白
	Cucsa. 043900	天冬氨酰蛋白酶
	Cucsa. 153390	过氧化物酶

4. 候选基因 qRT-PCR 验证　为了验证转录组数据的可靠性，并分析黄瓜响应棒孢叶斑病菌胁迫基因的表达情况，本试验以抗病品种津优 38 号和感病品种露地先锋为试材，利用 qRT-PCR 技术研究了 17 个候选基因在棒孢叶斑病菌侵染后 0 h、3 h、6 h、12 h、24 h、48 h 和 72 h 的基因表达模式。qRT-PCR 试验结果与转录组测序结果的表达趋势基本一致，验证了数据的可靠性。

在抗病品种中，赤霉素氧化酶基因（Cucsa. 004570）的表达量在病原菌侵染 6 h 时显著上调，在 24 h 时达到最高；但在感病品种中，其表达量在病原菌侵染48 h 时才开始显著上调（图 3-10）。抗病品种中的赤霉素调控蛋白基因（Cucsa. 343030）表达量在病原菌侵染 6 h 和 72 h 时均有显著上调，在感病品种中其表达量在病原菌侵染 48 h 达到最高。在病原菌侵染 3 h 时，S-腺苷甲硫胺酸脱羧酶（Cucsa. 089960）的表达量在抗、感品种均显著上调。

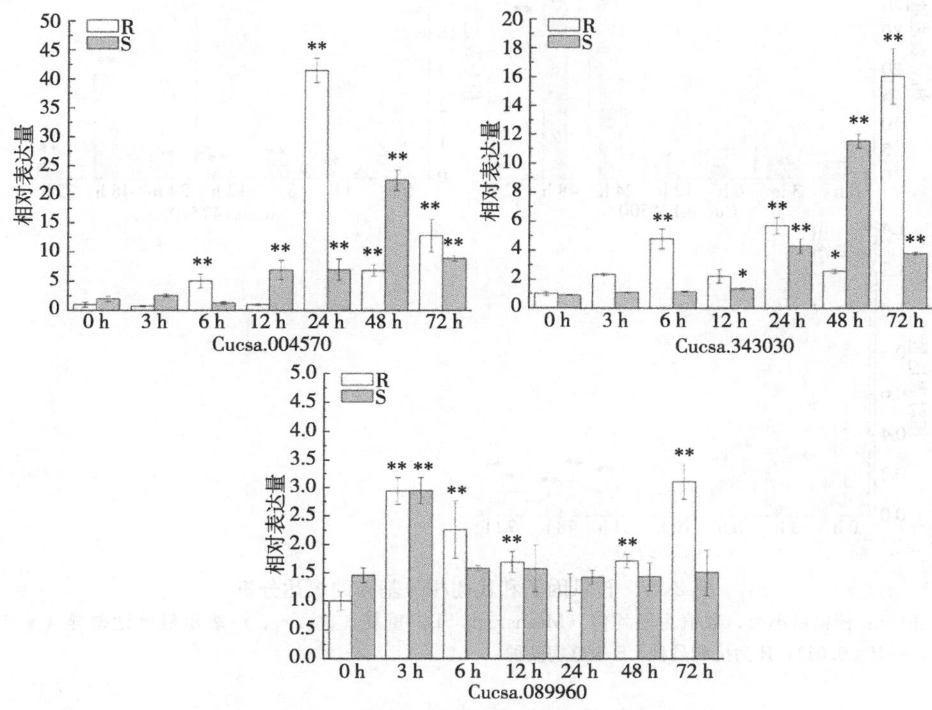

图 3-10　植物激素相关基因的表达分析

注：h：侵染后小时；数值为平均值（Means）± SD，重复 3 次；*、**表示显著性差异（$*P<0.05$，$**P<0.01$）；R 为抗病品种，S 为感病品种。

在病原菌侵染 24 h 时，抗、感品种中的 MYB 转录因子（Cucsa. 121500）表达量均发生了显著上调（图 3-11）。在病原菌侵染早期，抗、感品种中的磷酸烯醇式丙酮酸羧化酶（Cucsa. 147540）表达量均发生下调，但在侵染 24 h 时，磷酸烯醇式丙酮酸羧化酶表达量在抗病品种中发生显著上调，感病品种在侵染 48 h 开始显著上调。在病原菌侵染后，碳酸酐酶（Cucsa. 339710）表达量在抗、感品种中均出现下调趋势。

抗病品种中的类钙调蛋白（Cucsa. 254730）表达量在病原菌侵染 6 h 时显著上调，感病品种中的类钙调蛋白表达量在侵染 24 h 时开始显著上升（图 3-12）。

次生代谢相关候选基因表达模式见图 3-13。多效性耐药蛋白（Cucsa. 017550）的表达量在病原菌侵染 24 h 时的抗病品种中显著上升，但在感病品种中，其表达量在侵染 48 h 时开始明显上调。从棒孢叶斑病菌侵染 24 h 开始，细胞色素 P450/CYP2（Cucsa. 342000）在抗、感品种黄瓜中均保持较高表达量，但在 24 h 抗病品种中的表达量要明显高于感病品种。抗病品种中的苯丙氨酸解氨酶（Cucsa. 124480）和 4-香豆酸：辅酶 A 连接酶（Cucsa. 261210）表达量均在病原菌侵染 24 h 到达峰值，但在感病品种中表达量均在侵染 48 h 到达峰值。

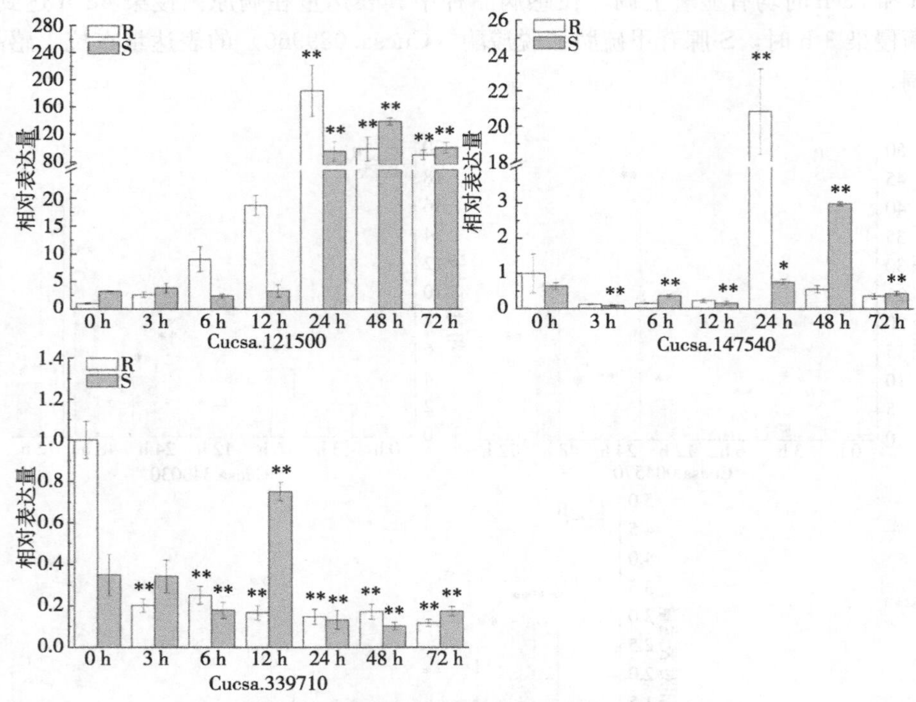

图 3-11　转录因子和代谢相关基因的表达分析

注：h：侵染后小时；数值为平均值（Means）± SD，重复 3 次；*、**表示显著性差异（*$P<0.05$，**$P<0.01$）；R 为抗病品种，S 为感病品种。

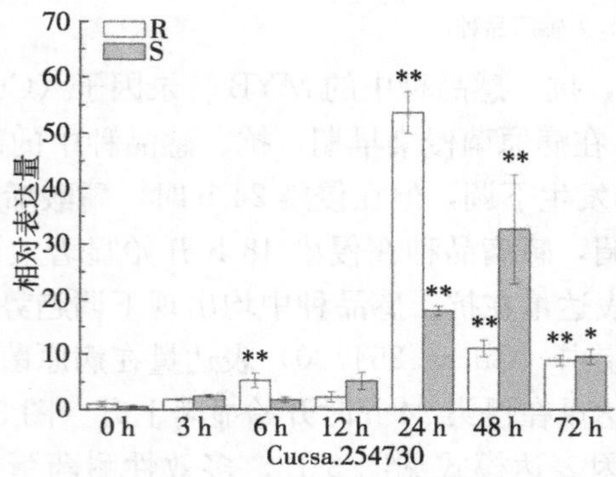

图 3-12　类钙调蛋白基因的表达分析

注：h：侵染后小时；数值为平均值（Means）± SD，重复 3 次；*、**表示显著性差异（*$P<0.05$，**$P<0.01$）；R 为抗病品种，S 为感病品种。

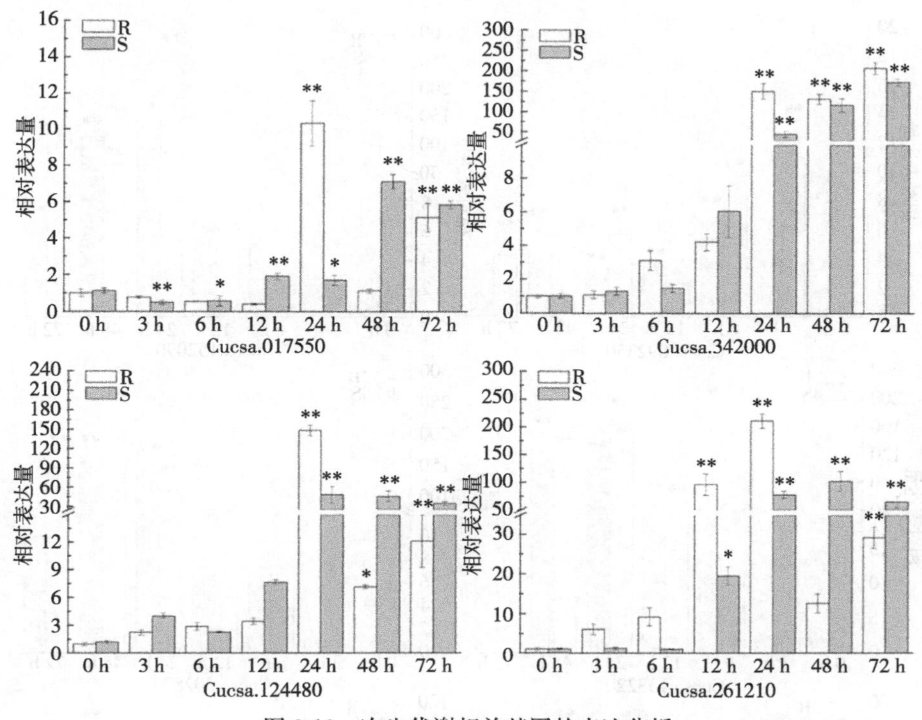

图 3-13　次生代谢相关基因的表达分析

注：h；侵染后小时；数值为平均值（Means）±SD，重复 3 次；*、**表示显著性差异（*P＜0.05，**P＜0.01）；R 为抗病品种，S 为感病品种。

防御相关候选基因表达模式见图 3-14。抗病品种中的木葡聚糖内转糖苷酶/水解酶（Cucsa. 092350）表达量在病原菌侵染 3 h 最高。在病原菌侵染 24 h 后，几丁质酶（Cucsa. 152090）在抗、感品种中的表达量均保持较高的表达量。抗、感品种中的病原相关蛋白（Cucsa. 133220）、类甜蛋白（Cucsa. 302870）、天冬氨酰蛋白酶（Cucsa. 043900）和过氧化物酶（Cucsa. 153390）表达模式基本相同，在病原菌侵染 12～24 h 时，表达量均维持在一个很高的水平。

（三）讨论与结论

本试验对棒孢叶斑病菌侵染 0 h、6 h 和 24 h 的黄瓜叶片样品进行转录组测序，在每个时间点之间进行配对比较（0 h vs 6 h 和 6 h vs 24 h）查找差异表达基因，并对差异表达基因进行了 GO 富集分析和 KEGG 代谢通路分析。GO 富集结果显示，差异基因多集中在代谢过程、胁迫响应、转运、细胞外区域和分子功能 5 个方面。4 个显著富集的 KEGG 代谢通路分别是能量代谢、氨基酸代谢、萜类和聚酮化合物代谢以及其他次生代谢物生物合成。因此可以看出，在受到棒孢叶斑病菌侵染后，抗病品种津优 38 号中的次生代谢相关基因会被强烈地诱导。对不同测序时间点之间差异表达基因交集（0 h vs 6 h 和 6 h vs 24 h）进行分析，可以了解随着接种棒孢叶斑病菌时间的延长黄瓜应答棒孢叶斑病菌侵染基因的动态变化，交集中共有 146 个差异基因。从这些差异基因中选取了 17 个可能与黄瓜响应棒孢叶斑病菌侵染有关的基因进行归类和 qRT-PCR 基因表达分析，从而更好地探究抗、感品种黄瓜之间的基因表达模式差异。

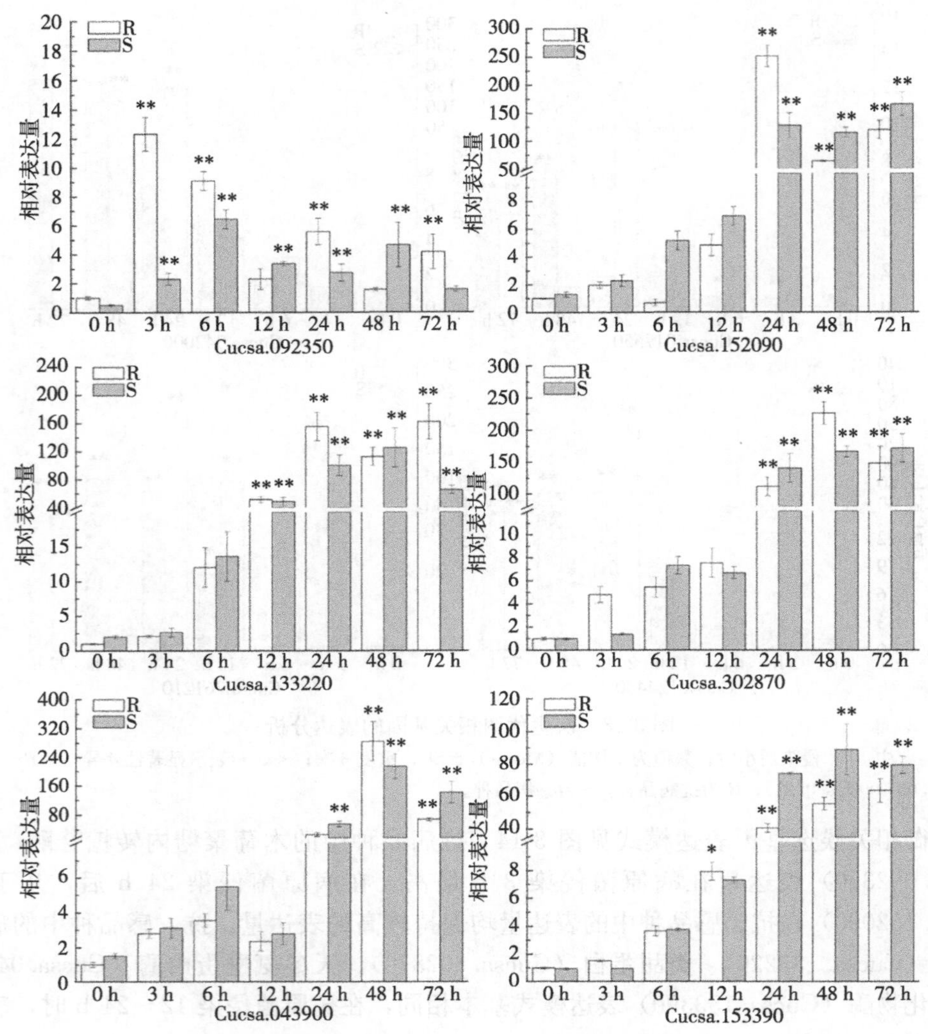

图 3-14 防御相关基因的表达分析

注：h：侵染后小时；数值为平均值（Means）± SD，重复 3 次；*、**表示显著性差异（* $P<0.05$，** $P<0.01$）；R 为抗病品种，S 为感病品种。

植物激素是一类可以调节生理反应来响应环境变化的活性物质。在植物中，多胺在病原体感染后发挥防御信号转导的作用。S-腺苷甲硫胺酸脱羧酶基因是多胺合成途径中的一个关键调节酶基因。本试验中，S-腺苷甲硫胺酸脱羧酶基因在抗、感品种的表达量均在病原菌侵染 3 h 时显著上调，但品种间的表达量差异并不明显。赤霉素氧化酶基因能够调节赤霉素的生物活性，赤霉素在植物对生物胁迫和非生物胁迫的反应中可以发挥重要作用。在本试验中，抗病品种的赤霉素氧化酶基因（Cucsa. 004570）和赤霉素调控蛋白基因（Cucsa. 343030）的表达量在病原菌侵染后上调表达早于感病品种的。因此，赤霉素信号转导途径可能与黄瓜中对棒孢叶斑病菌的响应有关。

MYB 转录因子在植物防御反应中起着关键作用，并且可以激活某些植物的 *PR* 基因增强植物对胁迫的抗性。抗、感品种中 MYB 转录因子（Cucsa. 121500）的表达量在病原菌侵染 24 h 均显著上调，在病原菌侵染早期，其在抗病品种中的表达量略高于感病品种。

棒孢叶斑病菌是一种专性寄生型真菌，需要宿主能量来提供营养。因此，植物可以通过减少能量代谢来抑制病原体的扩散。在本试验中，磷酸烯醇式丙酮酸羧化酶（Cucsa. 147540）和碳酸酐酶（Cucsa. 339710）表达量在病原菌侵染早期均显著下调。这 2 个基因都与光合作用有关，所以推断黄瓜可能通过限制自身能量代谢来抵抗棒孢叶斑病菌的入侵。

钙信号途径在植物抗性中有着重要作用，因为 Ca^{2+} 可以作为第二信使激活和调节下游基因的表达。类钙调蛋白是植物与病原体互作中的关键因子。当植物受到病原菌胁迫时，病原体相关分子模式（PAMPs）会产生特定的 Ca^{2+} 信号，而类钙调蛋白通过介导 NO 信号来诱导植物超敏反应（图 3-15）。类钙调蛋白（Cucsa. 254730）表达量在抗病品种中的显著上调发生在病原菌侵染 6 h 时，在感病品种中显著上调则发生在病原菌侵染 24 h 时。因此，抗病品种中的类钙调蛋白可以对胁迫更早地作出反应并调节下游抗病途径。

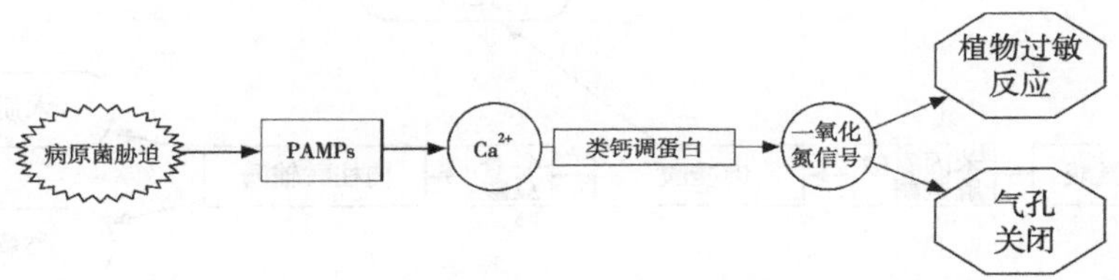

图 3-15　黄瓜响应棒孢叶斑病菌侵染的 Ca^{2+} 信号途径

本试验还验证了一些防御相关基因，其中大部分与活性氧清除及细胞壁有关。木葡聚糖内转糖苷酶/水解酶可以修饰细胞壁，具有松弛细胞壁的能力。近年来，这类基因已被证明参与多种生长调节过程，包括细胞延伸和应激反应。在本试验中，这类基因在抗病品种对棒孢叶斑病菌的胁迫响应更早，推测其可能通过改变细胞壁的韧性来增强黄瓜对棒孢叶斑病的抵抗力。几丁质酶（chitinase）可以水解病原菌细胞壁中的几丁质，消化后的寡聚产物也可以作为信号分子诱导进一步的防御。但在本试验中，抗、感品种中的几丁质酶（Cucsa. 152090）表达模式基本一致。病原相关蛋白基因是植物防御途径的末端基因，并且可以诱导植物对病原菌的抗性。类甜蛋白（thaumatin）是一种具有多种生物学活性的蛋白质，在植物防御中具有重要功能，属于病原相关蛋白。天冬氨酰蛋白酶家族蛋白是一种重要的水解酶，用于合成特定的抗病相关蛋白并可以水解入侵病原菌分泌的蛋白。植物在病原菌胁迫下，体内可以暴发活性氧来提高抗性，但过多的活性氧会破坏植物的组织结构。植物通过氧化物酶除去过量的 ROS，从而减轻氧化胁迫对植物造成的损害。在病原菌侵染 12～24 h 时，病原相关蛋白（Cucsa. 133220）、类甜蛋白（Cucsa. 302870）、天冬氨酰蛋白酶（Cucsa. 043900）和过氧化物酶（Cucsa. 153390）基因表达模式在抗、感品种中基本相同，而且在病原菌侵染 12～24 h 时这些基因的表达水平很高。虽然这些基因在抗、感品种之间的表达差异并不大，但在黄瓜对棒孢叶斑病的抗性中仍然发挥着一定的作用。

次生代谢产物是诱导系统性抗病的关键因子。多效性耐药蛋白是一种 ATP-binding cassette（ABC）型转运蛋白，其在次生代谢和环境适应的调节中起重要作用。在抗病品种中，多效性耐药蛋白（Cucsa. 017550）表达量在病原菌侵染 24 h 时显著上调，但是在感病品种中，其表达量在病原菌侵染 48 h 时显著上调。细胞色素 P450/CYP2 可催化某些次生代谢产物，如吲哚、苯丙烷、植物激素和生物碱的产生，以提高植物的免疫力。在本试验中，细胞色素 P450/CYP2（Cucsa. 342000）在抗病品种中的表达量要高于感病品种，在病原菌侵染 24 h 时差异明显。苯丙氨酸解氨酶与植物抗逆性密切相关，作为类黄酮生物合成中的起始酶，可以促进类黄酮的合成，从而使植物抵抗外部胁迫。此外，4-香豆酸：辅酶 A 连接酶是植物苯丙烷途径中的重要酶，影响木质素合成。如图 3-16 所示，苯丙氨酸解氨酶首先将苯丙氨酸催化成肉桂酸。肉桂酸参与泛醌的合成并且可以被 4-香豆酸：辅酶 A 连接酶催化以形成肉桂酰辅酶 A，然后肉桂酰辅酶 A 进一步参与木质素和类黄酮的合成。在本试验中，苯丙氨酸解氨酶（Cucsa. 124480）和 4-香豆酸：辅酶 A 连接酶（Cucsa. 261210）的表达模式基本相同，在病原菌侵染 12 h 后，在抗病品种中的表达量更高。可见，在棒孢叶斑病菌的胁迫下，黄瓜叶片中次生代谢产物的迅速积累与其对棒孢叶斑病的抗性密切相关。

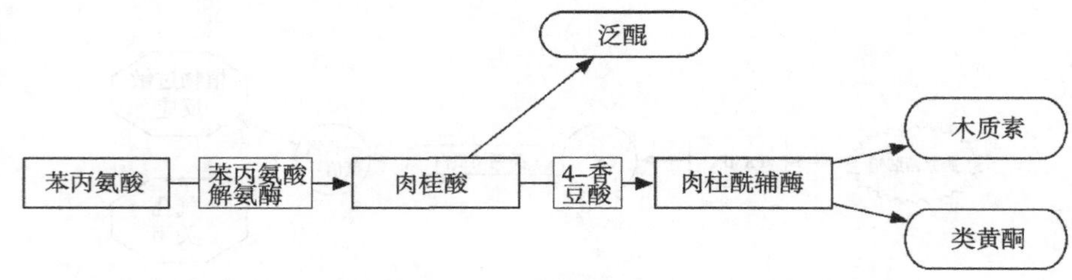

图 3-16　黄瓜响应棒孢叶斑病菌侵染的苯丙烷合成途径

（四）小结

本试验对抗病品种黄瓜津优 38 号接种棒孢叶斑病菌 0 h、6 h 和 24 h 的叶片进行转录组测序，将测序结果与黄瓜基因组比对，共注释了 21 503 个基因，并进行了 eggNOG 功能分类分析。通过多时间点比较（0 h vs 6 h 和 6 h vs 24 h）查找差异表达基因，并对差异表达基因进行 GO 富集分析和 KEGG 代谢通路分析。分析结果显示，在受到棒孢叶斑病菌侵染后，抗病品种津优 38 号中次生代谢相关的基因会被强烈地诱导。对不同测序时间点之间差异表达基因交集（0 h vs 6 h 和 6 h vs 24 h）进行分析，两组交集中共有 146 个差异基因。从这些差异基因中选取了 17 个可能与黄瓜响应棒孢叶斑病菌侵染有关的基因进行归类，这些基因涉及植物激素、转录因子、代谢、Ca^{2+} 信号通路、次生代谢相关和防御类基因；同时，利用 qRT-PCR 分析了抗、感品种黄瓜之间的基因表达模式差异，结果表明，次生代谢相关基因在黄瓜对棒孢叶斑病的抗性中起关键作用。

三、棒孢叶斑病菌胁迫下黄瓜的 miRNAs 水平分析

植物 microRNAs（miRNAs）是由内源基因编码的一类非编码单链 RNA 分子，其主要功能是在转录后水平参与基因表达和调控。植物中的许多 miRNAs 可以在病原菌侵染后被诱导，这些 miRNAs 可以通过与靶基因互作来发挥功能。在黄瓜中，已有研究确定了一些与生长发育及胁迫响应有关的 miRNAs。但是，目前还没有与响应棒孢叶斑病菌侵染相关的黄瓜 miRNAs 报道。

miRNAs 测序属于高通量测序的一种，可以用于确定不同样品中 miRNAs 的表达并

鉴定新的 miRNAs。本试验通过对棒孢叶斑病菌胁迫下的黄瓜进行 miRNA 测序，鉴定了多个差异表达已知 miRNAs 以及新预测的 miRNAs。同时，结合转录组测序数据，分析靶基因参与的代谢通路和信号转导途径等生物学过程，以期丰富黄瓜抗棒孢叶斑病响应机制研究，为培育抗棒孢叶斑病黄瓜品种提供理论依据。

（一）材料与方法

1. 材料　所用植物材料和取样材料如本节二（一）中所述。

2. 方法　由上海派森诺生物科技有限公司进行转录组测序，测序仪为 Illumina NextSeq 500。

（二）结果与分析

1. miRNA 数据质量　测序的 3 组样品分别获得了 56 285 312 个、50 565 355 个和 34 186 495 个原始序列（Raw reads），通过去接头和质量剪切后，分别得到 30 463 277 个、31 012 572 个和 21 178 135 个过滤后序列（Clean reads）（表 3-7）。

表 3-7　样品序列统计

样品	原始测序数据	过滤后的数据（≥18 nt）
0 h	56 285 312	30 463 277
6 h	50 565 355	31 012 572
24 h	34 186 495	21 178 135

2. 已知 miRNAs 注释　将得到的 Clean reads 与黄瓜基因组进行比对，统计和注释非编码 RNA（Non-coding RNA），包括核糖体 RNA（rRNA）、转运 RNA（tRNA）、小核 RNA（snRNA）和小核仁（snoRNA），排除这些小 RNA 对后续分析的干扰。统计结果见表 3-8。

表 3-8　非编码 RNA 统计

样品	rRNAs	tRNAs	snRNAs	snoRNAs
0 h	263 733	34 149	14 897	37 457
6 h	288 232	41 243	12 943	33 987
24 h	260 232	38 879	10 367	28 757

为了鉴定已知的 miRNAs，将过滤后的序列与 miRBase 21.0 数据库进行 BLAST 比对来搜索已知的成熟 miRNA 和 pre-miRNA。在 0 h、6 h 和 24 h 三个样品中分别鉴定出 64 个、61 个和 59 个与已知 miRNAs 具有高度序列相似性的 miRNAs（表 3-9）。

表 3-9　样品序列统计

样品	miRNAs	唯一片段	总片段
0 h	64	4 618	637 716
6 h	61	5 128	917 899
24 h	59	3 535	420 995

注：miRNAs：比对上的成熟 miRNA 计数；唯一片段：比对上成熟 miRNAs 的去重后序列计数；总片段：比对上成熟 miRNAs 的序列总数。

miRNA 不同碱基位置可能对碱基有不同的偏好性，图 3-17 为不同长度 miRNAs 首位碱基出现的频率，图 3-18 为所有 miRNAs 各位点碱基出现的频率。可以看出，绝大部分 miRNAs 第一位碱基都偏向 U，在各位点碱基分布中，8 位点的 miRNAs 序列碱基偏向于 G，10 位点碱基偏向于 A，19 位点碱基偏向于 C，23 位点碱基分布均匀，而 24 位点几乎没有碱基 A 分布。

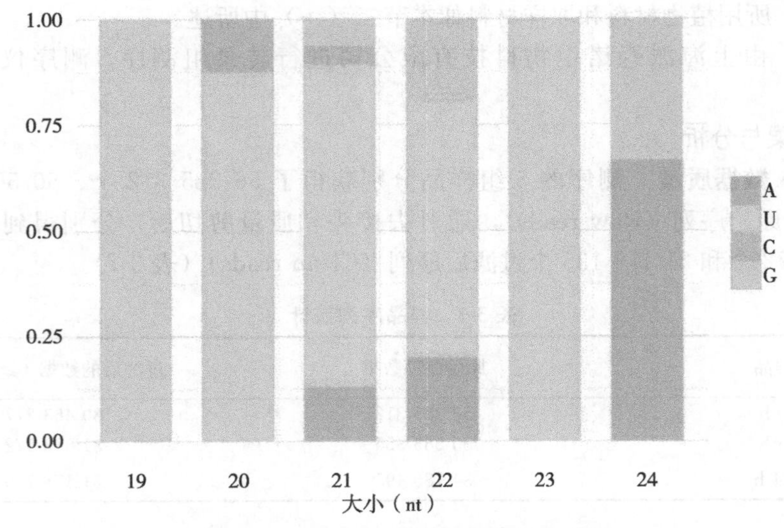

图 3-17　miRNAs 首位碱基偏好性分析

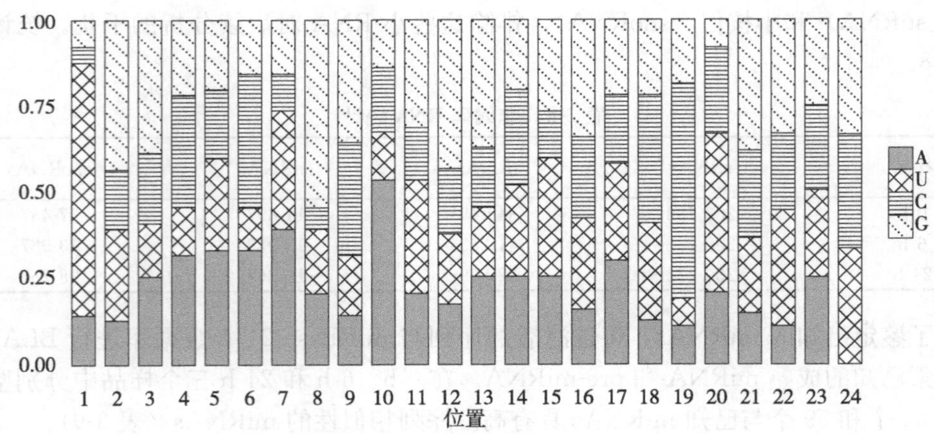

图 3-18　miRNAs 位点碱基偏好性

通过与 miRbase 21.0 中几种主要双子叶植物的数据进行比较来分析已知 miRNAs 的保守性。结果如图 3-19 所示，相应方格颜色越深代表保守性越低，对比 miRNAs 在各物种间的保守情况可以发现，黄瓜和拟南芥中的 miRNAs 保守性较高。

ID	*Arabidopsis thaliana*	*Brassica rapa*	*Carica papaya*	*Gossypium raimondii*	ID	*Arabidopsis thaliana*	*Brassica rapa*	*Carica papaya*	*Gossypium raimondii*
miR156g	-	bra-miR156c-5p(4)	cpa-miR156c(4)	-	miR172a	ath-miR172e-3p(4)	bra-miR172c-3p(4)	cpa-miR172a(4)	-
miR166i	-	-	-	-	miR172c	ath-miR172a(2)	bra-miR172b-3p(2)	-	-
miR168	ath-miR168b-5p(3)	bra-miR168c-5p(3)	-	-	miR172d	ath-miR172e-3p(2)	bra-miR172d-3p(2)	cpa-miR172a(4)	-
miR319b	ath-miR319a(3)	bra-miR319-3p(3)	cpa-miR319(4)	-	miR172e	ath-miR172d-3p(2)	bra-miR172c-3p(2)	-	-
miR319d	ath-miR319c(3)	bra-miR319-3p(5)	cpa-miR319(4)	-	miR172f	-	-	-	-
miR394a	ath-miR394b-5p(2)	-	cpa-miR394a(2)	-	miR2111b	ath-miR2111b-5p(2)	bra-miR2111a-5p(2)	-	-
miR156b	ath-miR157a-5p(2)	bra-miR157a(2)	cpa-miR156e(2)	gra-miR157b(2)	miR390a	ath-miR390b-5p(2)	bra-miR390-5p(2)	cpa-miR390b(2)	-
miR156e	ath-miR157a-5p(4)	bra-miR157a(4)	cpa-miR156e(4)	gra-miR157b(4)	miR393a	ath-miR393a-5p(3)	-	cpa-miR393(3)	-
miR159a	ath-miR159a(2)	bra-miR159a(2)	cpa-miR159a(2)	-	miR395c	ath-miR395e(4)	bra-miR395a-3p(4)	cpa-miR395e(3)	-
miR159b	ath-miR159c(4)	-	cpa-miR159b(5)	-	miR395e	ath-miR395e(2)	bra-miR395a-3p(2)	cpa-miR395e(3)	-
miR160c	ath-miR160c-5p(2)	bra-miR160a-5p(2)	cpa-miR160a(2)	-	miR396a	ath-miR396b-5p(2)	bra-miR396-5p(2)	cpa-miR396(4)	-
miR162	ath-miR162a-3p(2)	bra-miR162-3p(2)	cpa-miR162a(2)	-	miR396b	ath-miR396a-5p(2)	bra-miR396-5p(4)	cpa-miR396(2)	-
miR164a	ath-miR164a(4)	bra-miR164b-5p(4)	cpa-miR164c(4)	-	miR396e	ath-miR396a-5p(4)	-	cpa-miR396(4)	-
miR164d	ath-miR164a(2)	bra-miR164a(2)	cpa-miR164c(2)	-	miR397	ath-miR397a(2)	-	-	-
miR166c	ath-miR166e-3p(2)	-	cpa-miR166a(2)	-	miR398a	ath-miR398b-3p(4)	bra-miR398-3p(4)	-	-
miR166e	-	-	-	-	miR398b	ath-miR398a-3p(2)	bra-miR398-3p(4)	-	gra-miR398(2)
miR167a	ath-miR167a-5p(2)	bra-miR167b(2)	cpa-miR167b(2)	-	miR399a	ath-miR399d(2)	-	-	-
miR167c	ath-miR167a-5p(4)	bra-miR167b(4)	cpa-miR167c(2)	-	miR399b	ath-miR399b(4)	-	-	-
miR167e	-	-	-	-	miR399c	ath-miR399f(2)	-	-	-
miR167f	ath-miR167d(3)	bra-miR167b(4)	cpa-miR167d(3)	-	miR399e	ath-miR399b(4)	-	-	-
miR169d	ath-miR169i(4)	-	-	-	miR408	ath-miR408-3p(2)	-	cpa-miR408(4)	-
miR169e	ath-miR169i(2)	-	-	-	miR854	ath-miR854b(4)	-	-	-
miR169g	-	-	-	-	miR858	-	-	-	-
miR169h	ath-miR169c(2)	-	-	-	miR156j	-	bra-miR156c-5p(4)	cpa-miR156c(4)	-
miR171b	ath-miR171b-3p(2)	bra-miR171b(2)	-	-	miR169j	-	-	-	-
miR171f	-	bra-miR171e(4)	cpa-miR171b(2)	-	miR828	ath-miR828(4)	-	-	-
miR171g	ath-miR171a-3p(2)	bra-miR171e(2)	cpa-miR171b(4)	-	miR845	ath-miR845a(5)	-	-	-
miR171h	ath-miR170-3p(4)	bra-miR171e(4)	-	-	miR169t	-	-	-	-

图 3-19　miRNAs 保守性分析

3. 已知 miRNAs 差异表达和靶基因分析　通过在多组样本比较已知 miRNAs 表达量（0 h、6 h 和 24 h），筛选出差异表达成熟的 miRNAs（表 3-10）。

表 3-10　差异表达 miRNAs 统计

处理	对照	上调 miRNAs		下调 miRNAs		总数	
		数量	占比（%）	数量	占比（%）	数量	占比（%）
6 h	0 h	11	17.19	10	15.63	21	32.82
24 h	6 h	4	6.25	19	29.69	23	35.94
24 h	0 h	6	9.38	16	25.00	22	34.38

miRNAs 主要通过碱基互补配对的方式与靶基因结合，利用黄瓜基因组信息和转录组测序数据来预测 miRNAs 的靶基因，共预测了 34 个差异表达 miRNAs 的 150 个靶基因。根据靶基因功能筛选出了一些可能与响应棒孢叶斑病相关的 miRNAs 及靶基因（表 3-11）。

表 3-11　候选 miRNAs 和靶基因

microRNA	成熟序列	靶基因号	靶基因描述
miR164d	UGGAGAAGCAGGGCACGUGCA	Cucsa. 040380	含 NAC 结构域的蛋白质
miR167e	UCAAGCUGCCAGCAUGAUCUA	Cucsa. 047990	生长素响应因子
miR171f	UGAUUGAGCCGUGCCAAUAUC	Cucsa. 320850	GRAS 家族转录因子
miR172c	AGAAUCUUGAUGAUGCUGCAU	Cucsa. 165940	乙烯响应转录因子 APETALA
miR390a	AAGCUCAGGAGGGAUAGCGCC	Cucsa. 164200	富含亮氨酸重复受体样蛋白激酶家族蛋白
miR395c	UUGAAGUGUUUGGGGGAACUC	Cucsa. 254710	ATP 硫酸化酶
miR396b	UUCCACAGCUUUCUUGAACUG	Cucsa. 098530	邻氨基甲酸磷酸核糖转移酶
miR408	AUGCACUGCCUCUUCCCUGGC	Cucsa. 077170	质体蓝素

测序得到的 miRNAs 序列繁多，通过对差异表达 miRNAs 进行筛选，有助于解析黄瓜受棒孢叶斑病菌侵染后 miRNAs 变化机制。为确定测序数据准确性和差异 miRNAs 的特异表达情况，对筛选出来的 miRNAs 和靶基因进行实时荧光定量 PCR 试验。本试验与转录组 qRT-PCR 试验取样相同，主要研究接种棒孢叶斑病菌后抗病品种津优 38 号和感病品种露地先锋中 miRNAs 及靶基因表达机制。

实时荧光定量 PCR 结果验证了 miRNAs 和靶基因的表达模式与测序数据基本一致。在接种棒孢叶斑病菌之后，抗、感品种中的 miR164d 和 miR395c 表达量随着接种时间显著上调。抗病品种接种棒孢叶斑病菌 3 h 时 miR167e 的表达量显著下调，但在 6 h 时显著上调（图 3-20、图 3-21 和图 3-22）。

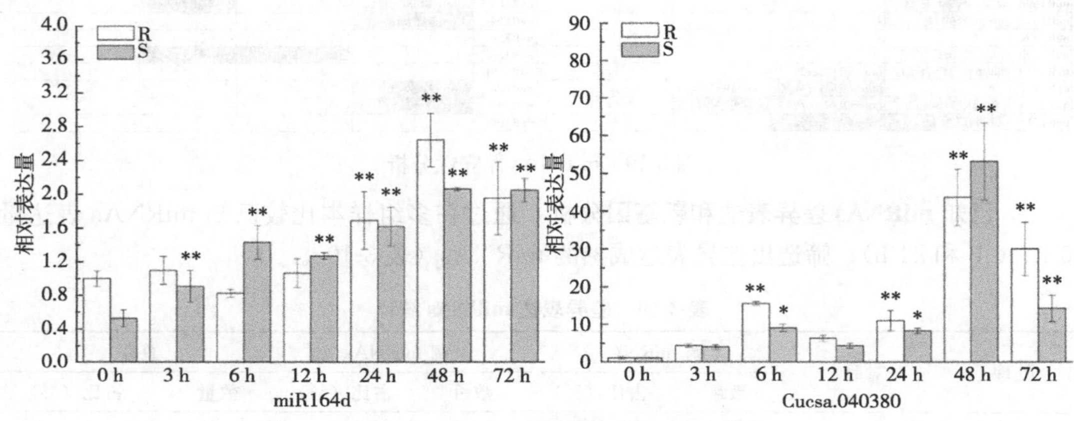

图 3-20　miR164d 和靶基因表达分析

注：h：侵染后小时；数值为平均值（Means）± SD，重复 3 次；*、**表示显著性差异（*P＜0.05，**P＜0.01）；R 为抗病品种，S 为感病品种。

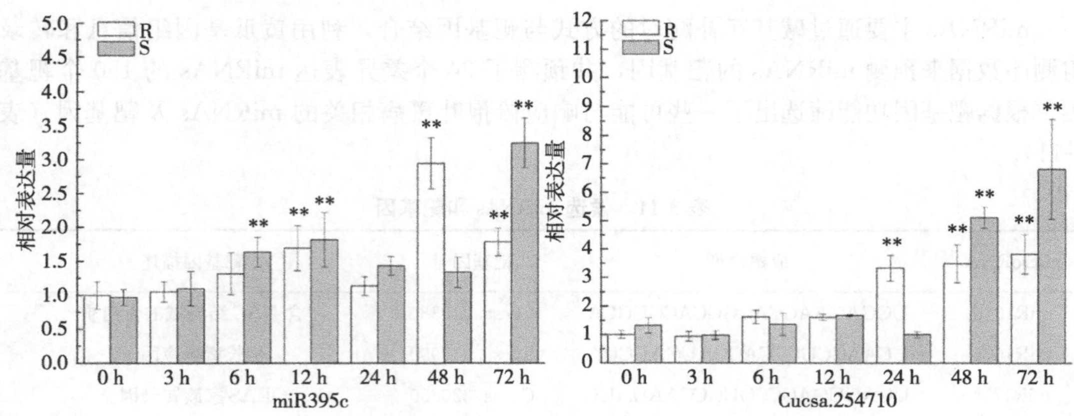

图 3-21　miR395c 和靶基因表达分析

注：h：侵染后小时；数值为平均值（Means）± SD，重复 3 次；*、**表示显著性差异（*P＜0.05，**P＜0.01）；R 为抗病品种，S 为感病品种。

在病原菌侵染 3 h 时，miR171f 和 miR172c 的表达量在抗病品种中显著下调。但是，感病品种中 miR171f 和 miR172c 的表达量上调。抗、感品种中的 miR390a 表达量在棒孢叶斑病菌侵染 48～72 h 时始终呈上调趋势（图 3-23、图 3-24 和图 3-25）。

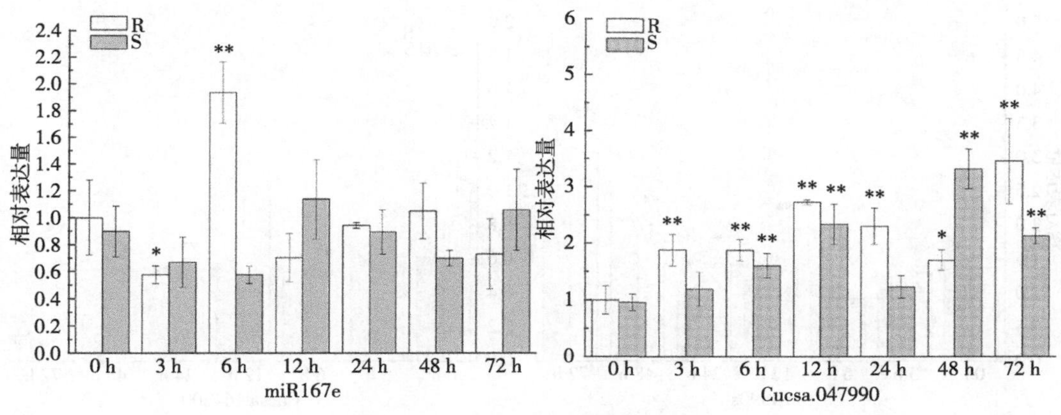

图 3-22　miR167e 和靶基因表达分析

注：h：侵染后小时；数值为平均值（Means）± SD，重复 3 次；*、**表示显著性差异（*P<0.05，**P<0.01）；R 为抗病品种，S 为感病品种。

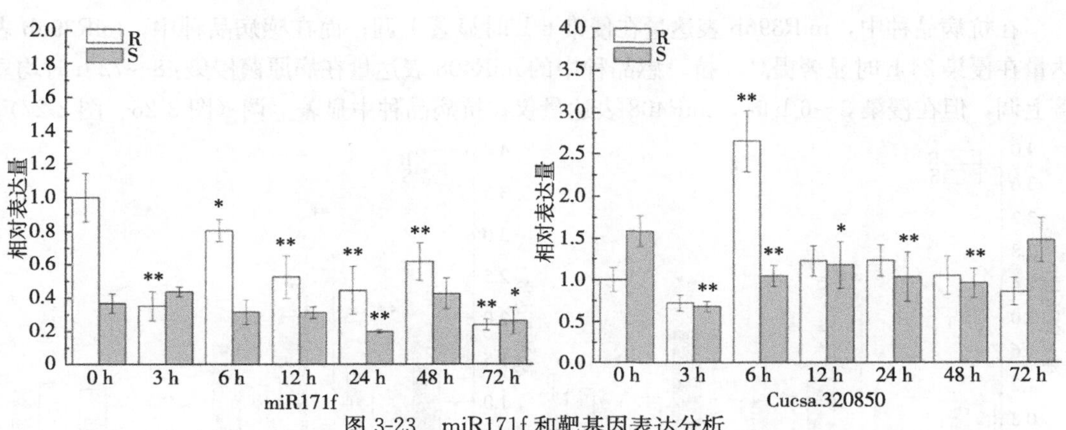

图 3-23　miR171f 和靶基因表达分析

注：h：侵染后小时；数值为平均值（Means）± SD，重复 3 次；*、**表示显著差异性（*P<0.05，**P<0.01）；R 为抗病品种，S 为感病品种。

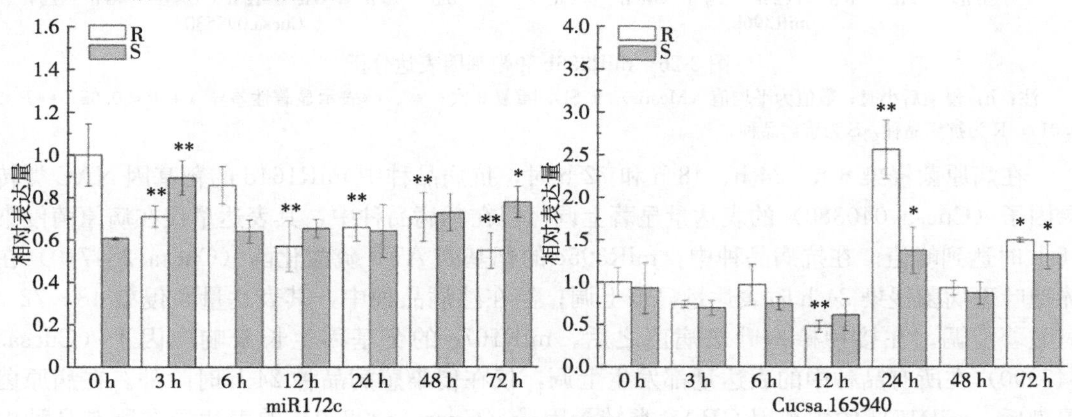

图 3-24　miR172c 和靶基因表达分析

注：h：侵染后小时；数值为平均值（Means）± SD，重复 3 次；*、**表示显著差异性（*P<0.05，**P<0.01）；R 为抗病品种，S 为感病品种。

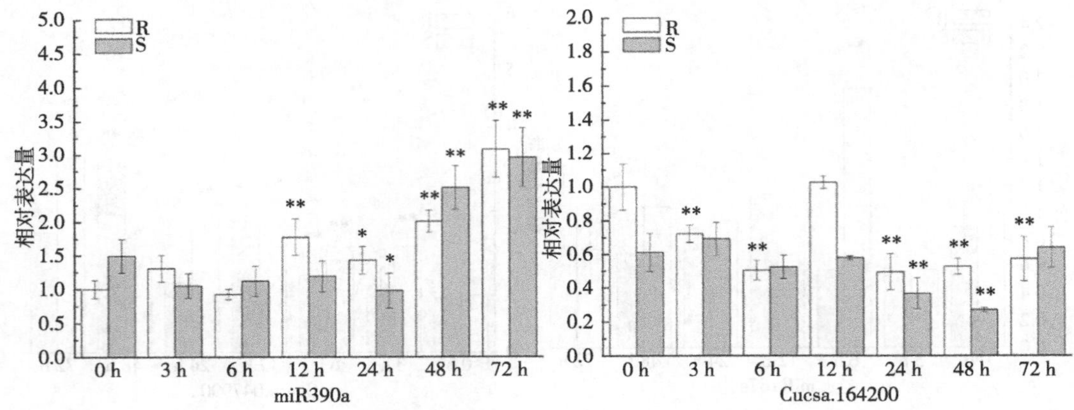

图 3-25　miR390a 和靶基因表达分析

注：h：侵染后小时；数值为平均值（Means）± SD，重复 3 次；*、**表示显著性差异（* $P<0.05$，** $P<0.01$）；R 为抗病品种，S 为感病品种。

在抗病品种中，miR396b 表达量在侵染 6 h 时显著上调；而在感病品种中，miR396b 表达量在侵染 24 h 时显著提高。抗、感品种中的 miR408 表达量在病原菌侵染 48～72 h 时均显著上调，但在侵染 3～6 h 时，miR408 表达量仅在抗病品种中显著上调（图 3-26、图 3-27）。

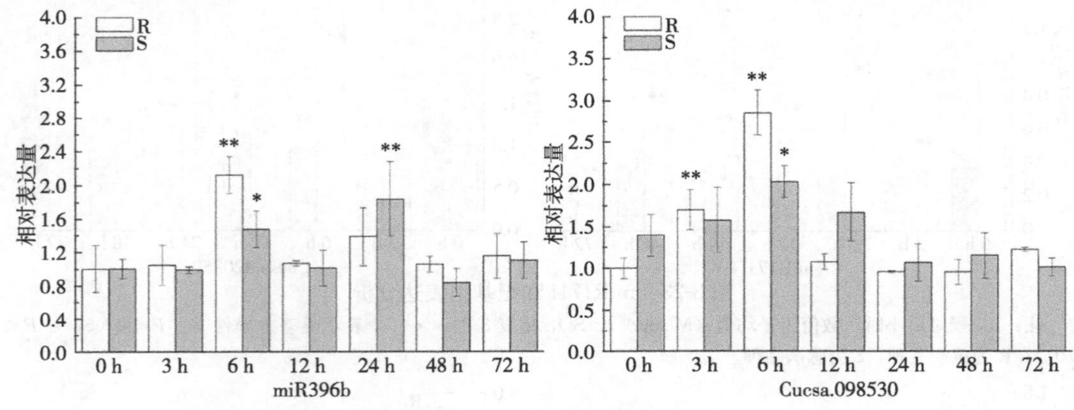

图 3-26　miR396b 和靶基因表达分析

注：h：侵染后小时；数值为平均值（Means）± SD，重复 3 次；*、**表示显著性差异（* $P<0.05$，** $P<0.01$）；R 为抗病品种，S 为感病品种。

在病原菌侵染 6 h、24 h、48 h 和 72 h 时，抗病品种中 miR164d 的靶基因 NAC 类转录因子（Cucsa. 040380）的表达量显著上调；但在感病品种中，其表达量仅在病原菌侵染 48 h 时达到峰值。在抗病品种中，miR395c 的靶基因 ATP 硫酸化酶（Cucsa. 254710）在棒孢叶斑病菌侵染 24 h 时表达量显著上调；但在感病品种中，其表达量在侵染 48～72 h 时显著上调。在接种棒孢叶斑病菌之后，miR167e 的靶基因生长素响应因子（Cucsa. 047990）在所有品种中的表达量都发生上调，仅在侵染感病品种 24 h 时除外。在病原菌侵染后，miR171f 的靶基因 GRAS 类转录因子（Cucsa. 320850）的表达量在所有品种中呈现显著下调趋势，仅在侵染抗病品种 6 h 时有明显上调。在抗病品种中，miR172c 的靶基因乙烯响应转录因子 APETALA（Cucsa. 165940）在接种棒孢叶斑病菌 12 h 时的表达量显著下调，但在接种 24 h 时显著上调，其在感病品种中的表达量变化并不明显。

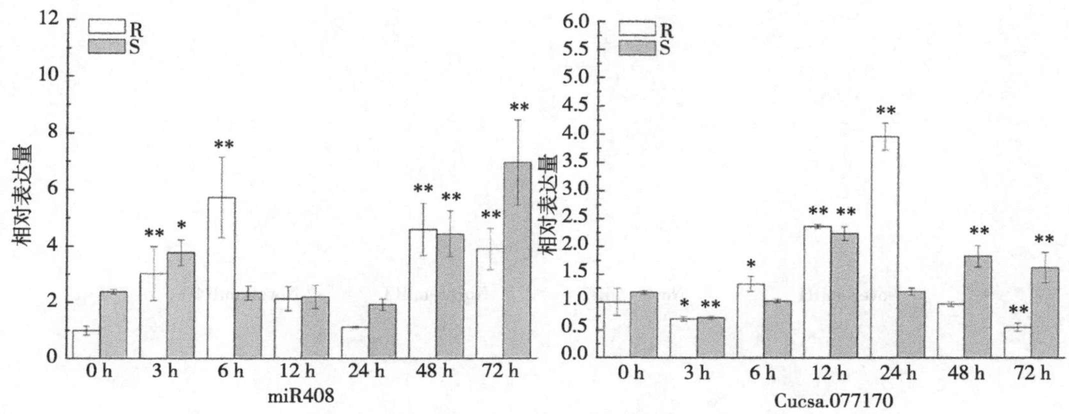

图 3-27　miR408 和靶基因表达分析

注：h：侵染后小时；数值为平均值（Means）± SD，重复 3 次；*、**表示显著性差异（* P＜0.05，**P＜0.01）；R 为抗病品种，S 为感病品种。

miR390a 的靶基因 *LRR-RLK*（Cucsa. 164200）在抗病品种接种棒孢叶斑病菌之后（3～6 h）表达量显著下调，但在接种 24 h 时表达量有所回复，随后又开始显著下调；而在感病品种中，显著下调主要发生在侵染 24～48 h 时。miR396b 的靶基因邻氨基苯甲酸磷酸核糖基转移酶（Cucsa. 098530）在抗病品种接种棒孢叶斑病菌 3～6 h 时表达量显著上升，但随后回落到正常水平；但是，在感病品种中其表达模式呈波动状态。在抗病品种中，miR408 的靶基因质体蓝素（Cucsa. 077170）表达量在棒孢叶斑病菌侵染 6～24 h 时显著上调，随后逐渐下降；然而在感病品种中，其表达模式并不稳定，在病原菌侵染 12 h、48 h 和 72 h 时均有显著上调。

4. 新预测 miRNAs 差异表达和靶基因分析　利用 mireap 平台来预测新的 miRNAs，并用 geneious 软件分析并绘制新预测 miRNAs 的前体二级结构。以上一章试验验证过的差异表达基因作为靶基因来预测可能与棒孢叶斑病抗性相关的新 miRNAs，共鉴定了 7 个新的 miRNAs（表 3-12）。这些新预测 miRNAs 的前体二级结构如图 3-28 所示。

表 3-12　新预测 miRNAs 和靶基因

MicroRNA	成熟序列	靶基因号	靶基因描述
Novel-miR1	CUCUUUGUUGACUUUGAAUUCGAG	Cucsa. 261210	4-香豆酸：辅酶 A 连接酶
Novel-miR2	UUCGAAAUGUAAAACUAAAAGTGU	Cucsa. 089960	S-腺苷甲硫胺酸脱羧酶
Novel-miR3	UUAAUAUAUUGUAAUAUGACCGUU	Cucsa. 153390	过氧化物酶
Novel-miR4	AUACUCUAGAACAAUCUCUCU	Cucsa. 147540	磷酸烯醇式丙酮酸羧化酶
Novel-miR5	AUAGUGGAAAGAAAUAUGAGAUU	Cucsa. 017550	多效性耐药蛋白
Novel-miR6	UGAGUGUGUGUGUGUGAGAG	Cucsa. 092350	木葡聚糖内转糖苷酶/水解酶
Novel-miR7	GACAAAAUGGACAAACUAUUUAC	Cucsa. 124480	苯丙氨酸解氨酶

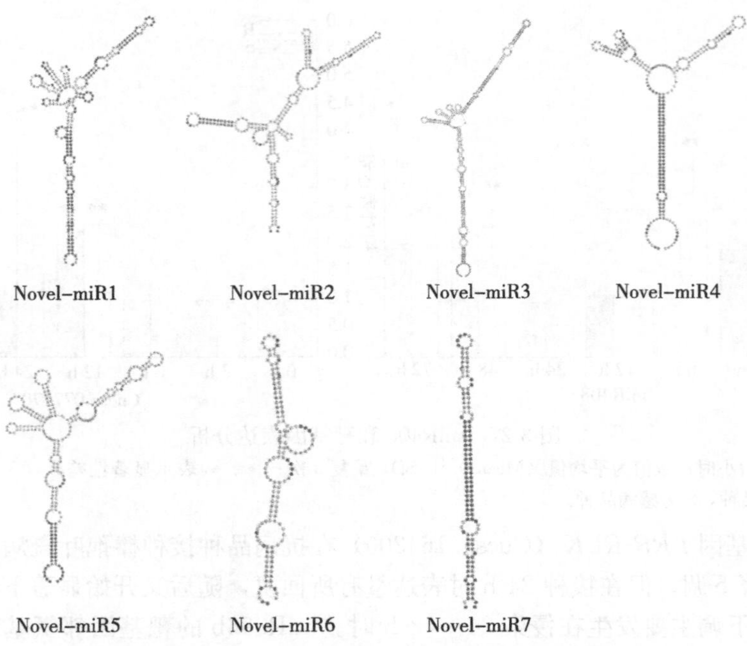

图 3-28 候选新预测 miRNAs 的前体二级结构

对新预测的 miRNAs 进行荧光定量 PCR，结果如图 3-29 所示。在抗性品种中，Novel-miR1 表达量在棒孢叶斑病菌接种 6～24 h 时显著降低，但在感病品种中其表达量在接种棒孢叶斑病菌之后始终显著下降。抗病品种中的 Novel-miR2 表达量在接种病原菌 3～24 h 时显著上调，在 48 h 之后表达量恢复到正常水平，但感病品种中其表达量在接菌 24 h 时显著下调，在 72 h 时显著上调。在抗病品种中，Novel-miR3 的表达量在接种棒孢叶斑病菌 24 h 时显著下调，在 72 h 时明显上升；但在感病品种中，其表达量在接种病原菌 12～48 h 时显著下调，随后在 72 h 时急剧上升。抗病品种中的 Novel-miR4 表达量显著上升发生在接种棒孢叶斑病菌 6 h 和 24 h 时，显著下降发生在 48 h 时；而在感病品种中，Novel-miR4 表达量在侵染 48 h 时显著下调，在 72 h 时显著上调。在接种棒孢叶斑病菌后，Novel-miR5 的表达量在抗、感品种中均呈现波动状态。抗病品种中的 Novel-miR6 表达量在棒孢叶斑病菌侵染 12 h、24 h 和 72 h 时显著上调；感病品种中其表达量在病原菌侵染 3 h 和 48 h 时显著下调，在 6 h 和 72 h 时显著上调；Novel-miR7 在抗病品种中的表达量显著下调主要发生在接种棒孢叶斑病菌 6～72 h时；在感病品种接种病原菌后，其表达量略微波动，在接种 72 h 时发生显著上调。

（三）讨论与结论

植物中 miRNAs 与靶基因互作来响应外界胁迫是一个复杂的反应。本试验利用高通量测序技术和生物信息学分析的方法探究在棒孢叶斑病菌胁迫下黄瓜 miRNAs 对靶基因的调节作用。鉴定了分属于 17 个家族的 34 个差异表达 miRNAs，预测了 7 个新 miRNAs 以及它们的前体结构。同时，联合转录组数据对 miRNAs 靶基因进行预测。候选 miRNAs 和靶基因的 qRT-PCR 结果显示，它们在不同抗性黄瓜品种间的表达模式是不同

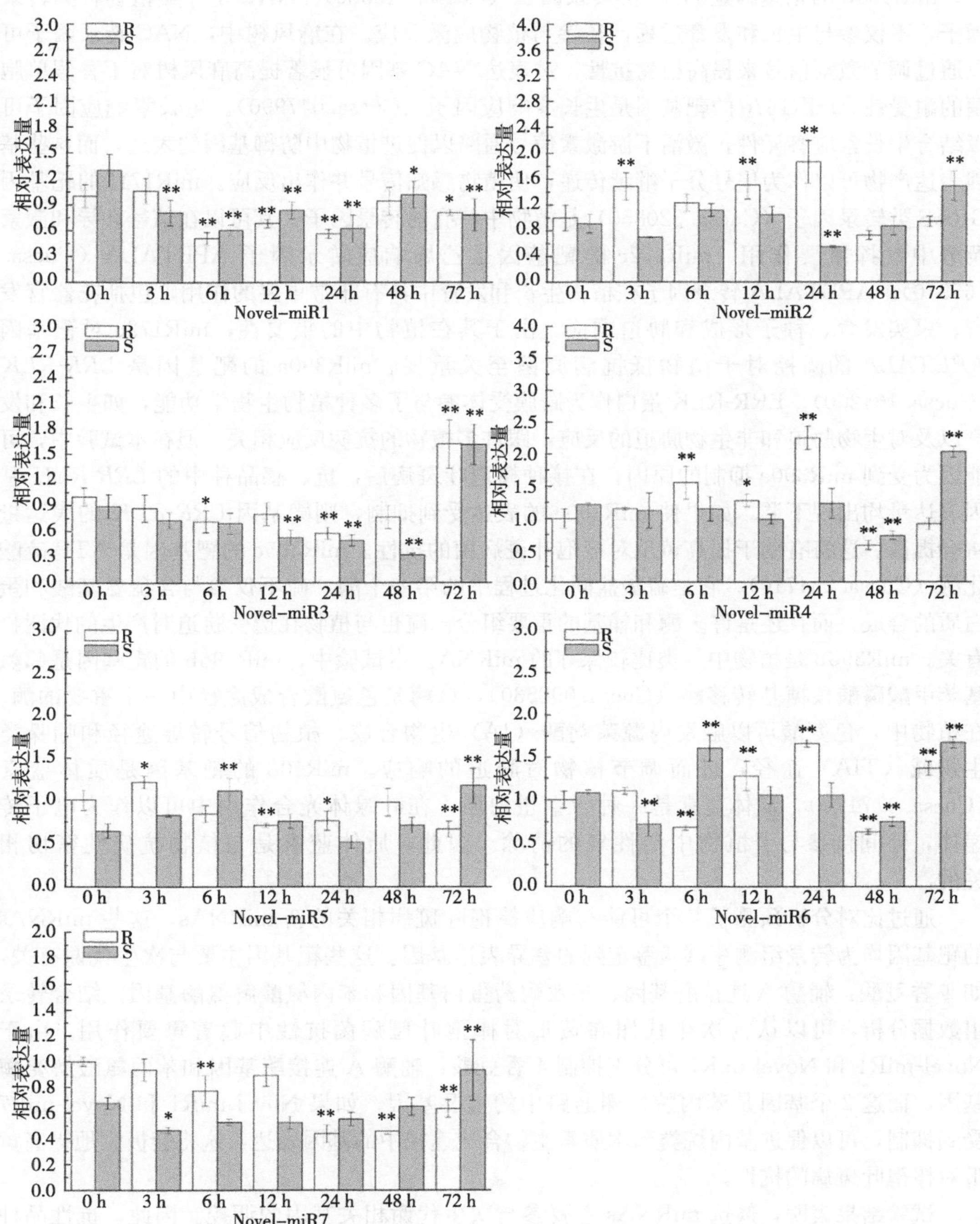

图 3-29　新预测 miRNAs 表达分析

注：h：侵染后小时；数值为平均值（Means）± SD，重复 3 次；*、**表示显著性差异（* $P<0.05$，** $P<0.01$）；R 为抗病品种，S 为感病品种。

的。本试验鉴定到的大多数候选 miRNAs（包括 miR164d、miR167e、miR171f 和 miR172c）的靶基因多为各种转录因子基因，如 *NAC*、*ARF*、*SCL* 和 *APETALA*。其

中，miR164d 的靶基因是 NAC 类转录因子（Cucsa. 040380）。NAC 是一类植物特异转录因子，不仅参与生长和发育过程，还参与植物应激反应。在麻风树中，NAC 转录因子可以通过调节激素信号来提高植物抗性，过表达 *NAC* 基因可显著提高麻风树对丁香假单胞菌的耐受性。miR167e 的靶基因是生长素响应因子（Cucsa. 047990）。生长素响应因子可以结合生长素应答元件，激活下游激素信号通路以促进植物中防御基因的表达，而这些基因表达产物可以作为信号分子继续传递，使植物感知信号并作出反应。miR171f 的靶基因 GRAS 类转录因子（Cucsa. 320850）是植物中特有的转录因子，其可以在信号转导和激素调节中发挥重要作用。miR172c 的靶基因是乙烯响应转录因子 APETALA（Cucsa. 165940）。APETALA 转录因子在植物生长和发育中具有非常重要的作用，包括花器官发育、果实发育、种子形成和胁迫响应。由于其在植物中的重要性，miR172c 对靶基因 *APETALA* 的调控对于植物抵抗病原菌至关重要。miR390a 的靶基因是 *LRR-RLK*（Cucsa. 164200）。LRR-RLK 蛋白作为跨膜受体参与了多种植物生物学功能，如生长和发育以及对生物胁迫和非生物胁迫的反应，跟许多植物的抗病反应相关。但在本试验中，可能因为受到 miR390a 抑制的原因，在接种棒孢叶斑病后，抗、感品种中的 *LRR-RLK* 基因表达量均出现下调。如果使 miR390a 的表达受到抑制，则靶基因 *LRR-RLK* 的表达量将会提高。这将有助于提高黄瓜对棒孢叶斑病菌的抗性。miR395c 的靶基因是 ATP 硫酸化酶（Cucsa. 254710），它是硫酸盐同化过程中的第一个酶。硫不仅参与含硫氨基酸和蛋白质的合成，而且还是许多酶和辅基的重要组分。硫也与植物在遭受胁迫时产生的代谢物有关。miR396b 是植物中一类比较保守的 miRNA。本试验中，miR396b 的靶基因是邻氨基苯甲酸磷酸核糖基转移酶（Cucsa. 098530），该酶是色氨酸合成途径中一个重要的酶。在植物中，色氨酸可以触发内源茉莉酸（JA）生物合成、植物信号转导途径和吲哚类生物碱（TIA）途径，进而调节植物对胁迫的响应。miR408 的靶基因是质体蓝素（Cucsa. 077170），质体蓝素是一种含铜蛋白质，在叶绿体光合作用中可以作为电子传递体，还间接参与了植物中活性氧的清除。因此，质体蓝素是与植物抗病性密切相关的。

通过比对分析预测了 7 个可能与响应棒孢叶斑病相关的新 miRNAs，这些 miRNAs 的靶基因均为转录组测序试验鉴定到的差异表达基因。这些靶基因主要与次生代谢有关，如 4-香豆酸：辅酶 A 连接酶基因、多效耐药蛋白基因和苯丙氨酸解氨酶基因。结合转录组数据分析，可以认为次生代谢在黄瓜对棒孢叶斑病菌抗性中起着重要作用。由于 Novel-miR1 和 Novel-miR7 可分别抑制 4-香豆酸：辅酶 A 连接酶基因和苯丙氨酸解氨酶基因，而这 2 个基因是苯丙烷代谢通路中的重要基因。如果 Novel-miR1 和 Novel-miR7 受到抑制，可以促进苯丙烷类和木质素生物合成途径中的基因表达，这将会极大地提高黄瓜对棒孢叶斑病的抗性。

试验结果表明，候选 miRNAs 主要参与次生代谢相关基因的调控。因此，抗性品种的次生代谢相关防御反应发生得更早、更快。这些结果与之前数据相结合表明了次生代谢在黄瓜对棒孢叶斑病菌侵染的响应中起重要作用（图 3-30）。基于上述分析，筛选出一些候选 miRNAs。这些 miRNAs 与靶基因的互作可能是影响黄瓜对棒孢叶斑病响应的潜在机制，推测黄瓜的次生代谢受这些 miRNAs 和靶标的相互作用调节，进而影响对棒孢叶斑病的抗性。

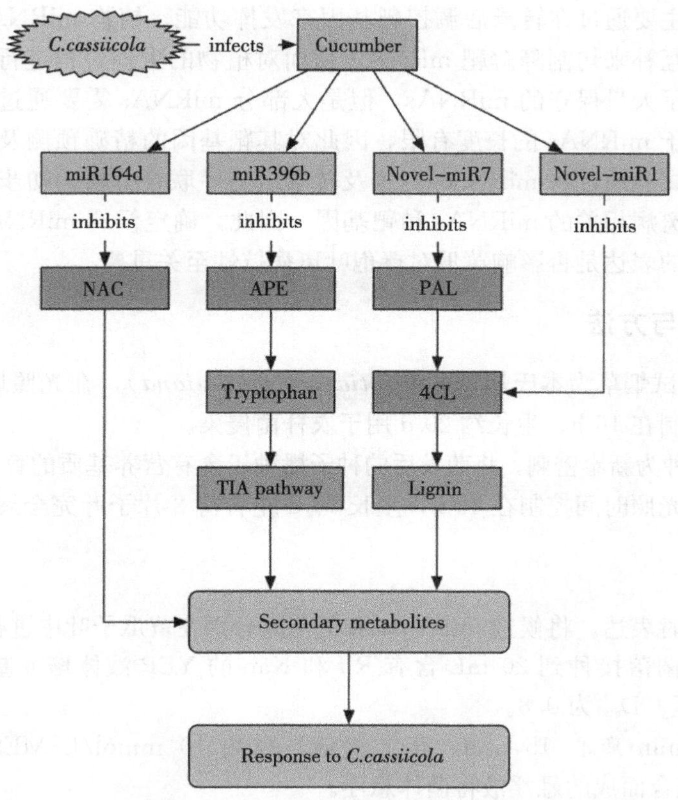

图 3-30 次生代谢影响黄瓜响应棒孢叶斑病菌侵染的潜在机制

(四) 小结

本试验对抗病品种黄瓜津优 38 号接种棒孢叶斑病菌 0 h、6 h 和 24 h 时的叶片进行 miRNAs 测序。通过对测序结果分析，共鉴定了 34 个差异表达的已知 miRNAs，分属于 17 个不同的 miRNA 家族。通过参考黄瓜基因组信息和转录组测序数据，共预测了 150 个靶基因。根据靶基因功能，进一步筛选出 8 个可能与抗黄瓜棒孢叶斑病相关的 miRNAs，它们的靶基因多为转录因子，利用 qRT-PCR 检测了这些 miRNAs 和靶基因在棒孢叶斑病菌侵染后抗、感品种黄瓜中的时空表达模式。同时，鉴定了 7 个可能与抗病相关的新 miRNAs。这些新预测 miRNAs 靶基因均为先前鉴定的差异表达基因，靶基因多与次生代谢有关。进一步利用 qRT-PCR 验证这些新预测 miRNAs 在抗、感品种黄瓜中的表达情况，结果证实了测序结果的准确性；同时，大部分 miRNAs 与其对应的靶基因表达上呈负调控关系，但仍有部分没有出现负调控关系，这可能是由于还存在其他调控所致。

本试验结合转录水平和 miRNAs 调控系统分析了黄瓜与棒孢叶斑病菌互作过程中基因变化情况，鉴定出发挥主要调控作用的 miRNAs，对靶基因的分析也进一步为探究 miRNAs 的功能和作用提供基础，丰富并深化了黄瓜抗棒孢叶斑病机理的研究，为培育抗病品种提供一定的理论依据。

四、miRNAs 和靶基因互作调控黄瓜抗棒孢叶斑病的作用分析

植物 miRNAs 是一类重要的与生长发育、激素信号转导和环境胁迫应答等密切相关

的调控因子，其主要通过在转录后调控靶基因来发挥功能。植物 miRNAs 通常与靶基因的编码序列完全互补来切割降解靶 mRNA，从而对植物的生理过程进行调控。虽然在多数植物中鉴定出了大量保守的 miRNAs，但是大部分 miRNAs 需要通过预测其靶基因来推测其功能。由于 miRNAs 的长度有限，因此对其靶基因的精确预测及鉴定是一个亟待解决的难点。本试验通过将 miRNAs 测序及转录组测序联合分析，初步筛选出了可能与黄瓜响应棒孢叶斑病相关的 miRNAs 和靶基因。因此，确定候选 miRNAs 和靶基因互作关系并验证它们的表达是否影响黄瓜对棒孢叶斑病抗性至关重要。

（一）材料与方法

1. 材料 供试烟草为本氏烟草（*Nicotiana benthamiana*），在光照培养箱中 25 ℃培养，光照时间控制在 16 h，生长约 20 d 用于农杆菌侵染。

供试黄瓜品种为新泰密刺，将萌发后的种子播种于含有营养基质的育苗钵中，在 28 ℃养苗室中培养，光照时间控制在 16 h，生长 10 d 左右待 2 片子叶完全展开后用于农杆菌侵染。

2. 方法

（1）黄瓜瞬时表达。将候选 miRNAs 和靶基因分别在黄瓜子叶中进行瞬时表达。

①将单克隆菌落接种到 20 mL 含有 Rif 和 Kan 的 YEP 液体培养基中，28 ℃，200 r/min振荡培养至 OD_{600} 为 0.8。

②4 000 r/min 离心 15 min，弃上清液，利用 10 mmol/L MES 和 10 mmol/L $MgCl_2 \cdot 6H_2O$混合而成的悬浮液将菌体悬浮。

③4 000 r/min 离心 5 min，弃上清液，利用悬浮液再次悬浮菌体。

④利用悬浮液（含 200 mmol/L 乙酰丁香酮）将菌液 OD_{600} 调至 0.4，28 ℃静置 4 h。

⑤将生长 10 d 左右的黄瓜子叶用于瞬时表达，将菌体悬浮液用无菌注射器（去针头）注入黄瓜子叶中。

（2）烟草叶片 GUS 酶活力检测。利用荧光定量分析法来检测烟草叶片中 GUS 的酶活力，主要原理为 GUS 酶催化 4-MUG 使其水解 4-MU 和 β-D-葡萄糖醛酸。4-MU 可以在激发光波长 365 nm、发射光波长 455 nm 条件下发出荧光。因此，可以用荧光分光光度计测定 GUS 酶活力。

（3）TRV 介导的 miRNA 沉默载体构建和重组质粒转化。pTRV 载体能够在植物中高效表达。利用限制性内切酶 *Eco*R Ⅰ和 *Sac* Ⅰ对 pTRV2 载体进行双酶切。

（4）病毒诱导的 miRNA 沉默（VBMS）。将生长 10 d 左右的黄瓜子叶用于病毒诱导的 miRNA 沉默（VBMS），农杆菌菌液悬浮方法同前。将 pTRV1 和 pTRV2-STTM 重组质粒体的农杆菌菌液 1∶1 混合，将菌体悬浮液用无菌注射器（去针头）注入黄瓜子叶中。

（二）结果与分析

1. 候选 miRNAs 和靶基因的互作验证 将与黄瓜响应棒孢叶斑病相关的 miR164d、miR396b、Novel-miR1 和 Novel-miR7 和它们对应的靶基因 NAC 类转录因子基因（*NAC*）、邻氨基苯甲酸磷酸核糖基转移酶基因（*APE*）、4-香豆酸：辅酶 A 连接酶基因（*4CL*）、苯丙氨酸解氨酶基因（*PAL*）和 pRI-101 AN-GUS 空载体在烟草中瞬时转化来验证互作关系，正常生长烟草作为对照组，进行GUS组织化学染色和荧光定量测定。

GUS组织化学染色结果如图3-31所示，可以看出，含有靶基因重组载体及pRI-101 AN-GUS空载体组的烟草叶片染色较深，不含GUS报告基因的miRNAs重组载体和对照组的烟草叶片观察不到颜色。miRNAs与靶基因共转化的烟草叶片染色较浅，说明miRNAs对其靶基因的抑制，进而阻碍了GUS的表达。

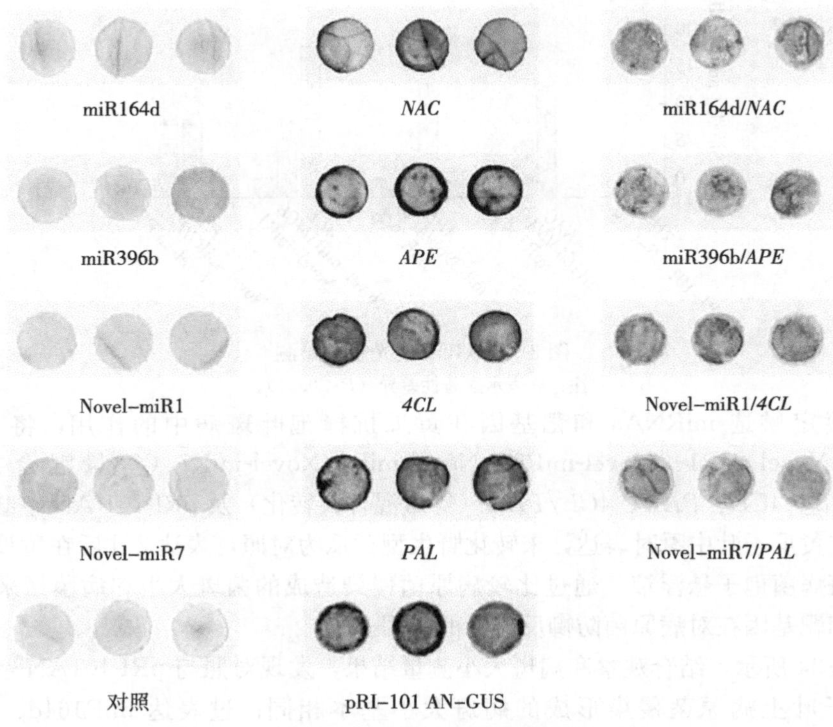

图3-31　GUS组织化学染色结果

通过对荧光定量的测定，进一步分析每种处理中GUS活性的差异。由图3-32可以看出，含有靶基因重组载体及pRI-101 AN-GUS空载体组的烟草叶片中GUS酶活性较高，不含GUS报告基因的miRNA重组载体和对照组的烟草叶片检测不到GUS的酶活力，而miRNA与靶基因共转化的烟草叶片中GUS的酶活力相对较低。荧光定量检测支持了GUS组织化学染色的结果，基于这些试验，可以确定候选miRNAs和靶基因之间存在着负调控关系。

2. 瞬时表达后候选miRNAs和靶基因的表达水平检测　本试验将miR164d、miR396b、Novel-miR1、Novel-miR7、Novel-miR1/Novel-miR7（等量混合共转化），*NAC*、*APE*、*4CL*、*PAL*、*4CL*/*PAL*（等量混合共转化）及pRI-101 AN空载体几个试验组分别在黄瓜子叶中瞬时表达。瞬时表达2 d后，通过qRT-PCR进行候选miRNAs和靶基因表达水平检测，野生型黄瓜为对照。结果如图3-33所示，可以看出在对照和pRI-101 AN两个试验组中目的基因表达量基本相同，过表达后的表达量要明显高于对照组，证明瞬时转化成功，可以进行后续试验。

3. 瞬时表达候选miRNAs和靶基因在黄瓜与棒孢叶斑病菌互作中的功能　用瞬时表

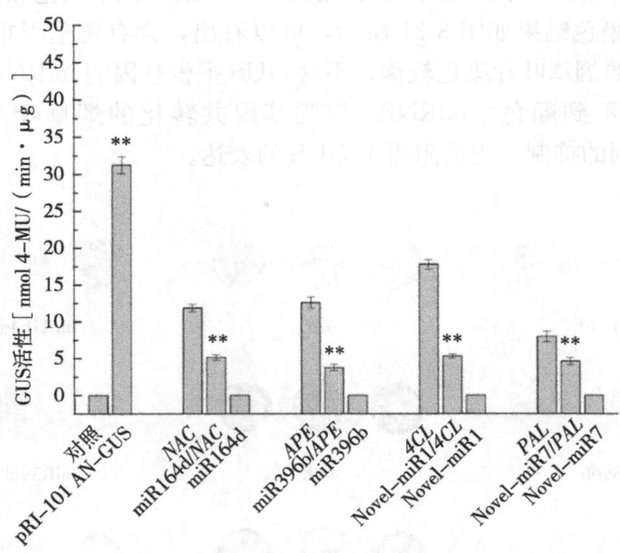

图 3-32　GUS 荧光定量检测

注：**表示显著性差异（$P<0.01$）。

达的方法鉴定候选 miRNAs 和靶基因在黄瓜抗棒孢叶斑病中的作用，将 miR164d、miR396b、Novel-miR1、Novel-miR7、Novel-miR1/Novel-miR7（等量混合共转化），*NAC*、*APE*、4*CL*、*PAL*、4*CL*/*PAL*（等量混合共转化）及 pRI-101 AN 空载体几个试验组分别在黄瓜子叶中瞬时表达，未转化野生型黄瓜为对照，表达 2 d 后在黄瓜子叶上接种棒孢叶斑病菌孢子悬浮液，通过比较病原菌侵染造成的菌斑大小和病菌量来确认候选 miRNAs 和靶基因在对病原菌防御反应中的作用。

如图 3-34 所示，结合观察和病斑大小测量结果，发现对照与 pRI-101AN 空载体试验组的黄瓜子叶上病原菌侵染形成的病斑大小基本相同；过表达 miR164d、miR396b、Novel-miR7 及 Novel-miR1/Novel-miR7（等量混合共转化）试验组中的病斑面积要明显大于对照，过表达 Novel-miR1 试验组中病斑面积仅略大于对照；过表达 *NAC*、*APE*、4*CL*、*PAL* 和 4*CL*/*PAL*（等量混合共转化）试验组中的病斑面积要明显小于对照。

利用 qRT-PCR 检测侵染后黄瓜子叶中棒孢叶斑病菌的生物量（图 3-35），对照与 pRI-101 AN 空载体试验组的黄瓜子叶中病菌量基本相同；过表达 miR164d、miR396b、Novel-miR1、Novel-miR7 及 Novel-miR1/Novel-miR7（等量混合共转化）试验组中病菌量要明显高于对照；过表达 *NAC*、*APE*、4*CL* 和 4*CL*/*PAL*（等量混合共转化）试验组中的病斑面积要明显低于对照，过表达 *PAL* 试验组中病菌量略低于对照。病菌量的检测验证了病斑观察结果。

对黄瓜子叶中的瞬时表达研究，说明过表达候选 miRNAs 会降低黄瓜对棒孢叶斑病的抗性，而过表达候选 miRNAs 对应的靶基因会提高黄瓜的抗病性。这与之前分析的结果一致。

4. 瞬时表达 Novel-miR1 和 Novel-miR7 及靶基因对黄瓜木质素含量的影响　由之前试验分析可知，Novel-miR1 和 Novel-miR7 可分别抑制 4-香豆酸：辅酶 A 连接酶基因（4*CL*）和苯丙氨酸解氨酶基因（*PAL*），这 2 个基因是苯丙烷代谢通路中的上下游基因，

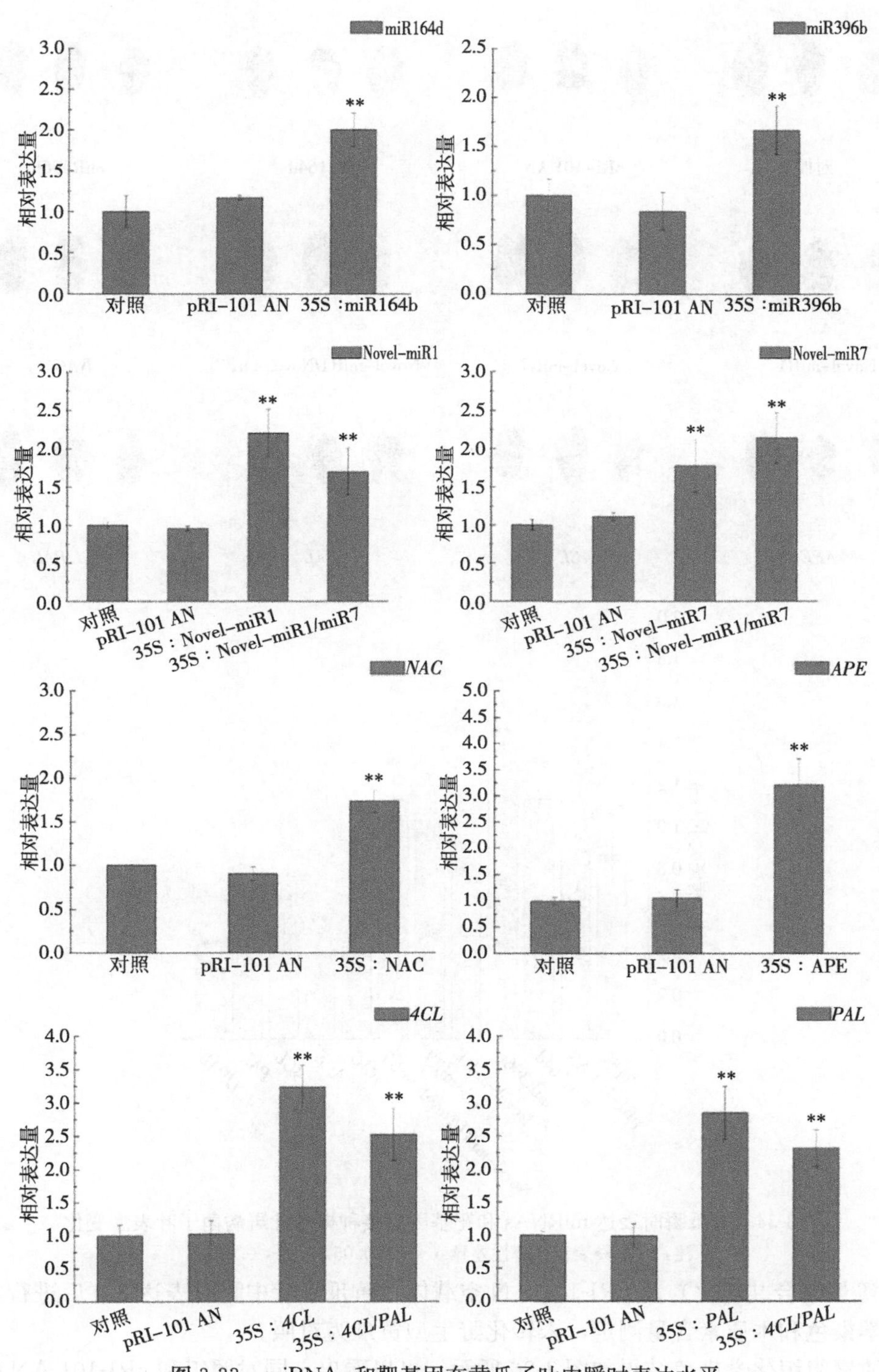

图 3-33　miRNAs 和靶基因在黄瓜子叶中瞬时表达水平

注：**表示显著性差异（$P<0.01$）。

苯丙烷通路影响木质素的产生，而木质素的含量是与抗病性呈正相关的。分别将 Novel-miR1、Novel-miR7、Novel-miR1/Novel-miR7（等量混合共转化），4*CL*、*PAL*、4*CL*/

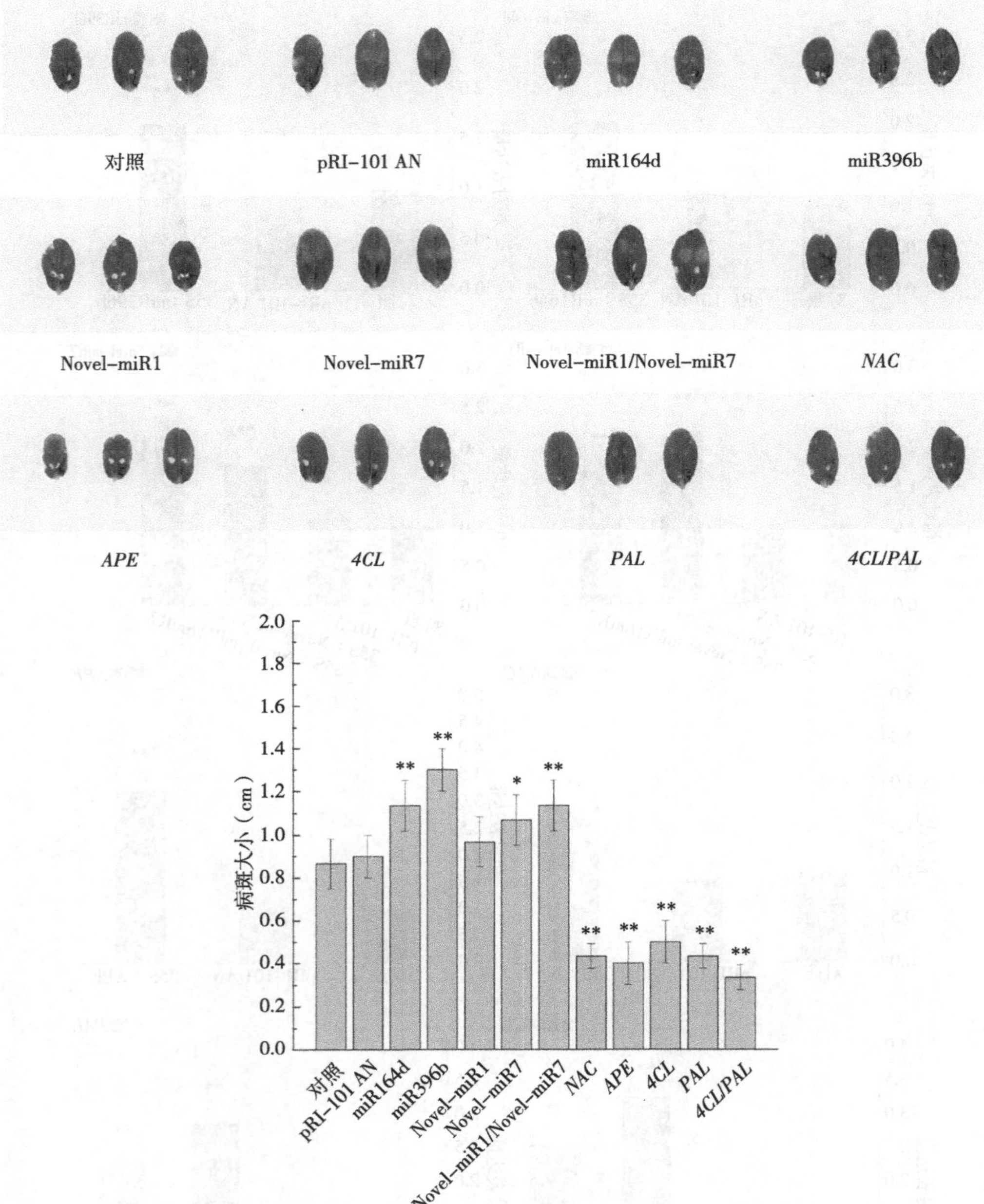

图 3-34　黄瓜瞬时表达 miRNAs 和靶基因后接种棒孢叶斑病菌子叶表型变化

注：*、**表示显著性差异（$*P<0.05$，$**P<0.01$）。

PAL（等量混合共转化）及 pRI-101 AN 空载体在黄瓜子叶中瞬时表达 2 d 后进行木质素组织化学染色和木质素含量测定，未转化野生型黄瓜为对照。

木质素组织化学染色结果如图 3-36 所示，可以看出，同对照组和 pRI-101 AN 空载体试验组相比，分别过表达 Novel-miR1、Novel-miR7 以及共表达 Novel-miR1 和 Novel-miR7 试验组中的木质素染色并明显变化；而 4*CL*、*PAL* 以及共表达 4*CL* 和 *PAL* 试验组中的木质素染色较深，其中 4*CL*/*PAL* 试验组染色最为明显。

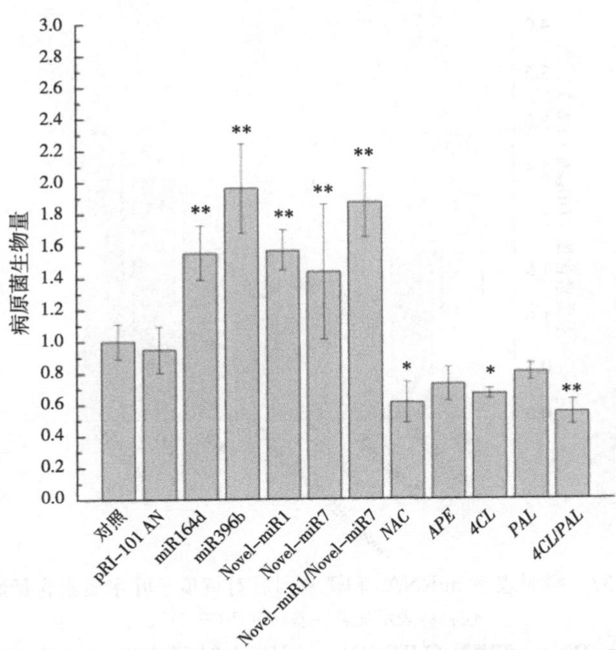

图 3-35　实时荧光定量 PCR 检测病原菌生物量

注：*、**表示显著性差异（* $P<0.05$，**$P<0.01$）。

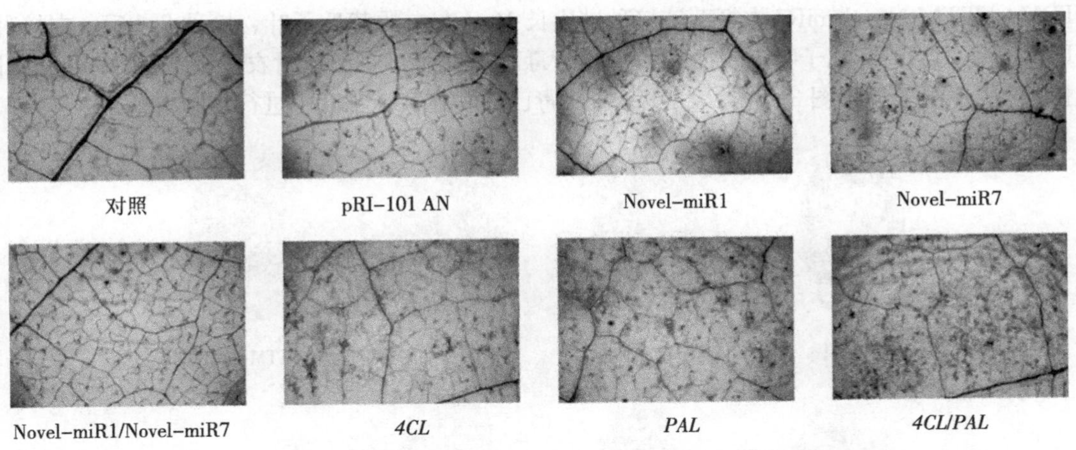

图 3-36　瞬时表达 miRNAs 和靶基因激发木质素积累情况

通过对木质素含量的测定进一步分析过表达候选 miRNAs 和靶基因对黄瓜木质素积累的影响。由图 3-37 可以看出，同对照组和 pRI-101 AN 空载体试验组相比，*4CL*、*PAL* 以及共表达 *4CL* 和 *PAL* 试验组中的木质素含量较高，其中 *4CL/PAL* 试验组中木质素含量最高；而分别过表达 Novel-miR1、Novel-miR7 以及共表达 Novel-miR1 和 Novel-miR7 试验组中的木质素含量与对照组和 pRI-101 AN 空载体试验组相比有所降低，Novel-miR1/Novel-miR7 试验组降低更为明显。木质素含量检测和组织化学染色的结果基本一致。试验结果表明，过表达 *4CL* 和 *PAL* 可以提高黄瓜叶片中木质素含量；由于 Novel-miR1 和 Novel-miR7 可以分别抑制 *4CL* 和 *PAL* 表达，因此过表达 Novel-miR1 和 Novel-miR7 会降低黄瓜叶片中木质素含量。

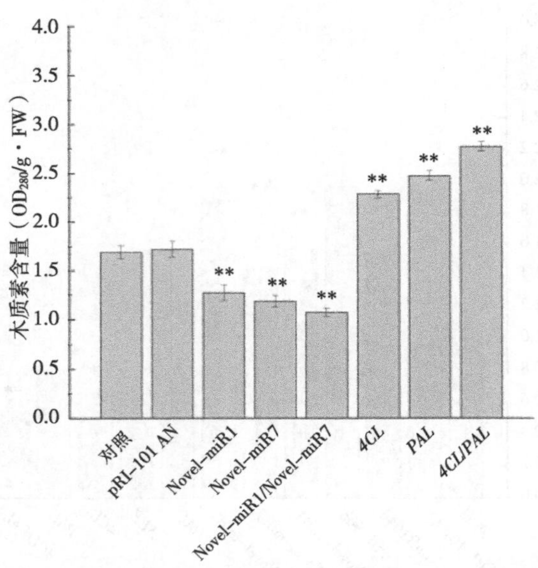

图 3-37　瞬时表达 miRNAs 和靶基因后对黄瓜子叶木质素含量影响

注：**表示显著性差异（$P<0.01$）。

5. TRV 诱导的 miRNAs 沉默（VBMS）　利用注射器将重组病毒 TRV：00（pTRV1＋pTRV2）、TRV：STTM-miR164d、TRV：STTM-miR396b、TRV：STTM-Novel-miR1 和 TRV：STTM-Novel-miR7 农杆菌液接种进生长 10 d 左右的黄瓜子叶。接种 7 d 后，在接种 TRV 重组病毒的黄瓜子叶出现褪绿和少量病毒斑点，而对照和注射农杆菌 EHA105 的子叶上均未见明显表型（图 3-38），表明 TRV 病毒已成功在黄瓜子叶中进行复制增殖。

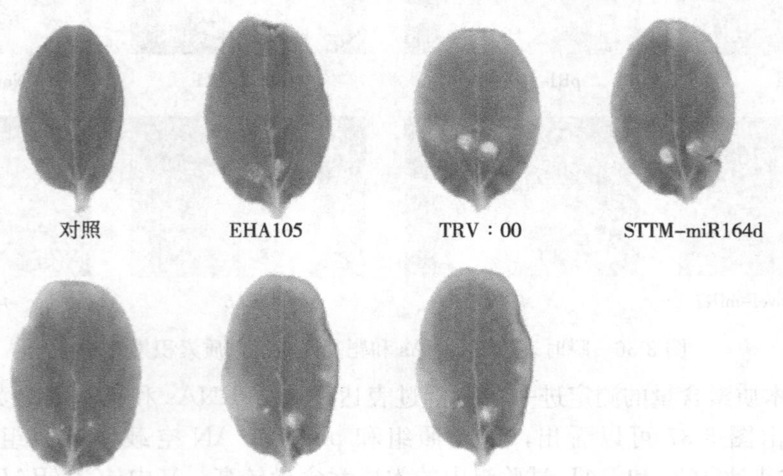

图 3-38　TRV 诱导基因沉默黄瓜子叶部分表型

6. VBMS 黄瓜子叶中 miRNAs 和靶基因表达水平检测　为分析候选 miRNAs 沉默水平，以注射 pTRV 空载（TRV：00）黄瓜子叶为对照，利用 qRT-PCR 在接种 7 d 后检测注射 TRV：STTM 的黄瓜子叶中候选 miRNAs 以及对应靶基因的表达水平。如图 3-39 所示，在注射 TRV：STTM-miR164d、TRV：STTM-miR396b、TRV：STTM-Novel-miR1 和 TRV：STTM-Novel-miR7 的黄瓜子叶中目标 miRNAs 的表达量均有明显下降，最多可下降至对照的 1/2 左右。这些 miRNAs 对应靶基因的表达量均有所上调，上调量最多可达 1 倍以上。这些结果表明，在 TRV 介导的 STTM 转基因黄瓜子叶中，目标 miRNAs 的表达量成功受到抑制，并提高了靶基因的表达量。

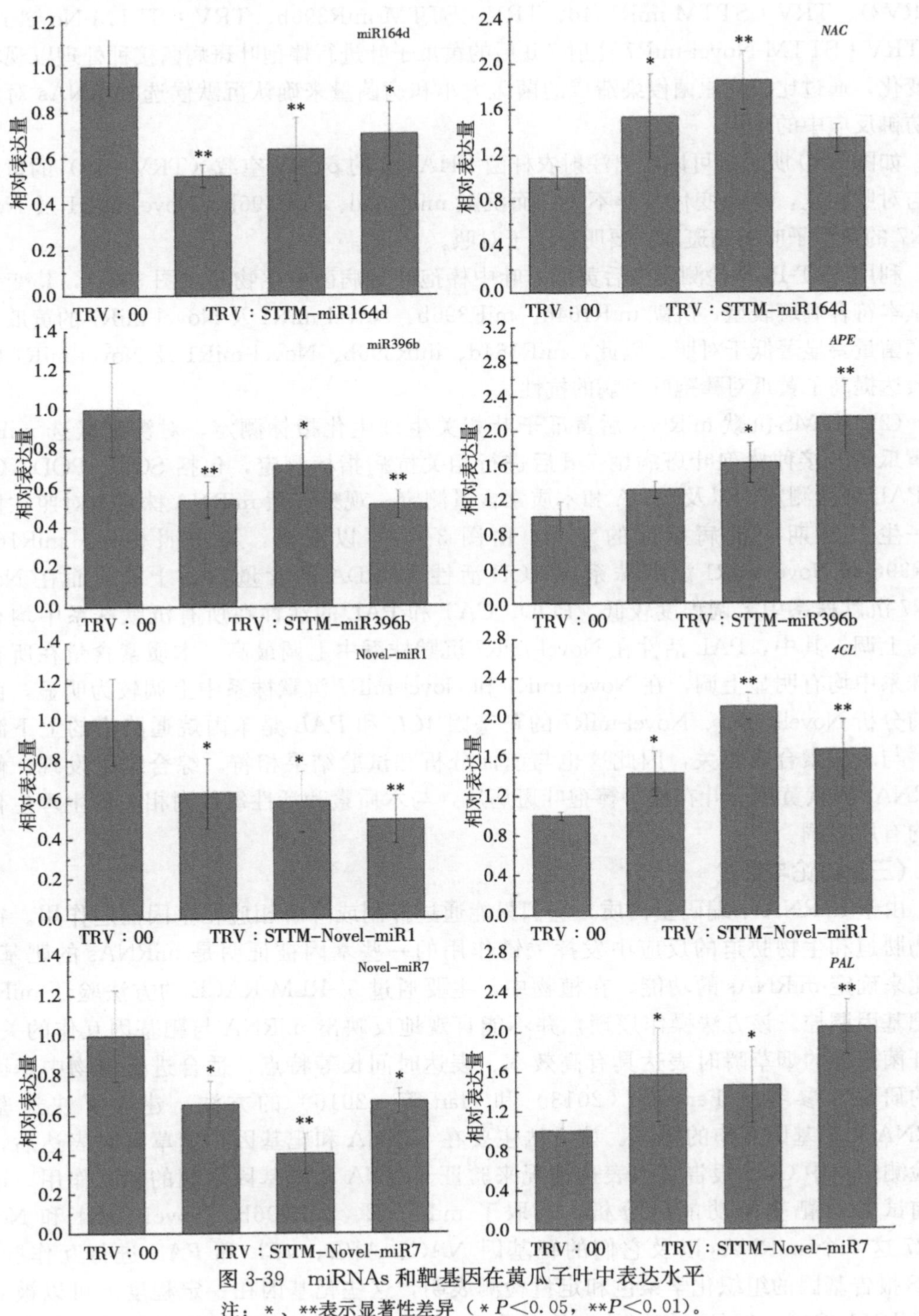

图 3-39　miRNAs 和靶基因在黄瓜子叶中表达水平

注：*、**表示显著性差异（*$P<0.05$，**$P<0.01$）。

7. VBMS 沉默 miRNAs 后黄瓜子叶对棒孢叶斑病菌响应

（1）VBMS 沉默 miRNAs 后黄瓜子叶接种棒孢叶斑病菌表型分析。为了鉴定 STTM-miRNA 在黄瓜抗棒孢叶斑病中的作用，本试验对重组病毒载体病毒 TRV：00（pTRV1＋pTRV2）、TRV：STTM-miR164d、TRV：STTM-miR396b、TRV：STTM-Novel-miR1 和 TRV：STTM-Novel-miR7 注射 7 d 后的黄瓜子叶进行棒孢叶斑病菌接种处理以观察表型变化，通过比较病原菌侵染造成的菌斑大小和病菌量来确认沉默候选 miRNAs 对病原菌防御反应中的作用。

如图 3-40 所示，可以看出注射农杆菌 EHA105 的 pTRV 空载（TRV：00）的黄瓜子叶与对照相比，病斑变化差异不大。而沉默 miR164d、miR396b、Novel-miR1 及 Novel-miR7 的黄瓜子叶的病斑面积要明显小于对照。

利用 qRT-PCR 检测侵染后黄瓜子叶中棒孢叶斑病菌的生物量（图 3-41），其变化趋势基本符合病斑表型，沉默 miR164d、miR396b、Novel-miR1 及 Novel-miR7 的黄瓜子叶的病菌量要显著低于对照。因此，miR164d、miR396b、Novel-miR1 及 Novel-miR7 的沉默表达提高了黄瓜对棒孢叶斑病的抗性。

（2）VBMS 沉默 miRNA 后黄瓜子叶相关生理生化指标测定。对沉默候选 miRNA 的黄瓜子叶接种棒孢叶斑病菌 7 d 后进行相关抗病指标测定，包括 SOD、POD、CAT 和 PAL 酶活测定，以及 MDA 和木质素含量测定，观察沉默 miRNA 株系与对照在接病同一生长时期内抗病指标的差异。由图 3-42 可以看出，与对照相比，miR164d、miR396 和 Novel-miR1 沉默株系中 SOD 活性和 MDA 的含量显著上升，而在 Novel-miR7 沉默株系中上调程度较低。POD、CAT 和 PAL 的活性在所有沉默株系中均有明显的上调。其中，PAL 活性在 Novel-miR7 沉默株系中上调最高。木质素含量在所有沉默株系中均有明显上调，在 Novel-miR1 和 Novel-miR7 沉默株系中上调较为明显，由于此前分析 Novel-miR1、Novel-miR7 的靶基因 *4CL* 和 *PAL* 是苯丙烷通路中的上下游基因，与木质素合成相关，因此这也与前面分析和试验结果相符。综合结果发现，候选 miRNAs 沉默黄瓜子叶在接种棒孢叶斑病后，与木质素和活性氧代谢相关的生理生化指标均有所上调。

（三）讨论与结论

由于 miRNA 不编码蛋白质，它们只能通过抑制或降解相应靶基因而起作用。在非生物胁迫和生物胁迫的反应中发挥关键作用的一些基因被证明是 miRNAs 的靶基因，以此来确定 miRNAs 的功能。在植物中，主要通过 5′-RLM-RACE 的方法验证 miRNA 对靶基因调控。该方法操作烦琐，并不能直观地反映出 miRNA 与靶基因互作的关系。农杆菌介导的烟草瞬时表达具有高效率、表达时间长等特点，适合进行植物中基因互作的研究。参考了 Feng 等（2013）和 Han 等（2016）的方法，建立了快速验证 miRNA 和靶基因互作的体系。该方法主要在 miRNA 和靶基因在烟草瞬时表达后，通过检测烟草中 GUS 报告基因表达情况来验证 miRNA 和靶基因之间的相互作用。通过之前试验对靶基因功能的分析，选取了 miR164d、miR396b、Novel-miR1 和 Novel-miR7 这 4 个 miRNAs 以及它们的靶基因 *NAC*、*APE*、*4CL* 和 *PAL* 进行互作验证。GUS 报告基因的组织化学染色和定量检测表明，这些靶基因在一定程度上可以被对应的 miRNA 抑制。但是，抑制效率并不是 100%。一种可能是靶基因的转录和核苷酸切

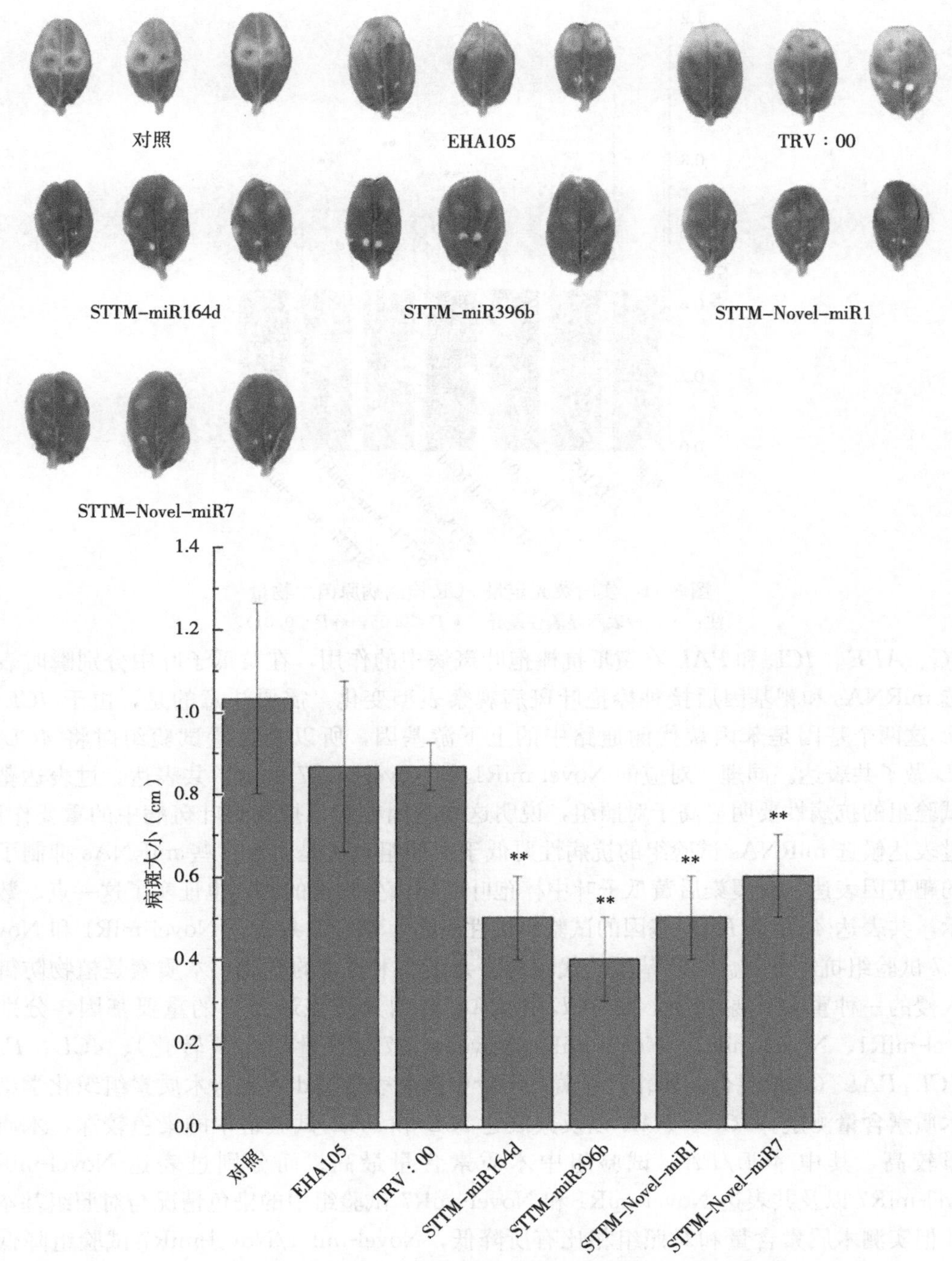

图 3-40　转基因 STTM 黄瓜接种棒孢叶斑病菌子叶表型变化

注：**表示显著性差异（$P<0.01$）。

割之间存在某种平衡，而这种平衡会受到 miRNA 的表达水平影响。另一种可能是在 miRNA 与其靶基因互作时，其中只有一部分靶 mRNA 会被 miRNA 切割降解，其余靶 mRNA 脱离该切割体系而正常转录表达。

为了探究 miR164d、miR396b、Novel-miR1 和 Novel-miR7 以及它们的靶基因

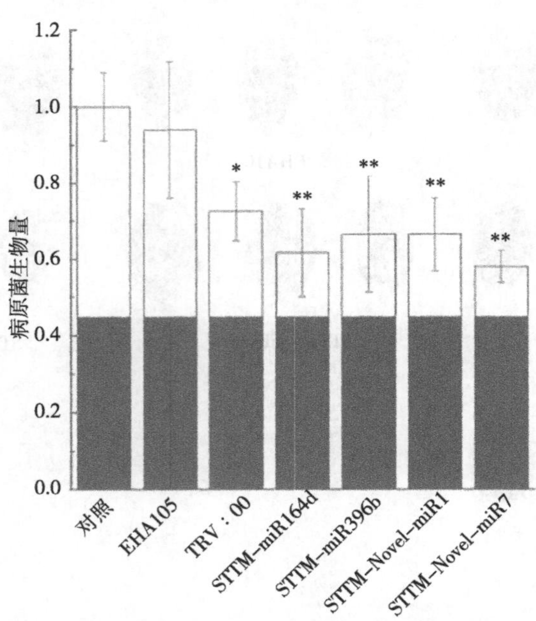

图 3-41　实时荧光定量 PCR 检测病原菌生物量

注：*、**表示显著性差异（* $P<0.05$，** $P<0.01$）。

NAC、*APE*、*4CL* 和 *PAL* 在黄瓜抗棒孢叶斑病中的作用，在黄瓜子叶中分别瞬时表达候选 miRNAs 和靶基因后接种棒孢叶斑病观察表型变化。需要注意的是，由于 *4CL* 和 *PAL* 这两个基因是苯丙烷代谢通路中的上下游基因，所以在设置试验组时将 *4CL* 和 *PAL* 做了共表达。同理，对应的 Novel-miR1 和 Novel-miR7 也做了共表达。过表达靶基因试验组的抗病性要明显高于对照组，说明这些基因在黄瓜抗棒孢叶斑病中的重要作用。而过表达候选 miRNAs 试验组的抗病性要低于对照组，这是由于这些 miRNAs 抑制了它们的靶基因表达。对侵染后黄瓜子叶中棒孢叶斑病菌生物量的测定也证实了这一点。数据显示，共表达 *4CL* 和 *PAL* 基因的试验组抗性最高，相应的共表达 Novel-miR1 和 Novel-miR7 试验组抗性最低。由于苯丙烷代谢通路会影响木质素的合成，木质素是植物防御病菌入侵的一种重要代谢物质，而 *4CL* 和 *PAL* 基因又是该通路中的重要基因，分别将 Novel-miR1、Novel-miR7、Novel-miR1/Novel-miR7（等量混合共转化）、*4CL*、*PAL* 和 *4CL*/*PAL*（等量混合共转化）在黄瓜子叶中瞬时表达 2 d 后进行木质素组织化学染色和木质素含量测定。*4CL*、*PAL* 以及共表达 *4CL* 和 *PAL* 试验组中的染色较深，木质素含量较高，其中 *4CL*/*PAL* 试验组中木质素含量最高；而分别过表达 Novel-miR1、Novel-miR7 以及共表达 Novel-miR1 和 Novel-miR7 试验组中的染色情况与对照组基本一样，但实测木质素含量和对照组相比有所降低，Novel-miR1/Novel-miR7 试验组降低更为明显。

STTM 是一种在动植物中研究 miRNA 功能简单有效的工具，Tang 等（2012）在模拟靶标（TM）的基础上开发了 STTM 技术。已在拟南芥和小麦等多种植物中利用过表达 STTM 鉴定 miRNA 功能，但在黄瓜中尚未见报道。为了深入探究候选 miRNAs 的功能，本试验开发 TRV 病毒诱导的 miRNA 沉默技术（VBMS）来沉默黄瓜内源 miRNA，成功构建了 TRV：STTM-miR164d、TRV：STTM-miR396b、TRV：STTM-Novel-miR1 和

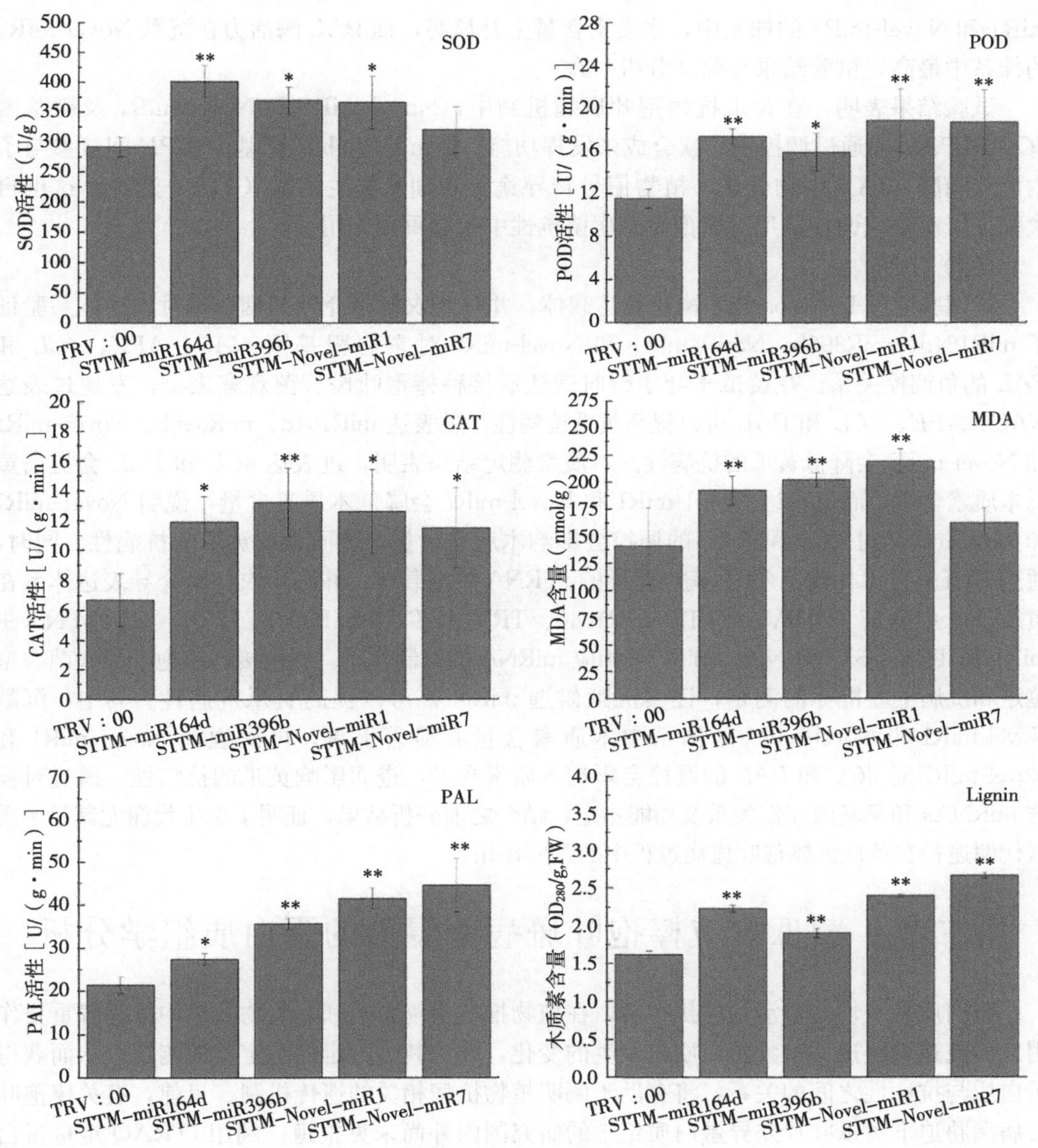

图 3-42　抗性相关生理指标测定

注：*、**表示显著性差异（* $P<0.05$，** $P<0.01$）。

TRV：STTM-Novel-miR7 重组载体，并利用这些重组病毒载体在黄瓜子叶中成功抑制了相关 miRNA 的表达。

在 VBMS 沉默 miRNA 后黄瓜子叶接种棒孢叶斑病菌表型分析中，沉默 miR164d、miR396b、Novel-miR1 和 Novel-miR7 的黄瓜子叶抗病性要明显高于对照组，说明这些 miRNAs 在黄瓜抗棒孢叶斑病中起到了负调控作用。通过对相关抗性生理生化指标的测定可以看出，与对照相比，SOD、POD、CAT、MDA、PAL 和木质素的含量在绝大部分沉默株系中都是上调趋势。Novel-miR1 的靶基因 *4CL* 和 Novel-miR7 的靶基因 *PAL* 是苯丙烷代谢通路中的上下游基因，而苯丙烷通路直接与木质素合成相关，在沉默 NovelmiR1 和 Novel-miR7 的株系中，木质素含量上升最高，而 PAL 酶活力在沉默 Novel-miR7 的株系中最高，试验结果与前文分析一致。

试验结果表明，在黄瓜抗棒孢叶斑病机制中，Novel-miR1 和 Novel-miR7 及靶基因 *4CL* 和 *PAL* 能通过调控木质素合成来发挥功能。而 miR396b 的靶基因 *APE* 间接参与了内源茉莉酸（JA）生物合成、植物信号转导途径和吲哚类生物碱（TIA）途径。这也再次验证了次生代谢在黄瓜对棒孢叶斑病菌抗性中起着重要作用。

（四）小结

本试验通过 In-fusion 技术构建表达载体，并利用农杆菌介导的烟草瞬时表达体系验证了 miR164d、miR396b、Novel-miR1 和 Novel-miR7 对它们靶基因 *NAC*、*APE*、*4CL* 和 *PAL* 的负调控关系。在黄瓜子叶中瞬时表达后接种棒孢叶斑病菌观察表型，发现过表达 *NAC*、*APE*、*4CL* 和 *PAL* 可以提高黄瓜抗病性，过表达 miR164d、miR396b、Novel-miR1 和 Novel-miR7 会降低黄瓜的抗病性。木质素测定结果表明，过表达 *4CL* 和 *PAL* 会提高黄瓜木质素含量，而过表达 Novel-miR1 和 Novel-miR7 会降低木质素含量，说明 Novel-miR1 和 Novel-miR7 对 *4CL* 和 *PAL* 的调控会影响木质素含量，进而影响黄瓜的抗病性。同时，通过 STTM 技术构建了 TRV 病毒诱导的 miRNA 沉默载体，并利用农杆菌介导表达体系在黄瓜子叶中验证了 TRV∶STTM-miR164d、TRV∶STTM-miR396b、TRV∶STTM-Novel-miR1 和 TRV∶STTM-Novel-miR7 对相应 miRNA 的抑制作用。利用接种棒孢叶斑病菌表型鉴定和抗病生理指标的测定，证实沉默候选 miRNAs 可以提高黄瓜抗病性。其中，沉默 Novel-miR1 和 Novel-miR7 的株系中木质素含量有显著上调，再次说明 Novel-miR1 和 Novel-miR7 对 *4CL* 和 *PAL* 的调控会影响木质素含量，进而影响黄瓜的抗病性。通过对候选 miRNAs 和靶基因互作关系及功能鉴定，结合之前分析结果，证明了次生代谢尤其是木质素代谢途径在黄瓜抗棒孢叶斑病过程中的重要作用。

第二节　黄瓜响应棒孢叶斑病菌侵染的蛋白质组学分析

蛋白质是一切生命活动的执行者，在植物抵抗生物胁迫和非生物胁迫中发挥着重要作用。研究逆境胁迫下植物蛋白质组发生的变化，并对其进行定性和定量的测定，从而获得蛋白质与抗病性之间的关系，将有助于阐明植物抗病相关的遗传机制。目前，有关棒孢叶斑病菌胁迫下黄瓜叶片差异蛋白质组学的研究国内外尚未见报道。利用 iTRAQ 定量蛋白质组学技术，研究多主棒孢病原菌胁迫后黄瓜叶片蛋白质种类及丰度的变化，分析差异蛋白质的生物学功能，了解其在应答棒孢叶斑病过程中发挥的作用，将有助于揭示黄瓜抗棒孢叶斑病的分子机制，为该病害的防御和控制提供科学依据。

一、棒孢叶斑病菌胁迫下黄瓜叶片差异蛋白质组学分析

（一）材料与方法

1. 材料　供试黄瓜品种为津优 38 号（抗棒孢叶斑病品系）。植物培养条件和病原菌接种方法同前，于病原菌接种后 0 h、6 h、24 h 取样，置于−80 ℃保存待用。

2. 方法

（1）黄瓜叶片蛋白质样品的制备。称取 5 g 黄瓜叶片液氮研磨成粉转入 50 mL 离心管

中，加入 25 mL TCA/丙酮，－20 ℃沉淀 2 h 以上。4 ℃ 10 000 r/min 离心 45 min，弃除上清液。沉淀用 80%的丙酮溶液清洗 3 次至叶绿素充分脱去，每次清洗置于－20 ℃冰箱静置 1 h 后以同样参数离心，弃去上清液，沉淀用冷冻干燥机冻干，收集粉末即为叶片全蛋白。

（2）蛋白浓度测定。称取蛋白质干粉 20 μg，按照体积比为 10∶1 的比例加入 STD 缓冲溶液，涡旋振荡以混匀蛋白质，热水中煮沸 5 min，经超声波破碎（80 W，10 s，间隔 15 s，超声处理 10 次），再次沸水浴 5 min，10 000 r/min 离心 10 min 收集上清液。采用 BCA 法定量蛋白质。

（3）蛋白质的酶解和定量。分别取各时间点的蛋白质样品 300 μg，加入 200 μL UA 缓冲液，涡旋混匀，转入 10 ku 超滤离心管中，14 000 *g* 离心 15 min，弃去上清液。向离心管中加入 200 μL UA 缓冲液，14 000 *g* 离心 15 min，弃去上清液。向沉淀中加入 100 μL IAA 溶液，于振荡器中 600 r/min 振荡 1 min，室温下避光放置 30 min，14 000 *g* 离心 10 min。沉淀中加入 100 μL UA 缓冲液，14 000 *g* 离心 10 min，重复此步骤 2 次。加入 100 μL 溶解缓冲液，14 000 *g* 离心 10 min，重复此步骤 2 次。加入 40 μL 胰蛋白酶缓冲液，600 r/min 振荡 1 min，37 ℃下静止 16～18 h。转入新的收集管，14 000 *g* 离心 10 min，收集滤液，测定其在 A_{280} nm 下的 OD 值，以定量肽段。

（4）肽段的标记。分别取各组肽段约 80 μg，按照 ABI 公司 iTRAQ 试剂盒说明书进行标记，每组肽段重复标记 3 次。

（5）肽段的 SCX 分级。将所有标记后的肽段混合，使用 SCX 缓冲液 A 和 SCX 缓冲液 B，进行肽段 SCX 预分级，使用 Polysulfoethyl 4. 6 mm×100 mm 型号的色谱柱（柱层析条件为 5 μm、200 Å）。SCX 分级结束后，收集洗脱组分约 33 份。根据 SCX 色谱图，将洗脱组分合并为 5 份，冻干后 C_{18} 固相萃取柱脱盐。

（6）毛细管高效液相色谱。各样品采用纳升流速高效液相色谱系统（EasynLC）进行分离。色谱柱用 95%的缓冲液 A 进行平衡。样品经自动进样器上样至样品柱中（热电系统 EASY 柱：2 cm×100 μm，5 μm-C_{18}），再经过分析柱（热电系统 EASY 柱：75 μm×100 mm，3 μm-C_{18}）进行分离，样品流速为 250 nL/min。

（7）质谱鉴定。每组样品经过 HPLC 分离后，进入 Q-Exactive 质谱仪继续进行质谱分析。以正离子方式检测，母离子扫描范围为 300～1 800 *m*/*z*，分析时间为 60 min。AGC 靶标为 $3e^6$，一级质谱分辨率为 70 000（*m*/*z* 200），一级最大 IT 为 10 ms，扫描范围设为 1，动态排除时间为 40. 0 s。多肽和多肽碎片的质荷比按照以下方法采集：全扫描后每次采集 10 个碎片图谱，二级质谱适用类型为 HCD，分离窗口：2 *m*/*z*，二级质谱分辨率为 17 500（*m*/*z* 200），扫描范围设为 1，二级最大 IT 为 60 ms，标准碰撞能量为 30 eV，填充率为 0. 1%。

（8）数据分析。质谱分析原始数据为 RAW 格式文件，使用 Mascot 2. 2 和 Proteome Discoverer 1. 4 软件进行查库鉴定和定量分析。本次使用数据库为 uniprot _ cucumber _ 24624 _ 201511209. fasta 蛋白质库（收录黄瓜蛋白序列 24 624 条）。用 Mascot 2. 2 版本软件进行数据库搜索。查库时，使用 Proteome Discoverer 软件将 RAW 格式的文件提交至 Mascot 服务器，选择已建立好的数据库进行检索。

（9）肽段的定量分析。肽段报告离子峰的强度值采用 Proteome Discoverer 1. 4 软件进行定量分析。

(10) 差异蛋白质生物信息学分析。通过搜索 http://www.geneontology.org 网站对统计学差异蛋白进行 GO 分析，包括细胞组分、生物学过程和分子功能 3 个部分。通过搜索 KEGG 数据库（http://www.kegg.jp）分析、确定差异蛋白质参与的主要生化代谢途径和信号转导途径。

（二）结果与分析

1. 蛋白质鉴定结果 经 iTRAQ 分析，3 个时间点共获得 5 847 条肽段，鉴定得到 1 960 种蛋白质，对不同时间点的蛋白质进行 T-Test 校验和差异显著性分析（P-Value），采用双尾法和双样本等方差法计算平均值，$P<0.05$ 时具有显著性差异。最终获得差异蛋白质 286 种，不同时间点鉴定的差异蛋白质数量如表 3-13 所示（$P<0.05$，比率>1.2 或<0.83）。

表 3-13 不同时间点的蛋白质鉴定结果

时间	下调蛋白数（种）	上调蛋白数（种）	蛋白质总数（种）
6 h vs 0 h	72	31	103
24 h vs 0 h	59	69	128
24 h vs 6 h	73	93	166

2. 生物信息学分析 选择病原菌接种后 0 h、6 h 和 24 h 三个时间点，研究非亲和互作过程中黄瓜叶片蛋白质组的差异和变化。这些差异蛋白质包括不同时间点特有和共有的蛋白质，在蛋白质组学水平上提供了黄瓜应答棒孢叶斑病菌侵染的概况。不同时间点差异蛋白质的数量和它们重叠的部分如图 3-43 所示，3 组数据中共有的蛋白质有 5 种，分别为 GrpE 蛋白、钙依赖蛋白激酶、ACC 氧化酶、40S 核糖体蛋白、放氧增强蛋白；6 h vs 0 h 和 24 h vs 0 h 共有的差异蛋白质有 19 种，主要包括多种核糖体蛋白、组蛋白、富含甘氨酸蛋白、非脂类转移蛋白、镁螯合酶亚基、叶绿体血红素加氧酶等；6 h vs 0 h、24 h vs 0 h 和 24 h vs 6 h 每组中特有的蛋白质分别有 59 种、42 种和 79 种。这些特定的棒孢叶斑病应答蛋白质可能是决定黄瓜抗病力的重要因素。

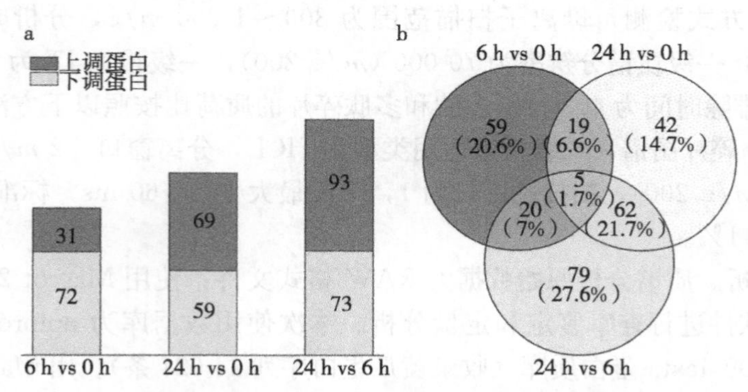

图 3-43 不同时间点差异蛋白质的维恩图

(1) 差异蛋白质的 GO 富集分析。对每组鉴定到的蛋白质进行 GO 富集分析，依据生物过程、分子功能和细胞定位将差异蛋白质分类，共得到 47 种 GO 类别（图 3-44）。

其中，6 h vs 0 h差异蛋白质参与的主要生物过程包括金属离子运输、含氮化合物运输、碱基代谢过程、脂肪酸代谢过程以及细胞含氮化合物的催化过程，参与的主要分子功能有氧化还原活性、钙离子结合、DNA结合、核糖体结合、结构分子活性以及蛋白质二聚化作用。这些蛋白质定位于核小体、非膜结合的细胞器、高分子复合物、核糖核蛋白复合物、核糖体以及核糖体亚基上。24 h vs 0 h差异蛋白质参与的主要生物过程包括单个有机体代谢过程、氧化还原过程、刺激应答、胁迫应答、氨基酸合成过程、有机酸合成过程、防御反应等，参与的主要分子功能有金属离子结合、氧化还原活性、抗氧化活性、钙离子结合以及亚铁血红素结合等。它们定位于核糖体和胞外区域。24 h vs 6 h差异蛋白质参与的主要生物过程包括氧化还原过程、蛋白质低聚反应、刺激应答、单个有机体代谢过程、系统发育和防御反应等，参与的主要分子功能有金属离子结合、氧化还原活性、抗氧化活性、DNA结合以及转移酶活性等。它们定位在核糖体和胞外区域。

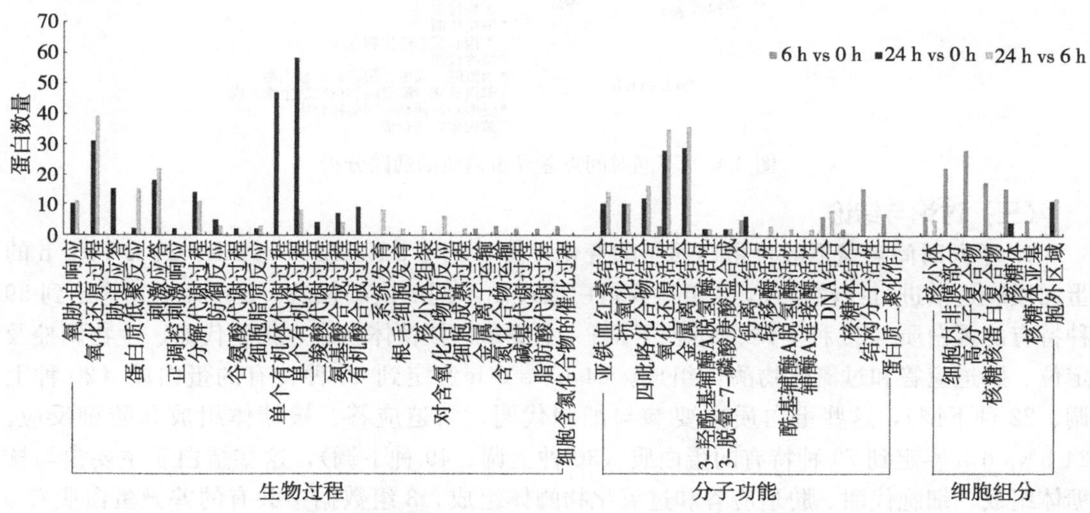

图 3-44　不同时间点差异蛋白质的GO富集分析

（2）差异蛋白质的通路分析。对每组蛋白质进行KEGG通路分析，结果如图3-45所示，6 h vs 0 h中差异蛋白质主要参与的通路有核糖体、碳代谢、光合作用、植物-微生物互作、氨基酸合成、嘧啶代谢、半胱氨酸和蛋氨酸代谢、叶绿素代谢、萜类骨架合成、过氧化酶体等。其中，核糖体组成（36%）通路所占比例最大。24 h vs 0 h中差异蛋白质主要参与的通路有核糖体、碳代谢、氨基酸合成、磷酸戊糖途径、叶绿素合成、糖酵解、丙酮酸盐代谢、亚麻酸代谢、过氧化物酶体、植物-微生物互作等。其中，核糖体（20%）、碳代谢（13%）以及氨基酸合成（11%）通路占较大比例。24 h vs 6 h中差异蛋白质主要参与的通路有碳代谢、氨基酸合成、脂肪酸代谢、糖酵解、过氧化物酶体、植物-微生物互作等。其中，碳代谢（19%）、氨基酸合成（9%）、脂肪酸代谢（9%）通路占较大比例。根据GO富集、KEGG通路分析以及相关文献查阅，将参与黄瓜应答棒孢叶斑病菌侵染的差异蛋白质大致分类为防御相关蛋白、信号及胁迫响应相关蛋白、细胞代谢相关蛋白、氧化还原相关蛋白、生物调控及运输相关蛋白、其他蛋白。

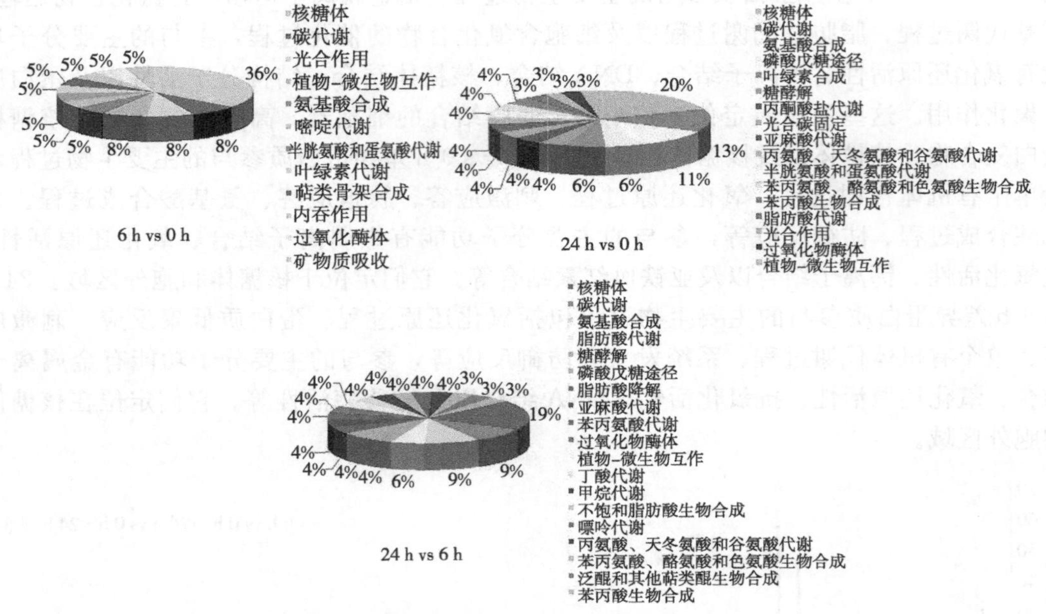

图 3-45　不同时间点差异蛋白质的通路分析

（三）讨论与结论

1. 不同时间点黄瓜叶片蛋白质组的变化　将 6 h vs 0 h、24 h vs 0 h、24 h Vs 6 h 的蛋白质表达谱进行比较发现，3 组差异蛋白表现出不同的应答模式。6 h vs 0 h 鉴定到 59 种特有的蛋白质（22 种上调、37 种下调），主要参与核糖体组成、细胞代谢、生物调控及定位、胁迫应答和过氧化物酶体组成。24 h vs 0 h 鉴定到 42 种特有的蛋白质（20 种上调、22 种下调），这些蛋白质主要参与细胞代谢、胁迫应答、核糖体组成和防御反应。24 h vs 6 h 鉴定到 79 种特有的蛋白质（30 种上调、49 种下调），这些蛋白质主要参与核糖体组成、细胞代谢、胁迫应答和过氧化物酶体组成。3 组数据中共有的差异蛋白质有 5 种，除钙依赖蛋白外，其他 4 种蛋白质在不同时间点的表达趋势不同。它们主要参与细胞代谢、激素信号、生物调控以及核糖体组成。6 h vs 0 h 和 24 h vs 0 h 两组中共有的差异蛋白质有 19 种，它们具有一致的表达趋势。这些蛋白质主要参与核糖体组成和细胞代谢过程。多主棒孢病原菌侵染后 6 h 和 24 h 分别鉴定得到 103 种和 128 种差异蛋白质，侵染 24 h 参与应答病原菌胁迫的差异蛋白质数量增加，说明 24 h 与 6 h 相比有更大的蛋白质组学变化。这些蛋白质的变化在抗病能力的形成中发挥了重要作用。为进一步了解这些蛋白质在黄瓜抗病过程中发挥的作用，对不同分类中的部分重要蛋白质进行讨论。

2. 防御相关蛋白　几丁质酶（PR-4）（A0A0A0LIC8）在棒孢叶斑病接种 24 h 时表达水平显著增强，几丁质酶通过水解病原菌细胞壁中的几丁质，破坏入侵病原菌的生长，同时消化的几丁质低聚产物也可以作为信号分子诱发进一步的防御反应。

类乳胶蛋白（MLP）（A0A0A0KLA8）的表达量在病原菌处理后 24 h 发生下调，基于氨基酸序列的相似性，多数的乳胶蛋白均属于与 PR10 家族相关的 3 个不同组群之一，说明 MLP 在病原菌防御反应中的重要作用。有报道发现，MLP 在葡萄叶片响应植原体侵染过程中发生下调，说明 MLP 在真菌胁迫过程中的直接作用。Wang 等（2011）在感染黄萎病菌的棉花根系中发现 2 种 MLP 蛋白丰度大幅度增加，对它们转录后的变化研究发现，其基因表达水平发生下调。这强调了 MLP 在响应黄萎病侵染过程中具有复杂的机制。

MLO 家族蛋白（A0A0A0KRN4）具有 7 个跨膜结构域，定位于质膜上有一个胞外的氨基末端和一个带有钙调蛋白结合域的胞内羧基末端。*MLO* 基因作为一个小家族存在于所有高等植物基因组中。在植物免疫过程中，一些 MLO 成员的调控作用具有进化保守性，MLO 突变体对于白粉病的抗性在拟南芥、番茄、豌豆和大麦中均有报道，MLO 蛋白的作用机制如图 3-46 所示。棒孢叶斑病菌感染后 24 h，MLO 蛋白的含量显著上升，表明 MLO 参与调控了黄瓜对棒孢叶斑病的抗性机制。

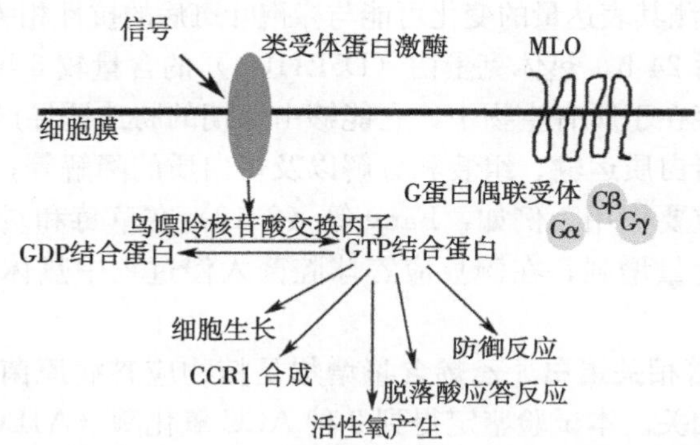

图 3-46　3 种蛋白（MLO、ROP 和 RLK）的模型可能在抗病信号调控网络中相互连接

半胱氨酸蛋白酶（A0A0A0LPDO）又名硫醇蛋白酶，代表了植物中的一大类蛋白。它们参与许多细胞过程，包括细胞发育、细胞程序性死亡、前蛋白加工以及应答生物胁迫与非生物胁迫。半胱氨酸蛋白酶与病原菌的相互作用曾在玉米和烟草中发现，它们在病菌侵染后急剧积累，从而抑制病原菌的生长。本试验中，棒孢叶斑病接种 24 h 半胱氨酸蛋白酶表达量的增加，表明它在阻止病原菌侵袭过程中的重要作用。

非特异性脂质转移蛋白（nsLTPs）是一类小型的基础蛋白质，广泛地存在于高等植物中，在植物抵抗生物胁迫与非生物胁迫中发挥重要作用。在某些情况下，nsLTPs 被归类为病程相关蛋白 PR-14 家族蛋白，它们参与植物的多种重要过程，如细胞膜的稳定、细胞壁组成以及信号转导。近期的研究结果对 nsLTPs 的防御机制有了更加深入的了解。nsLTPs 可能通过与脂类衍生分子的相互作用（如茉莉酸和溶血磷脂酰胆碱类），形成能够与真菌激发素受体竞争性结合的复合物，参与到系统获得抗病性（SAR）相关的长距离信号传递过程中。本试验鉴定得到 2 种非特异性脂质转移蛋白（A0A0A0K5X6 和 A0A0A0LF44）在病原菌感染后 6 h 和 24 h 表达量发生显著变化，说明非特异性脂质转移蛋白可能参与了黄瓜的抗病防御反应。

类枯草菌素蛋白酶（SUBP）是一种丝氨酸蛋白酶，在植物发育和信号转导中发挥特殊功能。研究发现，在病原菌感染后，一些类枯草菌素蛋白酶的表达被诱导。Ramirez 等（2013）在拟南芥中鉴定得到一种类枯草菌素蛋白酶 SBT3.3，其表达与病原菌的识别和信号激活过程相关。大豆中发现的一种类枯草菌素蛋白酶蛋白包含一种内嵌的隐性信号能够激活防御相关基因的表达。本试验中鉴定得到一种类枯草菌素蛋白酶（A0A0A0K993）

在病原菌感染后 6 h 表达水平显著下降，推测其可能在黄瓜抵抗棒孢叶斑病菌侵染过程中发挥重要作用。

真核生物中三角五肽重复蛋白（PPR）家族成员包含串联排列的 35 个简并氨基酸重复序列，它们通过作用于 RNA 代谢和转录后调控进而参与植物不同的发育过程。研究发现，拟南芥中 4 种不同的三角五肽重复蛋白（GUN1、LOI1、PPRL 和 PPR40）与防御/胁迫抗性相关。Kristin 等（2011）研究发现，一种编码三角五肽重复蛋白的基因 *PGN* 的失活将会增加拟南芥对死体营养真菌的敏感性。Ke 等（2010）发现，基因 *OsKYG1* 编码一个假定的三角五肽重复（PPR）蛋白，可以通过调控糖含量和水杨酸水平来调节水稻对细菌性黄萎病的抗性。本试验中，棒孢叶斑病接种后 6 h，一种三角五肽重复蛋白（A0A0A0L2X8）的表达量显著下调，推测其表达量的变化可能与棒孢叶斑病的抗性相关。

棒孢叶斑病接种后 24 h，热休克蛋白（D5LHU4）的含量较 6 h 显著升高。热休克蛋白作为一种分子伴侣存在于所有生物中，它能够由短期的胁迫诱导产生，参与多种细胞过程包括多肽的折叠，蛋白质运输、组装和分解以及蛋白质的降解等；同时，在保护植物抵抗环境胁迫中也起到重要作用。例如，Fang 等（2012）在草莓和炭疽病的非亲和互作中发现热休克蛋白的表达量增强；在豌豆应答球腔菌入侵过程中热休克蛋白也起到了重要作用。

3. 信号及胁迫应答相关蛋白 乙烯含量增加是植物应答病原菌入侵的早期响应，与防御反应的诱导密切相关。本试验鉴定得到 2 种 ACC 氧化酶（A1BQM7）以及 1 种 ACC 氧化酶同系物 6（A0A0A0LKN6），它们的表达量在 24 h 发生上调。ACC 氧化酶催化乙烯合成的终端反应，能够将 1-氨基环丙烷-1-羧酸氧化为乙烯。病原菌侵染后 24 h，黄瓜叶片中 3-酮脂酰辅酶 A 硫解酶（KAT2）（A0A0A0LNB2）和 12-氧代植二烯酸还原酶 1（OPR1）（A0A0A0LMD3）的含量显著增多，KAT 能够催化茉莉酸合成通路中的脂肪酸 β-氧化。拟南芥中 KAT2 的过表达能够增加茉莉酸的生物合成以及加速黑暗诱导的叶片死亡，而 KAT2 反义转基因株系中则会出现相反的表征。Jiang 等（2011）研究发现，一种 3-酮脂酰辅酶 A 硫解酶（KAT2/PED1/PKT3）参与正调控拟南芥中的脱落酸信号转导通路。OPRs 能够催化 OPDA 氧化为茉莉酸的前体分子 OPC-8：0。研究发现，苜蓿茎点霉菌的接种能够诱发 *OPRs* 基因在抗、感苜蓿植株中大量表达，说明茉莉酸通路在苜蓿抗病过程中起着重要的作用。Sobajima 等（2007）在水稻中鉴定出一种茉莉酸响应基因 *OsOPR1*，参与了水稻的防御反应。这些蛋白质的积累说明棒孢叶斑病菌的入侵诱发了黄瓜叶片中茉莉酸和乙烯的生物合成，这些激素都是植物防御反应中重要的信号分子，它们能够激活特定防御相关蛋白质的表达。

钙是一种普遍的第二信使，作为植物应答胁迫的中介物联结、调控多种细胞功能。棒胞叶斑病菌处理后参与钙离子信号的蛋白质水平发生显著变化包括钙依赖蛋白激酶 1（A0A0A0KTD2）、钙依赖蛋白激酶 11（A0A0A0K7R7）、钙依赖蛋白激酶 2（A0A0A0KJXO）、钙调蛋白-7（A0A0A0KWT3）、钙网蛋白-3（A0A0A0KTX6）以及钙结合蛋白（A0A0A0LPP8）。其中，钙依赖蛋白激酶 1 和钙依赖蛋白激酶 11 的表达量在 6 h 时发生下调，而钙调蛋白-7 在 6 h 的表达水平较明显上升；病原菌处理后 24 h 钙网蛋白-3、钙依赖蛋白激酶 2 以及钙结合蛋白的表达量显著增强。钙调蛋白（CaM）和钙依赖蛋白激酶（CDPK）是植物中 2 种重要的钙离子传感器，通常含有 EF-手型基序和一个螺旋-环-螺旋结构，能够检测钙离子信号并且作为协调细胞应答特定刺激的重要组分调控下游靶标。CDPKs 的迅速积累首次在真菌激发子 Avr9 处理的烟草中发现，说明 CDPKs 在植物免疫反应中的作用。CDPKs 在钙信号中的负调控作用也被发现，拟南芥中钙依赖蛋白激酶 CPK28 负调控 BIK1-介导的钙暴发，*cpk28* 突变体会积累更多的 BIK1 蛋白表现出增强的免疫信号，而 *CPK28* 的过表达则减少了 BIK1 蛋白的积累，破坏了拟南芥中免疫信号的传递。Chiasson 等（2005）报道了假单胞菌胁迫下番茄中编码钙调蛋白的基因（APR134）在抗病植株叶片中被激活，说明钙调蛋白作为钙离子信号在植物应答病原菌侵染的免疫反应中发挥重要作用。钙网蛋白（CRT）是内质网腔中一种特殊的 Ca^{2+} 结合分子伴侣，参与了多种细胞功能包括类凝集素伴侣、Ca^{2+} 储存和信号传递、基因表达的调控以及细胞黏附等。近年来的研究发现了钙网蛋白的 2 种亚型（AtCrt1/2 和 AtCrt3）都能参与调控植物抵御活体营养病原菌入侵的防御反应。本试验中这些蛋白质表达水平的变化，说明钙离子信号在黄瓜抵抗棒孢叶斑病菌侵染过程中发挥着重要的作用。信号转导途径发生表达变化的蛋白质见图 3-47。

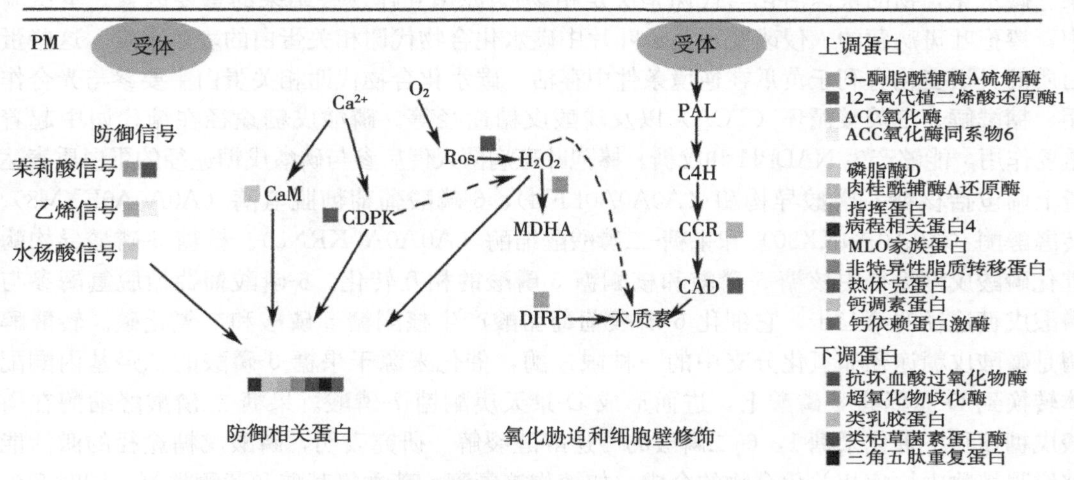

图 3-47　信号转导途径发生表达变化的蛋白质

磷脂酶 D（PLD）（A0A0A0K700）参多种植物胁迫反应，通过对磷脂酶 D 蛋白水平的调控能够改变植物的抗逆性。棒孢叶斑病接种后 24 h，磷脂酶 D 的含量大幅度增加，它能够催化结构磷脂如磷脂酰胆碱（PC）和磷脂酰乙醇胺（PE）水解，产生磷脂酸（PA），参与调控多种细胞功能，包括植物防御相关的信号通路、诱导活性氧的产生、激活防御相关基因和乙烯响应基因。有研究表明，磷脂酶 D 也可以参与依赖于水杨酸的信号传递。植物防御反应中 PLD 的激活首次在白枯病感染的水稻中发现。致病诱导子处理后的番茄、拟南芥、烟草等植物中也激活了磷脂酶 D 的表达。这些发现，说明磷脂酶 D 在调控植物防御信号中的起到重要的作用。

呼吸暴发氧化酶同系物蛋白（RBOHs）（A0A0A0LDA8）是主要的 NADPH 氧化酶，在植物组织和细胞培养中表达。目前的研究发现，RBOHs 是植物活性氧相关基因网络中关键的信号节点，整合大量的活性氧信号转导通路。Torreset 等（2005）发现，由 RBOHs 产生的活性氧能够控制侵染位点周围依赖水杨酸盐的细胞死亡，说明了 NADPH

氧化酶作为信号分子的作用。棒孢叶斑病接种后 24 h 黄瓜叶片中 RBOHs 的积累说明植物体可能通过增加活性氧的合成来阻止病原菌的入侵。

植物进化出了大量的类受体蛋白激酶（RLKs）和类受体蛋白细胞质激酶（RLCKs）来调节多种生物进程，其中包括植物自然免疫反应。丝氨酸/苏氨酸蛋白酶（S/TPK）能够通过受体感知环境条件、植物激素和其他的外部因子，从而启动细胞信号转导，使植物产生适当的应答反应，如代谢变化、基因表达以及细胞生长与分化。丝氨酸/苏氨酸蛋白酶参与调控细胞的免疫应答反应在拟南芥、小麦和水稻等多种植物中均有报道。本试验发现，一种丝氨酸/苏氨酸蛋白酶（A0A0A0KU93）在棒孢叶斑病菌入侵后 6 h 表达量下调，推测丝氨酸/苏氨酸蛋白酶可能参与了黄瓜的抗病过程。

4. 细胞代谢相关蛋白 新陈代谢过程是所有生物体的基础活动，对环境的变化非常敏感。在本次蛋白质组学研究中鉴定得到的代谢相关蛋白主要参与碳水化合物代谢、氨基酸代谢、核苷酸代谢、脂类代谢以及次生代谢。

植物抵御病原菌的入侵需要消耗大量的初级代谢产物包括能量、还原物质以及碳骨架。碳水化合物的快速活化与代谢是决定植物-病原菌互作最终结果的重要因素。本试验中，棒孢叶斑病菌的入侵改变了黄瓜叶片中碳水化合物代谢相关蛋白的表达丰度。这些蛋白质的灵活变化有利于黄瓜在逆境条件中存活。碳水化合物代谢相关蛋白主要参与光合作用、糖酵解、三羧酸循环（TCA）以及磷酸戊糖途径等。磷酸戊糖途径在糖代谢中起着重要作用，能够产生 NADPH 和戊糖。棒孢叶斑病菌入侵后参与磷酸戊糖途径的蛋白质表达量上调包括核糖-5-磷酸异构酶（A0A0A0LFJ4）、6-磷酸葡萄糖脱氢酶（A0A0A0KXM8）、转醛醇酶（A0A0A0KX30）和果糖-二磷酸醛缩酶（A0A0A0KRN8）。核糖-5-磷酸异构酶催化磷酸戊糖途径中核糖-5-磷酸和核酮糖-5 磷酸的相互转化。6-磷酸葡萄糖脱氢酶参与磷酸戊糖途径的第三步，它催化 6-磷酸葡萄糖酸产生核酮糖-5 磷酸和二氧化碳。转醛醇酶是磷酸戊糖途径非氧化分支中的一种限速酶，催化来源于果糖-6-磷酸的二羟基丙酮配体转换到 D-赤藓糖-4-磷酸上，进而形成 D-景天庚酮糖-7-磷酸。果糖-二磷酸醛缩酶在磷酸戊糖途径中催化果糖 1，6-二磷酸的可逆醇醛裂解。研究表明，磷酸戊糖途径的激活能够增强植物中抗病相关化合物的合成，如植物抗毒素、芳香氨基酸和黄酮类等，同时产生的 NADPH 可以作为酶的辅因子参与抗病过程中的氧化还原反应。

参与三羧酸循环通路的延胡索酸水合酶（A0A0A0KWM0）在棒孢叶斑病菌感染后 24 h 积累，说明抗病反应的维持需要增强产能作用。参与糖酵解过程的蛋白质在侵染后24 h 发生变化，包括丙酮酸激酶（A0A0A0LCT2）和葡萄糖-6-磷酸异构酶（A0A0A0KZL0）。它们表达水平的下调说明糖酵解作用在黄瓜与棒孢叶斑病菌的非亲和互作过程中受到抑制。这种抑制作用在草莓与炭疽病菌的非亲和互作中也曾发现，说明糖酵解途径代谢产物的减少限制了对病原菌所需营养的供应。糖类能够协助细胞中警报信号的产生并通过糖类转运蛋白将这些信号传输到各处，以有效地调控植物生物胁迫和非生物胁迫反应。此外，它们可以通过合成细胞壁多糖激活伤口修复机制。本试验中参与单糖和多糖合成的酶在病原菌胁迫后含量增加，其中包括溶酶体 β-葡糖苷酶（A0A0A0LFL8）、碱性 α-牛乳糖（A0A0A0H6WX41）、甜菜苷蔗糖半乳糖基转移酶（A0A0A0KZL6），说明糖类物质在黄瓜抗病反应中的作用。参与叶绿素合成的蛋白质（镁螯合酶亚基 A0A0A0KZP8、叶绿体血红素加氧酶 E2JEI2、尿卟啉原Ⅲ合酶 A0A0A0LLB2、原叶绿素酸酯还原酶

A0A0A0KZN7）以及放氧增强蛋白 3（A0A0A0LUC2 和 A0A0A0L3W3）在接种棒孢叶斑病菌 6 h 和 24 h 表达量下调。叶绿素是镁-四吡咯分子在光合作用中起关键作用，它能够捕获光能，转移激发能到反应中心，控制反应中心电荷分离。放氧增强蛋白是叶绿体光合系统Ⅱ复合体的组成部分，在光合作用中负责稳定水分子解离位点上的锰原子簇。这些蛋白质的减少说明病原菌的入侵减弱了黄瓜叶片的光合作用。在生物胁迫下对植物转录组的检测中发现，许多参与光合作用的基因下调，其中负责色素合成和电子转移的基因表现尤为明显。同时，参与光合系统Ⅰ反应的蛋白质 PSⅠ反应中心亚基（A0A0A0LAD3）、叶绿素 a/b 结合蛋白（A0A0A0LSB4）、铁氧还原蛋白 2（A0A0A0LAD3）以及细胞色素 b6/f 复合体亚基（Q4VZK4）的表达水平在 6 h 和 24 h 明显升高。可以推测，在棒孢叶斑病菌胁迫下，黄瓜抗病植株通过调节光合作用，以使得植物捕获更多的光能、储备更多的能量以及放出更多的氧气。光合作用相关蛋白质的这种变化可能说明随着棒孢叶斑病菌的侵染光合作用减弱。同时，植物需要提高光合系统的修复能力来保证对病原菌的抵抗能力（图 3-48）。

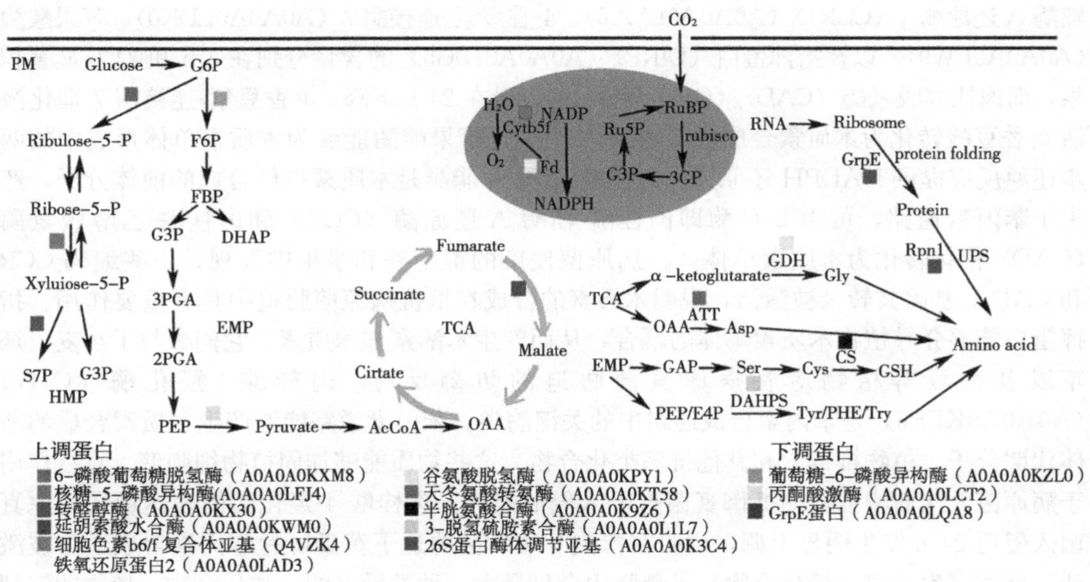

图 3-48　与初级代谢反应有关的蛋白质

本试验中氨基酸代谢相关蛋白质的变化主要发生在侵染后 24 h，大部分参与氨基合成的蛋白质含量上升，包括谷氨酸脱氢酶（A0A0A0KPY1）、半胱氨酸合酶（A0A0A0K9Z6）、天冬氨酸转氨酶（A0A0A0KT58）、3-脱氢硫胺素合酶（A0A0A0L1L7）、甲基硫代核糖-1-磷酸盐异构酶（A0A0A0LZL4）、3-脱氧-D-阿拉伯糖-7 磷酸合酶（A0A0A0L1L7）。而接种后 6 h 参与氨基酸合成的蛋白表达量下调包括 5-甲基谷氨酸-同型半胱氨酸-甲基转移酶（A0A0A0LZR2）和谷氨酸脱氢酶（A0A0A0KWC7）。黄瓜与棒孢叶斑病菌非亲和互作过程中，氨基酸合成的诱导可以为抗病所需蛋白质的从头合成提供原料。核苷酸代谢对于植物的生长发育十分重要。在本试验中，参与核苷酸合成的蛋白二氢嘧啶脱氢酶和腺苷酸激酶在接种后 6 h 含量明显减少，说明棒孢叶斑病菌的侵染影响了黄瓜的核苷酸代谢。脂类在维持细胞功能和应答植物生长发育过程中的环境胁迫发挥重要作用。它们能够建立和维持能量的储存，组成划分代谢通路组件的膜系统，同时膜质可以介导与胁迫应答相关的信号传递。本试验中参与脂类代谢的多种蛋白质在孢叶斑病菌侵染后 24 h 含量显著积累，包括同型过氧化物酶体脂肪酸 β-氧化多功能蛋白（A0A0A0LHX3）、omega（A0A0A0L5D9）、多功能家族蛋白（A0A0A0KI31）、过氧化物酶体脂肪酰辅酶 A（A0A0A0KRC5）、脂酰脱氢酶家族成员 10（A0A0A0L5U9）、短链型脱氢还原酶 9（A0A0A0L1D5）。这些蛋白质的变化说明脂类代谢可能在黄瓜抵御病原菌胁迫中发挥重要作用。

次生代谢通路的激活是植物宿主应答病原菌入侵的防御反应之一，许多直接参与次生代谢的酶常常被病原菌激活。本试验中参与木质素合成、萜类合成、苯丙素合成通路的多种酶和蛋白质在病原菌处理后 6 h 和 24 h 其表达水平发生大幅变化。木质素是植物防御反应中重要的因子，在细胞壁中借助 H_2O_2 的氧化发生聚合反应，对于大多数病原菌来说是一种不可降解的机械屏障。先前的研究表明，在应答病原菌侵染时，参与早期或者晚期木质素合成步骤的基因其表达量发生上调。棒孢叶斑病菌胁迫下木质素合成相关蛋白：肉桂酰-辅酶 A 还原酶 1（CCR1）（A0A0A0LVA6）、4-香豆素-连接酶 7（A0A0A0LDK0）、苹果酸酶（A0A0A0LW91）以及指挥蛋白（DIRP）（A0A0A0L0G5）的含量分别在 6 h 和 24 h 显著积累，而肉桂醇脱氢酶（CAD）（C1M2WO）的含量在 24 h 下降。4-香豆素-连接酶 7 催化激活 p-香豆酸转化为木质素合成所需辅酶 A 脂类。苹果酸酶能够为木质素单体形成中的两步还原反应提供 NADPH 还原力。肉桂酰-辅酶 A 脂类是木质素单体合成的前体分子，产生于苯丙素通路，可由 2 种酶即肉桂酰-辅酶 A 还原酶（CCR）和肉桂酰-乙醇脱氢酶（CAD）催化转化为木质素单体。在病原菌侵染的拟南芥和水稻中发现，一些编码 CCR 和 CAD 的基因其转录被激活，说明木质素的合成在抵抗病原菌胁迫中具有重要作用。指挥蛋白能够介导植物木质素单体的耦合，从而产生木酚素和木质素。它们参与了小麦、烟草以及大豆等植物应答病原真菌胁迫的防御反应。肉桂酸-4-羟化酶（C4H）（A0A0A0KEB6）是苯丙素合成通路中的关键酶类。苯丙素通路能够产生木质素合成的前体代谢分子、植物抗毒素和其他抗菌类化合物。这些物质能够加固植物细胞壁、直接作用于病原菌，从而增强植物抵御真菌孢子入侵的能力。肉桂酸-4-羟化酶的表达量在病原真菌入侵后 24 h 发生明显上调，说明在棒孢叶斑病菌胁迫下黄瓜叶片苯丙素合成通路被激活。萜类（类异戊二烯化合物）是植物中含量最大、种类最多的一类化合物。植物能够利用萜类代谢来实现生长发育过程中的各种基本功能，而植物中大多数萜类被用于生物胁迫和非生物胁迫下特殊的互作和保护机制中。病原菌侵染后 24 h 焦磷酸合酶（GGPS）（A0A0A0KOP7）蛋白丰度明显升高，焦磷酸合酶能够催化焦磷酸的形成。这是植物萜类合成通路中的关键步骤。1-脱氧木酮糖 5-磷酸合成酶（DXS）（A0A0A0KEI3）参与催化萜类合成过程中 2C-甲基-赤藓醇-4-磷酸（DOXP-MEP）通路的第一步，它的含量在病原菌处理后 6 h 明显下降。此外，细胞色素 P450 的表达量在 6 h 也发生下调，它参与许多植株次生代谢产物的生物合成，如吲哚生物碱、油菜素内酯和萜类等。这些蛋白的变化说明，萜类化合物的代谢可能在黄瓜抵抗棒孢叶斑病菌侵染过程中发挥作用。此外，一种富含甘氨酸的蛋白质（A0A0A0IXP4）在病原菌处理后 6 h 表达量上调，富含甘氨酸蛋白是高等植物细胞壁组分中必不可少的结构蛋白，维管组织中这种蛋白质的合成和积累同样是植物抗病机制的组成部分。

新陈代谢相关蛋白质的这种大范围变化说明，病原菌通常会利用宿主细胞的代谢反应来维持自身的存活和繁殖。同时，植物宿主也会全力保护自身的初级代谢系统，避免其遭受病原菌的攻击而破坏。

5. 氧化还原相关蛋白　活性氧在病原菌侵入植物宿主时迅速并大量的产生。这种活性氧的暴发包括过氧化氢和超氧阴离子的产生。这些活性氧分子作为抗病植物中的第一道防线在防御反应早期阶段通过启动质膜中的脂质-过氧化链式反应来攻击病原菌。高浓度的活性氧含量对于病原菌和宿主来说都是有害的。这些分子能够造成蛋白质、脂类和DNA的氧化损伤。因此，植物进化出有效的抗氧化系统来调控活性氧的产生以维持细胞的氧化还原平衡。这些酶包括过氧化氢酶（CAT）、超氧化物歧化酶（SOD）以及过氧化物酶（POD）等。2种活性氧清除酶：抗坏血酸过氧化物酶（APX）（A0A0A0K199）和超氧化物歧化酶（SOD）（A0A0A0LQ39）的表达水平在病原菌处理后6 h下降。抗坏血酸过氧化物酶利用抗坏血酸盐作为质子源将过氧化氢分解为水。超氧化物歧化酶属于金属酶类，催化超氧阴离子转化为水和氧气。这两种酶的含量下降将导致细胞中活性氧水平升高，活性氧可以直接作用于病原真菌或者作为第二信使激活防御相关基因的表达，同时增强抵抗病原菌入侵的机械屏障。棒孢叶斑病菌接种后24 h，黄瓜叶片中10种过氧化物酶的表达量显著积累（A0A0A0L0I0、Q40559、P19135、A0A0A0KWW3、B9VRZ4、A0A0A0K5R8、Q39653、A0A0A0KFX4、A0A0A0K3Z5和P19135）。过氧化物酶是一种以血红素为辅基的氧化酶，催化由过氧化氢参与的各种还原剂的氧化。同时，过氧化物酶能够分解吲哚乙酸（IAA）并消耗过氧化氢，在木质素合成中起到重要作用。在豇豆和炭疽病菌的非亲和互作中发现，2种氧化还原酶铁硫还原蛋白和过氧化物酶过表达，说明这些酶在调剂过氧化氢水平保持细胞氧化还原平衡中的重要作用。另一种抗氧化蛋白谷氧还原蛋白（A0A0A0KR45）在24 h与6 h的差异蛋白比较中表达量上调，谷氧还原蛋白是硫氧还原系统中的关建酶，调控整个系统的氧化还原状态，为过氧化物酶和氧化还原酶提供还原力。

6. 生物调控及运输相关蛋白　本试验中参与生物调控和细胞定位的蛋白质在病原菌接种后表达量发生显著变化。大多数参与生物调控的蛋白质在棒孢叶斑病菌侵染后6 h和24 h表达量下调。而大部分参与细胞定位的蛋白质在病原真菌接种后发生大量积累。参与生物调控蛋白包括GrpE蛋白（A0A0A0LQA8）、胰凝乳蛋白酶抑制剂（A0A0A0LFD4）、多聚嘧啶区结合蛋白质（A0A0A0KAL8）、真核生物翻译起始因子（A0A0A0KU59）、丝氨酸蛋白酶抑制剂（A0A0A0KMM0）、丝氨酸-苏氨酸蛋白磷酸酶（A0A0A0KDU6）、高迁移率组相关蛋白（A0A0A0KPG4）、26S蛋白酶体调节亚基（A0A0A0K3C4）、转录因子iws1（A0A0A0LEY8）、类受体蛋白激酶（A0A0A0LSC8）以及多种组蛋白。参与细胞运输的蛋白质包括类-ALBINO3内膜蛋白（A0A0A0LMV1）、肽转运蛋白体亚型1（A0A0A0KMV5）、二羧酸转运蛋白（A0A0A0KZB4）、水通道蛋白（V5RFY5）、铜转运蛋白（A0A0A0KTF7）、腺嘌呤核苷酸转运体（A0A0A0LP15）、输入蛋白亚基β（A0A0A0KJT4）、质体ATP-运输蛋白（A0A0A0L8J8）、触发因子蛋白（A0A0A0L7K7）、信号识别粒子（A0A0A0K634）、质膜内嵌蛋白（V5RF58）。这些蛋白质在表达水平上的不同变化，说明它们在黄瓜抵抗棒孢叶斑病菌胁迫中起到不同的作用。

GrpE 蛋白是 6 h vs 0 h、24 h vs 0 h 和 24 h vs 6 h 三组比较中共有的蛋白，在 6 h 和 24 h 均发生下调。GrpE 蛋白是一种高度保守的蛋白，普遍存在于真核和原核生物中。在 DnaK/Hsp70 复合体中作为核苷酸交换因子发挥作用。DnaK/Hsp70 复合体由 3 个部分组成：DnaK（Hsp70）、DnaJ 和 GrpE。这个复合体具有分子伴侣机制，参与新生蛋白质肽折叠，细胞器蛋白的运输、解聚以及变形蛋白的重折叠等活动。DnaK 和 Hsp70 同系物由 N-末端 ATP 酶结构域和 C-末端底物结构域组成。ATP-结合 DnaK 可以迅速地释放多肽，而 ADP-结合 DnaK 使多肽处于一个稳定的状态。DnaJ 能够促进 DnaK 的 ATP 水解活性，而 GrpE 催化多肽的释放。GrpE 蛋白的表达量在病原菌处理后不同时间点均发生较大变化，推测 GrpE 蛋白可能通过调节 Hsp70 复合体的活性在黄瓜抗病反应中发挥作用。

蛋白质的磷酸化和脱磷酸化常常是调控细胞活动的开关。近年来的研究表明，蛋白质磷酸化几乎参与了所有植物的信号通路。本试验中，鉴定得到一种丝氨酸-苏氨酸蛋白磷酸酶（KDU6），其表达量在病菌真菌接种后 24 h 发生下调。大多数植物的丝氨酸-苏氨酸蛋白磷酸酶都属于磷蛋白磷酸酶家族（PPP），能够催化蛋白质的可逆磷酸化。拟南芥中 PPPs 的特殊功能已被阐明，它们在植物激素和油菜素类固醇信号、植物向光性、真菌抗生素目标通路以及细胞胁迫应答中起调控作用。在棒孢叶斑病菌胁迫后，丝氨酸-苏氨酸蛋白磷酸酶含量的变化说明其可能参与调控黄瓜的抗病反应过程。

本试验鉴定到一种 26S 蛋白酶体调节亚基 Rpn1 在 24 h 表达量上调。植物中，大多数蛋白质的降解都是由泛素/26S 蛋白酶体系统（UPS）控制。UPS 几乎参与了植物防御机制的每一步。据报道，拟南芥中 26S 蛋白酶体有助于基础防御和由 *R* 基因介导的防御反应。26S 蛋白酶体由 20S 蛋白酶体（核心粒子）和 19S 调控粒子组成。Roelofs 等（2009）研究发现，一种蛋白质与 19S 调控粒子相关——Rpn14，它是蛋白酶体调控粒子的分子伴侣，通过直接限制调控粒子 C 末端与核心粒子的接近来调控 26S 蛋白酶体的装配。本试验中 26S 蛋白酶体调节亚基 Rpn1 表达水平的升高说明在病原菌胁迫下 26S 蛋白酶体的活动增强，可能与黄瓜抗病机制相关。

7. 其他蛋白 本试验中鉴定的核糖体蛋白在差异蛋白质中所占比例最大。大多数核糖体蛋白在病原菌处理后 6 h 和 24 h 表达量下调，包括多种 40S 核糖体蛋白和 60S 核糖体蛋白。这些蛋白质参与核糖体的组成以及调控蛋白质的翻译过程。棒孢叶斑病菌胁迫后大量的核糖体蛋白含量下降，说明这些蛋白在黄瓜应答病原菌胁迫中起到重要作用。然而，这些蛋白的作用机制还有待于进一步研究。

由于病原菌致病因素的多样性以及植物大量信号转导活动的存在，使植物-微生物的互作过程变得非常复杂，了解病原菌入侵后植物中差异蛋白质参与的反应过程以及它们发挥作用的方式对于研究植物的抗病机制十分重要。本试验结果表明，黄瓜对棒孢叶斑病的抗性与其在蛋白质组水平的快速应答密切相关，包括碳水化合物代谢的活化、细胞壁的加固和重塑、抗病和应答胁迫蛋白质的产生以及高压质外体环境的形成。同时，细胞抗氧化能力的迅速激活也保证了宿主能够维持其正常的细胞结构，增强了它们对病原菌侵染的耐受力。虽然本试验的研究结果提供了一些与棒孢叶斑病抗性相关的关键蛋白，但是还需要通过对基因功能的进一步研究来了解这些蛋白质在抗病过程中所发挥的功能和作用。因此，本试验的研究结果为阐明黄瓜抵抗棒孢叶斑病菌入侵的抗性分子机制提供了新的线索。

二、qRT-PCR 检测差异蛋白质的基因表达变化

（一）材料与方法

1. 材料　供试黄瓜品种为津优 38 号（抗棒孢叶斑病品系）。分别于接种后 0 h、6 h、12 h、24 h、48 h 和 72 h 取黄瓜叶片，液氮速冻，－80 ℃冰箱保存待用。定量的基因为第三章鉴定到的抗病反应相关蛋白质所对应的基因 cDNA 序列，包括类乳胶蛋白（mlp-like protein，*MLP*）、MLO 家族蛋白（mlo family protein，*MLO*）、非特异性脂质转移蛋白（non-specific lipid-transfer protein，*nsLTP*）、类枯草菌素蛋白酶（subtilisin-like protease，*SUBP*）、ACC 氧化酶（acc oxidase，*ACC*）、12-氧代植二烯酸还原酶 1（12-oxophytodienoate reductase 1，*OPR1*）、磷脂酶 D（phospholipase D，*PLD*）、丝氨酸/苏氨酸蛋白酶（Serine/threonine-protein kinase，*S/TPK*）、指挥蛋白（dirigent protein，*DIRP*）、三角五肽蛋白（pentatricopeptide repeat-containing protein，*PPR*）。

2. 方法　按照天根公司的 RealMasterMix 试剂盒使用说明，在实时荧光定量 PCR 仪中进行 PCR 扩增反应。各引物均设置阴性对照。每种样本以及内参做 3 个重复的反应孔扩增。基因表达的相对定量采用 $2^{-\triangle\triangle Ct}$ 法计算。*Ct* 值即循环阈值，表示荧光信号强度达到设定的阈值所需的循环反应次数。20 μL 实时荧光定量 PCR 反应体系中含有 10 μL 2×SuperReal PreMix Plus，1 μL cDNA，正、反向引物各 0.6 μL，补充 RNase-free 双蒸水至 20 μL。采用三步法 PCR 反应程序，95 ℃预孵化 15 min；扩增：95 ℃ 10 s，55～60 ℃ 20 s，72 ℃ 30 s，于此处收集荧光信号，一次 PCR 反应共 40 个循环；溶解：95 ℃ 0.5 s，60 ℃ 1 min；冷却：50 ℃ 30 s。根据 uniprot 中的 RefSeq 注释找到对应黄瓜基因的 CDS 序列，使用 Primer 5.0 软件进行引物设计，选择泛素伸展蛋白基因（UBI-ep）为内参基因来标准化基因的表达，引物序列见表 3-14，引物委托上海生物工程有限公司合成。

表 3-14　实时荧光定量 PCR 引物序列

引物名称	引物序列（5′→3′）
UBI-ep	F：CACCAAGCCCAAGAAGATC R：TAAACCTAATCACCACCAGC
S/TPK	F：ACCCAAAACCGAAGAACACC R：ACGAACGAAGTAACCAGGAGG
PPR	F：ATGTATCCAAGAAGGGAACGC R：TGAGGGCAAAGGGAATAAACT
ACC	F：GCACTTTCTTCCTCCGTCATC R：TTTTCGCAGAGCAAATCCAG
nsLTPs	F：CTTTCCGCCGCAAATGAT R：TGCTGGTGGTGCTGTCGTT
OPR1	F：GCTTGCGGCTAGAAATGCC R：TCCCCACTCTGTCTCCACCTA

（续）

引物名称	引物序列（5′→3′）
DIRP	F：ACAGGAAACGGCTGGGTCT R：GGGAACGATTTGGATTGAGG
MLO	F：CCAACCATTTTCAACGACCG R：GGAGGCAACTCTTCCCAACG
MLP	F：CTCTTGGTGGGAAACTTGTGAG R：ACCTCGGGTTTACCATCAGC
PLD	F：GCCAAATGGAGATTCGGATAA R：CCTGAAAAGGGAGTGAAAGGGT
SUBP	F：GCCTCACAATGAAGAACCCG R：TGCTGCTCCTCCTCCAGAAT

（二）结果与分析

10 种差异蛋白质对应基因的表达情况如图 3-49 所示，结果发现，病原菌接种后 ACC 氧化酶（*ACC*）、12-氧代植二烯酸还原酶 1（*OPR*1）、磷脂酶 D（*PLD*）、指挥蛋白（*DIRP*）、丝氨酸/苏氨酸蛋白酶（*S/TPK*）和三角五肽蛋白（*PPR*）的表达量整体呈上调趋势；类枯草菌素蛋白酶（*SUBP*）、类乳胶蛋白（*MLP*）、非脂质转移蛋白（*nsLTP*）和 MLO 家族蛋白的表达呈现下调趋势。同时，在转录水平和翻译水平发现了 3 组不同的变化结果：第一组为在相应的时间点上（6 h 或 24 h）蛋白质与 mRNA 的表达变化具有相同的趋势，包括类乳胶蛋白（*MLP*）、类枯草菌素蛋白酶（*SUBP*）、ACC 氧化酶（*ACC*）、12-氧代植二烯酸还原酶 1（*OPR1*）、磷脂酶 D（*PLD*）和指挥蛋白（*DIRP*）；第二组为转录水平上发生了显著的倍数变化，而蛋白质组数据并没有显著差异，包括接种后 6 h 的类乳胶蛋白（*MLP*）、2-氧代植二烯酸还原酶 1（*OPR1*）、磷脂酶 D（*PLD*）、指挥蛋白（*DIRP*）、ACC 氧化酶（*ACC*）以及 24 h 时类枯草菌素蛋白酶（*SUBP*）的变化；第三组为基因在转录水平和蛋白质表达水平上呈现相反的变化趋势，包括三角五肽蛋白（*PPR*）、非脂质转移蛋白（*nsLTP*）、丝氨酸/苏氨酸蛋白酶（*S/TPK*）和 MLO 家族蛋白，这种变化说明蛋白质与 mRNA 之间可能存在着不同的调控机制。

（三）讨论与结论

蛋白质是经 mRNA 转录而来的，研究差异蛋白质在转录水平上的表达变化，为验证蛋白组的变化与基因调控的关系，以及进一步了解侵染时间进程中不同基因的表达概况提供依据。本试验选取 10 种鉴定到的差异蛋白质，在转录水平对其进行基因表达分析。结果表明，不同的基因其表达模式不同，在病原菌处理后，这些基因在 mRNA 水平的显著变化说明它们可能在黄瓜抵御棒孢叶斑病菌侵害的过程中起到非常重要的作用。同时，在转录水平和翻译水平上发现了 3 组不同的变化趋势，第一组为在相应的时间点上（6 h 或 24 h）蛋白质与 mRNA 的表达变化具有相同的趋势；第二组为转录水平上发生了显著的倍数变化，而蛋白质组数据并没有显著差异；第三组为基因在转录水平和蛋白质表达水平上呈现相反的变化趋势。本试验的结果证实了先前的一些报道，转录调控和翻译调控之间

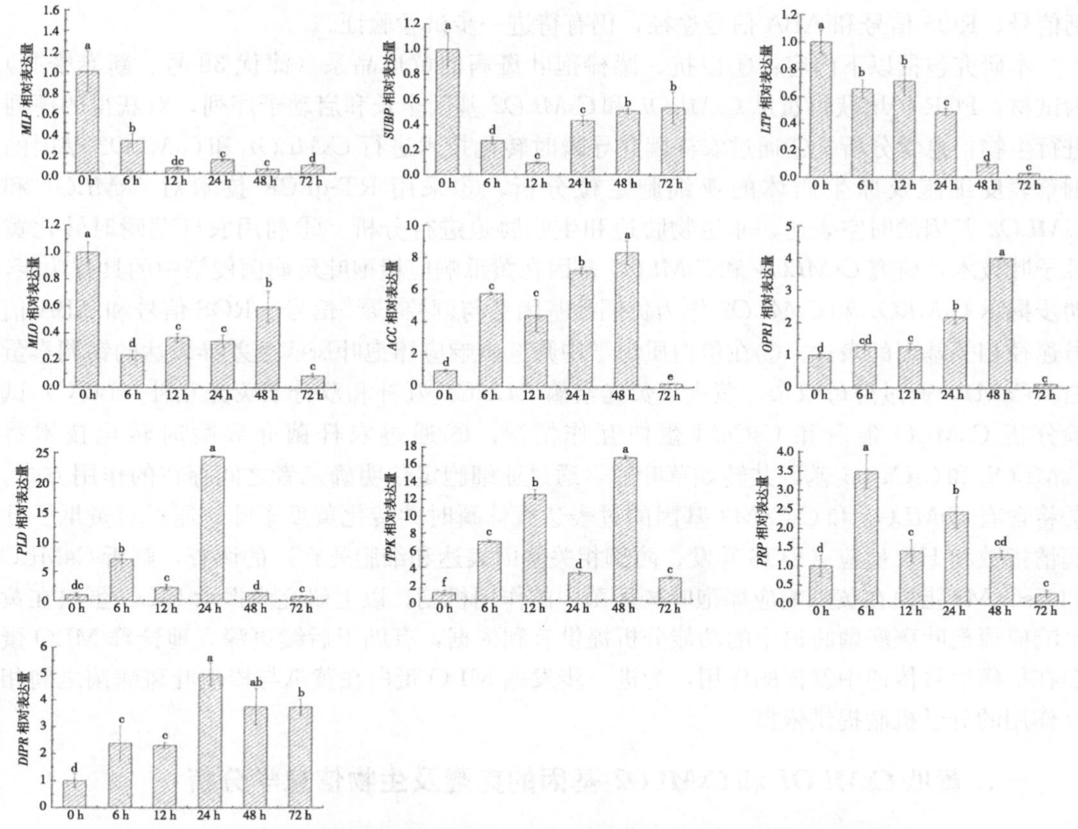

图 3-49　棒孢叶斑病菌处理下黄瓜 10 种差异蛋白质基因的表达情况

注：不同小写字母表示显著性差异（$P<0.05$）。

存在着差异性。这种 mRNA 和蛋白质表达不一致的现象可能有以下几方面的原因：转录后和翻译后复杂的调控机制；体内蛋白质的半衰期不同；许多蛋白质并不是由单基因控制的，而是存在多基因家族；试验中不可避免的误差，蛋白质和 mRNA 试验中存在着许多误差和背景噪声限制了试验结果的精确程度。另外，这种 mRNA 与蛋白质表达不一致的结果也强调了从蛋白质水平着手研究植物抗病机制的重要性。同样的，经常会在不同时间点检测到 mRNA 丰度的变化，而其在相应的蛋白质水平上并没有显著差异。这种现象也是很正常的，因为两种试验技术具有不同的灵敏度和特异性。

第三节　CsMLO 调控黄瓜抗棒孢叶斑病的研究

MLO 是植物特有的且高度保守的膜蛋白，在抵抗白粉病侵染的过程中，这类蛋白属于“感病因子”。但是，此类 MLO 蛋白在棒孢叶斑病菌胁迫响应中的具体功能研究甚少。棒孢叶斑病菌侵染后黄瓜叶片中差异蛋白质组学和转录组学中发现，*CsMLO1*（Cucsa. 207280）和 *CsMLO2*（Cucsa. 308270）在抗病品系中表达上调，说明 MLO 蛋白可能参与调控黄瓜对棒孢叶斑病菌的防御响应。研究发现，MLO 蛋白与钙信号、ROS 信号和 ABA 信号途径密切相关，3 组信号之间密切联系，相互激活调控，进而影响下游相关基因表达和 HR 反应。黄瓜 *CsMLO1* 和 *CsMLO2* 基因在棒孢叶斑病菌侵染后如何调控钙信号、ROS 信号和 ABA 信号途径，仍有待进一步试验验证。

本研究包括以下内容：①以抗、感棒孢叶斑病的黄瓜品系（津优 38 号、新泰密刺）为试材，PCR 扩增获得黄瓜 *CsMLO1* 和 *CsMLO2* 基因全长和启动子序列，对获得的序列进行生物信息学分析。②通过农杆菌介导瞬时转化技术进行 *CsMLO1* 和 *CsMLO2* 基因的烟草表皮细胞及原生质体的亚细胞定位分析。③采用 RT-qPCR 技术对 *CsMLO1* 和 *CsMLO2* 基因的时空表达、非生物胁迫和生物胁迫进行分析。④利用农杆菌瞬时转化黄瓜子叶技术，研究 *CsMLO1* 和 *CsMLO2* 基因在黄瓜响应棒孢叶斑病菌侵染中的具有功能，初步揭示 *CsMLO1* 和 *CsMLO2* 作为负调控基因参与调控 Ca^{2+} 信号、ROS 信号和 ABA 信号途径相关基因的表达。⑤在蛋白质组学中筛选出响应棒孢叶斑病菌差异表达的钙调素蛋白（CaM），通过酵母双杂、萤火虫荧光素酶（LUC）互补和双分子荧光互补（BiFC）试验分析 CsMLO 蛋白和 CsCaM 蛋白互作情况。⑥通过农杆菌介导瞬时转化技术将 *CsMLO1* 和 *CsCaM3* 基因共转烟草叶片，通过亚细胞定位明确二者之间存在的作用方式。⑦将含有 *CsMLO1* 和 *CsCaM3* 基因的过表达载体瞬时共转化黄瓜子叶，通过对黄瓜子叶病情指数和 HR 反应（ROS 暴发、防御相关基因表达和细胞死亡）的调查，解析 CsMLO 和 CsCaM3 蛋白在黄瓜响应棒孢叶斑病菌中的作用机制。以上研究为揭示 MLO 蛋白在黄瓜响应棒孢叶斑病菌胁迫中的功能分析提供有利依据，有助于后续更深入地诠释 MLO 蛋白在抗病信号传递中发挥的作用，为进一步发掘 MLO 蛋白在黄瓜与棒孢叶斑病菌之间相互作用的分子机制提供依据。

一、黄瓜 *CsMLO1* 和 *CsMLO2* 基因的克隆及生物信息学分析

（一）材料与方法

1. 材料 供试黄瓜品种为津优 38 号（抗病品系）和新泰密刺（感病品系）。在温室中培养黄瓜幼苗，温度控制为 25 ℃，光照环境为 16 h（光照）/8 h（黑暗）。待长至两叶一心时，采集黄瓜真叶并速冻于液氮中，于−80 ℃冰箱待用。

大肠杆菌感受态 DH5α 购于天根生化有限公司，pMD-18T 克隆载体均购于 Takara 公司。

2. 方法 根据目标基因的核苷酸序列，使用 Primer 5.0 软件分别设计 *CsMLO1* 和 *CsMLO2* 基因 DNA 序列，引物为 D-CsMLO1F/R 以及 D-CsMLO2F/R，引物序列见表 3-15。

表 3-15 *CsMLO1* 和 *CsMLO2* 基因序列扩增引物

引物名称	引物序列（5′-3′）
D-CsMLO1F	TCTAGAAAATCTGGCGATTTGGTGATCG
D-CsMLO1R	CCCGGGTCATTCAACTCTATCAAATGAAA
D-CsMLO2F	GGATCCTCTCCTTATTGGTTGCAGACCTTC
D-CsMLO2F	ACTAGTTCATTTGGCAAATGAGAAGTCTGATGGAGT

启动子序列的获得：根据在黄瓜基因组数据库（http：//cucurbitgenomics. org/）中查到的 *CsMLO1* 和 *CsMLO2* 所对应的基因序列，通过 NCBI 数据库 BLAST 搜索到

CsMLO1 和 CsMLO2 蛋白序列号为：LOC101217225 和 LOC101218929。根据相应的蛋白序列号搜索查到 *CsMLO1* 和 *CsMLO2* 基因 ATG 上游约 2 000 bp 的启动子序列。根据目标序列，使用 Primer 5.0 软件分别设计 *CsMLO1* 和 *CsMLO2* 基因的启动子序列，引物为 P-CsMLO1F/R 以及 P-CsMLO2F/R，引物序列见表 3-16。具体试验操作步骤同上，其中延时时间为 2 min。

表 3-16　*CsMLO1* 和 *CsMLO2* 启动子序列扩增引物

引物名称	引物序列（5′-3′）
P-CsMLO1F	CCCGGGCAACACTTAATTTTGAGAA
P-CsMLO1R	GGATCCGGATGAACTATACTACGTCAG
P-CsMLO2F	GGTACCCCTAATCATTTGGATTTGAAAAC
P-CsMLO2R	GGATCCTGAGAATGGAAACTATCTCCTTAC

（二）结果与分析

1. *CsMLO1* 和 *CsMLO2* 基因扩增　分别采用抗病品种和感病品种的黄瓜真叶提取 DNA，用高保真酶 PrimeSTAR GXL DNA Polymerase 进行 PCR 扩增，获得 *CsMLO1* 和 *CsMLO2* 基因全长序列和启动子序列。在抗性品种、感病品种中分别扩增出 *CsMLO1* 和 *CsMLO2* 启动子序列长度分别为 1 974 bp 和 2 000 bp，*CsMLO1* 和 *CsMLO2* 基因的全长序列分别为 5 888 bp 和 4 167 bp，且 *CsMLO1*、*CsMLO2* 启动子序列和全长序列不存在品种间差异。但是，*CsMLO2* 基因的全长序列在抗病品种和感病品种中有 8 个碱基与黄瓜数据库中相应序列存在差异，第 8 处差异的碱基导致编码出不同的氨基酸，以上结果可能是由于黄瓜品种间差异造成的碱基序列不同而导致的。

2. *CsMLO1* 和 *CsMLO2* 基因生物信息学分析

（1）*CsMLO1* 和 *CsMLO2* 基因启动子序列分析。非编码区虽然不能编码蛋白质，但对遗传信息的表达是不可缺少的。因此，预测基因上游序列中顺式作用元件对研究基因的功能提供一定的线索。顺式作用元件预测分析发现，黄瓜 *CsMLO1* 和 *CsMLO2* 都含有多个逆境应答元件和多个激素应答元件（表 3-17、表 3-18）。*CsMLO1* 和 *CsMLO2* 启动子上都有 ABA 响应相关元件（ABRE）、防御和应激反应元件（TC-rich repeats）、厌氧诱导响应元件（ARE）、干旱诱导响应元件（MBS）和光响应元件（AE-box、Box-4、G-box、GT1-motif、chs-CMA2a）。另外，*CsMLO1* 启动子上还有参与 MeJA 反应的顺式作用调节元件（CGTCA-motif、TGACG-motif），*CsMLO2* 启动子上还有与分生组织表达相关的顺式作用调节元件（CAT-box）、参与胚乳表达的调控元件（GCN4_motif）、参与低温响应的顺式作用元件（LTR）和参与昼夜节律控制的顺式作用调节元件（circadian）。

表 3-17　*CsMLO1* 启动子顺式作用元件预测结果

名称	位置	序列	功能
ABRE	320（+）	ACGTG	ABA 响应相关元件
AE-box	1 372（−）	AGAAACAA	光响应元件
ARE	1 765（−）	AAACCA	厌氧诱导响应元件

（续）

名称	位置	序列	功能
Box-4	193（+）；1 239（−）；792（+）；1 271（−）；622（+）；1 267（−）；824（−）	ATTAAT	参与光响应的保守 DNA 模块的一部分
CGTCA-motif	1 954（−）	CGTCA	参与 MeJA 反应的顺式作用调节元件
G-box	319（+）；1 319（+）	TACGTG；TAACACGTAG	参与光响应的顺式作用调节元件
GT1-motif	360（−）；778（+）；359（−）	GGTTAA；GGTTAAT	光响应元件
MBS	41（−）；1 950（+）	CAACTG	参与干旱诱导的 MYB 结合位点
TGACG-motif	1 954（+）	TGACG	参与 MeJA 反应的顺式作用调节元件
chs-CMA2a	1 403（+）	TCACTTGA	光响应元件的一部分

表 3-18　*CsMLO2* 启动子顺式作用元件预测结果

名称	位置	序列	功能
ABRE	891（+）	ACGTG	参与脱落酸反应的顺式作用元件
AE-box	1 963（−）	AGAAACAA	光响应元件
ARE	1 603（+）	AAACCA	无氧诱导所必需的顺式作用调节元件
Box-4	166（+）；180（+）	ATTAAT	参与光响应的保守 DNA 模块的一部分
CAT-box	602（+）	GCCACT	与分生组织表达相关的顺式作用调节元件
CCAAT-box	452（+）	CAACGG	MYBHv1 结合位点
G-box	890（+）	TACGTG	参与光响应的顺式作用调节元件
GA-motif	1 621（+）	ATAGATAA	光响应元件的一部分
GATA-motif	1 478（−）	GATAGGA	光响应元件的一部分
GCN4_motif	1 780（−）	TGAGTCA	参与胚乳表达的调控元件
GT1-motif	1 060（+）；1 532（−）	GGTTAA	光响应元件
LTR	444（+）；597（−）	CCGAAA	参与低温响应的顺式作用元件
MBS	1 015（−）；1 888（−）	CAACTG	MYB 结合位点参与干旱诱导
TC-rich repeats	1 209（+）	GTTTTCTTAC	参与防御和应激反应的顺式作用元件
TCCC-motif	1 922（+）	TCTCCCT	光响应元件的一部分
TCT-motif	1 213（+）	TCTTAC	光响应元件的一部分
circadian	1 760（−）	CAAAGATATC	参与昼夜节律控制的顺式作用调节元件

（2）*CsMLO1* 和 *CsMLO2* 基因结构及染色体骨架定位分析。搜索黄瓜基因组数据库（http：//cucurbitgenomics. org/）得到黄瓜基因组序列文件，结合 Tbtools 软件获得黄瓜 *MLO* 基因结构信息（图 3-50）。*CsMLO1* 基因编码区全长 5 888 bp，含有 13 个内含子和 14 个外显子。*CsMLO1* 基因 cDNA 全长 1 975 bp，其中开放阅读框（ORF）为 1 749 bp，5′-和 3′-非编码区（UTR）分别为 62 bp 和 164 bp。*CsMLO2* 基因编码区全长 4 167 bp，

含有 14 个内含子和 15 个外显子。*CsMLO2* 基因 cDNA 全长 2 152 bp，其中开放阅读框（ORF）为 1 725 bp，5′-和 3′-非编码区（UTR）分别为 201 bp 和 226 bp。比对分析发现，*CsMLO1* 和 *CsMLO2* 基因相似性为 63.98%。另外，染色体骨架定位分析预测，*CsMLO1*（Cucsa.2087280）和 *CsMLO2*（Cucsa.308270）基因定位在 scaffold01443 和 scaffold02927（图 3-51）。

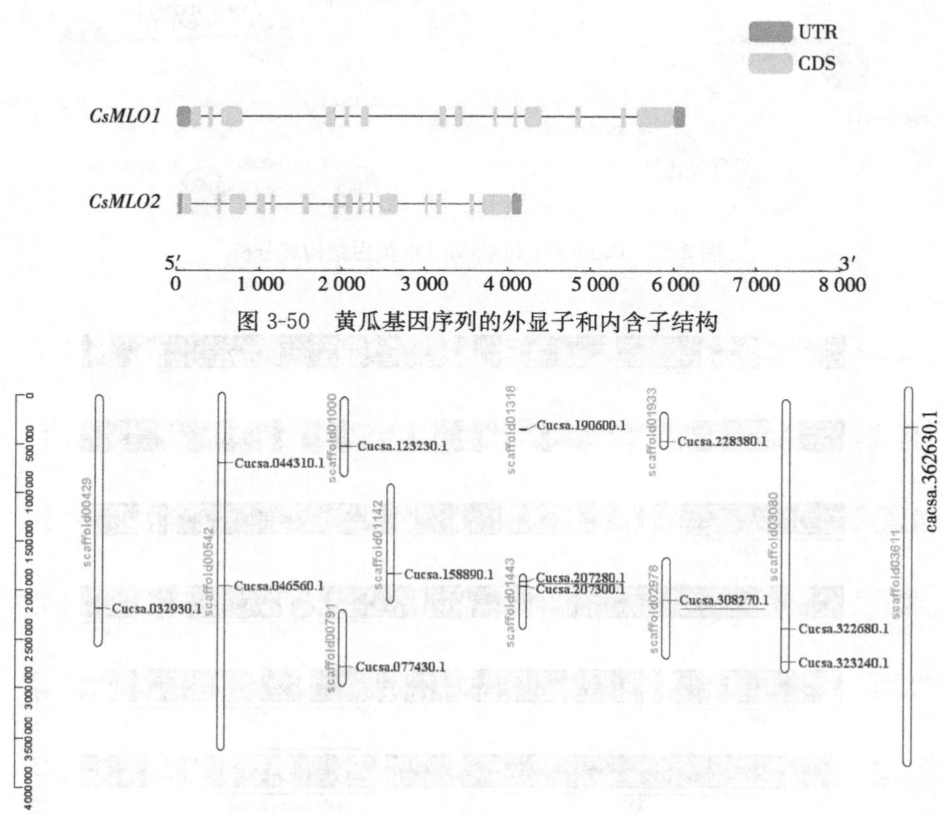

图 3-50　黄瓜基因序列的外显子和内含子结构

图 3-51　黄瓜 *MLO* 基因家族的染色体定位

（3）CsMLO1 和 CsMLO2 蛋白序列分析。CsMLO1 和 CsMLO2 蛋白的氨基酸数分别为 586 和 574，等电点分别为 9.21 和 9.25，分子量分别为 66.91 ku 和 65.8 ku。CsMLO1 和 CsMLO2 蛋白序列比对后相似性为 59.25%。亚细胞定位预测结果表明两者均定位在质膜中。使用 MEGA-X 软件对 CsMLO1 和 CsMLO2 的氨基酸序列进行比对分析，通过 SMART 和 InterProScan 在线分析表明两者均含有 7 个跨膜结构域，且在 C-端含有一个钙调素（CaM）结合位点（图 3-52）。

通过 KEGG、Uniprot 和 InterPro 分析预测 CsMLO1 蛋白可能与过氧化物酶体类蛋白相关（图 3-53、表 3-19），经 NCBI 注释了解 XP _ 004152392.1 为过氧化物酶体酰基辅酶 A 氧化酶 1（peroxisomal acyl-coenzyme A oxidase 1），XP _ 004171897.1 为酰基辅酶 A 氧化酶 3（Acyl-coenzyme A oxidase 3，peroxisomal）。CsMLO2 蛋白主要与组成型激活细胞死亡蛋白（CAD1）互作（表 3-20），其中包括 XP _ 004134924.1、XP _ 004163345.1、XP _ 004142683.1 和 XP _ 004168924.1。

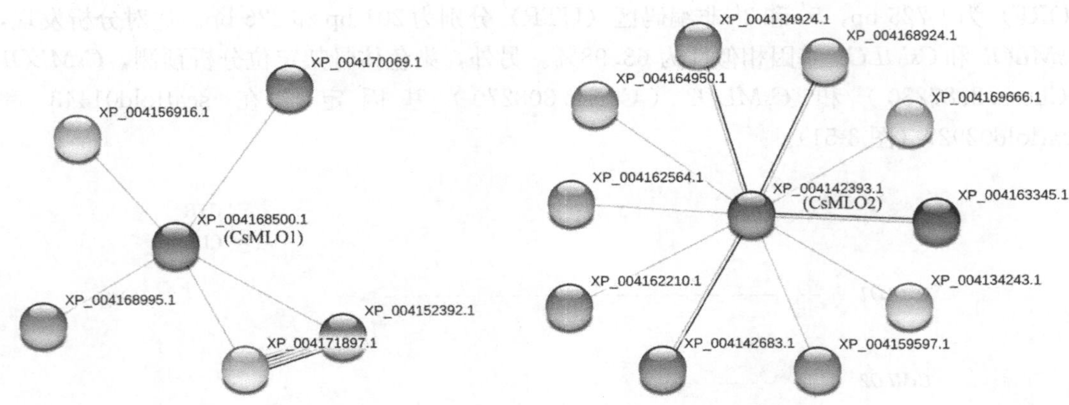

图 3-52　CsMLO1 和 CsMLO2 蛋白结构域分析

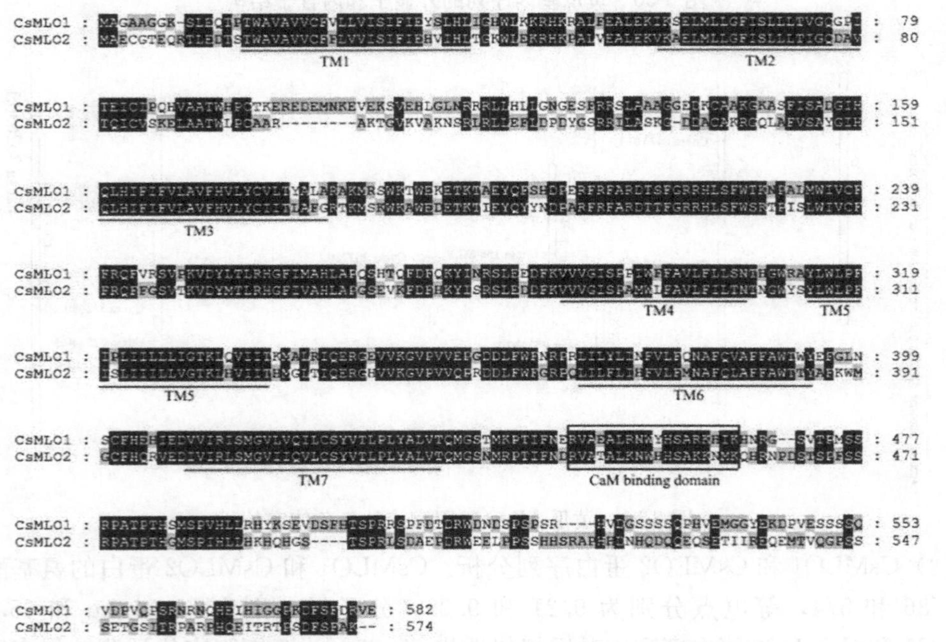

图 3-53　CsMLO 和 CsMLO2 互作蛋白预测

表 3-19　CsMLO1 互作蛋白网络预测结果

NCBI 蛋白号	预测互作蛋白
XP _ 004156916. 1	未知功能蛋白，上游框内终止密码子
XP _ 004168995. 1	未知功能蛋白，上游框内终止密码子
XP _ 004171897. 1	酰基辅酶 A 氧化酶 3，类过氧化物酶体
XP _ 004152392. 1	酰基辅酶 A 氧化酶 1，属于酰基辅酶 A 氧化酶家族
XP _ 004170069. 1	烟草花叶病病毒抗性蛋白

表 3-20　CsMLO2 互作蛋白网络预测结果

NCBI 蛋白号	预测互作蛋白
XP _ 004134243.1	泛素结合酶 E2 32
XP _ 004164950.1	U1 小分子核内核糖核蛋白
XP _ 004162564.1	BRCA1-A 复合物的类 BRE 亚基
XP _ 004162210.1	类泛素结合酶 E2 32-蛋白；未知功能蛋白
XP _ 004169666.1	果糖-1，6-双磷酸酶，细胞溶质样；属于 FBPase class 1 家族
XP _ 004159597.1	含螺旋结构域蛋白质 94 同系物
XP _ 004134924.1	含 MACPF 结构域的类 CAD1-蛋白
XP _ 004163345.1	含 MACPF 结构域的类 CAD1-蛋白
XP _ 004142683.1	含 MACPF 结构域的类 CAD1-蛋白
XP _ 004168924.1	含 MACPF 结构域的类 CAD1-蛋白

（4）CsMLO1 和 CsMLO2 蛋白系统进化树比对与基序分析。为明确黄瓜 CsMLO1 和 CsMLO2 蛋白系统进化关系，选择模式植物拟南芥 MLO 蛋白家族以及番茄、辣椒、芜菁和大麦中与抗白粉病相关的 MLO 蛋白作为参考。利用 MEGA-X 软件进行分析，Bootstrap method 参数设置为 1 000，构成 CsMLO1 和 CsMLO2 蛋白的系统进化树。图 3-54 表明，CsMLO1 和 CsMLO2 蛋白同拟南芥第 5 亚族中的 AtMLO2、AtMLO6、AtMLO12 以及番茄 LeMLO1、辣椒 CaMLO1、芜菁 BrMLO1 和大麦 HvMLO1 等高度同源。

为了进一步鉴定黄瓜 CsMLO1 和 CsMLO2 蛋白的基序特点，使用序列保守基序识别工具在线网站 MEME（http：//meme-suite. org/tools/meme）获取 Mast 文件，利用 TBtools 软件对其蛋白的保守基序进行分析。结果表明，不同物种 MLO 蛋白的保守结构域主要存在于 5′端，其中 CsMLO1 和 CsMLO2 蛋白与同一进化枝的 motif 的结构和顺序高度相似。但是，CsMLO1 蛋白中含有 2 个 motif 2。

（三）讨论与结论

前人研究报道，*MLO* 基因的天然突变和基因片段缺失赋予植物对白粉病菌持久、广谱的抗性。*MLO* 基因调控黄瓜抗白粉病研究发现，抗病品种和感病品种中的基因大小不一致，抗病品种对白粉病菌的抗性主要是由于 *MLO* 基因编码区部分片段缺失造成的。因此，本试验首先通过 PCR 技术获得黄瓜 *CsMLO1* 和 *CsMLO2* 基因的全长序列，其基因全长分别为 5 888 bp 和 4 167 bp，编码区（ORF）分别为 1 749 bp 和 1 725 bp，分别编码 586 个氨基酸和 574 个氨基酸。使用 DNAMAN 软件将黄瓜抗病品种和感病品种的 *CsMLO1* 和 *CsMLO2* 基因与黄瓜数据库中 GY14 品种基因组序列比较分析发现，抗病品种和感病品种的 *CsMLO1* 基因序列与黄瓜数据库中的核酸序列一致；抗病品种和感病品种的 *CsMLO2* 基因序列与黄瓜数据库中的核酸序列存在差异，差异位置在第 4 个外显子（2 个碱基）、第 7 个外显子（2 个碱基）、第 11 个外显子（1 个碱基）、第 12 个外显子（1 个碱基）和第 15 个外显子（2 个碱基），造成序列差异的原因可能是由于植物品种的不同，但是抗病品种和感病品种的 *CsMLO2* 基因序列高度一致。由此可见，*CsMLO1* 和 *CsMLO2* 基因序列在抗、感棒孢叶斑病的 2 个黄瓜品种中无差异，其调控的黄瓜抗病性并非由于基因序列差异所导致。

通过 PCR 技术获得 *CsMLO1* 和 *CsMLO2* 启动子序列，其长度分别为 1 974 bp 和 2 000 bp。使用 DNAMAN 软件将抗病品种和感病品种的 *CsMLO1* 和 *CsMLO2* 基因序列比对分析

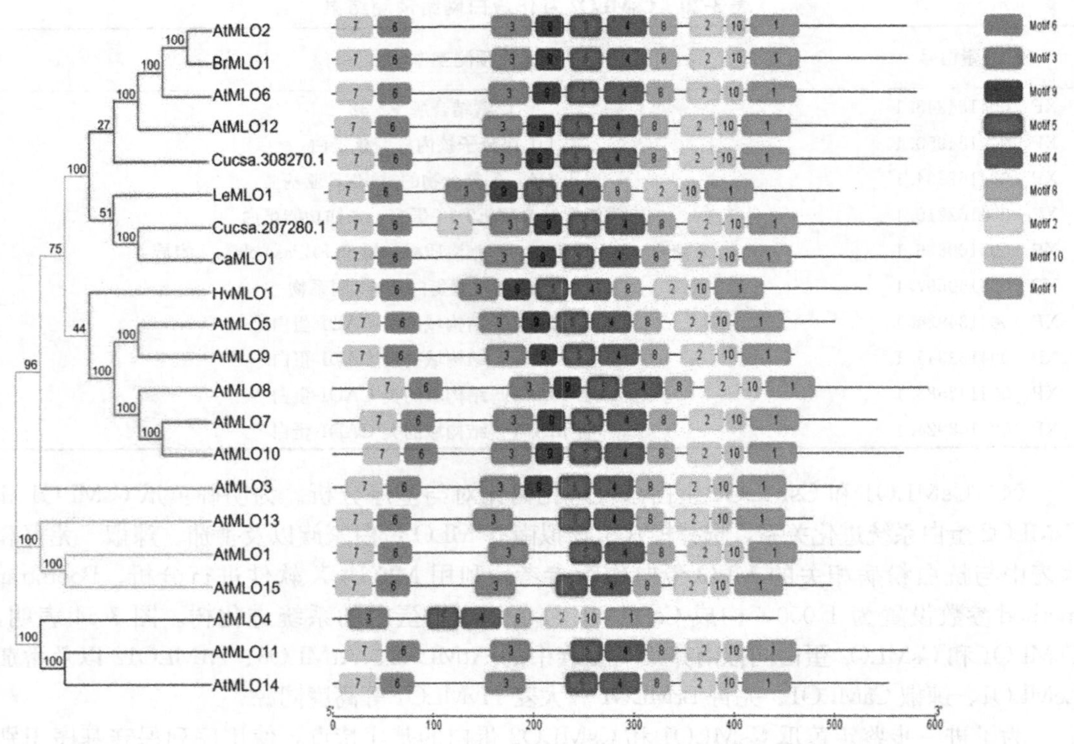

图 3-54 黄瓜 MLO 蛋白系统进化树比对和基序分析

注：CsMLO1（Cucsa. 207280）/CsMLO2（Cucsa. 308270）与其他植物 MLO 蛋白的氨基酸序列比较：拟南芥（MLO1-MLO15，登录号 Q9SXB6、Q94KB9、O23693、O22815、Q94KB7、O22752、O22757、Q94KB4、Q9FKY5、Q9FI00、O80961、Q94KB2、Q9FX83、O80580）、番茄（LeMLO1，登录号 AAX77013）、辣椒（CaMLO1，登录号 AAX31277）、芜菁（BrMLO1，登录号 AAX77014）和大麦（HvMLO1，登录号 P93766）。

发现，它们没有品种间差异。另外，*CsMLO1* 和 *CsMLO2* 启动子序列之间的相似性为 40.87%。顺式作用元件预测分析发现，黄瓜 *CsMLO1* 和 *CsMLO2* 都含 ABA 响应相关元件（ABRE）、防御和应激反应元件（TC-rich repeats）、厌氧诱导响应元件（ARE）、干旱诱导响应元件（MBS），*CsMLO1* 启动子上还有参与 MeJA 反应的顺式作用调节元件（CGTCA-motif、TGACG-motif），*CsMLO2* 启动子上还有与分生组织表达相关的顺式作用调节元件（CAT-box）、参与胚乳表达的调控元件（GCN4 _ motif）和参与低温响应的顺式作用元件（LTR）。Nie 等（2015）通过对黄瓜中 *MLO* 基因启动子区域的生物信息学分析，发现其顺式作用调节元件含有真菌诱导防御与胁迫响应元件，表明黄瓜 *MLO* 基因可能参与对白粉病菌侵染的防御反应。因此，通过对 *CsMLO1* 和 *CsMLO2* 启动子品种间序列比对以及顺式作用元件预测分析为其基因功能研究提供相关线索，推测 *CsMLO1* 和 *CsMLO2* 可能参与各种信号胁迫响应如生物胁迫与非生物胁迫，但具体参与哪些信号响应过程仍需进一步试验验证。

本试验以黄瓜全基因组序列为基础，对 CsMLO1 和 CsMLO2 蛋白的氨基酸序列从基因结构、染色体定位、保守结构域、蛋白互作网络、保守基序及进化树进行分析，进一步阐明 CsMLO1 和 CsMLO2 蛋白可能具有的生物学功能。为了初步探讨 CsMLO1 和

CsMLO2 蛋白的功能，通过系统进化发育分析，发现 2 个候选黄瓜 *MLO* 基因与拟南芥、番茄、辣椒、芜菁和大麦抗病基因被分为一枝；另外，CsMLO1 和 CsMLO2 蛋白与同一进化枝中其他植物含有高度相似蛋白基序，这说明基因结构和基因功能具有一定的关系，而 *CsMLO1* 和 *CsMLO2* 基因在不同的染色体骨架定位表明其基因功能可能存在一定的差异。不同植物家族的 MLO 蛋白氨基酸序列在跨膜区含有较高同源性，MLO 蛋白的 C 末端含有高度保守的钙调蛋白结合域（CaM-binding domain，CaMBD）的关键氨基酸。本试验预测结果表明，CsMLO1 和 CsMLO2 蛋白都含有 7 个跨膜保守结构域和 1 个钙调素结合位点。综上所述，CsMLO1 和 CsMLO2 蛋白是典型的 MLO 蛋白家族成员，并且可能参与病原菌的胁迫响应。

根据多个生物信息学网站共同分析预测可能与 CsMLO1 和 CsMLO2 蛋白有关的蛋白。其中，CsMLO1 蛋白主要与过氧化物酶体（Peroxisome）相关，预测的互作蛋白 XP_004152392.1 和 XP_004171897.1 均含有酰基辅酶 A 脱氢酶结构域（Acyl-CoA-dh-M）和酰基辅酶 A 氧化酶结构域（Acyl-CoA oxidase，ACOX）。过氧化物酶体是一类单层膜的细胞器，它与病原真菌致病性密切相关，其主要参与生物体的各种生理代谢活动，如乙醛酸循环、脂肪酸 β-氧化和活性氧调节等。CsMLO2 蛋白主要与组成型激活细胞死亡蛋白（CAD1）相关。预测结果显示，XP_004134924.1、XP_004163345.1、XP_004142683.1 和 XP_004168924.1 都含有膜攻击复合物和穿孔素（mem-brane attack complex and perforin，MACPF）结构域。CAD1 基因编码含有 MACPF 结构域的蛋白质，该蛋白质存在于穿孔素和参与动物先天免疫的补体系统终末成分中。拟南芥 CAD1 蛋白可以充当识别病原体感染的植物信号的介质，即 CAD1 蛋白负向控制植物免疫中程序性细胞死亡水杨酸（SA）介导的途径，水杨酸已成为激活病程相关基因（pathogenesis-related，PR）表达的关键信号组分。但 CsMLO1 和 CsMLO2 蛋白是否与这些途径相关还需要进一步试验数据支持。

（四）小结

通过搜索黄瓜基因组数据库和使用 PCR 技术扩增出黄瓜 *CsMLO1* 和 *CsMLO2* 基因全长和启动子序列，使用多种生物信息学软件预测相关基因的功能特征，为后续试验研究提供一定思路。

成功克隆获得黄瓜 *CsMLO1* 和 *CsMLO2* 基因全长和启动子序列，抗、感棒孢叶斑病的黄瓜品种中基因序列无差异。生物信息学分析表明，*CsMLO1* 和 *CsMLO2* 启动子中都含 ABA 响应相关元件、防御和应激反应元件；CsMLO1 和 CsMLO2 蛋白都含有 7 个跨膜保守结构域和 1 个钙调素结合位点；另外，CsMLO1 蛋白主要与过氧化物酶体介导的乙醛酸循环、脂肪酸 β-氧化和活性氧调节等有关，CsMLO2 蛋白主要与植物免疫中水杨酸介导的途径相关。综上所述，CsMLO1 和 CsMLO2 蛋白作为典型的 MLO 蛋白家族成员，并且参与病原菌的胁迫响应。

二、黄瓜 *CsMLO1* 和 *CsMLO2* 的亚细胞定位及基因表达分析

（一）材料与方法

1. 材料　本氏烟草（*Nicotiana benthamiana*）、黄瓜津优 38 号（抗病品种）和黄瓜新泰密刺（感病品种）放置在土培室中 25 ℃培养，光照 16 h，黑暗 8 h。

瞬时过表达载体 pRI101-GFP 由沈阳农业大学张志宏教授馈赠；根癌农杆菌 EHA105

由沈阳农业大学齐明芳教授馈赠；大肠杆菌感受态 DH5α 购于天根生化有限公司。

2. 方法 取生长两叶一心的黄瓜根、茎、真叶和子叶于−80 ℃冰箱保存待用。

选取长势一致、两叶一心的黄瓜接种棒孢叶斑病菌，剪取接种后 0 h、3 h、6 h、12 h、24 h、48 h、72 h 和 144 h 的真叶，液氮速冻后置于−80 ℃冰箱保存待用。

选取长势一致、两叶一心的黄瓜分别喷施 10 mmol/L $CaCl_2$、10 μmol/L H_2O_2、0.1 mmol/L ABA、0.1 mmol/L MeJA 和 1 mmol/L SA 外源物质，对照组喷施蒸馏水。剪取处理后 12 h、24 h 和 48 h 的黄瓜叶片于液氮速冻后置于−80 ℃冰箱保存待用。

烟草叶片瞬时表达：将鉴定的阳性单克隆菌落接种到 10 mL 含 Rif 和 Kan 的 YEP 液体培养基中，28 ℃ 180 r/min 振荡至 OD_{600}=1.0。5 000 r/min 离心 10 min，弃上清液，用悬浮液（含 10 mmol/L MES 和 10 mmol/L $MgCl_2 \cdot 6H_2O$）将菌体悬浮。5 000 r/min 离心 10 min，弃上清液后，重复上一步骤，继续清洗菌体。用悬浮液（含 10 mmol/L MES、10 mmol/L $MgCl_2 \cdot 6H_2O$ 和 200 mmol/L 乙酰丁香酮）悬浮菌体并使其 OD_{600}=0.6，28 ℃静止 3 h。生长 20 d 的烟草叶片用于瞬时转化，将菌液用无针头的注射器注入烟草叶片，随后 25 ℃黑暗过夜培养，之后正常培养 2～3 d。

烟草叶片原生质体提取：选择上述瞬时表达的烟草叶片为材料，用刀片将叶片切成 0.5～1 mm 的细条，注意不要造成组织压迫。将切好的叶片迅速转移到酶解液中，弱光抽真空渗透 30 min。之后 25 ℃、弱光、50 r/min 下酶解 6 h。将酶解后的溶液用等量的 W5 溶液稀释，然后用 200 mm 的尼龙膜过滤，弃滤渣。将稀释后的溶液分装在 50 mL 的圆底离心管中，4 ℃，100 *g* 离心 2 min，尽量除去上清液。用 W5 溶液轻轻地悬浮原生质体后冰浴 30 min，待原生质体下沉至管底后，吸出 W5 溶液，加入等体积的预冷的 MMG 溶液，重悬原生质体后观察。

（二）结果与分析

1. CsMLO1 和 CsMLO2 蛋白的亚细胞定位

（1）亚细胞定位载体构建。使用高保真酶 PrimeSTAR GXL DNA Polymerase 进行 PCR 扩增，获得去除终止子密码子的 *CsMLO1* 和 *CsMLO2* 基因的 cDNA 序列分别为 1 749 bp和 1 725 bp。然后，用 *Sal* Ⅰ和 *Bam* HⅠ限制性内切酶切割亚细胞定位载体 pRI101 AN-GFP，回收大片段。

将上述试验中的大片段和小片段进行连接，转化大肠杆菌后进行重组载体的菌落 PCR 鉴定。将阳性 PCR 对应的菌液加入 10 mL 液体 LB 培养基（含 Kan）进行扩繁，提取质粒后将亚细胞定位载体 pRI101-*CsMLO1*-GFP 和 pRI101-*CsMLO2*-GFP 置于−20 ℃保存待用。

（2）亚细胞定位。将空载体 35S∷GFP、35S∷*CsMLO1*-GFP 和 35S∷*CsMLO2*-GFP 重组质粒转入农杆菌 EHA105 后，通过农杆菌介导瞬时转化方法，注射烟草叶片后，应用激光共聚焦显微镜首先观察 *CsMLO1*-GFP 和 *CsMLO2*-GFP 在烟草叶片中亚细胞定位情况（图 3-55），之后通过原生质体定位进一步证明它们的定位情况（图 3-56）。结果表明，CsMLO1 和 CsMLO2 蛋白均定位在质膜中。

2. *CsMLO1* 和 *CsMLO2* 基因表达特异性分析 为了研究 *CsMLO1* 和 *CsMLO2* 在黄瓜中的基因表达模式，对津优 38 号（抗病品种）和新泰密刺（感病品种）不同黄瓜器官中的组织特异性表达模式进行了 RT-qPCR 检测（图 3-57），均以真叶表达量为基准 1.0。在感病品

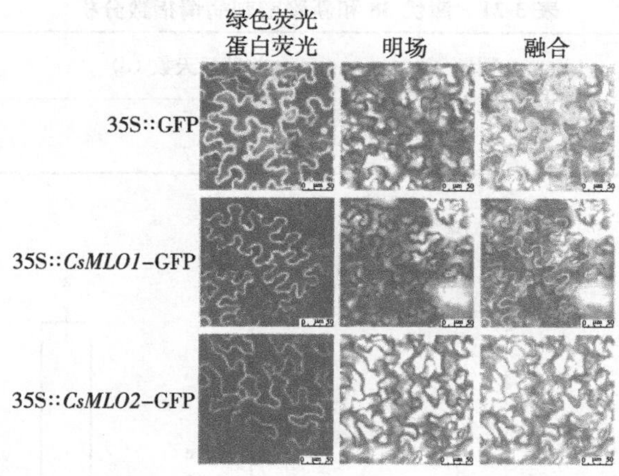

图 3-55　35S∷*CsMLO1*-GFP 和 35S∷*CsMLO2*-GFP 融合蛋白亚细胞定位

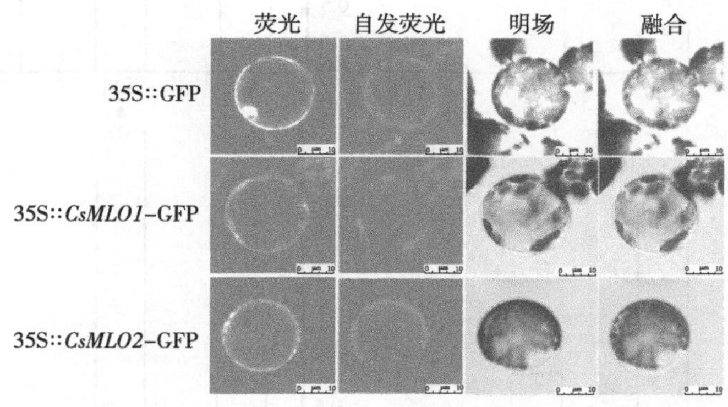

图 3-56　35S∷*CsMLO1*-GFP 和 35S∷*CsMLO2*-GFP 融合蛋白在烟草原生质体中亚细胞定位

种中，黄瓜 *CsMLO1* 基因在茎中呈现较高的表达量，其次是真叶，但在子叶和根中表达较弱（图 3-57A）。在抗性品种中，*CsMLO1* 基因在子叶和根中表达量相对较高，其次是在真叶和茎中（图 3-57B）。在感病品种中，*CsMLO2* 基因主要在真叶和子叶中表达，在根和茎中表达量较少（图 3-57C）。在抗病品种中，*CsMLO2* 基因也主要在真叶和子叶中表达，在根和茎中表达较少（图 3-57D）。可见，*CsMLO1* 和 *CsMLO2* 基因在黄瓜中呈现出组织表达特异性。

3. 棒孢叶斑病菌胁迫下 *CsMLO1* 和 *CsMLO2* 基因的表达分析　Wang 等（2018）通过病情指数分析研究调查接种棒孢叶斑病菌后不同黄瓜品种的发病情况（表 3-21），发现津优 38 号表现出较低的感病表型，而新泰密刺表现出较高的易感病性。在前期试验中也发现，*CsMLO1* 和 *CsMLO2* 基因参与黄瓜对棒孢叶斑病菌胁迫的响应。

为了进一步探究 *CsMLO1* 和 *CsMLO2* 基因在黄瓜抗病品种和感病品种中对棒孢叶斑病菌侵染的响应方式，对两叶一心期的黄瓜进行喷雾接种试验，并于接种病原菌后 0 h、6 h、12 h、24 h、48 h、72 h 和 144 h 取样。棒孢叶斑病菌侵染下黄瓜抗、感品种中 *CsMLO1* 和 *CsMLO2* 基因的表达变化如图 3-58 所示。黄瓜感病品种接种后 24 h 时 *CsMLO1* 基因被明显诱导表达，并在接种后 48 h 达到峰值，随后其基因表达水平逐渐降低；抗性品种中的 *CsMLO1* 基因则在接种后 48 h 和 72 h 高表达；同时，在接种棒孢叶斑病菌后，感病品种中 *CsMLO1* 基因表达量一直明显高于抗病品种。在接种棒孢叶斑病菌后，黄瓜感、抗品种中的

表 3-21　津优 38 和新泰密刺病情指数分析

黄瓜品种	数量	接菌后天数（d）	病情指数
津优 38 号	77	7	14.85
新泰密刺	75	7	72.33

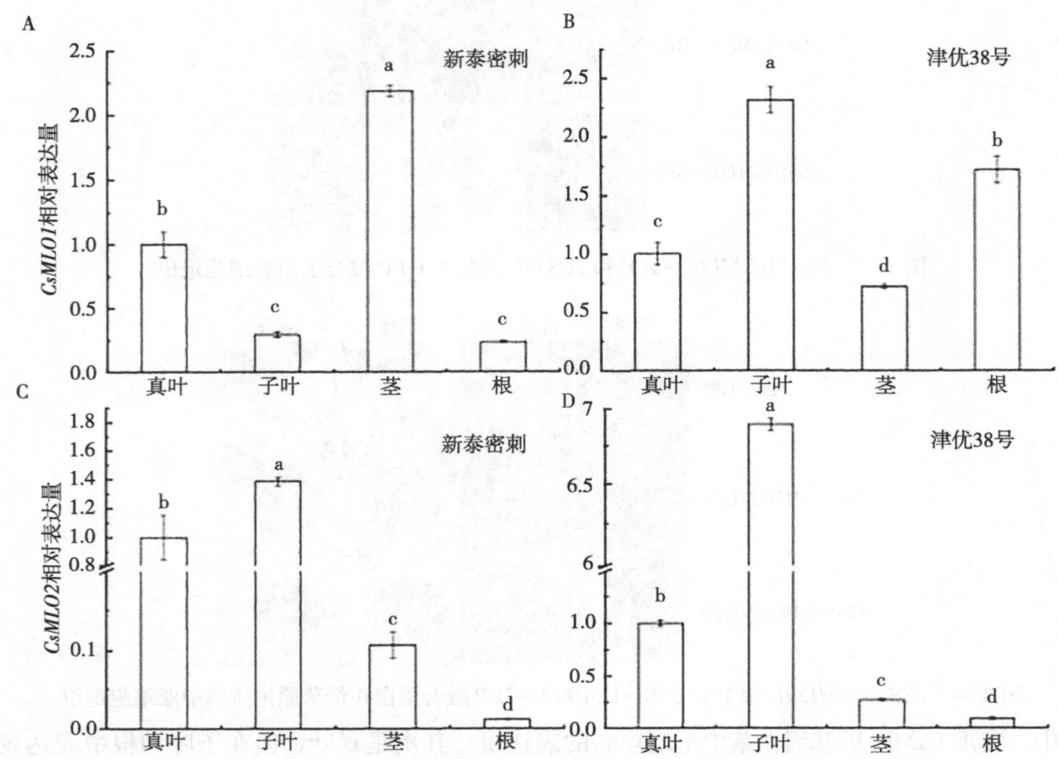

图 3-57　*CsMLO1* 和 *CsMLO2* 基因在黄瓜不同组织中的表达模式

注：不同小写字母表示显著性差异（$P<0.05$）。

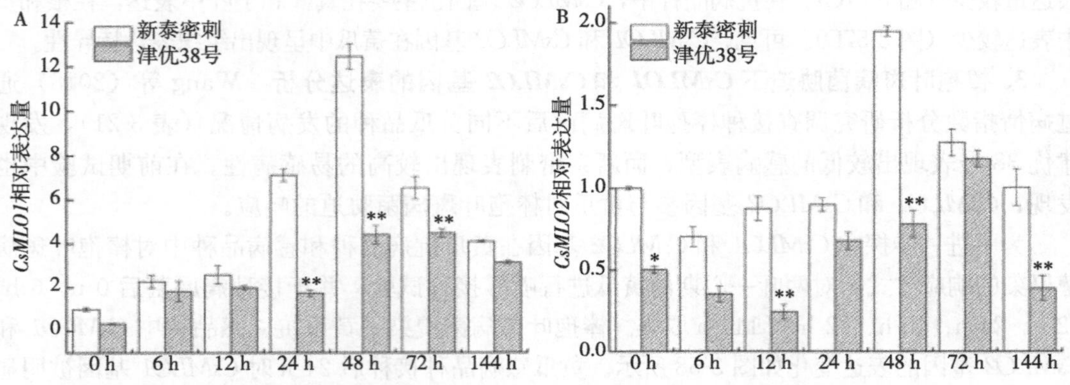

图 3-58　棒孢叶斑病菌侵染后黄瓜叶片 *CsMLO1* 和 *CsMLO2* 基因的表达变化

注：A 图为棒孢叶斑病菌侵染津优 38 号和新泰密刺的表型分析；B 图为棒孢叶斑病菌侵染津优 38 号和新泰密刺后 0 h、6 h、12 h、24 h、48 h、72 h 和 144 h 下 *CsMLO1* 和 *CsMLO2* 基因转录水平检测。*、**表示显著性差异（$*P<0.05$，$**P<0.01$）。

CsMLO2 基因表达水平均呈现先下降后升高，感病品种接种 48 h 时 *CsMLO2* 基因表达水平达到峰值，而抗病品种在接种 72 h 时 *CsMLO2* 基因表达水平达到峰值。由此可见，感病品种中的 *CsMLO2* 基因被诱导高表达要早于抗病品种。以上结果表明，在接种棒孢叶斑病菌后，黄瓜感病品种中的 *CsMLO1* 和 *CsMLO2* 基因表达水平比抗性品种更早、更高。

4. 不同外源物质处理下黄瓜 *CsMLO1* 和 *CsMLO2* 基因的表达分析　应用不同外源物质如 H_2O_2、$CaCl_2$、SA、MeJA 和 ABA，分别喷施处理抗病品种（津优 38 号）和感病品种（新泰密刺）的黄瓜叶片，检测外源物质对 *CsMLO1* 和 *CsMLO2* 基因表达的影响（图 3-59）。

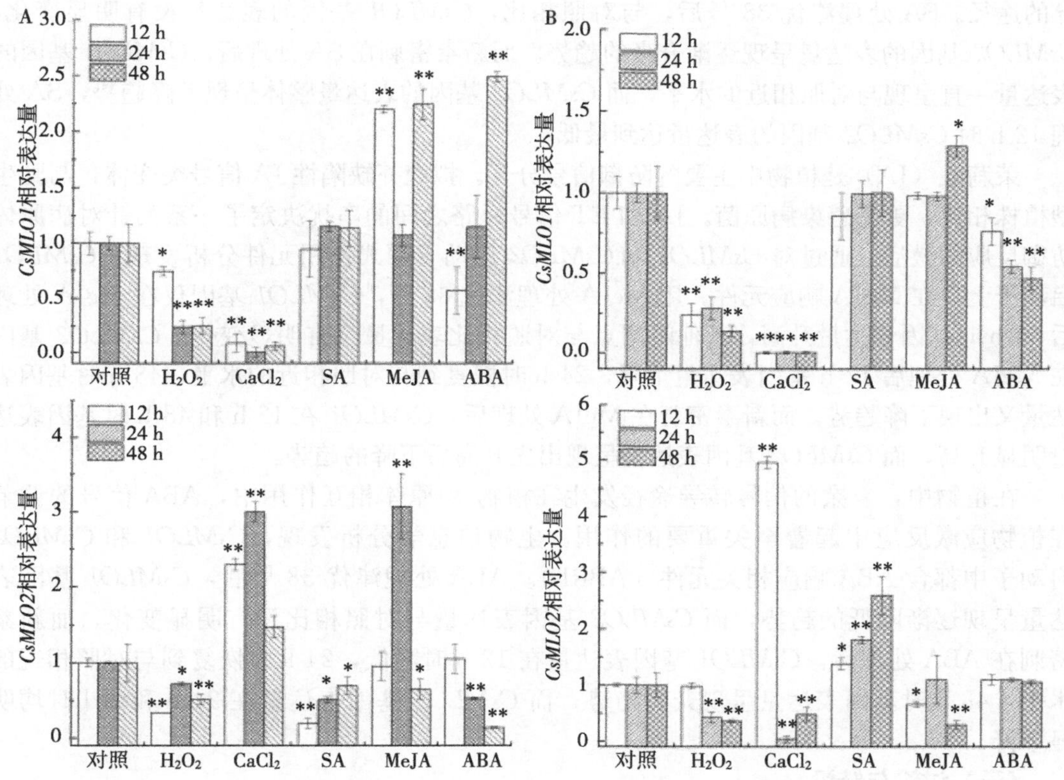

图 3-59　不同外源物质处理后中 *CsMLO1* 和 *CsMLO2* 基因的表达模式

注：*、**表示显著性差异（$*P<0.05$，$**P<0.01$）。

A. 津优 38 号　B. 新泰密刺

活性氧分子作为植物抗病性的第一道防线，通过在防御反应的早期阶段质膜上引起脂质过氧化链反应来抑制真菌生长。ROS 也可以作为第二信使激活防御基因的表达和增强对病原菌入侵的机械抗性。通过生物信息学分析发现，*CsMLO1* 基因主要与过氧化物酶体（peroxisome）相关。在津优 38 号中，*CsMLO1* 基因的表达量在 H_2O_2 处理后 12～48 h 受到抑制，*CsMLO2* 基因的表达量在 H_2O_2 处理后 24 h 和 48 h 受到抑制；而新泰密刺在 H_2O_2 处理后，与对照组相比，*CsMLO1* 和 *CsMLO2* 基因的表达均被抑制。

Ca^{2+} 作为第二信使可以激活和调节下游基因的表达，在植物-病原体相互作用中起重要作用。通过对 CsMLO1 和 CsMLO2 蛋白序列结构域分析发现，CsMLO1 和 CsMLO2

蛋白均具有钙调素结合位点。因此，本试验进一步检测 Ca^{2+} 对 *CsMLO1* 和 *CsMLO2* 基因表达的影响。$CaCl_2$ 处理津优 38 号时，*CsMLO1* 基因的表达在处理后 12～48 h 明显受到抑制，且与对照组相比表达量差异极显著；而 *CsMLO2* 基因的表达量呈现先升高后下降的趋势。新泰密刺在 $CaCl_2$ 处理后，*CsMLO1* 基因的表达量一直呈现下降的趋势，而 *CsMLO2* 基因的表达量呈现先升高后下降的趋势。

水杨酸（SA）信号途径是激发系统获得性抗性的主要分子途径。植物在受到病原菌侵染后，SA 积累后引发的超敏反应会产生一系列病程相关蛋白的表达。另外，生物信息学分析发现，*CsMLO2* 基因主要与 CAD1 蛋白相关，CAD1 蛋白主要介导调控水杨酸介导的途径。SA 处理津优 38 号后，与对照相比，*CsMLO1* 基因的表达量没有明显变化，*CsMLO2* 基因的表达量呈现逐渐升高的趋势。而新泰密刺在 SA 处理后，*CsMLO1* 基因的表达量一直呈现与对照相近的水平，而 *CsMLO2* 基因的表达量整体呈现下降趋势，SA 处理 12 h 时 *CsMLO2* 基因的表达量达到最低。

茉莉酸（JA）是植物中主要的防御信号分子。拟南芥缺陷性 JA 信号突变体，与野生型植株相比，更易感染病原菌。JA 和 ET 信号通路之间的串扰决定了一系列针对病原体防御反应的激活。通过对 *CsMLO1* 和 *CsMLO2* 启动子顺式作用元件分析发现，*CsMLO1* 启动子上存在 MeJA 响应元件。用 MeJA 处理津优 38 号，*CsMLO1* 基因仅在 MeJA 处理后 48 h 时基因表达量升高，其他时间点与对照相比表达量没有明显变化。*CsMLO2* 基因在 MeJA 处理后 12 h 基因表达量下降，24 h 时恢复到与对照相近的水平，48 h 时基因表达量又出现下降趋势。而新泰密刺在 MeJA 处理后，*CsMLO1* 在 12 h 和 48 h 时基因表达量明显升高，而 *CsMLO2* 基因表达量呈现出先升高后下降的趋势。

在植物中，复杂的信号转导途径发生在植物-病原体相互作用中，ABA 信号的调节在植物应激反应中起着至关重要的作用。生物信息学分析发现，*CsMLO1* 和 *CsMLO2* 启动子中都含 ABA 响应相关元件（ABRE）。ABA 处理津优 38 号后，*CsMLO1* 基因表达量呈现逐渐降低的趋势，而 *CsMLO2* 基因表达量与对照相比没有明显变化。而新泰密刺在 ABA 处理后，*CsMLO1* 基因表达量在 12 h 时降低，24 h 时恢复到与对照相近的水平，48 h 时基因表达量呈现升高趋势；而 *CsMLO2* 基因表达量在 24 h 和48 h时均明显下降。

（三）讨论与结论

有研究表明，MLO 蛋白主要定位在植物细胞膜上。本试验通过烟草叶片表皮细胞和原生质体定位分析发现，黄瓜 CsMLO1 和 CsMLO2 蛋白也定位在细胞膜处，与大多数 *MLO* 抗性基因的亚细胞定位结果一致，且 CsMLO1 和 CsMLO2 蛋白在质膜中定位显示出潜在的功能。不同进化枝上的 *MLO* 基因在不同组织中的基因表达量存在较大差异。半定量分析发现，*RmMlo* 在感病叶片中的表达量最高，在根中不表达。本试验通过 RT-qPCR 技术研究发现，*CsMLO1* 基因在黄瓜感病品种的根中表达量较低，*CsMLO2* 基因在黄瓜抗病品种和感病品种的根中几乎不表达。而 *CsMLO1* 基因在感病品种中茎的表达量最高，在抗病品种中子叶的表达量最高。*CsMLO2* 基因在感病品种和抗病品种中子叶的表达量最高。另外，*CsMLO1* 和 *CsMLO2* 基因在其他不同组织中的也有表达差异。因此，结合蛋白质亚细胞定位和基因时空表达模式，表明 CsMLO1 和 CsMLO2 蛋白都是典型的 MLO 蛋白，且表现出组织表达特异性。

MLO 基因是植物负调控白粉病的广谱抗性基因，在麦类、拟南芥、烟草和黄瓜等植物中均有发现。近年来，研究还发现 *MLO* 基因参与调控植物其他病害。前期研究中发现，*CsMLO* 基因可能参与黄瓜对棒孢叶斑病菌侵染的响应，但其具体功能及作用机制尚不清楚。本试验表明，随着棒孢叶斑病菌侵染时间的延长，*CsMLO1* 基因表达量先升高后下降，并且感病品种中的 *CsMLO1* 基因被诱导高表达要早于抗病品种；*CsMLO2* 基因表达量呈现先下降后升高，然后又下降的趋势，且感病品种中的 *CsMLO2* 基因被诱导高表达要早于抗病品种。综上可知，*CsMLO1* 和 *CsMLO2* 基因参与黄瓜对棒孢叶斑病菌的响应过程，且不同黄瓜品种间 *CsMLO1* 和 *CsMLO2* 基因抗性存在一定的差异。但是，造成这种抗性不同的原因还需要进一步研究。

有研究发现，MLO 蛋白在 C 末端含有一个 10～35 个氨基酸残基的钙调素结合位点。钙调素是真核生物中普遍存在的 Ca^{2+} 结合蛋白，在钙信号传递途径中发挥重要作用。对大麦胚芽鞘外源施用 Ca^{2+}，可以调节 *mlo* 突变体对病原菌的抗性。本试验中，在外源喷施 $CaCl_2$ 后，津优 38 号和新泰密刺中 *CsMLO1* 基因的表达量明显被抑制，*CsMLO2* 基因的表达量在这 2 个品种中却呈现先升高后下降的趋势。那么，Ca^{2+} 离子调控它们基因表达水平的变化是否也会影响 *CsMLO1* 和 *CsMLO2* 的抗性水平，后续仍需进一步验证。在多种生理过程中的 *MLO* 基因功能与 ROS 信号相关，拟南芥中第Ⅴ进化枝 *MLO* 基因充当 ROS 信号传导的负调节因子。本试验中外源施用 H_2O_2 后，津优 38 号和新泰密刺中 *CsMLO1* 和 *CsMLO2* 的基因表达量下调，表明 H_2O_2 可能负向调控 *CsMLO1* 和 *CsMLO2* 基因。Wang 等（2016）发现，用外源激素 ABA、JA 和 SA 等处理棉花后，其家族的 *MLO* 基因表达量受到抑制或者诱导。另外，外源 SA 处理辣椒叶片后 *CaMLO2* 基因表达量明显增加，MeJA 处理后不诱导 *CaMLO2* 基因的表达。本试验中外源施用 SA 后，*CsMLO1* 基因的表达量没有被诱导，而抗病品种和感病品种中 *CsMLO2* 基因的表达量受到诱导或抑制。外源施用 MeJA 后，抗病品种中 *CsMLO1* 基因表达量在48 h时升高，感病品种中 *CsMLO1* 基因表达量在 12 h 和 48 h 时明显升高；而 *CsMLO2* 基因表达量主要呈现下调趋势。另外，研究发现，辣椒 *CaMLO2* 的基因表达量受到 ABA 和干旱的诱导，且 *CaMLO2* 基因沉默或过表达都证明该基因是 ABA 信号的负调节因子。生物信息学分析发现，*CsMLO1* 和 *CsMLO2* 启动子中都含 ABA 响应相关元件（ABRE），外源施用 ABA 后，抗病品种中 *CsMLO1* 基因表达量下调，感病品种中 *CsMLO1* 基因表达量先下降后升高。*CsMLO2* 基因表达量在感病品种中 24 h 和 48 h 时呈现下调趋势，说明黄瓜 *CsMLO1* 和 *CsMLO2* 基因与 ABA 信号通路密切相关。综上所述，黄瓜 *CsMLO1* 和 *CsMLO2* 基因能响应 $CaCl_2$、H_2O_2、ABA、JA 和 SA 多种外源物质处理，其在调控黄瓜抗病性过程中可能与 Ca^{2+}、ROS、SA、JA 和 ABA 等多种信号途径密切相关。

（四）小结

利用瞬时转化烟草的方法，发现 CsMLO1 和 CsMLO2 蛋白均定位于烟草叶片表皮细胞和原生质体的质膜上。RT-qPCR 技术分析表明，*CsMLO1* 和 *CsMLO2* 基因表达具有组织特异性，*CsMLO1* 和 *CsMLO2* 基因可能参与调控黄瓜对棒孢叶斑病的抗性，且 *CsMLO1* 和 *CsMLO2* 基因的抗性调控作用可能与 Ca^{2+}、ROS、SA 和 ABA 等信号通路密切相关。

三、*CsMLO1* 和 *CsMLO2* 基因在黄瓜抗棒孢叶斑病中的作用

（一）材料与方法

1. 材料 同一（一）所述。

2. 方法 重组质粒转化黄瓜子叶：将过表达载体和沉默载体的重组质粒转入 EHA105 农杆菌，将阳性克隆的农杆菌菌液摇至 OD_{600}＝1.0～1.2，收集菌体；用悬浮液（含 10 mmol/L MES 和 10 mmol/L $MgCl_2 \cdot 6H_2O$）将菌体悬浮，清洗 1 次。用转化液（含 10 mmol/L MES、10 mmol/L $MgCl_2 \cdot 6H_2O$ 和 200 mmol/L AS）继续悬浮菌体并使其 OD_{600}＝0.4，28 ℃静止 3 h。选取苗龄为 9 d 且长势一致的新泰密刺黄瓜子叶进行注射。

（二）结果与分析

1. *CsMLO1* 和 *CsMLO2* 基因瞬时过表黄瓜子叶鉴定

（1）PCR 检测。为鉴定 pCAMBIA3301-*CsMLO1*-LUC 和 pCAMBIA3301-*CsMLO2*-LUC 重组质粒是否成功转入黄瓜子叶，剪取瞬时转化 5 d 的黄瓜子叶，经 RNA 提取反转录合成 cDNA。重组质粒 LUC：*CsMLO1* 和 LUC：*CsMLO2* 为阳性对照，以未经任何处理的黄瓜子叶和注射空载体（LUC：00）的黄瓜子叶为阴性对照。PCR 鉴定分别以过表达载体中 *CsMLO1* 和 *CsMLO2* 基因的 3′端位置为上游引物，以 LUC 序列的 5′端为下游引物（表 3-22、图 3-60），经过电泳检测发现，阳性对照和瞬时过表达黄瓜子叶中扩增出一致的特异片段，阴性对照中并未扩增出相应的特异片段（图 3-61），进而初步证明重组质粒已经转化成功。

表 3-22 瞬时过表达载体 LUC：*CsMLO1* 和 LUC：*CsMLO2* 扩增引物表

引物名称	引物序列（5′-3′）
CsMLO1-nLuc-F	ACAACGATTCGCCCTCTCCATCTC
CsMLO1-nLuc-R	CCTCGATATGTGCATCTGTAAAAGC
CsMLO2-nLuc-F	GTTGCCTCCTTCTTCACACCATAGC
CsMLO2-nLuc-R	CCTCGATATGTGCATCTGTAAAGC

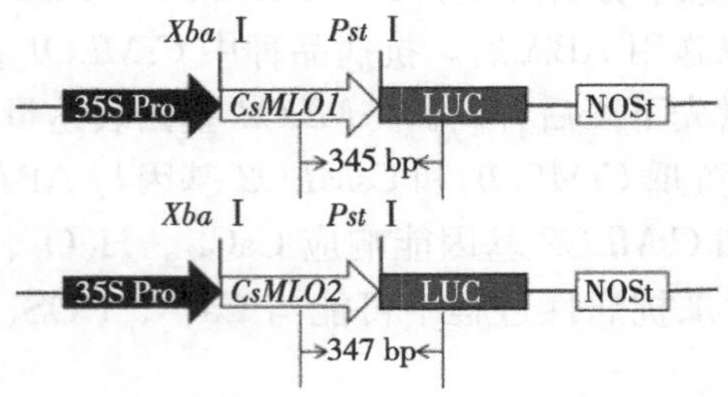

图 3-60 瞬时过表达载体 LUC：*CsMLO1* 和 LUC：*CsMLO2* PCR 鉴定

（2）荧光信号检测。萤火虫荧光素酶（LUC）与荧光素底物反应产生荧光，此效果可以检测瞬时转基因黄瓜子叶中相关基因的表达效果。以未经注射（空白对照）和注射空载体（LUC：00＋EHA105）的黄瓜子叶为对照，检测注射 LUC：*CsMLO1*＋EHA105 和 LUC：*CsMLO2*＋EHA105 的黄瓜子叶的荧光信号。剪取注射 5 d 后的黄瓜子叶并用打孔器截取部位一致的子叶圆片，迅速放入 D-虫荧光素钾盐溶液，25 ℃浸泡 20 min，使用

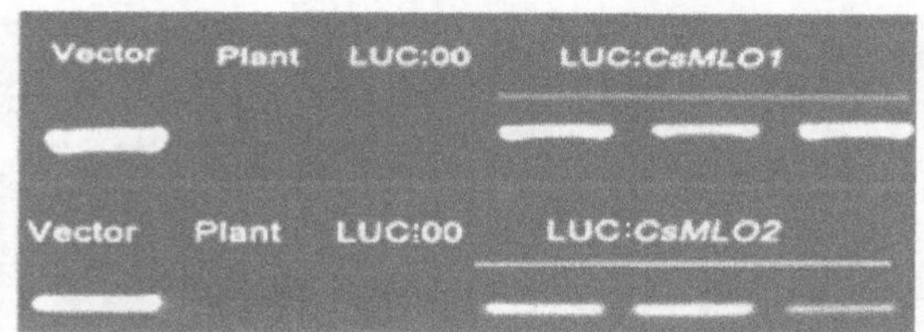

图 3-61　瞬时过表达黄瓜子叶 PCR 鉴定

植物活体成像仪观察荧光信号。结果如图 3-62 所示，未经注射（空白对照）的黄瓜子叶未检测到荧光信号，而注射 LUC：00＋EHA105、LUC：*CsMLO1*＋EHA105 和 LUC：*CsMLO2*＋EHA105 的黄瓜子叶上均检测到较强的荧光信号。由此表明，LUC 荧光互补成像试验证实了 *CsMLO1* 和 *CsMLO2* 基因在黄瓜子叶体内已经成功瞬时过表达。

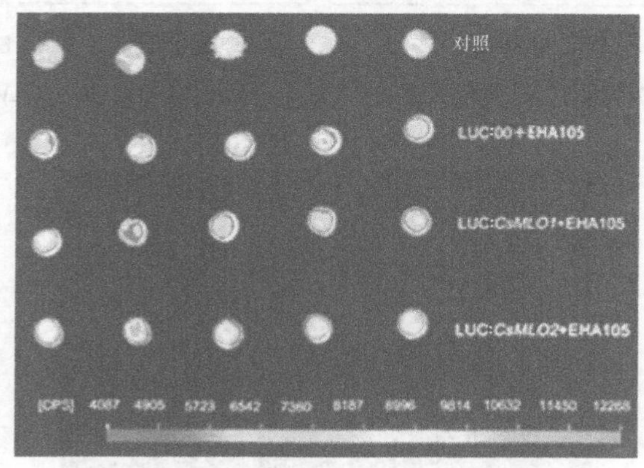

图 3-62　瞬时过表达黄瓜子叶荧光信号鉴定

（3）RT-qPCR 检测。RT-qPCR 检测证明，与注射 LUC：00 的黄瓜子叶（对照）相比，*CsMLO1* 和 *CsMLO2* 基因的表达增强（图 3-63），且注射 LUC：*CsMLO1* 的黄瓜子叶中 *CsMLO1* 基因的过表达水平升高了 3.6～6.7 倍；注射 LUC：*CsMLO2* 的黄瓜子叶中 *CsMLO2* 基因的过表达水平升高了 3.0 倍。这些结果进一步证明，*CsMLO1* 和 *CsMLO2* 基因在黄瓜子叶中成功瞬时过表达。

2. *CsMLO1* 和 *CsMLO2* 基因瞬时沉默黄瓜子叶鉴定

（1）瞬时沉默黄瓜子叶表型鉴定。将含有重组质粒（pTRV2-*CsMLO1* 和 pTRV2-*CsMLO2*）的农杆菌菌液分别与 pTRV1 农杆菌菌液等体积混合，获得用于转化的转化液即 TRV：*CsMLO1*、TRV：*CsMLO2* 和 TRV：00（对照）。将转化液注射黄瓜子叶，置于温室 25 ℃保湿培养。培养 10 d 后，注射 TRV：*CsMLO1*、TRV：*CsMLO2* 和 TRV：00 转化液的黄瓜子叶均出现退绿表型和黄色病毒斑点，而未经任何处理的黄瓜子叶上没有病毒斑点显现（图 3-64）。以上试验结果表明，TRV 病毒成功侵入黄瓜子叶。

（2）RT-qPCR 检测。RT-qPCR 检测证明，与注射 TRV：00 的黄瓜子叶（对照）相比，*CsMLO1* 和 *CsMLO2* 基因的表达下降（图 3-65），且注射 TRV：*CsMLO1* 的黄瓜子叶中 *CsMLO1* 基因的表达水平降低了 1/10；注射 TRV：*CsMLO2* 的黄瓜子叶中 *CsMLO2* 基因的表达水平降低了 1/10～4/5。这些结果进一步证明，*CsMLO1* 和 *CsMLO2* 基因已经在黄瓜子叶中成功瞬时沉默。

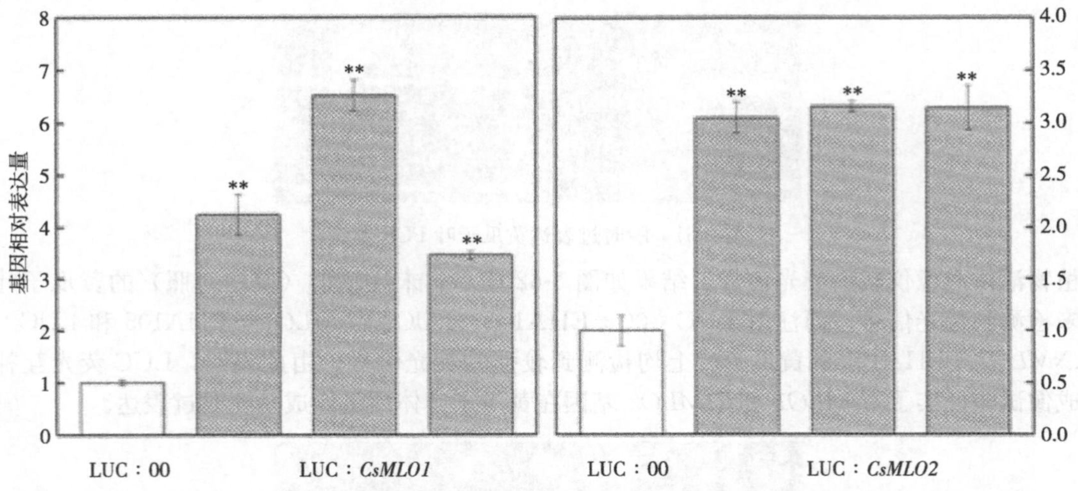

图 3-63　RT-qPCR 分析瞬时过表达黄瓜子中 LUC：*CsMLO1* 和 LUC：*CsMLO2* 的基因表达水平

注：**表示显著性差异（$P<0.01$）。

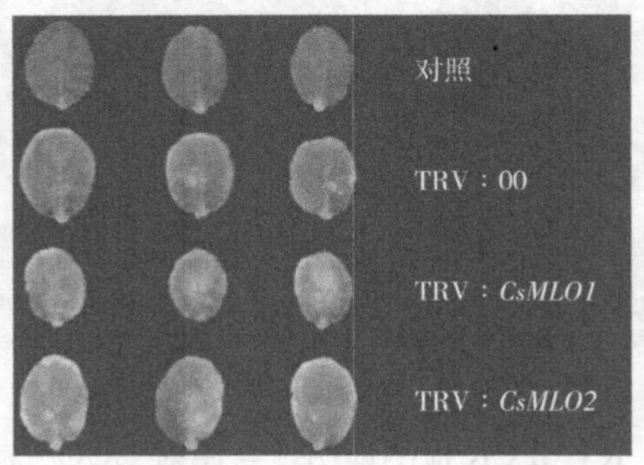

图 3-64　病毒诱导基因沉默黄瓜子叶表型鉴定

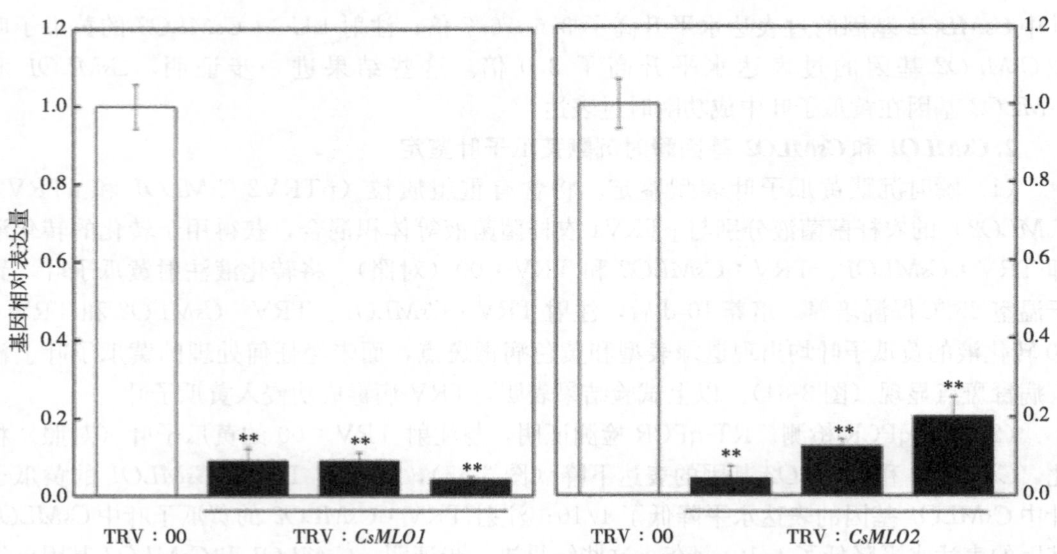

图 3-65　RT-qPCR 分析瞬时沉默黄瓜子中 TRV：*CsMLO1* 和 TRV：*CsMLO2* 的基因表达水平

注：**表示显著性差异（$P<0.01$）。

3. 瞬时过表达 *CsMLO1* 和 *CsMLO2* 基因黄瓜子叶的棒孢叶斑病抗性鉴定　通过瞬时表达的方法鉴定候选基因 *CsMLO1* 和 *CsMLO2* 在黄瓜-棒孢叶斑病菌互作中的作用，将 LUC：00、LUC：*CsMLO1* 和 LUC：*CsMLO2* 转化液分别注射黄瓜子叶，未转化的黄瓜子叶为对照组，对注射后 48 h 的黄瓜子叶接种大小一致的棒孢叶斑病菌菌块，病原菌侵染后在黄瓜子叶中形成的病斑面积来确认 *CsMLO1* 和 *CsMLO2* 基因在病原菌防御反应中的作用。如图 3-66 所示，结合黄瓜子叶表型和病斑大小测量分析发现，与对照组和注射 LUC：00 的黄瓜子叶相比，注射 LUC：*CsMLO1* 和 LUC：*CsMLO2* 的瞬时过表达黄瓜子叶的病斑面积普遍增大。同时，对喷雾接菌的瞬时过表达的黄瓜子叶进行病情指数调查（表 3-23），发现过表达 *CsMLO1* 的子叶病情指数为 82.10，过表达 *CsMLO2* 的子叶病情指数为 92.30，而对照组和注射空载体的子叶病情指数为 57.74 和 61.30。结果表明，*CsMLO1* 和 *CsMLO2* 过表达降低了黄瓜对棒孢叶斑病菌的抗性。

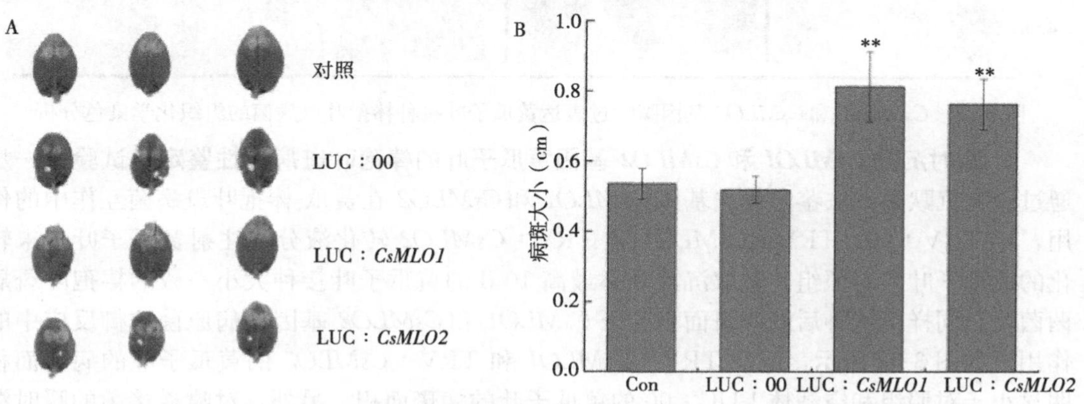

图 3-66　*CsMLO1* 和 *CsMLO2* 基因瞬时过表达黄瓜子叶接种棒孢叶斑病菌的表型分析

注：图 B 中**表示显著性差异（$P<0.01$）。

表 3-23　*CsMLO1* 和 *CsMLO2* 基因瞬时过表达黄瓜子叶接种棒孢叶斑菌的病情指数调查

材料	接菌后天数（d）	病情指数	抗性
对照	5	57.74	S
LUC：00	5	61.30	S
LUC：*CsMLO1*	5	82.10	HS
LUC：*CsMLO2*	5	92.30	HS

当植物感染病原菌后，其体内快速形成防御反应，如活性氧暴发和木质素积累。活性氧暴发是植物对病原菌胁迫早期的应答反应之一，木质素沉积可形成一道机械屏障用以阻挡病原菌的入侵。为了进一步探索过表达 *MLO* 基因后黄瓜对棒孢叶斑病菌的防御响应，将接种病原菌的 LUC：00、LUC：*CsMLO1* 和 LUC：*CsMLO2* 黄瓜子叶进行二氨基联苯胺（DAB）、氮蓝四唑（NBT）和木质素染色。DAB 可以与 H_2O_2 结合形成褐色斑点，NBT 可以与 O_2^- 结合形成蓝色斑点。由图 3-67 所示，接种病原菌 24 h 后，LUC：*CsMLO1* 和 LUC：*CsMLO2* 的黄瓜子叶中褐色斑点、蓝色斑点及红色络合物明显少于空载体 LUC：00 中的积累，说明注射 LUC：*CsMLO1* 和 LUC：*CsMLO2* 的黄瓜子叶在病原菌胁迫后活性氧的积累和木质素的沉积明显低于空载体中的积累。同样，随着时间延长

至侵染 48 h，与空载体的黄瓜子叶中活性氧的积累和木质素的沉积相比，LUC：*CsMLO1* 和 LUC：*CsMLO2* 的黄瓜子叶中相对积累较慢。

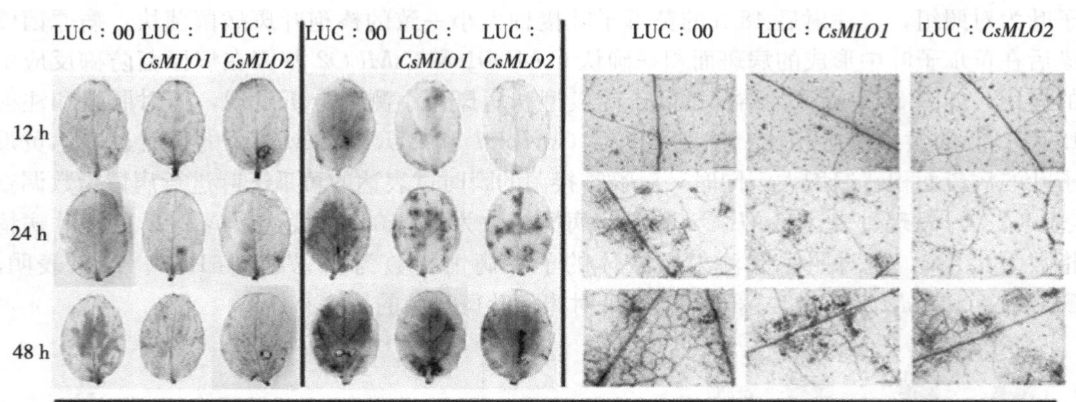

图 3-67 *CsMLO1* 和 *CsMLO2* 基因瞬时过表达黄瓜子叶接种棒孢叶斑病菌的组织化学染色分析

4. 瞬时沉默 *CsMLO1* 和 *CsMLO2* 基因黄瓜子叶的棒孢叶斑病抗性鉴定 试验进一步通过瞬时沉默的方法鉴定候选基因 *CsMLO1* 和 *CsMLO2* 在黄瓜-棒孢叶斑病菌互作中的作用，将 TRV：00、TRV：*CsMLO1* 和 TRV：*CsMLO2* 转化液分别注射黄瓜子叶，未转化的黄瓜子叶为对照组，选取沉默效率最高 10 d 的黄瓜子叶接种大小一致的棒孢叶斑病菌菌块，同样以接种后的病斑面积验证 *CsMLO1* 和 *CsMLO2* 基因在病原菌防御反应中的作用。如图 3-68 所示，沉默 TRV：*CsMLO1* 和 TRV：*CsMLO2* 的黄瓜子叶的病斑面积明显小于对照组和空载体 LUC：00 的黄瓜子叶的病斑面积。另外，对喷雾接菌的瞬时沉默的黄瓜子叶进行病情指数调查，发现沉默 *CsMLO1* 的子叶病情指数为 24.30，沉默 *CsMLO2* 的子叶病情指数为 16.86，而对照组和注射空载体的子叶病情指数为 52.44 和 58.30（表 3-24）。结果表明，*CsMLO1* 和 *CsMLO2* 沉默提高了黄瓜对棒孢叶斑病菌的抗性。

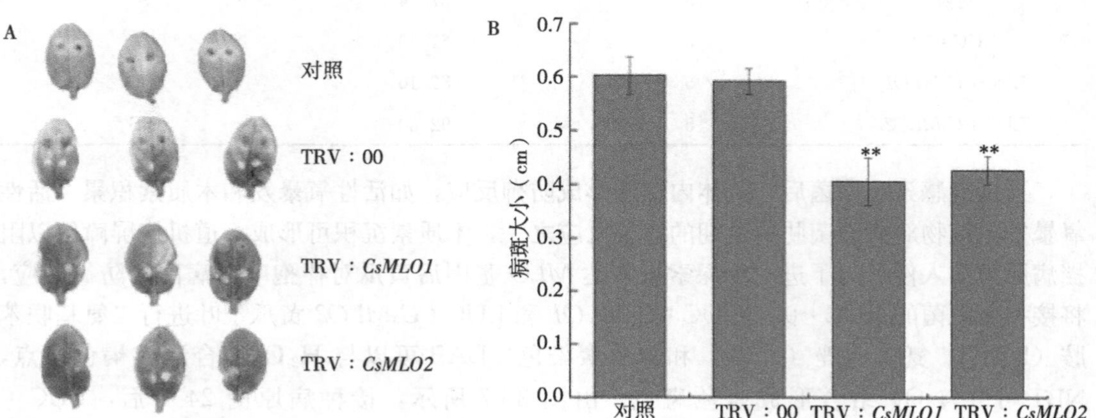

图 3-68 *CsMLO1* 和 *CsMLO2* 基因瞬时沉默黄瓜子叶接种棒孢叶斑病菌的表型分析

注：图 B 中**表示显著性差异（$P<0.01$）。

表 3-24　*CsMLO1* 和 *CsMLO2* 基因瞬时过表达黄瓜子叶接种棒孢叶斑菌的病情指数调查

材料	接菌后天数（d）	病情指数	抗性
对照	5	52.44	S
TRV：00	5	58.30	S
TRV：*CsMLO1*	5	24.30	R
TRC：*CsMLO2*	5	16.86	R

为了进一步探索沉默目标基因后黄瓜对棒孢叶斑病菌的防御响应，将接种病原菌的TRV：00、TRV：*CsMLO1* 和 TRV：*CsMLO2* 黄瓜子叶进行 DAB、NBT 染色和木质素染色。由图 3-69 所示，与空载体和 TRV：00 中的积累相比，接种病原菌 12 h 后，TRV：*CsMLO1* 和 TRV：*CsMLO2* 的黄瓜子叶已经开始出现了褐色斑点、蓝色及红色络合物的积累。并且，随着病原菌不断入侵，在 24～48 h 时，TRV：*CsMLO1* 和 TRV：*CsMLO2* 的黄瓜子叶中褐色斑点、蓝色斑点及红色络合物积累得更多。进一步说明，沉默 *CsMLO1* 和 *CsMLO2* 基因后更早地提高了黄瓜对棒孢叶斑病菌的防御响应。

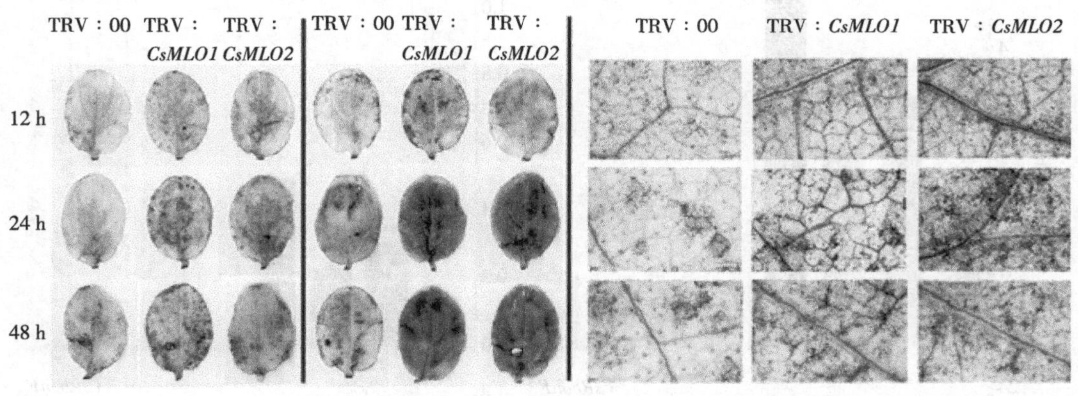

图 3-69　*CsMLO1* 和 *CsMLO2* 基因瞬时沉默黄瓜子叶接种棒孢叶斑病菌的组织化学染色分析

5. *CsMLO1* 和 *CsMLO2* 基因对 ROS 代谢通路相关酶活和基因表达调控　研究表明，拟南芥三重突变体 *Atmlo2 Atmlo6 Atmlo12* 和单突变体 *Atmlo2* 的遗传背景中显示出自发性细胞死亡、胼胝沉积和 ROS 积累。ROS 作为胞内信号分子可以调节基因的表达和激发钙信号来应对各种逆境胁迫。ROS 主要包括超氧自由基（$O_2^{\cdot-}$）、羟基自由基（OH）、过氧化氢（H_2O_2）和单线态氧（$^1O_2$）等，它们会诱导膜产生丙二醛（MDA）。在拟南芥免疫中，响应病原体识别的 ROS 产生是由呼吸暴发氧化酶同源蛋白 D（AtRBOHD）与呼吸暴发氧化酶同源蛋白 F（AtRBOHF）所介导的。用外源物质 H_2O_2 处理黄瓜叶片后，*CsMLO1* 和 *CsMLO2* 基因表达被抑制。本研究首先分析了 2 个黄瓜 ROS 信号相关的基因，即 *CsRbohD*（Cucsa. 340760）和 *CsRbohF*（Cucsa. 107010），在瞬时过表达 *CsMLO1* 和 *CsMLO2* 的黄瓜子叶和对照组 LUC：00 以及瞬时沉默 *CsMLO1* 和 *CsMLO2* 的黄瓜子叶和对照组 TRV：00 中表达情况。如图 3-70 所示，*CsMLO1* 基因负调控 *CsRbohD* 和 *CsRbohF* 的表达量，*CsMLO2* 基因对 *CsRbohD* 和 *CsRbohF* 的表达影响不大。同时，DAB

和 NBT 染色用于检测 *CsMLO1*/*CsMLO2* 瞬时过表达和沉默植物中的 H_2O_2 和 O_2^-（图 3-71）。在 *CsMLO1* 沉默后，H_2O_2 和 O_2^- 水平显著增加，导致棕色斑点和蓝色斑点比 TRV：00 黄瓜子叶中更深，而过表达 *CsMLO1* 的黄瓜子叶颜色没有明显变化。瞬时过表达和沉默 *CsMLO2* 的黄瓜子叶中 DAB 和 NBT 染色没有明显变化，说明 H_2O_2 和 O_2^- 含量没有受到影响。因此，*CsMLO1* 基因负调控 ROS 通路相关基因的表达。为了进一步验证这些结果，检测了 *CsMLO1* 和 *CsMLO2* 瞬时转基因植物中的抗氧化酶含量（图 3-72）。沉默 *CsMLO1* 黄瓜子叶中 SOD、POD 和 CAT 的含量高于对照植物，但 *CsMLO1* 过表达植物中 SOD、POD 和 CAT 的含量低于对照植物。随后，过量的 ROS 降解多不饱和脂质形成 MDA；在沉默 *CsMLO1* 黄瓜子叶中 MDA 含量明显增加，并且在过表达 *CsMLO1* 黄瓜子叶中 MDA 含量下降。然而，这些酶的活性在瞬时转基因 *CsMLO2* 植物中是降低或不变，并且没有显示出规律性的模式。基于这些结果，进一步证实了 *CsMLO1* 和 ROS 之间的清晰信号通路，*CsMLO1* 沉默的黄瓜子叶中引发 ROS 信号来作为对棒孢叶斑病菌的防御反应。

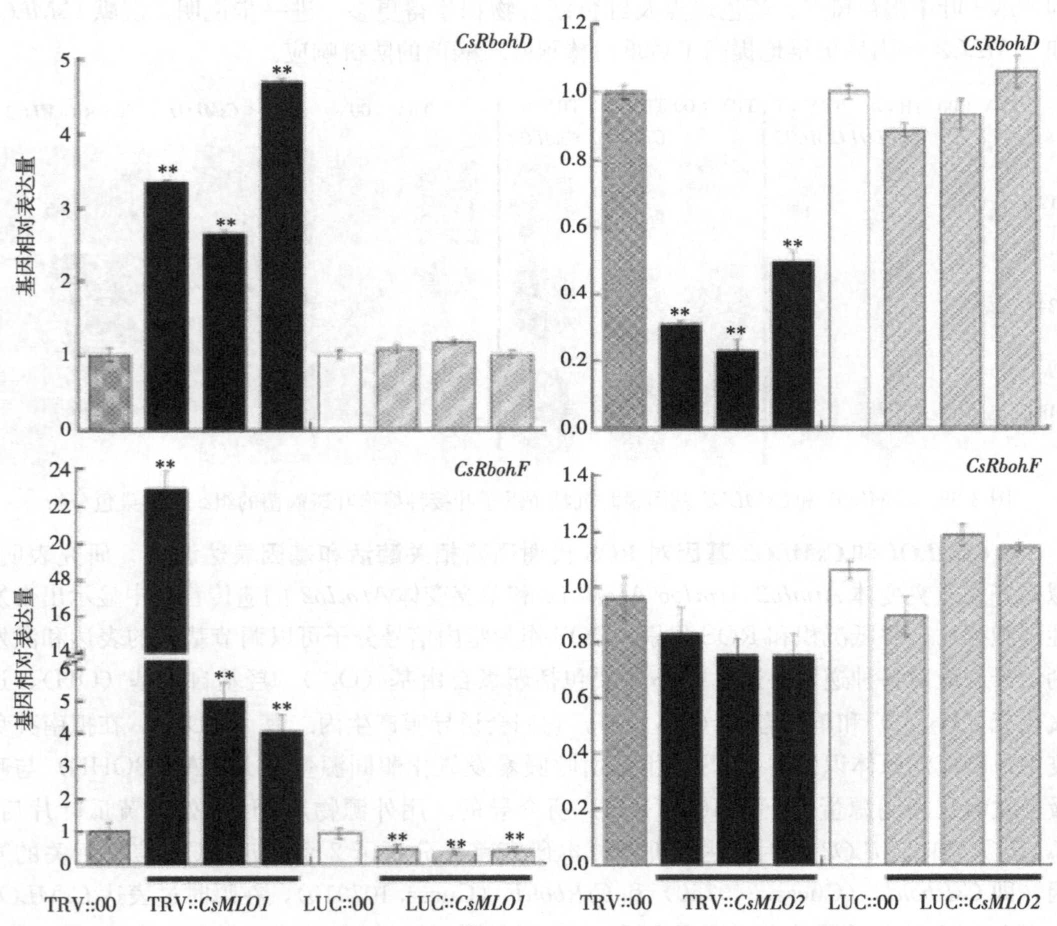

图 3-70　*CsMLO1*/*CsMLO2*-过表达和 *CsMLO1*/*CsMLO2*-沉默黄瓜子叶中 *CsRbohD* 和 *CsRbohF* 的转录水平的检测

注：**表示显著性差异（$P<0.01$）。

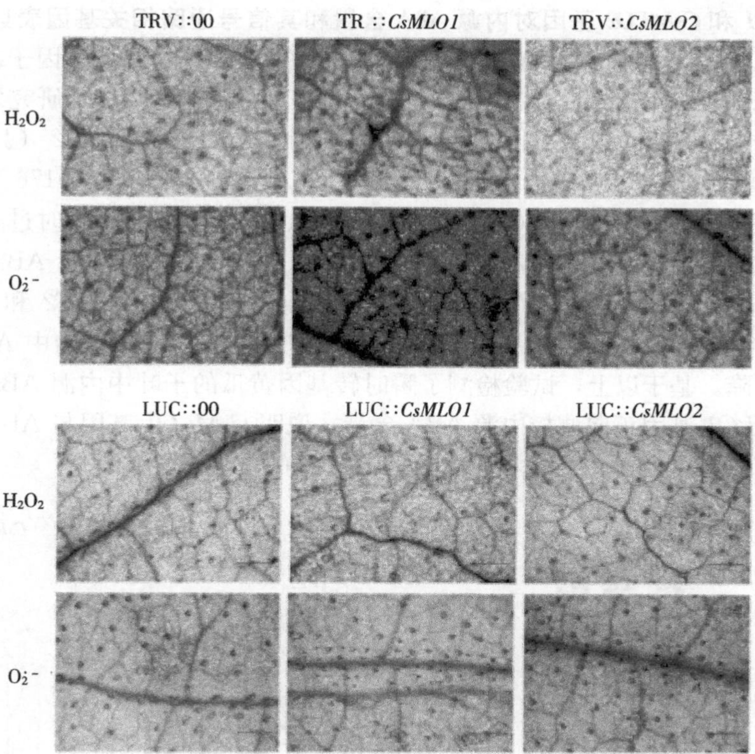

图 3-71　*CsMLO1*/*CsMLO2* 过表达和 *CsMLO1*/*CsMLO2* 沉默黄瓜子叶中 ROS 相关（H_2O_2 和 O_2^-）染色

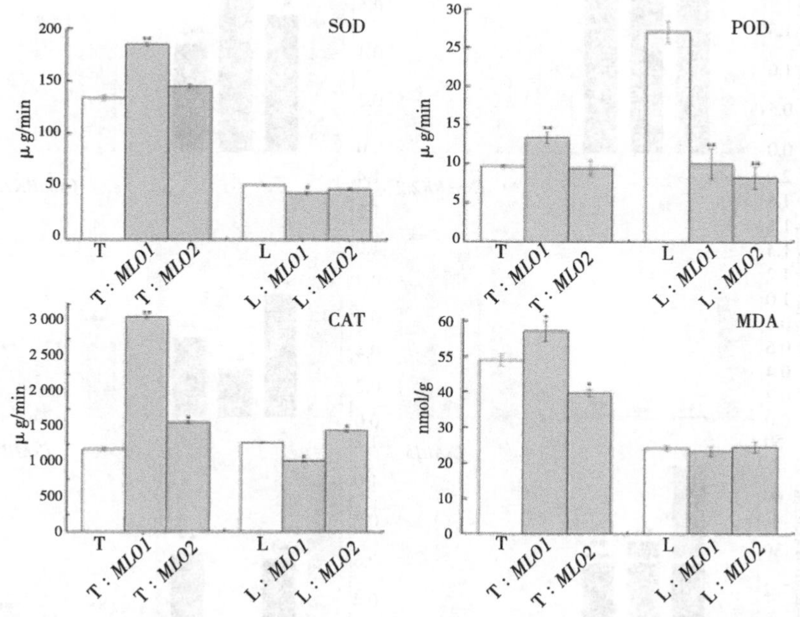

图 3-72　*CsMLO1*/*CsMLO2* 过表达和 *CsMLO1*/*CsMLO2* 沉默黄瓜子叶中抗氧化酶含量的检测

注：**表示显著性差异（$P<0.01$）。

6. *CsMLO1* 和 *CsMLO2* 基因对内源 ABA 含量和其信号通路相关基因表达调控 Lim、Lee（2013）证明，辣椒中的 *CaMLO2* 基因是一个 ABA 信号的负调节因子。越来越多的研究发现，ABA 可以增加植物对病原菌的抵抗力。Wang 等（2012）研究发现，黄瓜中与 ABA 信号密切相关的基因主要有 *PYL2*（JF789830）、*PP2C2*（JN566067）和 *SnRK2.2*（JN566071），ABA 信号通路下游基因为 *ABI5*（XM-004149176.2）。本试验发现，外源 ABA 调控 *CsMLO1* 和 *CsMLO2* 基因表达。本试验分析了瞬时过表达和沉默黄瓜子叶中 *CsMLO1* 和 *CsMLO2* 基因对 ABA 信号途径相关基因及内源 ABA 含量的影响（图 3-73A）。试验数据表明，*CsMLO1* 基因负调节 *CsPYL2*、*CsPP2C2* 和 *CsABI5* 的表达，并正调节 *CsSnRK2.2* 的表达。但是，*CsMLO2*-沉默/-过表达植物中 ABA 相关的基因表达量均下降。基于以上，试验检测了瞬时转基因黄瓜的子叶中内源 ABA 的含量（图 3-73B）。*CsMLO1* 基因正向调控内源 ABA 含量，说明 *CsMLO1* 基因与 ABA 信号途径密切相关。而 *CsMLO2* 沉默/过表达植物中内源 ABA 的含量均增加。

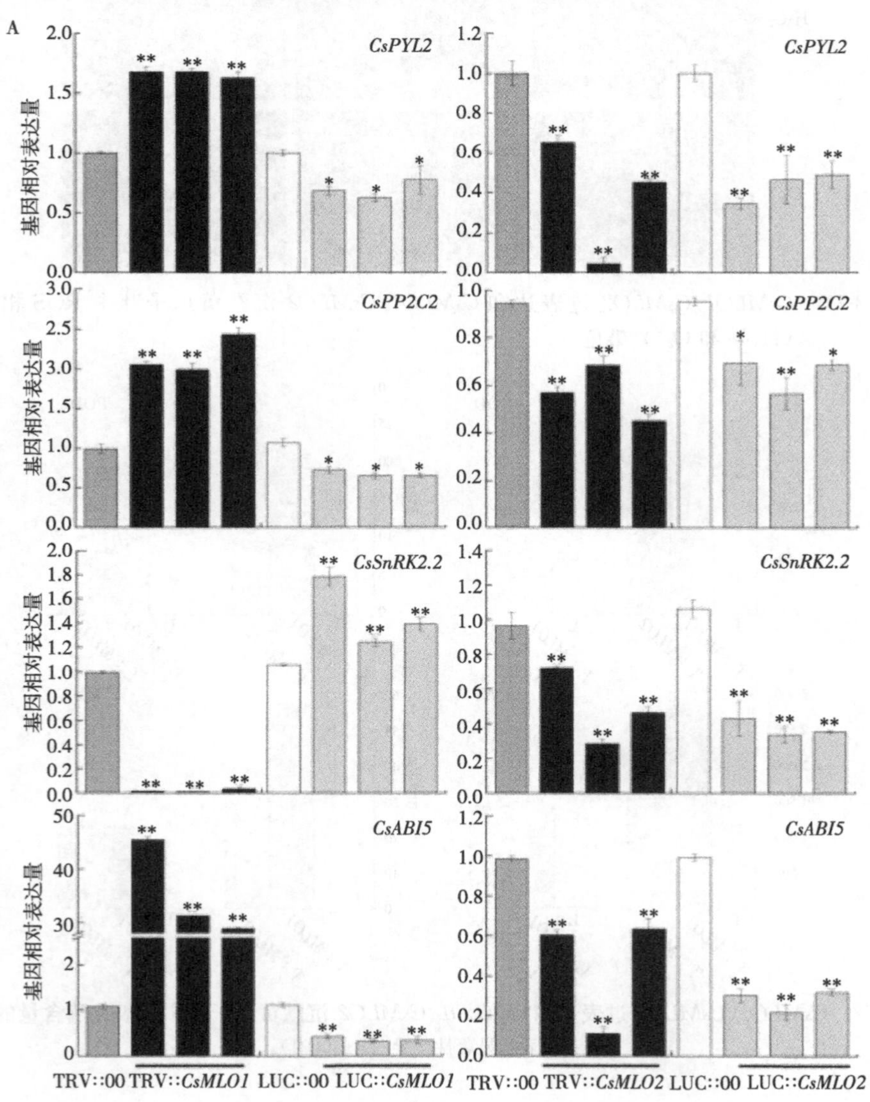

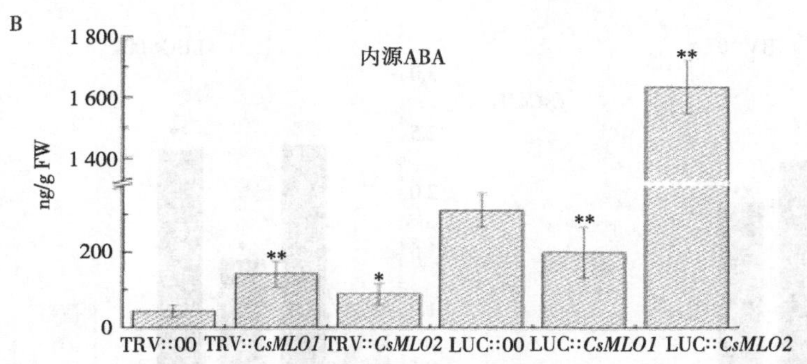

图 3-73　*CsMLO1* 和 *CsMLO2* 基因调节 ABA 信号传导

注：A 图为通过 RT-qPCR 分析 *CsMLO1/CsMLO2*-过表达和 *CsMLO1/CsMLO2*-沉默黄瓜子叶中 ABA 相关基因（*CsPYL2*、*CsPP2C2*、*CsSnRK2.2* 和 *CsABI5*）表达量变化。B 图为 *CsMLO1/CsMLO2*-过表达和 *CsMLO1/CsMLO2*-沉默黄瓜子叶中内源 ABA 的含量分析。*、**表示显著性差异（$*P<0.05$，$**P<0.01$）。

7. *CsMLO1* 和 *CsMLO2* 基因对防御相关基因的调控表达研究　钙信号是植物产生抗病反应的早期信号之一，通过 Ca^{2+} 结合蛋白调节信号的传递。钙调素是植物中最重要的 Ca^{2+} 结合蛋白，主要参与植物的抗病防御反应。前期试验中，iTRAQ 蛋白质组学分析发现，黄瓜在棒孢叶斑病菌胁迫下钙调素（A0A0A0KWT3）蛋白水平明显升高，本试验通过序列比对筛选了 3 种与之最相似的黄瓜钙调蛋白基因：*CsCaM1*（XM_011655459）、*CsCaM2*（XM_004144051）和 *CaM3*（XM_004142130）。为了探究 *CsCaM* 基因表达量是否受 *CsMLO1/CsMLO2* 调节，分析了瞬时过表达/沉默黄瓜子叶中 *CsCaM1*、*CsCaM2* 和 *CsCaM3* 转录水平（图 3-74）。结果表明，*CsMLO1* 基因负向调节了 *CsCaM1* 和 *CsCaM3* 基因的表达，且 *CsMLO1* 基因和 *CsCaM3* 基因之间有较强相关性，表现在 *CsMLO1* 基因更显著地负向调节了 *CsCaM3* 基因。然而，*CsMLO2* 基因对 *CsCaM* 基因表达量的调节不明显。

病程相关蛋白-1a（PR-1a）、β-1，3-葡聚糖酶（PR2）和几丁质酶（PR3），可以提高植物对病原菌的抗性（Mahesh et al.，2017；Soliman and Elmohamedy，2017）。接下来分析了黄瓜中 *CsMLO1* 和 *CsMLO2* 基因介导的 *PR-1a*（AB698861）、*PR2*（XM_011661051）和 *PR3*（HM015248）的表达模式（图 3-75）。*PR-1a* 的转录水平仅在 *CsMLO1* 沉默的黄瓜子叶中上调。*CsMLO1* 沉默和 *CsMLO2* 沉默的黄瓜子叶中 *PR2* 和 *PR3* 基因的表达水平增加。在 *CsMLO1* 过表达和 *CsMLO2* 过表达的黄瓜子叶中 *PR3* 基因的表达下调。因此，试验表明 *CsMLO1* 和 *CsMLO2* 基因与部分病程相关蛋白有密切联系。

（三）讨论与结论

大麦株系 Grannenlose Zweizeilige 中首次证明了 *MLO* 等位基因的自发突变体 *mlo* 具有白粉病抗性。近年来，研究者通过分子生物学等技术手段，如目的基因稳定遗传转化或靶基因沉默技术，发现番茄、烟草、葡萄、矮牵牛、小麦和茄子中特定 *MLO* 基因突变使植物对白粉病具有广谱抗性。MLO 蛋白是白粉病病原体进入宿主细胞的“敏感因子”，其基因缺失或突变导致白粉病菌孢子不能成功穿透植物细胞壁。除此之外，*MLO* 基因突变抗病路径与其他病原菌的研究也受到越来越多关注。大麦突变体 *mlo-1*、*mlo-3* 和 *mlo-5* 对稻瘟病（*Magnaporthe grisea*）的易感性增强，表现为稻瘟病菌侵入乳突，扩散到相邻的叶肉细胞（Jarosch et al.，1999）。史雪霞等（2013）通过病毒诱导基因沉默技术，发

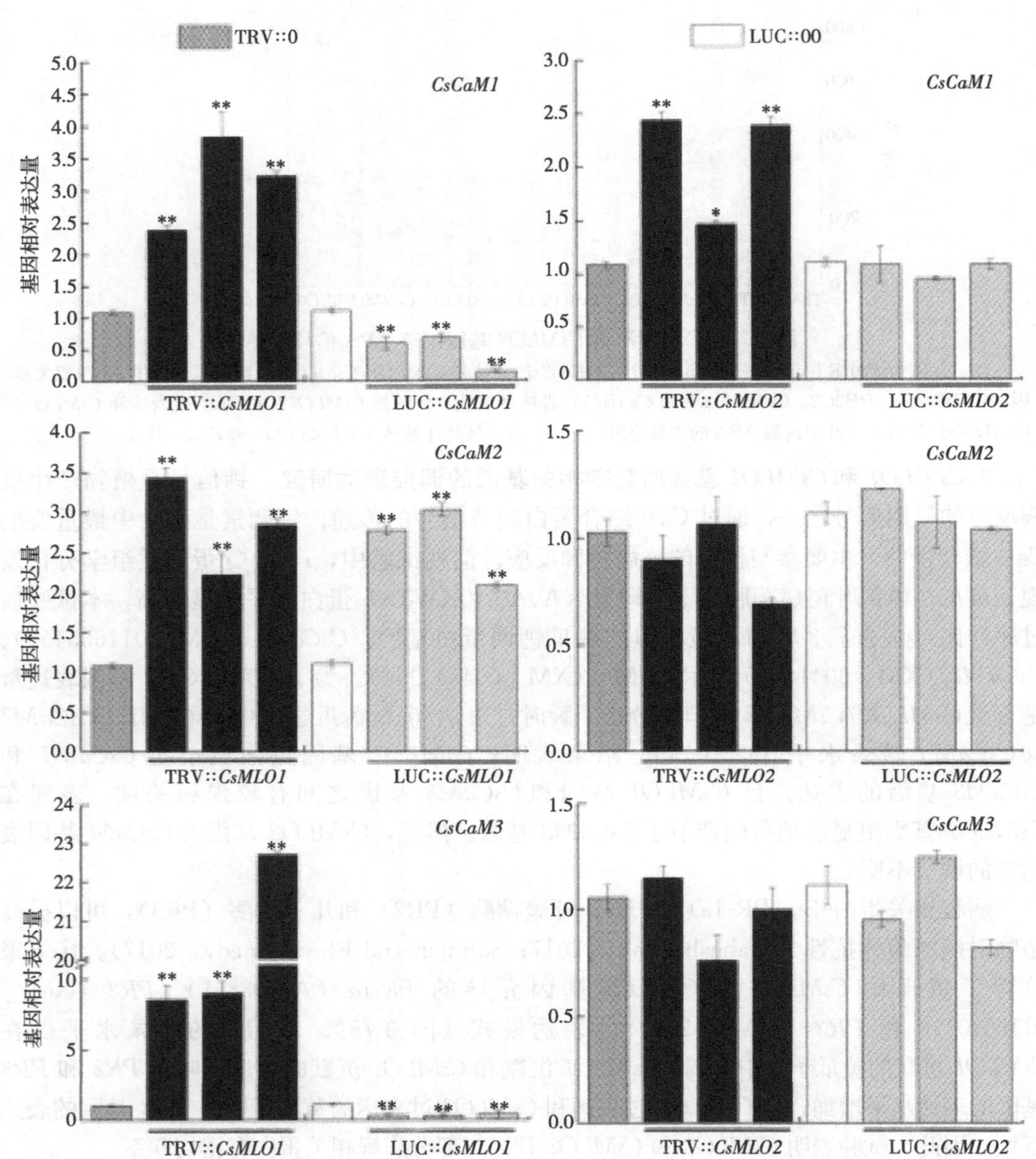

图 3-74 RT-qPCR 分析黄瓜子叶中 *CsMLO1* 和 *CsMLO2* 基因介导的 *CsCaM* 表达模式

注：*、**表示显著性差异（* $P<0.05$，** $P<0.01$）。

现 *TaMLO1*、*TaMLO2*、*TaMLO5* 可能作为细胞程序性死亡的负调控因子参与调节小麦与条锈菌的互作过程。Luo 等（2009）发现，大麦 *MLO* 突变体 *mlo3*、*mlo4* 和 *mlo5* 对叶枯病菌的抗病性显著增强，其抗病机制主要是病菌初侵染的乳突抗性提高。由此可见，MLO 蛋白不仅是白粉病的抗性抑制子，它还可能作为一种植物抗病反应的调节器，参与植物对其他病原菌的防卫反应。

目前，鉴定了黄瓜 *MLO* 基因响应棒孢叶斑病菌的胁迫反应。但是，其在棒孢叶斑病菌侵染中的生物学功能研究甚少。由于黄瓜稳定转化体系构建较难，限制了 *MLO* 基因在

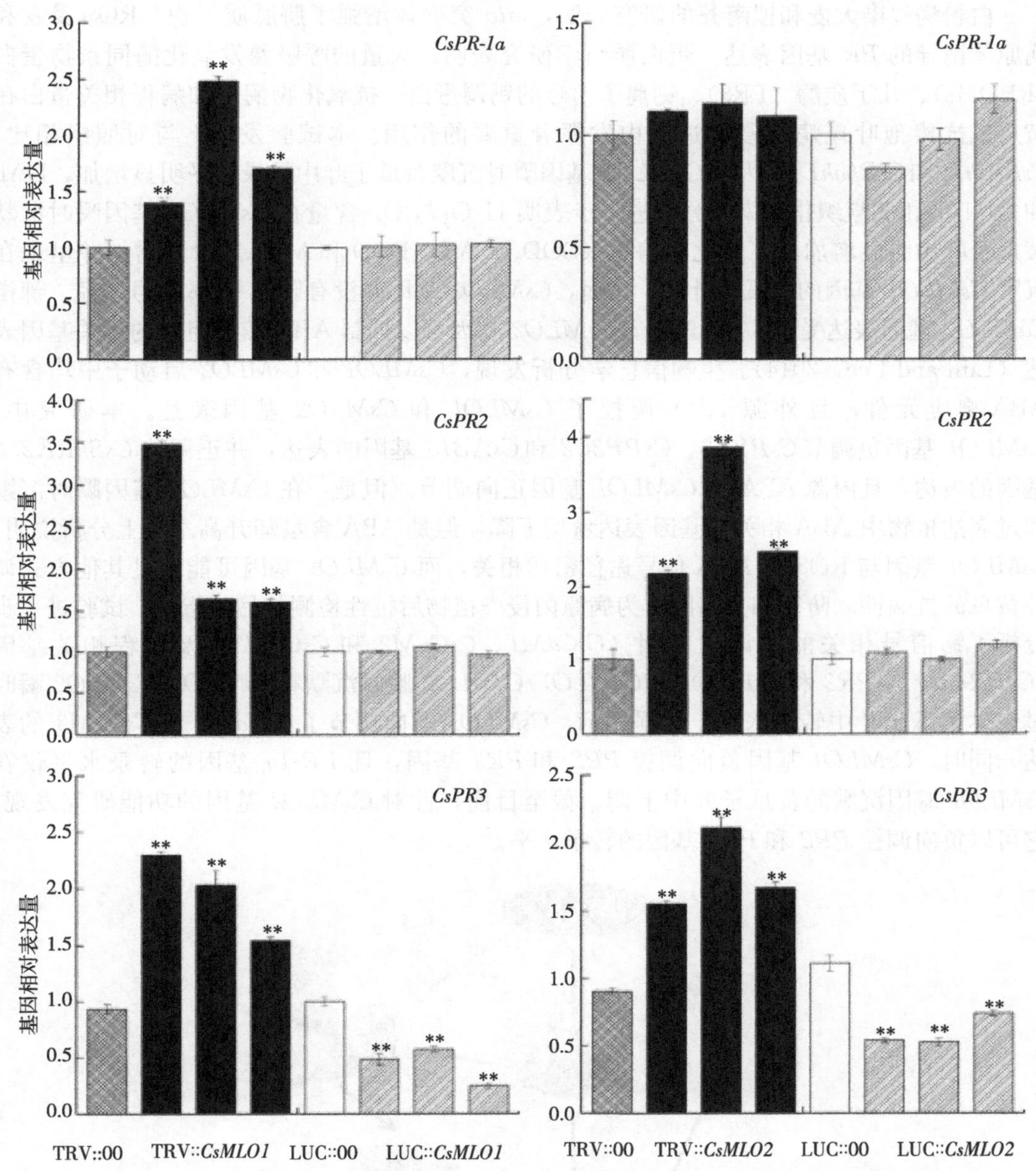

图 3-75　RT-qPCR 分析黄瓜子叶中 *CsMLO1* 和 *CsMLO2* 基因介导的防御相关基因表达模式

注：**表示显著性差异（$P<0.01$）。

黄瓜中的功能研究。因此，本试验采用 Shang 等（2014）创建的黄瓜子叶瞬时转化体系，实现了 *CsMLO1* 和 *CsMLO2* 基因可以同源转化黄瓜子叶，为进一步深入研究 *MLO* 基因在抗性功能中的作用奠定基础。本研究验通过对瞬时转化的黄瓜子叶接种棒孢叶斑病菌后对其表型、病情指数及早期防御响应进行检测，结果发现 *CsMLO1*/*CsMLO2* 基因瞬时过表达明显降低了黄瓜对棒孢叶斑病菌的抗性，*CsMLO1*/*CsMLO2* 基因瞬时沉默明显提高了黄瓜对棒孢叶斑病菌的抗性。由此说明，黄瓜 *CsMLO1* 和 *CsMLO2* 基因是棒孢叶斑病菌防御反应的负调节物。

白粉病侵染大麦和拟南芥的研究表明，*mlo* 突变体增强了胼胝质沉积、ROS 暴发和病原体诱导的 *PR* 基因表达。蛋白质组学研究表明，大量的呼吸暴发氧化酶同系物蛋白（RBOHs）、几丁质酶（PR3）、钙离子信号的钙调蛋白、抗氧化物酶体和病程相关蛋白在黄瓜抵抗棒孢叶斑病菌侵染过程中发挥着重要的作用。本试验发现，与对照组相比，*CsRbohF* 和 *CsRbohD* 基因在 *CsMLO1* 基因瞬时沉默黄瓜子叶中转录水平明显增加，DAB 和 NBT 的相关组织化学染色分析进一步表明 H_2O_2 与 $O_2^{\cdot-}$ 含量在 *CsMLO1* 基因瞬时沉默黄瓜子叶中明显增加，抗氧化物酶体（SOD、CAT、POD 和 MDA）含量增加并呈现在沉默 *CsMLO1* 基因的黄瓜子叶中。然而，*CsMLO2* 基因并没有影响 ROS 信号途径。辣椒 *CaMLO2* 基因表达受 ABA 的诱导，*CaMLO2* 基因可以抑制 ABA 信号组件的相关基因表达（Lim and Lee，2014）。生物信息学分析发现，*CsMLO1* 和 *CsMLO2* 启动子中均含有 ABA 响应元件，且外源 ABA 调控了 *CsMLO1* 和 *CsMLO2* 基因表达。本研究中，*CsMLO1* 基因负调节 *CsPYL2*、*CsPP2C2* 和 *CsABI5* 基因的表达，并正调节 *CsSnRK2.2* 基因的表达，且内源 ABA 受 *CsMLO1* 基因正向调节。但是，在 *CsMLO2* 基因瞬时沉默和过表达植物中 ABA 相关的基因表达量均下降，但是 ABA 含量却升高。以上分析说明，*CsMLO1* 基因与 ROS 和 ABA 信号途径密切相关，而 *CsMLO2* 基因可能通过其他方式调控黄瓜的抗病性。防御相关基因作为病原菌侵染植物后抗性检测的另一指标，试验进一步分析了钙信号相关的钙调素基因（*CsCaM1*、*CsCaM2* 和 *CsCaM3*）及病程相关基因（*CsPR-1a*、*CsPR2* 和 *CsPR3*）在 *CsMLO1*/*CsMLO2* 瞬时沉默和 *CsMLO1*/*CsMLO2* 瞬时过表达黄瓜子叶中转录水平。数据显示，*CsMLO1* 负向调节了 *CsCaM1* 和 *CsCaM3* 的表达。同时，*CsMLO1* 基因负向调控 *PR2* 和 *PR3* 基因，且 *PR-1a* 基因的转录水平仅在 *CsMLO1* 基因沉默的黄瓜子叶中上调。截至目前，针对 *CsMLO2* 基因的功能研究发现，它可以负向调控 *PR2* 和 *PR3* 基因的转录水平。

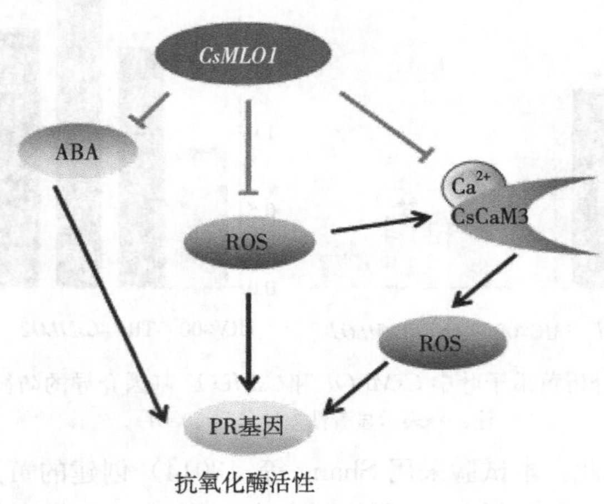

图 3-76　*CsMLO1* 基因介导的防御相关信号模式

植物体内钙信号和活性氧信号是密不可分的。钙离子内流可以诱导 ROS 的产生，ROS 的产生可以激活钙离子内流。细胞溶质 Ca^{2+} 瞬变调节 RBOHD/F 介导的 ROS 积累以及钙调素（CaM）介导的防御信号传导。ROS 作为早期应答病原菌的信号分子来激活防御系统，进而提高植物抗病性。病原菌侵染后造成植物在侵染点局部 ROS 的暴发并释放形成复杂的多重信号网络，如激活防御相关基因表达、过敏性细胞坏死反应及细胞壁加固等。本研究中 *CsMLO1* 基因沉默激活钙信号和 ROS 信号途径，而钙信号和 ROS 信号之间存在的串扰可能共同激活了下游病程相关基因的表达和抗氧化物酶活性。研究发现，ABA 激发玉米幼苗叶片中钙离子内流，进而使质膜 NADPH 氧化酶活性的增加和 O_2^- 的产生，结果导致 ROS 含量的增加。ABA 和 H_2O_2 可以激活 Ca^{2+}-CaM 靶点，上调抗氧化酶的活性。如图 3-76 所示，推测 *CsMLO1* 基因沉默使黄瓜叶片中内源 ABA 含量增加及相关基因表达上调，结果激活 ROS 信号和 Ca^{2+}-CaM 信号途径。从上述分析可看出，Ca^{2+}-CaM、ROS 和 ABA 之间的应答串扰可能与 *CsMLO1* 基因密切相关。

（四）小结

利用农杆菌介导的黄瓜瞬时转化验证了 *CsMLO1* 和 *CsMLO2* 基因负向调控黄瓜对棒孢叶斑病菌的抗病性。黄瓜子叶瞬时过表达或沉默 *CsMLO1*/*CsMLO2* 基因后接种棒孢叶斑病菌，通过病菌表型鉴定和病菌早期应答生理指标的测定，发现沉默 *CsMLO1*/*CsMLO2* 基因提高黄瓜抗病性，过表达 *CsMLO1*/*CsMLO2* 基因降低黄瓜抗病性。后续结合 ABA、ROS 及 Ca^{2+}-CaM 信号通路相关基因表达量的变化、抗氧化物酶活性、内源 ABA 含量及病程相关基因检测，进一步证明 *CsMLO1* 基因作为负相关调控基因参与上述信号途径。*CsMLO2* 基因仅负向调控 *PR2* 和 *PR3* 基因的转录水平。

四、*CsMLO1* 和 *CsMLO2* 基因调控黄瓜抗棒孢叶斑病的作用机制

（一）材料与方法

1. 材料　供试材料为黄瓜新泰密刺和供试本氏烟草（*Nicotiana benthamiana*），植物幼苗放置在土培室中 25 ℃培养，光照 16 h，黑暗 8 h。

2. 方法

（1）萤火虫荧光霉素互补（LIC）试验。

①目的基因表达载体的构建：选取 CsMLO1 和 CsMLO2 蛋白的钙调素结合位点结构域分别为 CaMBD1 和 CaMBD2。由金维智生物科技有限公司通过基因合成获得试验需要的目标序列。序列特点：在 *CaMBD1* 和 *CaMBD2* 基因序列前端分别引入 Flag 标签序列，之后在目标序列上、下游引入 *Kpn* Ⅰ和 *Sal* Ⅰ酶切位点及 pCAMBIA1300-NLUC 两侧同源序列（Flag 前加上 ATG；*CaMBD1* 和 *CaMBD2* 序列后去掉终止密码子）。使用通用引物 Flag- cLUC-F/Flag-cLUC-R 以不同的目标序列进行 PCR 扩增。将 *CsCaM1*、*CsCaM2* 和 *CsCaM3* 基因序列 3′端引入 HA 标签序列，黑体加粗为 HA 标签基因。*CsCaM1*、*CsCaM2* 和 *CsCaM3* 基因上游引物序列引入 pCAMBIA1300-CLUC 载体中 *Kpn* Ⅰ及其酶切位点上游 15 bp 序列，下游引物在 *CsCaM1*、*CsCaM2* 和 *CsCaM3* 基因序列后引入 HA 序列（目的基因去掉终止子；红色字体为目标序列；下划线处为酶切位点）。使用通用引物 FF/RR 以不同的目标序列进行第二次 PCR 扩增。

②瞬时转化烟草叶片：测序正确后，将 35S∷CaMBD1-nLUC、35S∷CaMBD2-nLUC、35S∷cLUC-CaM1、35S∷cLUC-CaM2 和 35S∷cLUC-CaM3 重组质粒转化到根癌农杆菌菌株 EHA105 中。不同组合的 35S∷cLUC/35S∷CaMBD1-nLUC、35S∷cLUC-CaM1/35S∷CaMBD1-nLUC、35S∷cLUC-CaM2/35S∷CaMBD1-nLUC、35S∷cLUC-CaM3/35S∷CaMBD1-nLUC；35S∷cLUC/35S∷CaMBD2-nLUC、35S∷cLUC-CaM1/35S∷CaMBD2-

nLUC、35S∷cLUC-CaM2/35S∷CaMBD2-nLUC 和 35S∷cLUC-CaM3/35S∷CaMBD2-nLUC 农杆菌悬浮液注射烟草叶。注射 3 d 后，使用 0.2 mmol/L 荧光素溶液（Promega；Madison，WI，USA）喷洒在烟草叶片表面上，反应 5 min 后使用 699 NightSHADE LB 985 成像系统检测 LUC 荧光强度。所有试验独立重复 3 次。

（2）Western Blot 检测。

① SDS-PAGE 电泳：上述分装好的蛋白样品中加入 5 μL 5×SDS Loading buffer，混匀后置于冰上。点样后进行电泳（80 V，30 min；150 V，90 min），待溴酚蓝指示带跑到胶下 3/4 处，停止电泳。

②转膜：海绵和转印滤纸放入 1×Transfer Buffer 转膜缓冲液中浸泡 10 min。将 PVDF 转印膜剪成与凝胶大小一致形状，依顺序将 PVDF 转印膜浸入 100%甲醇溶液中，反应 10～30 s，去离子水洗 5 min，转膜缓冲液中浸泡 10 min。电泳后的胶切除浓缩胶和溴酚蓝带，将胶做好标记，放入 1×Transfer Buffer 转膜缓冲液，洗 3 次，每次 5 min。电泳安装顺序：按照负极-海绵垫-转印滤纸-胶-膜-转印滤纸-海绵垫-正极的顺序放好，插入含有 1×Transfer Buffer 转膜缓冲液转膜槽中 100 V 转膜 1～2 h。

③洗膜和显影：转膜后将转印膜放入 1×TBST 缓冲液中冲洗 3 次，每次 2 min。取出放入封闭液中，快速封闭 1 h，封闭时靠近胶面的膜朝上。倒掉封闭液后，用 1×TBST 缓冲液洗膜 3 次，每次 5 min。取出膜正面朝下，添加一抗稀释液（Flag-CsCaMBD1/Flag-CsCaMBD2，CsCaM1-HA/CsCaM2-HA/CsCaM3-HA），用 1×TBST 缓冲液以 1∶1 000 稀释 Flag 抗和 HA 抗，37 ℃摇床孵育 2 h 或 4 ℃过夜。1×TBST 缓冲液洗 3 次，每次 10 min。加二抗稀释液（抗小鼠，Cell Signaling Technology，Boston，MA，USA）以 1∶1 000 稀释，37 ℃摇床孵育 1 h。取出加 TBST 缓冲液洗 3 次，每次 10 min。将 PVDF 膜正面向上，化学发光显示液 A+B 液混匀后，吸打到膜上，显影并拍照。

（3）烟草叶片表皮细胞中 CsMLO1 与 CsCaM3 共定位试验。

①目标基因载体构建：*CsMLO1* 和 *CsCaM3* 基因的 CDS 区上下游引入 *Sal* Ⅰ和 *Bam* H Ⅰ酶切位点。*CsCaM3* 基因的引物序列上加入连接载体 pRI101-GFP 酶切位点两侧同源序列（去掉目的基因终止子）。*CsMLO1* 基因引物上加入连接载体 pRI101 酶切位点两侧同源序列。将构建好的重组质粒进行测序，测序正确后，−20 ℃储存待用。

②共定位烟草叶片：将以上质粒 pRI101-*CsMLO1*、pRI101-*CsCaM3*-GFP 分别转化农杆菌 EHA105。最后，将含有重组质粒 pRI101-*CsMLO1*-GFP、pRI101-*CsCaM3*-GFP、pRI101-*CsMLO1*/pRI101-*CsCaM3*-GFP 及 pRI101/pRI101-*CsCaM3*-GFP 的农杆菌悬浮液转化烟草叶片，进行共定位分析。

（二）结果与分析

1. 酵母双杂交 研究发现，MLO 蛋白的 C 末端尾部含有保守的钙调蛋白结合结构域 CaMBD。病原菌侵染植物时，使胞内 Ca^{2+} 含量极速升高，钙调素作为 Ca^{2+} 结合蛋白，可以调节体内钙信号的防御反应。辣椒中 CaMLO2 蛋白的 CaMBD 以 Ca^{2+} 依赖的方式与钙调素结合。为了验证黄瓜中存在这种互作方式，以含有 *CsMLO1* 和 *CsMLO2* 基因的质粒为模版，扩增 *CaMBD1* 和 *CaMBD2* 部分基因片段。另外，以黄瓜 cDNA 为模版，扩增 *CsCaM1*、*CsCaM2* 和 *CsCaM3* 基因片段。将测序正确的上述目的基因分别与大片段诱饵表达载体 pGBKT7 和猎物表达载体 pGADT7 进行连接，转化 DH5α 大肠杆菌。通过菌落

PCR 鉴定，将阳性克隆的菌斑过夜培养，获得相应重组质粒。

将构建好的重组质粒，以共转的方式转化至 Y2HGold 酵母菌感受态细胞中。共转质粒的组合方式为：阳性对照组 pTL/p53，阴性对照组为 BD/AD、CaMBD1/AD、CaMBD2/AD，验证组 CaMBD1/CsCaM1、CaMBD1/CsCaM2、CaMBD1/CsCaM3、CaMBD2/CsCaM1、CaMBD2/CsCaM2 和 CaMBD2/CsCaM3。通过酵母双杂试验分析结果如图 3-77 所示，CaMBD1 和 CsCaM3 能在添加 Ca^{2+} 的三缺酵母培养基（Trp-Leu-His）和四缺酵母培养基（Trp-Leu-His-Ade）上生长，表明 CsMLO1 蛋白的部分结构域 CaMBD1 和 CsCaM3 能够互作。

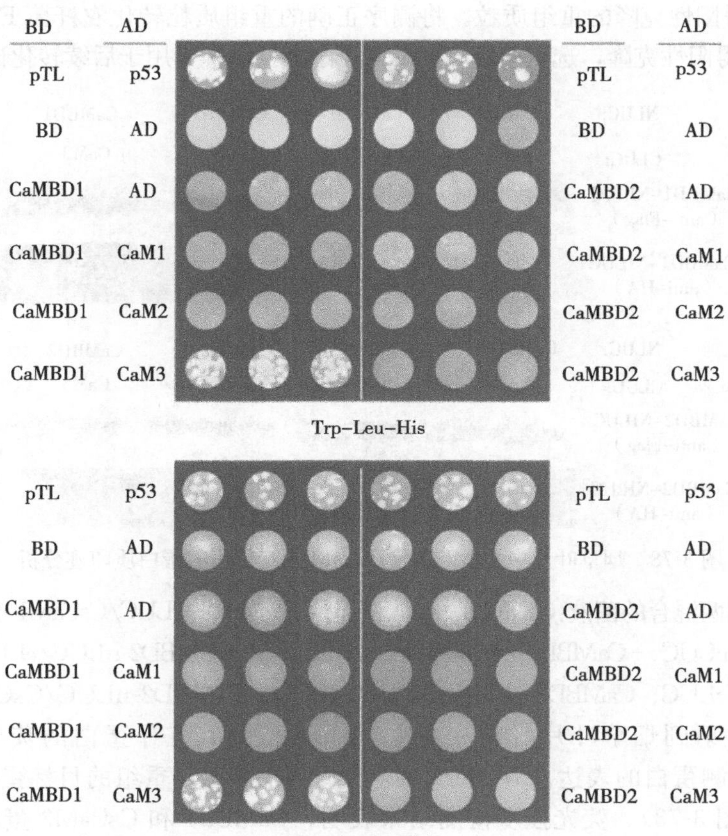

图 3-77　酵母双杂交验证

2. 烟草表皮细胞中萤火虫荧光霉素互补（LIC）**系统**　萤火虫荧光素酶互补（LCI）成像技术为植物蛋白质-蛋白质相互作用的研究提供了新的工具。萤火虫荧光素酶分为氨基末端和羧基末端 2 个部分，它们不会自发地重新组装和行使功能。LUC 活性仅在 2 种融合蛋白相互作用时发生，产生重构的 LUC 酶，其可通过低光成像装置检测。此技术可以检测植物中瞬时表达或稳定转基因表达中相互作用的蛋白质。研究发现，相互作用的蛋白质可以观察到较强荧光，蛋白质-蛋白质相互作用的突变体显示出很少或大大降低的荧光素酶活性。因此，该测定法在检测植物中蛋白质-蛋白质相互作用方面是简单、可靠和定量的。

为了检测目的蛋白是否表达，试验需要在 *CaMBD1* 和 *CaMBD2* 基因序列的 5′端添加

Flag 标签蛋白，在 *CsCaM1*、*CsCaM2* 和 *CsCaM3* 基因序列的 3′端添加 HA 标签蛋白，然后分别构建到 2 个融合蛋白载体中，最终获得 5 个双元载体：Flag-CaMBD1-nLUC、Flag-CaMBD2-nLUC、CsCaM1-HA-cLUC、CsCaM2-HA-cLUC 和 CsCaM3-HA-cLUC。本试验以合成的质粒为模板，分别扩增出含有 Flag 标签蛋白的 *CaMBD1* 和 *CaMBD2* 基因序列（图 3-78）。以黄瓜总 cDNA 为模版，分别 PCR 扩增出含有 HA 标签蛋白的 *CsCaM1*、*CsCaM2* 和 *CsCaM3* 基因序列。通过双酶切方法分别酶切过表达载体 pCAMBIA1300-nLUC 和 pCAMBIA1300-cLU，获得线性化大载体。将测序正确的上述目的基因分别与大片段 pCAMBIA1300-nLUC 和 pCAMBIA1300-cLU 进行连接，转化 DH5α 大肠杆菌，通过菌落 PCR 检测后获得阳性克隆的重组质粒。将测序正确的重组质粒转化农杆菌 EHA105 中，经过菌落 PCR 获得阳性克隆，选取阳性克隆的菌斑进行摇菌扩繁用于后续转化试验。

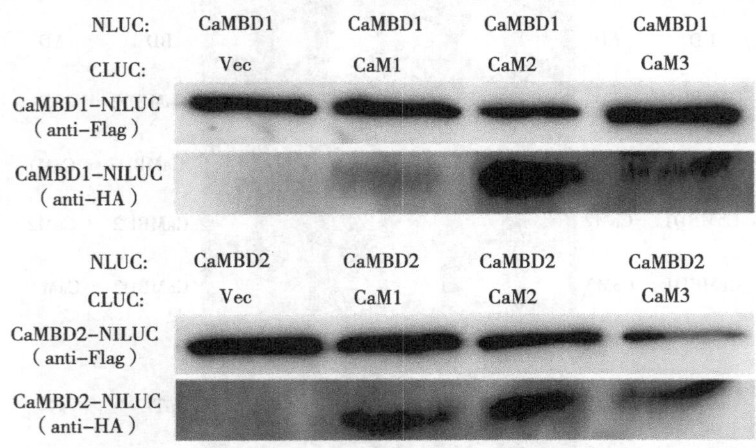

图 3-78 烟草叶片中 CsMLO 和 CsCaM 相互作用的蛋白质印迹分析

将农杆菌两两混合的菌液：CaMBD1-nLUC/cLUC、CaMBD1-nLUC/CsCaM1-cLUC、CaMBD1-nLUC/CsCaM2-cLUC、CaMBD1-nLUC/CsCaM3-cLUC；CaMBD2-nLUC/cLUC、CaMBD2-nLUC/CsCaM1-cLUC、CaMBD2-nLUC/CsCaM2-cLUC、CaMBD2-nLUC/CsCaM3-cLUC 及 nLUC/cLUC 注射到烟草叶片，瞬时表达 48 h 后检测其互作蛋白的荧光强度，结合 Western blot 检测蛋白的表达。Western blot 检测结果表明，重组的目标蛋白在烟草细胞中全部表达（图 3-78）。荧光强度检测结果表明，CaMBD1 和 CsCaM3 蛋白共同表达时检测到较强的 LUC 荧光信号，CaMBD1/CsCaM1 和 CaMBD1/CsCaM2 共表达时检测到较弱的 LUC 荧光信号，CaMBD1 蛋白与空载体共转化的烟草叶片中没有检测到荧光信号。但是，CaMBD2 蛋白与其他相关蛋白共注射的烟草叶片中均未检测的 LUC 荧光信号（图 3-79）。以上试验至少重复 3 次，统计数据证实 CaMBD1 和 CsCaM3 蛋白相互作用最强。

3. 烟草表皮细胞中双分子荧光互补（BiFC）系统 双分子荧光互补（BiFC）分析技术将荧光蛋白的 2 个互补片段分别与目标蛋白融合表达，2 个目标蛋白相互作用后恢复了荧光蛋白活性，通过激光共聚焦检测荧光信号。此技术不仅能检测蛋白质相互作用情况，还能对互作蛋白的强弱进行比较。因此，这种荧光检测可以直观、有效、定量地判断目标蛋白互作情况及在活细胞中的定位。为了进一步验证萤火虫荧光素酶互

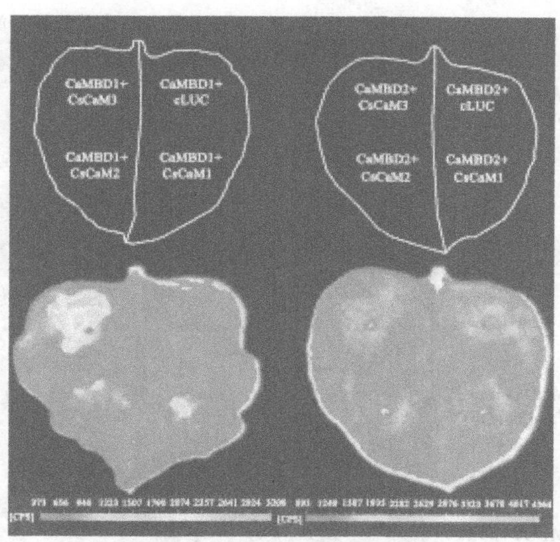

图 3-79　烟草叶片中萤火虫荧光素酶互补（LIC）成像测定

补试验的结果，利用农杆菌介导的瞬时转化技术，将含有目标蛋白的农杆菌菌液两两混合注射烟草叶片后观察 BiFC 绿色荧光信号，用以确定相互作用的蛋白。

以黄瓜总 cDNA 为模版，根据 Gateway 克隆所需的特异引物 PCR 扩增得到 *CsMLO1*、*CsMLO2*、*CsCaM1*、*CsCaM2* 和 *CsCaM3* 基因序列。将上述测序正确的目的片段与中间载体 pDONR221 经过连接，转化 DH5α 大肠杆菌，获得阳性克隆质粒。将构建成功的重组质粒分别与终载体 pXCGW 和 pXNGW 经过连接，转化 DH5α 大肠杆菌，获得最终的重组质粒 CsMLO1-pXNGW、CsMLO2-pXNGW、CsCaM1-pXCGW、CsCaM2-pXCGW 和 CsCaM3- pXCGW。最后，将最终质粒转化 GV3101 农杆菌，获得阳性农杆菌菌液用于后续转化试验。

将农杆菌两两混合的菌液：CsMLO1-nYFP/cCFP、CsMLO1-nYFP/CsCaM1-cYFP、CsMLO1-nYFP/CsCaM2-cYFP、CsMLO1-nYFP/CsCaM3-cYFP；CsMLO2-nYFP/cCFP、CsMLO2-nYFP/CsCaM1-cYFP、CsMLO2-nYFP/CsCaM2-cYFP 和 CsMLO2-nYFP/CsCaM3-cYFP 注射到烟草叶片，瞬时表达 48 h 后通过激光共聚焦显微镜检测其互作蛋白的荧光信号。如图 3-80 所示，CsMLO1 全长和 CsCaM3 共表达时，检测到极强的 YFP 荧光信号。而 CsMLO1 全长和 CsCaM1 共表达时，也检测到 YFP 的荧光信号，但其荧光强度要弱于前者。CsMLO2 全长和 CsCaM 共表达时，在烟草叶片中均未检测到 YFP 荧光信号（图 3-81）。以上试验至少重复 3 次，统计数据证实 CsMLO1 和 CsCaM3 蛋白可以相互作用，且荧光信号最强。

4. 烟草叶片表皮细胞中 *CsMLO1* 与 *CsCaM3* 基因共定位　采用酵母双杂交、LIC 和 BiFC 方法证实 CsMLO1 与 CsCaM3 可以稳定相互作用。在大麦中，MLO 蛋白中的 CaM 结合结构域（CaMBD）与 Ca^{2+} 依赖性钙调蛋白相互作用，这种结合的丧失使 MLO 蛋白在体内负调节白粉病的能力减半，即增加的 Ca^{2+} 离子促进 CaM 对其目标蛋白 MLO 的亲和力，从而抑制大麦的抗性。目前，CaM-MLO 复合物在黄瓜感染棒孢叶斑病的抗性/敏感性方面的功能研究甚少。试验通过农杆菌介导的瞬时转化技术，在烟草细胞中共表达

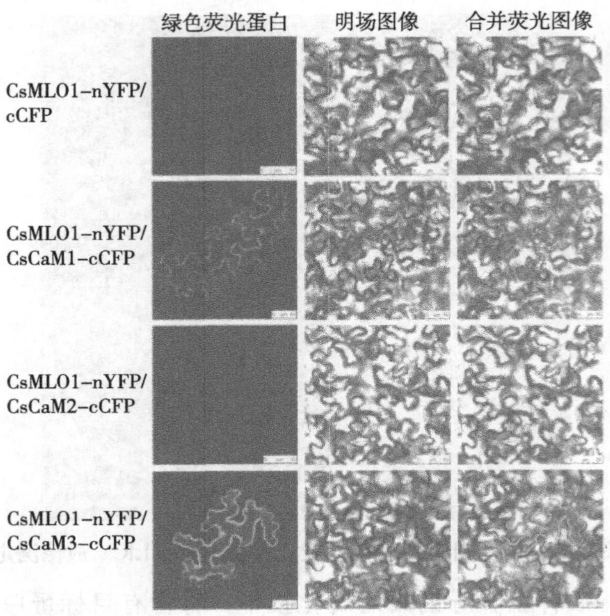

图 3-80　烟草叶片中双分子荧光互补分析

注：左图：重构 YFP 衍生的荧光；中间：明场图像；右图：合并荧光图像。

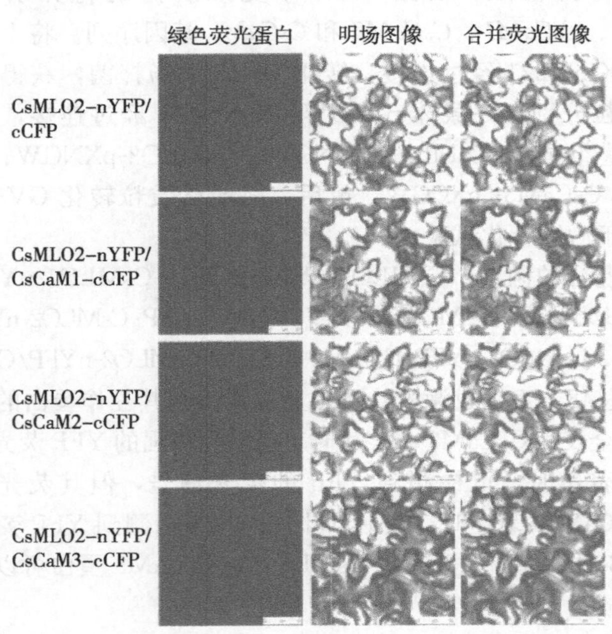

图 3-81　烟草叶片中双分子荧光互补分析

注：左图：重构 YFP 衍生的荧光；中间：明场图像；右图：合并荧光图像。

CsMLO1 和 *CsCaM3*，解析 *CsMLO1* 和 *CsCaM3* 之间的调控关系。共定位试验需要构建过表达载体 pRI101-*CsMLO1* 和 pRI101-*CsCaM3*-GFP。以黄瓜总 cDNA 为模版，PCR 扩增得到 *CsMLO1* 和 *CsCaM3* 基因片段。经过连接转化后得到重组质粒，将测序正确的重组质粒转化 EHA105 农杆菌，得到阳性农杆菌菌液用于后续转化试验。

将农杆菌菌液空载体（GFP）、*CsMLO3*-GFP、*CsMLO1*-GFP 和 *CsMLO3*-GFP/*CsMLO1* 注射到烟草叶片，瞬时表达 3 d 后观察其荧光强度及位置。如图 3-82 至图 3-84 所示，在烟草表皮和原生质体中，*CsCaM3*-GFP 荧光与空载体荧光一致，主要位于细胞质和质膜中，而 *CsMLO1*-GFP 主要位于质膜中。*CsCaM3*-GFP 和 *CsMLO1* 共表达将 *CsCaM3*-GFP 的荧光从细胞质转移至质膜，导致 *CsCaM3*-GFP 的荧光强度显著降低。然而，空载体和 *CsMLO3*-GFP 共表达时未显示 *CsMLO3*-GFP 的荧光转移现象。该结果进一步证实了烟草表皮和原生质体中 *CsCaM3*-GFP 和 *CsMLO1* 之间的相互作用，CsMLO1 蛋白阻断了烟草细胞中 *CsCaM3*-GFP 的积累。在此，进一步证实了 *CsMLO1* 基因负调节 *CsCaM3* 基因表达的结果。

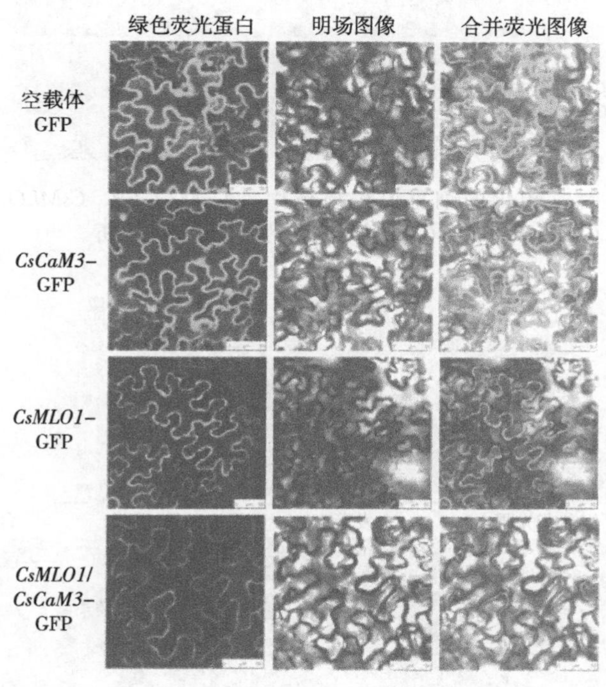

图 3-82　瞬时转化的烟草叶片中 *CsCaM3*-GFP、*CsMLO1*-GFP 和 *CsCaM3*-GFP+*CsMLO1*-GFP 的亚细胞定位分析

5. 黄瓜子叶中共表达 *CsMLO1* 和 *CsCaM3* 基因触发的防御反应　为了研究共表达 *CsMLO1* 和 *CsCaM3* 基因的黄瓜对棒孢叶斑病菌侵染后的防御反应的功能，将携带 35S∷00、35S∷*CsMLO1*、35S∷*CsCaM3* 和 35S∷*CsMLO1*/35S∷*CsCaM3* 质粒的农杆菌菌液注射黄瓜子叶。与对照组黄瓜相比，瞬时过表达 *CsMLO1* 基因的黄瓜子叶在棒孢叶斑病菌侵染后第 5 d 呈现了明显的坏死病斑，过量表达 *CsCaM3* 基因的黄瓜子叶呈现了较少的坏死病斑，共表达 *CsMLO1*＋*CsCaM3* 基因的黄瓜子叶中坏死病斑情况是介于瞬时过表达 *CsMLO1* 和 *CsCaM3* 基因的黄瓜子叶之间（图 3-85）。瞬时过表达 *CsMLO1* 基因的黄瓜子叶病情指数为 73.61，过量表达 *CsCaM3* 基因的黄瓜子叶表现出较低的病情指数，仅为 21.48。然而，共表达 *CsMLO1*＋*CsCaM3* 的黄瓜子叶的病情指数为 49.46（表 3-25）。以上结果表明，*CsMLO1* 和 *CsCaM3* 共表达时，*CsMLO1* 基因作为负调控因子抑制了 *CsCaM3* 基因表达，使黄瓜对棒孢叶斑病菌抗性降低。

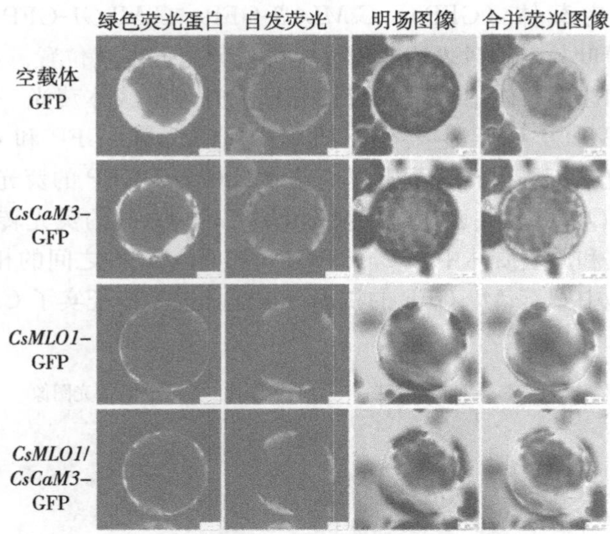

图 3-83 瞬时转化的烟草原生质体中 *CsCaM3*-GFP、*CsMLO1*-GFP 和 *CsCaM3*-GFP+*CsMLO1*-GFP 的亚细胞定位分析

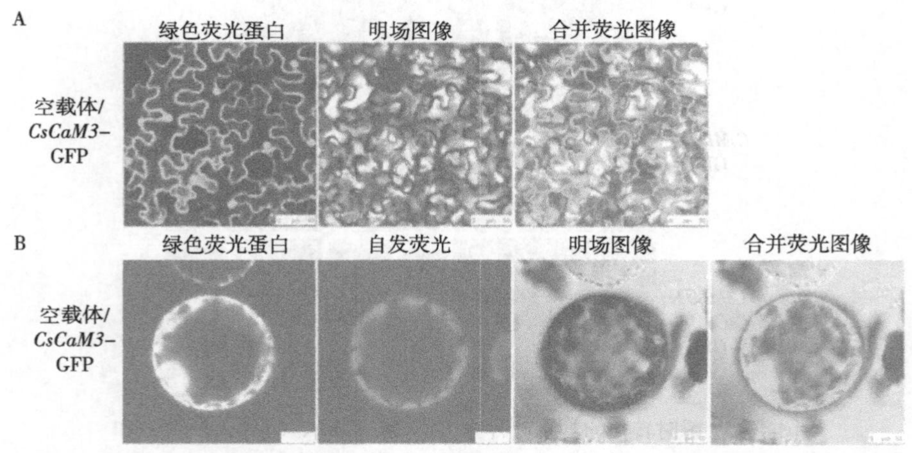

图 3-84 瞬时转化的烟草表皮细胞和原生质体中空载体+*CsCaM3*-GFP 的亚细胞定位分析

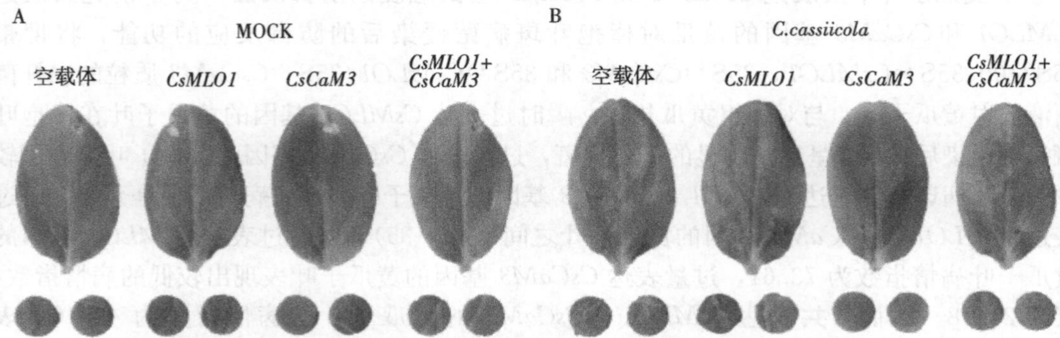

图 3-85 空载体、*CsMLO1*、*CsCaM3* 和 *CsCaM3*-GFP+*CsMLO1*-GFP 瞬时过表达黄瓜子叶的抗病性鉴定

A. 未接种棒孢叶斑病菌的黄瓜子叶 B. 棒孢叶斑病菌侵染后的黄瓜子叶

表 3-25 不同处理黄瓜子叶的病情指数

材料	病情指数	抗性
35S∷GFP	43.33	S
35S∷*CsMLO1*	73.61	HS
35S∷*CsCaM3*	21.48	MR
35S∷*CsMLO1*/35S∷*CsCaM3*	49.46	S

注：高抗病型（HR），$0<DI\leqslant15$；中抗病型（MR），$15<DI\leqslant35$；抗病型（R），$35<DI\leqslant55$；感病型（S），$55<DI\leqslant75$；高感病型（HS），$DI>75$。

为了明确黄瓜叶片在细胞水平上的防御反应，对棒孢叶斑病菌侵染后 3 d 的黄瓜子叶进行组织化学分析（图 3-86）。通过台盼蓝和苯蓝胺染色分析发现，瞬时过表达 *CsCaM3* 基因诱导了黄瓜子叶中细胞死亡和胼胝质沉积，*CsMLO1* 和 *CsCaM3* 基因共表达黄瓜子叶后抑制了这些组织中的细胞死亡；在棒孢叶斑病菌侵染后，瞬时过表达 *CsCaM3* 基因的黄瓜子叶表现出较高的细胞死亡和胼胝质沉积，与此相比，瞬时共表达 *CsMLO1* 和 *CsCaM3* 基因的黄瓜子叶组织中细胞死亡和胼胝质沉积减少，并且这种减少在病原菌侵染 3 d 后由 *CsMLO1* 基因介导。DAB 染色分析表明，与空载体对照相比，瞬时过表达 *CsCaM3* 基因的黄瓜子叶呈现出大的褐色斑点。可见，在瞬时过量表达 *CsCaM3* 基因的黄瓜子叶中积累了高水平的 H_2O_2。有趣的是，与瞬时过量表达 *CsCaM3* 基因的黄瓜子叶相比，*CsMLO1* 和 *CsCaM3* 基因在黄瓜子叶中的共表达降低了 H_2O_2 积累。以上结果表明，*CsMLO1* 和 *CsCaM3* 基因共表达黄瓜子叶后，*CsMLO1* 基因明显抑制了 *CsCaM3* 基因引发的细胞死亡及 H_2O_2 积累。

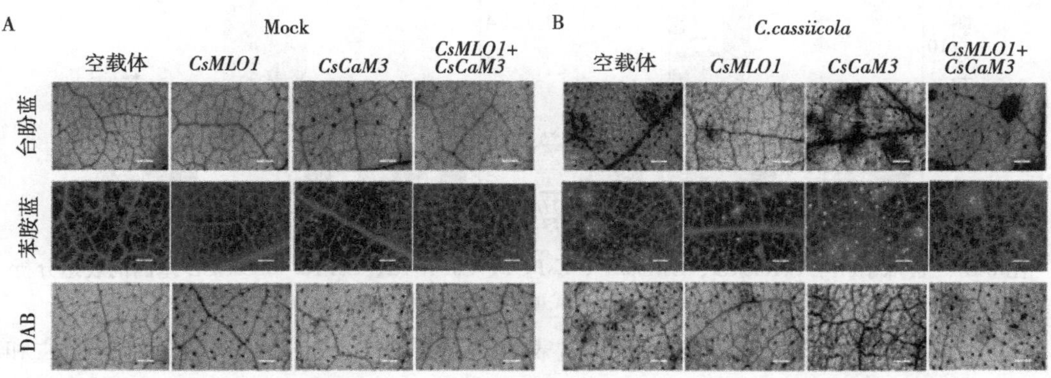

图 3-86 瞬时过表达 *CsCaM3* 和 *CsMLO1* 基因对黄瓜子叶细胞死亡和防御反应的影响

注：A 图为农杆菌瞬时转化 5 d 后，黄瓜子叶的台盼蓝、苯胺蓝和 DAB 染色；B 图为棒孢叶斑病菌侵染 3 d 后，瞬时过表达黄瓜子叶的台盼蓝、苯胺蓝和 DAB 染色。

本试验还检测了瞬时过表达 *CsMLO1* 或 *CsCaM3* 基因对黄瓜子叶中一些防御相关基因的影响。如图 3-87 所示，*CsCaM3* 基因瞬时过表达黄瓜子叶后强烈诱导 H_2O_2信号相关基因表达量的增加，包括抗坏血酸过氧化物酶（*CsPO1*）、NADPH 氧化酶同源物（*CsRbohD* 和 *CsRbohF*）、病程相关蛋白基因（*CsPR-1a* 和 *CsPR3*）以及胼胝质合成相关基因（*CsGSL*）。然而，这些基因在 *CsMLO1* 基因瞬时过表达黄瓜子叶中未被诱导。值得注意的是，在共表达 *CsMLO1* 和 *CsCaM3* 基因黄瓜子叶中，这些防御基因转录水平增加的程度显著被 *CsMLO1* 基因抑制。同时，检测了棒孢叶斑病菌胁迫下瞬时转基因黄瓜子叶中相关防御基因的表达变化，结果表明这些防御相关基因的表达变化与上述的趋势一致（图 3-88）。有趣的是，与瞬时过量表达 *CsCaM3* 基因的子叶相比，在黄瓜子叶中 *CsMLO1* 和 *CsCaM3* 基因的共表达强烈抑制了 *CsPR3* 基因的表达。

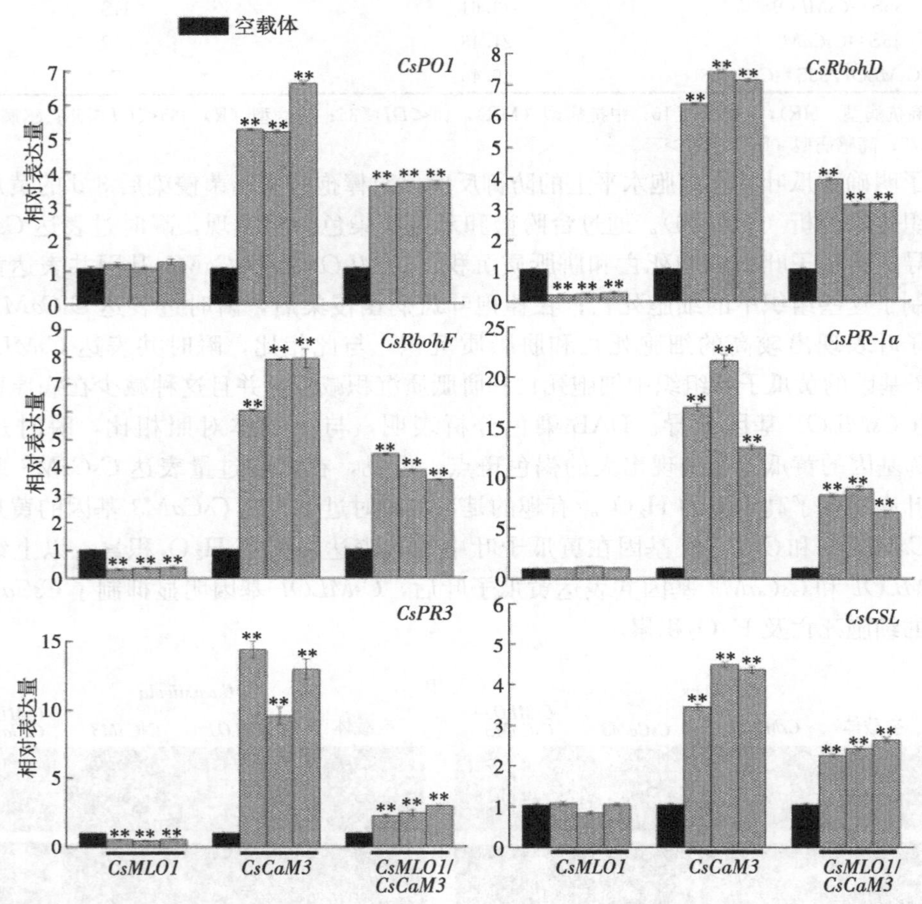

图 3-87　黄瓜子叶中 *CsRbohD*、*CsRbohF*、*CsPO1*、*CsPR-1a*、*CsPR3* 和 *CsGSL* 基因的表达分析

注：数值为平均值（Means）±SD，重复 3 次；**表示显著性差异（$P<0.01$）。

以上结果表明，*CsMLO1* 基因瞬时过表达抑制了 *CsCaM3* 基因调节的细胞死亡和对棒孢叶斑病菌的防御抗性，包括防御基因表达和 ROS 暴发。因此，*CsMLO1* 基因可以负调节 *CsCaM3* 基因的表达，从而改变黄瓜对棒孢叶斑病菌抗性的 HR 效应。

6. *CsMLO1* 基因沉默增强黄瓜子叶对棒孢叶斑病菌的防御相关基因表达　病毒诱导基因沉默 VIGS 技术已经有效地用于黄瓜反向遗传学研究，可以检测黄瓜植物中防御相关基因的功能。通过接种病原菌表型分析发现，*CsMLO1* 基因沉默的黄瓜子叶表现出抗病性的增强。为了确定在病原菌感染下黄瓜子叶 *CsMLO1* 基因沉默是否调节 ROS 信号和细胞死亡相关基因的表达，通过 RT-qPCR 分析了这些防御相关基因的转录水平。感病 5 d 后，与空载体对照相比，*CsMLO1* 基因沉默明显诱导防御相关基因的表达，包括 *CsPO1*、*CsRhobD*、*CsRhobF*、*CsPR-1a*、*CsPR3*、*CsGSL* 和 *CsCaM3* 基因。特别是，在 *CsMLO1* 基因沉默的黄瓜子叶中，*CsPR3* 基因的转录水平显著地增加（图 3-89）。这些结

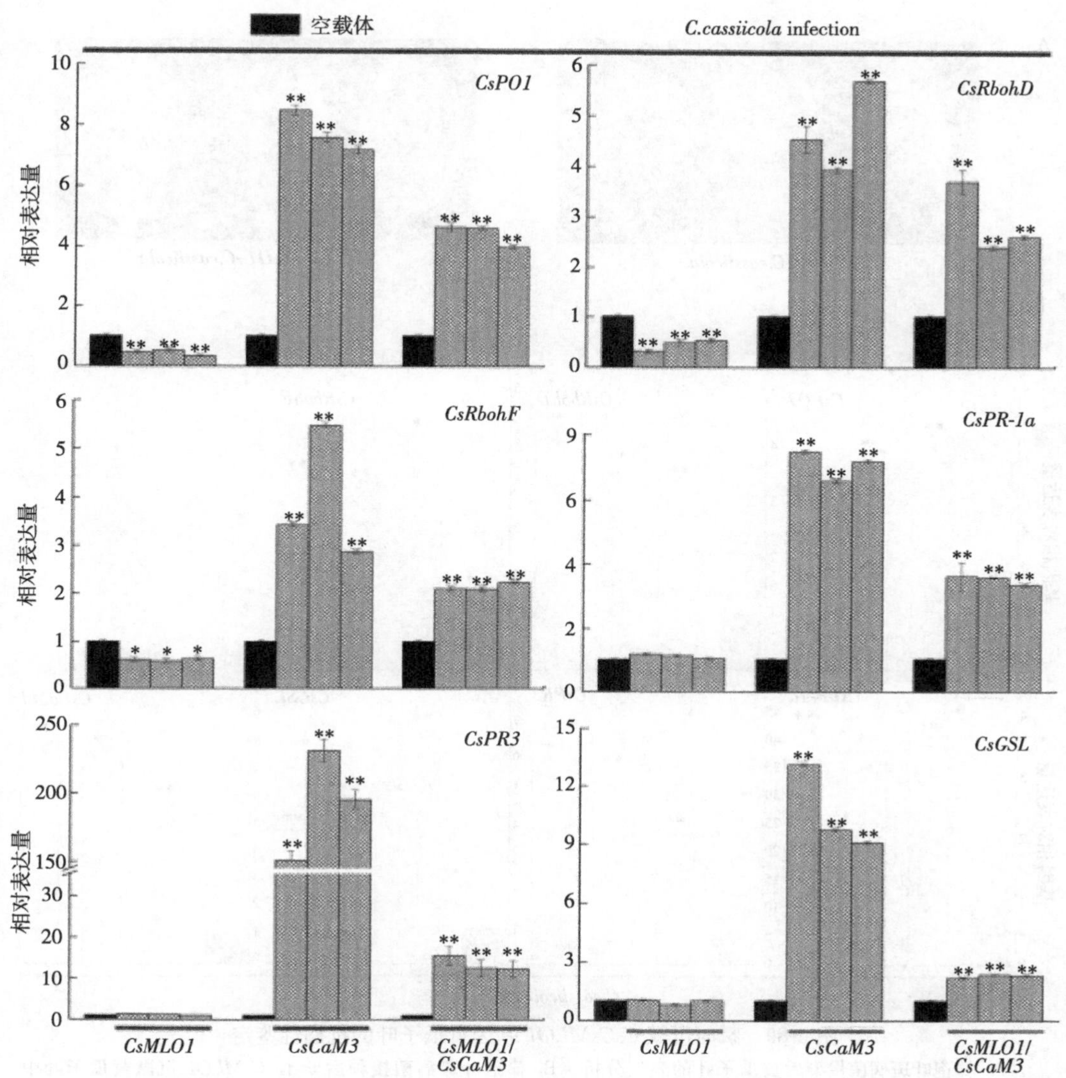

图 3-88　接种棒孢叶斑病菌对黄瓜子叶中 *CsRbohD*、*CsRbohF*、*CsPO1*、*CsPR-1a*、*CsPR3* 和 *CsGSL* 基因表达的影响

注：数值为平均值（Means）±SD，重复 3 次；**表示显著性差异（$P<0.01$）。

果表明，*CsMLO1* 基因沉默介导的对棒孢叶斑病菌的抗性反应需要防御相关基因高水平的表达。

（三）讨论与结论

非宿主抗性（non-host resistance，NHR）赋予植物对非适应性微生物的持久和广谱抗性，但这种抗性机制还不明确。植物暴露在自然环境中使其受到多种病原体的侵染，使其表现出不同的感染策略和生活方式，NHR 可以阻止潜在微生物病原体的入侵。相关研究提出了 *MLO* 基因是大麦与白粉菌相互作用的 NHR 组分。非宿主植物中的诱导防御反应包括 ROS 的积累、病程相关基因的激活、植物细胞壁的局部增强和 HR 反应。传统上，*MLO* 基因功能与白粉病的易感性有关，白粉病菌可以渗入宿主表皮细胞并引发植物各种

A

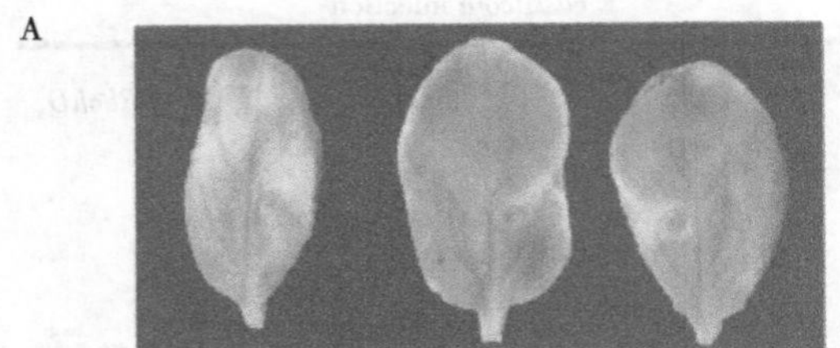

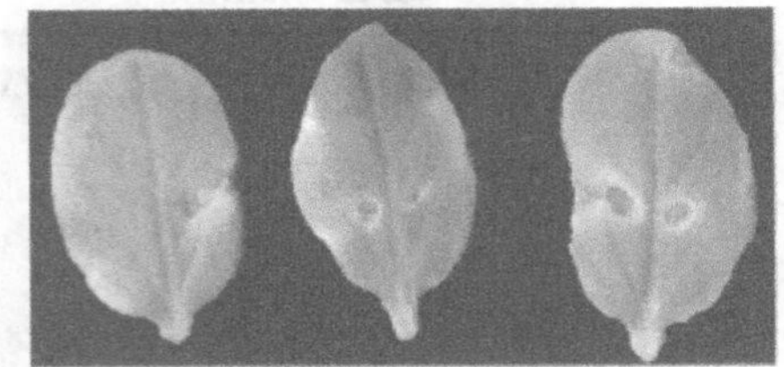

B

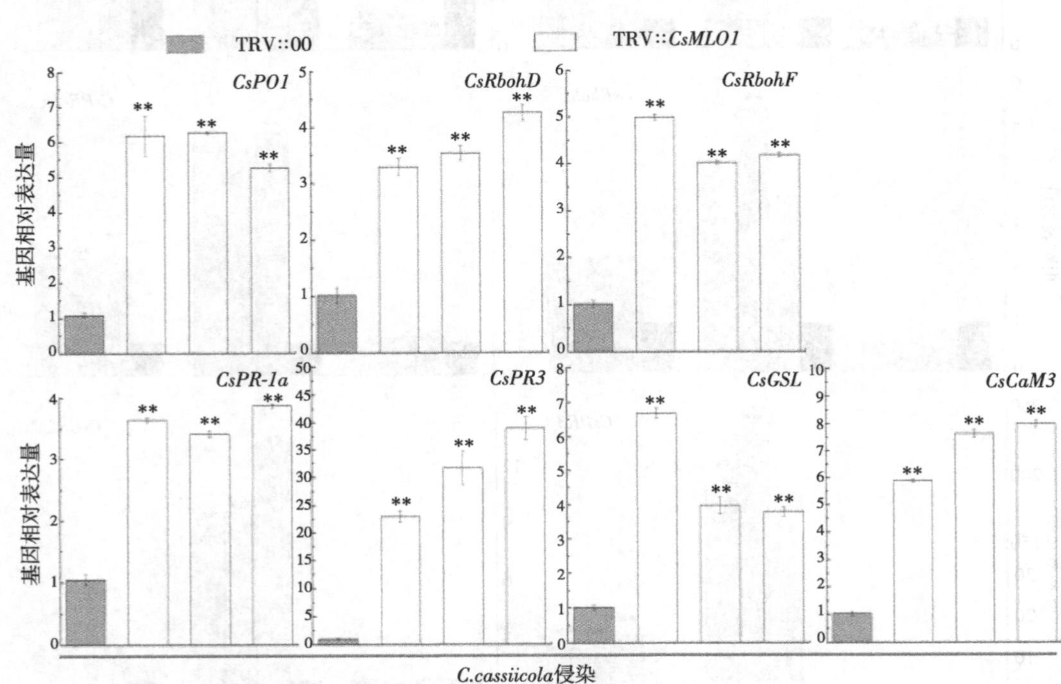

图 3-89　瞬时沉默 *CsCsMLO1* 基因黄瓜子叶的抗病性鉴定

A. 棒孢叶斑病菌侵染后黄瓜子叶的表型分析　B. 棒孢叶斑病菌接种后 5 d，*CsMLO1* 沉默黄瓜子叶中 *CsRbohD*、*CsRbohF*、*CsPO1*、*CsPR-1a*、*CsPR3*、*CsGSL* 和 *CsCaM3* 基因表达量

注：数值为平均值（Means）±SD，重复 3 次；**表示显著性差异（$P<0.01$）。

防御相关反应，包括 *PR* 基因的转录激活、乳突的胼胝质沉积和抗菌生物分子的生物合成。在拟南芥中，乳突中的胼胝质沉积作为抵抗白粉病入侵的物理屏障，以提高其抗性。胼胝质是聚合物（1→3）-β-D-葡聚糖，其由质膜中的葡聚糖合酶（GSL）蛋白合成。在拟南芥 *mlo* 突变体遗传筛选中，GSL5 产生的胼胝质主要沉积在伤口部位和病原体触发的乳突中。拟南芥 *mlo2* 突变赋予对白粉病菌的部分抗性，*mlo2 mlo6 mlo12* 突变导致对白粉病的完全免疫，这些现象主要是由于 *MLO* 基因突变以阻止了真菌穿透宿主植物的细胞壁。乳突形成通常伴有 ROS 时间和空间暴发，并且 ROS 充当信号转导的中间体可以激活相关的信号传导途径。在大麦与拟南芥的研究中一致认为，*mlo* 突变体增强了胼胝质沉积、ROS 暴发和病原体诱导的 *PR* 基因表达。

病原体诱导的植物过敏性细胞死亡与其抗性和易感性密切相关。植物细胞死亡是 HR

反应的最主要特征，其在效应器触发免疫（effector-triggered immunity，ETI）期间被诱导。辣椒（*Capsicum annuum*）通过激活触发细胞死亡的不同基因来响应不同的病原菌的胁迫。已经发现了几种 HR 相关基因，包括钙调蛋白（CaCaM），*CaCaM1* 基因的瞬时表达增加了 ROS 暴发和过敏性细胞死亡，从而改善了辣椒的防御反应。HR 相关基因的表达正调节病原体诱导的细胞死亡，并增强植物对病原体的抗性。辣椒过敏反应诱导的 *CaHIR1* 和 *CaMLO2* 基因能正调节叶片表型发育，却增强植物对病原菌的易感性。目前，关于黄瓜-棒孢叶斑病菌相互作用的防御机制还不明确。前期研究表明，棒孢叶斑病菌侵染黄瓜叶片 24 h 后，NADPH 氧化酶（RBOHs）和 PR 蛋白明显积累，即 ROS 的暴发和防御相关基因的表达防止病原菌的入侵。Wang（2018）表明，次生代谢和 ROS 积累在黄瓜-棒孢叶斑病菌相互作用的抗病性中起重要作用。此外，研究发现，*CsMLO1* 和 *CsMLO2* 基因作为一种"感病因子"，能调节黄瓜对棒孢叶斑病菌的防御反应。*CsMLO2* 基因沉默上调 *CsPR2* 和 *CsPR3* 基因表达。以上分析发现，*CsMLO* 和 *CsCaM* 基因与黄瓜对棒孢叶斑病菌的防御反应密切相关，推测 *CsMLO* 和 *CsCaM* 基因调控黄瓜对棒孢叶斑病的抗性与 NHR 有关。

本试验通过酵母双杂、萤火虫荧光素酶互补（LCI）和双分子荧光互补（BiFC）试验检测 CsMLO 和 CsCaM 蛋白在植物防御反应中的相互作用。结果表明，CsMLO1 与 CsCaM3 蛋白可以稳定相互作用，而 CsMLO2 蛋白没有检测到互作的 CsCaM 蛋白。病原体触发的 Ca^{2+} 离子信号可以增强植物体内 ROS 暴发激活抗性反应。然而，增加 Ca^{2+} 离子也会促进 CaM 与其目标蛋白 MLO 的亲和力。这种结合提高 MLO 蛋白的活性，从而抑制大麦的抗性。目前，CaM-MLO 复合物在黄瓜对棒孢叶斑病菌的易感性或抗性方面的功能研究甚少。绿色荧光蛋白融合的亚细胞定位分析表明，*CsMLO1* 和 *CsCaM3* 基因共表达烟草细胞后使 CsCaM3 蛋白从细胞质转移到质膜，并且 CsCaM3 蛋白绿色荧光表达明显减弱。此外，瞬时转化的黄瓜子叶中 *CsMLO1* 基因可以负调节 *CsCaM3* 基因的表达。*CsMLO1* 基因沉默增强了棒孢叶斑病菌胁迫后黄瓜子叶中细胞死亡标记基因 *CsCaM3* 和 *CsPO*、ROS 相关基因、防御基因和胼胝质沉积相关基因的高表达。辣椒中病原菌响应基因 *CaCaM1* 和 *CaPO2* 可以激活 ROS 信号和过敏性细胞死亡，以提高辣椒叶片的防御抗性。辣椒 *CaMLO2* 基因沉默增强了对毒性 *Xcv* 感染的抵抗力，这与 ROS 暴发和 *PR* 基因表达有关，表明 *CaMLO2* 基因在消除胁迫反应诱导的细胞死亡和感染部位 H_2O_2 暴发中具有重要作用。因此，研究表明，*CsMLO1* 基因可以负调节 *CsCaM3* 基因的表达，从而影响黄瓜对棒孢叶斑病菌胁迫后的 HR 反应，这也与前人研究结果相一致。

为进一步确定黄瓜-棒孢叶斑病互作中 CsCaM3-CsMLO1 复合物诱导的细胞死亡信号传导的分子机制。通过农杆菌瞬时转化黄瓜子叶，发现棒孢叶斑病侵染后的过表达 *CsCaM3* 基因黄瓜子叶中出现细胞死亡、胼胝质沉积和 ROS 暴发等现象。在辣椒中，*CaCaM1* 基因瞬时过表达能诱导局部细胞死亡、胼胝质沉积和 ROS 产生，增强获得性抗性，而 *CaCaM1* 和 *CaMLO2* 基因共表达则显著抑制 *AvrBsT* 触发的细胞死亡和防御反应。本试验发现，*CsMLO1* 与 *CsCaM3* 基因共同表达也显著降低了棒孢叶斑病菌感染的黄瓜子叶中 HR 相关的细胞死亡。越来越多的证据表明，植物对病原菌入侵的响应可以调节 ROS 的积累、ROS 产生和细胞死亡在胡椒叶中受过氧化物酶 *CaPO2* 基因表达的调控。在棒孢叶斑病侵染下，*CsPO1*、*CsRbohD* 和 *CsRbohF* 基因的 mRNA 水平在瞬时过

量表达 *CsCaM3* 的黄瓜子叶中显著增加。与单独瞬时过表达 *CsCaM3* 基因的黄瓜子叶相比，共表达 *CsCaM3* 和 *CsMLO1* 基因的黄瓜子叶中 *CsPO1*、*CsRbohD* 和 *CsRbohF* 基因的 mRNA 水平表达被抑制。HR 反应的细胞死亡伴随着胼胝质沉积和防御基因诱导，包括病程相关蛋白-1a（*PR-1a*）和几丁质酶（*PR3*）等。这些基因的上调表达能提高植物对病原菌的抗性。与上述研究相似，瞬时过量表达 *CsCaM3* 基因的黄瓜子叶中观察到防御基因（*CsPR1* 和 *CsPR3*）和胼胝质沉积相关基因（*CsGSL*）被强烈诱导。但是，*CsCaM3* 和 *CsMLO1* 基因共表达降低了 *CsPR1*、*CsPR3* 和 *CsGSL* 基因转录水平上的积累。总的来说，本试验结果与这些数据相结合支持了这样的假设：*CsMLO1* 和 *CsCaM3* 基因共表达负向调节棒孢叶斑病菌触发的黄瓜叶片细胞死亡和早期免疫反应，进而降低黄瓜对棒孢叶斑病的抗性。但是，试验没有检测到 CsCaM 与 CsMLO2 蛋白的相互作用。推测可能存在与 CsMLO2 相互作用的其他蛋白质，如膜蛋白 ROP（植物的 Rho 相关 GTP 酶）或者其他类型的 CaM 蛋白。此外，*CsMLO2* 基因作为黄瓜抗病性负调节因子的作用机制仍然未知。上述关于 *CsMLO2* 基因的功能推测将成为下一步研究的焦点。总之，CsMLO1 蛋白能负调控黄瓜抗病性在多主棒孢病原菌侵染下，CsMLO1 蛋白能稳定地与 CsCaM3 蛋白互作，并将细胞质中的 CsCaM3 蛋白转移至质膜，从而抑制黄瓜的抗病性（图 3-90）。

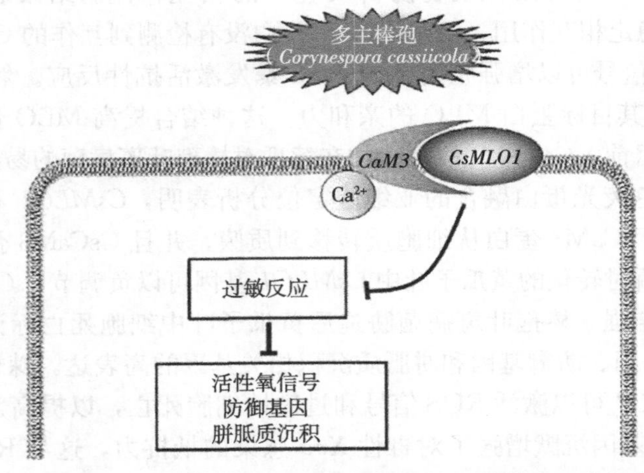

图 3-90 *CsMLO1* 基因介导黄瓜对棒孢叶斑病菌的防御机制

（四）小结

通过酵母双杂交试验发现与 CsMLO1 互作的蛋白 CsCaM3，并结合萤火虫荧光素酶互补（LCI）和双分子荧光互补（BiFC）试验等多种方法进一步证实了 CsMLO1 和 CsCaM3 蛋白存在相互作用，且 CsMLO1 蛋白是通过其 C 端的 CaMBD1 结构域与 CsCaM3 蛋白稳定互作。绿色荧光蛋白（GFP）融合的亚细胞定位分析表明，CsMLO1 蛋白定位于细胞膜，CsCaM3 蛋白定位于细胞质中，*CsMLO1* 和 *CsCaM3* 共表达烟草细胞后，使 CsCaM3 蛋白从细胞质转移到质膜。CsMLO1-CsCaM3 的复合物增强黄瓜子叶对棒孢叶斑病菌的易感性，主要表现在棒孢叶斑病菌侵染后，共表达 *CsMLO1* 和 *CsCaM3* 基因的黄瓜子叶中 HR 反应减弱，包括 ROS 积累减弱、胼胝质沉积减少和防御相关基因表达下降。这些结果表明，CsMLO1 蛋白能与 CsCaM3 蛋白相互作用并负调节 *CsCaM3* 基因表达，从而抑制黄瓜的免疫应答。

第四章
葡聚六糖诱导黄瓜抗病性的分子机制研究

在我国目前设施蔬菜生产全局中，病虫害防治仍以化学农药为主，滥用、误用和不合理使用化学农药的现象普遍存在，使病虫抗药性日趋严重、农药残留量超标，毒菜事件时有发生。21世纪，随着消费者对食品质量的需求日益增加，防止蔬菜产品农药污染问题已成为各级政府和社会公众关注的热点。

迅速发展起来的诱导抗性技术给植物病害防治提出了一条新途径，对于生产上缺乏抗病品种的病害来说尤其重要。现代植物病理学研究表明，凡是利用物理的、化学的以及生物的方法预先处理植物，可改变和克服接种后的病害反应，使原来感病反应产生局部或系统的抗病性，即产生了诱导抗性。无论是感病品种还是抗病品种均具有潜在的防御反应基因，只是感病品种的防御反应基因受到植株内某种因素的阻遏不能充分表达，从而在病菌侵染时表现感病。因此，人们期待利用生物或非生物的激发子（elicitor）诱导作物感病品种内潜在的防御基因表达，使植物产生系统获得抗性（SAR）或诱导系统抗性（ISR），从而解决很多高产、优质作物品种仅仅因缺少抗病基因或高度感病而无法种植的难题。

研究表明，葡聚六糖是一种新型寡糖类物质，可以诱导植物产生抗病性，并能够在自然界中完全降解，不污染生态环境。应用差异蛋白质组学的方法，研究了葡聚六糖激发子诱导后不同时间点的黄瓜幼苗叶片差异蛋白的种类和丰度变化，筛选出诱导抗病相关蛋白，并对其功能进行探讨，为揭示葡聚六糖激发子诱导黄瓜抗病性的分子机制奠定基础，也将为激发子诱导植物抗病性的分子机理研究提供新的思路和理论依据。

第一节　葡聚六糖诱导黄瓜抗病性的差异蛋白质组学研究

一、葡聚六糖诱导黄瓜抗霜霉病的研究

通过葡聚六糖诱导黄瓜抗霜霉病的研究，以期了解葡聚六糖对黄瓜诱导抗病性的作用，并探讨诱导间隔期、诱导浓度、诱导次数及施用方法对黄瓜抗霜霉病表达的影响，从而为这1新型诱抗剂在田间应用提供理论依据。

（一）材料与方法

1. 材料　试验于2001年5月至2002年7月进行。供试黄瓜品种为新泰密刺。将种子催芽后播在装有草炭土：蛭石为2∶1（体积比）的营养钵中，在温室中培养，待黄瓜长至1片真叶时进行诱导处理。

黄瓜霜霉病菌为温室中活体保存的菌种。葡聚六糖由中国科学院生态环境研究中心提

供，其结构如图 4-1 所示。

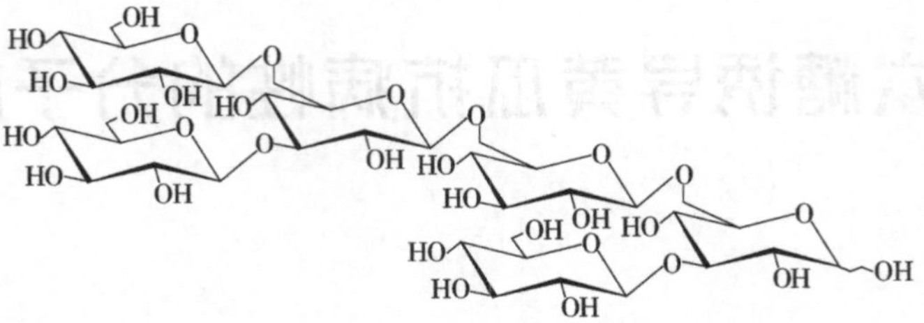

图 4-1 葡聚六糖结构式

2. 方法

（1）葡聚六糖诱导次数对黄瓜抗霜霉病的影响。葡聚六糖的浓度为 1 μg/mL 和 10 μg/mL，同时加吐温 80 表面活性剂，诱导间隔期为 7 d，以清水为对照，分别喷雾诱导 3 次、2 次及 1 次，喷雾量以植株全叶湿润、溶液不致下流为准。最后一次诱导的第 2 d 与对照一起用浓度为 10^4 个/mL 霜霉孢子囊悬浮液进行喷雾接种，保湿培养。接菌后 4 d 对照发病时进行第一次调查，2 d 后再进行第二次调查。每处理喷施 60 株，设置 3 次重复。

（2）葡聚六糖诱导间隔期对黄瓜抗霜霉病的影响。葡聚六糖浓度为 1 μg/mL 和 10 μg/mL，同时加吐温 80 表面活性剂，连续诱导 3 次，诱导间隔期分别为 2 d、5 d 和 7 d。

（3）葡聚六糖诱导黄瓜抗霜霉病的最佳浓度和施用方法的确定。诱导间隔期为 7 d，诱导次数为 3 次。葡聚六糖处理浓度分别为 1 μg/mL 和 10 μg/mL，同时分别加吐温 80 和硅油 2 种表面活性剂，施用方法为叶喷和根施 2 种。

（4）葡聚六糖诱导黄瓜抗霜霉病的药效持续期的确定。葡聚六糖的浓度为 10 μg/mL，同时加吐温 80 表面活性剂，诱导间隔期为 7 d，共诱导 3 次，分别于最后一次诱导后 1 d、2 d、3 d、5 d 和 7 d 接种。

（5）黄瓜霜霉病病情分级标准。0 级：无病斑；1 级：病斑面积不超过叶面积 1/10；3 级：病斑面积占叶面积的 1/10～1/4；5 级：病斑面积占叶面积的 1/4～1/2；7 级：病斑面积占叶面积的 1/2～3/4；9 级：病斑面积占叶面积的 3/4 以上。

（二）结果与分析

1. 葡聚六糖诱导次数对黄瓜抗霜霉病的影响 葡聚六糖不同诱导次数对黄瓜抗霜霉病有较大的影响，在一定的诱导间隔期和诱导浓度下，随着诱导次数的增加，防病效果逐渐增强。诱导 3 次的防病效果高于诱导 1 次和 2 次的处理，当浓度为 10 μg/mL，连续诱导 3 次，其最高防效可达到 65.40%（表 4-1）。

表 4-1 葡聚六糖诱导次数对黄瓜抗霜霉病的影响

处理	喷药次数	第 1 次调查		第 2 次调查	
		病情指数	防治效果（%）	病情指数	防治效果（%）
对照	—	28.82	—	34.99	—
10 μg/mL	1	24.47	15.00±4.08	29.10	17.10±4.06
	2	21.83	24.25±3.35	28.55	18.41±4.22
	3	9.97	65.40±7.69	13.78	60.61±6.16

（续）

处理	喷药次数	第 1 次调查		第 2 次调查	
		病情指数	防治效果（%）	病情指数	防治效果（%）
1 μg/mL	1	26.21	8.97±2.41	33.36	4.65±1.54
	2	24.75	14.12±3.61	32.71	6.53±2.10
	3	18.91	34.32±3.86	24.30	30.50±4.58

2. 葡聚六糖诱导间隔期对黄瓜抗霜霉病的影响　在相同的诱导浓度和诱导次数情况下，葡聚六糖诱导间隔期对植株抗病性的影响较大。在一定范围内，葡聚六糖诱导黄瓜抗霜霉病的效果随着间隔期的增加而增大。在第 1 次调查中，间隔期为 7 d 的处理防效可达到 66.49%，比间隔期为 2 d 和 5 d 的要分别高出 41.40%及 20.64%；隔 2 d 后的第 2 次调查中，间隔期为 7 d 的处理防效仍维持稳定，而间隔期为 2 d 和 5 d 的处理防效均大幅度下降（表 4-2）。

表 4-2　诱导间隔期对黄瓜抗霜霉病的影响

处理	第 1 次调查		第 2 次调查	
	病情指数	防治效果（%）	病情指数	防治效果（%）
2 d	8.63	25.09±5.58	9.37	19.28±4.06
5 d	6.24	45.85±7.04	8.24	29.69±5.47
7 d	3.86	66.49±7.57	4.18	64.33±4.46
对照	11.52	—	11.72	—

3. 葡聚六糖诱导黄瓜抗霜霉病的药效持续期的确定　葡聚六糖连续诱导 3 次后，间隔不同时间接种黄瓜霜霉病病菌，调查葡聚六糖诱导黄瓜抗霜霉病的效果。结果表明，葡聚六糖处理后 1 d 接种病菌，黄瓜表现出一定的诱导抗病效果；间隔 2 d 接种，表现出最大的诱导抗病性，相对防治效果为 66.79%，以后逐渐下降，最后一次诱导后 7 d 接种，相对防治效果仅为 11.11%（图 4-2）。

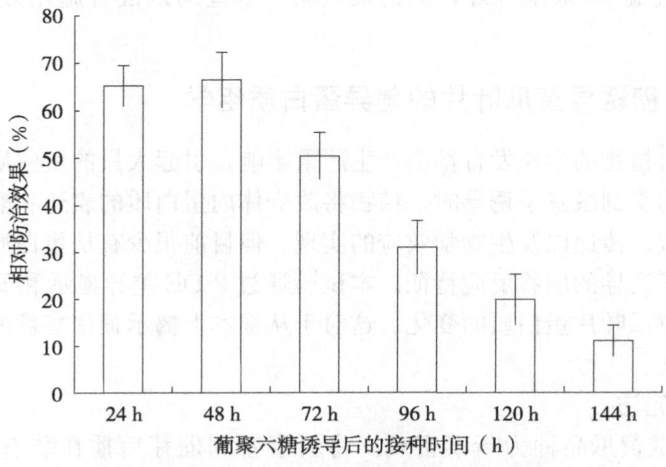

图 4-2　诱导处理后不同接种时期对诱导抗病性表达的影响

4. 葡聚六糖对黄瓜幼苗生理特性的影响 葡聚六糖处理后，黄瓜叶片的总叶绿素含量显著增加，并且光合速率始终显著高于对照。有研究表明，黄瓜的叶绿素含量与霜霉病抗性呈正相关。因此，用10 μg/mL葡聚六糖处理似乎可以提高叶绿素含量和光合速率，以补偿真菌感染引起的降低。与对照植株相比，葡聚六糖处理后的黄瓜幼苗高度没有显著变化，但叶片干重增加。有研究表明，霜霉病感染叶片中可溶性糖含量较低，而葡聚六糖处理的植株中，可溶性糖含量增加。因此，在接种霜霉病菌之前，用葡聚六糖处理可防止可溶性糖含量的降低（表4-3）。

表4-3 葡聚六糖对黄瓜幼苗高度、叶片干重、叶绿素总量和可溶性糖含量的影响

时间	处理	幼苗高度		叶片干重		叶绿素总量		可溶性糖含量	
		cm	% change	g/cm^2	% change	mg/g fw	% change	mg/g fw	% change
1～7 d	对照	9.85±0.06		0.039±0.004		1.18±0.07		0.75±0.07	
	葡聚六糖	9.93±0.07	0.81	0.042±0.005	7.69	1.94±0.09	64.41	1.08±0.06	44.00
2～7 d	对照	15.58±0.09		0.048±0.007		1.09±0.09		1.01±0.09	
	葡聚六糖	15.82±0.09	1.54	0.063±0.007	31.25	2.01±0.08	84.40	2.47±0.12	144.55
3～7 d	对照	24.95±0.09		0.029±0.005		0.96±0.11		0.48±0.04	
	葡聚六糖	25.00±0.10	0.20	0.037±0.006	27.59	1.585±0.11	65.10	0.77±0.10	60.42

（三）小结

温室盆栽接种试验表明，葡聚六糖能够诱导黄瓜抗霜霉病菌（*P. cubensis*）的侵染。在同一诱导浓度和间隔期的情况下，随着喷施诱导次数的增加，抗病效果逐渐提高。在一定范围内，诱导抗病效果随着诱导间隔期的增加而增大。其中，诱导间隔期为7 d的诱导抗病效果较稳定。在相同间隔期和诱导次数及本试验施用的浓度范围内，随着葡聚六糖施用浓度的升高，黄瓜抗病性逐渐增强。同时，不同诱导处理方法对其防治效果影响也较大。其中，叶喷施处理的植株抗病性高于根施处理，而且在叶喷施处理中，加表面活性剂的处理对霜霉病的防效高于同浓度不加表面活性剂的处理。在本试验中所利用的2种表面活性剂中，吐温80效果较好，但葡聚六糖与哪些助剂混合施用效果更佳尚需进一步摸索。

二、葡聚六糖诱导黄瓜叶片的差异蛋白质组学

激发子诱导对植物的生长发育都会产生严重影响，引起大量的蛋白质在种类和表达量上的变化。当植物受到激发子诱导时，植物将改变体内蛋白质的表达和酶类的活性等来完成这些信号的感应、传递以及生物学效应的实现。但目前很少有从蛋白质组学的角度明确寄主植物对激发子诱导的应答反应特征。本试验通过2-DE差异显示和质谱分析，研究了葡聚六糖诱导后黄瓜叶片蛋白质的变化。这对于从根本上揭示葡聚寡糖诱导黄瓜抗病性的本质具有重要意义。

（一）材料与方法

1. 材料 供试黄瓜品种为新泰密刺。将新泰密刺催芽后播在装有草炭土∶蛭石为1∶2（体积比）的营养钵中，温室中培养。待植株长出第一片真叶并展开时，用10 μg/mL的葡聚六糖溶液对第一片真叶进行诱导处理。诱导间隔期为7 d，连续诱导3

次，诱导方法为叶面喷施，叶面喷雾量以植株全叶湿润，溶液不致下流为准。分别在最后一次诱导后 24 h、48 h、72 h、96 h 采集诱导组和对照组的第一片真叶，−80 ℃分装保存。

药剂来源：葡聚六糖（含量 96%）由中国科学院生态环境研究中心提供。

2. 方法　蛋白的分离纯化：采用改良的 DTT/丙酮法提取蛋白，上样量为 200 μg 进行双向电泳分离蛋白。

质谱分析及蛋白质检测：利用 4700 型 MALDI-TOF/TOF（Applied Biosystems）质谱仪进行质谱分析。

（二）结果与分析

为阐明葡聚六糖诱导对黄瓜幼苗蛋白质组变化的影响，利用 2-DE 技术分析比较了对照和 10 μg/mL 葡聚六糖处理后不同时间（24 h、48 h 和 96 h）的黄瓜叶片差异蛋白质组。各处理的 2-DE 图谱中均有 800 余个蛋白质点，45 个蛋白质点显示表达变化。通过 MALDI-TOF/TOF MS 分析了 25 个上调点，其中 18 个与 NCBI 数据库中的蛋白质非常匹配（图 4-3、表 4-4）。在不同凝胶中出现在相同位置的蛋白点被视为同一蛋白质。差异表达的蛋白质可分为 6 个功能组，包括参与光合作用（蛋白质 3、蛋白质 7、蛋白质 12、蛋白质 13、蛋白质 15、蛋白质 2、蛋白质 9、蛋白质 14 和蛋白质 16）、光呼吸（蛋白质 2、蛋白质 8、蛋白质 11 和蛋白质 14）、氧化暴发（蛋白质 4 和蛋白质 10）、转录调节（蛋白质 6 和蛋白质 18）、信号转导（蛋白质 17）和其他相关过程（蛋白质 1 和蛋白质 5）。

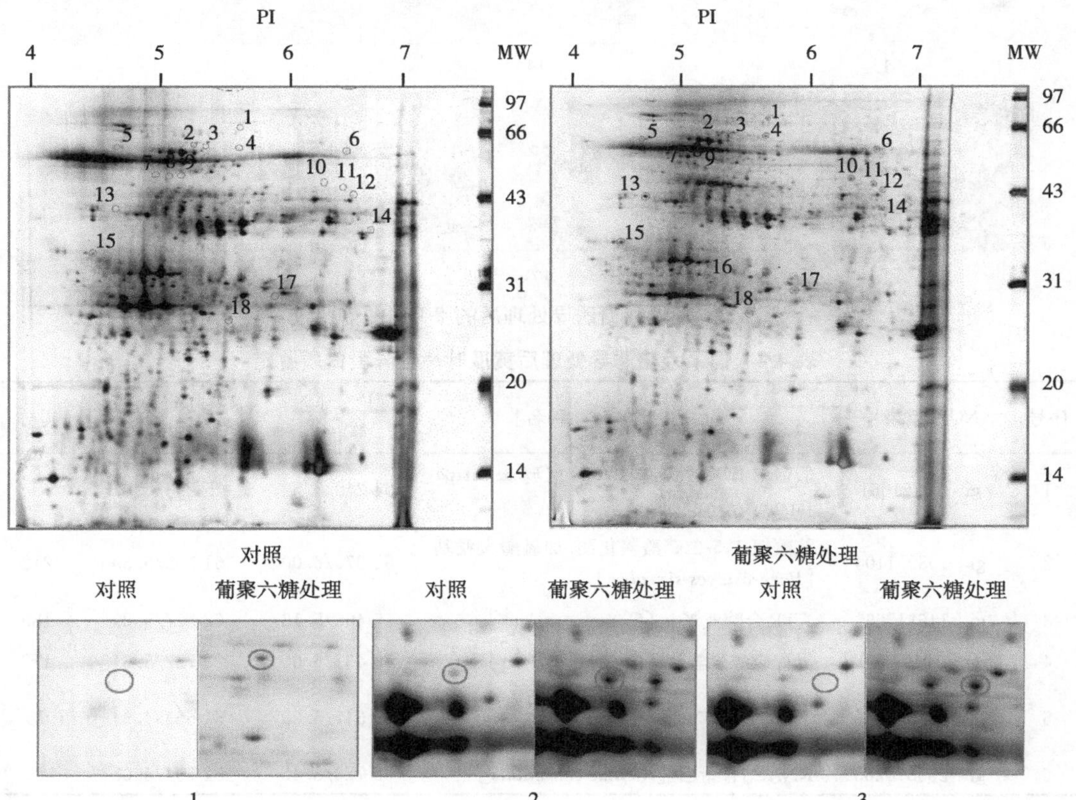

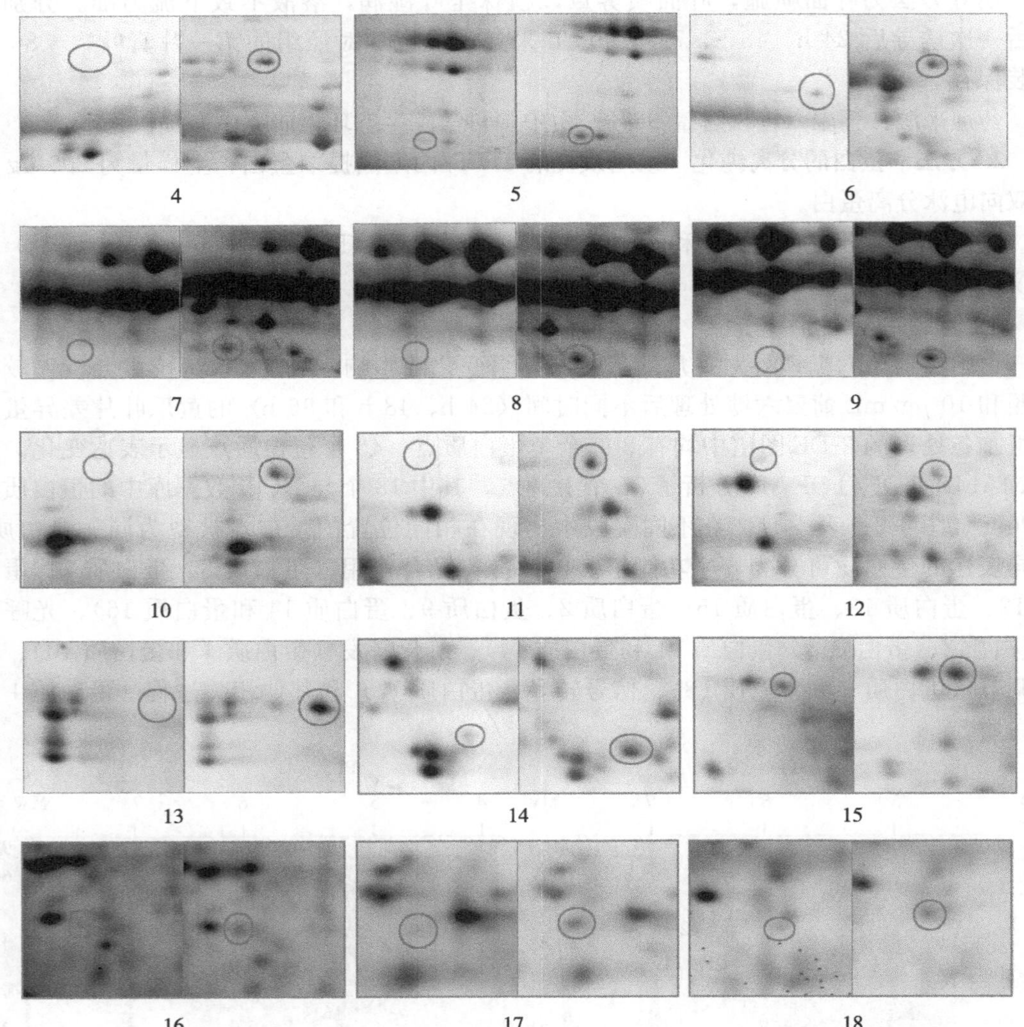

图 4-3　葡聚六糖诱导处理后的 2-DE 图谱比较

表 4-4　葡聚六糖诱导处理后黄瓜叶片差异蛋白质鉴定

序号	NCBI 登录号	蛋白质名称［作物种名］	理论分子量/等电点	实际分子量/等电点	得分
1	gi | 77551661	假蛋白 LOC _ Os11g37630［*Oryza sativa* Japonica Group］	94 240/8.53	75 293/5.62	75
2	gi | 108951104	核酮糖-1,5-二磷酸羧化酶/加氧酶大亚基［*Borneosicyos simplex*］	51 370/6.00	61 505/5.30	218
3	gi | 146317661	ATP 合酶亚基 α［*Cucumis sativus*］	55 405/5.13	62 877/5.29	189
4	gi | 19171610	异柠檬酸脱氢酶［*Cucumis sativus*］	46 432/6.00	62 727/5.61	172
5	gi | 125551735	假蛋白 OsI _ 19374［*Oryza sativa* Indica Group］	69 347/5.25	61 653/4.54	73
6	gi | 255574263	RNA 结合蛋白［*Ricinus communis*］	65 723/8.45	52 594/5.08	86

（续）

序号	NCBI 登录号	蛋白质名称［作物种名］	理论分子量/等电点	实际分子量/等电点	得分
7	gi丨9587207	LHCII 型 I 叶绿素 a/b-结合蛋白［*Vigna radiata*］	27 950/5.13	52 752/4.87	95
8	gi丨118564	NADH 依赖性羟基丙酮酸还原酶 reductase［*Cucumis sativus*］	41 908/5.95	51 658/6.50	175
9	gi丨229597543	景天庚酮糖-1,7-二磷酸酶［*Cucumis sativus*］	42 532/5.96	50 918/5.09	126
10	gi丨1669585	胞质抗坏血酸过氧化物酶［*Cucumis sativus*］	27 549/5.43	49 000/5.56	128
11	gi丨158562858	LHCII 型 I CAB-2［*Populus euphratica*］	3 799/8.20	41 522/6.31	73
12	gi丨262068351	乙醇酸氧化酶［*Panax ginseng*］	20 607/9.61	45 612/6.53	72
13	gi丨62899808	乙醇酸氧化质体特异性类胡萝卜素相关蛋白［*Cucumis sativus*］	35 273/5.05	42 551/4.58	94
14	gi丨132138	二磷酸核酮糖羟化酶小链	21 392/7.55	38 363/6.78	118
15	gi丨739292	析氧复合蛋白 1［*Oryza sativa*］	26 603/5.13	35 123/4.46	125
16	gi丨56122688	叶体胶乳醛羧酶样蛋白［*Manihot esculenta*］	34 016/6.22	31 045/5.18	94
17	gi丨224092300	预测蛋白［*Populus trichocarpa*］	48 954/9.51	29 859/5.60	75
18	gi丨46981243	假多聚蛋白［*Oryza sativa* Japonica Group］	166 202/9.14	26 794/5.59	78

1. 参与光合作用的相关蛋白　在已鉴定的蛋白质中，有 4 种参与光合作用的光依赖反应，包括 ATP 合酶亚基 α（蛋白质 3）、LHCII 型 I 叶绿素 a/b 结合蛋白（蛋白质 7）、乙醇酸氧化酶（蛋白质 12）、析氧复合蛋白（蛋白质 15）和乙醇酸氧化质体特异性类胡萝卜素相关蛋白（蛋白质 13）（图 4-3）。这 4 种蛋白质的积累表明，葡聚六糖处理上调了黄瓜叶片的光合活性。叶绿素 a/b 结合蛋白参与收集光能并将其转移到光化学反应中心。析氧复合蛋白与锰、氯化物和钙一起，似乎形成了最简单的结构，参与光合作用光反应期间水的光氧化。乙醇酸氧化质体特异性类胡萝卜素相关蛋白是染色体质体色素复合体的一个组成部分，参与染色体质体的生物发生和类胡萝卜素的生物合成。在光合作用的第一阶段，光能以能量载体 ATP 和 NADPH 的形式转化为化学能。LHCII 型 I 叶绿素 a/b 结合蛋白、析氧复合蛋白和乙醇酸氧化质体特异性类胡萝卜素相关蛋白的积累将增强光反应，并将更多的光子能量转换为化学能。ATP 合酶的增加可能表明光反应已被上调，以产生更多的能量来对抗病原体诱导的应激。

同时，发现 3 种蛋白质参与光合作用的暗反应，包括核酮糖二磷酸羧化酶（RuBPCase；蛋白质 2、蛋白质 14）、景天庚酮糖-1，7-二磷酸酶（蛋白质 9）和叶绿体胶乳醛缩酶样蛋白（蛋白质 16）。这些蛋白质在葡聚六糖处理 48 h 后上调（图 4-3）。RuBPCase 是 C_3 植物叶绿体中碳固定途径的主要酶。景天庚酮糖-1，7-二磷酸酶和叶绿体胶乳醛缩酶样蛋白是卡尔文循环中的 2 种重要酶。这 3 种蛋白质的上调可能促进二氧化碳的固定，提高植物抵抗病原体入侵的能力。据报道，霜霉病大幅降低了叶绿素含量，导致黄瓜光合作用严重中断，并导致在霜霉病菌感染后发生显著的代谢变化。在本试验中，维持葡聚六糖处理的植物中相对较高的叶绿素含量可以确保植物能够有效地捕获和转换光能，进而提高光合速率。葡聚六糖处理植物的蛋白质组学分析表明，叶绿体中参与光合作用的光反应和暗反应的几种蛋白质增强。

即使在真菌感染引起的初始叶绿素降解之后，也可以确保光合机制的恢复。

2. 氧化暴发相关蛋白 ROS作为有氧代谢的副产品或因生物胁迫和非生物胁迫的反应不断产生。此外，在包括氧化暴发在内的植物防御反应的早期阶段，它们试图入侵的部位更为丰富。在氧化暴发过程中产生的细胞外 H_2O_2 已被证明在超敏防御反应（HR）的发展中起着重要的信号作用。这两个过程诱导ROS生成、有氧代谢和NADPH氧化。蛋白质4在本试验中被鉴定为异柠檬酸脱氢酶，是NADPH的重要来源。最近一项研究表明，病原体入侵后，异柠檬酸脱氢酶活性增加。NADP（+）依赖性异柠檬酸脱氢酶（ICDH）的主要功能之一是控制细胞溶质和线粒体氧化还原平衡以及细胞对氧化损伤的防御。蛋白质10是一种胞质抗坏血酸过氧化物酶（APX），是胞质 H_2O_2 清除酶。在叶绿体中，APX使用抗坏血酸作为电子供体还原 H_2O_2。然后，在一系列被称为Halliwell-Asada途径的催化反应中，氧化的抗坏血酸被单脱氢抗坏血酸还原酶消除。在本试验中，葡聚六糖处理后APX和异柠檬酸脱氢酶水平显著升高。因此，ROS的产生和清除似乎是葡聚六糖诱导黄瓜系统获得性抗性过程中发生的重要事件之一。

结果表明，葡聚六糖处理5 h后 H_2O_2 浓度显著增加（图4-4）。这一结果表明，葡聚六糖可以诱导黄瓜叶片的ROS暴发，值得进一步研究。

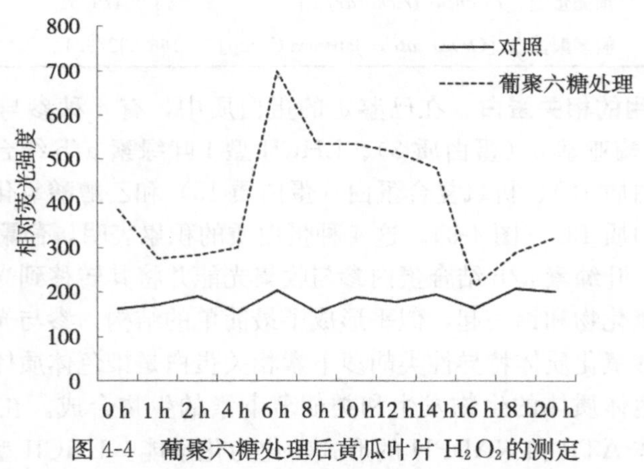

图4-4 葡聚六糖处理后黄瓜叶片 H_2O_2 的测定

3. 光呼吸蛋白 鉴定出2种参与光呼吸的蛋白质：NADH依赖性羟基丙酮酸还原酶（HPR；蛋白质8）和乙醇酸氧化酶（GO；蛋白质12）。HPR和GO是光呼吸的关键酶。光呼吸发生在叶片内的 CO_2 水平变低时，它使植物能够吸收光合作用过程中丢失的 CO_2。人们普遍认为，光合作用影响从生物能量学、光系统Ⅱ功能、碳代谢到氮同化和呼吸的一系列过程。特别是，H_2O_2 主要来自光合细胞的光呼吸途径，光呼吸对细胞氧化还原稳态起着关键作用。以前 H_2O_2 被认为是一种能引起氧化应激的有毒分子，但现在它被认为是植物应激反应特别是真菌感染的主要信号分子。

通过葡聚六糖处理可以防止由致病性攻击引起的叶绿素损伤，并且叶绿体中的代谢重编程可能导致氧化还原状态的改变。这一假设得到了以下结果的支持：参与光呼吸的HPR和乙醇酸氧化酶在葡聚六糖处理的植物中表现出上调。据报道，光呼吸对生物应激具有保护作用。根据本试验提供的数据，认为某些过氧化物酶体光呼吸酶可能是由葡聚六糖诱导的，可能对疾病具有保护作用。

4. 转录调控相关蛋白　蛋白质 6 被鉴定为 RNA 结合蛋白（RBP）。RBPs 在 RNA 的转录后控制中起主要作用，这是在发育过程中调节基因表达模式的主要方式。虽然目前尚不清楚是哪个基因编码已鉴定的 RNA 结合蛋白，但它可能激活参与黄瓜防御反应的一个重要基因的转录。

蛋白质 18 与一种逆转录转座子蛋白具有 100%的同源性，该蛋白被鉴定为一种假多聚蛋白。植物反转录转座子在发育过程中大部分处于静止状态，但在各种胁迫下（包括病原体攻击、损伤和细胞培养条件下）会被激活。这表明反转录转座子可能是胁迫诱导的基因组多样性的产生者。当防御相关基因开始表达时，葡聚六糖治疗 48 h 后鉴定的逆转录转座子蛋白增强。

5. 信号转导相关蛋白　蛋白质 17 似乎是一种蛋白激酶 C（PKC），因为存在这一功能域。PKC 是一个酶家族，通过丝氨酸和苏氨酸上羟基的磷酸化来控制其他蛋白质的功能。葡聚六糖处理后 PKC 水平的增加表明，它通过翻译后修饰在控制植物中的抗性蛋白质方面发挥作用。

6. 其他防御相关蛋白　蛋白质 1 被鉴定为叶片衰老蛋白。据报道，植物防御反应和叶片衰老过程之间存在基因表达重叠。本试验的结果表明，如果叶片衰老蛋白由于葡聚六糖处理而上调，那么植物的防御反应可能通过与衰老相关途径的互作而同时被激活。

蛋白质 5 是假蛋白 OsI _ 19374，与叶绿体热休克蛋白 70（gi | 145388994）具有高度相似性（97%）。小热休克蛋白（sHsps）是一类广泛存在于植物中的热诱导蛋白，已知在短期胁迫下被诱导表达。HSP70 及其相关基因参与蛋白质折叠、信号转导调节和控制折叠调节蛋白的生物活性，促进非天然蛋白质的复性和蛋白降解。HSP70 作为与 Rx 蛋白水平稳定相关的共同伴侣，可能在疾病抗性中发挥关键作用。

（三）讨论与结论

蛋白质是生理功能的执行者，是生命现象的直接体现者，对蛋白质结构和功能的研究将直接阐明生命在生理和病理条件下的变化机制。

本试验研究了葡聚六糖诱导黄瓜抗霜霉病的效果。葡聚六糖诱导能使黄瓜叶片叶绿素水平和光合作用速率以及叶片可溶性碳水化合物含量增加。差异蛋白质组结果表明，葡聚六糖诱导后的黄瓜叶片差异蛋白质主要参与光合作用、光呼吸、氧化暴发、转录调节、信号转导和防御反应。

研究结果表明，与光合作用的光反应和暗反应相关的高丰度蛋白质为植物提供了更多的初级代谢产物，以重新分配到次生代谢。本试验鉴定到多个 ROS 相关蛋白，推测葡聚六糖处理后产生的 ROS 可能会诱导 SAR。HPR 和乙醇酸氧化酶的丰度变化表明，光呼吸也可能参与了葡聚六糖介导的霜霉病抗性。H_2O_2是光呼吸的副产物，被认为是触发防御反应的信号分子。与对照相比，参与信号转导、转录调控和植物防御反应的多种蛋白质的高丰度表达可能有助于葡聚六糖诱导黄瓜提高抗病能力。

光合作用的增强、ROS 的产生和清除是葡聚六糖诱导黄瓜获得系统抗性过程中发生的主要事件。已发现 H_2O_2可增强植物光合作用，NADPH 氧化酶活性增强导致的 H_2O_2 水平升高与 BR 诱导的胁迫耐受性有关，H_2O_2 在 BR 诱导的光合作用中起关键作用。葡聚六糖可能激活 H_2O_2的持续产生，葡聚六糖诱导的 H_2O_2可能诱导光合基因表达的变化。进一步研究 ROS 介导的光合作用调节的分子机制与葡聚六糖诱导抗性之间的联系可以拓宽对植物诱导抗性的理解。

第二节　葡聚六糖诱导黄瓜活性氧暴发的组织化学和蛋白质组学研究

诱导抗病性是通过诱导因子诱导植物自身的抗病潜力，是植物重要的抗病机制之一。有研究表明，来自病原真菌及植物的葡聚糖、半乳糖醛、寡聚肽等处理均可诱导植物产生 H_2O_2；寡聚半乳糖醛酸激发子可诱导大豆悬浮培养细胞产生 H_2O_2；用β-1，3-葡寡糖处理马铃薯，几分钟就可在块茎中发现 H_2O_2的积累。应用壳寡糖可以诱导棉花细胞活性氧代谢发生改变，活性氧迸发峰值为 20～30 min，同时活性氧清除酶系活性也发生变化。经初步测定表明，葡聚寡糖类抗病诱导剂能激活植物的防卫系统，对多种蔬菜病害有广谱的诱导抗病作用，并完全能在自然界中降解，不污染生态环境。同时，用葡聚六糖对黄瓜幼苗叶面进行喷施处理，可以诱导黄瓜幼苗叶片组织的活性氧含量增加，活性氧清除酶系也发生一定程度的变化。

活性氧（reactive oxygen species，ROX）诸如 $O_2^{\cdot-}$ 和 H_2O_2 是正常生理代谢的副产品，在含量很高的时候会对植物有致命的伤害。但是，它在早期植物防御反应中大量出现，并且起着重要的作用，称为活性氧暴发（oxidative burst，OXB）。活性氧暴发被认为是过敏反应（hypersensitive response，HR）的特征反应，也是植物对病原菌应答的早期反应之一。发生 HR 的细胞能产生某种信号分子，导致植物防御系统一系列基因激活，使植物获得 SAR。植物体内活性氧有多种产生途径，如在光合作用和有氧呼吸过程中，叶绿体、线粒体以及过氧化物体会产生 $O_2^{\cdot-}$ 与 H_2O_2等活性氧，尤其在各种逆境条件下光合或呼吸电子传递链的过度还原导致活性氧大量产生。近年来的研究表明，植物细胞中活性氧是一种重要的信号分子，在各种生物或非生物逆境响应中发挥重要作用。植物存在复杂的活性氧应答的转录调控网络，不同的细胞区域和不同种类的活性氧，可能激活不同的信号转导途径，进而通过复杂的转录调控网络对信号进行整合，从而调控下游基因的表达和生理过程。对基因表达的调控是活性氧调控下游生理过程的重要途径之一，但目前对这一复杂调控网络中的许多细节仍不清楚。

本试验以津研四号黄瓜为试材，应用组织化学染色法研究了葡聚六糖诱导后黄瓜子叶活性氧暴发的时间变化特征，并测定了活性氧清除酶系的变化，明确了活性氧迸发在葡聚六糖诱导黄瓜抗病性中的作用。应用差异蛋白质组学方法，系统研究葡聚寡糖激发子、H_2O_2诱导及添加 NADPH 氧化酶抑制剂 DPI 和 H_2O_2清除剂 DMTU 对黄瓜子叶蛋白质差异表达的影响，在蛋白质组水平解析葡聚寡糖和活性氧对基因表达的影响；利用生物信息学工具分析预测差异蛋白质的生物学功能、亚细胞定位和蛋白质相互作用网络等，并利用实时荧光定量 PCR 技术对部分差异蛋白质的相应基因进行 mRNA 水平的动态变化分析，以期为阐明活性氧介导葡聚寡糖诱导植物系统获得抗性的分子机制提供理论依据。

一、葡聚六糖诱导黄瓜子叶活性氧（$O_2^{\cdot-}$ 和 H_2O_2）暴发的组织化学研究

（一）材料与方法

1. 材料　供试黄瓜品种为津研四号。

选饱满、大小一致的种子在水中浸泡 24 h 后，对种子进行消毒（75%酒精 60 s，2.5% NaClO 15 min，无菌水冲洗 3 遍以上）后置于灭过菌的纱布上，于 25～30 ℃下保湿培养，待黄瓜子叶完全展开时，对黄瓜子叶喷施 50 μg/mL 葡聚六糖溶液，每隔 1 h 取样一次，共计 16 h。

2. 方法

（1）NBT 组织化学染色法检测 O_2^- 的动态变化。参照李冰等（2007）的方法并作改进。

（2）DAB 组织化学染色法检测 H_2O_2 的动态变化。参照张小莉等（2009）的方法并作改进。

（3）DPI 和 DMTU 处理后 H_2O_2 和 O_2^- 的检测。取展开子叶的黄瓜幼苗，在葡聚六糖处理之前，分别用 100 μmol/L DPI 和 5 mmol/LDMTU 孵育 4 h，之后再叶面喷施葡聚六糖溶液。在前面试验测得活性氧暴发的时间分别取样，用 DAB 和 NBT 组织化学染色法测 H_2O_2 和 O_2^- 的含量。

取处理好的黄瓜子叶 0.5 g 于预冷的研钵中，加 1 mL 预冷的磷酸缓冲液在冰浴上研磨成浆，加缓冲液使终体积为 5 mL，于 13 000 *g* 下离心 20 min，上清液即为 SOD、POD、CAT、APX、GPX 酶活以及 MDA 含量测定所用的酶液和提取液。

（二）结果与分析

1. 葡聚六糖诱导后活性氧的积累变化　在葡聚六糖诱导之后 2 h 开始有蓝色络合物的出现，O_2^- 开始积累；到 5 h 的时候蓝色最深，O_2^- 的含量达到最大值；之后就逐渐变浅，到 9 h 的时候 O_2^- 的含量基本上很少了，但在 10～14 h O_2^- 的含量又有少量的增加，之后又逐渐减少。由此可以得知，O_2^- 的大量增加出现在葡聚六糖诱导后 5 h 的时候（图 4-5 A）。

在葡聚六糖诱导之后 2～3 h 开始有红褐色斑点的产生，说明 H_2O_2 开始积累；到 5 h 的时候红褐色基本布满了整个叶片，说明 H_2O_2 的含量达到了一个很高的水平；但是，这种高水平的 H_2O_2 并没有马上消失，葡聚六糖处理后 10 h H_2O_2 的含量仍维持在很高的水平；之后，H_2O_2 的含量开始逐渐减少，14 h 时 H_2O_2 的含量已经基本很少了。由此可以得知，与 O_2^- 大量积累的时间一样，H_2O_2 的大量积累大概开始于葡聚六糖诱导后 5 h 左右。但是，这种 H_2O_2 大量的积累可以持续到葡聚六糖诱导后 10 h（图 4-5 B）。

为了研究活性氧以及 NADPH 氧化酶在葡聚六糖诱导反应中的作用，先用 DPI 和 DMTU 孵育 4 h，之后再叶面喷施葡聚六糖溶液，并在前面所测得的 5 h 活性氧积累最多的时候用 DAB 和 NBT 染色法检测黄瓜子叶 H_2O_2 和 O_2^- 的含量。在葡聚六糖诱导 5 h 后，未出现 H_2O_2 和 O_2^- 大量积累的现象。可见，葡聚六糖诱导后活性氧的暴发可被 DPI 和 DMTU 所抑制，其中对 H_2O_2 的抑制效果比较明显，而对于 O_2^- 来说 DPI 的抑制效果比 DMTU 强（图 4-5 C-D）。

2. 不同处理中黄瓜子叶酶活性和 MDA 含量的变化　在葡聚六糖诱导后 5 h 时，黄瓜子叶 SOD 酶活力有所增加；用 DMTU 孵育 4 h，再用葡聚六糖诱导的处理 SOD 酶活依然会升高，且比仅用葡聚六糖诱导的 SOD 酶活还要高；而用 DPI 孵育 4 h 再用葡聚六糖诱导的处理 SOD 酶活不会升高反而略有下降。在葡聚六糖诱导后 5 h 时，黄瓜子叶 POD 酶活明显增加；用 DMTU 和 DPI 孵育 4 h 再用葡聚六糖诱导的处理与清水对照相比 POD 酶活也略有增加，但远低于仅进行葡聚六糖处理的 POD 酶活。在葡聚六糖诱导后 5 h 时，黄瓜子叶 APX 酶活力有所增加；用 DPI 和 DMTU 孵育 4 h 再用葡聚六糖诱导的处理 APX 酶活与清水

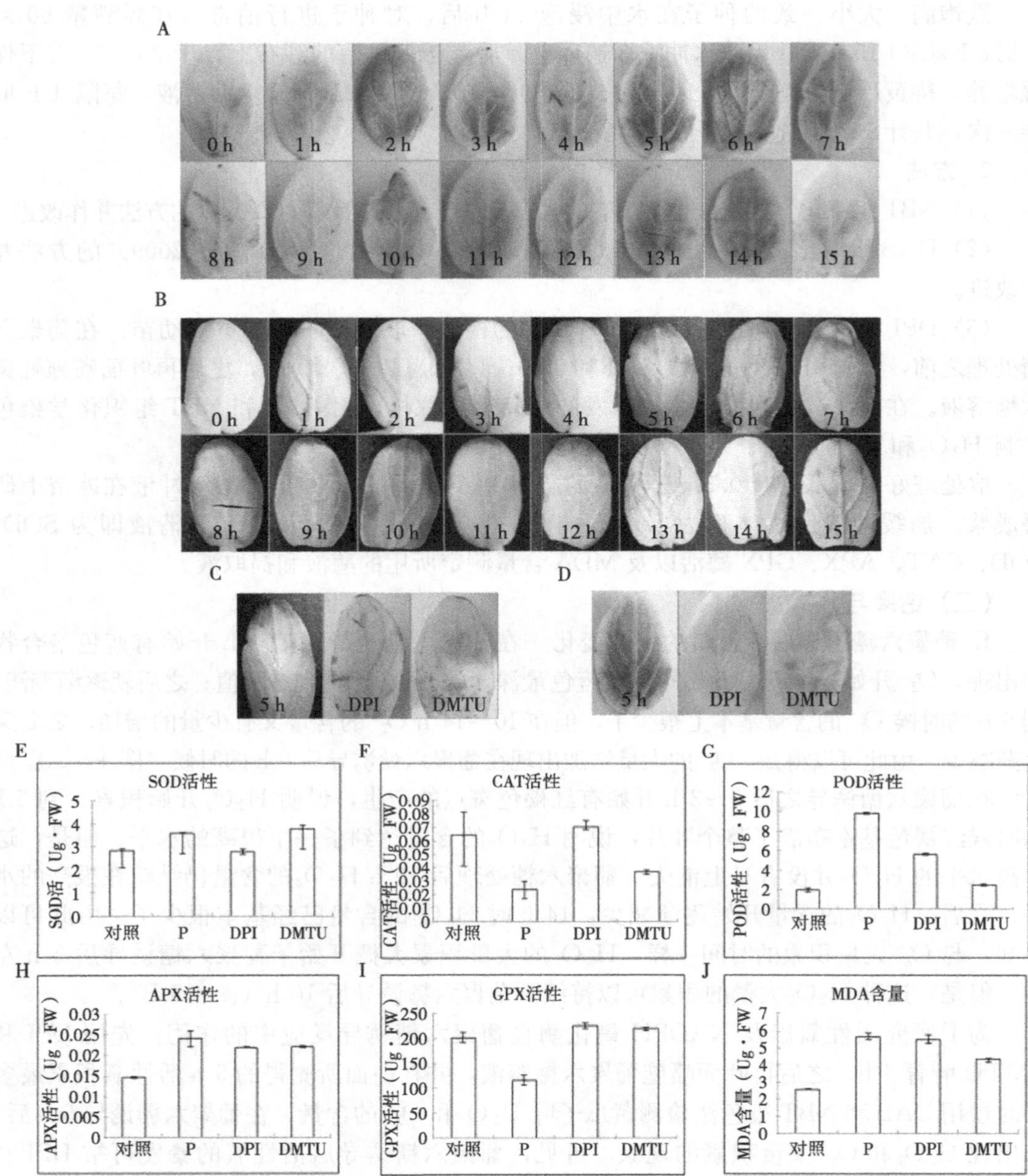

图 4-5　葡萄糖六糖可诱导活性氧积累

注：A～B. 葡聚六糖处理后 O_2^-（A）和 H_2O_2（B）的变化。C～D. DPI 和 DMTU 培养可消除葡聚六糖处理后 5 h 的活性氧积累。E～J. 不同处理黄瓜子叶中一些重要活性氧清除酶活性。P 代表用 50 μg/mL 葡聚六糖处理 5 h 的黄瓜子叶；DPI 和 DMTU 在用 50 μg/mL 葡聚六糖处理之前，将 DPI 和 DMTU 培养 4 h。

对照相比也有所升高，但比仅用葡聚六糖诱导的处理低。在葡聚六糖诱导后 5 h 时，黄瓜子叶 CAT 酶活明显下降；用 DPI 孵育 4 h 再用葡聚六糖诱导的处理与清水对照相比 CAT 酶活要略高，明显高于仅用葡聚六糖处理；用 DMTU 孵育 4 h 再用葡聚六糖诱导的处理与清水对照相比 CAT 酶活略低，但高于仅用葡聚六糖处理。在葡聚六糖诱导后 5 h 时，黄瓜子叶 GPX 酶活明显下降；用 DPI 和 DMTU 孵育 4 h 再用葡聚六糖诱导的处理与清水对照相比

GPX 酶活要略高，明显高于仅用葡聚六糖处理（图 4-5 E～I）。

在葡聚六糖诱导后 5 h 时，黄瓜子叶 MDA 含量有所增加；用 DMTU 和 DPI 孵育 4 h 再用葡聚六糖诱导的处理与清水对照相比 MDA 含量也有所升高，但略低于仅进行葡聚六糖处理的 MDA 含量（图 4-5 J）。

（三）讨论与结论

活性氧暴发是植物抗病反应的一个重要组成部分，葡聚六糖激发子可以诱发植物活性氧暴发，使得植物获得系统获得性抗性。由于每种诱导剂引发的活性氧暴发时间和类型不同，对葡聚六糖诱导黄瓜子叶的活性氧暴发时间和类型进行了研究。结果表明，葡聚六糖诱导后 $O_2^{\cdot-}$ 的含量在 2 h 开始积累，在 5 h 达到最大值；H_2O_2 的含量在 2～3 h 开始积累，在 5 h 达到很高的水平，这种高水平可以持续到 10 h。这说明葡聚六糖可以有效地引发黄瓜子叶的活性氧暴发，并且在 5 h 的时候达到暴发的高峰值。$O_2^{\cdot-}$ 的含量在暴发后迅速下降，而 H_2O_2 的高含量却可以一直维持到 10 h。这可能是因为 $O_2^{\cdot-}$ 是所有活性氧自由基的前体，是由 NADPH 氧化酶将氧气还原而来，但是它十分不稳定，很快就会被 SOD 酶歧化成 H_2O_2；而 H_2O_2 是主要的活性氧信号分子，可以跨膜运输到细胞的其他部位发挥作用。所以，它在细胞中的高含量会维持一段相对长的时间以调节其他防卫反应的发生。

DPI 和 DMTU 都能有效地抑制细胞中 H_2O_2 和 $O_2^{\cdot-}$ 的大量积累，使得葡聚六糖诱导活性氧暴发的现象不能产生。DPI 是 NADPH 氧化酶抑制剂，DPI 孵育后，在葡聚六糖诱导后 5 h 时，经过 NBT 染色后完全看不到蓝色络合物的出现。这说明它能有效地抑制葡聚六糖诱导产生的 $O_2^{\cdot-}$ 的大量积累，NADPH 氧化酶是 $O_2^{\cdot-}$ 大量积累的来源，又由于 $O_2^{\cdot-}$ 是所有活性氧自由基的前体，这与前人报道的其他途径引起的活性氧暴发相类似，推测 NADPH 氧化酶是葡聚六糖诱导活性氧暴发的主要原因。同样的，DAB 染色也发现黄瓜子叶中 H_2O_2 的含量下降到了一个比较低的水平，很可能葡聚六糖诱导的大量积累的 H_2O_2 是由 NADPH 氧化酶产生的 $O_2^{\cdot-}$ 歧化而来。经活性氧清除剂 DMTU 孵育之后也能有效地抑制由葡聚六糖所诱导的活性氧暴发。

植物在逆境条件下，往往发生膜脂过氧化作用，MDA 是其产物之一。通常利用 MDA 作为膜脂过氧化的指标，表示细胞膜脂过氧化程度和对逆境条件反应的强弱。在本试验中，在葡聚六糖诱导后 5 h 时发生活性氧暴发，同时黄瓜子叶 MDA 含量有所增加，说明葡聚六糖能够引起植物的抗逆反应。但是，在 DMTU 孵育后用葡聚六糖再诱导的处理 MDA 含量也没有恢复到对照的水平，而是仅仅恢复了一部分。可见，活性氧介导葡聚六糖诱导黄瓜抗病性的机制较复杂，需进一步深入研究。

SOD 的作用是将 $O_2^{\cdot-}$ 歧化成 H_2O_2，APX、POD、CAT、GPX 可以分解细胞中的 H_2O_2，这几种酶在细胞中的协同作用可以清除黄瓜子叶细胞中的活性氧来调节细胞内的活性氧含量，保证活性氧在需要的时候积累来抵御病虫害和逆境的胁迫，在正常条件下，清除对自身有害的活性氧来使得植物免遭氧化胁迫的损伤。在本试验中，葡聚六糖诱导后 SOD、POD、APX 的活性有所提升，CAT 和 GPX 的活性有所下降。在葡聚六糖引起了活性氧的大量积累之后，黄瓜子叶通过清除酶系来调节细胞内的活性氧含量。

前人的研究表明，在大多数植物中，NADPH 氧化酶产生的 $O_2^{\cdot-}$ 是活性氧暴发的主要来源，而在细胞中稳定存在的起信号作用的活性氧是 H_2O_2，细胞中将 $O_2^{\cdot-}$ 转变成 H_2O_2 的酶是 SOD，清除 H_2O_2 的主要酶是 CAT；APX 和 POD 则分别在不同的 H_2O_2 参与信号作用中起到调节作用；GPX 则在 H_2O_2清除和植物氧化信号转导过程中可能起着重要作用。本试验中，葡聚六糖诱导后 SOD 的含量上升而 CAT 的含量下降，说明葡聚六糖诱导之后 O_2^-短时间（仅 5 h）的大量积累和 H_2O_2长时间（5～10 h）的大量积累与这 2 种活性氧清除酶的调节密切相关。鉴于 4 种 H_2O_2清除酶在葡聚六糖诱导后表现出了 2 种变化趋势（CAT 和 GPX 下降，而 POD 和 APX 上升），可以推测，CAT 和 GPX 在黄瓜子叶中主要起清除 H_2O_2的作用，而 POD 和 APX 则主要作用是利用 H_2O_2作为信号分子，起氧化信号转导的作用。在用 DPI 抑制了 NADPH 氧化酶的活性后，2 种活性氧的主要清除酶 SOD、CAT 和 GPX 的活性都恢复到了清水对照的水平，更加表明了 NADPH 氧化酶在葡聚六糖诱导的活性氧暴发中起关键主导作用。而 POD 的活性在 DMTU 孵育之后恢复到了清水对照的水平，可以推断 H_2O_2含量可以决定 POD 的活性。

二、葡聚六糖诱导黄瓜子叶活性氧暴发的差异蛋白质组学分析

（一）材料与方法

1. 材料 所用材料和处理方法与本节一（一）所述相同。

2. 方法

（1）黄瓜子叶蛋白质样品的制备。利用处理好的对照、葡聚六糖、DPI 和 DMTU 4 个组分的子叶提取蛋白，蛋白提取方法采用 PEG 分级分离法。4 个组分蛋白样品各重复 3 次进行后续试验。

（2）双向电泳。采用 24 cm IPG 胶条进行试验，上样量为 1 mg，上样体积 450 μL。考马斯亮蓝 R-350 染色。

（3）图像采集与分析。染色后的凝胶图谱采用 UMAX 的 PowerLook 2100XL 扫描仪进行采集，选择透射模式，分辨率 300 dpi，图片保存为 tif 格式，保存时尽量完整地保留定性和定量信息。图像分析采用 Bio-Rad 公司的 PDQuest™ 2-D Analysis Software 8.0 进行。具体分析方法参见 Bio-Rad 公司的技术手册。

（4）质谱鉴定。

① 胶内酶解及 Ziptip 脱盐。每个胶粒切碎后放入 Eppendorf 管中，每管加入 200～400 μL 100 mmol/L NH_4HCO_3/30% ACN 脱色，冻干后，加入 5 μL 2.5～10 ng/μL 测序级 Trypsin（Promega）溶液（酶与被分析蛋白质质量比一般为 1∶20～1∶100），37 ℃反应过夜，20 h 左右；吸出酶解液，转移至新 EP 管中，原管加入 100 μL 60% ACN/0.1%TFA，超声 15 min，合并前次溶液，冻干；若有盐，则用 Ziptip（millipore）进行脱盐。

② 质谱分析。冻干后的酶解样品，取 2 μL 20%乙腈复溶。取 1 μL 样品，直接点于样品靶上，让溶剂自然干燥，再取 0.5 μL 过饱和 CHCA 基质溶液（溶剂为 50% ACN，0.1% TFA）点至对应靶位上并自然干燥。样品靶经氮气吹净后放入仪器进靶槽并用 4800 串联飞行时间质谱仪（4800 Plus MALDI TOF/TOFTM Analyzer）（Applied Biosystems，USA）进行质谱分析，激光源为 355 nm 波长的 Nd：YAG 激光器，加速电压为 2 kV，采用正离子模式和自动获取数据的模式采集数据，PMF 质量扫描范围为 800～4 000 u，选择信噪比大于 50 的母离子进行 MS/MS 分析，每个样品点上选择 8 个母离子，二级 MS/MS 激光激发 2 500 次，碰撞能量 2 kV，CID 关闭。

③ 数据库检索。

Database：IPI

Taxonomy：Viridiplantae（900091）

Taxonomy：EST _ Cucumber

Type of search：Peptide Mass Fingerprint（MS/MS Ion Search）

Enzyme：Trypsin

Fixed modifications：Carbamidomethyl（C）

Mass values：Monoisotopic

Protein Mass：Unrestricted

Peptide Mass Tolerance：± 100 ppm

Fragment Mass Tolerance：± 0.8 u

Peptide Charge State：1＋

Max Missed Cleavages：1

（二）结果与分析

1. 双向电泳图谱比较　清水对照、喷施葡聚六糖、DPI 和 DMTU 孵育后再喷施葡聚六糖 4 个处理的黄瓜子叶双向电泳图谱如图 4-6 所示。

对照、葡聚六糖处理、DPI 和 DMTU 孵育后再用葡聚六糖处理的 F1 和 F2 组分黄瓜子叶蛋白都分离出 1 000 多个点，经软件分析表明，葡聚六糖处理与对照相比丰度变化在 2 倍以上，且 DPI 和 DMTU 处理后丰度有所回落的差异表达蛋白质共计 65 个。选取其中重复性好的 55 个蛋白质进行了质谱鉴定，有 54 个蛋白质得到了鉴定，这 54 个蛋白质在凝胶中的位置及丰度变化见图 4-6。

2. 差异点的质谱鉴定结果　对上述丰度变化明显、重复性好的 55 个差异表达蛋白进

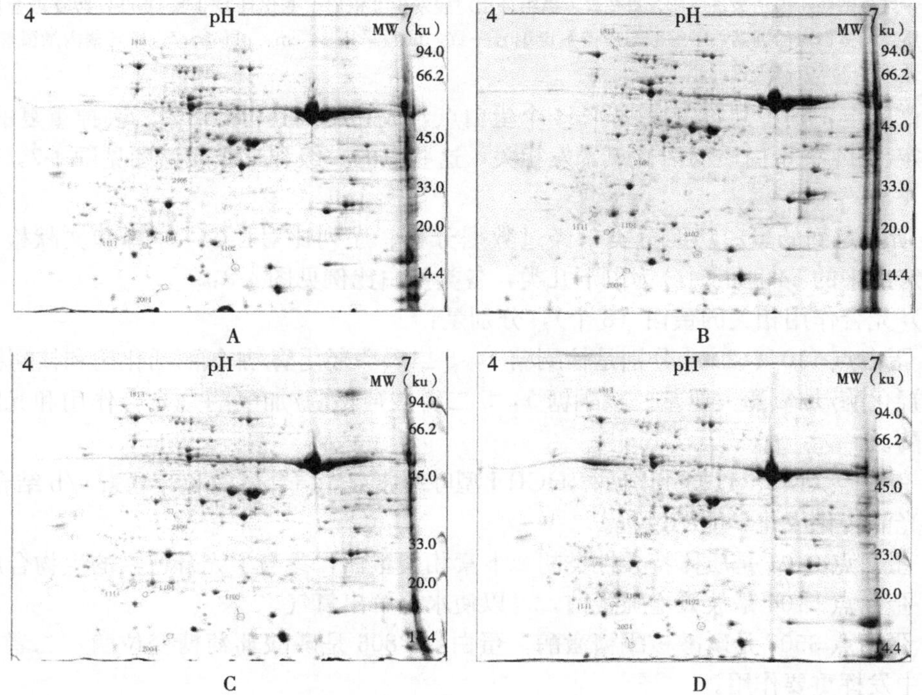

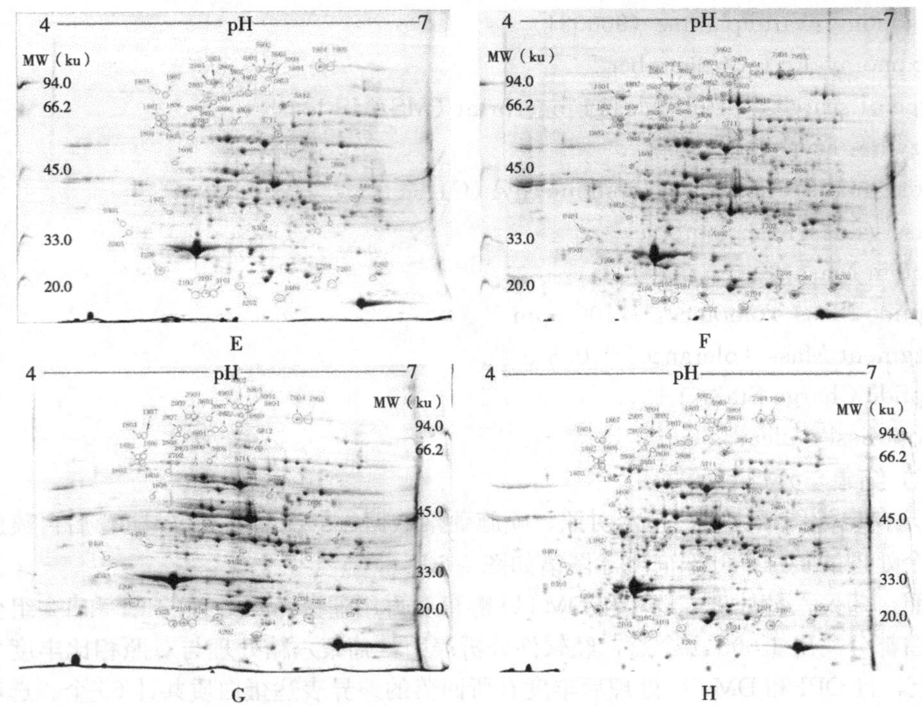

图 4-6 各处理的黄瓜子叶蛋白双向电泳图谱以及所鉴定蛋白

A. 对照，F1 组分 B. 葡聚六糖处理 5 h，F1 组分 C. DPI 孵育 4 h 后用葡聚六糖诱导 5 h，F1 组分 D. DMTU 孵育 4 h 后用葡聚六糖诱导 5 h，F1 组分 E. 对照，F2 组分 F. 葡聚六糖处理 5 h，F2 组分 G. DPI 孵育 4 h 后用葡聚六糖诱导 5 h，F2 组分 H. DMTU 孵育 4 h 后用葡聚六糖诱导 5 h，F2 组分。

注：红色圆圈所表示为蛋白质含量葡聚六糖组分比对照发生 2 倍以上变化且 DPI 和 DMTU 孵育后含量回落的蛋白质点，蛋白点的圆圈数字编号与质谱鉴定编号一致。试验采用 24 cm、pH 4～7、11%聚丙烯酰胺凝胶、考马斯亮蓝 R-350 方法染色。

行了质谱鉴定，其中共鉴定成功了 54 个蛋白点，成功率高达 98.18%。去掉重复的蛋白，一共鉴定出 44 种蛋白质与活性氧暴发相关，这些点的一级和二级质谱图见图 4-7，鉴定结果见表 4-5。

3. 所鉴定到的蛋白功能分类 经过数据分析、序列比对、GO 注释和文献检索，可以把鉴定出来的 54 种蛋白分为以下几类，各类蛋白比例见图 4-8：

（1）光合作用相关的蛋白（8 个），分别是：

① 蛋白点 1104、2004 分别是核酮糖-1，5 二磷酸羟化酶/加氧酶活化酶和核酮糖-1，5 二磷酸羟化酶/加氧酶大亚基。核酮糖-1，5 二磷酸羟化酶/加氧酶是光合作用和光呼吸中的关键酶。

② 蛋白点 1111、4102 分别是 LHCII I 型叶绿素 a-b 结合蛋白和叶绿素 a/b 结合蛋白，参与了光能转化成化学能的过程。

③ 蛋白点 0401 是质体特异性类胡萝卜素相关蛋白，参与了光合色素的生物合成。

④ 蛋白点 5104 是放氧增强蛋白，可以使水分解出氧气。

⑤ 蛋白点 3507 是磷酸核酮糖激酶，蛋白点 3806 是磷酸葡萄糖变位酶，二者在卡尔文循环中发挥重要作用。

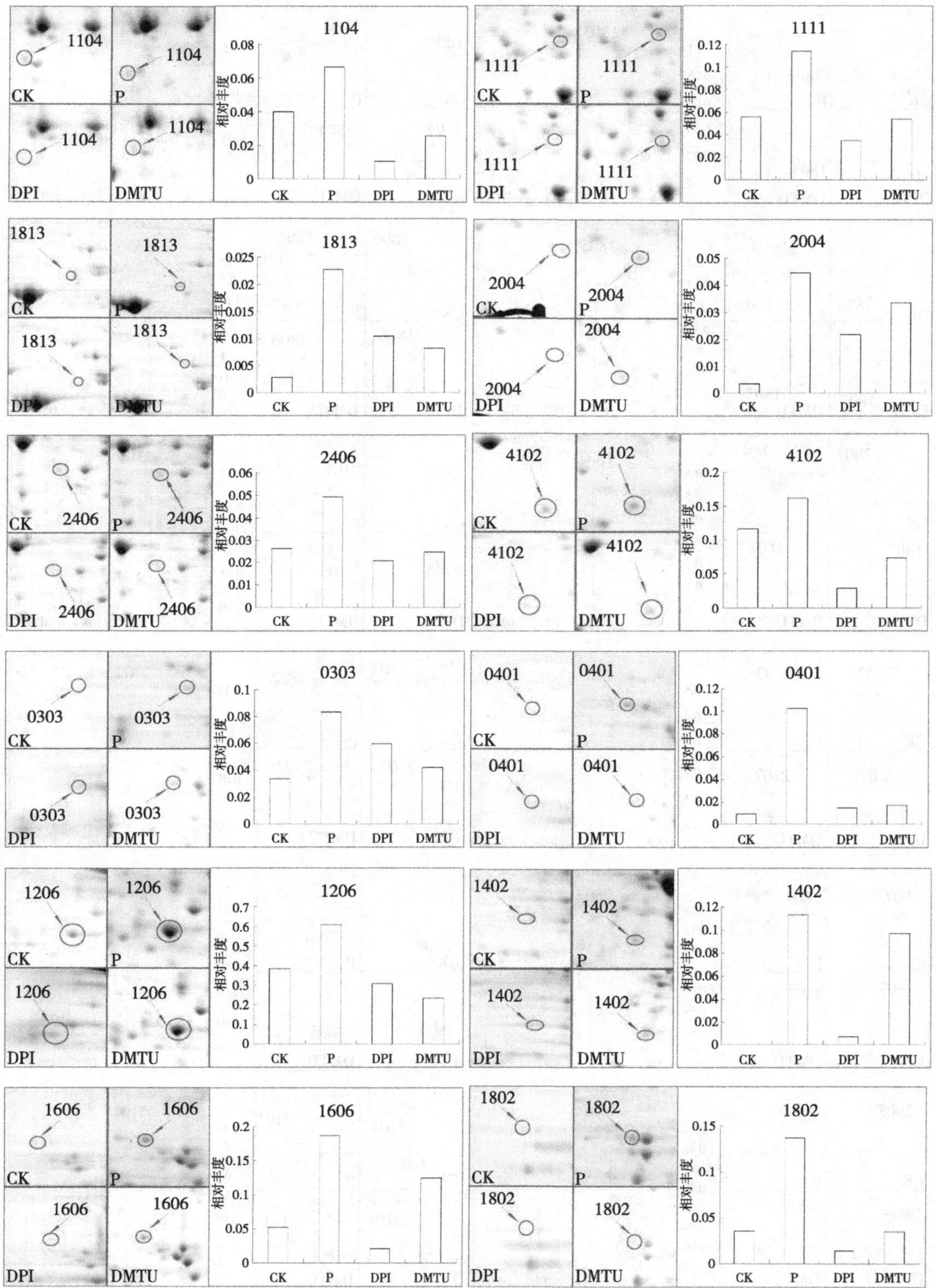
1104
1111
1813
2004
2406
4102
0303
0401
1206
1402
1606
1802
CK
P
DPI
DMTU
相对丰度

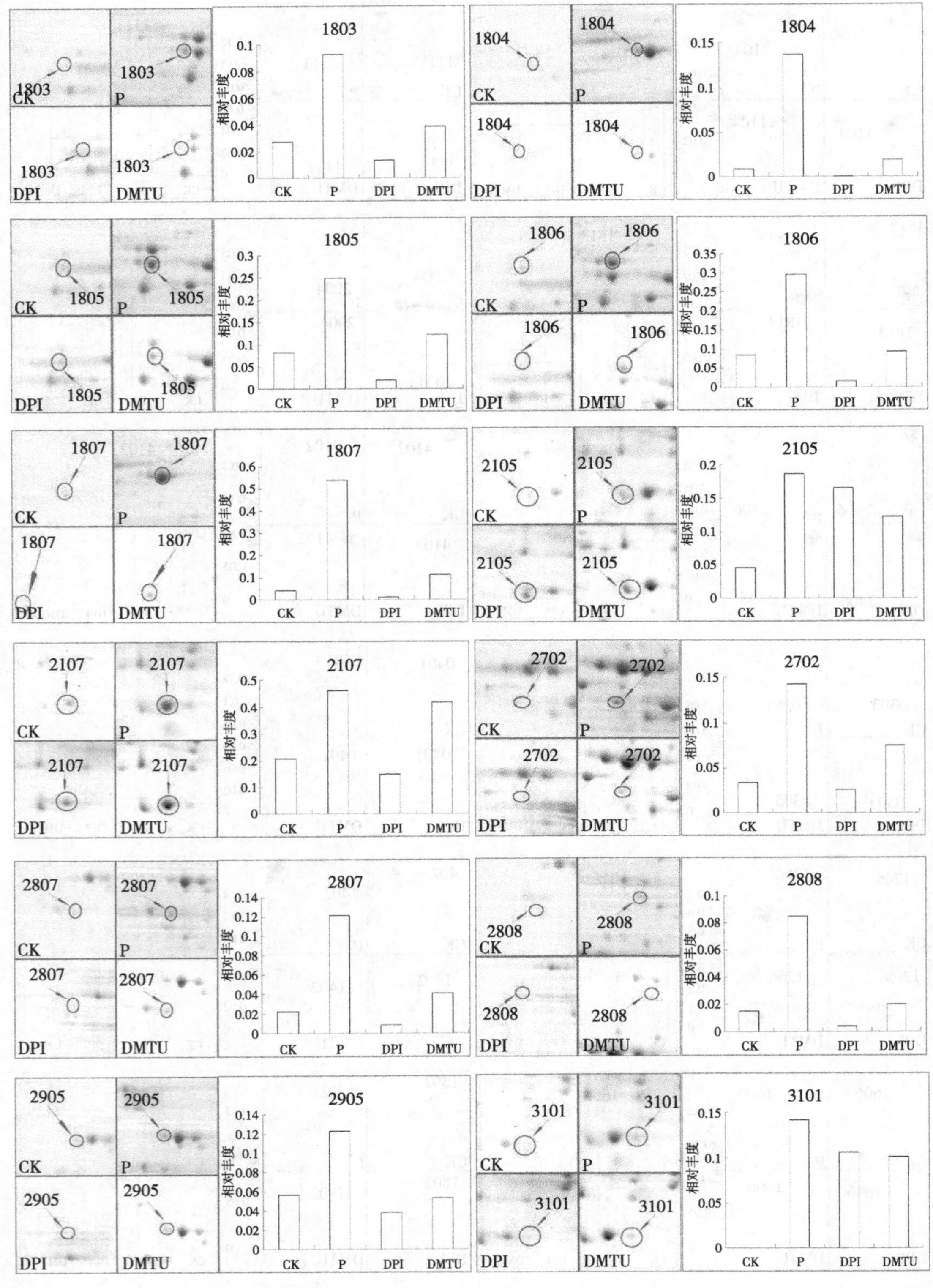

1803
CK
1803
P
1803
DPI
1803
DMTU
1803
相对丰度
0.1
0.08
0.06
0.04
0.02
0
CK
P
DPI
DMTU
1804
CK
1804
P
1804
DPI
1804
DMTU
1804
0.15
0.1
0.05
0
1805
CK
1805
P
1805
DPI
1805
DMTU
1805
0.3
0.25
0.2
0.15
0.1
0.05
1806
CK
1806
P
1806
DPI
1806
DMTU
1806
0.35
1807
CK
1807
P
1807
DPI
1807
DMTU
1807
0.6
0.5
0.4
0.3
2105
CK
2105
P
2105
DPI
2105
DMTU
2105
2107
CK
2107
P
2107
DPI
2107
DMTU
2107
2702
CK
2702
P
2702
DPI
2702
DMTU
2702
2807
CK
2807
P
2807
DPI
2807
DMTU
2807
0.14
0.12
2808
CK
2808
P
2808
DPI
2808
DMTU
2808
2905
CK
2905
P
2905
DPI
2905
DMTU
2905
3101
CK
3101
P
3101
DPI
3101
DMTU
3101

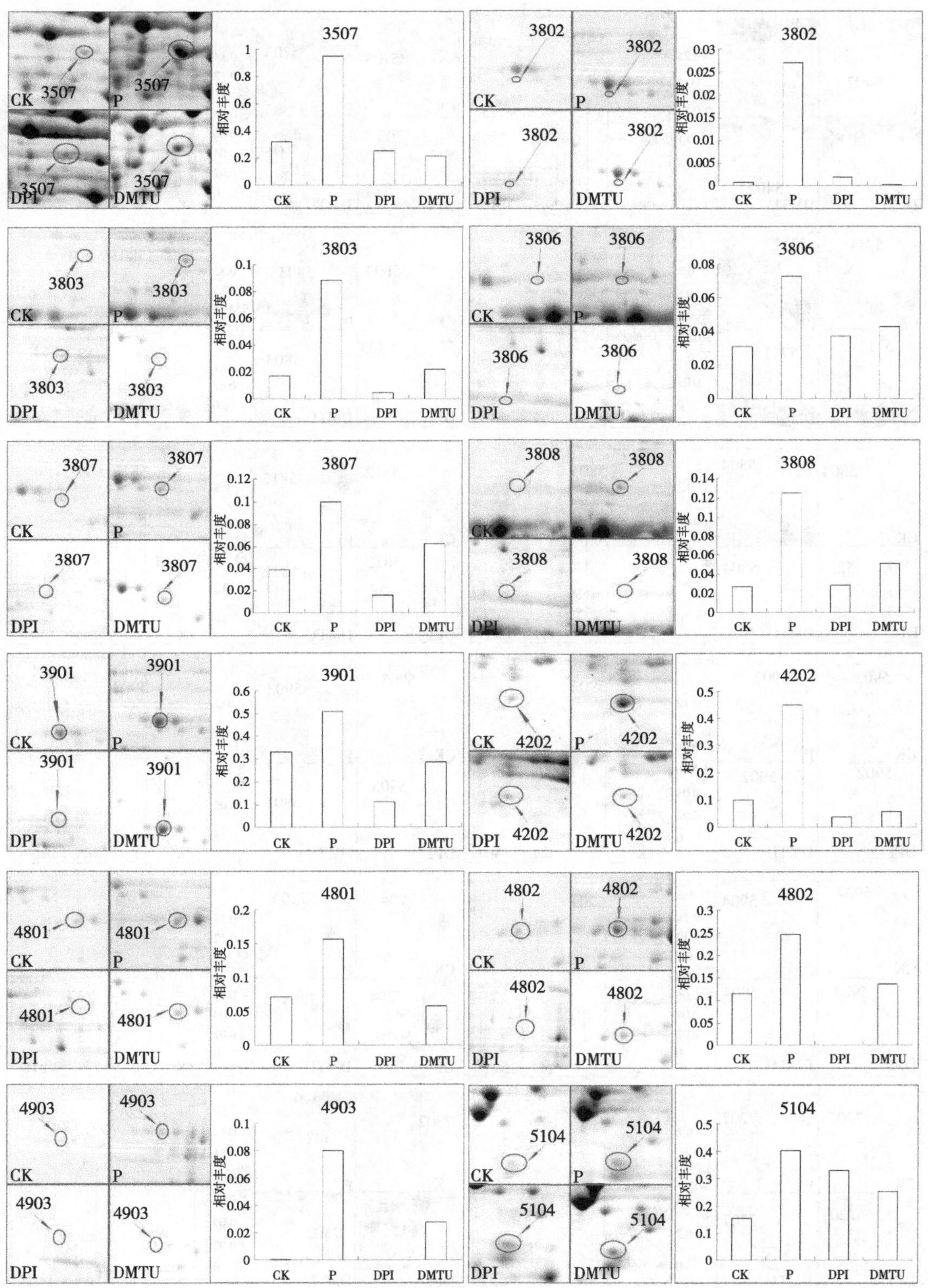

3507
CK
P
DPI
DMTU
相对丰度
3802
3803
3806
3807
3808
3901
4202
4801
4802
4903
5104

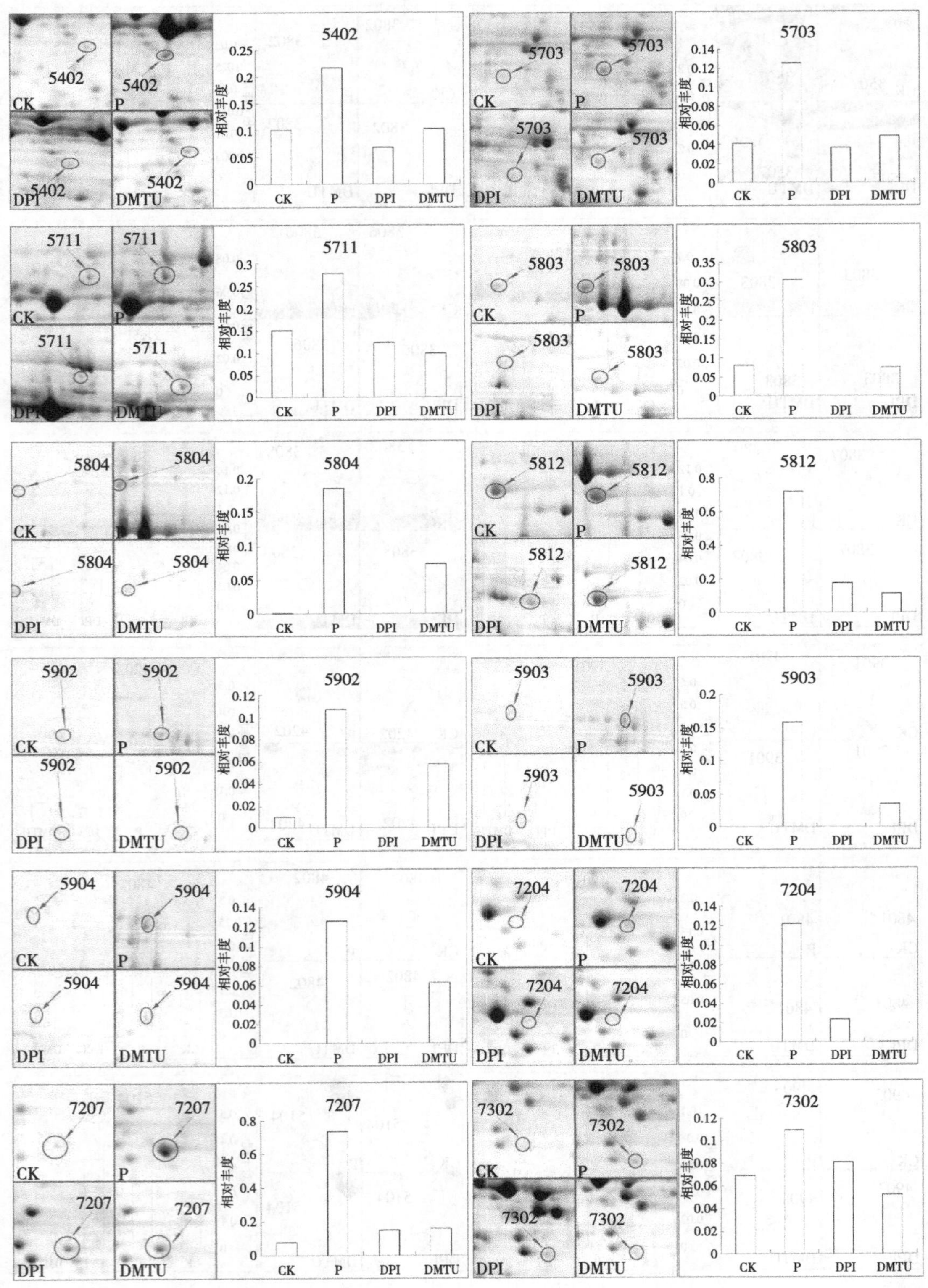

5402
5703
5711
5803
5804
5812
5902
5903
5904
7204
7207
7302
CK
P
DPI
DMTU
相对丰度

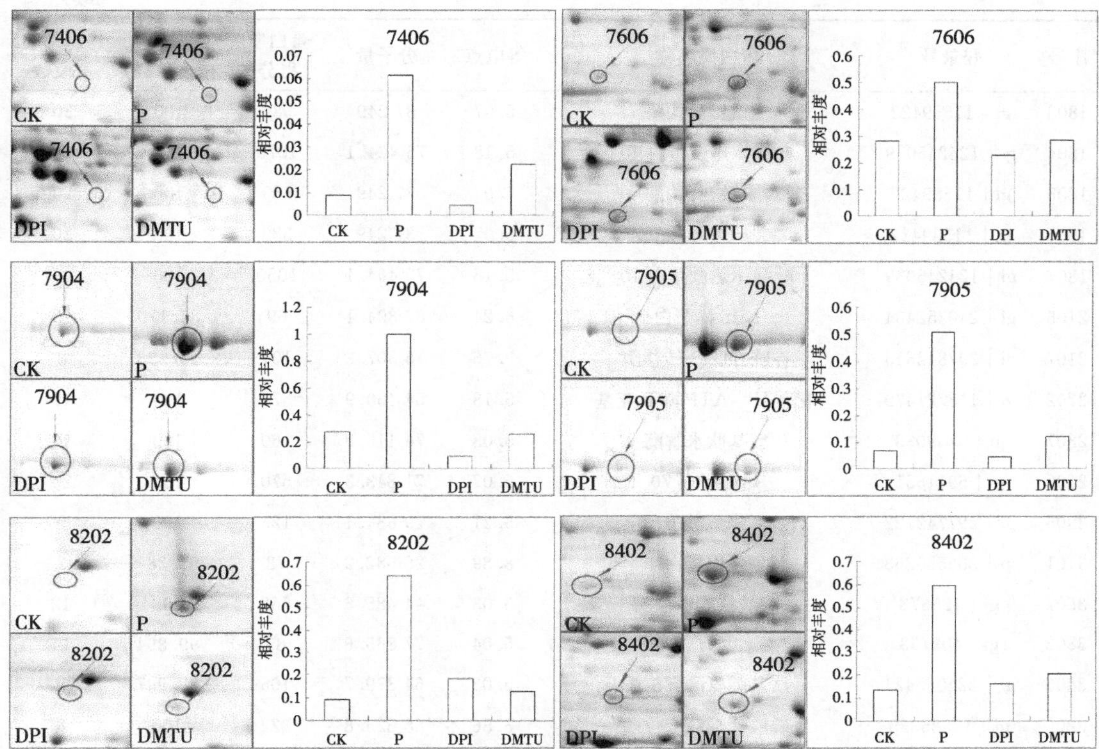

图 4-7 各差异点截图以及相对丰度的柱形图

注：圆圈内表示各差异点，数字代表该蛋白点编号。图标中 CK 代表对照，P 代表葡聚六糖处理 5 h，DPI 和 DMTU 分别代表 DPI 和 DMTU 孵育 4 h 后再用葡聚六糖处理 5 h。

表 4-5 差异蛋白质质谱鉴定结果

序号	登录号	蛋白质名称	等电点	分子量	蛋白质得分	蛋白质可信度（%）	检测到的肽段数
1104	gi | 12620881	核酮糖-1，5-二磷酸羧化酶/加氧酶活化酶	5.54	48 186.1	284	100	9
1111	gi | 115768	LHCII Ⅰ型叶绿素 a/b 结合蛋白	5.14	27 331.7	282	100	7
1813	gi | 225445166	延伸因子 EF-TS	4.78	123 315.5	110	100	6
2004	gi | 325515965	核酮糖-1，5-二磷酸羧化酶/加氧酶大亚基	6.67	23 461.8	651	100	12
2406	gi | 3328122	磷酸甘油酸激酶前体	7.68	50 594	449	100	9
4102	gi | 255567170	叶绿素 a/b 结合蛋白	6.85	29 362	82	99.482	5
0303	gi | 15240071	蛋白磷酸酶 2C 80	7.6	44 302	72	94.7	3
0401	gi | 62899808	质体特异性类胡萝卜素相关蛋白	5.05	35 272.5	581	100	16
1206	gi | 225451299	核糖-5-磷酸异构酶	6.66	30 340.1	291	100	7
1402	gi | 18874402	半乳糖苷合成酶	4.81	38 608	130	100	5
1606	gi | 147838694	叶绿体果糖-1，6-双磷酸酶	5.3	45 183.4	898	100	11
1802	gi | 11559422	二硫键异构酶	5.07	37 249	589	100	20

（续）

序号	登录号	蛋白质名称	等电点	分子量	蛋白质得分	蛋白质可信度（%）	检测到的肽段数
1803	gi | 11559422	二硫键异构酶	5.07	37 249	589	100	20
1804	gi | 124245039	叶绿体热激蛋白 70	5.18	75 464.1	1070	100	28
1805	gi | 11559422	二硫键异构酶	5.07	37 249	589	100	20
1806	gi | 11559422	二硫键异构酶	5.07	37 249	589	100	20
1807	gi | 124245039	叶绿体热激蛋白 70	5.18	75 464.1	1050	100	27
2105	gi | 240252434	NifS 样蛋白	6.24	67 894.1	69	89.179	10
2107	gi | 297842615	谷胱甘肽 S-转移酶	5.76	75 307.3	101	99.993	8
2702	gi | 118721470	液泡 H^{+}-ATP 酶 B 亚基	5.18	54 450.9	575	100	17
2807	gi | 9759033	酰基肽水解酶	5.08	76 116.9	160	100	10
2808	gi | 6911551	热激蛋白 70	5.07	71 843.3	570	100	25
2905	gi | 297742722	寡肽酶 B	5.21	79 684.1	125	100	9
3101	gi | 255550363	伴侣蛋白	8.89	26 582.2	73	95.384	2
3507	gi | 125578	磷酸核酮糖激酶	6.03	44 485.6	552	100	12
3802	gi | 402753	延伸因子 EF-G	5.04	77 865.6	89	99.894	14
3803	gi | 224065421	肽基脯氨酸异构酶	5.03	64 379.7	105	99.997	9
3806	gi | 12585325	磷酸葡萄糖变位酶	5.56	68 625.8	322	100	8
3807	gi | 307136309	丝氨酸型内肽酶	5.15	83 277.2	145	100	13
3808	gi | 341579690	甜菜碱醛脱氢酶	5.25	55 339.3	602	100	16
3901	gi | 297742722	寡肽酶 B	5.21	79 684.1	125	100	9
4202	gi | 255550363	伴侣蛋白	8.89	26 582.2	73	95.384	2
4801	gi | 225468332	寡肽酶 A	5.61	58 732.5	81	99.234	9
4802	gi | 255572579	推定寡肽酶 A	5.71	88 118.8	129	100	13
4903	gi | 255537515	推定氨基肽酶	6.04	98 135.3	131	100	15
5104	gi | 11134156	放氧增强蛋白 2	8.61	28 292.3	786	100	12
5402	gi | 307136265	果糖激酶	5.61	35 800.6	403	100	16
5703	gi | 108710583	腺苷琥珀酸合成酶	9.07	51 473.6	247	100	7
5711	gi | 255578102	咪唑甘油磷酸合成酶	6.62	65 225.3	496	100	16
5803	gi | 9759324	4-羟基-3-甲基-2-烯-1-基二磷酸合成酶	5.89	80 394.2	700	100	25
5804	gi | 124057819	棉籽糖合成酶	5.42	87 904.5	96	99.975	17
5812	gi | 225448296	假设蛋白质	6.55	106 446.4	183	100	10
5902	gi | 255537515	推定氨基肽酶	6.04	98 135.3	304	100	15
5903	gi | 25083482	推定氨基肽酶	5.43	99 495.2	252	100	15
5904	gi | 255537515	推定氨基肽酶	6.04	98 135.3	250	100	18
7204	gi | 117663160	碳酸酐酶	6.3	10 976.5	175	100	5
7207	gi | 2833386	磷酸核酮糖 3-差异构酶	8.23	30 632.2	299	100	5

（续）

序号	登录号	蛋白质名称	等电点	分子量	蛋白质得分	蛋白质可信度（%）	检测到的肽段数
7302	gi｜15222954	硫氧还原蛋白 CDSP32	8.65	33 948.5	253	100	8
7406	gi｜18401429	N-氨基甲酰腐胺酰胺酶	5.71	33 683	242	100	6
7606	gi｜255562088	转氨酶	6.95	50 909.2	346	100	10
7904	gi｜1351856	乌头酸水合酶	5.74	98 569.8	884	100	23
7905	gi｜1351856	乌头酸水合酶	5.74	98 569.8	1070	100	26
8202	gi｜117663160	碳酸酐酶	6.3	10 976.5	257	100	7
8402	gi｜255557204	果糖二磷酸醛缩酶	7.59	38 745.2	121	100	3

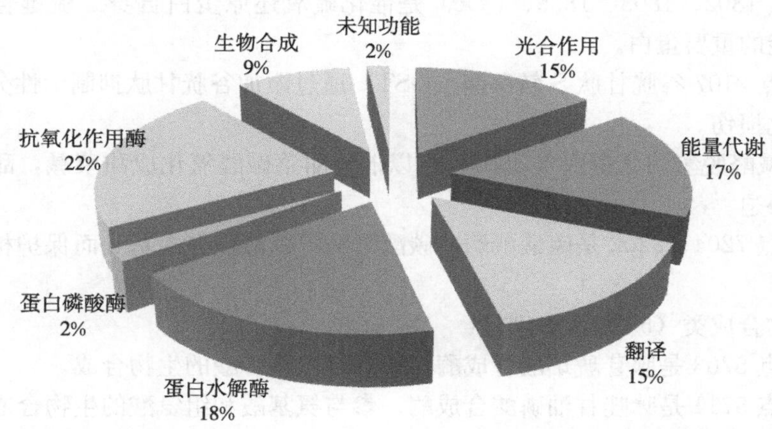

图 4-8　葡聚六糖诱导活性氧暴发后差异表达各类蛋白比例

（2）能量代谢相关蛋白（9 个），分别是：

① 糖酵解过程中相关的酶：蛋白点 2406 是磷酸甘油酸激酶前体、蛋白点 1606 是叶绿体果糖-1，6-二磷酸酶、蛋白点 5402 是果糖激酶、蛋白点 8402 是果糖二磷酸醛缩酶。

② 戊糖磷酸途径相关酶：蛋白点 1206、7207 分别是核糖-5-磷酸异构酶、磷酸核酮糖 3-差异构酶。

③ 乙醛酸循环过程相关酶：蛋白点 7904、7905 是乌头酸水合酶。

④ 蛋白点 2702 是液泡 H^+-ATP 酶 B 亚基。

（3）翻译相关蛋白（8 个），分别是：

① 蛋白点 1804、1807、2808 均属于热激蛋白 70，蛋白点 3101、4202 均属于 GroES 分子伴侣蛋白。两者都是生物体内一类重要的分子伴侣，非共价地与新生肽链和解折叠的蛋白质肽链结合，并帮助它们折叠和转运。

② 蛋白点 1813 是延伸因子 EF-TS，蛋白点 3802 是延伸因子 EF-G。延伸因子帮助进入的氨基酸残基与肽链之间形成酰基，使肽链得以延长。

③ 蛋白点 3803 是肽基脯氨酸异构酶，能够加速自身折叠、体内新生肽链折叠及变性蛋白质的体外折叠。

（4）蛋白水解酶类（10 个），分别是：

① 蛋白点 2807 是酰基肽水解酶。

② 蛋白点 2905、3901、4801、4802 均属于寡肽酶。

③ 蛋白点 3807 是丝氨酸型内肽酶。

④ 蛋白点 4903、5902、5903、5904 是推定氨基肽酶。

(5) 蛋白磷酸酶类（1 个）。蛋白点 0303 是蛋白磷酸酶 2C 80。

(6) 抗氧化作用酶类（12 个），分别是：

① 蛋白点 1402 半乳糖苷合成酶和蛋白点 5804 棉籽糖合成酶可以清除羟自由基以保护植物细胞免遭氧化胁迫。

② 蛋白点 2105 NifS 样蛋白是合成铁硫簇（iron-sulfur cluster）的重要蛋白，铁硫簇可以帮助硫氧还原蛋白 CDSP32（蛋白点 7302）还原二硫桥来减轻氧化胁迫。而二硫键异构酶（蛋白点 1802、1803、1805、1806）是催化硫氧还原蛋白自身二硫键合成，使其具有生物学功能的重要蛋白。

③ 蛋白点 2107 谷胱甘肽 S-转移酶（GST）通过添加谷胱甘肽抑制活性分子从而保护植物不受氧化损伤。

④ 甜菜碱醛脱氢酶（蛋白点 3808）可以催化甜菜碱醛氧化成甜菜碱，甜菜碱可以保护植物抵抗胁迫。

⑤ 蛋白点 7204、8202 是碳酸酐酶，碳酸酐酶可以清除自由基从而保护植物不受氧化损伤。

(7) 生物合成类（5 个），分别是：

① 蛋白点 5703 是腺苷琥珀酸合成酶，参与嘌呤核苷酸的生物合成。

② 蛋白点 5711 是咪唑甘油磷酸合成酶，参与氨基酸和组氨酸的生物合成。

③ 蛋白点 7606 是转氨酶，参与赖氨酸生物合成。

④ 蛋白点 5803 是 4-羟基-3-甲基-2-烯-1-基二磷酸合成酶，参与萜类的生物合成，萜类化合物可以激发植物产生天然的杀虫、防护物质。

⑤ 蛋白点 7406 是 N-氨基甲酰腐胺酰胺酶，参与腐胺的生物合成，腐胺是氨基酸降解产生的。

(8) 未知功能类（1 个）。蛋白点 5812 经质谱数据库搜索是假设蛋白，序列比对后依然都是假设蛋白，其功能有待研究。

（三）讨论与结论

1. 光合作用相关的蛋白 光合作用是产生活性氧的主要原因之一，叶绿体是产生活性氧的主要场所。尤其是在活性氧介导的过敏反应中，光是产生叶绿体内活性氧积累和过敏反应的重要因素，在缺乏光照的植株中，活性氧的积累和过敏反应就不能发生。在本试验中，共鉴定出 8 个光合作用相关蛋白在葡聚六糖诱导的活性氧暴发之后丰度显著提升，且在加入 NADPH 氧化酶抑制剂 DPI 和活性氧清除剂 DMTU 之后丰度有所回落。

蛋白点 1104 和蛋白点 2004 分别是核酮糖-1，5-二磷酸羧化酶/加氧酶活化酶和核酮糖-1，5-二磷酸羧化酶/加氧酶大亚基，植物中的核酮糖-1，5-二磷酸羧化酶/加氧酶由 8 个大亚基和 8 个小亚基构成，参与卡尔文循环的起始步骤即二氧化碳的固定，将大气中的二氧化碳转化为生物体内储能分子，是光合作用碳固定最为关键的酶。但是，核酮糖-1，5-二磷酸羧化酶/加氧酶的催化效率非常低，每秒钟仅能固定 3 个 CO_2 分子，植物细胞为弥补它的低效性而产生大量的核酮糖-1，5-二磷酸羧化酶/加氧酶。这也是植物叶片中核酮糖-1，5-二磷酸羧化酶/加氧酶含量能达到 60%～80%的原因。而核酮糖-1，5-二磷酸羧化酶/加氧酶含量的多少也能够直接反映出光合作用的效率。在本试验中，葡聚六糖的诱导使得核酮糖-1，5-二磷酸羧化酶/加氧酶的含量增加，说明葡聚六糖可以增强黄瓜的光合作用；同时，DPI 和 DMTU 的孵育又有所回落，这说明抑制了 NADPH 氧化酶的活性和清除活性氧之后光合作用并不会增加，在细胞积累内一定程度的活性氧可能作为一种信号分子调控光合作用，使得植物产生更多的核酮糖-1，5-二磷酸羧化酶/加氧酶来固定 CO_2。

同时，发生类似变化的还有叶绿体 a/b 结合蛋白、质体特别性类胡萝卜素相关蛋白、放氧增强蛋白、磷酸核酮糖激酶和磷酸葡萄糖变位酶。其中，叶绿体 a/b 结合蛋白、质体特异性类胡萝卜素相关蛋白和放氧增强蛋白是光反应中的蛋白，前二者的作用是捕获光能，使其转化为化学能，放氧增强蛋白可以将水氧化成 O_2；磷酸核酮糖激酶和磷酸葡萄糖变位酶是暗反应中的蛋白，作用是固定 CO_2，储备能量。这说明活性氧能够全方位地调节光合作用，可以使得植物捕获更多的光能、储备更多的能量以及释放出更多的氧气。

值得关注的是，活性氧可以使放氧增强蛋白的含量增加，活性氧自由基的前体 O_2^- 主要是由 NADPH 氧化酶将 O_2 还原而来，放氧增强蛋白产生更多的 O_2 也为活性氧的积累提供了大量的原料。另外值得关注的是，Liu 等（2007）研究发现，当缺乏光照的时候，叶绿体内就不会产生活性氧，而这个叶绿体中产生的活性氧是诱导过敏反应的前提；还有 Baker 等（1993）研究表明，病原菌诱导的活性氧暴发分为 2 个阶段，第二阶段的活性氧暴发才会诱导过敏反应的产生。结合本试验的推论，活性氧能够全方位地调节光合作用，可以使得植物捕获更多的光能、储备更多的能量以及释放出更多的氧气。可以推测，叶绿体内可能有不同于 NADPH 氧化酶的活性氧暴发机制可以引起第二阶段活性氧暴发的产生，而这个机制是与光合作用密切相关的，并且受到第一阶段产生的活性氧所调控的。

2. 呼吸作用和能量代谢相关蛋白　生命活动离不开呼吸作用和能量，能量代谢是一切生命活动的基础。活性氧暴发也是如此，其中活性氧的主要来源 NADPH 氧化酶还原 O_2 的电子供体就是能量代谢所产生的 NADPH。动物中 NADPH 的主要来源是戊糖磷酸途径，占动物体所需 NADPH 的 60%以上，在植物中的主要来源还有光合作用。所以，活性氧暴发势必要伴随着呼吸作用和能量代谢的增强。本试验中鉴定到了 7 个呼吸作用和能量代谢相关蛋白，分别是糖酵解过程中的磷酸甘油酸激酶前体、叶绿体果糖-1，6-二磷酸酶、果糖激酶、果糖二磷酸醛缩酶，戊糖磷酸途径中的核糖-5-磷酸异构酶，乙醛酸循环过程中的乌头酸水合酶，以及能量载体 ATP 合成相关的液泡 H^+-ATP 酶 B 亚基。

值得关注的是，戊糖磷酸途径，早在 1997 年，Pugin 等就证明了活性氧可以激活戊糖磷酸途径，造成 6-磷酸果糖的减少和 3-磷酸甘油醛的积累。这是因为活性氧暴发的主要来源 NADPH 氧化酶在产生 O_2^- 的过程中消耗了大量的 NADPH，为了保证生物体内 NADPH 的充足，所以启动了戊糖磷酸途径这个生物体内产生 NADPH 的主要途径。同时，戊糖磷酸途径起始是从葡萄糖-6-磷酸开始的，葡萄糖-6-磷酸又是能量代谢的最起始步骤糖酵解的中间产物，与理论相符合的是，也鉴定到了很多与糖酵解相关的蛋白以及合成能量载体 ATP 的 ATP 合成酶。得到的结果验证了活性氧暴发和能量代谢之间密不可分的关系，能量代谢为活性氧暴发提供了必需的 NADPH，同时活性氧又有激活磷酸戊糖途径促进能量代谢的作用。

3. 翻译相关蛋白 在鉴定出葡聚六糖诱导后含量升高且 DPI 和 DMTU 孵育后有所回落的蛋白中，有 8 个与翻译相关的蛋白，分别是：蛋白点 1804、1807、2808 均属于热激蛋白 70，蛋白点 3101、4202 均属于 GroES 分子伴侣蛋白，两者都是生物体内一类重要的分子伴侣，非共价地与新生肽链和解折叠的蛋白质肽链结合，并帮助它们折叠和转运；蛋白点 1813 是延伸因子 EF-TS，蛋白点 3802 是延伸因子 EF-G，延伸因子帮助进入的氨基酸残基与肽链之间形成酰基，使肽链得以延长；蛋白点 3803 是肽基脯氨酸异构酶，能够加速自身折叠、体内新生肽链折叠及变性蛋白质的体外折叠。分子伴侣和延伸因子受活性氧调节而含量增加也很好理解，因为活性氧暴发是一个复杂的网络，需要很多蛋白的参与，很多种蛋白受到活性氧的调节会增加表达量，在它们表达的过程中，不可避免地要有分子伴侣和延伸因子的参与，它们是复杂调控网络中不可或缺的一部分。

其中，热激蛋白 70（HSP70）的研究是比较深入的，已有很多证据证明了 HSP70 与植物抗逆密切相关，在受到热、冷、盐、水、干旱和氧化等胁迫时，HSP70 的表达量都有所增加，而且对 HSP70 的超表达则会增加对这些胁迫的耐受性。Callahan 等（2002）研究证实了 HSP70 在氧化状态下会增加表达，而且对氧化胁迫有免疫性。这表明了其在活性氧暴发后使植物免遭氧化胁迫方面起到了很重要的作用。研究表明，HSP70 与以下几种重要的抗氧化蛋白密切相关：第一，可以调节细胞内谷胱甘肽过氧化物酶和谷胱甘肽还原酶的活性，从而调节细胞内的氧化还原状态；第二，HSP70 是硫氧还原蛋白的分子伴侣，后者是抗氧化胁迫的一种重要分子；第三，HSP70 参与了光抑制状态下保护光系统Ⅱ和修复光系统Ⅱ的作用。尤其是前两点值得密切关注，因为在本试验中也鉴定出来了硫氧还原蛋白和谷胱甘肽 S-转移酶，会在后文中详述，HSP70 与这 2 种蛋白之间的关系值得进一步研究。

GroES 分子伴侣相对研究比较少，也未见其与植物抗逆和抗氧化之间关系的文献报道。GroES 是圆顶状的由 10 ku 亚基构成的七聚物，可以稳定地结合到 GroEL 分子伴侣双环的一侧。所以，一般是与 GroEL 分子伴侣共同出现的。有研究表明，GroEL 分子伴侣和 HSP70 可以共同起作用，所以很可能也与植物的抗逆相关。本试验表明，它的含量受活性氧调节而增加，今后它与植物抗逆和抗氧化之间的关系值得继续研究。

4. 蛋白水解酶类 生物的生长发育是蛋白合成和降解平衡的结果，植物中蛋白质降解在植物发育和多种生命活动中发挥着重要的作用。据文献报道，蛋白水解作用可以受活性氧激发，在氧化胁迫下可以引发丝氨酸蛋白酶的表达。在本试验中，共鉴定到了 10 个受活性氧激发的蛋白水解酶，分别是酰基肽水解酶、寡肽酶、丝氨酸型内肽酶和推定氨基肽酶，验证了活性氧会引起蛋白水解酶类表达量的增加。

其中，Walling 实验室对氨基肽酶在植物抗逆中研究比较深入。1993 年，Pautot 等在番茄中发现，氨基肽酶与植物的防御反应密切相关。1999 年，Chao 等发现了氨基肽酶在番茄的伤害反应和逆境胁迫下会使得氨基肽酶基因的表达量增加，而且氨基肽酶的表达受到 ABA 信号、SA 信号和 JA 信号的调节。2009 年，Fowler 等证实了在番茄中氨基肽酶调控伤害和逆境反应是 JA 信号的下游反应。这些研究为揭示氨基肽酶在植物抗逆反应中的作用奠定了基础。不仅是在番茄中，Waditee-Sirisattha 等（2011）在拟南芥中也发现了氨基肽酶调控植物的生长、衰老和逆境反应。这证明了氨基肽酶在植物逆境反应中发挥重要的作用。但是，并没有报道氨基肽酶在氧化胁迫中的作用。本试验发现，它在活性氧激发下含量升高了，可以猜测它与氧化胁迫也有着密切的关系，值得后续深入研究。

其他鉴定出来的几种酶并没有文献报道它们与逆境胁迫或是活性氧之间的关系。但是，鉴于在本试验中这几种酶被大量地鉴定出来，而且蛋白质水解与植物抗逆和氧化胁迫之间有密切的关系，也很值得后续的深入研究。

5. 蛋白磷酸酶类　蛋白磷酸酶（PP）是催化蛋白质发生去磷酸化反应的酶，在生物的信号转导中发挥着重要的作用。真核生物中的蛋白磷酸酶根据其底物特异性可分为两大类：丝氨酸/苏氨酸蛋白磷酸酶类（proteinserine/threoninephosphatases，PSPs）和酪氨酸蛋白磷酸酶类（proteintyrosinephosphatases，PTPs）。PSPs 根据催化亚基的不同及对特定抑制剂的不同敏感性分为 PP1 和 PP2 两类。PP2 按照亚基的结构、活力及对二价阳离子的依赖性又被进一步分为 3 个亚类：PP2A、PP2B 和 PP2C。PP2C 是所鉴定到的蛋白，它是一种单体蛋白磷酸酶，其活力依赖 Mg^{2+} 或 Mn^{2+}。它在生物体内有着很多功能，在许多生物体内被检测到并进行了详细的分析。

与活性氧关系最密切的信号途径主要有 MAPK 信号、ABA 信号以及 Ca^{2+} 信号。而巧合的是，PP2C 在这几种信号中都发挥了关键性的作用。更有研究显示，在 ABA 信号中，PP2C 是活性氧的直接靶标（direct targets）。而在本试验中，鉴定到了葡聚六糖诱导的活性氧暴发中 PP2C 由活性氧诱导发生的含量上调，说明了 PP2C 在活性氧信号中的重要地位。PP2C 在葡聚六糖诱导的活性氧暴发中的位置以及它是如何在复杂的信号中发挥作用的，值得今后进一步的深入研究。

6. 抗氧化作用蛋白　在生物体中，氧化胁迫是逆境胁迫的重要方面，尤其是在为了抵抗病原菌入侵而产生的活性氧暴发之后，如何保证自身不受活性氧的氧化损伤也是很重要的一个方面。本试验鉴定到了 12 个与抗氧化作用相关的蛋白，都在保护植物不受氧化损伤中发挥了重要的作用。蛋白点 1402 半乳糖苷合成酶和蛋白点 5804 棉籽糖合成酶都属于棉籽糖家族寡糖（raffinose family oligosaccharides，RFOs），在高等植物生长发育和生理活动中起着重要的作用。半乳糖苷合成酶可以催化肌醇和 UDP-半乳糖合成肌醇半乳糖苷，然后肌醇半乳糖苷将半乳糖基转化给蔗糖，在棉籽糖合成酶的催化下生成棉籽糖。研究表明，RFOs 在植物中的合成和积累与植物对环境胁迫的应答密切相关。尤其是 Nishizawa 等（2008）研究表明，肌醇半乳糖苷和棉籽糖可以清除由激发子、水杨酸、冷冻等引起的羟自由基以保护植物细胞免遭氧化胁迫，证明了半乳糖苷合成酶和棉籽糖合成酶在抗氧化胁迫中发挥重要的作用。

硫氧还原蛋白的研究比较多，是植物体内抗氧化损伤的一类关键蛋白。它的活性中心是 4 个保守氨基酸集团 Cys-Gly-Pro-Cys，可以还原目标蛋白的二硫桥。在很多的生物体内，硫氧还原蛋白基因的表达会在氧化条件下增加，参与生物对氧化胁迫的应答，消除过氧化氢和烷基过氧化物对植物的损伤。硫氧还原蛋白家族有很多成员组成。其中，在本试验中鉴定到的是硫氧还原蛋白 CDSP32，这是一个 32 ku 大小的蛋白。Rey 等（2005）根据检测到的硫氧还原蛋白 CDSP32 的 6 个靶标以及在超表达该基因的突变体具备很强的抗氧化胁迫能力，推断出与硫氧还原蛋白家族的其他蛋白相比，硫氧还原蛋白 CSDP32 在承受氧化胁迫方面起着重要的作用。硫氧还原蛋白还原目标蛋白的二硫桥是在铁硫簇

(iron-sulfur cluster) 的帮助下完成的。Ye 等 (2005) 研究表明，NifS 样蛋白是合成铁硫簇的重要蛋白，NifS 样蛋白也在本试验中得到了鉴定。另外，本试验还鉴定到了二硫键异构酶，是一种在氧化胁迫下发挥着重要作用的分子伴侣，其中一个作用就是催化硫氧还原蛋白自身二硫键合成，使其具有生物学功能。

谷胱甘肽 S-转移酶 (GST) 通过添加谷胱甘肽抑制活性分子而保护植物不受氧化损伤；甜菜碱醛脱氢酶可以催化甜菜碱醛氧化成甜菜碱，甜菜碱可以保护植物抵抗胁迫；碳酸酐酶可以清除自由基从而保护植物不受氧化损伤。这几种鉴定到的酶也是在氧化胁迫下保护植物免受伤害方面起着重要的作用。这一类蛋白是鉴定到的活性氧相关蛋白中最多的一类，是在活性氧暴发之后的保护系统。这一类蛋白的鉴定成功体现了在葡聚六糖诱导的活性氧暴发之后植物并不是走向破坏性的程序性死亡，而是产生相应的机制来保护自己正常的生命活动。葡聚六糖诱导活性氧产生的作用比起作为毒性物质直接杀死病原菌，更应该是作为信号分子诱导相应抗逆蛋白的产生，增加植物对病原菌等逆境的抵抗能力，从而达到预防病虫害入侵的效果。

7. 生物合成类 除了上述的几类蛋白，生物体内还有许多蛋白与植物抗逆和活性氧密切相关。本试验还鉴定到了 5 种这类蛋白，分别是：蛋白点 5703 是腺苷琥珀酸合成酶，参与嘌呤核苷酸的生物合成；蛋白点 5711 是咪唑甘油磷酸合成酶，参与氨基酸和组氨酸的生物合成；蛋白点 7606 是转氨酶，参与赖氨酸生物合成；蛋白点 5803 是 4-羟基-3-甲基-2-烯-1-基二磷酸合成酶，参与萜类的生物合成，萜类化合物可以激发植物产生天然的杀虫、防护物质；蛋白点 7406 是 N-氨基甲酰腐胺酰胺酶，参与腐胺的生物合成，腐胺是氨基酸降解产生的。这些蛋白也是受到活性氧的激发而含量上升的，值得深入的研究。

8. 未知功能类 蛋白点 5812 经质谱数据库搜索是假设蛋白，序列比对后依然都是假设蛋白，蛋白点 8502 经过质谱鉴定并未能鉴定出来是什么蛋白，无法得知这 2 个蛋白在生物体内有着怎样的功能。但既然它是受到活性氧的激发而含量升高，有可能是一种尚未发现的蛋白质，也很有可能在活性氧信号中发挥着重要的作用。如果想要深入研究这 2 种蛋白，需要进行从头测序得到氨基酸的序列再去分析来揭示这 2 种蛋白的功能。

三、qRT-PCR 检测差异蛋白质的基因表达变化

(一) 材料与方法

1. 材料 所用材料和处理方法同本节一 (一)。

2. 方法

(1) 所定量基因是从前面鉴定到蛋白选取的 8 个对应的 cDNA 序列。甜菜碱醛酸脱氢酶 (Betaine-aldehyde dehydrogenase，*BAD*)、热激蛋白 70 (Heat shock protein 70，*HSP*70)、质体特异性类胡萝卜素相关蛋白 (Carotenoid-associated protein，*CHRC*)、二硫键异构酶 (Disulfide isomerase，*DSI*)、谷胱甘肽 S-转移酶 (Glutathione S-transferase，*GST*)、半乳糖苷合成酶 (Galactinol synthase，*GolS*)、放氧增强蛋白 (Oxygen-evolving enhancer protein，*OEEP*)、棉籽糖合成酶 (Raffinose synthase，*RFS*)。

(2) 实时荧光定量 PCR (qRT-PCR)。反应体系为 20 μL，包括 9 μL 2.5×Real Master Mix/20×SYBR Green、2 μL cDNA、正向引物和反向引物各 2 μL (2 μmol/L)，加水至 20 μL。采用二步法反应程序：95 ℃ 3 min；95 ℃ 30 s，57 ℃ 30 s，68 ℃ 1 min，

在此处收集荧光信号，共 40 个循环。根据 GenBank 中黄瓜 *HSP*70、*CHRC*、*DSI*、*GolS*、*OEEP* 的 cDNA 序列以及质谱鉴定时匹配的黄瓜 EST 数据库中 *BAD*、*GST*，利用 Primer 5.0 软件进行引物设计（表 4-6）。

表 4-6　实时荧光定量 PCR 分析黄瓜子叶活性氧相关基因表达所用引物

基因	登录号	引物序列
18SrRNA	gi丨7595414	S：5′-ATGATAACTCGACGGATCGC- 3′ A：5′-CTTGGATGTGGTAGCCGT-3′
BAD	H0081674	S：5′-GTCGCCAATCTTTGCCTTTA-3′ A：5′-CGATTTCCATTCCCACCC-3′
HSP70	gi丨1143426	S：5′-TGATGCAACTGGGACAAT-3′ A：5′-GGAATACAAATCCGAGCC-3′
CHRC	gi丨1523991	S：5′-CTCAATCCACCACAACCT-3′ A：5′-TCTCATCCTTATCCTCCC-3′
DSI	gi丨11559421	S：5′-GAGGCTGCTGATTCTTTG-3′ A：5′-CTTGACTGGATTCGCTGT-3′
GST	H0150099	S：5′-TCCCTCATTAGACATCAC-3′ A：5′-TGTTTTCACTAACCTCCT-3′
GolS	gi丨29569823	S：5′-GTGAAGAAATGGTGGGAAGT-3′ A：5′-CAGCCTCGGACAGAACAG-3′
OEEP	gi丨6691486	S：5′-GCTTCCACCTCCTGTTTC-3′ A：5′-CCACTGTATGGCAAGTAATCT-3′
RFS	gi丨4106394	S：5′-GTCGAAAGTTGTTGATGC-3′ A：5′-ATTTGTCCACGATACCTG-3′

注：gi 为 NCBI 登录号，H0 为黄瓜 EST 数据库登录号。

（二）结果与分析

本试验对鉴定到的蛋白中选取 8 个对应的 cDNA 序列：*BAD*、*HSP*70、*CHRC*、*DSI*、*GST*、*GolS*、*OEEP*、*RFS* 进行基因表达分析。结果表明（图 6-2），其中大多数基因表达与蛋白表达变化趋势相符，即葡聚六糖处理与对照相比基因表达丰度变化在 2 倍以上，且 DPI 和 DMTU 处理后丰度有所回落。但是，半乳糖苷合成酶基因（*GolS*）和棉籽糖合成酶基因（*RFS*）的表达却与蛋白不符。其中，*GolS* 的表达在葡聚六糖处理之后与清水对照相比并没有增加，而 *RFS* 的表达在 DPI 处理后并没有发生回落。

（三）讨论与结论

蛋白质是由 mRNA 转录来的，研究转录水平的变化将会为验证蛋白组的变化和阐明基因组在转录水平的机制有重要的意义。本试验中对所鉴定到的 54 种蛋白选取了 8 个进行了转录水平的验证。结果表明，大多数基因表达与蛋白表达变化趋势相符，即葡聚六糖处理与对照相比基因表达丰度变化在 2 倍以上，且 DPI 和 DMTU 处理后丰度有所回落。表明葡聚六糖诱导可以增加上述基因的表达量，从而对活性氧暴发或抗氧化的相关机制产生重要的影响。但是，半乳糖苷合成酶基因（*GolS*）和棉籽糖合成酶基因（*RFS*）的表达却与蛋白不符，其中 *GolS* 的表达在葡聚六糖处理之后与清水对照相比并没有增加，而 *RFS* 的表达在 DPI 处理后并没有发生回落。转录水平和蛋白水平变化有差异的现象也很正常，因为在转录后和翻译后都有一些蛋白的修饰，在这些过程中，会导致某基因转录成mRNA的含量与最终表达的蛋白含量不一致的现象出现。另外，半乳糖苷合成酶和棉籽糖合成酶都属于棉籽糖家族寡糖，而且这2个蛋白并不是由单基因控制的，在拟南芥中发现了8个半乳糖苷合成酶基因和6个棉籽糖合成酶基因，而每个基因在受到氧化胁迫时的变化并不完全相同。但是，在黄瓜数据库中分别只查到了编码这2种蛋白的各1个基因，所以也有可能该基因并不受葡聚六糖诱导而发生明显的含量变化，而是未被发现的其他编码这2种蛋白的基因会随之改变。

第三节　磷脂酶PP2C参与葡聚六糖对黄瓜幼苗氧化还原状态的调控

植物受激发子刺激或诱导后，会发生形态结构的变化，系统内部也会产生一些应急反应，如过敏反应。过敏反应是植物与激发子互作过程中，通过氧化激增引起的植物局部程序性死亡过程。过敏反应是植物抗病基本反应，可以诱导发生活性氧暴发形成主动防御机制。对拟南芥及蚕豆保卫细胞的研究发现，ABA可以诱导保卫细胞活性氧含量上升，从而引起气孔关闭；在玉米胚胎及其幼苗的研究中也发现，ABA可以诱导H_2O_2的升高。ABA能够通过诱导气孔关闭和胼胝质的沉积来有效地阻止病原菌的入侵，ABA还能够通过诱导植物防御基因的表达、调节植物体内的相关代谢过程以及参与其他信号途径介导的抗病反应等进而影响植物对病原菌的抗性。ABA诱导产生的H_2O_2主要源于质膜NADPH氧化酶，是后者把胞质中NADPH的电子转移给O_2进而产生O_2^-，O_2^-经歧化反应生成H_2O_2。

PP2C参与植物体内多种信号途径，包括参与ABA各个途径、逆境适应、生长发育以及抗病等。大量编码PP2C的基因已经克隆到，目前研究主要集中于它们在不同信号途径的角色，少数基因如*ABI1*、*ABI2*的生物功能已经了解比较清楚。Leung等（1994）从对ABA不敏感的拟南芥突变体中分离出2个编码PP2C的基因*ABI1*和*ABI2*。在ABA信号转导途径中，SnRK2是一种可以被ABA快速激活的蛋白激酶，*ABI1*和*ABI2*通过去磷酸化作用使SnRK2失活而负调控ABA诱导的多种反应。有研究利用筛选突变体和酵母双杂交等方法在拟南芥中确定出一种新的ABA受体——PYR/PYL/RCAR蛋白。在正常的生长条件下，A类PP2C通过去磷酸化作用使SnRK2失活，ABA信号保持沉默。一旦外界环境条件或本身发育信号诱导植物产生ABA之后，ABA结合PYR/PYL/RCAR蛋白并促使其与A类PP2C相互作用，抑制其蛋白磷酸酶活性，解除PP2C对蛋白激酶SnRK2的抑制。SnRK2被激活后进而磷酸化下游的转录因子或膜蛋白等作用因子，开启ABA信号反应。

同时，植物PP2C较其他的真核生物具有更大的多样性，其调控模式具有复杂性和多样性的特点，植物体内PP2C在不同的组织和器官中信号转导机制也具有多样性。但是截至目前，对于这些PP2C的功能仍然知之甚少。前期研究结果表明，葡聚六糖诱导后黄瓜幼苗活性氧积累，CsPP2C蛋白含量上调。同时，这些变化受到活性氧抑制剂DMTU和DPI预处理的抑制，说明CsPP2C蛋白可能参与葡聚六糖对黄瓜幼苗活性氧积累的调控。本试验使用葡聚六糖、活性氧抑制剂处理黄瓜，然后测定内源ABA含量，分析*CsPP2C9593*、*CsPP2C7838*基因及ABA信号转导途径中相关基因（SnRK2、PYL、NADPH氧化酶基因）表达量分析，探讨*CsPP2C9593*、*CsPP2C7838*基因在ABA调节H_2O_2产生过程中的作用。

（一）材料与方法

1. 材料 试验所用黄瓜品种为津研四号。

2. 方法

（1）处理 1。选取颗粒饱满、大小一致的种子在水中浸泡 2 h 后，对种子进行消毒（75%酒精 60 s，2.5% NaClO 15 min，无菌水冲洗 3 遍以上），然后置于灭过菌的纱布上，用透气玻璃纸封口，于 25～30 ℃下保湿培养，待黄瓜子叶完全展开后，对黄瓜子叶喷施 50 μg/mL 葡聚六糖溶液。每隔 2 h 取样测定 H_2O_2含量。

（2）处理 2。选取颗粒饱满、大小一致的种子在水中浸泡 2 h 后，对种子进行消毒（75%酒精 60 s，2.5% NaClO 15 min，无菌水冲洗 3 遍以上），然后置于灭过菌的纱布上，于 25～30 ℃下保湿培养，待黄瓜子叶完全展开时，对黄瓜子叶喷施 50 μg/mL 葡聚六糖溶液，取处理后 0 h、1 h、5 h、9 h、10 h、14 h 时的样品，置于−80 ℃保存待用。

（3）处理 3。选取颗粒饱满、大小一致的种子在水中浸泡 2 h 后，对种子进行消毒（75%酒精60 s，2.5% NaClO 15 min，无菌水冲洗 3 遍以上）后置于灭过菌的纱布上，于 25～30 ℃下保湿培养，待黄瓜子叶完全展开时，将材料分为 6 组。先将第一、二组喷清水，第三、五组叶面喷施 100 μmol/L DPI 预处理，第四、六组喷施 5 mmol/L DMTU 预处理；然后孵育 4 h，再将第二、三、四组喷施 50 μg/mL 葡聚六糖溶液，第一、五、六组喷清水。喷施葡聚六糖后 5 h 取样，置于−80 ℃保存待用。

（二）结果与分析

1. 葡聚六糖诱导对黄瓜幼苗 PP2C 表达的影响 前期工作应用差异蛋白质组学方法，系统研究葡聚寡糖激发子及添加 NADPH 氧化酶抑制剂（DPI）和 H_2O_2 清除剂（DMTU）对黄瓜子叶蛋白质差异表达的影响。研究表明，PP2C 蛋白含量在葡聚六糖诱导后明显上调，而 DMTU 和 DPI 预处理会一定程度上抑制这种升高，且 DMTU 的抑制效果更明显（图 4-9）。

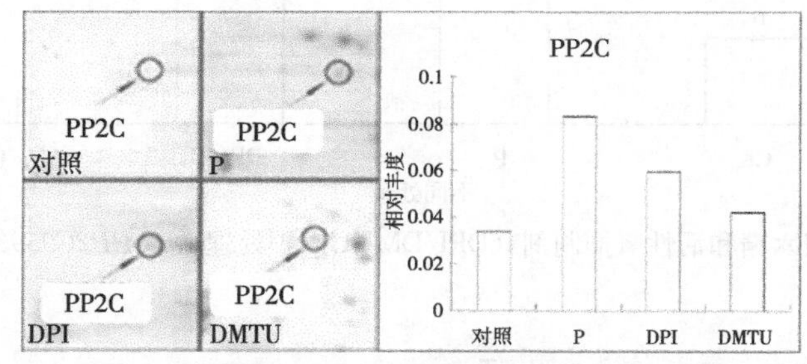

图 4-9 双向电泳中 PP2C 表达差异截图以及相对丰度的柱形图

为了研究活性氧与 PP2C 在葡聚六糖诱导反应中的关系，先用 DPI 和 DMTU 孵育4 h 之后再叶面喷施葡聚六糖溶液，喷施葡聚六糖后 5 h 取样，并利用荧光定量 PCR 技术，分析 *CsPP2C9593*、*CsPP2C7838* 基因在不同处理中的表达情况。

取葡聚六糖诱导后 0 h、1 h、5 h、9 h、10 h、14 h 的黄瓜子叶，分别提取 RNA，逆转录合成 cDNA，利用荧光定量 PCR 技术，分析 *CsPP2C9593*、*CsPP2C7838* 基因在葡聚六糖诱导后黄瓜幼苗中的表达情况。葡聚六糖诱导后黄瓜 *CsPP2C9593*、*CsPP2C7838* 基因均呈现先上升后下降的趋势，其中 9 h 时表达量最高（图 4-10、图 4-11）。

与未经处理的空白对照相比，经葡聚六糖诱导处理后，*CsPP2C9593* 基因相对表达量显

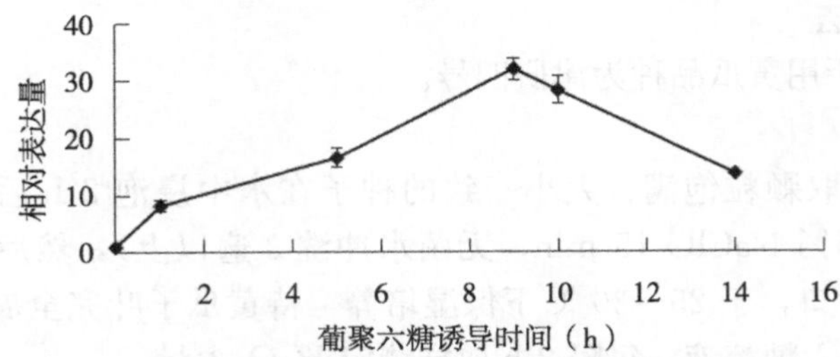

图 4-10　葡聚六糖诱导后 *CsPP2C9593* 基因相对表达量

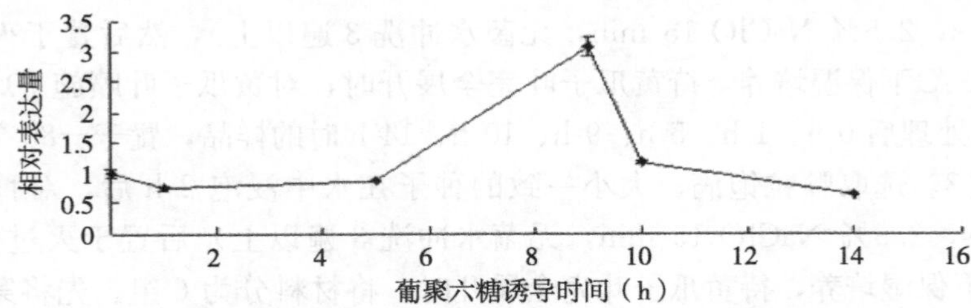

图 4-11　葡聚六糖诱导后 Cs*PP2C7838* 基因相对表达量

著升高；经 H_2O_2清除剂 DMTU 预处理后再施葡聚六糖时，*CsPP2C9593* 基因的表达则明显受到抑制，恢复到与空白对照相近的水平；而 DPI 预处理对 *CsPP2C9593* 基因的表达抑制效果不明显。*CsPP2C7838* 基因的相对表达量变化趋势与 *CsPP2C9593* 基因一致。综上所述，*CsPP2C9593* 和 *CsPP2C7838* 基因的变化趋势与前期研究结果相符（图 4-12、图 4-13）。

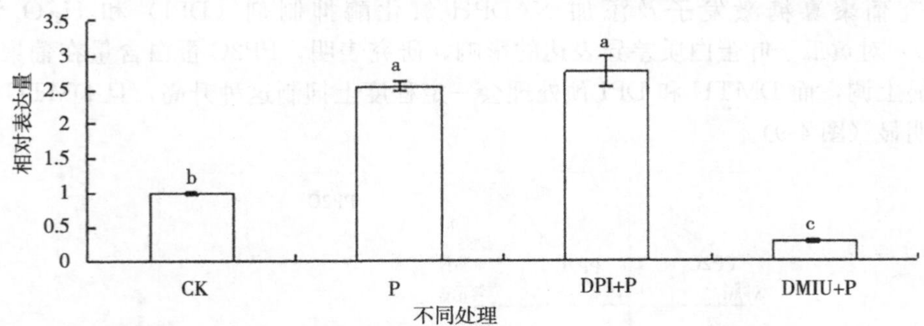

图 4-12　葡聚六糖和活性氧抑制剂（DPI/DMTU）预处理后 *CsPP2C9593* 相对表达量

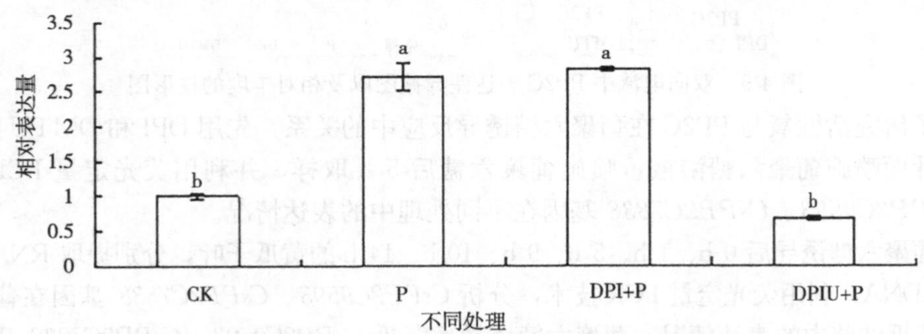

图 4-13　葡聚六糖和活性氧抑制剂（DPI/DMTU）预处理后 *CsPP2C7838* 相对表达量

注：图标中 CK 代表对照，P 代表葡聚六糖处理 5 h，DPI 和 DMTU 分别代表 DPI 和 DMTU 孵育 4 h 后再用葡聚六糖处理 5 h。

2. 葡聚六糖和活性氧抑制剂对黄瓜内源 ABA 含量的影响

(1) 葡聚六糖诱导对黄瓜内源 ABA 含量的影响。葡聚六糖诱导后，黄瓜内源 ABA 含量表现为先升后降的趋势，诱导后 9 h 时内源 ABA 含达到最大值 1 291.477 ng/g · FW，诱导后 14 h 立刻恢复到与对照相接近的水平。可见，ABA 含量的升高略迟于活性氧的暴发（图 4-14）。

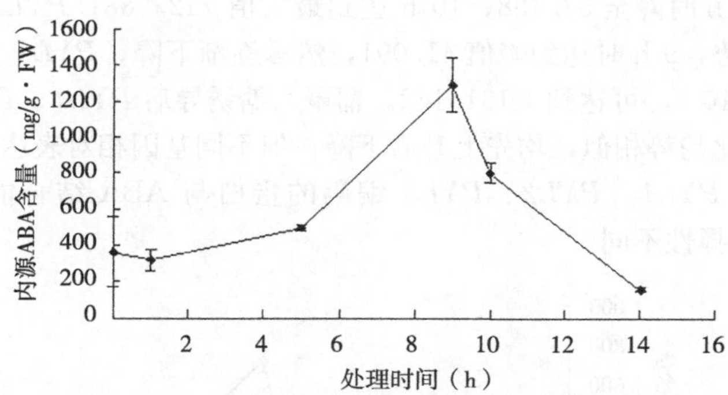

图 4-14　葡聚六糖诱导后黄瓜内源 ABA 含量的变化

(2) DMTU、DPI 预处理对黄瓜内源 ABA 含量的影响。为研究 ABA 与 H_2O_2 在葡聚六糖诱导反应中的关系，先用 DPI 和 DMTU 孵育 4 h，之后叶面再喷施葡聚六糖溶液，喷施葡聚六糖后 5 h 取样，测定黄瓜内源 ABA 含量。

喷施 DPI 和 DMTU 的处理与空白对照相比，黄瓜内源 ABA 含量无明显差异；葡聚六糖诱导处理后内源 ABA 含量明显增加，与对照相比差异显著；而葡聚六糖诱导 ABA 含量升高的这种效果明显受到 DMTU 预处理的抑制；DPI 预处理后再喷施葡聚六糖的处理，相较于葡聚六糖处理组内源 ABA 含量明显减少，但仍高于空白对照相，说明 NADPH 氧化酶抑制剂仅在一定程度上抑制 ABA 的积累（图 4-15）。可见，葡聚六糖诱导的活性氧积累与 ABA 含量增加具有一定的相关性。

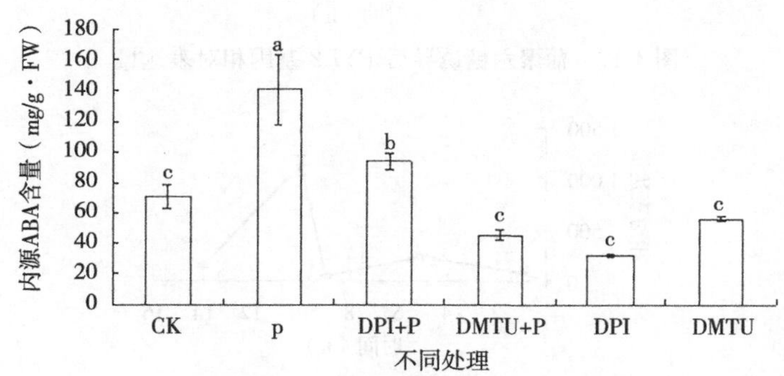

图 4-15　DMTU、DPI 预处理后黄瓜内源 ABA 含量

注：图标中 CK 代表对照，P 代表葡聚六糖处理 5 h，DPI 和 DMTU 分别代表 DPI 和 DMTU 孵育 4 h 后再用葡聚六糖处理 5 h。

3. 葡聚六糖对黄瓜 ABA 信号途径中几个关键基因的调控

(1) *PYLs* 基因表达分析。有研究表明，拟南芥中 PYR/PYL/RCAR 可以直接与 ABA 结合。但是，ABA 与每个 PYR/PYL/RCAR 家族成员结合的能力不同。同时，这些 PYR/PYL/RCAR 家族成员对 ABA 立体构型的选择性不尽相同（胡帅等，2012）。PYR/PYL/RCAR 受体蛋白能够与 A 类 PP2C 相互作用并抑制 PP2C 的磷酸酶活性。

①葡聚六糖诱导后黄瓜 *PYLs* 基因表达分析。取葡聚六糖诱导后不同时间点样品进行 RT-PCR 试验（图 4-16 至图 4-18）。来自同一家族的不同 *PYL* 基因相对表达量变化情况有所不同。葡聚六糖诱导后 *PYL1* 基因相对表达量先升后降再升高，在 5 h 时其相对表达量达到 151.501，9 h 时降至 57.188，10 h 达到最大值 712.588；*PYL2* 基因相对表达量呈现先升后降的趋势，9 h 时达到峰值 41.091，然后逐渐下降；*PYL3* 基因的相对表达量高峰出现在诱导后 10 h，可达到 1 131.162。葡聚六糖诱导后 *PYL1*、*PYL2*、*PYL3* 三个基因相对表达量变化趋势相似，均先上升后下降；但不同基因相对表达量变化情况略有不同，这可能是由于 *PYL1*、*PYL2*、*PYL3* 编码的蛋白与 ABA 结合能力不同，因而对 ABA 立体构型的选择性不同。

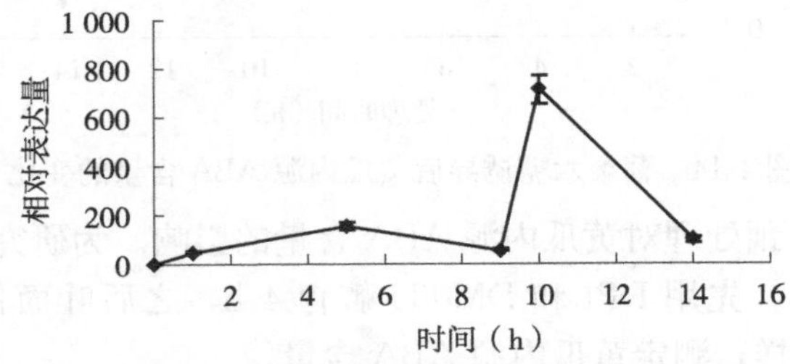

图 4-16　葡聚六糖诱导后 *PYL1* 基因相对表达量

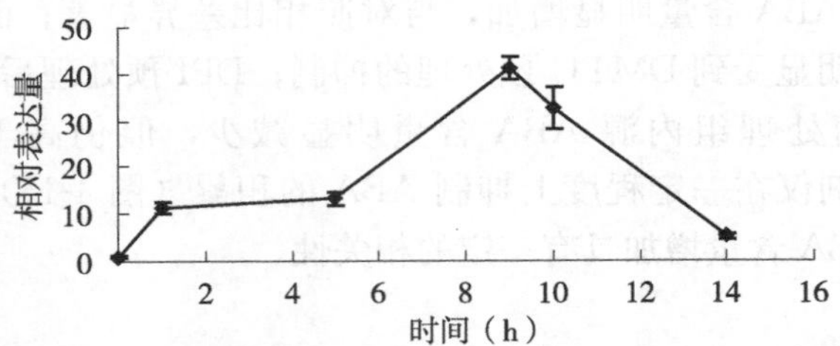

图 4-17　葡聚六糖诱导后 *PYL2* 基因相对表达量

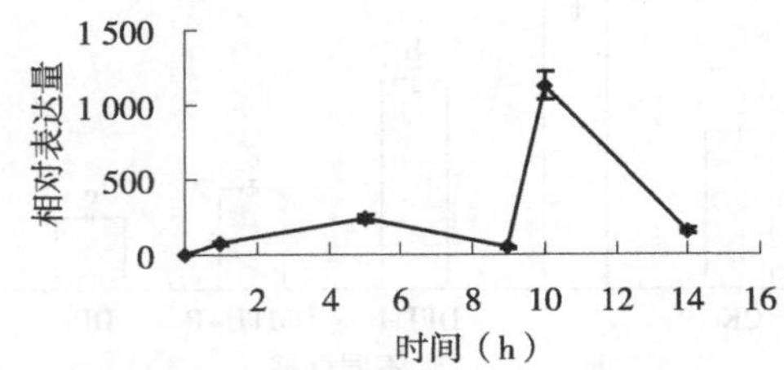

图 4-18　葡聚六糖诱导后 *PYL3* 基因相对表达量

② DMTU、DPI 预处理对 *PYLs* 基因表达的影响。本试验先用 DPI 和 DMTU 孵育 4 h，之后叶面再喷施葡聚六糖溶液，喷施葡聚六糖后 5 h 取样，利用实时定量 PCR 技术分析 *PYLs* 的表达情况（图 4-19 至图 4-21）。

葡聚六糖诱导后 *PYL1* 和 *PYL2* 基因的表达均表现明显上调，DPI 及 DMTU 预处理则明显抑制这种表达升高，DMTU 对 *PYL1* 基因的抑制效果更明显。*PYL3* 基因在葡聚六糖诱导后未发生显著变化；与对照相比，DPI 及 DMTU 预处理会抑制 *PYL3* 基因表达。

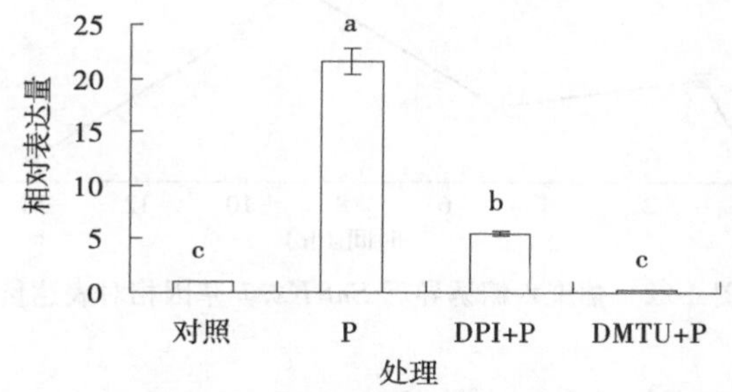

图 4-19　DMTU、DPI 预处理后 *PYL1* 基因相对表达量

注：不同小写字母表示显著性差异（$P<0.05$）。

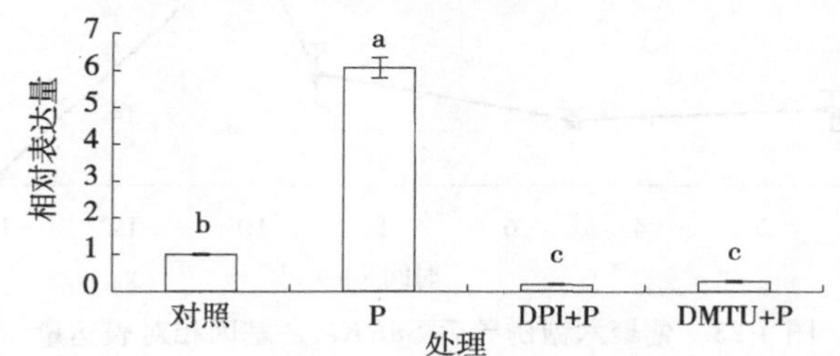

图 4-20　DMTU、DPI 预处理后 *PYL2* 基因相对表达量

注：不同小写字母表示显著性差异（$P<0.05$）。

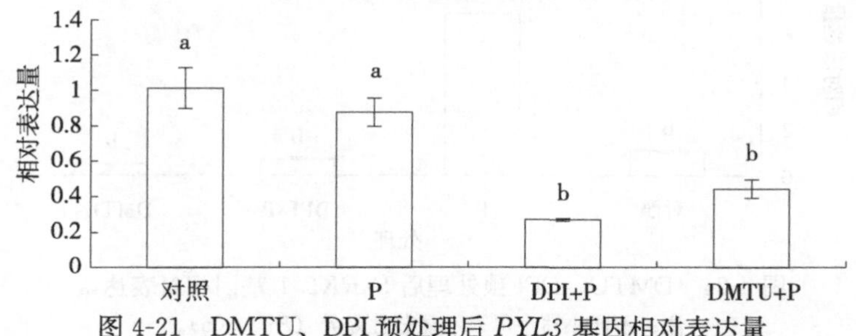

图 4-21　DMTU、DPI 预处理后 *PYL3* 基因相对表达量

注：不同小写字母表示显著性差异（$P<0.05$）。

（2）*SnRK2s* 基因表达分析。蔗糖非酵解型蛋白激酶（SnRK）是一类广泛存在于植物中的蛋白激酶，属丝氨酸/苏氨酸蛋白激酶。SnRK 参与植物体内各种信号途径，在植物抵抗逆境胁迫中起到非常重要的作用。SnRK 家族分为 SnRK1、SnRK2 和 SnRK3 三个亚家族。SnRK2 表达受 ABA 诱导、脱水胁迫诱导、可以被 ABA 激活、参与 ABA 信号途径。

①葡聚六糖诱导后 *SnRK2s* 基因表达分析。葡聚六糖诱导后 *SnRK2.1* 基因相对表达量呈先上升后下降的趋势，诱导后 9 h 时相对表达量达到最大；*SnRK2.2* 基因相对表达量逐渐上升，到 10 h 时达到最大，之后降低。（图 4-22 和图 4-23）。

② DMTU、DPI 预处理对 *SnRK2s* 基因表达的影响。葡聚六糖诱导后 *SnRK2.1* 基因相对表达量明显上调，DPI 和 DMTU 预处理会抑制其表达，使 *SnRK2.1* 表达量降至对照水平。葡聚六糖诱导后 *SnRK2.2* 基因相对表达量明显上调，DPI 和 DMTU 预处理会抑制其表达，DMTU 抑制效果更明显（图 4-24 和图 4-25）。

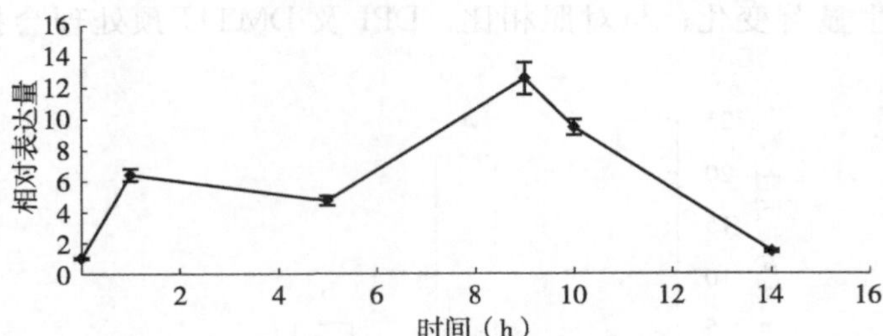

图 4-22　葡聚六糖诱导后 *SnRK2.1* 基因相对表达量

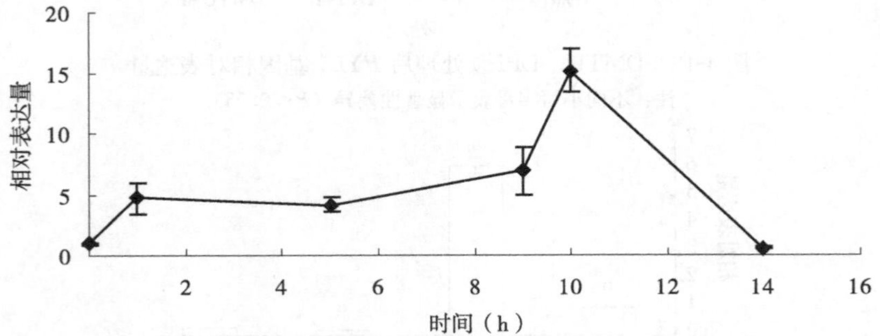

图 4-23　葡聚六糖诱导后 *SnRK2.2* 基因相对表达量

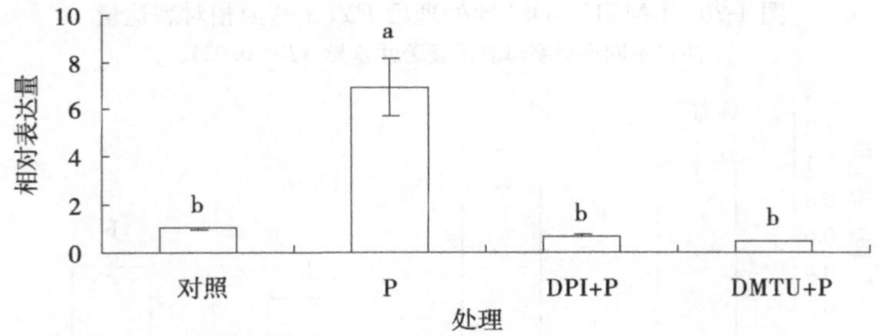

图 4-24　DMTU、DPI 预处理后 *SnRK2.1* 基因相对表达量

注：不同小写字母表示显著性差异（$P<0.05$）。

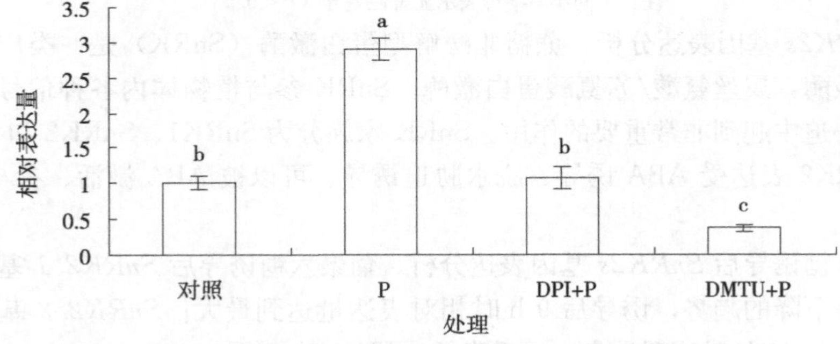

图 4-25　DMTU、DPI 预处理后 *SnRK2.2* 基因相对表达量

注：不同小写字母表示显著性差异 $P<0.05$）。

（3）*Rbohs* 基因表达分析。植物呼吸暴发氧化酶（Rboh）又称 NADPH 氧化酶，与哺乳动物吞噬细胞 NADPH 氧化酶复合体中的主要功能亚基 gp91phox 同源。*Rboh* 基因在植物生长发育及胁迫反应中起作用，其活性主要受 Ca^{2+}、蛋白磷酸化、Rac 蛋白及

ABA 所调控。对玉米的研究发现，水分胁迫引起的内源 ABA 含量升高，可以引起 NADPH 氧化酶活性的显著提高，且伴随大量的活性氧产生。对玉米叶片中 4 个编码 NADPH 氧化酶活性基因 *ZmrbohA-D* 的研究表明，ABA 能够诱导 *ZmrbohA-D* 基因，且这些基因表达都具有双峰特征。

①葡聚六糖诱导后 *Rbohs* 基因表达分析。用葡聚六糖处理后，*Rboh A1* 基因相对表达量先升高，然后在 9 h 时下降，之后逐渐升高，10 h 时达到较高的值，之后再下降；*Rboh A2* 基因相对表达量变化情况与 *Rboh A1* 相一致，但变化的时间点比 *Rboh A1* 基因晚；*Rboh F* 基因相对表达量变化与 *Rboh A1* 及 *Rboh A2* 基因变化趋势相同，葡聚六糖处理开始时 *Rboh F* 基因相对表达量明显升高，之后降至一个平稳的状态。可见，葡聚六糖诱导可以影响 *Rboh A1*、*Rboh A2*、*Rboh F* 基因表达（图 4-26 至图 4-28）。

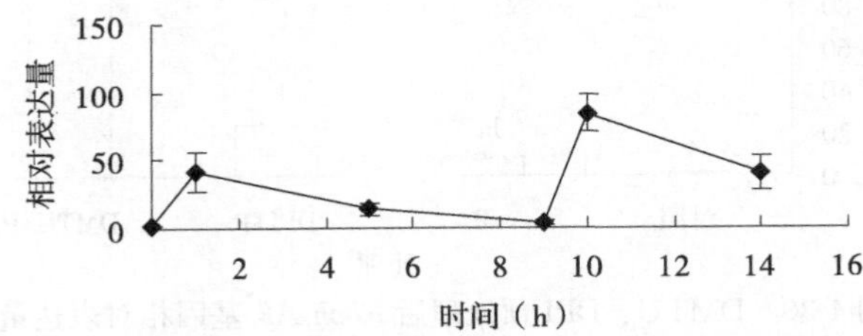

图 4-26　葡聚六糖处理后 *Rboh A1* 基因相对表达量

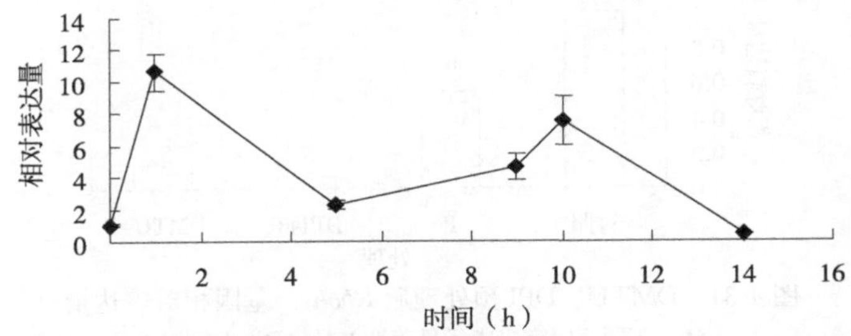

图 4-27　葡聚六糖处理后 *Rboh A2* 基因相对表达量

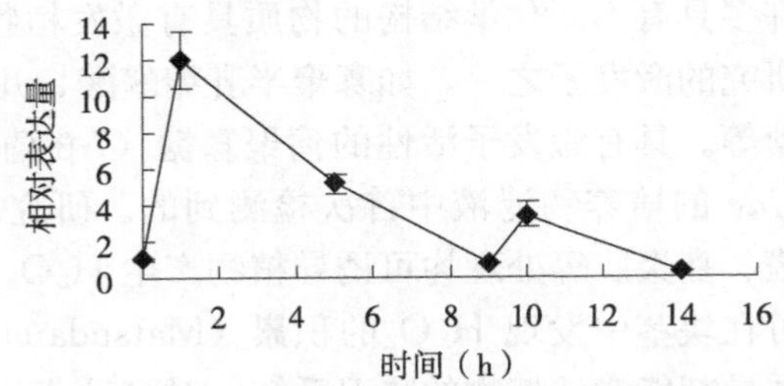

图 4-28　葡聚六糖处理后 *Rboh F* 基因相对表达量

② DMTU、DPI 预处理后 *Rbohs* 基因表达分析。葡聚六糖及 DPI、DMTU 预处理均会引起 *Rboh A1* 基因表达发生上调，且 DPI 和 DMTU 预处理会抑制 *Rboh A1* 基因表达。葡聚六糖诱导会促进 *Rboh A2* 基因表达，DPI 和 DMTU 预处理会进一步促进 *Rboh A2* 基因表达。与空白对照相比，葡聚六糖、DPI、DMTU 处理均会抑制 *Rboh F* 基因表达（图 4-29 至图 4-31）。

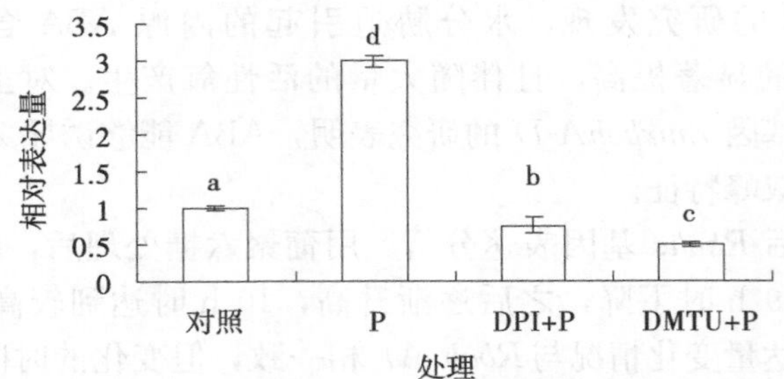

图 4-29　DMTU、DPI 预处理后 *Rboh A1* 基因相对表达量

注：不同小写字母表示显著性差异（$P<0.05$）。

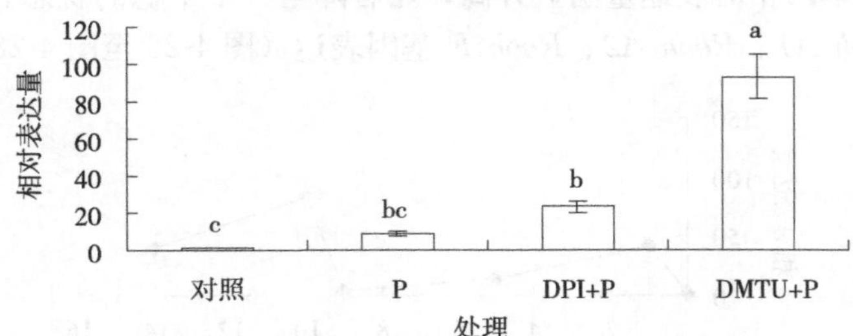

图 4-30　DMTU、DPI 预处理后 *Rboh A2* 基因相对表达量

注：不同小写字母表示显著性差异（$P<0.05$）。

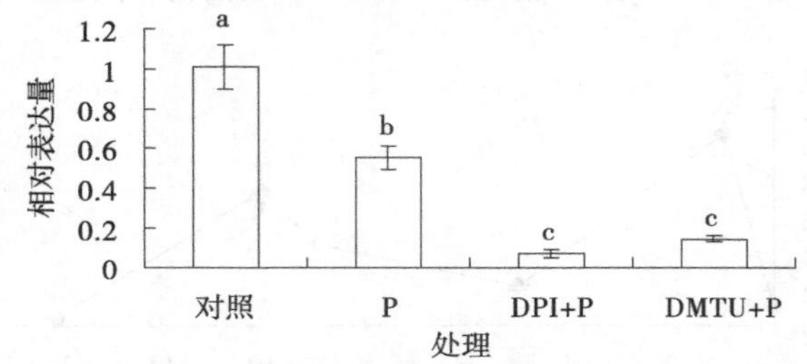

图 4-31　DMTU、DPI 预处理后 *Rboh F* 基因相对表达量

注：不同小写字母表示显著性差异（$P<0.05$）。

（三）讨论与结论

目前，人们已发现许多具有不同化学结构的物质具有激发植物产生防御反应的能力。其中，寡聚糖是最早被研究的激发子之一，如寡聚半乳糖醛酸、几丁质寡聚糖、寡聚葡糖苷、脱乙酰几丁质寡聚糖等。具有激发子活性的葡聚寡糖（7-β-葡聚糖）是在大豆病原菌卵菌纲 *Phytophthora sojae* 的培养物滤液中首次检测到的。研究表明，来自病原真菌及植物的葡聚糖、半乳糖醛、寡聚肽等处理均可诱导植物产生 H_2O_2，如用 β-1，3-葡寡糖处理马铃薯，几分钟后就可在块茎中发现 H_2O_2的积累（Matsuda et al.，2001）。前期研究表明，葡聚寡糖类抗病诱导剂能激活植物的防卫系统，对多种蔬菜病害有广谱的诱导抗病作用。同时，黄瓜子叶在葡聚六糖处理后 5 h 时，O_2^- 和 H_2O_2的含量均呈现急剧增加，H_2O_2含量的升高可持续至 10 h。

活性氧（reactive oxygen species，ROS）诸如 O_2^- 和 H_2O_2是正常生理代谢的副产品，它在早期植物防御反应中大量出现，并且起着重要的作用，称为活性氧暴发（oxidative burst）。活性氧暴发被认为是过敏反应（hypersensitive response，HR）的特征反应，也是植物对病原菌应答的早期反应之一。发生 HR 的细胞能产生某种信号分子，导致植物防御系统一系列基因激活，产生植物系统获得性抗性 SAR。有研究表明，当拟南芥叶片受到病原菌侵染时，活性氧的暴发会激发植物体另外部分的抗性，导致系统免疫的提高。H_2O_2在番茄中作为第二信使介导了系统防御反应的基因表达，从而推测 H_2O_2可能并不是信号途径中的初始信号，而可能是它参与了其他信号分子的信号途径。H_2O_2被认为是调节各种信号途径的共同因子之一。

与活性氧关系最密切的信号途径主要有 MAPK 信号、ABA 信号以及 Ca^{2+}信号，而巧合的是，PP2C 在这几种信号中都发挥了关键性的作用。更有研究显示，在 ABA 信号中 PP2C 是活性氧的直接靶标（direct targets）。在前期研究中，发现葡聚六糖诱导后黄瓜幼苗中 *CsPP2C* 基因的含量上调，而这种上调会受到活性氧抑制剂 DMTU 和 DPI 预处理的抑制，说明 *CsPP2C* 基因可能参与葡聚六糖对黄瓜幼苗活性氧积累的调控。生物信息学分析表明，本试验中的 *CsPP2C* 基因与拟南芥中的 K 类 PP2C 亲缘关系较近，而关于 K 类 PP2C 的生物学功能尚少见报道。*CsPP2C* 基因在葡聚六糖诱导的黄瓜幼苗活性氧暴发中的位置以及它是如何在复杂的信号中发挥作用的还不清楚。

PP2C 是植物中研究最为深入的一类蛋白磷酸酶，Xue 等（2008）在拟南芥基因组中发现了 80 个编码 PP2C 基因，认为 PP2C 是植物中最大的蛋白磷酸酶家族。随着在拟南芥和其他模式植物中的研究不断深入，发现 PP2C 能够参与调控植物的抗逆、创伤以及各种激素的信号转导途径。Schweighofer 等（2004）选取 76 个拟南芥编码 PP2C 基因序列进行聚类分析，在 A～J 的 10 个类群中，A 类 PP2C 是参与 ABA 信号反应的关键组分，不同的 PP2C 蛋白在不同的植物器官或组织中调控着特定的 ABA 信号反应。有研究表明，在 ABA 信号转导途径中有 3 种核心组分：ABA 受体 PYR/PYL/RCAR 蛋白、负调控因子 2C 类蛋白磷酸酶（PP2C）和正调控因子 SNF1 相关的蛋白激酶 2（SnRK2）。PYR/PYL/RCAR 蛋白负调控 A 类 PP2C，而 A 类 PP2C 又负调控 SnRK2，这 3 种核心组分在 ABA 信号转导中共同组成了一个双重的负调控系统。

然而，植物体内 PP2C 的多样性则表明不同的组织和器官中信号转导机制的多样性。山毛榉中蛋白磷酸酶 *FsPP2C1* 基因被报道作为 ABA 信号转导中的正调控因子，并参与植物体内赤霉素（GA）的合成和代谢。ABA 处理能够抑制拟南芥中 7 个成员的表达。其中，2 个成员属于亚家族 D，表明在亚家族 D 中的某些成员在 ABA 信号途径中可能扮演着正调控因子的作用。

本试验结果表明，葡聚六糖诱导后，$O_2^{\cdot -}$ 和 H_2O_2的大量积累大概始于葡聚六糖诱导后 5 h，之后逐渐减少，H_2O_2大量的积累可以持续到葡聚六糖诱导后 9～10 h。同时，葡聚六糖诱导后黄瓜幼苗内源 ABA 含量变化呈现上升后下降的趋势，诱导后 9 h 时内源 ABA 含达到最大值，ABA 含量的升高略迟于活性氧的积累；ABA 含量的升高会明显受到 DMTU、DPI 预处理的抑制。可见，葡聚六糖诱导的活性氧积累与 ABA 含量增加具有一定的相关性。

葡聚六糖诱导后，黄瓜幼苗 PP2Cs（*CsPP2C9593* 和 *CsPP2C7838*）基因相对表达量也呈先上升后下降的趋势，并在诱导后 9 h 时表达量达最高；而 DMTU 和 DPI 预处理会一定程度上抑制这种升高，且 DMTU 的抑制效果更明显。同时，*PYL1* 和 *PYL2*、*SnRK2.1* 与 *SnRK2.2* 等基因的相对表达量也随葡聚六糖诱导表现明显上调，DMTU 等预处理会抑制这种上调。内源 ABA 积累引起了 NADPH 氧化酶基因 *Rbohs* 表达量变化，而活性氧抑制剂（DMTU/DPI）预处理则抑制这些变化。推测黄瓜PP2Cs（*CsPP2C9593*和*CsPP2C7838*）在ABA结合PYLs激活SnRK2s调控NADPH氧化酶催化胞外H_2O_2产生过程中起正调控作用。

（四）小结

葡聚六糖诱导后，*CsPP2C9593*、*CsPP2C7838*基因相对表达量呈先上升后下降的趋势，这与DAB组织化学染色后H_2O_2含量变化相一致；活性氧清除剂DMTU处理会明显抑制*CsPP2C9593*、*CsPP2C7838*基因相对表达量，而DPI预处理对*CsPP2C9593*、*CsPP2C7838*的抑制效果不明显。综上所述，*CsPP2C9593*和*CsPP2C7838*基因的变化趋势与前期研究结果相符。

葡聚六糖诱导后黄瓜内源ABA含量变化呈现上升后下降的趋势，其变化情况略迟于活性氧的暴发；DPI、DMTU预处理后再喷施葡聚六糖后，葡聚六糖诱导ABA含量升高的这种效果明显受到DMTU预处理的抑制，DPI预处理后再喷施葡聚六糖的处理，相较于葡聚六糖处理组内源ABA含量明显减少，但仍高于空白对照，说明NADPH氧化酶抑制剂仅在一定程度上抑制ABA的积累。可见，葡聚六糖诱导的活性氧积累与ABA含量增加具有一定的相关性。

葡聚六糖诱导后*PYL1*基因相对表达量先升后降再升高，10 h达到最大值712.588；*PYL2*基因相对表达量呈现先升后降的趋势，9 h时达到峰值41.091，然后逐渐下降；*PYL3*基因相对表达量高峰出现在诱导后10 h，相对表达量可达到1 131.162。葡聚六糖诱导后*PYL1*、*PYL2*、*PYL3*三个基因表达情况略有不同，但整体趋势相似。出现这种情况的原因可能是*PYL1*、*PYL2*、*PYL3*基因编码的蛋白与ABA结合能力不同，对ABA立体构型的选择性不同。葡聚六糖诱导后*PYL1*和*PYL2*基因的表达均表现明显上调，DPI及DMTU预处理则明显抑制这种表达升高，DMTU对*PYL1*基因的抑制效果更明显。*PYL3*基因在葡聚六糖诱导后未发生显著变化；与对照相比，DPI及DMTU预处理会抑制*PYL3*基因表达。

葡聚六糖诱导后*SnRK2.1*基因相对表达量呈先上升后下降的趋势，诱导后9 h时相对表达量达到最大；*SnRK2.2*基因相对表达量逐渐上升，到10 h时达到最大，之后降低。可见，*SnRK2.1*与*SnRK2.2*基因表达变化情况略迟于ABA含量变化。葡聚六糖诱导后*SnRK2.1*基因相对表达量明显上调，DPI和DMTU预处理会抑制这种情况，使*SnRK2.1*基因相对表达量降至对照水平；葡聚六糖诱导后*SnRK2.2*基因相对表达量明显上调，DPI和DMTU预处理会抑制基因表达，DMTU抑制效果更明显。

葡聚六糖处理后，*Rboh A1*基因相对表达量先升高，然后在9 h时下降，之后逐渐升高，10 h时达到较高的值，之后再下降；*Rboh A2*基因相对表达量变化情况与*Rboh A1*基因相一致，但变化的时间点比*Rboh A1*基因晚；*Rboh F*基因相对表达量变化与*Rboh A1*及*Rboh A2*基因变化趋势相同，葡聚六糖处理开始时*Rboh F*基因相对表达量明显升高，之后降至一个平稳的状态。可见，葡聚六糖诱导可以影响*Rboh A1*、*Rboh A2*、*Rboh F*基因表达。葡聚六糖会引起*Rboh A1*基因相对表达量发生上调，且DPI和DMTU预处理会抑制*Rboh A1*基因表达；葡聚六糖诱导会促进*Rboh A2*基因表达，DPI和DMTU预处理会进一步促进*Rboh A2*基因表达；与空白对照相比，葡聚六糖、DPI、DMTU处理均会抑制*Rboh F*基因表达。

本试验结果表明，葡聚六糖诱导后内源 ABA 含量、*PP2Cs* 基因变化趋势与 H_2O_2 含量变化情况相一致，不同 *PYLs* 基因变化情况相较于 ABA 含量变化略有浮动，*SnRK2s* 基因变化情况与 ABA 变化趋势相一致，但达到峰值的时间略晚于 ABA，内源 ABA 积累引起了 NADPH 氧化酶基因 *Rbohs* 表达量变化。综上所述，推测 *CsPP2C9593* 及 *CsPP2C7838* 基因在 ABA 结合 PYLs 激活 SnRK2s 调控 NADPH 氧化酶催化胞外 H_2O_2 产生过程中起正调控作用。

第四节　过氧化氢介导的葡聚寡糖对黄瓜光合作用的调控

一、葡聚六糖、H_2O_2 对黄瓜幼苗气体交换参数和叶绿素荧光参数的影响

寡糖作为一种早期的信息分子对植物的生长发育、形态建成以及抗病侵染影响较大。研究表明，壳寡糖能够诱导干旱胁迫下油菜净光合速率提高；牛蒡寡糖能够促进植物的生长发育，并提高其抗逆性，牛蒡寡糖处理的黄瓜叶片中叶绿素和可溶性糖含量等生理指标以及光系统 PSⅠ的光化学效率均有不同程度的升高；海藻酸钠寡糖可提高菜薹叶片的净光合速率。葡聚六糖（P6）是人工合成的一种寡糖类抗病诱导剂，已有试验证明其可激活植物防卫系统，诱导植物产生系统抗病性。葡聚六糖处理黄瓜后叶片净光合速率显著提高，叶片中多种与光合作用相关的蛋白质含量也明显上调，但其作用机制不明。因此，有必要进一步研究葡聚六糖对光合作用各过程的影响，从而探明其提高光合作用的内在机制。本试验通过研究外施葡聚六糖对黄瓜幼苗叶片光合参数、叶绿素荧光参数以及叶绿素含量的影响，探讨葡聚六糖对植物光合作用的调控作用，以期揭示葡聚寡糖促进植物光合作用的机制。

（一）材料与方法

1. 材料　供试葡聚六糖（P6，含量 96%）由中国农业科学院植物保护研究所宁君研究员提供。供试黄瓜品种为津研四号。

2. 方法　采用 10 μg/mL 的葡聚六糖对黄瓜幼苗进行处理。采用叶面喷雾的方法，以植株全叶湿润、处理溶液不致下流为准，以喷施清水为对照。

葡聚六糖处理后 24 h、48 h、72 h、144 h 取黄瓜幼苗的第一片真叶，并在人工光源光强［A，600 μmol/（m^2·s^2）］下测定气体交换参数、叶绿素荧光参数及叶绿素含量。

（1）气体交换参数的测定。气体交换参数的测定采用 CIRAS-1 便携式光合作用测定系统（英国 PP Systems 公司生产），分别测定了生长条件下的叶片净光合速率（*Pn*）、气孔导度（*Gs*）、蒸腾速率（*E*）和胞间 CO_2 浓度（*Ci*）。

（2）叶绿素荧光参数的测定。将黄瓜第一片真叶经暗处理适应 30 min 后，进行测定分析，测定温度为 25 ℃。参考 STRASSER 等的方法，用 Handy PEA 荧光效率仪和数据采集软件（英国 Hansatech 公司生产）测定黄瓜叶片的荧光曲线（OJIP）。测定 20 μs 时荧光（O 相，*Fo*）、2 ms 时荧光（J 相）和最大荧光（P 相，F_m）。通过以上测定得到的叶绿素荧光参数计算出单位面积吸收的光能（*ABS*/*CS*）、单位面积捕获的光能（TR_O/CS）、单位面积电子传递的量子产额（ET_O/CS）、单位面积的热耗散（DI_O/CS），PSⅡ最大光化学效率

$\varphi Po=Fv/Fm=TR_O/ABS=Fm-Fo)/Fm$，捕获的激子将电子传递到电子传递链中超过QA的其他电子受体的概率 $\psi_O=ET_O/TR_O=(1-V_J)$，光合机构电子传递的量子产额 $\varphi Eo=ET_O/ABS=(1-F_O/F_m)\cdot\psi_O$，非光化学淬灭的最大量子产额 $\varphi Do=DIo/ABS=1-\varphi Po$，单位叶面积的反应中心的数量（$RC/CSo$）。

（3）叶绿素含量的测定。取10株黄瓜幼苗的第一片真叶，剪碎混匀后测定叶绿素含量。叶绿素含量的测定采用分光光度法（丙酮提取法）。

试验设3次重复，其结果以（平均值±标准误差）表示。试验所得数据采用Microsoft Excel 2003与SSPS 17.0软件进行数据处理和差异性显著性分析。

（二）结果与分析

1. 葡聚六糖处理对黄瓜叶片气体交换参数的影响 葡聚六糖处理后黄瓜叶片净光合速率（Pn）明显高于对照（$P<0.05$），尤其在处理后的144 h，对照的净光合速率呈现下降的趋势，但葡聚六糖处理的净光合速率仍保持较高的水平，诱导后的净光合速率为0.155 μmol/（m²·s），而对照仅为−0.233 μmol/（m²·s）。葡聚六糖处理后24 h，黄瓜叶片的蒸腾速率（E）和气孔导度（Gs）明显升高（$P<0.05$），且随着时间的延长，这种升高逐渐减弱。但葡聚六糖处理对胞间CO_2浓度（Ci）的影响不明显（$P>0.05$），并且随着诱导时间的延长而升高（图4-32）。

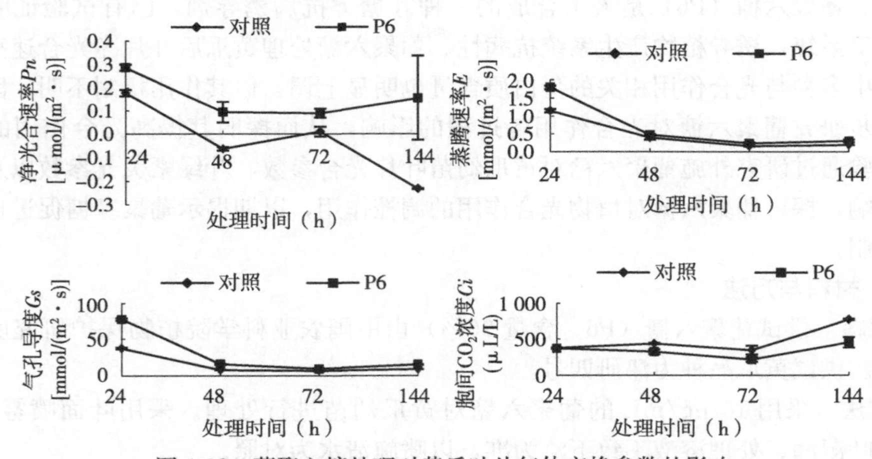

图4-32 葡聚六糖处理对黄瓜叶片气体交换参数的影响

2. 葡聚六糖处理对黄瓜叶片叶绿素含量的影响 叶绿素参与光合作用过程中光能的吸收、传递和转化，叶绿素的含量直接影响植物的光合能力。葡聚六糖处理后，黄瓜叶片的叶绿素a、叶绿素b和总叶绿素含量均有所升高，总叶绿素与叶绿素a含量在诱导后144 h分别升高了14.8%和23.6%。相关分析显示，处理组与对照组之间的叶绿素a和总叶绿素含量均呈现显著差异（$P<0.05$），但叶绿素b含量和叶绿素a/叶绿素b值的变化差异不显著（$P>0.05$）（图4-33）。

3. 葡聚六糖对黄瓜叶片能量分配参数的影响 黄瓜幼苗叶片经葡聚六糖处理后，单位面积吸收的光能（ABS/CS）、单位面积捕获的光能（TR_O/CS）和单位面积电子传递的量子产额（ET_O/CS）与对照相比都有所升高。在诱导后48 h，ABS/CS和TR_O/CS与对照相比，分别提高了19.9%和13.1%；在诱导后72 h，ET_O/CS与对照相比提高了

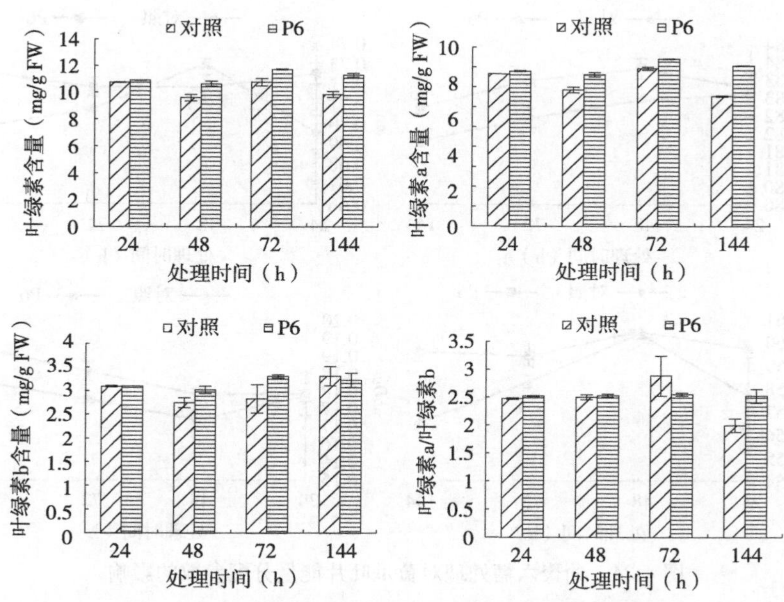

图 4-33　葡聚六糖处理对黄瓜叶片叶绿素含量的影响

9.5%。而单位面积的热耗散（DI_O/CS）与对照相比有所降低。同时，黄瓜叶片的 PSⅡ最大光化学效率（φPo）、捕获的激子将电子传递到电子传递链中超过 QA 的其他电子受体的概率（ψ_O）、光合机构电子传递的量子产额（φEo）与对照相比也有明显升高，在诱导后的 144 h，分别比对照高出 1.2%、3.9%和 5.4%。而非光化学淬灭的最大量子产额（φDo）与对照相比有所下降。可见，黄瓜幼苗叶片经葡聚六糖处理后，用于热能耗散的能量减少，用于电子传递的能量增多（图 4-34）。

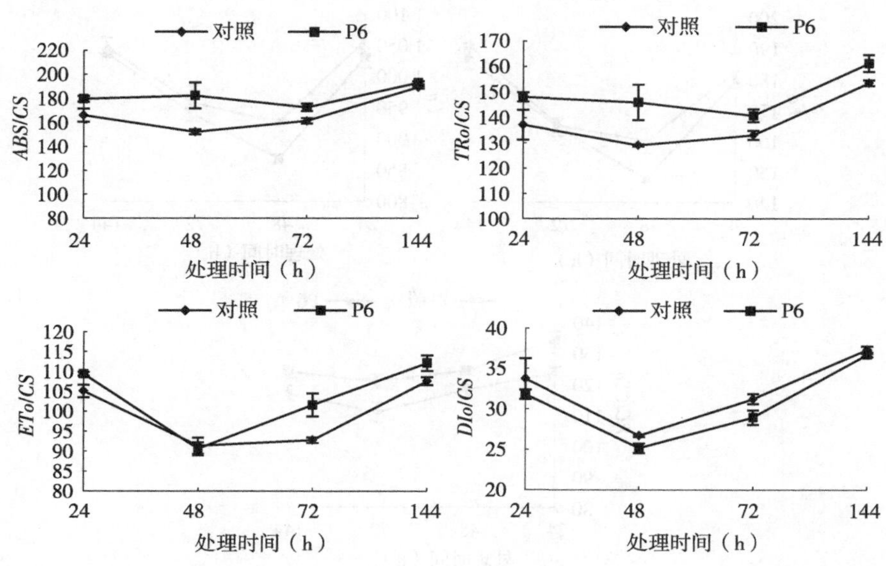

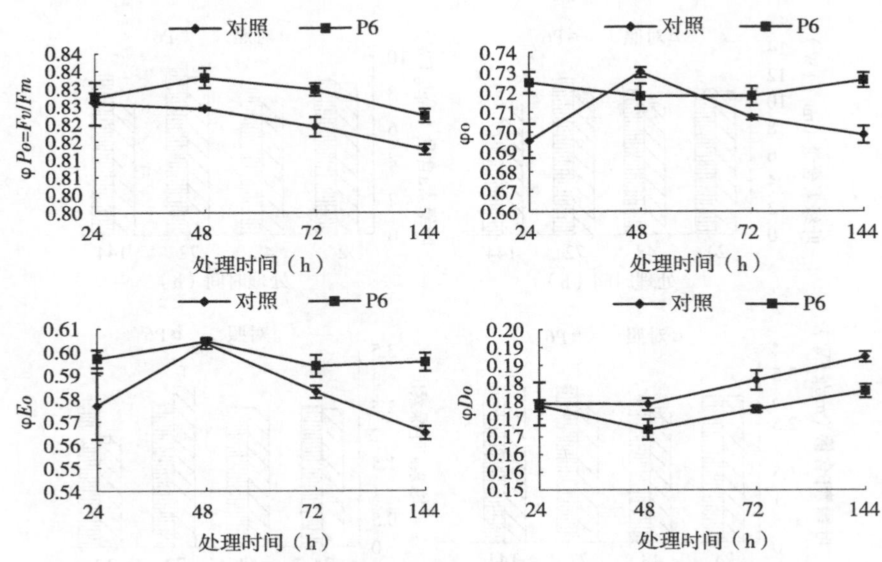

图 4-34　葡聚六糖处理对黄瓜叶片能量分配参数的影响

4. 葡聚六糖处理对黄瓜叶片 *Fo*、*Fm* 和 *RC/CSo* 参数的影响　黄瓜叶片经过葡聚六糖处理后，初始荧光 *Fo* 和最大荧光 *Fm* 与对照相比，均不同程度下降，在诱导 48 h 后，与对照相比下降了 8.4%和 6.8%。说明黄瓜叶片天线色素吸收的光能以荧光形式耗散的比例减小，通过 PSⅡ的电子传递增多；同时，单位叶面积反应中心的数量（*RC/CSo*）与对照相比，均不同程度提高，在诱导 24 h、48 h、72 h 和 144 h 后，分别提高了 8.6%、5.3%、8.9%和 5.9%。反应中心是将捕获的光能转化为化学能的结构，*RC/CSo* 的提高说明叶绿素捕获了更多的光能用于光合作用（图 4-35）。

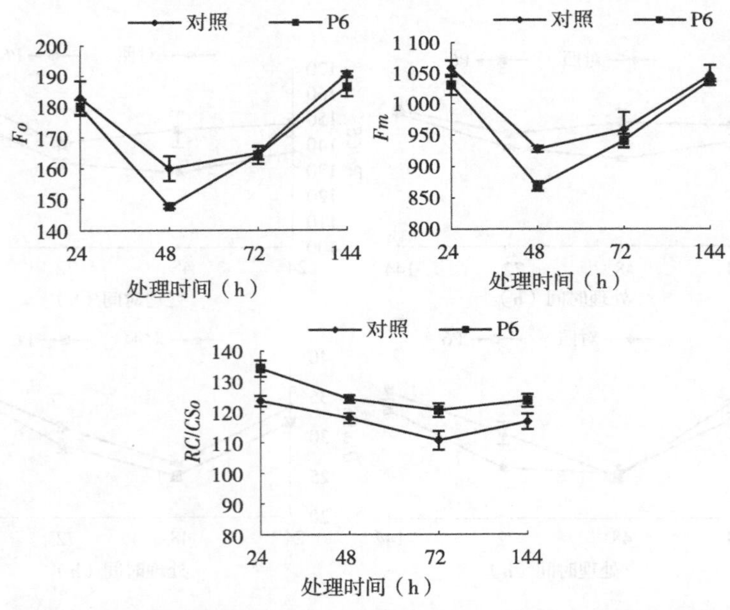

图 4-35　葡聚六糖处理对黄瓜叶片 *Fo*、*Fm* 和 *RC/CSo* 参数的影响

（三）讨论与结论

葡聚六糖处理可促进黄瓜幼苗光合作用，并可持续作用 7 d。光合速率的变化可能与气孔因素和非气孔因素（叶肉）有关，区分光合作用调控中的气孔因素和非气孔因素，有利于理解葡聚六糖促进光合的作用机制。葡聚六糖处理可显著提高黄瓜叶片气孔导度（*Gs*）和蒸腾速率（*E*），但胞间 CO_2浓度（*Ci*）的变化并不显著，说明葡聚六糖并不是通过减少气孔限制来提高光合作用的。这与胡文海等（2006）用 EBR 处理提高光合作用的结论相似。并且，胞间 CO_2浓度（*Ci*）随诱导时间的增长呈下降趋势，说明 CO_2的同化能力在减弱。在黄瓜幼苗诱导后的 144 h，对照的净光合速率明显减低，这是由于叶片的衰老引起的；而葡聚六糖诱导后却没有明显下降，说明葡聚六糖具有延缓衰老的作用。叶绿素含量是影响光合作用光能吸收的重要因子，叶绿素 a 的功能主要是将汇聚的光能转变为化学能进行光化学反应，而叶绿素 b 则主要是收集光能。保持体内有相对较高的叶绿素 a 含量，可以保证植物体对光能的充分利用，提高转化率。葡聚六糖处理后黄瓜叶片总叶绿素含量和叶绿素 a 含量显著升高，说明葡聚六糖处理使黄瓜叶片更易捕获和转化光能。这对于提高光合速率是非常重要的。可见，葡聚六糖处理后，可能通过增加总叶绿素含量而使黄瓜叶片捕获更多光能，进而提高光合速率。叶绿素荧光动力学参数能够灵敏反应光合作用的变化情况，成为研究作物光合生理的有力工具。在光合机构捕获光能发生电子传递的同时，还有一部分能量以热和荧光的形式耗散掉，这三者之间是此消彼长互相竞争的关系。本试验中，黄瓜幼苗叶片经葡聚六糖处理后，PSⅡ最大光化学效率（φPo）与对照相比有明显升高，推动 PSⅡ电子传递，从而促进整个光合电子的传递。同时，在光合磷酸化的过程中，合成更多的 ATP 和还原型辅酶Ⅱ（NADPH），在暗反应中有更多的 ATP 和 NADPH 用于 CO_2的同化，以提高光合速率。

综上所述，葡聚六糖处理具有促进黄瓜幼苗光合作用的能力，体内相对较高的叶绿素尤其叶绿素 a 含量，以及保持光能高效的吸收、传递和转换是葡聚六糖提高黄瓜叶片光合效率的基础。至于葡聚六糖是否直接调节核酮糖-1，5-二磷酸羧化酶/加氧酶活性和光合磷酸化等问题则有待于进一步研究。

二、H_2O_2在葡聚六糖调控黄瓜幼苗生理代谢中的作用

（一）材料与方法

1. 材料　同本节一（一）所述。

2. 方法

（1）可溶性蛋白含量。采用考马斯亮蓝法测定可溶性蛋白含量。

（2）叶绿素含量。采用丙酮分光光度法测定。

（3）可溶性糖含量。采用蒽酮法测定。

（4）还原糖含量。采用 3，5-二硝基水杨酸比色法测定。

（5）蔗糖磷酸合成酶的活性。采用蔗糖磷酸合成酶（SPS）测定试剂盒测定蔗糖磷酸合成酶活性，购自南京建成生物工程研究所。

（二）结果与分析

1. H_2O_2参与葡聚六糖对黄瓜叶片可溶性蛋白含量的影响　黄瓜叶片经过葡聚六糖和 H_2O_2处理后，可溶性蛋白含量与对照相比有显著提高（$P<0.05$），而经 DMTU 和 DPI

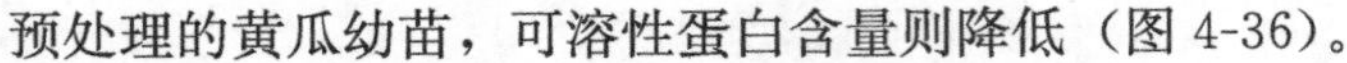

预处理的黄瓜幼苗，可溶性蛋白含量则降低（图 4-36）。

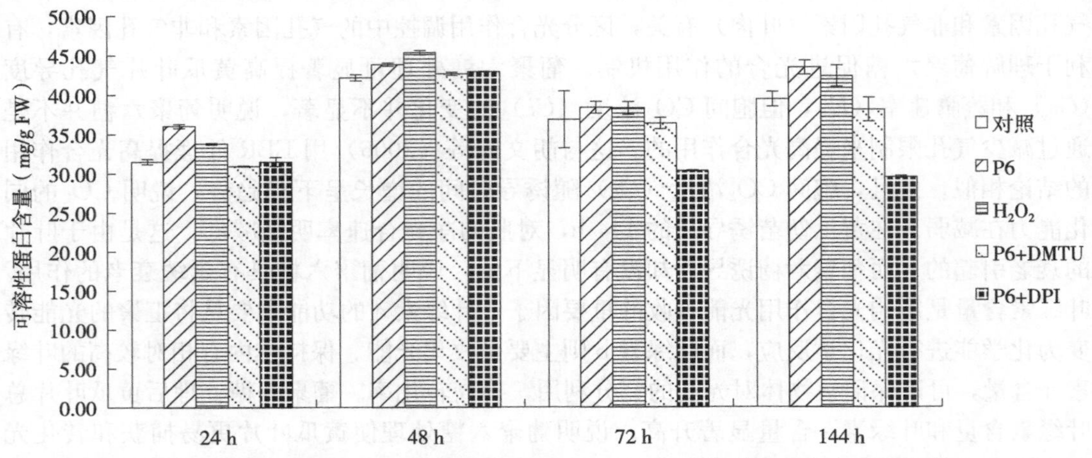

图 4-36　葡聚六糖、H_2O_2及预处理 DMTU 和 DPI 对可溶性蛋白含量的影响

2. H_2O_2参与葡聚六糖对黄瓜叶片碳水化合物含量及相关酶的影响

（1）对可溶性糖、还原糖、蔗糖和淀粉含量的影响。黄瓜幼苗经葡聚六糖和H_2O_2的诱导后，可溶性糖（表 4-7）、还原糖（表 4-8）、蔗糖（表 4-9）和淀粉（表 4-10）含量均高于对照（$P<0.05$）。但经 DMTU 和 DPI 预处理后可溶性糖、还原糖、蔗糖和淀粉含量明显降低（$P<0.05$）。

表 4-7　葡聚六糖、H_2O_2及预处理 DMTU 和 DPI 对黄瓜叶片可溶性糖含量的影响

单位：mg/g（FW）

处理	24 h	48 h	72 h	144 h
对照	30.11±0.31	20.78±0.52	27.08±2.18	27.99±1.16
P6	44.05±5.50	25.92±1.10	34.05±1.16	33.44±0.58
H_2O_2	34.23±1.03	26.53±0.95	29.81±0.63	28.90±0.62
P6+DMTU	26.05±0.16	19.44±0.06	19.56±40.18	22.23±0.95
P6+DPI	27.02±0.46	20.84±2.00	19.20±0.38	23.26±0.30

表 4-8　葡聚六糖、H_2O_2及预处理 DMTU 和 DPI 对黄瓜叶片还原糖含量的影响

单位：mg/g（FW）

处理	24 h	48 h	72 h	144 h
对照	20.91±0.26	13.28±0.42	18.43±1.78	19.18±0.95
P6	32.30±4.49	17.49±0.90	24.13±0.94	23.63±0.47
H_2O_2	24.28±0.85	17.99±0.77	20.66±0.52	19.92±0.50
P6+DMTU	17.59±0.13	12.19±0.05	12.29±0.15	14.47±0.78
P6+DPI	18.38±0.37	13.33±1.64	11.99±0.31	15.31±0.25

表 4-9　葡聚六糖、H_2O_2 及预处理 DMTU 和 DPI 对黄瓜叶片蔗糖含量的影响

单位：mg/g（FW）

处理	24 h	48 h	72 h	144 h
对照	8.74±0.05	7.12±0.09	8.21±0.38	8.37±0.20
P6	11.16±0.95	8.01±0.19	9.42±0.20	9.32±0.10
H_2O_2	9.45±0.18	8.12±0.16	8.69±0.11	8.53±0.11
P6+DMTU	8.04±0.03	6.89±0.01	6.91±0.03	7.37±0.17
P6+DPI	8.20±0.08	7.13±0.35	6.85±0.07	7.55±0.05

表 4-10　葡聚六糖、H_2O_2 及预处理 DMTU 和 DPI 对黄瓜叶片淀粉含量的影响

单位：mg/g（FW）

处理	24 h	48 h	72 h	144 h
对照	18.82±0.23	11.95±0.38	16.59±1.61	17.26±0.85
P6	29.07±4.04	15.74±0.81	21.72±0.85	21.27±0.43
H_2O_2	21.85±0.76	16.19±0.07	18.60±0.47	17.93±0.45
P6+DMTU	15.83±0.12	10.97±0.04	11.06±0.13	13.02±0.70
P6+DPI	16.54±0.34	12.00±1.47	10.79±0.28	13.78±0.22

（2）蔗糖磷酸合成酶（SPS）活性的影响。蔗糖是高等植物光合作用的主要产物，也是“库”代谢的主要基质。蔗糖磷酸合成酶（SPS）在蔗糖代谢中起着至关重要的作用，是影响叶片中蔗糖合成的关键酶。SPS 可以影响“源”强和“库”强，SPS 活力越高，蔗糖积累得越多，植物光合产物转化为蔗糖能力的高低与 SPS 的活性高低相一致。光合产物在淀粉和蔗糖之间的分配比例受 SPS 的活力的影响。SPS 可提高瓜果品质，许多果实在成熟过程中，蔗糖的积累与 SPS 活性的升高有密切关系。例如，网纹甜瓜果实蔗糖积累与 SPS 活性上升相关。另外，还有研究表明，SPS 参与了细胞分化与纤维细胞壁合成。

经葡聚六糖和 H_2O_2 的诱导后，蔗糖磷酸合成酶（SPS）的活性均高于对照（表 4-11）。但经 DMTU 和 DPI 预处理后，活性明显降低。黄瓜叶片中蔗糖磷酸合成酶（SPS）活性与蔗糖含量之间基本呈正相关。光合作用所产生的碳水化合物中，以蔗糖为主要的运输形式，蔗糖磷酸合成酶（SPS）是合成蔗糖的关键酶，并且所需的蔗糖大部分是由 SPS 合成的。所以，蔗糖磷酸合成酶（SPS）酶活性增大，蔗糖含量和可溶性糖含量也增加。

表 4-11　葡聚六糖、H_2O_2 及预处理 DMTU 和 DPI 对黄瓜叶片蔗糖磷酸合成酶活性的影响

单位：μmol/（h·g FW）

处理	24 h	48 h	72 h	144 h
对照	3.62±0.12	3.44±0.05	3.68±0.39	3.44±0.11
P6	5.39±0.04	4.33±0.06	5.21±0.07	5.40±0.10
H_2O_2	5.27±0.14	4.38±0.04	4.86±0.15	4.42±0.17
P6+DMTU	3.46±0.04	2.76±0.05	4.15±0.10	3.00±0.13
P6+DPI	3.44±0.06	3.16±0.16	4.42±0.13	3.41±0.04

（三）讨论与结论

叶绿素含量是影响光合作用光能吸收的重要因子，叶绿素 a 的功能主要是将汇聚的光能转变为化学能进行光化学反应，而叶绿素 b 则主要是收集光能。保持体内有相对较高的叶绿素 a 含量，可以保证植物体对光能的充分利用，提高转化率。葡聚六糖处理后黄瓜叶片总叶绿素含量和叶绿素 a 含量显著升高，说明葡聚六糖处理使黄瓜叶片更易捕获和转化光能。这对于提高光合速率是非常重要的。可见，葡聚六糖处理后，可能通过增加总叶绿素含量而使黄瓜叶片捕获更多光能，进而提高光合速率。

影响光合作用的另一个非气孔因素，就是碳水化合物代谢的反馈调节。如果碳水化合物代谢会限制光合速率，那么葡聚六糖和 H_2O_2 处理后，在光合速率增加的同时叶片中碳水化合物含量减少。在本试验中，光合速率的增加与碳水化合物含量和蔗糖磷酸合成酶活性的增加相一致。该结果排除了葡聚六糖和 H_2O_2 增强光合作用是通过糖信号诱导反馈调节的可能性。

主要参考文献

丁国华，秦智伟，刘宏宇，等，2005. 黄瓜 NBS 类型抗病基因同源序列的克隆与分析 [J]. 园艺学报 (32)：638-642.

韩德俊，李振岐，曹莉，等，2003. 大麦抗白粉病基因 *Mlo* 的研究进展 [J]. 西北植物学报，23 (3)：496-502.

罗臻，张敬泽，胡东维，2009. 大麦 mlo 近等基因系与叶枯病菌互作的细胞学研究 [J]. 植物病理学报 (1)：36-42.

秦余香，赵双宜，支大英，等，2004. 根癌农杆菌介导大麦 *Mlo* 反义基因转化小麦 [J]. 山东大学学报 (理学版)，39 (5)：102-106.

史雪霞，2013. 受条锈菌诱导的小麦 TaMlo1/2/5 和 TaLOL2 的克隆及功能分析 [D]. 杨凌：西北农林科技大学.

魏环宇，魏薇，杨敏，等，2019. 花魔芋 NBS-LRR 类抗病基因同源序列的分离及分析 [J]. 分子植物育种 (23)：1-7.

赵同金，刘恒，赵双宜，等，2010. 农杆菌介导的大麦 *Mlo* 反义基因转化小麦获得抗白粉病后代 [J]. 植物生理学通讯 (7)：731-736.

折红兵，范桂彦，张合龙，等，2017. 菠菜 NBS-LRR 类抗病基因同源序列的克隆及分析 [J]. 中国蔬菜 (1)：26-33.

Acevedo - Garcia J, Kusch S, Panstruga R, 2014. Magical mystery tour: MLO proteins in plant immunity and beyond [J]. New Phytologist, 204 (2): 273-281.

Adie B A T, Perez-Perez J, Perez-Perez M M, et al, 2007. ABA is an essential signal for plant resistance to pathogens affecting JA biosynthesis and the activation of defenses in *Arabidopsis* [J]. Plant Cell, 19 (5): 1665-1681.

Agredanomoreno L T, Homero R D L C, Martínezcastilla L P, et al, 2007. Distinctive expression and functional regulation of the maize (*Zea mays* L.) TOR kinase ortholog [J]. Molecular Biosystems, 3 (11): 794-802.

Ahn C S, Han J A, Lee H S, et al, 2011. The PP2A regulatory subunit Tap46, a component of the TOR signaling pathway, modulates growth and metabolism in plants [J]. Plant Cell, 23 (1): 185.

Aist J R, Bushnell W R, 1991. Invasion of plants by powdery mildew fungi, and cellular mechanisms of resistance [M]. Springer US: 321-345.

Anderson G H, Veit B, Hanson A M R, 2005. The Arabidopsis AtRaptor genes are essential for post-embryonic plant growth [J]. BMCPlantBiology, 3 (1): 12.

Andolfo G, Iovieno P, Ricciardi L, et al, 2019. Evolutionary conservation of mlo gene promoter signatures [J]. BMC Plant Biology, 19 (1): 150-161.

Andras K, Renata B, Gaborg, et al, 2016. Staying alive - is cell death dispensable for plant disease resistance during the hypersensitive response [J]. Physiological and Molecular Plant Pathology (93): 75-84.

Anushen S, Aderemi A, Julian M, et al, 2016. ABA suppresses *Botrytis cinerea* elicited NO production in tomato to influence H_2O_2 generation and increase host susceptibility [J]. Frontiers in Plant Science, 7 (4): 709.

Appiano M, Pavan S, Catalano D, et al, 2015. Identification of candidate *MLO* powdery mildew susceptibility genes in cultivated Solanaceae and functional characterization of tobacco *NtMLO1* [J]. Transgenic Research, 24 (5): 847-858.

Ausubel F M, 2000. Are innate immune signaling pathways in plants, animals conserved [J]. Nature Immunonol (6): 973-979.

Baena-González E, Rolland F, Thevelein J M, et al, 2007. A central integrator of transcription networks in plant stress and energy signaling [J]. Nature, 448 (7156): 938.

Baena-González E, Hanson J, 2017. Shaping plant development through the SnRK1-TOR metabolic regulators [J]. Current Opinion in Plant Biology (35): 152-157.

Bai Y, Pavan S, Zheng Z, et al, 2008. Naturally occurring broad-spectrum powdery mildew resistance in a Central American tomato accession is caused by loss of mlo function [J]. Molecular Plant-Microbe Interactions, 21 (1): 30-39.

Baumberger N, Ringli C, Keller B, 2001. The chimeric leucine-rich repeat/extensin cell wall protein LRX1 is required for root hair morphogenesis in *Arabidopsis thaliana* [J]. Genes & Development, 15 (9): 1128-1139.

Baumberger N, Steiner M, Ryser U, et al, 2003. Synergistic interaction of the two paralogous *Arabidopsis* genes LRX1 and LRX2 in cell wall formation during root hair development [J]. Plant Journal for Cell & Molecular Biology, 35 (1): 71-81.

Bednarek P, Pislewska-Bednarek M, Svatos A, et al, 2009. A glucosinolate metabolism pathway in living plant cells mediates broad-spectrum antifungal defense [J]. Science, 323 (5910): 101-106.

Berg J A, Appiano M, Bijsterbosch G, et al, 2017. Functional characterization of cucumber (*Cucumis sativus* L.) Clade V *MLO* genes [J]. BMC Plant Biology, 17 (1): 80.

Betsch L, Savarin J, Bendahmane M, et al, 2017. Roles of the translationally controlled tumor protein (TCTP) in plant development [M] //Results and Problems in Cell Differentiation. Cham: Springer: 149-172.

Bhat R A, Miklis M, Schmelzer E, et al, 2005. Recruitment and interaction dynamics of plant penetration resistance components in a plasma membrane microdomain [J]. Proceedings of the National Academy of Sciences of the United States of America, 102 (8): 3135-3140.

Bidzinski P, Noir S, Shahi S, et al, 2014. Physiological characterization and genetic modifiers of aberrant root thigmomorphogenesis in mutants of *Arabidopsis thaliana* MILDEW LOCUS O genes [J]. Plant, cell & environment, 37 (12): 2738-2753.

Blume B, Nürnberger T, Nass N, et al, 2000. Receptor-mediated increase in cytoplasmic free calcium required for activation of pathogen defense in parsley [J]. Plant Cell, 12 (8): 1425-1440.

Bockaert J, Pin J P, 1999. Molecular tinkering of G protein-coupled receptors: an evolutionary success [J]. The EMBO Journal, 18 (7): 1723-1729.

Bostjan K, Andrey V K, 2001. The leucine-rich repeat as a protein recognition motif [J]. Current Opinion in Structural Biology (11): 725-732.

Bracuto V, Appiano M, Ricciardi L, et al, 2017. Functional characterization of the powdery mildew susceptibility gene *SmMLO1* in eggplant (*Solanum melongena* L.) [J]. Transgenic Research, 26 (3): 1-8.

Burkhard P, Stetefeld J, Strelkov S V, 2001. Coiled coils: a highly versatile protein folding motif [J].

Trends in Cell Biology (11): 81-82.

Büschges R, Hollricher K, Panstruga R, et al, 1997. The barley Mlo gene: a novel control element of plant pathogen resistance [J]. Cell, 88 (5): 695-705.

Caldana C, Li Y, Leisse A, et al, 2013. Systemic analysis of inducible target of rapamycin mutants reveal a general metabolic switch controlling growth in *Arabidopsis thaliana* [J]. Plant Journal, 73 (6): 897.

Calil I P, Fontes E P B, 2016. Plant immunity against viruses: antiviral immune receptorsin focus [J]. Annals of Botany (119): 711-723.

Carlos P, Sáenz L E, Kirstin B, et al, 2018. A genome-wide identification and comparative analysis of the lentil *mlo* genes [J]. Plos One, 13 (3): e0194945.

Chen M, Wu J, Wang L, et al, 2017. Mapping and genetic structure analysis of the anthracnose resistance locus co-1hy in the common bean (*Phaseolus vulgaris* L.) [J]. Plos One (12): e0169954.

Chen Q, Moghaddas S, Hoppel C L, et al, 2006. Reversible blockade of electron transport during ischemia protects mitochondria and decreases myocardial injury following reperfusion [J]. Journal of Pharmacology and Experimental Therapeutics, 319 (3): 1405-1412.

Chen X Y, Kim J Y, 2009. Callose synthesis in higher plants [J]. Plant signaling & behavior, 4 (6): 489-492.

Chen Z, Noir S, Kwaaitaal M, et al, 2009. Two seven-transmembrane domain MILDEW RESISTANCE LOCUS O proteins cofunction in *Arabidopsis* root thigmomorphogenesis [J]. The Plant Cell, 21 (7): 1972-1991.

Collins N C, Thordal-Christensen H, Lipka V, et al, 2003. SNARE-protein-mediated disease resistance at the plant cell wall [J]. Nature, 425 (6961): 973-977.

Consonni C, Humphry M E, Hartmann H A, et al, 2006. Conserved requirement for a plant host cell protein in powdery mildew pathogenesis [J]. Nature genetics, 38 (6): 716-720.

Consonni C, Bednarek P, Humphry M, et al, 2010. Tryptophan-derived metabolites are required for antifungal defense in the *Arabidopsis mlo2* mutant [J]. Plant physiology, 152 (3): 1544-1561.

Cornu M, Albert V, Hall M N, 2013. mTOR in aging, metabolism, and cancer [J]. Current Opinion in Genetics & Development, 23 (1): 53.

Crespo J L, Díaztroya S, Florencio F J, 2005. Inhibition of target of rapamycin signaling by rapamycin in the unicellular green alga *Chlamydomonas reinhardtii* [J]. Plant Physiology, 139 (4): 1736.

Cunningham J T, Rodgers J T, Arlow D H, et al, 2007. mTOR controls mitochondrial oxidative function through a YY1-PGC-1alpha transcriptional complex [J]. Nature, 450 (7170): 736-740.

Dames S A, Mulet J M, Rathgeb-Szabo K, et al, 2005. The solution structure of the FATC domain of the protein kinase target of rapamycin suggests a role for redox-dependent structural and cellular stability [J]. Journal of Biological Chemistry, 280 (21): 20558.

Dangl J L, Jones J D G, 2001. Plant pathogens and integrated defence responses to infection [J]. Nature, 411 (6839): 826-833.

Deprost D, Truong H N, Robaglia C, et al, 2005. An *Arabidopsis*, homolog of RAPTOR/KOG1 is essential for early embryo development [J]. Biochem Biophys Res Commun, 326 (4): 844-850.

Deprost D, Yao L, Sormani R, et al, 2007. The *Arabidopsis* TOR kinase links plant growth, yield, stress resistance and mRNA translation [J]. EMBO reports, 8 (9): 864.

Deshmukh R, Singh V K, Singh B D, 2017. Mining the *Cicer arietinum* genome for the *mildew locus O* (*Mlo*) gene family and comparative evolutionary analysis of the *Mlo* genes from *Medicago truncatula* and some other plant species [J]. Journal of Plant Research, 130 (2): 239-253.

Devoto A, Piffanelli P, Nilsson I M, et al, 1999. Topology, subcellular localization, and sequence diversity of the Mlo family in plants [J]. Journal of Biological Chemistry, 274 (49): 34993-35004.

Devoto A, Turner J G, 2003. Regulation of jasmonate-mediated plant responses in *Arabidopsis* [J]. Annals of Botany, 92 (3): 329-337.

Diener A C, Ausubel F M, 2005. *Resistance to fusarium Oxysporum 1*, a dominant *Arabidopsis* disease-resistance gene, is not race specifc [J]. Genetics, 171 (1): 305-321.

Dinkova T D, Hr D L C, Garcíaflores C, et al, 2007. Dissecting the TOR-S6K signal transduction pathway in maize seedlings: relevance on cell growth regulation [J]. Physiologia Plantarum, 130 (1): 1-10.

Dobrenel T, Marchive C, Azzopardi M, et al, 2013. Sugar metabolism and the plant target of rapamycin kinase: a sweet opera TOR [J]. Frontiers in Plant Science, 4 (1): 93.

Duvel K, Yecies J S, Raman P, et al, 2010. Activation of a metabolic gene regulatory network downstream of mTOR complex 1 [J]. Molecular Cell, 39 (2): 171-183.

Escobar-Restrepo J M, Huck N, Kessler S, et al, 2007. The FERONIA receptor-like kinase mediates male-female interactions during pollen tube reception [J]. Science, 317 (5838): 656-660.

Freialdenhoven A, Peterhansel C, Kurth J, et al, 1996. Identification of genes required for the function of non-race-specific mlo resistance to powdery mildew in barley [J]. The Plant Cell, 8 (1): 5-14.

Fujimura T, Sato S, Tajima T, et al, 2016. Powdery mildew resistance in the Japanese domestic tobacco cultivar Kokubu is associated with aberrant splicing of MLO orthologues [J]. Plant Pathology (65): 11358-11365.

Gerben V O, Ben J C C, Frank L W T, et al, 2007. Structure and function of resistance proteins in solanaceous plants [J]. Annu Review of Phytopathol (45): 43-72.

Glazebrook J, 2005. Contrasting mechanisms of defense against biotrophic andnecrotrophic pathogens [J]. Annu Review of Phytopathol (43): 205-227.

Graham I A, 2008. Seed storage oil mobilization [J]. Annual Review of Plant Biology, 59 (1): 115-142.

Gruner K, Zeier T, Aretz C, et al, 2018. A critical role for *Arabidopsis* Mildew Resistance Locus O2 in systemic acquired resistance [J]. Plant Journal, 94 (6): 1064-1082.

Han Y, Zhang J, Chen X, et al, 2008. Carbon monoxide alleviates cadmium-induced oxidative damage by modulating glutathione metabolism in the roots of *Medicago sativa* [J]. New Phytologist, 177 (1): 155-166.

Heitman J, Movva N R, Hiestand P C, et al, 1991. FK 506-binding protein proline rotamase is a target for the immunosuppressive agent FK 506 in *Saccharomyces cerevisiae* [J]. Proceedings of the National Academy of Sciences of the United States of America, 88 (5): 1948-1952.

Huang S, Bjornsti M A, Houghton P J, 2003. Rapamycins: mechanism of action and cellular resistance [J]. Cancer Biology & Therapy, 2 (3): 222.

Hulbert S H, Webb C A, Smith S M, et al, 2013. Resistance gene complexes: evolution and utilization [J]. Annu Review of Phytopathol (39): 285-312.

Hückelhoven R, Trujillo M, Kogel K H, 2000. Mutations in *Ror1* and *Ror2* genes cause modification of hydrogen peroxide accumulation in mlo-barley under attack from the powdery mildew fungus [J]. Molecular plant pathology, 1 (5): 287-292.

Iglesias-García R, Rubiales D, Fondevilla S, 2015. Penetration resistance to *Erysiphe pisi* in pea mediated by er1 gene is associated with protein cross-linking but not with callose apposition or hypersensitive response [J]. Euphytica, 201 (3): 381-387.

Jarosch B, Kogel K H, Schaffrath U, 1999. The ambivalence of the barley Mlo locus: mutations conferring resistance against powdery mildew (*Blumeria graminis* f. sp. *hordei*) enhance susceptibility to the rice blast fungus *Magnaporthe grisea* [J]. Molecular Plant-Microbe Interactions, 12 (6): 508-514.

Jarosch B, Collins N C, Zellerhoff N, et al, 2005. RAR1, ROR1, and the actin cytoskeleton contribute to basal resistance to *Magnaporthe* grisea in barley [J]. Molecular plant-microbe interactions, 18 (5): 397-404.

Jiang N, Cui J, Meng J, et al, 2018. A tomato NBS-LRR gene is positively involved in plant resistance to *Phytophthora infestans* [J]. Phytopathology, 108 (8): 980-987.

John F, Roffler S, Wicker T, et al, 2011. Plant TOR signaling components [J]. Plant Signaling & Behavior, 6 (11): 1700-1705.

Jones J D, Dangl J L, 2006. The plant immune system [J]. Nature, 444 (7117): 323-329.

Kacprzyk J, Daly C T, Mccabe P F, 2011. The botanical dance of death: programmed cell death in plants [J]. Advances in botanical research (60): 170.

Kang Y J, Kim K H, Shim S, et al, 2016. Genome-wide mapping of NBS-LRR genes and their association with disease resistance in soybean [J]. BMC Plant Biology (12): 139.

Kendler K S, Kessler R C, Walters E E, et al, 2010. Stressful life events, genetic liability, and onset of an episode of major depression in women [J]. Focus, 8 (3): 459-470.

Kessler S A, Shimosato-Asano H, Keinath N F, et al, 2010. Conserved molecular components for pollen tube reception and fungal invasion [J]. Science, 330 (6): 968-971.

Keurentjes J J, Fu J De Vos C H, et al, 2006. The genetics of plant metabolism [J]. Nature Genetics, 38 (7): 842-849.

KimM C, Lee S H, Kim J K, et al, 2002. MLO, a modulator of plant defense and cell death, is a novel calmodulin-binding protein isolation and characterization of a rice Mlo homologue [J]. Journal of Biological Chemistry, 277 (22): 19304-19314.

Kim M C, Panstruga R, Elliott C, et al, 2002. Calmodulin interacts with MLO protein to regulate defence against mildew in barley [J]. Nature, 416 (6879): 447-451.

Kim N H, Kim D S, Chung E H, et al, 2014. Pepper suppressor of the G2 allele of *skp1* interacts with the receptor-like cytoplasmic kinase 1 and type Ⅲ effector *AvrBsT* and promotes the hypersensitive cell death response in a phosphorylation dependent manner [J]. Plant Physioloyg, 165 (1): 76-91.

Knutson B A, 2010. Insights into the domain and repeat architecture of target of rapamycin [J]. Journal of Structural Biology, 170 (2): 354.

Kravchenko A, Citerne S, Jéhanno I, et al, 2015. Mutations in the *Arabidopsis* Lst8 and Raptor genes encoding partners of the TOR complex, or inhibition of TOR activity decrease abscisic acid (ABA) synthesis [J]. Biochemical and Biophysical Research Communications, 467 (4): 992-997.

Kumar J, Hückelhoven R, Beckhove U, et al, 2001. A compromised Mlo pathway affects the response of barley to the necrotrophic fungus *Bipolaris sorokiniana* (teleomorph: *Cochliobolus sativus*) and its toxins [J]. Phytopathology, 91 (2): 127-133.

Kwaaitaal M, Keinath N F, Pajonk S, et al, 2010. Combined bimolecular fluorescence complementation and Förster resonance energy transfer reveals ternary SNARE complex formation in living plant cells [J]. Plant physiology, 152 (3): 1135-1147.

Laplante M, Sabatini D M, 2012. mTOR signaling in growth control and disease [J]. Cell, 149 (2): 274.

Leiber R M, John F, Verhertbruggen Y, et al, 2010. The TOR pathway modulates the structure of cell walls in *Arabidopsis* [J]. Plant Cell，22 (6)：1898-1908.

Levin D E，2005. Cell wall integrity signaling in *Saccharomyces cerevisiae* [J]. Microbiology & Molecular Biology Reviews Mmbr，69 (2)：262-291.

Li C J，Liu Y，Zheng Y X，et al，2013. Cloning and characterization of an NBS-LRR resistance gene from peanuts (*Arachis hypogaea* L.) [J]. Physiological and Molecular Plant Pathology (84)：70-75.

Li L，Yu A Q，2015. The functional role of peroxiredoxin 3 in reactive oxygen species，apoptosis，and chemoresistance of cancer cells [J]. Journal of Cancer Research and Clinical Oncology，141 (12)：2071-2077.

Li L，Sheen J，2016. Dynamic and diverse sugar signaling [J]. Current Opinion in Plant Biology (33)：116-125.

Li N Y，Zhou L，Zhang D D，et al，2018. Heterologous expression of the cotton NBS-LRR gene gbaNA1 enhances verticillium wilt resistance in *Arabidopsis* [J]. Frontiers in Plant Science (9)：119.

Lim C W，Lee S C，2014. Functional roles of the pepper MLO protein gene，CaMLO2，in abscisic acid signaling and drought sensitivity [J]. Plant molecular biology，85 (1-2)：1-10.

Lipka V，Dittgen J，Bednarek P，et al，2005. Pre- and postinvasion defenses both contribute to nonhostresistance in *Arabidopsis* [J]. Science，310 (5751)：1180-1183.

Liu Q，Zhu H，2008. Molecular evolution of the MLO gene family in *Oryza sativa* and their functional divergence [J]. Gene，409 (1-2)：1-10.

Liu Y，Bassham D C，2010. TOR is a negative regulator of autophagy in *Arabidopsis thaliana* [J]. Plos One，5 (7)：e11883.

Lorenzo O，Piqueras R，Sánchezserrano J J，et al，2003. Ethylene response factor1 integrates signals from ethylene and jasmonate pathways in plant defense [J]. The Plant Cell，15 (1)：165-178.

Ma X M，Blenis J，2009. Molecular mechanisms of mTOR-mediated translational control [J]. Nature Reviews Molecular Cell Biology，10 (5)：307.

Ma Y，Szostkiewicz I，Korte A，et al，2009. Regulators of PP2C phosphatase activity function as abscisic acid sensors [J]. Science，324 (5930)：1064-1068.

Maegawa K，Takii R，Ushimaru T，et al，2015. Evolutionary conservation of TORC1 components，TOR，Raptor，and LST8，between rice and yeast [J]. Molecular Genetics and Genomics，290 (5)：2019-2030.

Mahfouz M M，Kim S，Delauney A J，et al，2006. *Arabidopsis* target of rapamycin interacts with raptor，which regulates the activity of S6 kinase in response to osmotic stress signals [J]. Plant Cell，18 (2)：477-490.

Melotto M，Underwood W，Koczan J，et al，2006. Plant stomata function in innate immunity against bacterial invasion [J]. Cell，126 (5)：969-980.

Menand B，Desnos T，Nussaume L，et al，2002. Expression and disruption of the *Arabidopsis* TOR (target of rapamycin) gene [J]. Proceedings of the National Academy of Sciences of the United States of America，99 (9)：6422-6427.

Meng X，Song T，Fan H，et al，2016. A comparative cell wall proteomic analysis of cucumber leaves under *Sphaerotheca fuliginea* stress [J]. Acta Physiologiae Plantarum (38)：260.

Meng X，Yu Y，Zhao J，et al，2018. The two translationally controlled tumor protein genes，*CsTCTP1* and *CsTCTP2*，are negative modulators in the *Cucumis sativus* defense response to *Sphaerotheca fuliginea* [J]. Frontiers in Plant Science (9)：544.

Meteignier L V，Mohamed E O，Mathias C，et al，2017. Translatome analysis of an NB-LRR immune response identifies important contributors to plant immunity in *Arabidopsis* [J]. Journal of Experimental Botany, 68 (9): 2333.

Meyer D, Pajonk S, Micali C, et al, 2009. Extracellular transport and integration of plant secretory proteins into pathogen-induced cell wall compartments [J]. The Plant Journal, 57 (6): 986-999.

Miyashita Y, Good A G, 2008. NAD (H) -dependent glutamate dehydrogenase is essential for the survival of *Arabidopsis thaliana* during dark-induced carbon starvation [J]. Journal of Experimental Botany, 59 (3): 667-680.

Moffett P, Farnham G, Peart J, et al, 2002. Interaction between domains of a plant NBS-LRR protein in disease resistance-related cell death [J]. EMBO (European Molecular Biology Organization) Journal (21): 4511-4519.

Moffett P, 2009. Mechanisms of recognition in dominant R gene mediatedresistance [J]. Advances In Virus Research (75): 1-33.

Moreau M, Azzopardi M, Clément G, et al, 2012. Mutations in the *Arabidopsis* homolog of LST8/GβL, a partner of the target of rapamycin kinase, impair plant growth, flowering, and metabolic adaptation to long days [J]. Plant Cell, 24 (2): 463-481.

Morel J B, Dangl J L, 1997. The hypersensitive response and the induction of cell death in plants [J]. Cell death and differentiation, 4 (8): 671-683.

Murata Y, Pei Z M, Mori I C, et al, 2001. Abscisic acid activation of plasmamembrane Ca^{2+} channels in guard cells requires cytosolic NAD (P) H and is differentially disrupted upstream and downstream of reactive oxygen speciesproduction in *abi1-1* and *abi2-1* protein phosphatase 2C mutants [J]. Plant Cell, 13 (11): 2513-2523.

Neetu G, Garima B, et al, 2019. Genome-wide characterization revealed role of NBS-LRR genes during powdery mildew infection in *Vitis vinifera* [J]. Genomics, 112 (1): 312-322.

Nie J, Wang Y, He H, et al, 2015. Loss-of-function mutations in *CsMLO1* confer durable powdery mildew resistance in cucumber (*Cucumis sativus* L.) [J]. Frontiers in Plant Science (6): 1155.

Nishimura N, Hitomi K, Arvai A S, et al, 2009. Structural mechanism of abscisic acid binding and signaling by dimeric PYR1 [J]. Science, 326 (5958): 1373-1379.

Nishizawa A, Yabuta Y, Shigeoka S, 2008. Galactinol and raffinose constitute a novel function to protect plants from oxidative damage [J]. Plant physiology, 147 (3): 1251-1263.

Nooren I M A, Kaptein R, Sauer R T, et al, 1999. The tetramerization domain of the Mnt repressor consists of two righthanded coiled coils [J]. Nature Structural Biology (6): 755-759.

Opalski K S, Schultheiss H, Kogel K H, et al, 2005. The receptor-like MLO protein and the RAC/ROP family G-protein RACB modulate actin reorganization in barley attacked by the biotrophic powdery mildew fungus *Blumeria graminis* f. sp. *hordei* [J]. The Plant Journal, 41 (2): 291-303.

Park S Y, Fung P, Nishimura N, et al, 2009. Abscisic acid inhibits type 2C protein phosphatases via the PYR/PYL family of START proteins [J]. Science, 324 (5930): 1068-1071.

Panstruga R, 2005. Serpentine plant MLO proteins as entry portals for powdery mildew fungi [J]. Biochemical Society Transactions, 33 (2): 389-392.

Pessina S, Angeli D, Martens S, et al, 2016. The knock-down of the expression of *MdMLO19* reduces susceptibility to powdery mildew (*Podosphaera leucotricha*) in apple (*Malus domestica*) [J]. Plant Biotechnology Journal, 14 (10): 2033-2044.

Peterhansel C, Freialdenhoven A, Kurth J, et al, 1997. Interaction analyses of genes required for resistance responses to powdery mildew in barley reveal distinct pathways leading to leaf cell death [J].

The Plant Cell, 9 (8): 1397-1409.

Piffanelli P, Zhou F, Casais C, et al, 2002. The barley MLO modulator of defense and cell death is responsive to biotic and abiotic stress stimuli [J]. Plant Physiology, 129 (3): 1076-1085.

Qin X, Gao F, Zhang J, et al, 2011. Molecular cloning, characterization and expression of cDNA encoding translationally controlled tumor protein (TCTP) from *Jatropha curcas* L. [J]. Molecular Biology Reports, 38 (5): 3107-3112.

Radchuk R, Emery R J N, Weier D, et al, 2010. Sucrose non-fermenting kinase 1 (SnRK1) coordinates metabolic and hormonal signals during pea cotyledon growth and differentiation [J]. Plant Journal for Cell & Molecular Biology, 61 (2): 324.

Ramon M, Rolland F, Sheen J, 2008. Sugar sensing and signaling [J]. Arabidopsis Book, 6 (1): e0117.

Ranu S, Vimal R, Suresh C G, 2017. Genome-wide identification and tissue-specific expression analysis of nucleotide binding site-leucine rich repeat gene family in *Cicer arietinum* (kabuli chickpea) [J]. Genomics Data (14): 24-31.

Ren M, Qiu S, Venglat P, et al, 2011. Target of rapamycin regulates development and ribosomal RNA expression through kinase domain in *Arabidopsis* [J]. Plant Physiology, 155 (3): 1367.

Ren M, Venglat P, Qiu S, et al, 2012. Target of rapamycin signaling regulates metabolism, growth, and life span in *Arabidopsis* [J]. Plant Cell, 24 (12): 4850.

Robaglia C, Thomas M, Meyer C, 2012. Sensing nutrient and energy status by SnRK1 and TOR kinases [J]. Current Opinion in Plant Biology, 15 (3): 301.

Roberts D M, Harmon A C, 1992. Calcium-modulated proteins: targets of intracellular calcium signals in higher plants [J]. Annual review of plant biology, 43 (1): 375-414.

Rodrigues A, Adamo M, Crozet P, et al, 2013. ABI1 and PP2CA phosphatases are negative regulators of Snf1-related protein kinase1 signaling in *Arabidopsis* [J]. The Plant Cell, 25 (10): 3871-3884.

Roustan V, Jain A, Teige M, et al, 2016. An evolutionary perspective of AMPK-TOR signaling in the three domains of life [J]. Journal of Experimental Botany, 67 (13): 3897.

Saha D, Rana R S, Surejaa K, et al, 2013. Cloning and characterization of NBS-LRR encoding resistance gene candidates from tomato leaf curl new delhi *Virus* resistant genotype of *Luffa cylindrica* Roem [J]. Physiol. Mol. Plant Pathol (81): 107-117.

Salmeron J M, Oldroyd G E D, Rommens C M T, et al, 1996. Tomato Prf is a member of the leucine-rich repeat class of plant disease resistance genes and lies embedded within the Pto kinase gene cluster [J]. Cell, 86 (1): 123-133.

Sang J, Zhang A, Lin F, et al, 2008. Cross-talk between calcium-calmodulin and nitric oxide in abscisic acid signaling in leaves of maize plants [J]. Cell Research, 18 (5): 577-588.

Santiago J, Rodrigues A, Saez A, et al, 2009. Modulation of drought resistance by the abscisic acid receptor PYL5 through inhibition of clade A PP2Cs [J]. The Plant Journal, 60 (4): 575-588.

Sanz L, Dewitte W, Forzani C, et al, 2011. The *Arabidopsis* D-type cyclin CYCD2 and the inhibitor ICK2/KRP2 modulate auxin-induced lateral root formation [J]. Plant Cell, 23 (2): 641-660.

Saraste M, Sibbald P R, Wittinghofer A, 1990. The P-loop—A common motif in ATP- and GTP-binding proteins [J]. Trends Biochem (15): 430-434.

Schmelzle T, Beck T, Martin D E, et al, 2004. Activation of the RAS/cyclic AMP pathway suppresses a TOR deficiency in *yeast* [J]. Molecular and cellular biology, 24 (1): 338.

Schultheiss H, Decher C, Kogel K H, et al, 2002. A small GTP-binding host protein is required for entry of powdery mildew fungus into epidermal cells of barley [J]. Plant Physiology, 128 (4): 1447-1454.

Schulz P, Herde M, Romeis T, 2013. Calcium-dependent protein kinases: hubs in plant stress signaling and development [J]. Plant Physiology, 163 (2): 523-530.

Shang Y, Ma Y, Zhou Y, et al, 2014. Biosynthesis, regulation, and domestication of bitterness in cucumber [J]. Science, 346 (6213): 1084-1088.

Shigenaga A M, Argueso C T, 2016. No hormone to rule them all: Interactions of plant hormones during the responses of plants to pathogens [J]. Seminars in Cell and Developmental Biology (56): 174-189.

Snedden W A, Fromm H, 1998. Calmodulin, calmodulin-related proteins and plant responses to the environment [J]. Trends in Plant Science, 3 (8): 299-304.

Song W Y, Wang G L, Chen L L, et al, 1995. A receptor kinase-like protein encoded by the rice disease resistance gene, *Xa21* [J]. Science, 270 (5243): 1804.

Sormani R, Lei Y, Menand B, et al, 2007. Saccharomyces cerevisiae FKBP12 binds *Arabidopsis thaliana* TOR and its expression in plants leads to rapamycin susceptibility [J]. Bmc Plant Biology, 7 (1): 1-8.

Sotelo R, Garrocho-Villegas V, Aguilar R, et al, 2010. Coordination of cell growth and cell division in maize (*Zea mays* L.) relevance of the conserved TOR signal transduction pathway [J]. In Vitro Cellular & Developmental Biology - Plant, 46 (6): 578-586.

Soulard A, Cohen A, Hall M N, 2009. TOR signaling in invertebrates [J]. Current Opinion in Cell Biology, 21 (6): 825-836.

Stein M, Dittgen J, Sanchez-Rodriguez C, et al, 2006. *Arabidopsis* PEN3/PDR8, an ATP binding cassette transporter, contributes to nonhost resistance to inappropriate pathogens that enter by direct penetration [J]. Plant Cell, 18 (3): 731-746.

Stotz H U, Mitrousia G K, Wit D, et al, 2014. Effector-triggered defence against apoplastic fungal pathogens [J]. Trends Plant Science (19): 491-500.

Sulpice R, Pyl E T, Ishihara H, et al, 2009. Starch as a major integrator in the regulation of plant growth [J]. Proceedings of the National Academy of Sciences of the United States of America, 106 (25): 10348-10353.

Taji T, Ohsumi C, Iuchi S, et al, 2002. Important roles of drought- and cold-inducible genes for galactinol synthase in stress tolerance in *Arabidopsis thaliana* [J]. Plant Journal for Cell & Molecular Biology, 29 (4): 417-426.

Tameling W I L, Elzinga S D J, Darmin P S, 2002. The tomato R gene products I-2 and Mi-1 are functional ATP binding proteins with ATPase activity [J]. Plant Cell (14): 2929-2939.

Thiele H, Berger M, Skalweit A, et al, 2000. Expression of the gene and processed pseudogenes encoding the human and rabbit translationally controlled tumour protein (TCTP) [J]. The FEBS Journal, 267 (17): 5473-5481.

Ton J, Flors V, Mauch-Mani B, 2009. The multifaceted role of ABA in disease resistance [J]. Trends in Plant Science, 14 (6): 310-317.

Torii K U, 2004. Lucine-rich repeat receptor kinase in plants: structure, function, and signal transduction pathways [J]. International Review of Cytology (234): 1-36.

Traut T W, 1994. The function and consensus motifs of nine types of peptide segments that form different types of nucleotide-binding sites [J]. Journal of Biochemistry (222): 9-19.

Trujillo M, Troeger M, Niks R E, et al, 2004. Mechanistic and genetic overlap of barley host and non - host resistance to Blumeria graminis [J]. Molecular plant pathology, 5 (5): 389-396.

Turck F, Zilbermann F, Kozma S C, et al, 2004. Phytohormones participate in an S6 kinase signal transduction pathway in *Arabidopsis* [J]. Plant Physiology, 134 (4): 1527-1535.

Vernoud V, Horton A C, Yang Z, et al, 2003. Analysis of the small GTPase gene superfamily of *Arabidopsis* [J]. Plant Physiology, 131 (3): 1191-1208.

Wan L, Zha W, Cheng X, et al, 2011. A rice β-1, 3-glucanase gene *Osg1* is required for callose degradation in pollen development [J]. Planta, 233 (2): 309-323.

Wang P, Zhao Y, Li Z, et al, 2018. Reciprocal regulation of the TOR kinase and ABA receptor balances plant growth and stress response [J]. Molecular Cell, 69 (1): 100-112.

Wang X, Ma Q, Dou L, et al, 2016. Genome-wide characterization and comparative analysis of the MLO gene family in cotton [J]. Plant Physiology and Biochemistry (103): 106-119.

Wang Y, Wu Y, Duan C, et al, 2012. The expression profiling of the CsPYL, CsPP2C and CsSnRK2 gene families during fruit development and drought stress in cucumber [J]. Journal of Plant Physiology, 169 (18): 1874-1882.

Wang Y, Zhao H S, Zhang W, et al, 2017. Identification and characterization of expressed TIR- andnon-TIR-NBS-LRR resistance gene analogous sequences from radish (*Raphanus sativus* L.) de novo transcriptome [J]. Scientia Horticulturae (216): 284-292.

Wang Z Q, Li G Z, Gong Q Q, et al, 2015. *OsTCTP*, encoding a translationally controlled tumor protein, plays an important role in mercury tolerance in rice [J]. BMC Plant Biology, 15 (1): 123.

Wei Y D, De Neergaard E, Thordal-Christensen H, et al, 1994. Accumulation of a putative guanidine compound in relation to other early defence reactions in epidermal cells of barley and wheat exhibiting resistance to *Erysiphe graminis* f. sp. *hordei* [J]. Physiological and Molecular Plant Pathology, 45 (6): 469-484.

Wolfson R L, Chantranupong L, Saxton R A, et al, 2016. Sestrin2 is a leucine sensor for the mTORC1 pathway [J]. Science, 351 (6268): 43.

Wu J, Zhu J F, Wang S M, et al, 2017. Genome-wide association study identifies NBS-LRR-Encoding genes related with *Anthracnose* and common bacterial blight in the common bean [J]. Frontiers in Plant Science (8): 1398.

Wulff B B H, Thomas C M, Smoker M, et al, 2001. Domain swapping and gene shuffling identify sequences required for induction of an Avr-dependent hypersensitive response by the tomato Cf-4 and Cf-9 proteins [J]. Plant Cell (13): 255-272.

Wullschleger S, Loewith R, Hall M N, 2006. TOR signaling in growth and metabolism [J]. Cell, 124 (3): 471.

Xiong F, Zhang R, Meng Z, et al, 2017. Brassinosteriod Insensitive 2 (BIN2) acts as a downstream effector of the Target of Rapamycin (TOR) signaling pathway toregulate photoautotrophicgrowth in *Arabidopsis* [J]. New Phytologist, 213 (1): 233.

Xiong Y, Sheen J, 2012. Rapamycin and glucose-target of rapamycin (TOR) protein signaling in plants [J]. Journal of Biological Chemistry, 287 (4): 2836-2842.

Xiong Y, Sheen J, 2014. The role of target of rapamycin signaling networks in plant growth and metabolism [J]. Plant Physiology, 164 (2): 499.

Xiong Y, Sheen J, 2015. Novel links in the plant TOR kinase signaling network [J]. Current Opinion in Plant Biology (28): 83-91.

Xu Q, Liang S, Kudla J, et al, 1998. Molecular characterization of a plant FKBP12 that does not mediate action of FK506 and rapamycin [J]. Plant Journal, 15 (4): 511-519.

Xu T, Dai N, Chen J, et al, 2014. Cell surface ABP1-TMK auxin-sensing complex activates ROP GTPase signaling [J]. Science, 43 (6174): 1025-1028.

Xu Y J, Liu F, Zhu S W, et al, 2018. The maize NBS-LRR Gene ZmNBS25 enhances disease resistance in rice and *Arabidopsis* [J]. Frontiers in Plant Science (9): 1033.

Xu Y W, Medzhitov R, Manley J L, et al, 2000. Structural basis for signal transduction by the Toll/interleukin-1 receptor domains [J]. Nature (408): 111-115.

Yang Y, Wu X Q, Xuan H, et al, 2016. Functional analysis of plant NB-LRR gene L3 by using *E. coli* [J]. Biochemical and Biophysical Research Communications (478): 1569-1574.

Yin P, Fan H, Hao Q, et al, 2009. Structural insights into the mechanism of abscisic acid signaling by PYL proteins [J]. Nature Structural and Molecular Biology, 16 (12): 1230-1236.

Yoshida R, Umezawa T, Mizoguchi T, et al, 2006. The regulatory domain of SRK2E/OST1/SnRK2. 6 interacts with ABI1 and integrates abscisic acid (ABA) and osmotic stress signals controlling stomatal closure in *Arabidopsis* [J]. Journal of Biology Chemistry, 281 (8): 5310-5318.

Zanetti M E, Blanco F A, 2017. Translational switching from growth to defense - a common role for TOR in plant and mammalian immunity? [J]. Journal of Experimental Botany, 68 (9): 2077-2081.

Zeng L R, Zho T, Wang G L, et al, 2006. Ubiquitination-mediatedprotein degradation and modification: an emerging theme in plant-microbeinteractions [J]. Cell Research (16): 413-426.

Zhang C, Chen H, Cai T, et al, 2017. Overexpression of a novel peanut NBS-LRR gene AhRRS5 enhances disease resistance to *Ralstonia solanacearum* in tobacco [J]. Plant Biotechnology Journal (15): 39-55.

Zhang L F, Li W F, Han S Y, et al, 2013. cDNA cloning, genomic organization and expression analysis during somatic embryogenesis of the translationally controlled tumor protein (TCTP) gene from Japanese larch (*Larix leptolepis*) [J]. Gene, 529 (1): 150-158.

Zhao Y, Thilmony R, Bender C L, et al, 2003. Virulence systems of *Pseudomonas syringae* pv. tomato promotc bacterial speck disease in tomato by targeting the jasmonate signaling pathway [J]. Plant Journal, 36 (4): 485-949.

Zhou X, Liu J, Bao S, et al, 2018. Molecular cloning and characterization of a wild eggplant *Solanum aculeatissimum* NBS-LRR gene, involved in plant resistance to *Meloidogyne incognita* [J]. International Journal of Molecular Sciences (19): 583.

Zhu X L, Lu C G, Coules A, et al, 2017. The wheat NB-LRR gene TaRCR1 is required for host defence response to the necrotrophic fungal pathogen *Rhizoctonia cerealis* [J]. Plant Biotechnology Journal (15): 674-687.

Zielinski R E, 1998. Calmodulin and calmodulin-binding proteins in plants [J]. Annual review of plant biology, 49 (1): 697-725.

Zierold U, Scholz U, Schweizer P, 2005. Transcriptome analysis of mlo-mediated resistance in the epidermis of barley [J]. Molecular Plant Pathology, 6 (2): 139-151.

Zipfel C, Monaghan J, 2012. Plant pattern recognition receptor complexes at the plasma membrane [J]. Current Opinion in Plant Biology (15): 349-357.

Zou S H, Wang H, Li Y W, et al, 2018. The NB-LRR gene Pm60 confers powdery mildew resistance in wheat [J]. New Phytologist (218): 298-309.

图书在版编目（CIP）数据

基于功能基因组学分析的黄瓜抗病分子机制研究 / 范海延，孟祥南，于洋著．—北京：中国农业出版社，2023.1

ISBN 978-7-109-30357-7

Ⅰ.①基… Ⅱ.①范… ②孟… ③于… Ⅲ.①黄瓜－抗病性－分子机制－研究 Ⅳ.①S436.421.1

中国国家版本馆 CIP 数据核字（2023）第 020819 号

中国农业出版社出版

地址：北京市朝阳区麦子店街 18 号楼

邮编：100125

责任编辑：冀　刚

版式设计：杨　婧　　责任校对：吴丽婷

印刷：北京科印技术咨询服务有限公司

版次：2023 年 1 月第 1 版

印次：2023 年 1 月北京第 1 次印刷

发行：新华书店北京发行所

开本：787mm×1092mm　1/16

印张：18.5

字数：450 千字

定价：98.00 元